랑데뷰
수 학

고교 수학의 모든 것
랑데뷰 세미나

기하
291p

공통수학 I

하루 중 90%는 겸손하게 10%는 자신있게...

① $(a+b+c)^3 = (a+b+c)\{(a^2+b^2+c^2)-(ab+bc+ca)\}+3(a+b+c)(ab+bc+ca)$

② $(a+b+c)^3 = a^3+b^3+c^3+3(a+b)(b+c)(c+a)$

③ $(a+b+c)(ab+bc+ca)-abc=(a+b)(b+c)(c+a)$

[관련 문제]

(1) 모든 실수 $x,\ y,\ z$에 대하여

$$(x+y+z)^3$$
$$=(x+y+z)(x^2+y^2+z^2-xy-yz-zx)+A(x+y+z)(xy+yz+zx)$$
$$=x^3+y^3+z^3+B(x+y)(y+z)(z+x)$$

가 성립할 때, 상수 $A,\ B$ 에 대하여 $A+B$ 의 값을 구하여라.

(2) $a+b+c=4,\ ab+bc+ca=3,\ abc=6$ 일 때, $(a+b)(b+c)(c+a)$ 의 값을 구하여라.

일반 풀이

(1) 위의 등식은 $x,\ y,\ z$에 대한 항등식이므로

(i)
$$(x+y+z)^3 = (x+y+z)(x^2+y^2+z^2-xy-yz-zx)$$
$$+A(x+y+z)(xy+yz+zx)$$

위의 등식의 양변에 $x=y=z=1$을 대입하면

$27=9A \quad \therefore \quad A=3$

(ii)
$$(x+y+z)^3 = x^3+y^3+z^3+B(x+y)(y+z)(z+x)$$

위의 등식의 양변에 $x=y=z=1$을 대입하면

$27=3+8B \quad \therefore \quad B=3$

(i), (ii)에서 $A+B=6$

(2) $a+b+c=4$에서

$a+b=4-c,\ b+c=4-a,\ c+a=4-b$

$\therefore (a+b)(b+c)(c+a)$
$= (4-c)(4-a)(4-b)$
$= 4^3-4^2(a+b+c)+4(ab+bc+ca)-abc$
$= 64-16\cdot4+4\cdot3-6=6$

랑데뷰 풀이

(1) 공식 ①, ② 증명

① $(x+y+z)^3$
$= (x+y+z)(x+y+z)^2$
$= (x+y+z)(x^2+y^2+z^2+2xy+2yz+2zx)$
$= (x+y+z)\{(x^2+y^2+z^2-xy-yz-zx)$
$\qquad\qquad +(3xy+3yz+3zx)\}$
$= (x+y+z)(x^2+y^2+z^2-xy-yz-zx)$
$\qquad\qquad +3(x+y+z)(xy+yz+zx)$

② $\{(x+y)+z\}^3$
$= (x+y)^3+3(x+y)^2z+3(x+y)z^2+z^3$
$= x^3+y^3+z^3+3xy(x+y)+3(x+y)^2z+3(x+y)z^2$
$= x^3+y^3+z^3+3(x+y)\{xy+(x+y)z+z^2\}$
$= x^3+y^3+z^3+3(x+y)(y+z)(z+x)$

(2) 공식 ③ 증명

$(a+b+c)(ab+bc+ca)-abc$
$= \{(a+b)+c\}\{(a+b)c+ab\}-abc$
$= (a+b)^2c+ab(a+b)+(a+b)c^2$
$= (a+b)\{(a+b)c+ab+c^2\}$
$= (a+b)(b+c)(c+a)$

세미나(2) 나눗셈 관련 항등식

다항식 $f(x)$를 다항식 $A(x)$로 나눌 때, 나머지가 $R_1(x)$이고

$B(x)$로 나눌 때, 나머지가 $R_2(x)$일 때

$f(x)$를 다항식 $A(x)B(x)$로 나눌 때 나머지는 $aA(x)+R_1(x)$이다.

(단, $A(x)$의 차수 $\geq$ $B(x)$의 차수)

(만약 $A(x)$, $B(x)$가 모두 이차식이면 나머지는 $(ax+b)A(x)+R_1(x)$꼴)

[관련 문제]

(1) 다항식 $f(x)$를 $x+1$로 나누었을 때의 나머지가 3이고, $x-3$으로 나누었을 때의 나머지가 23일 때, $f(x)$를 x^2-2x-3으로 나누었을 때의 나머지를 구하여라.

(2) 다항식 $f(x)$를 $(x-1)(x-2)$로 나눈 나머지는 $2x+1$이고, $(x-1)(x-3)$으로 나눈 나머지는 $6x-3$이다. 이때, $f(x)$를 $(x-1)(x-2)(x-3)$으로 나눈 나머지를 구하여라.

일반 풀이

(1) $f(x)$를 x^2-2x-3으로 나누었을 때의 몫을 $Q(x)$, 나머지를 $ax+b$라 하면

$$f(x) = (x^2-2x-3)Q(x)+ax+b$$
$$= (x+1)(x-3)Q(x)+ax+b$$

이때 나머지정리에 의하여

$f(-1)=3$, $f(3)=23$이므로

$$-a+b=3, \quad 3a+b=23$$

앞의 두 식을 연립하여 풀면 $a=5$, $b=8$

따라서 구하는 나머지는 $5x+8$이다.

(2) $f(x)=(x-1)(x-2)Q_1(x)+2x+1$

$f(x)=(x-1)(x-3)Q_2(x)+6x-3$

에서 $f(1)=3$, $f(2)=5$, $f(3)=15$

$f(x)=(x-1)(x-2)(x-3)Q(x)+ax^2+bx+c$라고 하고,

$x=1$, 2, 3을 각각 대입하면

$$f(1)=a+b+c=3 \quad \cdots\cdots \text{㉠}$$
$$f(2)=4a+2b+c=5 \quad \cdots\cdots \text{㉡}$$
$$f(3)=9a+3b+c=15 \quad \cdots\cdots \text{㉢}$$

㉠, ㉡, ㉢에서 $a=4$, $b=-10$, $c=9$

따라서 나머지는 $4x^2-10x+9$이다.

랑데뷰 풀이

(1) $f(x)=(x+1)(x-3)Q(x)+a(x+1)+3$이고

$f(3)=23$에서

$f(3)=4a+3=23 \quad \therefore a=5$

따라서 구하는 나머지는 $5x+8$이다.

또는

$f(x)=(x+1)(x-3)Q(x)+a(x-3)+23$이고

$f(-1)=3$에서

$f(-1)=-4a+23=3 \quad \therefore a=5$

따라서 구하는 나머지는 $5x+8$이다.

(2) $f(x)=(x-1)(x-2)(x-3)Q(x)$
$$+a(x-1)(x-2)+2x+1$$

$f(3)=15$에서 $f(3)=2a+7=15 \quad \therefore a=4$

따라서 나머지는

$$4(x-1)(x-2)+2x+1=4x^2-10x+9$$

또는

$f(x)=(x-1)(x-2)(x-3)Q(x)$
$$+a(x-1)(x-3)+6x-3$$

$f(2)=5$에서 $f(2)=-a+9=5 \quad \therefore a=4$

따라서 나머지는

$$4(x-1)(x-3)+6x-3=4x^2-10x+9$$

조립제법은 제수가 이차식 이상일 때도 사용할 수 있다.

예를 들어 $(ax^3 + bx^2 + cx + d) \div (x^2 + px - q)$

을 조립제법을 이용하여 구할 때 표의 왼쪽에 오는 수는 $x^2 + px - q = 0$에서 $x^2 = q - px$의 우변의 상수항과 계수들을 세로로 나열시킨 뒤 맨 아랫줄의 수들과 곱한 수는 같은 줄에 오도록 한다.

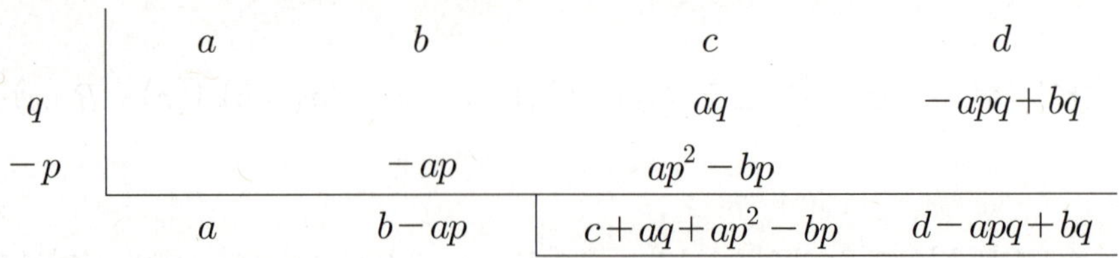

	a	b	c	d
q			aq	$-apq+bq$
$-p$		$-ap$	$ap^2 - bp$	
	a	$b-ap$	$c+aq+ap^2-bp$	$d-apq+bq$

[관련 문제]

다항식 $x^3 + ax^2 + bx + 4$가 $(x-1)^2$으로 나누어떨어질 때, 상수 a, b을 구하여라.

일반 풀이

주어진 다항식을 $(x-1)^2$으로 나누었을 때의 몫을 $Q(x)$라 하면

$$x^3 + ax^2 + bx + 4 = (x-1)^2 Q(x) \quad \cdots\cdots \ \text{㉠}$$

양변에 $x=1$을 대입하면

$$1 + a + b + 4 = 0 \quad \therefore b = -a - 5 \quad \cdots\cdots \ \text{㉡}$$

㉡을 ㉠에 대입하면

$$x^3 + ax^2 - ax - 5x + 4 = (x-1)^2 Q(x)$$

$$(x-1)\{x^2 + (a+1)x - 4\} = (x-1)^2 Q(x)$$

양변을 $x-1$로 나누면

$$x^2 + (a+1)x - 4 = (x-1)Q(x)$$

양변에 $x=1$을 대입하면

$$1 + a + 1 - 4 = 0$$

$$\therefore a = 2 \quad \cdots\cdots \ \text{㉢}$$

㉢을 ㉡에 대입하면 $b = -7$

랑데뷰 풀이

	1	a	b	4
-1			-1	$-a-2$
2		2	$2a+4$	
	1	$a+2$	$2a+b+3$	$-a+2$

$$2a + b + 3 = 0, \ -a + 2 = 0$$

$$a = 2, \ b = -7$$

식의 값이 주어진 다항식은 자유자재로 변형이 가능하다.
예를 들어 $f(1)=1, f(2)=2, f(3)=4$을 만족하는 이차식은
$$f(x)=a(x-1)(x-2)+b(x-1)+c \text{ 또는}$$
$f(x)=a(x-1)(x-2)+b(x-2)+c$ 등으로 나타내어 미정계수를 찾으면 된다.

[관련 문제]

5이하의 자연수 n에 대하여 사차다항식 $f(x)$를 $x-n$으로 나누었을 때의 나머지가 $\dfrac{1}{n}$일 때,

$f(x)$를 $x-6$으로 나누었을 때의 나머지를 구하여라.

일반 풀이

$1 \le n \le 5$일 때, 나머지정리에 의하여 $f(n)=\dfrac{1}{n}$

이므로 $nf(n)=1$ $\therefore nf(n)-1=0$

$g(x)=xf(x)-1$이라 하면

$g(1)=0, g(2)=0, g(3)=0, g(4)=0, g(5)=0$

즉 다항식 $g(x)$는 $x-1, x-2, \cdots, x-5$를 인수로

가지므로 상수 a에 대하여

$g(x)=a(x-1)(x-2)(x-3)(x-4)(x-5)$

로 놓을 수 있다. 이때 $g(0)=-1$이므로

$g(0)=a \cdot (-1) \cdot (-2) \cdot (-3) \cdot (-4) \cdot (-5)=-1$

따라서 $a=\dfrac{1}{120}$이므로

$g(x)=\dfrac{1}{120}(x-1)(x-2)(x-3)(x-4)(x-5)$

$$\therefore g(6)=\dfrac{1}{120} \cdot 5 \cdot 4 \cdot 3 \cdot 2 \cdot 1 =1$$

그런데 $g(6)=6f(6)-1$이므로

$$1=6f(6)-1 \qquad \therefore f(6)=\dfrac{1}{3}$$

**이 문제는 일반 풀이가 간편하다. 그러나 다음
문제를 풀어보자.** → 삼차다항식 $f(x)$에 대하여
$f(k)=2^k$ $(k=1,\ 2,\ 3,\ 4)$이 성립할 때,
$f(5)$의 값을 구하여라. 정답:30

랑데뷰 풀이

$f(1)=1, f(2)=\dfrac{1}{2}, f(3)=\dfrac{1}{3}, f(4)=\dfrac{1}{4}, f(5)=\dfrac{1}{5}$

에서

$f(x)=a(x-1)(x-2)(x-3)(x-4)$
$\qquad +b(x-1)(x-2)(x-3)+c(x-1)(x-2)$
$\qquad +d(x-1)+e$

라 두면

$f(1)=1$에서 $e=1$

$f(2)=\dfrac{1}{2}$에서 $d=-\dfrac{1}{2}$

$f(3)=\dfrac{1}{3}$에서 $c=\dfrac{1}{6}$

$f(4)=\dfrac{1}{4}$에서 $b=-\dfrac{1}{24}$

$f(5)=\dfrac{1}{5}$에서 $a=\dfrac{1}{120}$

$f(x)=\dfrac{1}{120}(x-1)(x-2)(x-3)(x-4)$

$\qquad -\dfrac{1}{24}(x-1)(x-2)(x-3)+\dfrac{1}{6}(x-1)(x-2)$

$\qquad -\dfrac{1}{2}(x-1)+1$

따라서 $f(6)=\dfrac{1}{3}$

합동식

$$a \equiv b \ (\mathrm{mod}\ k) \rightarrow \text{정수 } a,\ b\text{를 자연수 } k\text{로 나눈 나머지가 같다.}$$

합동식의 기본 성질

임의의 정수 $a, b, c, d, k\ (k>0)$에 대하여 다음이 성립한다.

① 합·차 $a \equiv b \ (\mathrm{mod}\ k),\ c \equiv d \ (\mathrm{mod}\ k)$이면 $a \pm c \equiv b \pm d \ (\mathrm{mod}\ k)$

② 곱 $a \equiv b \ (\mathrm{mod}\ k),\ c \equiv d \ (\mathrm{mod}\ k)$이면 $ac \equiv bd \ (\mathrm{mod}\ k)$

③ 거듭제곱 $a \equiv b \ (\mathrm{mod}\ k)$이면 임의의 자연수 n에 대하여 $a^n \equiv b^n \ (\mathrm{mod}\ k)$이다.

[관련 문제]

(1) 2^{1001}을 15로 나누었을 때의 나머지를 구하여라.

(2) $2^{1000} + 2^{1001} + 2^{1002} + 2^{1003}$을 7로 나누었을 때의 나머지를 구하여라.

일반 `풀이`

(1) $2^{1001} = (2^4)^{250} \cdot 2 = 2 \cdot 16^{250}$

$2x^{250}$을 $x-1$로 나누었을 때의 몫을 $Q(x)$,

나머지를 $R(R\text{는 상수})$라 하면

$$2x^{250} = (x-1)Q(x) + R \ \cdots\cdots\ ㉠$$

㉠의 양변에 $x=1$을 대입하면 $R=2$

㉠의 양변에 $x=16$을 대입하면

$$2 \cdot 16^{250} = (16-1)Q(16) + 2$$

$$\therefore\ 2^{1001} = 15Q(16) + 2$$

따라서 2^{1001}을 15로 나누었을 때의 나머지는 2이다.

(2) $2^3 = 8 = x$로 놓으면

$2^{1000} + 2^{1001} + 2^{1002} + 2^{1003}$

$= 2 \cdot (2^3)^{333} + 4 \cdot (2^3)^{333} + (2^3)^{334} + 2 \cdot (2^3)^{334}$

$= 6 \cdot 8^{333} + 3 \cdot 8^{334} = 6x^{333} + 3x^{334}$

$6x^{333} + 3x^{334}$을 $x-1$로 나누었을 때의 몫을 $Q(x)$,

나머지를 $R\ (R\text{는 상수})$라 하면

$$6x^{333} + 3x^{334} = (x-1)Q(x) + R \cdots\cdots\ ㉠$$

㉠의 양변에 $x=1$을 대입하면 $R = 6+3 = 9$

㉠의 양변에 $x=8$을 대입하면

$$6 \cdot 8^{333} + 3 \cdot 8^{334} = 7Q(8) + 9 = 7\{Q(8)+1\} + 2$$

따라서 구하는 나머지는 2이다.

랑데뷰 `풀이`

(1) $2^4 \equiv 1 \ (\mathrm{mod}\ 15)$

$(2^4)^{250} \equiv 1^{250} \ (\mathrm{mod}\ 15) \rightarrow 2^{1000} \equiv 1 \ (\mathrm{mod}\ 15)$

$\therefore\ 2^{1001} \equiv 2 \ (\mathrm{mod}\ 15)$

(2) $2^3 \equiv 1 \ (\mathrm{mod}\ 7)$에서 $2^{999} \equiv 1 \ (\mathrm{mod}\ 7)$이므로

$2^{1000} \equiv 2 \ (\mathrm{mod}\ 7)$, $2^{1001} \equiv 4 \ (\mathrm{mod}\ 7)$,

$2^{1002} \equiv 1 \ (\mathrm{mod}\ 7)$, $2^{1003} \equiv 2 \ (\mathrm{mod}\ 7)$ 이다.

따라서 $2^{1000} + 2^{1001} + 2^{1002} + 2^{1003} \equiv 2 \ (\mathrm{mod}\ 7)$

합동식의 기본 성질 증명

① $a \equiv b \ (\mathrm{mod}\ k),\ c \equiv d \ (\mathrm{mod}\ k)$이므로

$a - b = kp,\ c - d = kq$ 이고 양변을 $\pm$하면

$(a \pm c) - (b \pm d) = k(p \pm q)$이므로 정의에 따라

$a \pm c \equiv b \pm d \ (\mathrm{mod}\ k)$

② $a \equiv b \ (\mathrm{mod}\ k),\ c \equiv d \ (\mathrm{mod}\ k)$

$a - b = kp,\ c - d = kq$ 이고 각각에 c와 b를 곱하면

$ac - bc = kpc,\ bc - bd = kqb$이고 양변을 더하면

$ac - bd = k(pc + qb)$이므로 정의에 따라

$ac \equiv bd \ (\mathrm{mod}\ k)$

③ $a \equiv b \ (\mathrm{mod}\ k)$ 이므로 $a - b = kp$이다. 한편

$a^n - b^n = (a-b)(a^{n-1} + a^{n-2}b + \cdots + b^{n-1})$에서

$a^n - b^n = kp(a^{n-1} + a^{n-2}b + \cdots + b^{n-1})$이므로

정의에 따라 $a^n \equiv b^n \ (\mathrm{mod}\ k)$

Heron의 공식

세 변의 길이가 a, b, c인 삼각형의 넓이 S는

$$S = \sqrt{s(s-a)(s-b)(s-c)} \quad (단, \ s = \frac{a+b+c}{2})$$

$$\rightarrow S = \frac{1}{4}\sqrt{(a^2+b^2+c^2)^2 - 2(a^4+b^4+c^4)}$$

[관련 문제]

a, b, c 가 삼각형의 세 변의 길이를 나타낼 때, $a^2+b^2+c^2 = 6$, $a^4+b^4+c^4 = 14$라 한다.
이 때 이 삼각형의 넓이를 구하여라.

일반 풀이

오른쪽 그림에서
피타고라스의 정리에
의하여

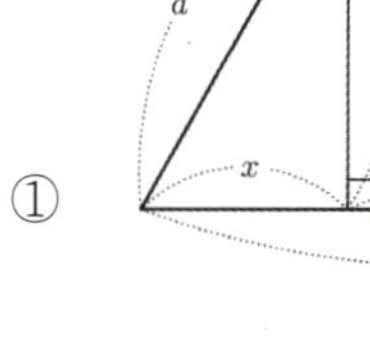

$$a^2 = x^2 + h^2 \quad \cdots \ ①$$
$$b^2 = h^2 + (c-x)^2$$
$$= h^2 + c^2 - 2cx + x^2 \quad \cdots \ ②$$

①, ②에서

$$b^2 = c^2 - 2cx + a^2 \qquad \therefore x = \frac{a^2+c^2-b^2}{2c}$$

따라서 ①에서

$$h^2 = a^2 - x^2 = a^2 - \left(\frac{a^2+c^2-b^2}{2c}\right)^2$$
$$= \frac{-(a^4+b^4+c^4)+2(a^2b^2+b^2c^2+c^2a^2)}{4c^2}$$

$$(a^2+b^2+c^2)^2 = a^4+b^4+c^4 + 2(a^2b^2+b^2c^2+c^2a^2)$$
$$2(a^2b^2+b^2c^2+c^2a^2) = (a^2+b^2+c^2)^2 - (a^4+b^4+c^4)$$
$$= 6^2 - 14 = 22$$

따라서 삼각형의 넓이를 S라고 하면

$$S^2 = \left(\frac{1}{2}ch\right)^2 = \frac{1}{4}c^2h^2$$
$$= \frac{-(a^4+b^4+c^4)+2(a^2b^2+b^2c^2+c^2a^2)}{16}$$
$$= \frac{-14+22}{16} = \frac{1}{2} \quad \therefore S = \frac{\sqrt{2}}{2}$$

랑데뷰 풀이

$$S = \frac{1}{4}\sqrt{(a^2+b^2+c^2)^2 - 2(a^4+b^4+c^4)}$$
$$= \frac{1}{4}\sqrt{6^2 - 2\times 14} = \frac{\sqrt{2}}{2}$$

설명

① 헤론 공식 증명

$$\sin B$$
$$= \sqrt{1-\cos^2 B}$$
$$= \sqrt{(1+\cos B)(1-\cos B)} \quad \leftarrow 코사인법칙$$
$$= \sqrt{\left(1+\frac{c^2+a^2-b^2}{2ca}\right)\left(1-\frac{c^2+a^2-b^2}{2ca}\right)}$$
$$= \sqrt{\frac{(c+a)^2-b^2}{2ca} \cdot \frac{b^2-(c-a)^2}{2ca}}$$
$$= \frac{\sqrt{(c+a+b)(c+a-b)(b+c-a)(b-c+a)}}{2ca}$$

$c+a+b = 2s$ 라 두면 $c+a-b = 2s-2b = 2(s-b)$,
$b+c-a = 2s-2a = 2(s-a)$,
$b-c+a = 2s-2c = 2(s-c)$

$$\sin B = \frac{\sqrt{2s \cdot 2(s-b) \cdot 2(s-a) \cdot 2(s-c)}}{2ca}$$
$$= \frac{2\sqrt{s(s-a)(s-b)(s-c)}}{ca}$$

$$\triangle ABC$$
$$= \frac{1}{2}ca\sin B = \frac{1}{2}ca \cdot \frac{2\sqrt{s(s-a)(s-b)(s-c)}}{ca}$$
$$= \sqrt{s(s-a)(s-b)(s-c)}$$

② 헤론 공식 변형

$$S = \sqrt{s(s-a)(s-b)(s-c)} \quad (단, \ s = \frac{a+b+c}{2})$$

$$S = \sqrt{\frac{(a+b+c)}{2}\frac{(-a+b+c)}{2}\frac{(a-b+c)}{2}\frac{(a+b-c)}{2}}$$

$$= \frac{1}{4}\sqrt{\{(a+b)^2 - c^2\}\{c^2 - (a-b)^2\}}$$

$$= \frac{1}{4}\sqrt{(a+b)^2 c^2 - (a^2 - b^2)^2 - c^4 + (a-b)^2 c^2}$$

$$= \frac{1}{4}\sqrt{2(a^2 b^2 + b^2 c^2 + c^2 a^2) - (a^4 + b^4 + c^4)}$$

$$= \frac{1}{4}\sqrt{(a^2 + b^2 + c^2)^2 - 2(a^4 + b^4 + c^4)}$$

브라마굽타–피보나치 항등식

$$(a^2 + b^2)(c^2 + d^2) = (ac+bd)^2 + (ad-bc)^2 = (ac-bd)^2 + (ad+bc)^2$$

[관련 문제]

$a^2 + b^2 = 2$, $c^2 + d^2 = 2$, $ac + bd = \dfrac{1}{2}$ 일 때, $ad - bc$의 값을 구하여라. (단, $ad > bc$)

일반 풀이

먼저 $ac + bd = \dfrac{1}{2}$의 양변을 제곱하여 $a^2c^2 + b^2d^2$을 구한다.

$ac + bd = \dfrac{1}{2}$의 양변을 제곱하면

$$(ac + bd)^2 = \dfrac{1}{4}$$

$$a^2c^2 + 2abcd + b^2d^2 = \dfrac{1}{4}$$

$$\therefore a^2c^2 + b^2d^2 = \dfrac{1}{4} - 2abcd \quad \cdots\cdots \text{㉠}$$

$a^2 + b^2 = 2$, $c^2 + d^2 = 2$ 이므로

$$(a^2 + b^2)(c^2 + d^2) = 4$$

$$a^2c^2 + a^2d^2 + b^2c^2 + b^2d^2 = 4$$

이 식에 ㉠을 대입하면

$$a^2d^2 + b^2c^2 + \dfrac{1}{4} - 2abcd = 4$$

$$(ad - bc)^2 + \dfrac{1}{4} = 4 \qquad \therefore (ad - bc)^2 = \dfrac{15}{4}$$

그런데 $ad > bc$이므로

$$ad - bc = \dfrac{\sqrt{15}}{2}$$

랑데뷰 풀이

브라마굽타–피보나치 항등식

$(a^2 + b^2)(c^2 + d^2) = (ac+bd)^2 + (ad-bc)^2$ 에서

$2 \times 2 = \left(\dfrac{1}{2}\right)^2 + (ad-bc)^2$ 이므로

$$(ad - bc)^2 = \dfrac{15}{4}$$

그런데 $ad > bc$이므로

$$ad - bc = \dfrac{\sqrt{15}}{2}$$

브라마굽타–피보나치 항등식의 응용

$$(a^2 + kb^2)(c^2 + kd^2) = (ac + kbd)^2 + k(ad - bc)^2$$
$$= (ac - kbd)^2 + k(ad + bc)^2$$

오일러 분수식

$$k = -\frac{a^n}{(a-b)(c-a)} - \frac{b^n}{(a-b)(b-c)} - \frac{c^n}{(c-a)(b-c)}$$

n	k
0	0
1	0
2	1
3	$a+b+c$
4	$a^2+b^2+c^2+ab+bc+ca$

[관련 문제]

한 자리의 세 자연수 a, b, c에 대하여 $a^3(b-c)+b^3(c-a)+c^3(a-b)=114$가 성립할 때,
세 수 a, b, c의 곱 abc의 값을 구하여라.

일반 풀이

주어진 등식의 좌변을 인수분해 하면

$a^3(b-c)+b^3(c-a)+c^3(a-b)$

$=a^3(b-c)+b^3c-b^3a+c^3a-c^3b$

$=a^3(b-c)-(b^3-c^3)a+bc(b^2-c^2)$

$=a^3(b-c)-(b-c)(b^2+bc+c^2)a+bc(b+c)(b-c)$

$=(b-c)(a^3-ab^2-abc-ac^2+b^2c+bc^2)$

$=(b-c)\{a(a^2-b^2)-bc(a-b)-c^2(a-b)\}$

$=(b-c)\{a(a+b)(a-b)-bc(a-b)-c^2(a-b)\}$

$=(b-c)(a-b)(a^2+ab-bc-c^2)$

$=(b-c)(a-b)\{(a^2-c^2)+b(a-c)\}$

$=(b-c)(a-b)(a-c)(a+b+c) \cdots \text{㉠}$

우변을 소인수 분해하면 $114=2\times3\times19$이고,

$c < b < a$라고 해도 일반성을 잃지 않으므로

㉠에서

$a+b+c=19,\ a-c=3,\ a-b=2,\ b-c=1$

이 성립하므로 $a=8, b=6, c=5$이다.

따라서 $abc=240$

랑데뷰 풀이

$$k = -\frac{a^n}{(a-b)(c-a)} - \frac{b^n}{(a-b)(b-c)} - \frac{c^n}{(c-a)(b-c)}$$

에서 $n=3, k=a+b+c$인 경우이므로

대입 후 양변에 $(a-b)(b-c)(c-a)$를 곱하면

$(a-b)(b-c)(c-a)(a+b+c)$

$=-a^3(b-c)-b^3(c-a)-c^3(a-b)=-114$

$c < b < a$라고 해도 일반성을 잃지 않으므로

$(a+b+c)(a-c)(a-b)(b-c)=19\times3\times2\times1$

$$(\text{또는} = 19\times3\times1\times2)$$

따라서

$a=8, b=6, c=5$이다.

따라서 $abc=240$

대칭식

: 여러 변수로 된 대수식에서 어떤 두 변수의 위치를 서로 바꾸어도 같은 식이 되는 식

(1) x, y, z에 대한 대수식 $f(x, y, z)$에서

① $f(x, y, z) = x^2 + y^2 - 2xy - z^2$와 같이 x, y를 바꾸어도 같은 식이 되면 x, y에 대한 대칭식,

② $f(x, y, z) = x^2 - y^2 - 2xz + z^2$와 같이 x, z를 바꾸어도 같은 식이 되면 x, z에 대한 대칭식,

③ $f(x, y, z) = x^2 - y^2 - 2yz - z^2$와 같이 y, z를 바꾸어도 같은 식이 되면 y, z에 대한 대칭식,

④ $f(x, y, z) = x^2 + y^2 + z^2 + 2xyz$와 같이 x, y, z중 어떤 두 문자를 바꾸어도 같은 식이 되면 **대칭식**

(2) 대칭식 중 모든 항의 차수가 같으면 동차대칭식이라 한다.

예를 들어 $f(x, y, z) = x^2 + y^2 + z^2 + 2xyz$은 대칭식이지만 x^2, y^2, z^2은 2차이고 $2xyz$는 3차이기 때문 동차대칭식은 아니다. $f(x, y, z) = x^3 + y^3 + z^3 + 2xyz$은 동차대칭식이며 차수가 모두 3차이므로 3차 동차대칭식이라 한다.

(3) 기본대칭식은 가장 간단히 나타낼 수 있는 대칭식이며 다음과 같다.

① 두 문자에 관한 식 : $x + y$, xy

② 세 문자에 관한 식 : $x + y + z$, $xy + yz + zx$, xyz

③ 네 문자에 관한 식 : $x + y + z + u$, $xy + xz + xu + yz + yu + zu$, $xyz + xyu + xzu + yzu$, $xyzu$

(4) $f(x, y, z) = x^2 y + y^2 z + z^2 x$와 같이 $x \to y$, $y \to z$, $z \to x$로 문자의 순서가 윤환한 후에도 대수식이 변하지 않으면 이런 대수식을 윤환대칭식이라고 한다.

(5) 대칭식의 성질

① 서로 같은 문자의 대칭식의 사칙연산의 결과는 대칭식이다.

$\Rightarrow$ $x + y$, xy은 대칭식이고 $x + y + xy$, $x + y - xy$, $(x + y)xy$, $\dfrac{x + y}{xy}$은 모두 대칭식이다.

② 대칭식이 어떤 형태의 항을 포함하면 반드시 이 형태와 같은 종류의 항을 포함한다.

$\Rightarrow$ x, y, z에 대한 2차 동차대칭식에서 ax^2이 포함되면 반드시 ay^2, az^2이 포함되어야 하며 bxy이 포함되면 반드시 byz, bzx이 포함되어 있다.

그래서 2차 동차 대칭식의 일반식은 $a(x^2 + y^2 + z^2) + b(xy + yz + zx)$이다.

③ 모든 대칭식은 기본대칭식으로 표현이 가능하다. (A, B, C, D는 상수)

㉠ 문자가 2개인 2차 대칭식 : $A(x + y)^2 + Bxy$

㉡ 문자가 2개인 3차 대칭식 : $A(x + y)^3 + B(x + y)xy$

㉢ 문자가 3개인 2차 대칭식 : $A(x + y + z)^2 + B(xy + yz + zx)$

㉣ 문자가 3개인 3차 대칭식 : $A(x + y + z)^3 + B(x + y + z)(xy + yz + zx) + Cxyz$

㉤ 문자가 3개인 4차 대칭식 : $A(x + y + z)^4 + B(x + y + z)^2(xy + yz + zx)$
$$+ C(x + y + z)xyz + D(xy + yz + zx)^2$$

세미나(10) 기본 대칭식

모든 대칭식은 기본대칭식으로 표현이 가능하다.

[관련 문제]

$x+y+z=a$, $xy+yz+zx=b$, $xyz=c$ 일 때, 다음 각 식을 a, b, c 로 나타내어라.

(1) $x^2+y^2+z^2$

(2) $x^2y^2+y^2z^2+z^2x^2$

(3) $(x+y)(y+z)(z+x)$

(4) $(x^2+y^2)(y^2+z^2)(z^2+x^2)$

일반 풀이

(1) $(x+y+z)^2=x^2+y^2+z^2+2(xy+yz+zx)$

에 대입하면 $a^2=x^2+y^2+z^2+2b$

$\therefore\ x^2+y^2+z^2=a^2-2b$

(2)

$(xy+yz+zx)^2=x^2y^2+y^2z^2+z^2x^2+2xyz(x+y+z)$

에 대입하면 $b^2=x^2y^2+y^2z^2+z^2x^2+2\cdot c\cdot a$

$\therefore x^2y^2+y^2z^2+z^2x^2=b^2-2ac$

(3) $x+y+z=a$에서

$x+y=a-z,\ y+z=a-x,\ z+x=a-y$이므로

$(x+y)(y+z)(z+x)=(a-z)(a-x)(a-y)$

$=a^3-(x+y+z)a^2+(xy+yz+zx)a-xyz$

$=a^3-a\cdot a^2+b\cdot a-c=ab-c$

(4) $x^2+y^2+z^2=t$로 놓으면

$x^2+y^2=t-z^2,\ y^2+z^2=t-x^2,\ z^2+x^2=t-y^2$

$\therefore (준\ 식)=(t-z^2)(t-x^2)(t-y^2)$

$\qquad\qquad =t^3-(x^2+y^2+z^2)t^2$

$\qquad\qquad\quad +(x^2y^2+y^2z^2+z^2x^2)t-x^2y^2z^2$

$\qquad\qquad =t^3-t\cdot t^2+(b^2-2ac)\cdot t-c^2$

$\qquad\qquad =(b^2-2ac)(a^2-2b)-c^2$

$\qquad\qquad =a^2b^2-2a^3c-2b^3+4abc-c^2$

랑데뷰 풀이

(1) 문자가 3개이고 2차식이므로

$x^2+y^2+z^2=A(x+y+z)^2+B(xy+yz+zx)$에서

양변 계수를 비교하면 $A=1$이고

$x^2+y^2+z^2=(x+y+z)^2+B(xy+yz+zx)$에서

$x=1,\ y=-1,\ z=0$을 대입하면 $B=-2$이므로

$x^2+y^2+z^2=a^2-2b$

(2) 문자가 3개이고 4차식이므로

$x^2y^2+y^2z^2+z^2x^2$

$=A(x+y+z)^4+B(x+y+z)^2(xy+yz+zx)$

$\quad +C(x+y+z)xyz+D(xy+yz+zx)^2$에서

양변 계수를 비교하면 $A=0,\ B=0,\ D=1$이고

$x^2y^2+y^2z^2+z^2x^2$

$=C(x+y+z)xyz+(xy+yz+zx)^2$에서

$x=1,\ y=1,\ z=1$을 대입하면 $C=-2$이므로

$x^2y^2+y^2z^2+z^2x^2$

$=(xy+yz+zx)^2-2(x+y+z)xyz=b^2-2ac$

(3) 문자가 3개이고 3차식이므로

$(x+y)(y+z)(z+x)$

$=A(x+y+z)^3+B(x+y+z)(xy+yz+zx)+Cxyz$

에서 양변 계수를 비교하면 $A=0$이다.

$(x+y)(y+z)(z+x)$

$=B(x+y+z)(xy+yz+zx)+Cxyz$이고

양변에 $x=1,\ y=1,\ z=0$대입하면 $B=1$

양변에 $x=2,\ y=-1,\ z=-1$대입하면 $C=-1$

$(x+y)(y+z)(z+x)$

$=(x+y+z)(xy+yz+zx)-xyz=ab-c$

(4) 문자가 3개이고 6차식이므로
$(x^2 + y^2)(y^2 + z^2)(z^2 + x^2)$
$= A(x+y+z)^6 + B(x+y+z)^4(xy+yz+zx)$
$+ C(x+y+z)^3(xyz) + D(x+y+z)^2(xy+yz+zx)^2$
$+ E(x+y+z)(xy+yz+zx)(xyz) + F(xy+yz+zx)^3$
$+ G(xyz)^2$에서 계수를 비교하면 $A = B = 0$
양변에 $x=1, y=-1, z=0$ 대입하면 $F=-2$
양변에 $x=1, y=1, z=0$ 대입하면 $2=4D+F$에서
$D=1$ $x=2, y=-1, z=-1$ 대입하면 $G=-1$
$x=1, y=1, z=1$과 $x=1, y=1, z=-1$ 대입하여
연립방정식을 세운 뒤 풀면 $C=-2, E=4$
$(x^2 + y^2)(y^2 + z^2)(z^2 + x^2)$
$=-2(x+y+z)^3(xyz) + (x+y+z)^2(xy+yz+zx)^2$
$+ 4(x+y+z)(xy+yz+zx)(xyz) - 2(xy+yz+zx)^3$
$-(xyz)^2 = -2a^3c + a^2b^2 - 2b^3 + 4abc - c^2$

대칭식에서 $x+y$가 인수이면 $y+z$, $z+x$도 인수이다.

일반 풀이

(1) [대칭식이 어떤 형태의 항을 포함하면 반드시 이 형태와 같은 종류의 항을 포함한다.]의 대칭식의 성질을 이용하여 $x+y$가 인수 이면 $y+z$, $z+x$도 인수임을 직관적으로 이해할 수 있다.

(2) x, y, z의 대칭식 $f(x, y, z)$가 $x+y$를 인수로 가지면 $f(x, -x, z)=0$을 만족한다.
역으로 $f(x, -x, z)=0$을 만족하면 $f(x, y, z)$은 $x+y$를 인수로 갖는다. 대칭식의 정의에 의해
$f(x, -x, z)=0 \rightarrow f(z, -x, x)=0 \rightarrow f(z, x, -x)=0$에서 z을 x로, x을 y로 바꾸면
$f(x, y, -y)=0$이고 이것은 $f(x, y, z)$가 $y+z$를 인수로 갖는 것을 의미한다.
또한 $f(x, -x, z)=0 \rightarrow f(-x, x, z)=0 \rightarrow f(-x, z, x)=0$에서 z을 y로, x을 z로 바꾸면
$f(-z, y, z)=0$이고 이것은 $f(x, y, z)$가 $z+x$를 인수로 갖는 것을 의미한다.
따라서 $x+y$가 인수 이면 $y+z$, $z+x$도 인수이다.

① $(x+y+z)^3 - x^3 - y^3 - z^3$ 을 인수분해 하여라.

풀이 $f(x, y, z) = (x+y+z)^3 - x^3 - y^3 - z^3$라 두면 $f(x, y, z)$는 3차 대칭식이고
$f(x, -x, z) = (x-x+z)^3 - x^3 - (-x)^3 - z^3 = z^3 - z^3 = 0$ 이므로 $f(x, y, z)$는 $x+y$를 인수로 갖는다.
따라서 대칭식의 성질에 의해 $(x+y+z)^3 - x^3 - y^3 - z^3 = A(x+y)(y+z)(z+x)$이고 $x=1, y=1, z=1$을 대입하면 $24 = 8A$에서 $A = 3$
$$(x+y+z)^3 - x^3 - y^3 - z^3 = 3(x+y)(y+z)(z+x)$$

② $a^2(b+c) + b^2(c+a) + c^2(a+b) + 2abc$ 을 인수분해 하여라.

풀이 $f(a, b, c) = a^2(b+c) + b^2(c+a) + c^2(a+b) + 2abc$ 라 두면 $f(a, b, c)$는 3차 대칭식이고
$f(a, -a, c) = a^2(-a+c) + a^2(c+a) + c^2(a-a) + 2a(-a)c = -a^3 + a^2c + a^2c + a^3 - 2a^2c = 0$
이므로 $f(a, b, c)$는 $a+b$를 인수로 갖는다. 따라서 대칭식의 성질에 의해
$a^2(b+c) + b^2(c+a) + c^2(a+b) + 2abc = A(a+b)(b+c)(c+a)$에
$a=b=c=1$을 대입하면 $2+2+2+2 = 8A$이므로 $A = 1$
$$a^2(b+c) + b^2(c+a) + c^2(a+b) + 2abc = (a+b)(b+c)(c+a)$$

③ $(a+b)(b+c)(c+a) + abc$ 을 인수분해 하여라.

풀이 $f(a, b, c) = (a+b)(b+c)(c+a) + abc$라 두면 $f(a, b, c)$는 3차 대칭식이고
$f(a, -a, c) = -a^2c \neq 0$이므로 대칭식이지만 $a+b$를 인수로 갖지 않는다. 따라서
$A(a+b)(b+c)(c+a)$꼴로는 인수분해 되지 않는다. 대칭식이므로 기본 대칭식으로 표현해 보면
$(a+b)(b+c)(c+a) + abc = A(a+b+c)^3 + B(a+b+c)(ab+bc+ca) + Cabc$이고 계수 비교하면 $A = 0$
$(a+b)(b+c)(c+a) + abc = B(a+b+c)(ab+bc+ca) + Cabc$에 $a=1, b=-1, c=1$을 대입하면
$-1 = -B - C$ 이고 $a=1, b=1, c=-2$을 대입하면 $0 = -2C$ 따라서 $B=1, C=0$
$$(a+b)(b+c)(c+a) + abc = (a+b+c)(ab+bc+ca)$$

교대식

: 여러 변수로 된 대수식에서 어떤 두 변수의 위치를 서로 바꾸어 놓았을 때, 양음의 부호만 바뀌는 식

(1) x, y, z에 대한 대수식 $f(x, y, z)$에서

① $f(x, y, z) = (x-y)(y+z)(z+x)$와 같이 x, y를 바꾸면 부호만 다른 식이 되면 x, y에 대한 교대식,

② $f(x, y, z) = (x-y)^2(y-z)(z-x)^2$와 같이 y, z를 바꾸면 부호만 다른 식이 되면 y, z에 대한 교대식,

③ $f(x, y, z) = (x-z)(x+y+z)$와 같이 x, z를 바꾸면 부호만 다른 식이 되면 x, z에 대한 교대식,

③ $f(x, y, z) = (x-y)^3 + (y-z)^3 + (z-x)^3$와 같이 x, y, z중 어떤 두 문자를 바꾸어도 부호만 다른 식이 되면 **교대식**이라고 한다.

(2) 교대식의 성질 : 교대식 $f(x, y, z)$은 $(x-y)(y-z)(z-x)$을 인수로 갖는다.

→ 교대식 $f(x, y, z)$은 $f(x, y, z) = -f(y, x, z)$을 만족하고 이 식에 y대신 x를 대입하면
$f(x, x, z) = -f(x, x, z)$이므로 $f(x, x, z) = 0$이 된다. 따라서 $f(x, y, z)$에 y대신 x대입하면 0이 되므로
$f(x, y, z)$은 $x-y$를 인수로 갖는다. 같은 방법으로 z대신 y를, x대신 z를 대입해 보면 0이 되므로 교대식
$f(x, y, z)$은 $(x-y)(y-z)(z-x)$을 인수로 갖는다.

(3) 교대식과 대칭식의 연산

① (교대식)$\pm$(교대식)=(교대식)　　　② (교대식)$\times$(교대식)=(대칭식)　　　③ (교대식)$\times$(대칭식)=(교대식)

⇨ 예를 들어 $f(x, y) = x-y$, $g(x, y) = 3xy(x-y)$, $h(x, y) = x^2 + y^2$라 두면 $f(x, y)$, $g(x, y)$는 교대식이고
$h(x, y)$는 대칭식이다.

① $A(x, y) = f(x, y) + g(x, y) = (3xy+1)(x-y)$이면 $A(y, x) = -(3xy+1)(x-y) = -A(x, y)$이므로
 (교대식)$\pm$(교대식)=(교대식) 임을 알 수 있다.

② $B(x, y) = f(x, y) \times g(x, y) = 3xy(x-y)^2$이면 $B(y, x) = 3yx(y-x)^2 = B(x, y)$이므로
 (교대식)$\times$(교대식)=(대칭식) 임을 알 수 있다.

③ $C(x, y) = f(x, y) \times h(x, y) = (x-y)(x^2+y^2)$이면 $C(y, x) = -(x-y)(y^2+x^2) = -C(x, y)$이고
$D(x, y) = g(x, y) \times h(x, y) = 3xy(x-y)(x^2+y^2)$이면 $D(y, x) = -3yx(x-y)(y^2+x^2) = -D(x, y)$이므로
 (교대식)$\times$(대칭식)=(교대식) 임을 알 수 있다.

(4) (교대식)=(교대식)$\times$(대칭식)으로 보고 교대식의 인수분해를 정리해 보자.

① 문자가 3개인 3차 교대식$= k(x-y)(y-z)(z-x)$

② 문자가 3개인 4차 교대식$= k(x-y)(y-z)(z-x)(x+y+z)$

③ 문자가 3개인 5차 교대식$= (x-y)(y-z)(z-x)\{A(x+y+z)^2 + B(xy+yz+zx)\}$

④ 문자가 3개인 6차 교대식$= (x-y)(y-z)(z-x)\{A(x+y+z)^3 + B(x+y+z)(xy+yz+zx) + Cxyz\}$

예) $x^2y^2(x-y) + y^2z^2(y-z) + z^2x^2(z-x)$은 문자가 3개인 5차 교대식이므로
$x^2y^2(x-y) + y^2z^2(y-z) + z^2x^2(z-x) = (x-y)(y-z)(z-x)\{A(x+y+z)^2 + B(xy+yz+zx)\}$에서
$x=1, y=-1, z=0$대입하면 $2 = 2(-B)$, $x=1, y=2, z=0$대입하면 $-4 = 2(9A+2B)$에서
$A=0, B=-1$ $\therefore x^2y^2(x-y) + y^2z^2(y-z) + z^2x^2(z-x) = -(x-y)(y-z)(z-x)(xy+yz+zx)$

문자가 3개인 교대식의 인수분해

(1) 3차 교대식 $= k(x-y)(y-z)(z-x)$

(2) 4차 교대식 $= k(x-y)(y-z)(z-x)(x+y+z)$

(3) 5차 교대식 $= (x-y)(y-z)(z-x)\{A(x+y+z)^2 + B(xy+yz+zx)\}$

일반 풀이

(1) ① $(a-b)^3 + (b-c)^3 + (c-a)^3$을 인수분해 하여라.

풀이 $(a-b)^3 + (b-c)^3 + (c-a)^3$은 문자가 3개인 3차 교대식이므로

$(a-b)^3 + (b-c)^3 + (c-a)^3 = k(a-b)(b-c)(c-a)$에서 $a=1$, $b=-1$, $c=0$을 대입하면

$6 = 2k$에서 $k=3$ $\therefore (a-b)^3 + (b-c)^3 + (c-a)^3 = 3(a-b)(b-c)(c-a)$

② $a^2(b-c) + b^2(c-a) + c^2(a-b)$ 을 인수분해 하여라.

풀이 $a^2(b-c) + b^2(c-a) + c^2(a-b)$ 은 문자가 3개인 3차 교대식이므로

$a^2(b-c) + b^2(c-a) + c^2(a-b) = k(a-b)(b-c)(c-a)$에서 $a=1$, $b=-1$, $c=0$을 대입하면

$-2 = 2k$에서 $k=-1$ $\therefore a^2(b-c) + b^2(c-a) + c^2(a-b) = -(a-b)(b-c)(c-a)$

③ $a(b^2-c^2) + b(c^2-a^2) + c(a^2-b^2)$을 인수분해 하여라.

풀이 $a(b^2-c^2) + b(c^2-a^2) + c(a^2-b^2)$은 문자가 3개인 3차 교대식이므로

$a(b^2-c^2) + b(c^2-a^2) + c(a^2-b^2) = k(a-b)(b-c)(c-a)$에서 $a=1$, $b=-1$, $c=0$을 대입하면

$2 = 2k$에서 $k=1$ $\therefore a(b^2-c^2) + b(c^2-a^2) + c(a^2-b^2) = (a-b)(b-c)(c-a)$

---

(2) ① $a^3(b-c) + b^3(c-a) + c^3(a-b)$을 인수분해 하여라.

풀이 $a^3(b-c) + b^3(c-a) + c^3(a-b)$은 문자가 3개인 4차 교대식이므로

$a^3(b-c) + b^3(c-a) + c^3(a-b) = k(a-b)(b-c)(c-a)(a+b+c)$에서 $a=1$, $b=-2$, $c=0$을 대입하면

$6 = -6k$에서 $k=-1$ $\therefore a^3(b-c) + b^3(c-a) + c^3(a-b) = -(a-b)(b-c)(c-a)(a+b+c)$

② $x(y^3-z^3) + y(z^3-x^3) + z(x^3-y^3)$을 인수분해 하여라.

풀이 $x(y^3-z^3) + y(z^3-x^3) + z(x^3-y^3)$은 문자가 3개인 4차 교대식이므로

$x(y^3-z^3) + y(z^3-x^3) + z(x^3-y^3) = k(x-y)(y-z)(z-x)(x+y+z)$에서 $x=1$, $y=-2$, $z=0$을

대입하면 $-6 = -6k$에서 $k=1$ $\therefore x(y^3-z^3) + y(z^3-x^3) + z(x^3-y^3) = (x-y)(y-z)(z-x)(x+y+z)$

---

(3) $(x-y)^5 + (y-z)^5 + (z-x)^5$을 인수분해 하여라.

풀이 $(x-y)^5 + (y-z)^5 + (z-x)^5$은 문자가 3개인 5차 교대식이므로

$(x-y)^5 + (y-z)^5 + (z-x)^5 = (x-y)(y-z)(z-x)\{A(x+y+z)^2 + B(xy+yz+zx)\}$에서

$x=1$, $y=-1$, $z=0$ 대입하면 $30 = B(-2)$, $x=1$, $y=2$, $z=0$ 대입하면 $30 = 2(9A+2B)$에서

$A=5$, $B=-15$

$(x-y)^5 + (y-z)^5 + (z-x)^5 = (x-y)(y-z)(z-x)\{5(x+y+z)^2 - 15(xy+yz+zx)\}$

$= 5(x-y)(y-z)(z-x)\{(x+y+z)^2 - 3(xy+yz+zx)\}$

$= 5(x-y)(y-z)(z-x)(x^2+y^2+z^2-xy-yz-zx)$

복이차식 실계수방정식의 한 근이 $p+qi$ 이면

그 켤레근 $p-qi$ 와 반수근 $-p-qi$ 및 그 켤레근 $-p+qi$ 도 근이다.

[관련 문제]

① x 에 대한 사차방정식 $x^4-3x^2+k=0$ 의 네 근 중 두 근의 합이 1 이 된다고 할 때,

　k 를 구하여라. (단, k 는 실수)

② 사차 방정식 $x^4+ax^2+b=0$ 의 한 근이 $p+qi$ 일 때, 다음 중 사차방정식 $x^4+ax^2+b=0$ 의 모든 근의 곱과

　항상 같은 것은? (단, a, b, p, q 는 0 이 아닌 실수이다.)

　① p^2-q^2 　　② p^2+q^2 　　③ $(p^2-q^2)^2$ 　　④ $(p^2+q^2)^2$ 　　⑤ $(p^2-q^2)(p^2+q^2)$

일반 풀이

① 주어진 사차방정식이 x 에 대한 복이차식이므로
방정식의 네 근을 $\pm\alpha$, $\pm\beta$ 라 할 수 있다.
따라서 $X=x^2$ 일 때 X 에 대한 이차방정식
$X^2-3X+k=0$ 의 두 근은 α^2, β^2 이다.
근과 계수의 관계에서 $\alpha^2+\beta^2=3$, $\alpha^2\beta^2=k$
또한, 두 근의 합이 1 이므로 $\alpha+\beta=1$ 이라 해도
일반성을 잃지 않는다.
$(\alpha+\beta)^2=\alpha^2+\beta^2+2\alpha\beta$
$\Rightarrow 1^2=3+2\alpha\beta \Rightarrow \alpha\beta=-1$ 　$\therefore$ 　$k=(\alpha\beta)^2=1$

② 사차방정식 $x^4+ax^2+b=0$ 의 한 근이 $p+qi$ 이고
계수가 모두 실수이므로 $p-qi$ 도 근이다.
이때 주어진 방정식의 한 근을 α 라 하면
$$\alpha^4+a\alpha+b=(-\alpha)^4+a(-\alpha)^2+b=0$$
이므로 $-\alpha$ 도 근이다. 따라서 주어진 방정식의 근은
$$p+qi, \quad p-qi, \quad -p+qi, \quad -p-qi$$
이므로 모든 근의 곱은
$$(p+qi)(p-qi)(-p+qi)(-p-qi)$$
$$=(p^2+q^2)(p^2+q^2)=(p^2+q^2)^2$$

참고 – 사차방정식의 근과 계수와의 관계

$ax^4+bx^3+cx^2+dx+e=0$ 의 네 근이 α, β, γ, δ

㉠ $\alpha+\beta+\gamma+\delta=-\dfrac{b}{a}$

㉡ $\alpha\beta+\alpha\gamma+\alpha\delta+\beta\gamma+\beta\delta+\gamma\delta=\dfrac{c}{a}$

㉢ $\alpha\beta\gamma+\alpha\beta\delta+\alpha\gamma\delta+\beta\gamma\delta=-\dfrac{d}{a}$

㉣ $\alpha\beta\gamma\delta=\dfrac{e}{a}$

랑데뷰 풀이

① k 가 실수이고 두 근의 합이 1 이므로

네 근은 $\dfrac{1}{2}+qi$, $\dfrac{1}{2}-qi$, $-\dfrac{1}{2}+qi$, $-\dfrac{1}{2}-qi$

라 할 수 있다. (q 는 복소수) 근과 계수와의 관계에서

$2q^2-\dfrac{1}{2}=-3$ 에서 $q^2=-\dfrac{5}{4}$ 이고

$\left(\dfrac{1}{4}+q^2\right)\left(\dfrac{1}{4}+q^2\right)=k$ 에서 $k=1$

$\Rightarrow k=1$ 이면 방정식 $x^4-3x^2+1=0$ 은 서로 다른 네
실근을 갖는다. $x^4-3x^2+1=0$ 의 네 실근은
$\dfrac{\sqrt{5}+1}{2}$, $\dfrac{-\sqrt{5}-1}{2}$, $\dfrac{\sqrt{5}-1}{2}$, $\dfrac{-\sqrt{5}+1}{2}$ 이다.

한편, $q^2=-\dfrac{5}{4}$ 에서 $q=\pm\dfrac{\sqrt{5}}{2}i$ 이므로

네 근 $\dfrac{1}{2}+qi$, $\dfrac{1}{2}-qi$, $-\dfrac{1}{2}+qi$, $-\dfrac{1}{2}-qi$ 에

대입하면 일치함을 확인할 수 있다.

② 실계수 복이차 방정식이므로 네 근이
$p+qi$, $p-qi$, $-p-qi$, $-p+qi$ 이고 네 근의 곱은
$(p^2+q^2)(p^2+q^2)=(p^2+q^2)^2$ 이다.

설명

a, b, c가 실수이고

$ax^4 + bx^2 + c = 0$의 한 근이 $p+qi$이면

(i) 실계수 방정식에서 복소수가 한 근이므로 켤레근에 의하여 $p-qi$도 근이다.

(ii) $x = p+qi$를 대입하면

$a(p+qi)^4 + b(p+qi)^2 + c = 0 \rightarrow$

$a(-p-qi)^4 + b(-p-qi)^2 + c = 0$이므로

$-p-qi$도 근이다.

(iii) $x = p-qi$를 대입하면

$a(p-qi)^4 + b(p-qi)^2 + c = 0 \rightarrow$

$a(-p+qi)^4 + b(-p+qi)^2 + c = 0$이므로

$-p+qi$도 근이다.

따라서 (i), (ii), (iii)에 의해 복이차식 실계수방정식의 한 근이 $p+qi$이면 그 켤레근 $p-qi$와 반수근 $-p-qi$ 및 그 켤레근 $-p+qi$도 근이다.

두 식의 곱이 음수일 때 두 식이 음수이어야 하는 상황은 부등호에 등호를 붙여 사용할 수 없다.

$$\sqrt{AB}=-\sqrt{A}\sqrt{B} \ \Rightarrow\ A<0,\ B<0 \text{ 또는 } A=0 \text{ 또는 } B=0$$

$\sqrt{x^2-1}=-\sqrt{x+1}\sqrt{x-1}$ 을 만족하는 실수 x의 범위는?

[틀린 풀이]

$\sqrt{(x+1)(x-1)}=-\sqrt{x+1}\sqrt{x-1}$ 이므로 $x+1\leq 0,\ x-1\leq 0$이다.

$\therefore\ x\leq -1\ (X)$

[옳은 풀이]

$\sqrt{(x+1)(x-1)}=-\sqrt{x+1}\sqrt{x-1}$ 이므로 $x+1<0,\ x-1<0$ 또는 $x=-1$ 또는 $x=1$이다.

$\rightarrow\ x<-1$ 또는 $x=-1$ 또는 $x=1$이다.

$\therefore\ x\leq -1$ 또는 $x=1\ (O)$

일반 `풀이`

2019학년도 11월 수능 14번-응용

이차함수 $y=f(x)$의 그래프와 일차함수 $y=g(x)$의 그래프가 그림과 같을 때, 부등식

$$f(x)g(x)\leq 3g(x)$$

을 만족시키는 모든 자연수 x의 값의 합은? [4점]

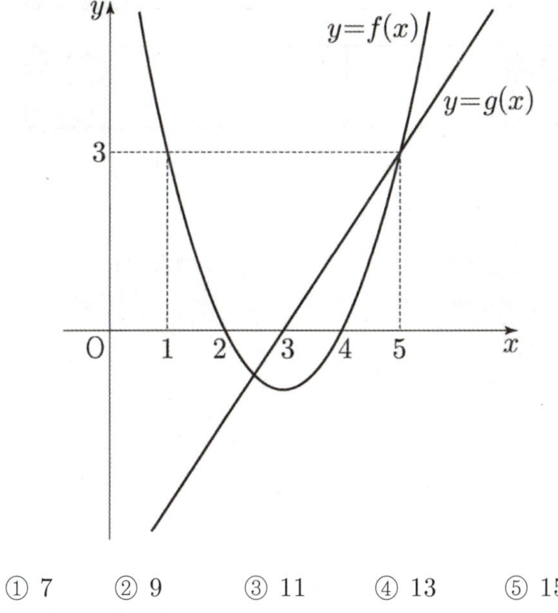

① 7 ② 9 ③ 11 ④ 13 ⑤ 15

랑데뷰 `풀이`

풀이1

$f(x)g(x)\leq 3g(x) \rightarrow \{f(x)-3\}g(x)\leq 0$

$\{f(x)-3\}g(x)\leq 0$에서

(i) $f(x)<3,\ g(x)>0$일 때, $x=4$

(ii) $f(x)>3,\ g(x)<0$일 때, 자연수 x는 존재하지 않는다.

(iii) $f(x)=3$일 때, $x=1,\ x=5$

(iv) $g(x)=0$일 때, $x=3$

(i)~(iv)에서 x의 값의 합은 $1+3+4+5=13$이다.

그런데 이런 경우는 각각의 식이 음수이어야 하는 상황이 아니므로 부등호에 등호를 붙여 사용할 수 있다.

풀이2

$f(x)g(x)\leq 3g(x) \rightarrow \{f(x)-3\}g(x)\leq 0$

(i) $f(x)-3\geq 0,\ g(x)\leq 0$ 인 경우: $x\leq 1$

(ii) $f(x)-3\leq 0,\ g(x)\geq 0$ 인 경우: $3\leq x\leq 5$

따라서 조건을 만족시키는 모든 자연수는 $1,\ 3,\ 4,\ 5$ 이므로 구하는 합은 $1+3+4+5=13$

원형 모양의 테두리에서 내부의 한 점을 연결하여 나타난 n개의 영역에 m종류의 색으로 색칠하는 경우의 수를 a_n이라 할 때

$$a_n + a_{n-1} = m \times (m-1)^{n-1}$$

(단, $n \geq 2$이고 m개의 색을 모두 사용할 필요는 없고 경계가 구분되도록 칠한다.)

[관련 문제]

오른쪽 그림과 같이 어느 도시를 4개의 영역으로 나누어 놓은 지도를 서로 다른 4가지 색으로 칠하려고 한다. A, B, C, D 의 영역에 같은 색을 중복하여 이용해도 좋으나 인접한 영역은 서로 다른 색으로 칠할 때, 칠하는 방법의 수를 구하여라.

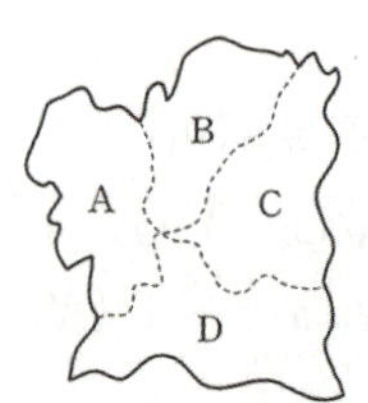

일반 풀이

(i) B와 D가 같은 색인 경우

D에 칠할 수 있는 색은 4가지, A에 칠할 수 있는 색은 D에 칠한 색을 제외한 3가지, B에 칠할 수 있는 색은 D에 칠한 색과 같은 색이므로 1가지, C에 칠할 수 있는 색은 B와 D에 칠한 색을 제외한 3가지이므로 경우의 수는

$$4 \cdot 3 \cdot 1 \cdot 3 = 36$$

(ii) B와 D가 다른 색인 경우

D에 칠할 수 있는 색은 4가지, A에 칠할 수 있는 색은 D에 칠한 색을 제외한 3가지, B에 칠할 수 있는 색은 A와 D에 칠한 색을 제외한 2가지, C에 칠할 수 있는 색은 B와 D에 칠한 색을 제외한 2가지이므로 경우의 수는

$$4 \cdot 3 \cdot 2 \cdot 2 = 48$$

(i), (ii)에서 구하는 방법의 수는 $36 + 48 = 84$

랑데뷰 풀이

4가지 색으로 n개의 원형 모양의 영역에 색칠하는 방법의 수를 a_n이라 할 때

$a_3 = 4 \times 3 \times 2 = 24$이므로

$a_3 + a_4 = 4 \times 3^3$ $\therefore$ $a_4 = 108 - 24 = 84$

따라서 84

설명

다음 그림과 같은 n개의 영역에 m종류의 색으로 칠하는 방법의 수는 $m \times (m-1)^{n-1}$이다.

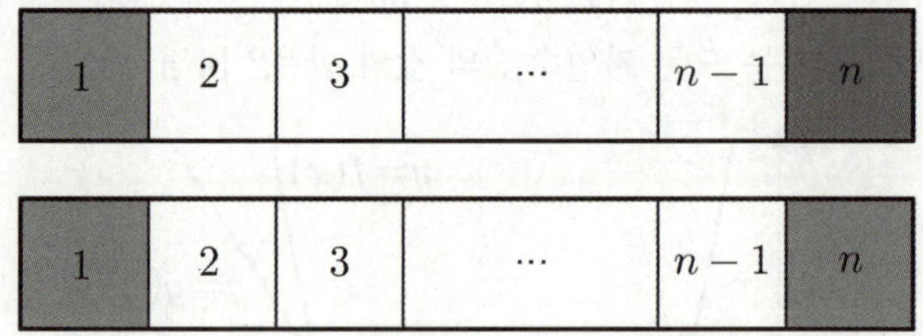

이 때, $m \times (m-1)^{n-1}$은 다음 그림과 같이 영역 1과 영역 n의 색이 다른 경우와 같은 경우의 2가지 경우로 생각할 수 있다.

이것을 원형 모양으로 변형하면 다음과 같다.

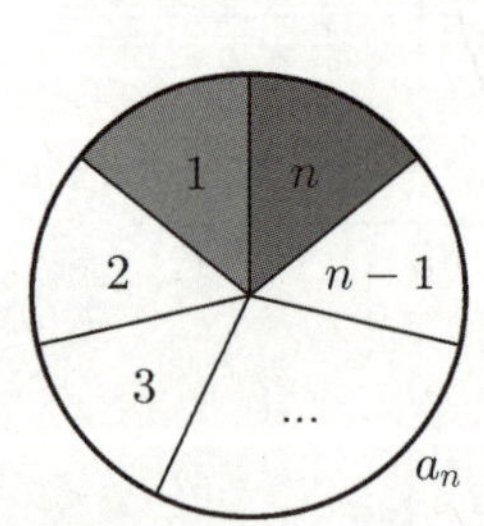
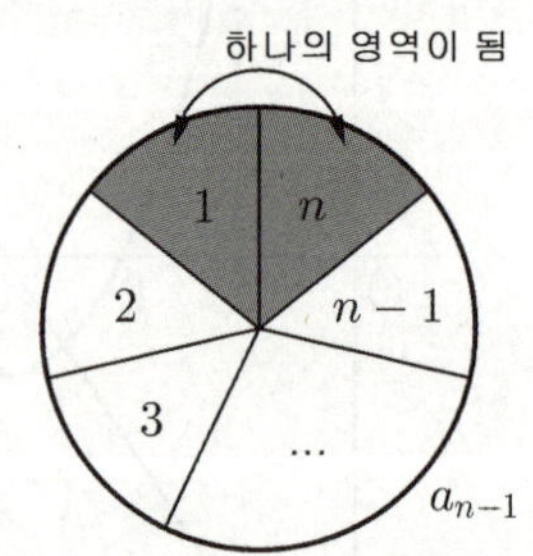

따라서

원형 모양의 테두리에서 내부의 한 점을 연결하여 나타난 n개의 영역에 m종류의 색으로 색칠하는 경우의 수를 a_n이라 할 때

$$a_n + a_{n-1} = m \times (m-1)^{n-1}$$

원형 모양의 테두리에서 내부의 한 점을 연결하여 나타난 n개의 영역에
m종류의 색으로 색칠하는 경우의 수를 a_n이라 할 때

$$\Rightarrow a_n = (m-1)^n + (-1)^n(m-1)$$

(단, $n \geq 2$이고 m개의 색을 모두 사용할 필요는 없고 경계가 구분되도록 칠한다.)
특히, m종류의 색을 모두 사용할 때의 경우의 수는 $a_n - m \times b_n$이다.
(단, b_n은 $m-1$개의 색을 사용하여 n개의 영역을 사용하는 경우의 수이다.)

[관련 문제]

오른쪽 그림과 같이 어느 도시를 4개의 영역으로 나누어 놓은 지도를 서로 다른 4가지 색으로
칠하려고 한다. A, B, C, D의 영역에 같은 색을 중복하여 이용해도 좋으나 인접한 영역은 서로 다른
색으로 칠할 때, 칠하는 방법의 수를 구하여라.

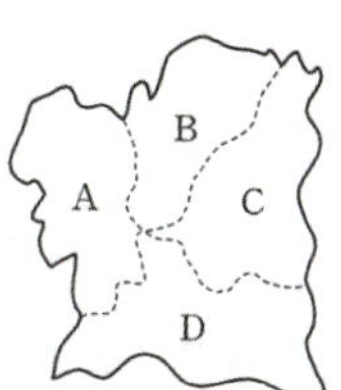

일반 풀이

(i) B와 D가 같은 색인 경우
D에 칠할 수 있는 색은 4가지, A에 칠할 수 있는 색은
D에 칠한 색을 제외한 3가지, B에 칠할 수 있는 색은
D에 칠한 색과 같은 색이므로 1가지, C에 칠할 수 있는
색은 B와 D에 칠한 색을 제외한 3가지이므로 경우의 수는
$$4 \cdot 3 \cdot 1 \cdot 3 = 36$$

(ii) B와 D가 다른 색인 경우
D에 칠할 수 있는 색은 4가지, A에 칠할 수 있는 색은
D에 칠한 색을 제외한 3가지, B에 칠할 수 있는 색은
A와 D에 칠한 색을 제외한 2가지, C에 칠할 수 있는
색은 B와 D에 칠한 색을 제외한 2가지이므로 경우의 수는
$$4 \cdot 3 \cdot 2 \cdot 2 = 48$$

(i), (ii)에서 구하는 방법의 수는 $36 + 48 = 84$

랑데뷰 풀이

4가지 색으로 n개의 원형 모양의 영역에 색칠하는 방법의
수를 a_n이라 할 때
$$a_4 = 3^4 + (-1)^4 \times 3 = 84$$

설명

원형 모양의 테두리에서 내부의 한 점을 연결하여 나타난
n개의 영역에 m종류의 색으로 색칠하는 경우의 수를
a_n이라 할 때
$$a_n + a_{n-1} = m \times (m-1)^{n-1} \cdots ① 이고$$
$$a_2 = m(m-1), \quad a_3 = m(m-1)(m-2)이다. \text{ 이때}$$
n에 $n+1$을 대입하면
$$a_{n+1} + a_n = m \times (m-1)^n \cdots ②$$
②÷①을 하면
$$a_{n+1} + a_n = (m-1)(a_n + a_{n-1})$$
$$a_{n+1} - (m-2)a_n - (m-1)a_{n-1} = 0$$
특성 방정식의 근이 -1, $(m-1)$이므로
(i) $a_{n+1} + a_n = (m-1)(a_n + a_{n-1})$에서
$$a_{n+1} + a_n = (a_3 + a_2)(m-1)^{n-2}$$
$$= \{m(m-1)(m-2) + m(m-1)\}(m-1)^{n-2}$$
$$= m(m-1)^2(m-1)^{n-2} = m(m-1)^n \cdots ③$$
(ii) $a_{n+1} - (m-1)a_n = -\{a_n - (m-1)a_{n-1}\}$에서
$$a_{n+1} - (m-1)a_n = \{a_3 - (m-1)a_2\}(-1)^{n-2}$$
$$= \{m(m-1)(m-2) - (m-1)^2 m\}(-1)^{n-2}$$
$$= m(m-1)(-1)^{n-1} \cdots ④$$
(i), (ii)에서 ③−④을 하면
$$m \times a_n = m(m-1)^n - m(m-1)(-1)^{n-1}$$
$$\therefore a_n = (m-1)^n + (-1)^n(m-1)$$

$$\text{몽모르트 순열} \rightarrow a_n = (n-1)(a_{n-1} + a_{n-2}) \ (\text{단, } n \geq 3)$$

$1, 2, 3, \cdots, n$ 의 번호가 적힌 카드를 $1, 2, 3, \cdots, n$ 의 번호가 적힌 봉투에 넣을 때,

각 카드가 제 번호의 봉투에 들어가지 않는 모든 경우의 수는 $n!\left\{\dfrac{1}{2!} - \dfrac{1}{3!} + \dfrac{1}{4!} - \cdots (-1)^n \cdot \dfrac{1}{n!}\right\}$ 이다.

[관련 문제]

반장과 부반장을 포함한 7명의 학생이 쪽지시험을 본 후 7장의 답안지를 섞은 다음에 임의로 하나씩 뽑는다. 반장과 부반장은 답안지를 서로 바꾸고, 나머지 5명은 다른 학생의 답안지를 뽑을 경우의 수를 구하여라.

일반 `풀이`

반장과 부반장은 답안지를 서로 바꾸므로 7명의 학생 중 반장과 부반장을 제외한 5명의 학생을 A, B, C, D, E라 하고, 각각의 답안지를 a, b, c, d, e라 하면 A학생이 b답안지를 뽑는 경우 나머지 학생들도 각각 다른 학생의 답안지를 뽑아야 하므로 그 경우의 수는 오른쪽 수형도와 같이 11 이다.

이때, A학생이 뽑을 수 있는 답안지는 b, c, d, e의 4개이므로 5명의 학생이 다른 학생의 답안지를 뽑는 경우의 수는 $11 \cdot 4 = 44$(가지)

랑데뷰 `풀이`

몽모르트 순열에서 $n = 5$ 인 경우이므로

$$5!\left\{\dfrac{1}{2!} - \dfrac{1}{3!} + \dfrac{1}{4!} - \dfrac{1}{5!}\right\} = 60 - 20 + 5 - 1 = 44 \text{ 이다.}$$

설명 : (완전순열 또는 교란순열이라고도 한다.)

$1, 2, 3, \cdots, n$ 의 번호가 적힌 카드를 $1, 2, 3, \cdots, n$ 의 번호가 적힌 봉투에 넣을 때, 각 카드가 제 번호의 봉투에 들어가지 않는 모든 경우의 수를 a_n 이라 하고 (카드, 봉투) 로 순서쌍을 만들 때 카드 1번을 기준으로 생각하면 (1, 2) 일 때 (2, 1) 또는 (2, not 1) 인 경우가 생기고 (1, 2), (2, 1) 이면 나머지 카드 3~n가 나머지 봉투 3~n에 정해진 규칙에 들어가면 되므로 a_{n-2}가 생긴다. (1, 2), (2, not 1)인 경우는 카드 1번을 없애고 봉투 2번을 없앤 뒤 봉투 1번에 2번 번호를 부여하면 카드 2~n가 봉투 2~n에 정해진 규칙에 들어가면 되므로 a_{n-1}이 된다. 이런 경우가 $(1, 2), (1, 3) \ldots (1, n)$인 $n-1$가지가 생기므로

$$a_n = (n-1)(a_{n-1} + a_{n-2})$$

n에 $n+2$를 대입하면 $a_{n+2} = (n+1)(a_{n+1} + a_n)$

$$a_{n+2} - (n+2)a_{n+1} = -\{a_{n+1} - (n+1)a_n\}$$

$a_{n+1} - (n+1)a_n = (-1)^{n-1}$ 양변을 $\div (n+1)!$

$$\dfrac{a_{n+1}}{(n+1)!} - \dfrac{a_n}{n!} = \dfrac{(-1)^{n-1}}{(n+1)!} = \dfrac{(-1)^{n+1}}{(n+1)!}$$

$$\dfrac{a_n}{n!} = a_1 + \sum_{k=1}^{n-1} \dfrac{(-1)^{k+1}}{(k+1)!} \ (a_1 = 0)$$

$$a_n = n!\left\{\dfrac{1}{2!} - \dfrac{1}{3!} + \dfrac{1}{4!} - \cdots (-1)^n \cdot \dfrac{1}{n!}\right\}$$

세미나(19) 케일리 공식

섬에 다리 연결하는 문제

n개의 섬에 $n-1$개의 다리로 모든 섬을 연결하는 방법의 수

$\Rightarrow n^{n-2}$ (케일리 공식)

[관련 문제]

오른쪽 그림과 같이 4개의 섬이 있다. 3개의 다리를 건설하여
4개의 섬 모두를 연결하는 방법의 수를 구하시오.

[1998학년도 수능 기출]

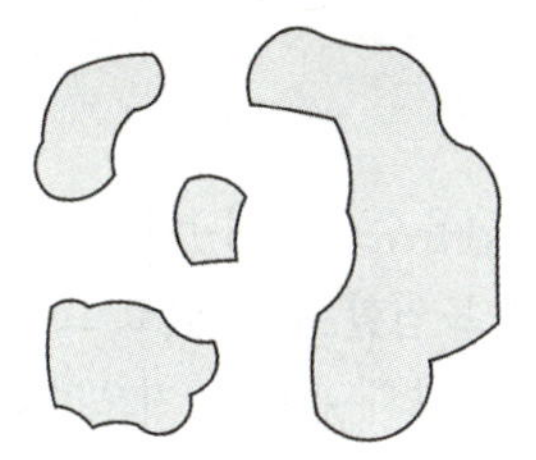

일반 풀이

(i) 한 섬에 다리를 1개 또는 2개를 건설하는 경우는

A→B→C→D ,

A→C→D→B ,

　…

D→C→B→A ,

B→D→C→A ,

　…

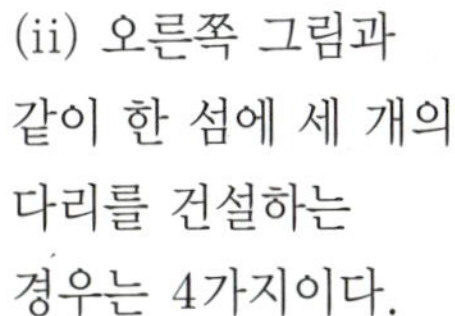

$4 \times 3 \times 2 \times 1 = 24$(가지)

A→B→C→D 와 D→C→B→A ,

A→C→D→B 와 B→D→C→A 와 같은 것이

2가지씩 있으므로 $\dfrac{24}{2} = 12$(가지)

(ii) 오른쪽 그림과
같이 한 섬에 세 개의
다리를 건설하는
경우는 4가지이다.

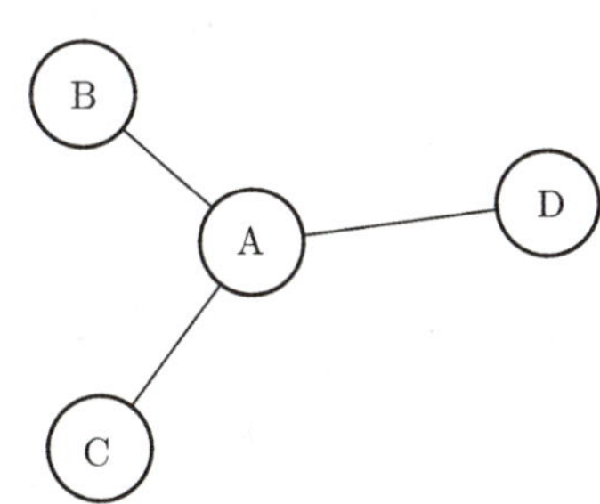

(i), (ii)에서

$\therefore \ 12 + 4 = 16$(가지)

랑데뷰 풀이

$n = 4$인 경우이므로

$4^2 = 16$이다.

설명

그래프 이론을 통해 설명하고 증명할 수 있다는 정도로만
알고 있다. (필자의 능력 밖의 내용)

아래 문제는 중학교 심화 문제집에 실린 문제이다.
중학생이 풀기에는 너무 어려운 문제가 아닌가
싶다. 정답은 케일리 공식에서 $n = 5$인 경우이므로
$5^3 = 125$이다.

22 도전문제

오른쪽 그림과 같이 A, B, C, D,
E 다섯 개의 섬이 있다. 이 섬들
사이에 네 개의 다리를 놓아 모든
섬이 연결되게 하려고 한다. 이때
다리를 이용하여 섬들을 연결하는
방법의 수는?

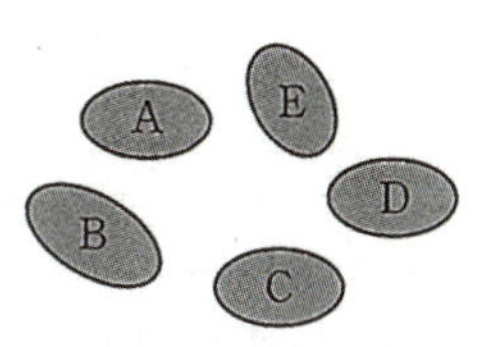

① 120　　② 125　　③ 135

④ 140　　⑤ 150

형식불역의 원리

요약

기존의 체계에서의 인정된 성질은 필연적으로 제한된 조건이 붙을 수밖에 없는데 이러한 조건을 없애고 완전하게 일반화 하기 위해 필요한 원리이다.

설명

(음수)×(음수)=(양수)인 것을 교수학적으로 설명하려는 시도는 수직선 모델이나 채무 관계 등의 다양한 직관적인 모델을 통해 도입할 수도 있고 그 본질에 입각하여 형식적으로 정의할 수 있다. 그러나 처음에 음수 개념과 음수의 연산을 실제의 물리량과 관련을 지으려고 하면서 그 정당성은 획득하기 어려웠다. 17세기에 이르러 해석기하학이 탄생되면서 어떤 개념에 대한 다양한 해석을 시도하게 되었는데, 데카르트에 의한 기하학의 좌표화는 음수에 대한 확신을 한층 강화시켜 음수를 정당한 수로 만드는 계기가 되었으며, 방정식의 일반적인 타당성에 대한 요구 때문에 그 효용성이 일반적으로 용인받게 된 것이다.

그 후 19세기 독일의 수학자 Hankel에 의해 수에 대한 관점의 기본적인 변화가 일어나게 되었는데, 곧 구체적인 관점에서 형식적인 관점으로의 변화이다. Hankel은 음수를 받아들이기 위하여 구체적인 모델을 더 이상 찾지 않았다. 그에게 음수는 실제적인 것을 나타내는 개념이 아니라 형식적인 구조를 이루는 것이었다. 여기서 비로소 음수 개념을 량의 개념과 관련짓지 않고 순전히 형식적인 개념으로 간주할 수 있게 되었다. Hankel은 양수 체계를 구성하는 여러 가지 원리를 그대로 유지하면서 음수 체계를 연구하였는데, 이렇게 하여 얻은 음수의 구조는 대수적으로 모순이 없음을 확인하였다. 이것이 바로 형식불역의 원리이다.

$$a^0 = 0! = {}_nP_0 = {}_nC_0 = 1$$

① $a^{m-n} = a^m \div a^n$에서 $m = n$이라면 $a^0 = a^{m-n} = a^m \div a^n = \dfrac{a^m}{a^n} = 1$

② $0! = 1 \Rightarrow {}_nP_r = \dfrac{n!}{(n-r)!}$이 $r = n$일 때도 **성립한다고 가정하면** $0! = 1$ (←감마함수로 증명 가능)

③ ${}_nP_0 = 1,\ {}_nC_0 = 1 \Rightarrow {}_nP_r = \dfrac{n!}{(n-r)!},\ {}_nC_r = \dfrac{n!}{(n-r)!\,r!}$이 $r = 0$일 때도 **성립한다고 가정하면**

    ${}_nP_0 = 1,\ {}_nC_0 = 1$

④ $x^2 - 2x + 4 = 0 \rightarrow x = 1 \pm \sqrt{3}\,i$ $\Rightarrow$ 이차방정식이 허근을 가질 때에도 근의 공식으로 근을 구할 수 있다고 **가정하면** (형식불역의 원리로) 근의 공식을 사용해서 구할 수 있다.

$1 \sim n$까지의 연속된 수에서 k개의 연속되지 않는 수를 선택하는 경우의 수는

$$\Rightarrow \ _{n-k+1}C_k$$

[관련 문제]

$1 \sim 15$까지 자연수 중 연속되지 않는 5개 수를 선택하는 방법의 수를 구하여라.

일반 풀이

크기와 모양이 같은 파란공 5개, 빨간공 10개 있다. 빨간공을 일렬로 나열한다. 같은 공이기에 발생하는 가지수는 1이다.

그럼 파란공이 하나씩 들어갈 수 있는 공간이 11개가 생긴다. 그 11개 중 5개를 선택한 뒤 파란공을 넣어 준다. 그 뒤 $1 \sim 15$까지 처음부터 공에 숫자를 새긴다. 파란공에 적힌 숫자가 $1 \sim 15$까지 수 중 연속되지 않는 선택된 수 5개다.

따라서 $_{11}C_5 = 462$가지이다.

랑데뷰 설명

$1 \sim n$ 까지 연속된 자연수에서 k개의 연속되지 않는 자연수를 선택하는 경우의 수를 다음과 같은 방법으로 생각해보자.

(i) 모양이 같은 공 n개에서 파란공 k개와 빨간공 $n-k$개가 있다고 생각하자.

(ii) 우선 빨간공 $n-k$개를 일렬로 나열한다. 이때 발생하는 경우의 수는 1가지다.

(iii) 나열된 빨간공 사이에 파란공 k개가 이웃하지 않게 들어 갈수 있는 곳은 $n-k+1$개다.

(iv) 따라서 n개의 공($n-k$개의 빨간공과 k개의 파란공)을 일렬로 나열할 때 파란공 k개가 이웃하지 않게 경우의 수는 $_{n-k+1}C_k$

(v) 나열된 공에 처음으로 차례대로 $1, 2, 3, \cdots, n$을 적는다.

(vi) 다시 문제로 돌아가서 $1 \sim n$까지 연속된 자연수는 빨간공과 파란공의 총 개수가 되고 k개의 연속되지 않는 자연수는 빨간공 사이에 들어간 이웃하지 않는 파란공이 된다.

따라서 다음은 $1 \sim n$ 까지 연속된 자연수에서 k개의 연속되지 않는 자연수를 선택하는 방법의 수 $_{n-k+1}C_k$이다.

그런데 $n-k+1 \geq k$이므로 $2k \leq n+1$에서 $k \leq \dfrac{n+1}{2}$이다. k는 자연수이므로 $k \leq \left[\dfrac{n+1}{2}\right]$이다.

$$_nC_r = {}_{n-1}C_{r-1} + {}_{n-1}C_r$$

① $_{n-1}C_{r-1} + {}_{n-1}C_r = \dfrac{(n-1)!}{(n-r)!\,(r-1)!} + \dfrac{(n-1)!}{(n-r-1)!\,r!} = \dfrac{(n-1)!\,r}{(n-r)!\,(r-1)!\,r} + \dfrac{(n-r)(n-1)!}{(n-r)(n-r-1)!\,r!}$

$$= \dfrac{(n-1)!\,r + (n-r)(n-1)!}{(n-r)!\,r!} = \dfrac{(n-1)!\{r+(n-r)\}}{(n-r)!\,r!} = \dfrac{n!}{(n-r)!\,r!} = {}_nC_r$$

② $_nC_r$ 이란 서로 다른 n명에서 r명을 뽑는 조합의 수이다.

n명에서 r명을 뽑는다는 얘기는 뽑힐 r명에 특정한 사람 A가 포함되는 경우와 포함되지 않는 경우 2가지로 생각할 수 있다.

첫째, n명에서 뽑힐 사람 중 A가 포함될 때는 A를 명단에서 제외시킨 뒤 $n-1$명에서 $r-1$명을 더 뽑으면 r명을 뽑게 되는 경우이다. ($_{n-1}C_{r-1}$ …㉠)

둘째, n명에서 뽑히지 않을 사람 중 A가 포함될 때도 명단에서 A 를 제외시킨 뒤 $n-1$명에서 r명을 뽑으면 r명을 뽑게 되는 경우이다. ($_{n-1}C_r$ …㉡)

따라서 $_nC_r = {}_{n-1}C_{r-1} + {}_{n-1}C_r$ (㉠+㉡)

③ 오른쪽 격자점에서 원점 $(0,0)$에서 $P(n-r,r)$ 까지 최단 거리로 가는 방법의 수($_nC_r$)는 A점 까지 가서 $(_{n-1}C_r)$ P까지 가는 방법과 B점 까지 가서 ($\because {}_{n-1}C_{r-1}$) P까지 가는 방법으로 나눌 수 있다.

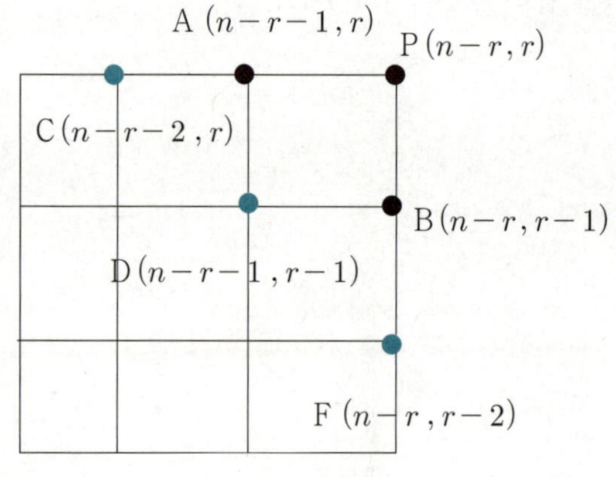

따라서 $_nC_r = {}_{n-1}C_{r-1} + {}_{n-1}C_r$

또한, 원점 $(0,0)$에서 $P(n-r,r)$ 까지 가는 방법의 수($_nC_r$)는 C점 까지 가서($_{n-2}C_r$) P까지 가는 방법과 D점 까지 가서($_{n-2}C_{r-1}$) P까지 가는 방법, F점 까지 가서($_{n-2}C_{r-2}$) P까지 가는 방법으로 나눌 수 있다. 여기서 D 까지 가서 P 까지 방법은 $D \to A \to P$, $D \to B \to P$ 두가지 방법으로 나눌 수 있다.

따라서 $_nC_r = {}_{n-2}C_r + 2\,{}_{n-2}C_{r-1} + {}_{n-2}C_{r-2}$ 이다.

이 원리를 이용하면 $_nC_r$을 위의 이항으로 분리와 삼항으로 분리 뿐만 아니라 다항으로 분리 가능하다.

예를 들어

$$_nC_r = {}_{n-3}C_r + 3\,{}_{n-3}C_{r-1} + 3\,{}_{n-3}C_{r-2} + {}_{n-3}C_{r-3}$$

$$_nC_r = {}_{n-4}C_r + 4\,{}_{n-4}C_{r-1} + 6\,{}_{n-4}C_{r-2} + 4\,{}_{n-4}C_{r-3} + {}_{n-4}C_{r-4}$$

임을 알 수 있고 여기서 파스칼 삼각형의 계수들이 나타남을 알 수 있다.

④ $(1+x)^n = (1+x)(1+x)^{n-1}$ 의 양변의 x^r의 계수를 비교해보면 $_nC_r = {}_{n-1}C_r + {}_{n-1}C_{r-1}$

$(1+x)^n = (1+2x+x^2)(1+x)^{n-2}$ 의 양변의 x^r의 계수를 비교해보면

$_nC_r = {}_{n-2}C_r + 2\,{}_{n-2}C_{r-1} + {}_{n-2}C_{r-2}$ 등 임을 알 수 있다.

세미나(23) 조합 성질-2

$$\sum_{r=1}^{n} r\,_nC_r = n\,2^{n-1}$$

① $(1+x)^n = {}_nC_0 + {}_nC_1 x + {}_nC_2 x^2 + {}_nC_3 x^3 + \cdots + {}_nC_n x^n$ 의 양변을 미분하면

$n(1+x)^{n-1} = {}_nC_1 + 2\,_nC_2 x + 3\,_nC_3 x^2 + \cdots + n\,_nC_n x^{n-1}$ 의 양변에 $x=1$ 을 대입하면

$n(2)^{n-1} = {}_nC_1 + 2\,_nC_2 + 3\,_nC_3 + \cdots + n\,_nC_n = \sum_{r=1}^{n} r\,_nC_r$

② $\displaystyle\sum_{r=1}^{n} r\,_nC_r = {}_nC_1 + 2\,_nC_2 + 3\,_nC_3 + \cdots + n\,_nC_n$

$\qquad = \dfrac{n}{1}\,_{n-1}C_0 + 2\dfrac{n}{2}\,_{n-1}C_1 + 3\dfrac{n}{3}\,_{n-1}C_2 + \cdots + n\dfrac{n}{n}\,_{n-1}C_{n-1} \quad (\because {}_nC_r = \dfrac{n}{r}\,_{n-1}C_{r-1})$

$\qquad = n\,({}_{n-1}C_0 + {}_{n-1}C_1 + {}_{n-1}C_2 + \cdots + {}_{n-1}C_{n-1})$

$\qquad = n\,2^{n-1}$

③ $\displaystyle\sum_{r=1}^{n} r\,_nC_r = {}_nC_1 + 2\,_nC_2 + 3\,_nC_3 + \cdots + n\,_nC_n$ 의 상황을 만들어 보자.

$r\,_nC_r$ 이란 n명 중 r명을 택한 후 그 중 다시 1명을 택하는 방법의 수라고 볼 수 있다.

대구에서 열리는 세계육상 선수권 대회에 $100m$ 달리기에 n명의 선수가 출전하였는데

그 중 대표 r명을 뽑아서 경기를 한 후 다시 1등을 가리기로 했다.

대표가 1명일 때는 $1\,_nC_1$

대표가 2명일 때는 $2\,_nC_2$

대표가 3명일 때는 $3\,_nC_3$

$\qquad \cdots \quad \cdots \quad \cdots$

대표가 n명일 때는 $n\,_nC_n$

따라서 n명중 r명의 대표에서 다시 1등을 찾는 방법은 ${}_nC_1 + 2\,_nC_2 + 3\,_nC_3 + \cdots + n\,_nC_n$ 이다.

이것을 다르게 생각해 보면 먼저 1등을 결정해 놓은 뒤(n가지) 남은 $n-1$명은 1등이 결정되었기 때문에 대표에

들어가든 들어가지 않든 우승자 결정에 관련되지 못하므로 2^{n-1} 가지이다.

따라서 $n\,2^{n-1}$

$\therefore {}_nC_1 + 2\,_nC_2 + 3\,_nC_3 + \cdots + n\,_nC_n = n\,2^{n-1}$

카탈란 수

좌표평면의 $(0, 0)$에서 출발하여 직선 $y = x$의 아래쪽(또는 위쪽)만을 지나며 → 또는 ↑ 방향으로 1씩 이동하여 (n, n)에 이르는 방법의 수를 카탈란 수라 하며 C_n으로 나타낸다. $C_n = {}_{2n}C_n - {}_{2n}C_{n-1} = \dfrac{{}_{2n}C_n}{n+1}$

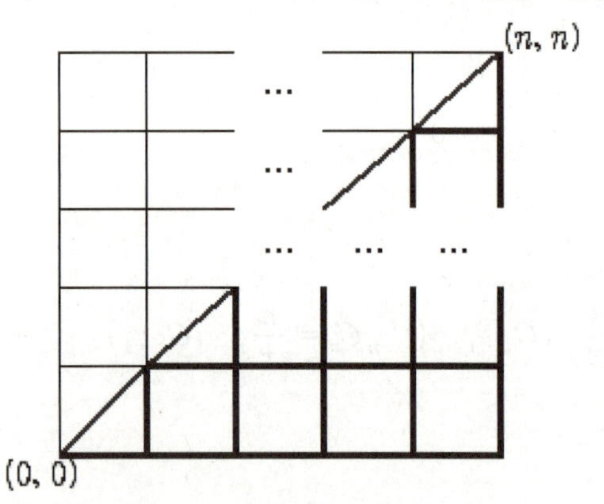

위 그림과 같이 $(0, 0)$에서 $y = x$ 아래쪽만을 지나 (n, n)까지 가는 최단경로의 수 C_n을 여사건을 이용하여 구해보자.

① $(0, 0)$에서 (n, n)까지 가는 최단경로의 수 ${}_{2n}C_n$이다.

② C_n의 여사건은 $y = x + 1$위의 격자점중 적어도 한 점을 반드시 지나는 경로이다.

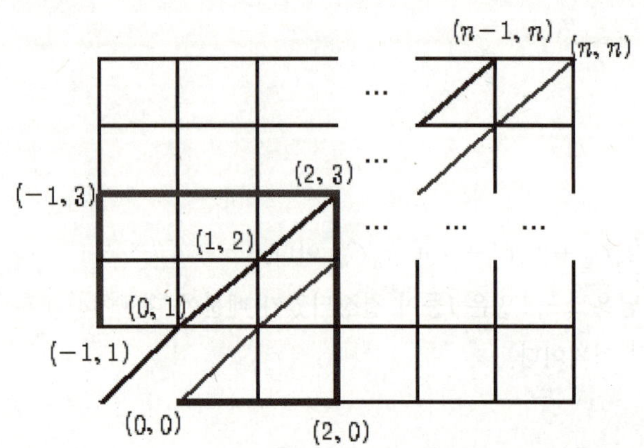

예를 들어 $(0, 0) \to (2, 0) \to (2, 3) \to (n, n)$은 C_n의 여사건중 하나이고 $(-1, 1) \to (-1, 3) \to (2, 3) \to (n, n)$로 생각할 수 있다.

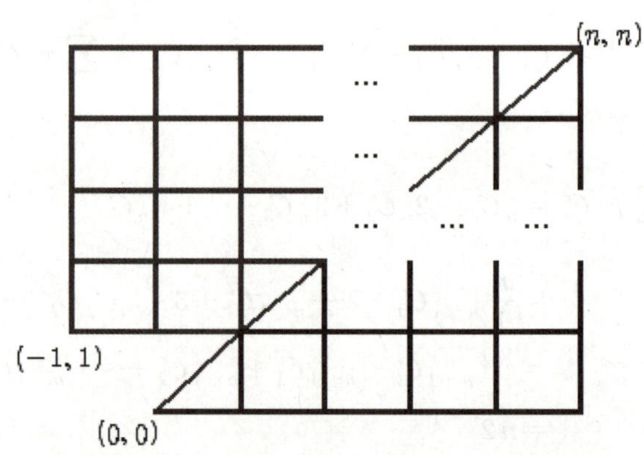

③ 따라서 $(-1, 1)$에서 (n, n)까지 가는 최단경로의 수는 위 그림과 같이 가로 $n+1$, 세로 $n-1$인 경우이므로 ${}_{2n}C_{n-1}$이다.

④ 따라서 $C_n = {}_{2n}C_n - {}_{2n}C_{n-1}$이고

$$C_n = {}_{2n}C_n - {}_{2n}C_{n-1} = \frac{(2n)!}{n!\,n!} - \frac{(2n)!}{(n+1)!\,(n-1)!}$$

$$= \frac{(2n)!}{n!\,n!}\left\{1 - \frac{n}{n+1}\right\} = \frac{(2n)!}{n!\,n!} \times \frac{1}{n+1} = \frac{{}_{2n}C_n}{n+1}$$이다.

⑤ 예를 들어 $n = 4$인 경우를 생각해 보면

$$C_4 = \frac{{}_8C_4}{5} = 14$$

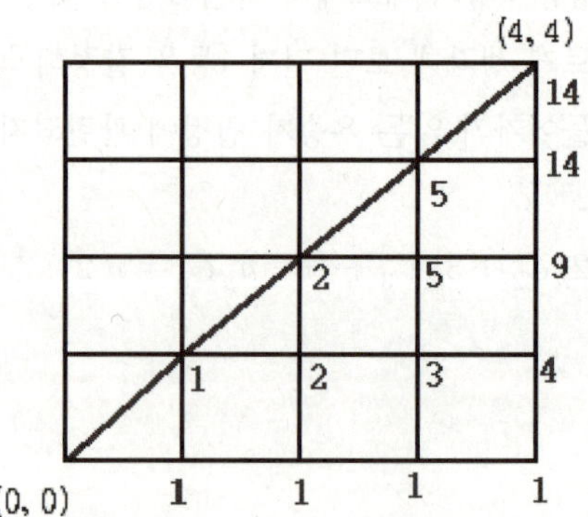

카탈란 수를 적용하는 문제 ⇨ 2009학년도 6월 평가원 기출

$(0,0)$에서 (n,n)까지 가는 경우를 생각해 볼 때 →방향이 n번 ↑방향이 n번 나타난다. 그런데 $y=x$아래쪽만 지나서 갈려면 어떤 ↑방향 앞에라도 →방향의 횟수가 ↑방향의 횟수보다 많아야 한다. **카탈란 수**는 문제에서 두 가지의 대립되는 사건이 일어나고 사건이 진행되는 어떤 시점에서 한 사건의 횟수가 다른 사건의 횟수에 비해 반드시 크거나(작거나) 같을 때 이용한다.

유형 설명&관련 문제

① n개의 ' / '와 n개의 ' \ '로써 산을 그릴 수 있는 방법의 수 ⇨ C_n

설명 $/,/,/,\cdots n$개와 $\backslash,\backslash,\backslash,\cdots n$개 해서 일렬로 줄 세우는 것을 생각할 때 산 모양을 그릴려면 어떤 $\backslash$에 대해서도 그 앞쪽에는 $/$이 당연히 많아야 한다.

② n개의 수 $2,3,\cdots,n,n+1$을 순서대로 나열한 뒤 곱한 것을 n개의 여는 괄호 '('와, n개의 닫는 괄호')'를 메겨 곱하는 순서를 정하는 방법의 수 ⇨ C_n

설명 $(,(,(,\cdots n$개와 $),),),\cdots n$개 해서 일렬로 줄 세우는 것을 생각할 때 열려 있지 않은 상태에서는 닫을 수 없으므로 어떤 ')'에 대해서도 그 앞쪽에는 '('이 당연히 많아야 한다.
예) $((2\times3)\times(4\times5)),\ (2\times((3\times4)\times5)),\cdots\Rightarrow C_3$

③ $n+2$각형을 n개의 삼각형으로 분할하는 방법의 수 ⇨ 오일러의 볼록 다각형의 삼각형 분할 문제 : C_n

설명 예를 들어 오각형을 서로 만나지 않는 대각선을 이용하여 3개의 삼각형으로 나누는 방법은 아래 그림과 같이 5가지이다.

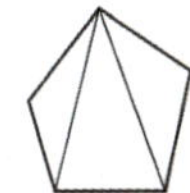 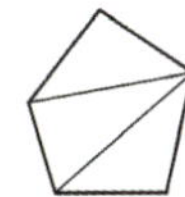  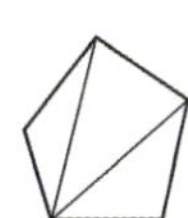 

오각형의 밑변을 제외한 나머지 네 변을 $2,3,4,5$라고 하고, 삼각형의 두 변 위의 수를 모아 곱하여 그 삼각형을 이루는 한 대각선에 순차적으로 쓰고 마지막으로 비워둔 변인 밑변에 그 곱셈의 순서를 적으면 ②문제와 같은 문제가 된다. ⇨ C_3

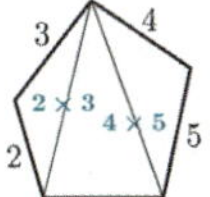 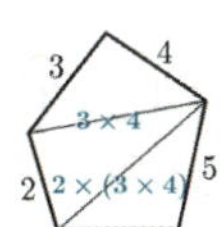 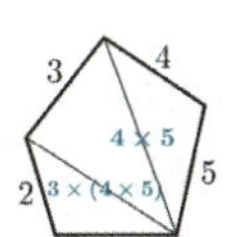 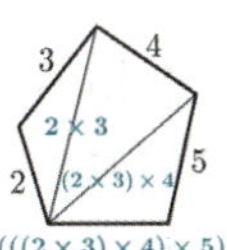 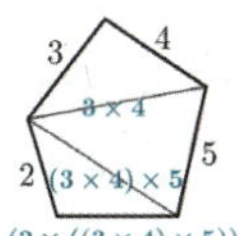

$((2\times3)\times(4\times5))$ $((2\times(3\times4))\times5)$ $(2\times(3\times(4\times5)))$ $(((2\times3)\times4)\times5)$ $(2\times((3\times4)\times5))$

④ n개의 1과 n개의 -1로 이루어진 $x_1,x_2,\cdots,x_{2n}$중 조건 $x_1+x_2+\cdots+x_k\geq0,\ (k=1,2,\cdots,2n)$을 만족하는 것의 개수 ⇨ C_n

설명 n개의 1과 n개의 -1을 나열한 후 더한 값이 0이상이 되기 위해서는 어떤 -1에 대해서도 그 앞쪽에는 1이 당연히 많아야 한다.

⑤ 원주 위에 있는 $2n$개 점을 2개씩 잡아 선분으로 이을 때, 어떤 직선도 서로 만나지 않도록 직선을 그리는 방법의 수 ⇨ C_n

설명 예) [그림1]과 같이 원을 10등분한 점을 순서대로 각각 P_1, P_2, P_3, $\cdots$, P_{10}이라고 하고, 이들 10개의 점을 각각 두 개씩 선택하여 5개의 직선을 그었을 때 [그림2]와 같이 어떤 직선도 서로 만나지 않도록 직선을 그리는 방법의 수를 구해보면

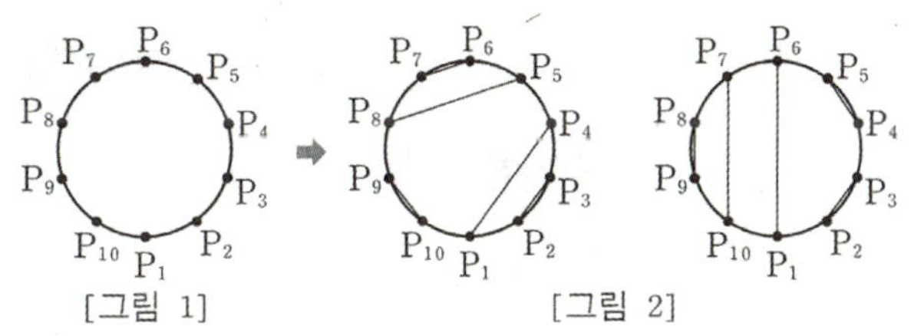

[그림 1]　　[그림 2]

[그림2]의 왼쪽 그림과 오른쪽 그림을 각각
$(1-(2-3)-4)-(5-(6-7)-8)-(9-10)$,
$(1-(2-3)-(4-5)-6)-(7-(8-9)-10)$
로 설명하면 ②문제와 같은 문제가 된다.⇨ $C_5=42$

⑥ 거스름돈이 없는 매표소에서 누구에게나 거스름돈을 줄 수 있도록 줄을 세우는 방법의 수 →

설명 [비대칭 예] 입장료 5000원인 영화관이 있다. 7명이 5000원을 가지고 있고 나머지 4명은 $10,000$원권 만을 가지고 있다. 거스름돈이 없는 매표소에서 누구에게나 거스름돈을 줄 수 있도록 줄을 세우는 방법을 $(0,0)$에서 $(7,4)$까지 $y=x$아래쪽만 지나서 가는 경우를 생각해 보면 카탈란 수 유도방법과 같다. 따라서 $_{11}C_4-{}_{11}C_3=165$이다.

세미나(26) Latin Square

라틴 방진 [Latin Square]

⇨ 1, 2, $\cdots$, n을 원소로 하고(중복 허용), 어느 행 및 어느 열에도, 같은 숫자가 2번 이상 생기는 일은 없다는 성질을 가진 $n \times n$ 정사각형을 n차의 라틴 방진이라 한다.

$n \times n$ 정사각형의 라틴 방진에 적용되는 개수를 a_n이라 할 때

$a_2 = 2$, $a_3 = 12$, $a_4 = 576$, $a_5 = 161280$, $a_6 = 812851200$, $a_7 = 61479419904000$, $\cdots$ [출처:위키백과]

[랑데뷰팁] : ㉠ $a_3 = 12$, $a_4 = 576$ 결과를 기억하자.

㉡ 아래 문제처럼 4×3일 때도 결과는 4×4와 같음을 이해하자.

[관련 문제]

서로 다른 네 종류의 모자 A, B, C, D 가 각각 3 개씩 모두 12 개 있다. 12 개의 모자를 〈그림1〉과 같이 일정한 간격으로 배열된 12 개의 모자걸이에 각각 걸려고 한다. 이때, 모든 가로 방향과 모든 세로 방향에 서로 다른 종류의 모자가 걸리도록 하려고 한다. 〈그림2〉는 이와 같은 방법으로 모자를 건 예이다.

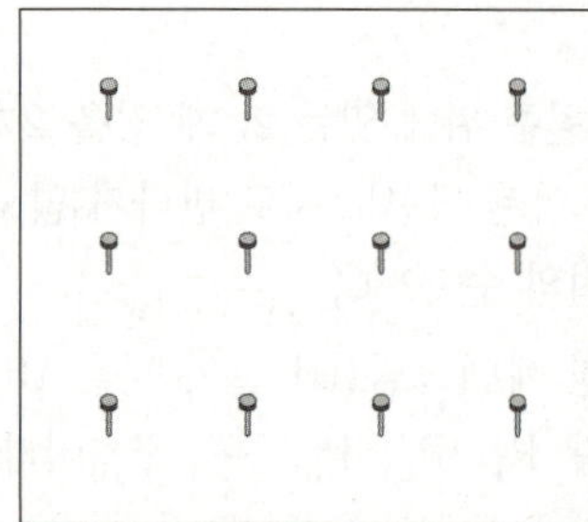

〈그림1 〉

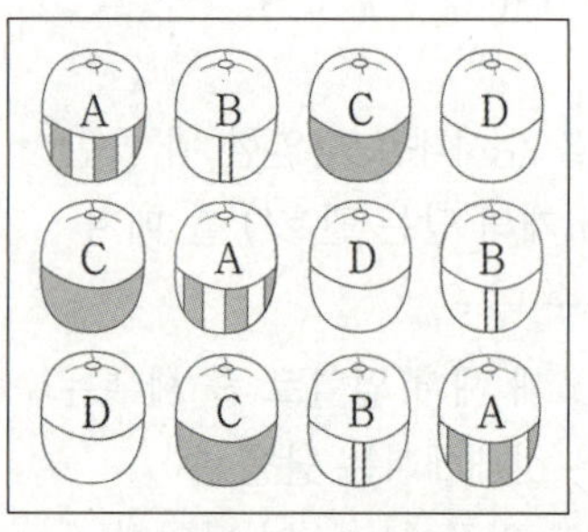

〈그림2 〉

이와 같은 방법으로 12 개의 모자를 모자걸이에 걸 수 있는 방법의 수를 모두 구하시오. (단, 같은 종류의 모자끼리는 서로 구별하지 않는다.) **[2009년 10월 실시 가형 25번]**

랑데뷰 풀이

① 1행에 나열하는 경우의 수 ⇨ 4!

② 2행에 나열하는 경우의 수 ⇨ 교란순열의 $a_4 = 9$
  ㉠ 1행과 서로 다른 두 모자씩 교환된 경우 3가지
  ㉡ 나머지 6가지

③ 3행에 나열하는 경우의 수
  ㉠의 경우 4가지
  ㉡의 경우 2가지

따라서
$4! \times (3 \times 4 + 6 \times 2) = 24 \times 24 = 576$

설명

① 모자가 4개씩 16개인 경우도 4×4의 모자걸이에 규칙대로 거는 방법은 마지막 4행의 모자걸이는 위 1, 2, 3행의 각 경우의 모자에 따라 일대일로 대응되므로 경우의 수는
$4! \times 4! = 24 \times 24$이다.
[랑데뷰 상수 공수 I] 참고

② $n + 1$이 소수일 때, $n \times n$ 정사각형에서의 경우의 수는 $n! \times n!$이라고 추측할 수는 있으나 결과는 잘못된 추측이다. 예를 들어 $n = 4$이면 $n + 1 = 5$로 소수이고 $4! \times 4! = 576$으로 답이 되지만 $n = 6$이면 $n + 1 = 7$로 소수이지만 $6! \times 6! = 518400$으로 답이 아니다. n이 6일 때는 812851200가지다.

⇨ 천재 수학자 오일러도 $4n + 2$차 라틴 마방진[라틴 방진과 구별]은 존재하지 않을거라 추측했지만 2차, 6차는 존재하지 않고 10차, 14차 등은 존재함이 증명되었다.

세미나(27) 정다면체 색칠하기

$$\text{정 } N \text{면체 색칠방법} \rightarrow \frac{(N-1)!}{n}$$

$$(\text{단, } n \text{은 정다면체의 면의 변의 수})$$

[관련 문제]

① 정육면체의 각 면을 서로 다른 6가지 색을 모두 이용하여 칠하는 방법의 수를 구하여라.

② 정사면체의 각 면을 서로 다른 4가지 색을 모두 사용하여 칠하는 방법의 수를 구하여라.

③ 정팔면체의 각 면을 서로 다른 8가지 색을 모두 사용하여 칠하는 방법의 수를 구하여라.

일반 풀이

① 특정한 색을 윗면에 칠하면 아랫면을 칠하는 방법의 수는 5이고, 옆면을 칠하는 방법의 수는

$$(4-1)! = 3! = 6$$

따라서 구하는 방법의 수는

$$5 \cdot 6 = 30$$

② 정사면체의 밑면을 고정시켜 한 가지 색을 칠하는 방법의 수는 4가지 나머지 3가지 색을 옆면에 칠하는 방법의 수는

$$(3-1)! = 2! = 2(가지)$$

이때, 정사면체의 모든 면은 합동이므로 정사면체의 각 면이 밑면이 되는 경우는 모두 같은 경우이다. 따라서 구하는 방법의 수는 $4 \times 2 \times \dfrac{1}{4} = 2(가지)$

③ 정팔면체의 한 면에 특정한 색을 칠하면 이 면과 모서리를 공유하는 세 면에 색을 칠하는 방법의 수는

$$_7C_3 \cdot (3-1)! = 35 \cdot 2 = 70$$

색칠한 네 면과 마주보는 각 면에 색을 칠하는 방법의 수는 $4! = 24$

따라서 구하는 방법의 수는 $70 \cdot 24 = 1680$

랑데뷰 풀이

① $\dfrac{5!}{4} = 30$

② $\dfrac{3!}{3} = 2$

③ $\dfrac{7!}{3} = 1680$

설명

① N면체의 한 면에 특정색을 칠한다. → 1가지

② 이 면이 정 n각형이라 할 때 색칠한 면과 모서리를 공유하는 면에 색을 칠한다.

$$\rightarrow \,_{N-1}C_n \times (n-1)!$$

③ 나머지 면에 색칠한다. → $(N-1-n)!$

따라서

$$_{N-1}C_n \times (n-1)! \times (N-1-n)!$$
$$= \frac{(N-1)!}{(N-1-n)! \times n!} \times (n-1)! \times (N-1-n)!$$
$$= \frac{(N-1)!}{n}$$

참고

정십이면체 색칠하기 $\rightarrow \dfrac{11!}{5}$

정이십면체 색칠하기 $\rightarrow \dfrac{19!}{3}$

직육면체 색칠방법의 수

→ 정육면체를 고무줄 당기듯이 늘여서 만든 도형으로 생각한다.

가로, 세로, 높이 세 가지(3!) 방향 중 두 가지(2!) 방향이 같을 때는 $\dfrac{3!}{2!}$ 을

한 가지 방향도 같지 않을 때는 $\dfrac{3!}{0!}$ 을 곱해준다.

[관련 문제]

그림과 세 직육면체 A, B, C가 있다. 각 직육면체의 겉면을 서로
다른 6가지의 색을 모두 사용하여 한 면에 한 가지 색으로 칠하는
방법의 수를 각각 $n(A)$, $n(B)$, $n(C)$라 할 때,
$n(A) + n(B) + n(C)$의 값을 구하여라.
(단, 회전하여 일치하는 것은 같은 것으로 본다.)

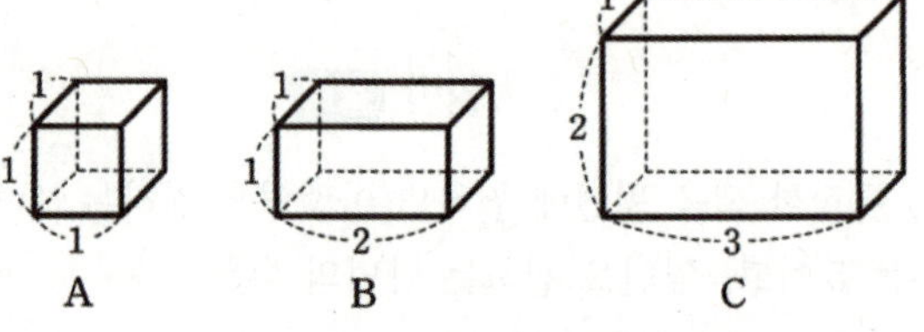

일반 풀이

(i) 정육면체 A의 겉면을 칠하는 방법의 수

먼저 한 면에 한 가지 색을 칠하고 이를 밑면으로 고정하면
윗면에 색을 칠하는 방법의 수는 5가지이다.
또한, 나머지 4가지의 색으로 옆면을 칠하는 방법의 수는
나머지 4가지의 색을 원형으로 배열하는 원순열의 수와
같으므로 $(4-1)! = 3! = 6$
$$\therefore \ n(A) = 5 \times 6 = 30$$

(ii) 직육면체 B의 겉면을 칠하는 방법의 수

직육면체 B는 가로의 길이, 세로의 길이를 나타내는
순서쌍이 $(1,\ 1)$인 면 2개와 $(2,\ 1)$인 면 4개로 이루어져
있다.

서로 다른 6가지의 색 중에서 $(1,\ 1)$인 면 2개에 칠할
2가지 색을 정하는 방법의 수는
$$_6P_2 = 6 \times 5 = 30$$

이때, 각 경우에 대하여 회전하여 같은 경우가 2가지씩
생기므로 $\dfrac{30}{2} = 15$

또한, 나머지 4가지의 색으로 $(2,\ 1)$인 면 4개를 칠하는
방법의 수는 나머지 4가지의 색을 원형으로 배열하는
원순열의 수와 같으므로
$(4-1)! = 3! = 6$ $\therefore \ n(B) = 15 \times 6 = 90$

(iii) 직육면체 C의 겉면을 칠하는 방법의 수

직육면체 C는 가로의 길이, 세로의 길이를 나타내는
순서쌍이 $(1,\ 2)$인 면 2개, $(3,\ 1)$인 면 2개, $(3,\ 2)$인
면 2개로 이루어져 있다.

먼저 $(1,\ 2)$인 면에 한 가지 색을 칠할 때, 그 맞은 편
면에 색을 칠하는 방법의 수는 5가지이고, 나머지
4가지의 색으로 옆면을 칠하는 방법의 수는
$\dfrac{4!}{2} = 12$ 이므로 그 방법의 수는 $5 \times 12 = 60$

같은 방법으로 $(3,\ 1)$인 면, $(3,\ 2)$인 면에 대해서도
각각 60가지씩 있으므로 $n(C) = 60 \times 3 = 180$

(i), (ii), (iii)에서
$$n(A) + n(B) + n(C) = 30 + 90 + 180 = 300$$

랑데뷰 풀이

정육면체 색칠하는 방법의 수는 30가지
$$n(A) = 30 \times \dfrac{3!}{3!} = 30$$
$$n(B) = 30 \times \dfrac{3!}{2!} = 90$$
$$n(C) = 30 \times \dfrac{3!}{0!} = 180$$

$$f(x_1) \leq f(x_2) < f(x_3) \leq \cdots < f(x) < \cdots \leq f(x_r) \rightarrow \begin{cases} \text{공역의 원소의 개수 } n \\ \text{정의역의 원소의 개수 } r \\ \text{추가된 등호의 개수 } k \end{cases}$$

$$_{n+k}\mathrm{C}_r$$

[관련 문제]

한 개의 주사위를 6번 던져서 n번째 나오는 눈의 수를 $a_n\,(n = 1,\ 2,\ 3,\ \cdots,\ 6)$이라 할 때,

$a_1 < a_2 \leq a_3 \leq a_4 < a_5 \leq a_6$을 만족하는 경우의 수를 구하여라.

일반 `풀이`

구하는 경우의 수는

$(a_1 \leq a_2 \leq a_3 \leq a_4 \leq a_5 \leq a_6$의 경우의 수)

$- \{(a_1 = a_2 \leq a_3 \leq a_4 \leq a_5 \leq a_6$의 경우의 수)

$+ (a_1 \leq a_2 \leq a_3 \leq a_4 = a_5 \leq a_6$의 경우의 수) $-$

$(a_1 = a_2 \leq a_3 \leq a_4 = a_5 \leq a_6$의 경우의 수)$\}$ $\cdots$ ㉠

(i) $a_1 \leq a_2 \leq a_3 \leq a_4 \leq a_5 \leq a_6$의 경우의 수

$a_1,\ a_2,\ a_3,\ a_4,\ a_5,\ a_6$ 중에서 6개를 순서에 상관없이 중복을 허락하여 뽑은 후

$\quad a_1 \leq a_2 \leq a_3 \leq a_4 \leq a_5 \leq a_6$

을 만족하도록 배열하면 되는 중복조합의 수와 같으므로

$_6\mathrm{H}_6 = {}_{11}\mathrm{C}_6 = 462$(가지)

(ii) $a_1 = a_2 \leq a_3 \leq a_4 \leq a_5 \leq a_6$의 경우의 수

$a_1 = a_2$는 고정되므로 $a_1,\ a_2,\ a_3,\ a_4,\ a_5,\ a_6$ 중에서 5개를 순서에 상관없이 중복을 허락하여 뽑은 후,

$\quad a_1 = a_2 \leq a_3 \leq a_4 \leq a_5 \leq a_6$

을 만족하도록 배열하면 되는 중복조합의 수와 같으므로

$_6\mathrm{H}_5 = {}_{10}\mathrm{C}_5 = 252$(가지)

(iii) $a_1 \leq a_2 \leq a_3 \leq a_4 = a_5 \leq a_6$의 경우의 수

$a_4 = a_5$는 고정되므로 $a_1,\ a_2,\ a_3,\ a_4,\ a_5,\ a_6$ 중에서 5개를 순서에 상관없이 중복을 허락하여 뽑은 후,

$\quad a_1 < a_2 \leq a_3 \leq a_4 = a_5 \leq a_6$

을 만족하도록 배열하면 되는 중복조합의 수와 같으므로

$_6\mathrm{H}_5 = {}_{10}\mathrm{C}_5 = 252$(가지)

(iv) $a_1 = a_2 \leq a_3 \leq a_4 = a_5 \leq a_6$의 경우의 수

$\quad a_1 = a_2,\ a_4 = a_5$는 고정되므로

$a_1,\ a_2,\ a_3,\ a_4,\ a_5,\ a_6$ 중에서 4개를 순서에 상관없이 중복을 허락하여 뽑은 후,

$\quad a_1 = a_2 \leq a_3 \leq a_4 = a_5 \leq a_6$

을 만족하도록 배열하면 되는 중복조합의 수와 같으므로

$_6\mathrm{H}_4 = {}_9\mathrm{C}_4 = 126$(가지)

(i)~(iv)를 ㉠에 대입하면 구하는 경우의 수는

$\quad 462 - (252 + 252 - 126) = 84$(가지)

랑데뷰 `풀이`

공역 원소인 주사위의 눈의 개수는 6개

정의역 원소인 $a_1 \sim a_6$의 개수 6개

추가된 등호의 개수는 3개 이므로

$_{6+3}\mathrm{C}_6 = {}_9\mathrm{C}_3 = \dfrac{9 \times 8 \times 7}{3 \times 2 \times 1} = 84$

설명

$n(X) = r,\ n(Y) = n$ 일 때,

함수 $f : X \rightarrow Y$가 $x_i < x_j$ 이면

① $f(x_i) < f(x_j)$ 를 만족하는 함수의 개수는 $_n\mathrm{C}_r$

② $f(x_i) \leq f(x_j)$ 를 만족하는 함수 f 의 개수는

$\quad _n\mathrm{H}_r = {}_{n+r-1}\mathrm{C}_r$

에서 $f(x_i) < f(x_j)$ 와 $f(x_i) \leq f(x_j)$을 나열해서 생각해보면

$f(x_1) < f(x_2) < f(x_3) < \cdots < f(x_r)$은 서로 다른 n개 원소에서 r개의 원소를 선택하는 경우의 수와 같으므로 $_n\mathrm{C}_r$ 이라 생각한다. 같은 방법으로

$\underbrace{f(x_1) \leq f(x_2) \leq f(x_3) \leq \cdots \leq f(x_r)}_{\text{추가된 등호 개수 } r-1\text{개}}$은 서로 다른

$n + r - 1$개 원소에서 r개의 원소를 선택하는 경우의 수로 생각할 수 있으므로 $_{n+r-1}C_r$이다.

즉, 추가된 등호의 개수 만큼 공역의 원소가 추가되는 조합의 수로 생각해서 문제를 해결한다.

공통수학 Ⅱ

하루 중 90%는 겸손하게 10%는 자신있게...

세미나(30) 파푸스 정리 확장

길이로 표현	꼭짓점으로 표현
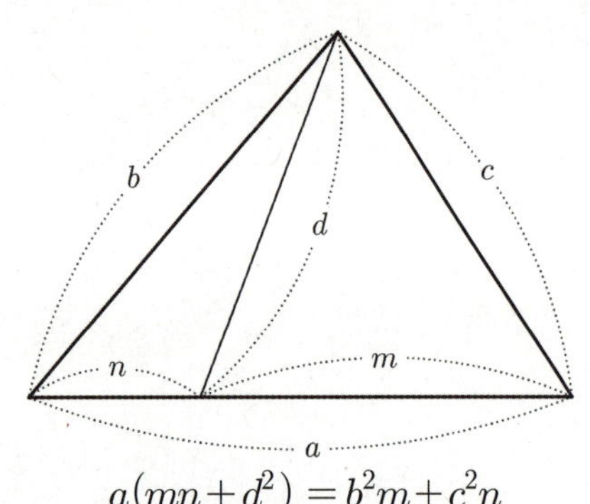 $$a(mn+d^2) = b^2m + c^2n$$ $$\rightarrow man + dad = bmb + cnc$$ a man and his dad put a bomb in the sink	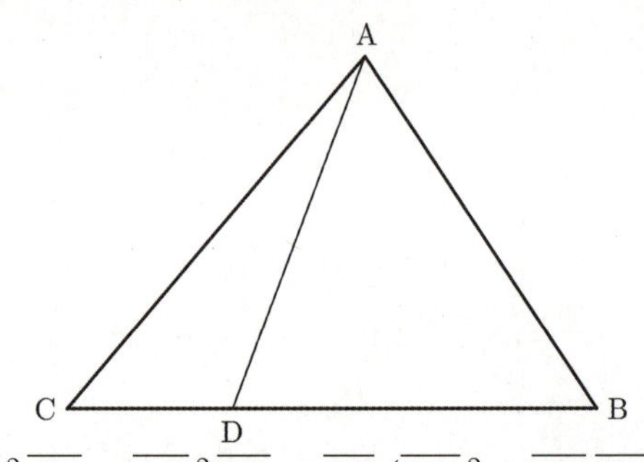 $$\overline{AB}^2\,\overline{CD} + \overline{AC}^2\,\overline{BD} = \overline{BC}\,(\overline{AD}^2 + \overline{BD}\,\overline{CD})$$ $\rightarrow$ 모든 항이 D가 들어있는 3차이며 좌변에는 한번씩 우변에는 두 번씩 D가 나타난다.

[관련 문제]

$\triangle ABC$에서 $2\overline{BD} = \overline{DC}$를 만족하는 변 BC 위의 점 D에 대하여 $2\overline{AB}^2 + \overline{AC}^2 = k(\overline{AD}^2 + 2\overline{BD}^2)$이 성립한다. 이때, 상수 k의 값을 구하여라.

일반 `풀이`

원점을 $D(0, 0)$, 직선 BC를 x축으로 하는 좌표평면을 도입하여 세 점 A, B, C의 좌표를 $A(a, b)$, $B(-c, 0)$, $C(0, 2c)$이라 하면

$$\overline{AB}^2 = (a+c)^2 + b^2$$
$$\overline{AC}^2 = (a-2c)^2 + b^2$$

이므로 $2\overline{AB}^2 + \overline{AC}^2 = 3(a^2 + b^2 + 2c^2)$

$\overline{AD}^2 = a^2 + b^2$, $\overline{BD}^2 = c^2$이므로

$$\overline{AD}^2 + 2\overline{BD}^2 = a^2 + b^2 + 2c^2$$
$$\therefore 2\overline{AB}^2 + \overline{AC}^2 = 3(\overline{AD}^2 + 2\overline{BD}^2)$$
$$\therefore k = 3$$

랑데뷰 `풀이`

$2\overline{BD} = \overline{DC}$에서 $\overline{BD} = x$, $\overline{CD} = 2x$, $\overline{BC} = 3x$ 라 하고 스튜어트 정리에 대입하면

$$\overline{AB}^2(2x) + \overline{AC}^2(x) = (3x)\{\overline{AD}^2 + (\overline{BD})(2\overline{BD})\}$$

에서 $2\overline{AB}^2 + \overline{AC}^2 = 3(\overline{AD}^2 + 2\overline{BD}^2)$

$$\therefore k = 3$$

설명

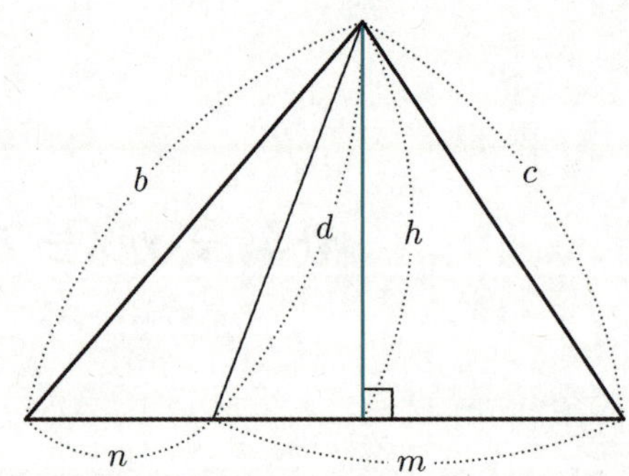

$$b^2 = (n+x)^2 + h^2 = n^2 + 2nx + x^2 + h^2$$
$$= n^2 + 2nx + d^2 \quad \therefore x = \frac{b^2 - n^2 - d^2}{2n}$$
$$c^2 = (m-x)^2 + h^2 = m^2 - 2mx + x^2 + h^2$$
$$= m^2 - 2mx + d^2 \quad \therefore x = \frac{c^2 - m^2 - d^2}{-2m}$$
$$\rightarrow x = \frac{b^2 - n^2 - d^2}{2n} = \frac{c^2 - m^2 - d^2}{-2m}$$
$$\Rightarrow -m(b^2 - n^2 - d^2) = n(c^2 - m^2 - d^2)$$
$$mn^2 + md^2 + nm^2 + nd^2 = b^2m + c^2n$$
$$(m+n)mn + (m+n)d^2 = b^2m + c^2n$$
$$a(mn + d^2) = b^2m + c^2n$$

세미나(31) 사선 공식

Sarrus법칙 (사선공식)

$$\triangle ABC = \frac{1}{2}\begin{vmatrix} x_1 & x_2 & x_3 & x_1 \\ y_1 & y_2 & y_3 & y_1 \end{vmatrix}$$

→ 세 점 $A(x_1,\ y_1)$, $B(x_2,\ y_2)$, $C(x_3,\ y_3)$을 꼭짓점으로 하는 삼각형 ABC에서 세 꼭짓점의 좌표를 세로로 차례로 쓴다. 단, 처음 쓴 좌표는 마지막에 다시 한 번 더 써야 한다. 그런 다음, 사선 방향으로 11시에서 5시 방향 선끼리, 1시에서 7시 방향 선끼리 각각 곱해서 더한다.

5시 방향으로 곱해서 더한 것은 $x_1y_2 + x_2y_3 + x_3y_1$, 7시 방향으로 곱해서 더한 것은 $x_2y_1 + x_3y_2 + x_1y_3$

이 결과끼리 서로 뺀 것의 절댓값의 반 ($\frac{1}{2}|(x_1y_2 + x_2y_3 + x_3y_1) - (x_2y_1 + x_3y_2 + x_1y_3)|$) 이 삼각형의 넓이이다.

이 법칙은 삼각형뿐만 아니라 모든 다각형에도 똑같이 적용된다. (변 따라 움직이기!!)

[관련 문제]
꼭짓점이 $(0, 3)$, $(3, 2)$, $(2, -3)$, $(-2, -2)$, $(-3, 1)$ 인 오각형의 넓이를 구하여라.

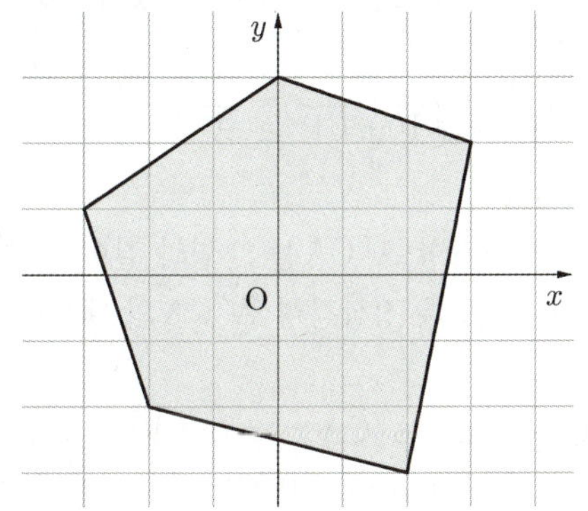

랑데뷰 풀이

$$\frac{1}{2}\begin{vmatrix} 0 & 3 & 2 & -2 & -3 & 0 \\ 3 & 2 & -3 & -2 & 1 & 3 \end{vmatrix}$$

$$= \frac{1}{2}|(0-9-4-2-9) - (9+4+6+6+0)|$$

$$= \frac{1}{2}|-24-25| = \frac{49}{2}$$

설명 점 A와 직선 BC사이 거리 d라 하면

$$\triangle ABC = \frac{1}{2} \times \overline{BC} \times d \text{에서}$$

$\overline{BC} = \sqrt{(x_2 - x_3)^2 + (y_2 - y_3)^2}$ 이고

직선 BC의 방정식 $y - y_3 = \dfrac{y_2 - y_3}{x_2 - x_3}(x - x_3)$

$$\rightarrow (y_2 - y_3)x - (x_2 - x_3)y + (x_2 - x_3)y_3 - (y_2 - y_3)x_3 = 0$$

$$d = \frac{|(y_2 - y_3)x_1 - (x_2 - x_3)y_1 + (x_2 - x_3)y_3 - (y_2 - y_3)x_3|}{\sqrt{(x_2 - x_3)^2 + (y_2 - y_3)^2}} \text{ 이므로}$$

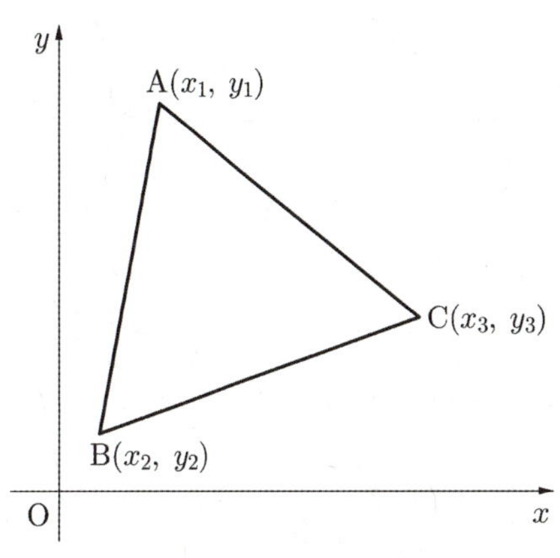

$$\triangle ABC = \frac{1}{2} \times \overline{BC} \times d$$

$$= \frac{1}{2}|(y_2 - y_3)x_1 - (x_2 - x_3)y_1 + (x_2 - x_3)y_3 - (y_2 - y_3)x_3| = \frac{1}{2}\begin{vmatrix} x_1 & x_2 & x_3 & x_1 \\ y_1 & y_2 & y_3 & y_1 \end{vmatrix}$$

페르마 포인트

→ 좌표 평면에서 주어진 세 점이 있을 때 그 세 점들까지의 거리의 합이 최소인 점
→ 삼각형의 내부에서 각 꼭짓점까지 이루는 직선이 이루는 각이 서로 $120°$ 인 점

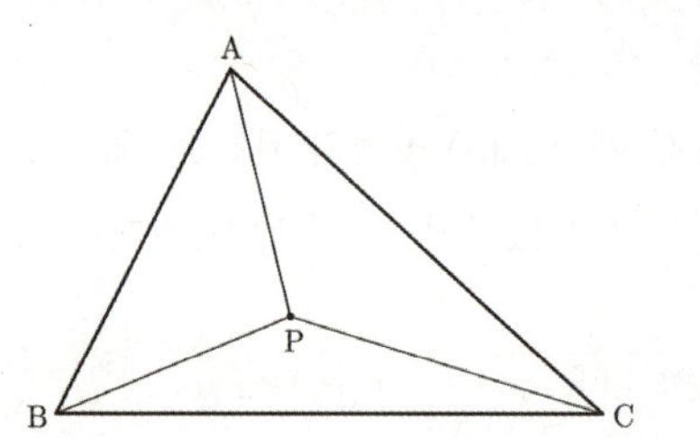

$\overline{AP} + \overline{BP} + \overline{CP}$ 의 값이 최소인 지점에 대해 알아보자.

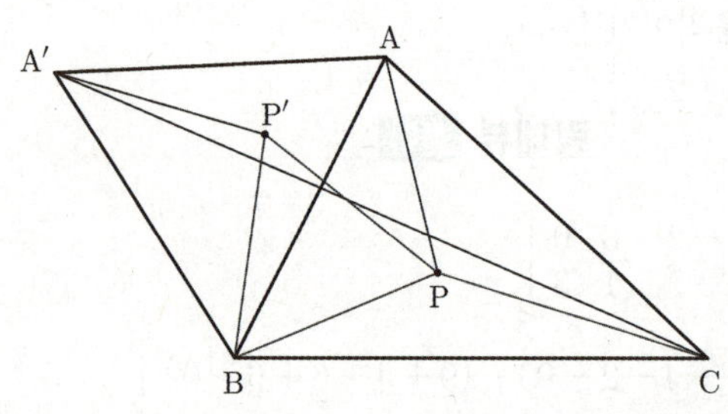

① $\overline{AB}$ 를 한 변으로 하는 정삼각형 A′BA 를 그림과 같이 그린다.
② $\triangle ABP \equiv \triangle A'BP'$ 이 되도록 정삼각형 A′BA 의 내부에 점 P′ 를 찍는다.
③ $\angle A'BP' = \angle ABP$ 이므로 $\angle A'BA = \angle A'BP' + \angle P'BA$
$\qquad = \angle ABP + \angle P'BA = \angle P'BP = 60°$ 이다.
④ $\overline{BP'} = \overline{BP}$, $\angle P'BP = 60°$ 이므로 $\triangle PBP'$ 는 정삼각형이므로
$\qquad \overline{BP} = \overline{P'P}$
⑤ $\overline{AP} + \overline{BP} + \overline{CP} = \overline{A'P'} + \overline{P'P} + \overline{CP} \geq \overline{A'C}$

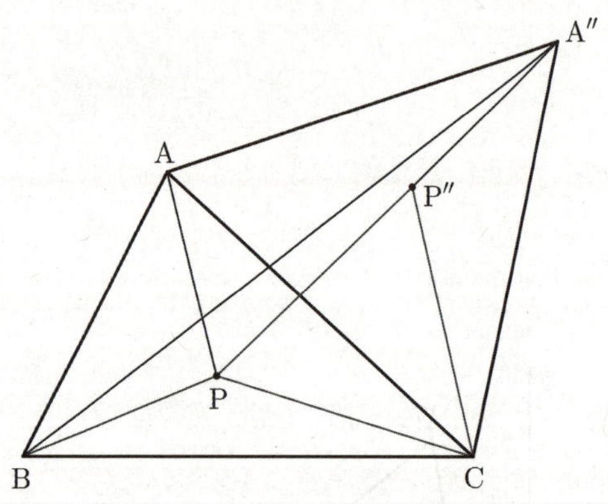

⑥ $\overline{AC}$ 를 한 변으로 하는 정삼각형 A″CA 를 그림과 같이 그린다.
⑦ $\triangle ACP \equiv \triangle A''CP''$ 이 되도록 정삼각형 A″CA 의 내부에 점 P″ 를 찍는다.
⑧ $\angle A''CP'' = \angle ACP$ 이므로 $\angle A''CA = \angle A''CP'' + \angle P''CA$
$\qquad = \angle ACP + \angle P''CA = \angle P''CP = 60°$ 이다.
⑨ $\overline{CP''} = \overline{CP}$, $\angle P''CP = 60°$ 이므로 $\triangle PCP''$ 는 정삼각형이므로
$\qquad \overline{CP} = \overline{P''P}$
⑩ $\overline{AP} + \overline{CP} + \overline{BP} = \overline{A''P''} + \overline{P''P} + \overline{BP} \geq \overline{A''B}$

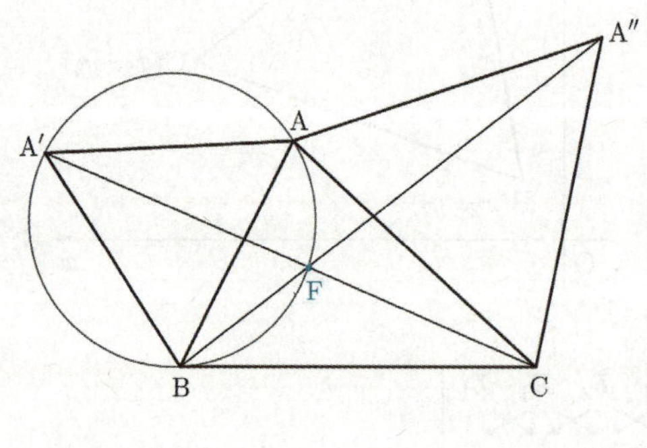

따라서 ①~⑩에 의해
$\overline{AP} + \overline{BP} + \overline{CP}$ 가 최소가 되는 지점은 $\overline{A'C}$ 와 $\overline{A''B}$ 의 교점이다.
이점을 **페르마 포인트**라 한다.
또한, $\triangle AA'C \equiv \triangle ABA''$ 이므로 $\angle AA'F = \angle ABF$ 이다.
따라서 네 점 A′, B, F, A 는 동일원상에 있다. (공원점)
따라서 $\angle AA'B = 60°$ 이므로 $\angle AFB = 120°$ 이다.
같은 원리로 $\angle AFC = \angle BFC = 120°$ 이므로
따라서 삼각형의 내부에서 각 꼭짓점까지 이루는 직선이 이루는 각이
서로 $120°$ 인 점이 **페르마 포인트**이다.

세미나(33) 교점을 지나는 직선에서 유의할 점

두 직선의 교점을 지나는 직선을 나타내는 식에서 꼭 파악해야 되는 개념

(1) 직선 $ax+by+c+k(a'x+b'y+c')=0$ 위의 한 점 Q와 직선 밖의

한 점 P에 이르는 거리를 $\overline{PQ}$라 하고 직선이 k에 관계없이 항상 지나는

점을 H라 하면 $\overline{PQ} \leq \overline{PH}$이다.

(2) $ax+by+c+k(a'x+b'y+c')=0$은 두 직선 $ax+by+c=0$,

$a'x+b'y+c'=0$의 교점을 지나는 직선 중 $ax+by+c=0$은 나타낼 수 있지만,

$a'x+b'y+c'=0$은 나타낼 수 없다.

따라서, 두 직선 $ax+by+c=0$, $a'x+b'y+c'=0$의 교점을 지나는 모든 직선을 나타내기 위해서는

$m(ax+by+c)+n(a'x+b'y+c')=0$

($m,\ n$은 실수)과 같이 나타내야만 한다.

[관련 문제]

① 원점과 직선 $k(x+y)-x+y+2=0$ 사이의 거리를 $f(k)$라 할 때, $f(k)$의 최댓값을 구하여라.

② 직선 $l:(x-2y+3)+k(x-y-1)=0$과 두 점 $P(1,\ 3)$, $Q(5,\ 1)$이 있다. 직선 PQ 위의 점이면서 직선 l과의 교점이 될 수 없는 점의 좌표를 구하여라. (단, k는 상수)

일반 풀이

① 주어진 직선의 방정식을 정리하면

$(k-1)x+(k+1)y+2=0$

$\therefore f(k) = \dfrac{|2|}{\sqrt{(k-1)^2+(k+1)^2}}$

$\quad = \dfrac{2}{\sqrt{2k^2+2}} = \dfrac{\sqrt{2}}{\sqrt{k^2+1}}$

따라서 $\sqrt{k^2+1}$이 최소일 때 $f(k)$가 최대이므로 구하는 최댓값은 $f(0)=\sqrt{2}$

② $l:(x-2y+3)+k(x-y-1)=0$

$x-y-1=0$이고 $x-2y+3\neq 0$일 때, 모든 k의 값에 대하여 직선 l은 존재하지 않는다.

두 점 $P(1,\ 3)$, $Q(5,\ 1)$을 지나는 직선

$y=-\dfrac{1}{2}x+\dfrac{7}{2}$과 $x-y-1=0$의 교점 $(3,\ 2)$는 $x-2y+3\neq 0$이다.

따라서 구하는 점의 좌표는 $(3,\ 2)$이다.

랑데뷰 풀이

① $k(x+y)-x+y+2=0$은 k에 관계없이 $(1,-1)$을 지난다. 따라서 원점에서 이르는 거리의 최댓값은 $\sqrt{(1-0)^2+(-1-0)^2}=\sqrt{2}$

② $l:(x-2y+3)+k(x-y-1)=0$은

$x-y-1=0$을 나타내지 못하므로

$x-y-1=0$와 직선 PQ의 교점이 직선 l과

직선 PQ의 교점이 될 수 없는 점이다.

두 점 $P(1,\ 3)$, $Q(5,\ 1)$을 지나는 직선

$y=-\dfrac{1}{2}x+\dfrac{7}{2}$이고 $x-y-1=0$의 교점 $(3,\ 2)$

평면기하 문제에서 숨어 있는 닮은 도형을 찾자!

닮은 도형에서 길이비가 $a:b$ 이면 넓이비는 $a^2:b^2$ 이고

넓이비가 $a:b$ 이면 길이비는 $\sqrt{a}:\sqrt{b}$ 이다.

[관련 문제]

좌표평면 위의 세 점 $A(3, 8)$, $B(-2, -2)$, $C(3, 0)$을 꼭짓점으로 하는 $\triangle ABC$의 넓이를 직선 $y=a$가 이등분할 때, 상수 a의 값을 구하여라.

일반 풀이

$\triangle ABC$의 x축 아래쪽의 넓이(4)가 x축 위쪽의 넓이(16)보다 작다. 따라서 직선 $y=a$가 $\triangle ABC$의 넓이를 이등분하려면 $a>0$이어야 한다.

직선 AB의 방정식은

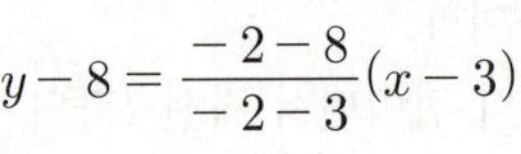

$$y-8 = \frac{-2-8}{-2-3}(x-3)$$

곧, $y=2x+2$

점 D의 x좌표는 $y=a$로 놓으면 $a=2x+2$

$$\therefore \ x = \frac{a-2}{2}$$

$$\therefore \ D\left(\frac{a-2}{2}, \ a\right)$$

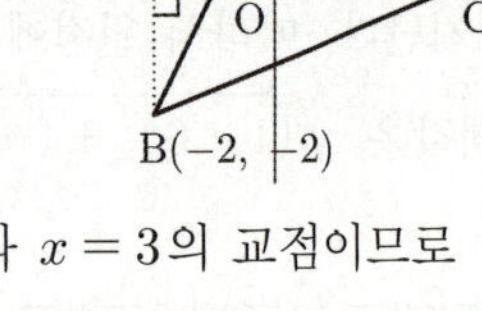

또, 점 E는 직선 $y=a$와 $x=3$의 교점이므로

$E(3, \ a)$

$$\therefore \ \triangle ADE = \frac{1}{2} \cdot \overline{DE} \cdot \overline{AE}$$

$$= \frac{1}{2}\left(3 - \frac{a-2}{2}\right)(8-a) = \frac{1}{4}(8-a)^2$$

한편 $\triangle ABC = \dfrac{1}{2} \cdot \overline{AC} \cdot \overline{HC} = \dfrac{1}{2} \cdot 8 \cdot 5 = 20$

따라서

$\triangle ADE = \dfrac{1}{2}\triangle ABC$ 이려면 $\dfrac{1}{4}(8-a)^2 = \dfrac{1}{2}\times 20$

$$\therefore \ (8-a)^2 = 40 \quad \therefore \ 8-a = \pm 2\sqrt{10}$$

그런데 $0<a<8$ 이므로 $a = 8 - 2\sqrt{10}$

랑데뷰 풀이

꼭짓점 B에서 $\overline{AC}$의 연장선에 내린 수선의 발을 F 라 두면 $\triangle ABF \backsim \triangle ADE$ 이고

$\triangle ABF = 25$, $\triangle ADE = 10$ ($\because \ \triangle ABC = 20$)

따라서

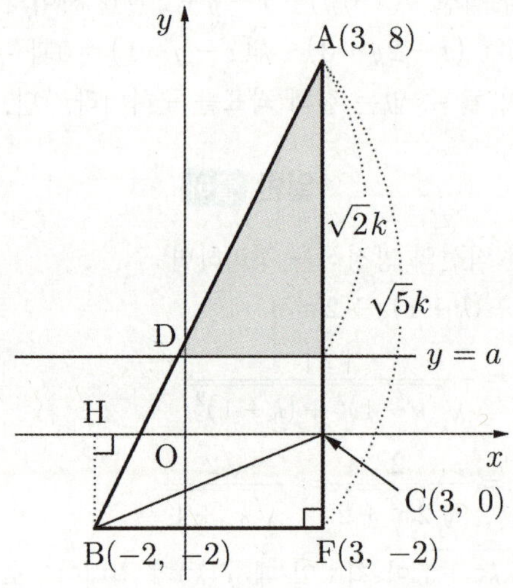

$\triangle ABF$와 $\triangle ADE$의 넓이비는 $5:2$이므로

$$\overline{AF} : \overline{AE} = \sqrt{5} : \sqrt{2} = 10 : 8-a$$

$$8-a = 2\sqrt{10} \quad \therefore a = 8 - 2\sqrt{10}$$

① **극선** : 원 밖의 점에서 이 원에 두 접선을 그을 때 생기는 두 접점을 지나는 직선이다. → 오른쪽 그림의 직선 AB

② $x^2 + y^2 = r^2$ 밖의 점 $P(a, b)$에서 원에 그은 두 접선의 접점 A, B을 지나는 **극선의 방정식** ⇨ $ax + by = r^2$

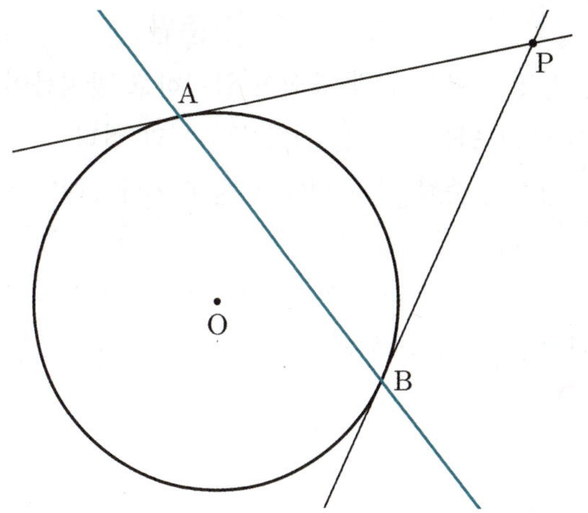

[관련 문제]

직선 l은 반지름의 길이가 1인 원의 중심에서 2만큼 떨어져 있다. 직선 l 위의 임의의 한 점 P에서 이 원에 두 접선을 그을 때, 두 접점 A, B를 지나는 직선은 점 P의 위치에 관계없이 한 점 Q를 지난다. 이때, 원의 중심과 점 Q 사이의 거리를 구하여라.

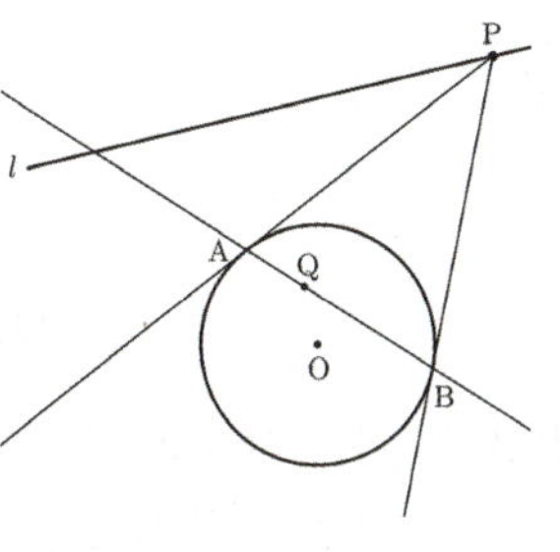

일반 풀이

오른쪽 그림과 같이 주어진 원의 중심을 좌표평면 위의 원점에 놓으면 반지름의 길이가 1이므로 원의 방정식은 $x^2 + y^2 = 1$이고, 원의 중심에서 2만큼 떨어져 있는 직선 l을 x축에 평행하게 놓으면 직선 l의 방정식은 $y = 2$이다. 이때,

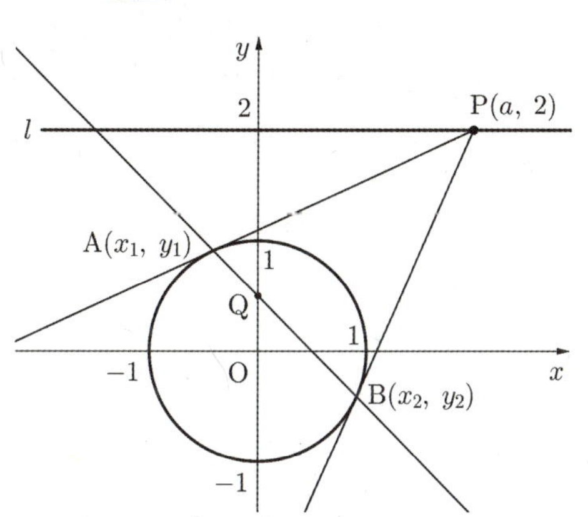

직선 l 위에 있는 임의의 한 점 P의 좌표를 $(a, 2)$라 하고, 점 P에서 원에 그은

두 접선의 접점 A, B를 $A(x_1, y_1)$, $B(x_2, y_2)$라 하면 접선의 방정식은 $x_1 x + y_1 y = 1$, $x_2 x + y_2 y = 1$

두 접선이 모두 점 $P(a, 2)$를 지나므로

$ax_1 + 2y_1 = 1$, $ax_2 + 2y_2 = 1$

즉, 직선 $ax + 2y = 1$은 두 점 $A(x_1, y_1)$, $B(x_2, y_2)$를 지나고, 두 점을 지나는 직선은 유일하므로 직선 AB의 방정식은 $ax + 2y = 1$이다. 따라서 직선 AB는 a의 값에 관계없이 항상 점 $Q\left(0, \dfrac{1}{2}\right)$을 지나므로 원의 중심과 점 Q 사이의 거리는 $\dfrac{1}{2}$이다.

랑데뷰 풀이

원을 $x^2 + y^2 = 1$라 하고 점 $P(a, 2)$라 할 때 직선 l은 극선이므로 $ax + 2y = 1$이다.

직선 l은 a의 값에 관계없이 항상 점 $Q\left(0, \dfrac{1}{2}\right)$을 지나므로 원의 중심과 점 Q 사이의 거리는 $\dfrac{1}{2}$이다.

준원

① 설명 : 어떤 원과 중심이 일치하고 반지름이 원래 원 반지름의 $\sqrt{2}$배인 원을 주어진 원의 준원이라 한다.

② 성질 : 준원 위의 점에서 원래 원에 그은 두 접선은 반드시 수직이다.

⇨ 오른쪽 그림과 같이 원 밖의 한 점에서 원에 그은 두 접선이 서로 수직이려면 원의 중심에서 원 밖의 한 점에 이르는 거리 d가 $\sqrt{2}r$이어야 한다.

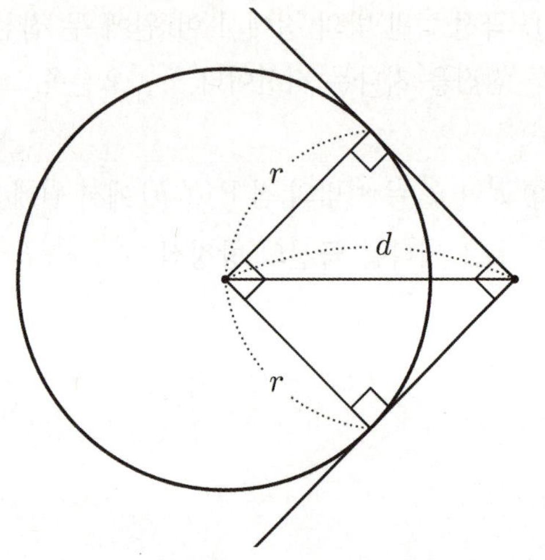

[관련 문제]

y축 위의 점 $A(0, a)$에서 원 $x^2 + (y-2)^2 = 9$에 그은 두 접선이 서로 수직이 되도록 하는 모든 a의 값의 곱을 구하여라.

일반 풀이

접선의 기울기를 m이라 하면 점 $A(0, a)$를 지나는 직선의 방정식은 $y = mx + a$

$$\therefore \ mx - y + a = 0 \qquad \cdots\cdots \ \text{㉠}$$

주어진 원과 직선 ㉠이 접하려면 원의 중심 $(0, 2)$와 직선 ㉠ 사이의 거리가 원의 반지름의 길이인 3과 같아야 하므로

$$\frac{|-2+a|}{\sqrt{m^2 + (-1)^2}} = 3, \ |a-2| = 3\sqrt{m^2 + 1}$$

양변을 제곱하여 정리하면

$$9m^2 - (a^2 - 4a - 5) = 0$$

m에 대한 위의 이차방정식의 두 근을 m_1, m_2라 하면 두 접선이 서로 수직이므로

$$m_1 m_2 = -\frac{a^2 - 4a - 5}{9} = -1$$

$$\therefore \ a^2 - 4a - 14 = 0$$

따라서 이차방정식의 근과 계수의 관계에 의하여 모든 a의 값의 곱은 -14이다.

랑데뷰 풀이

$x^2 + (y-2)^2 = 9$의 준원은 $x^2 + (y-2)^2 = 18$ 이고 $A(0, a)$은 이 원 위에 있으므로 대입하면

$$(a-2)^2 = 18 \quad \therefore \ a^2 - 4a - 14 = 0$$

따라서 이차방정식의 근과 계수의 관계에 의하여 모든 a의 값의 곱은 -14이다.

포락선(envelope)

(1) 정의 : 어떤 단일 매개변수에 따라 정의된 무한개의 곡선이 있을 때 그 곡선군의 모든 곡선에 접하는 곡선을 의미한다.

(2) 매개변수 방정식이 이차일 경우 : 만약 매개변수 방정식 $F(x, y, t) = 0$이 t에 관한 이차 방정식

$At^2 + Bt + C = 0$을 만족할 경우, 이 곡선군의 포락선은 t에 관한 이차방정식의 $D = 0$을 만족하는 즉,

$B^2 - 4AC = 0$에 포함된다.

[관련 문제]

① 0이 아닌 실수 m의 값에 관계없이 원 $x^2 + y^2 - 2mx + 4my + m^2 = 0$에 접하는 직선의 방정식을 구하여라.

② 포물선 $y = x^2 + bx + c$의 꼭짓점이 $(a + 2, \ 2a - 1)$이라고 하면, 이 포물선은 a의 값에 관계없이 항상 일정한 직선에 접한다. 이 직선의 방정식을 구하여라.

일반 풀이

① $(x - m)^2 + (y + 2m)^2 = 4m^2$이므로 중심이 $(m, \ -2m)$, 반지름이 $2|m|$인 원이다.

접선의 방정식을 $ax + by + c = 0$으로 놓으면 이 직선과 원이

접하려면 $\dfrac{|am - 2bm + c|}{\sqrt{a^2 + b^2}} = 2|m|$

$\therefore (am - 2bm + c)^2 = 4(a^2 + b^2)m^2$

$\therefore a(3a + 4b)m^2 - 2(a - 2b)cm - c^2 = 0$

0이 아닌 임의의 실수 m에 대하여 성립하므로

$a(3a + 4b) = 0, \ (a - 2b)c = 0, \ c^2 = 0$

$\therefore c = 0, \ a = 0 \ (b \neq 0)$ 또는 $c = 0$,

$a : b - 4 : (-3)$

따라서 구하는 직선의 방정식은 $y = 0, \ 4x - 3y = 0$

② $y = x^2 + bx + c$ … ㉠

㉠의 꼭짓점이 $(a + 2, \ 2a - 1)$이므로

㉠식은

$y = \{x - (a + 2)\}^2 + 2a - 1$

$\quad = x^2 - 2(a + 2)x + a^2 + 6a + 3$ … ㉡

구하는 직선의 방정식을

$y = mx + n$ … ㉢

이라고 하면 ㉡, ㉢이 접하므로

$x^2 - 2(a + 2)x + a^2 + 6a + 3 = mx + n$

곧, $x^2 - (2a + 4 + m)x + a^2 + 6a + 3 - n = 0$에서

$D = (2a + 4 + m)^2 - 4(a^2 + 6a + 3 - n) = 0$

a에 관하여 정리하면 $4(m - 2)a + m^2 + 8m + 4 + 4n = 0$

이 식이 a의 값에 관계없이 항상 성립해야 하므로

$m - 2 = 0, \ m^2 + 8m + 4 + 4n = 0 \quad \therefore m = 2, \ n = -6$

이 값을 ㉢에 대입하면 $y = 2x - 6$

랑데뷰 풀이

① $x^2 + y^2 - 2mx + 4my + m^2 = 0$

$m^2 - 2(x - 2y)m + x^2 + y^2 = 0$의

$D/4 = (x - 2y)^2 - (x^2 + y^2)$

$\quad = x^2 - 4xy + 4y^2 - x^2 - y^2$

$\quad = 3y^2 - 4xy = 0$에서

$y(3y - 4x) = 0$이므로 $y = 0, \ 4x - 3y = 0$

② 꼭짓점이 $(a + 2, \ 2a - 1)$이고 2차항의 계수가 1이므로

$y = \{x - (a + 2)\}^2 + 2a - 1$

$\quad = x^2 - 2(a + 2)x + a^2 + 6a + 3$ 따라서

$a^2 - 2(x - 3)a + x^2 - y - 4x + 3 = 0$에서

$D/4 = (x - 3)^2 - (x^2 - y - 4x + 3)$

$\quad = x^2 - 6x + 9 - x^2 + y + 4x - 3$

$\quad = y - 2x + 6 = 0$에서 $\quad y = 2x - 6$

설명

포락선을 구하는 방법은 다음과 같다. (편미분이용)

$F(x, y, t) = 0$와 $\dfrac{\partial F}{\partial t}(x, y, t) = 0$을 이용하여 t를 소거한 방정식이 나타내는 곡선이 바로 포락선이다.

따라서 $At^2 + Bt + C = 0$에서 $2At + B = 0$을 얻을 수 있고

$A\left(-\dfrac{B}{2A}\right)^2 + B\left(-\dfrac{B}{2A}\right) + C = 0$이므로

$\dfrac{B^2}{4A} - \dfrac{B^2}{2A} + C = 0$에서 $B^2 - 4AC = 0$을 얻는다.

이것은 $At^2 + Bt + C = 0$의 $D = 0$인 식이다.

	점 $P(a,b)$	도형 $f(x,y)=0$
$y=x+n$에 대한 대칭이동	$P'(b-n,\ a+n)$	$f(y-n,\ x+n)=0$
	$y=x+n$을 y대신 $x+n$을 대입한다로 읽고 변형한 식 $x=y-n$을 x대신 $y-n$을 대입한다로 읽는다.	
$y=-x+n$에 대한 대칭이동	$P'(-b+n,\ -a+n)$	$f(-y+n,\ -x+n)=0$
	$y=-x+n$을 y대신 $-x+n$을 대입한다로 읽고 변형한 식 $x=-y+n$을 x대신 $-y+n$을 대입한다로 읽는다.	

[관련 문제]

① 점 $(a,\ b)$를 직선 $y=-x+4$에 대하여 대칭이동한 점의 좌표를 구하여라.

② 원 $(x-1)^2+(y-2)^2=1$을 직선 $y=x-1$에 대하여 대칭이동한 도형의 방정식을 구하여라.

① 점 $(a,\ b)$를 직선 $y=-x+4$에 대하여 대칭이동한 점의 좌표를 $(c,\ d)$라 하면 두 점 $(a,\ b)$, $(c,\ d)$를 이은 선분의 중점의 좌표는

$$\left(\frac{a+c}{2},\ \frac{b+d}{2}\right)$$

이 점이 직선 $y=-x+4$ 위의 점이므로

$$\frac{b+d}{2}=-\frac{a+c}{2}+4$$

$$\therefore\ c+d=-a-b+8 \quad \cdots\cdots\ \bigcirc$$

또 두 점 $(a,\ b)$, $(c,\ d)$를 지나는 직선이

직선 $y=-x+4$와 수직이므로 $\dfrac{d-b}{c-a}=1$

$$\therefore\ c-d=a-b \quad \cdots\cdots\ \bigcirc$$

$\bigcirc+\bigcirc$을 하면 $2c=-2b+8$ $\quad\therefore\ c=-b+4$

$\bigcirc-\bigcirc$을 하면 $2d=-2a+8$ $\quad\therefore\ d=-a+4$

따라서 구하는 점의 좌표는 $(-b+4,\ -a+4)$

② 원 $(x-1)^2+(y-2)^2=1$의 중심 $(1,\ 2)$를 직선 $y=x-1$에 대하여 대칭이동한 점의 좌표를 $(a,\ b)$라 하면 두 점 $(1,\ 2)$, $(a,\ b)$를 이은 선분의 중점의 좌표는

$$\left(\frac{1+a}{2},\ \frac{2+b}{2}\right)$$

이 점이 직선 $y=x-1$ 위의 점이므로

$$\frac{2+b}{2}=\frac{1+a}{2}-1 \quad \therefore\ a-b=3 \quad \cdots\cdots\ \bigcirc$$

또 두 점 $(1,\ 2)$, $(a,\ b)$를 지나는 직선이 직선 $y=x-1$과 수직이므로 $\dfrac{b-2}{a-1}=-1$

$$\therefore\ a+b=3 \quad \cdots\cdots\ \bigcirc$$

$\bigcirc$, $\bigcirc$을 연립하여 풀면 $a=3,\ b=0$

원은 대칭이동해도 반지름의 길이가 변하지 않으므로 구하는 도형은 중심의 좌표가 $(3,\ 0)$이고 반지름의 길이가 1인 원이다. $\qquad\therefore\ (x-3)^2+y^2=1$

랑데뷰 `풀이`

① $y=-x+4$에 $(a,\ b)$을 대입한 식

$\begin{cases}a=-b+4\\b=-a+4\end{cases}$ 을 $\begin{cases}a\to -b+4\\b\to -a+4\end{cases}$ 로 읽으면

$(a,\ b)\to(-b+4,\ -a+4)$

② $y=x-1$을 변형한 식 $\begin{cases}x=y+1\\y=x-1\end{cases}$ 을

$\begin{cases}x\to y+1\\y\to x-1\end{cases}$ 로 읽으면

$(x-1)^2+(y-2)^2=1$

$$\to(y+1-1)^2+(x-1-2)^2=1$$

$$\therefore\ (x-3)^2+y^2=1$$

주의

기울기가 ±1일 때만 가능

$f(x) = f(-x)$ ⇨ 함수 $f(x)$의 그래프 자체가 y축에 대칭인 함수임을 가리킨다.

$g(x) = f(-x),\ x \le 0$ ⇨ 함수 $g(x)$는 $x \le 0$에서 $x \ge 0$의 함수 $f(x)$의 그래프를 y축 대칭이동하여 만든 함수이다.

함수의 대칭을 나타내는 함수식에서 함수 자체가 스스로 대칭임을 나타내는지 어떤 함수를 대칭이동하여 만든 함수인지 구별할 수 있도록 하자!

스스로 대칭

① 함수 $f(x)$가 y축 대칭이다. ⇒ $f(x) = f(-x)$

② 함수 $f(x)$가 $x = a$에 대칭이다. ⇒
$f(a-x) = f(a+x) \Rightarrow f(x) = f(2a-x)$

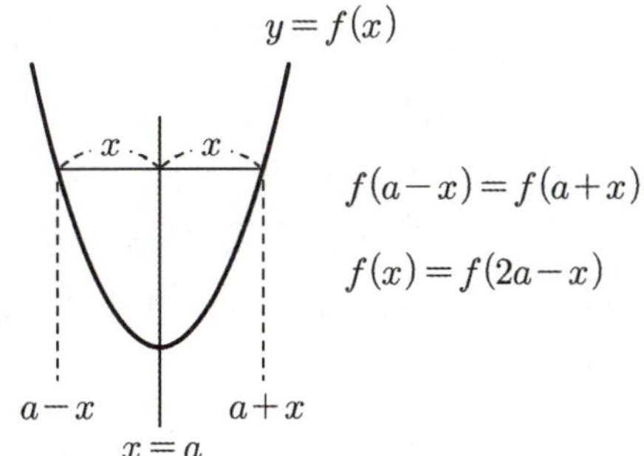

응용 $f(a-x) = f(b+x) \rightarrow$ 함수 $f(x)$는 $x = \dfrac{a+b}{2}$에 대칭이다.

③ 함수 $f(x)$가 원점 대칭이다. ⇒ $f(x) = -f(-x)$

④ 함수 $f(x)$가 (a, b)에 대칭이다.
⇒ $f(a-x) + f(a+x) = 2b \Rightarrow f(x) + f(2a-x) = 2b$
⇒ $f(x) = -f(2a-x) + 2b$

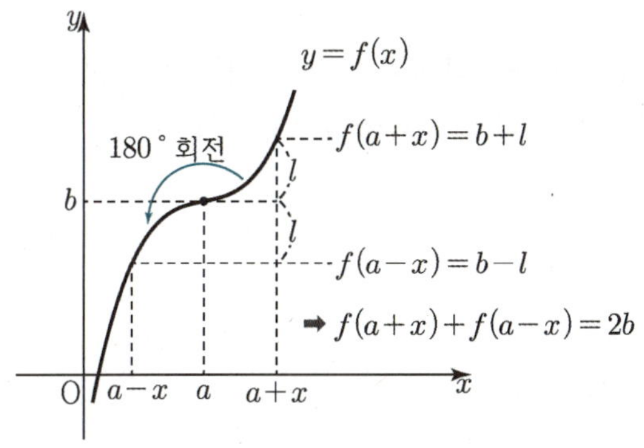

대칭이동 하여 만든 함수

① $y = f(x)$를 y축에 대칭이동한 함수를 $g(x)$라 하면
$g(x) = f(-x)$이다.

② $y = f(x)$를 $x = a$에 대칭이동한 함수를 $g(x)$라 하면
$g(x) = f(2a-x)$이다.

③ $y = f(x)$를 $(0, 0)$에 대칭이동한 함수를 $g(x)$라 하면
$g(x) = -f(-x)$이다.

④ $y = f(x)$를 (a, b)에 대칭이동한 함수를 $g(x)$라 하면
$g(x) = -f(2a-x) + 2b$이다.

도형 $f(x, y) = 0$이 선분 $\overline{AB}$와 ($A(a_1, a_2)$, $B(b_1, b_2)$) 만날 때 주의할 점 ⇨

① 도형이 직선일 때 : $f(a_1, a_2) \times f(b_1, b_2) \leq 0$ 만으로 만족한다.

② 도형이 곡선일 때 : 도형이 곡선이므로 두 점 A, B가 도형을 경계로 같은 영역에 있어도 $\overline{AB}$가 $f(x, y) = 0$와 만날 수 있다.

[관련 문제]

① 직선 $mx - y + 2m = 0$이 두 점 $A(2, 0)$, $B(1, 3)$을 잇는 선분 AB와 만나기 위한 m의 범위를 구하여라.

② 곡선 $x^2 + kx - y + 1 = 0$이 두 점 A(1, 0), B(3, 2)을 잇는 선분 AB와 만나기 위한 k의 범위를 구하여라.

일반 풀이

① $f(x, y) = mx - y + 2m$라 하면 두 점 A(2,0), B(1,3)이 다음 그림과 같이 직선을 기준으로 서로 반대쪽 영역에 있거나 직선 위에 있으므로
$f(2,0) \cdot f(1,3) \leq 0$
$(2m - 0 + 2m)(m - 3 + 2m) \leq 0$
$m(m - 1) \leq 0$

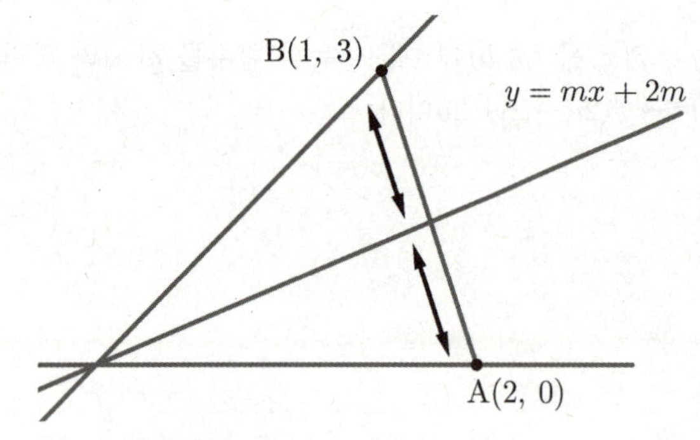

$\therefore 0 \leq m \leq 1 \rightarrow$정답

② $f(x, y) = x^2 + kx - y + 1$라 하면 두 점 A(1, 0), B(3, 2)에 대하여 $f(1, 0)f(3, 2) \leq 0$ 이므로 $(1^2 + k - 0 + 1)(3^2 + 3k - 2 + 1) \leq 0$
$(k + 2)(3k + 8) \leq 0$

$\therefore -\dfrac{8}{3} \leq k \leq -2 \rightarrow$오답

랑데뷰 풀이

① $f(x, y) = mx - y + 2m$라 하면
$f(2, 0) \cdot f(1, 3) \leq 0$이므로 $\therefore 0 \leq m \leq 1$

② $f(x, y) = x^2 + kx - y + 1$이 곡선을 나타내므로 두 점 A, B 가 $f(x, y) = 0$으로 나뉘는 영역의 위치에 상관없이 곡선과 직선이 만날 수 있으므로
$x^2 + kx - y + 1 = 0 \rightarrow y = x^2 + kx + 1$와 $\overline{AB}$의 관계를 그래프로 파악하자.

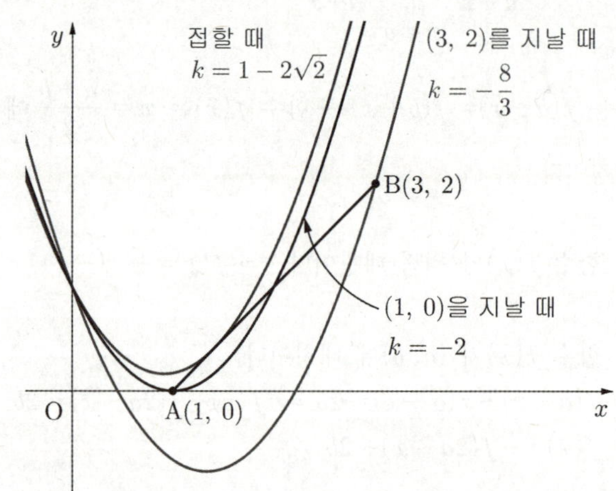

$y = x^2 + kx + 1$와 $y = x - 1$이 접할 때는 y를 소거하여 이차방정식으로 만들고 판별식을 쓰면 된다.

① $m(A)$: 어떤 집합 A의 원소들을 큰 수부터 나열한 뒤 각 원소 사이에 $-$와 $+$를 번갈아 넣어 계산한 값을 [집합 A의 **교대합**]이라 하고 $m(A)$로 나타낸다.

② A의 원소의 개수가 n개, 원소 중 가장 큰 값이 N일 때, A의 모든 부분집합의 **교대합의 합**을 $M(A)$라 하면 $M(A) = N \times 2^{n-1}$이다.

[관련 문제]

자연수를 원소로 가지는 집합 A에 대하여 다음 규칙에 따라 $m(A)$의 값을 정한다.

> (가) 집합 A의 원소가 1개인 경우 집합 A의 원소를 $m(A)$의 값으로 한다.
> (나) 집합 A의 원소가 2개 이상인 경우 집합 A의 원소를 큰 수부터 차례로 나열하고, 나열한 수들 사이에 $-$, $+$를 이 순서대로 번갈아 넣어 계산한 결과를 $m(A)$의 값으로 한다.

예를 들어, $A = \{5\}$이면 $m(A) = 5$이다. 또, $B = \{1, 2, 4\}$, $C = \{1, 2, 4, 5\}$이면
$m(B) = 4 - 2 + 1 = 3$, $m(C) = 5 - 4 + 2 - 1 = 2$가 되어 $m(B) + m(C) = (4 - 2 + 1) + (5 - 4 + 2 - 1) = 5$이다. 집합 $\{1, 2, 3, 4, 5\}$의 공집합이 아닌 서로 다른 부분집합을 X_1, X_2, $\cdots$, X_{31}이라 할 때, $m(X_1) + m(X_2) + \cdots + m(X_{31})$의 값을 구하여라.

일반 풀이

$\{1, 2, 3, 4, 5\}$의 2^5개의 부분집합 중 최대의 원소인 5를 포함하는 것과 5를 포함하지 않는 것을 다음과 같이 일대일 대응시킬 수 있다.

$$\varnothing \leftrightarrow \{5\}, \qquad \{1\} \leftrightarrow \{1, 5\}$$
$$\{2\} \leftrightarrow \{2, 5\}, \qquad \{3\} \leftrightarrow \{3, 5\}$$
$$\vdots \qquad\qquad \vdots$$
$$\{1, 2, 3, 4\} \leftrightarrow \{1, 2, 3, 4, 5\}$$

두 집합 A, B가 위와 같이 대응될 때 $m(\varnothing) = 0$으로 정하고 $m(A) + m(B)$의 값을 구하여 보자.

$\varnothing \leftrightarrow \{5\}$의 경우 : $0 + 5 = 5$
$\{1\} \leftrightarrow \{1, 5\}$의 경우 : $1 + (5 - 1) = 5$
$\{2\} \leftrightarrow \{2, 5\}$의 경우 : $2 + (5 - 2) = 5$
$\{3\} \leftrightarrow \{3, 5\}$의 경우 : $3 + (5 - 3) = 5$
$$\vdots$$
$\{1, 2, 3, 4\} \leftrightarrow \{1, 2, 3, 4, 5\}$의 경우 :
$$(4 - 3 + 2 - 1) + (5 - 4 + 3 - 2 + 1) = 5$$

이와 같은 경우가 부분집합의 개수의 절반인 $\dfrac{2^5}{2} = 16$ (가지)만큼 존재하므로 구하는 값은

$$m(X_1) + m(X_2) + \cdots + m(X_{31}) = 5 \times 16 = 80$$

랑데뷰 풀이

$A = \{1, 2, 3, 4, 5\}$이므로 $M(A) = 5 \times 2^4 = 80$

②번 설명

A의 부분집합 2^n개 중 최대 원소 N을 포함하는 부분집합의 개수는 2^{n-1}개이고 이것들을 원소로 하는 집합을 P라 하자. 그런데 원소 N을 포함하지 않는 부분집합의 개수도 2^{n-1}개이고 이것들을 원소로 하는 집합을 Q라 하자.

P의 임의의 원소 X와 Q의 임의의 원소 Y를 $X - \{N\} = Y$가 되도록 대응시키면 X, Y의 교대합의 합 $m(X) + m(Y) = N$으로 항상 일정하다.

이런 (X, Y)의 순서쌍이 2^{n-1}개이므로 A의 모든 부분집합의 교대합의 합 $M(A) = N \times 2^{n-1}$이다.

① $a+b-u \le n(A\cap B) \le min(a,b)$

② $a+b+c-2u \le n(A\cap B\cap C) \le min(a,b,c)$

(단, $n(U)=u$, $n(A)=a$, $n(B)=b$, $n(C)=c$)

[관련 문제]

① 어느 학급 학생 38명을 대상으로 A, B과자의 선호도를 조사하였다. A과자를 좋아하지 않는 학생이 10명, B과자를 좋아하지 않는 학생이 13명, A, B 두 과자 모두를 좋아하는 학생이 k명이라 할 때, k의 최솟값과 최댓값을 구하여라.

② 어느 고등학교 1학년 학생 100명을 대상으로 세 개의 인터넷 카페 A, B, C에 회원으로 가입한 학생의 수를 조사하였다. 그 결과 A 카페의 회원인 학생이 90명, B 카페의 회원인 학생이 70명, C카페의 회원인 학생이 55명이었다. 이때, 세 카페에 모두 회원으로 가입한 학생의 수의 최댓값과 최솟값을 구하여라.

일반 풀이

① 학생 전체의 집합을 U, A 과자를 좋아하는 학생의 집합을 A, B과자를 좋아하는 학생의 집합을 B 라 하면 $n(U)=38$, $n(A^c)=10$, $n(B^c)=13$이므로 $n(A)=38-10=28$, $n(B)=38-13=25$ 이때,

$k=n(A\cap B)=n(A)+n(B)-n(A\cup B)$
$\quad =28+25-n(A\cup B)=53-n(A\cup B)\cdots\cdots\bigcirc$

이므로 k의 최댓값과 최솟값은 $n(A\cup B)$의 값에 따라 결정된다.

(i) $n(A\cup B)$의 값이 최대인 경우

$A\cup B=U$ 일 때이므로 $n(A\cup B)\le n(U)=38$

(ii) $n(A\cup B)$의 값이 최소인 경우

$B\subset A$ 일 때이므로 $n(A\cup B)\ge n(A)=28$

(i), (ii)에서 $28 \le n(A\cup B) \le 38$이므로 $\bigcirc$에 대입하면

$53-38 \le 53-n(A\cup B) \le 53-28$

$\therefore 15 \le k \le 25$

따라서 k의 최댓값은 25, 최솟값은 15

② 세 카페 모두 회원으로 가입한 학생의 수가 가장 많으려면 가입자 수가 가장 작은 C카페에 가입한 학생이 A, B카페에도 모두 가입하는 경우이다.

따라서 최댓값은 55 (명)이다.

한편, 최솟값을 구하기 위하여 각 학생이 모두 2개의 카페에만 가입하였다고 가정하면 100명의 학생이 2개의 카페에만 가입하였으므로 세 카페의 총 회원 수는 200명이 되어야 한다.

그런데 세 카페의 회원 수의 합은 $90+70+55=215$ (명)이므로 적어도 15명은 세 카페에 모두 가입해야 된다.

따라서 최솟값은 15 (명)이다.

랑데뷰 풀이

① $n(U)=38$, $n(A)=38-10=28$,
$n(B)=38-13=25$이므로
$28+25-38 \le n(A\cap B) \le 25$, $\min(25,28)=25$
에서 $15 \le n(A\cap B) \le 25$

② $n(U)=100$, $n(A)=90$, $n(B)=70$, $n(C)=55$
이므로 $90+70+55-2\times100 \le n(A\cap B\cap C) \le 55$
$\min(55,70,90)=55$ 에서 $15 \le n(A\cap B\cap C) \le 55$

설명

$n(U)=u$, $n(A)=a$, $n(B)=b$, $n(C)=c$ 이고
$a \ge b \ge c$라고 하면 $a \le n(A\cup B) \le u$이다.
$n(A\cup B)=a+b-n(A\cap B)$이므로
$a \le a+b-n(A\cap B) \le u$이 성립한다.
따라서 $a+b-u \le n(A\cap B) \le b\cdots①$
여기서 $D=A\cap B$, $n(D)=d$라 하면
$a+b-u \le d \le b$이므로
$c+d-u \le n(D\cap C) \le c$에서
$a+b+c-2u \le n(A\cap B\cap C) \le c\cdots②$

③ $a+b+c+d-3u \leq n(A \cap B \cap C \cap D) \leq min(a,b,c,d)$

(단, $n(U)=u$, $n(A)=a$, $n(B)=b$, $n(C)=c$, $n(D)=d$이고 a, b, c, d 중 어느 두 수의 합이 u보다 크거나 같을 때)

$\therefore n(A \cap B \cap C \cap D) \geq n(A)+n(B)+n(C)+n(D)-3n(U)$

[관련 문제]

어느 도시에 4개의 영화관 A, B, C, D가 있다. 100명의 학생 중 네 영화관에 대한 선호도를 조사하였는데 '좋음'의 표시를 받은 영화관 A, B, C, D의 학생 수가 차례로 76명, 89명, 65명, 93명 이었다. 네 영화관 모두에 '좋음'을 표현한 학생 수의 최솟값을 구하시오.

[랑데뷰 제작 문제]

랑데뷰 풀이

$n(A)=76$, $n(B)=89$, $n(C)=65$,
$n(D)=93$이라 할 때
$$n(A \cap B) = n(A)+n(B)-n(A \cup B)$$
$$\geq 76+89-100 = 65$$
$$n(C \cap D) = n(C)+n(D)-n(C \cup D)$$
$$\geq 65+93-100 = 58$$
$A \cap B = E$, $C \cap D = F$ 라 할 때
$$n(E \cap F) = n(E)+n(F)-n(E \cup F)$$
$$\geq 65+58-100 = 23$$
따라서 $n(A \cap B \cap C \cap D) \geq 23$

공식 적용 ⇨

$$n(A \cap B \cap C \cap D) \geq 76+89+65+93-300$$
$$= 323-300 = 23$$

설명

두 집합 A, B에 대하여 $n(A \cap B)$는 $n(A \cup B)$가 $n(U)$에 가까울수록 값이 작아진다.

$n(A)=a$, $n(B)=b$, $n(U)=u$에서
$a+b \geq u$일 때,
$n(A \cup B) = n(A)+n(B)+n(A \cap B)$에서
$n(A \cup B) = n(U)$일 때,
$n(A \cap B) \geq a+b-u$

같은 방법으로
$n(C)=c$, $n(D)=d$, $n(U)=u$에서
$c+d \geq u$일 때,
$n(C \cap D) \geq c+d-u$

마찬가지로
$A \cap B = P$, $C \cap D = Q$라 하고
$n(P)+n(Q) \geq u$일 때,
$n(P \cap Q) \geq n(P)+n(Q)-u$

따라서
$$n(A \cap B \cap C \cap D) \geq (a+b-u)+(c+d-u)-u$$
$$= a+b+c+d-3u$$

Chiken Mcnuggets Theorom

서로소인 두 자연수 m, n와 음이 아닌 정수 a, b에 대하여

$ma+nb$로 표현 가능한 연속수의 첫 수는 $mn-m-n+1=(m-1)(n-1)$이다.

[관련 문제]

집합 $A=\{7a+16b\,|\,a, b$는 음이 아닌 정수$\}$에 대하여

$\{n, n+1, n+2, n+3, \cdots\}\subset A$를 만족시키는 자연수 n의 최솟값을 구하시오. [대건고 기출 응용]

랑데뷰 풀이 n의 최솟값은 $(7-1)(16-1)=6\times15=90$

설명

서로소인 자연수 m, n $(m<n)$와 음이 아닌 정수 a, b에 대하여 $n=m+p$ $(p\in N)\cdots\bigcirc$라 할 때 $ma+nb$꼴로 표현 되지 못하는 수를 생각해 보자.

$k=ma+nb=ma+(m+p)b=m(a+b)+pb$

(i) $b=0$이면 $k=ma$이므로 k는 모든 m의 배수

(ii) $b=1$이면 $k=m(a+1)+p$에서 $a+1\geq1$이므로 k는 p를 제외한 mk_1+p꼴의 수

(iii) $b=2$이면 $k=m(a+2)+2p$에서 $a+2\geq2$이므로 k는 $2p$, $m+2p$를 제외한 mk_2+p꼴의 수

(iv) $b=3$이면 $k=m(a+3)+3p$에서 $a+3\geq3$이므로 k는 $3p$, $m+3p$, $2m+3p$를 제외한 mk_3+3p꼴의 수

$\cdots\quad\cdots\quad\cdots$

따라서 $b\leq m-1$이고 $b=m-1$이면 $k=m(a+m-1)+(m-1)p$에서

$a+m-1\geq m-1$이므로 $(m-1)p$, $m+(m-1)p$, $2m+(m-1)p$, $\cdots$ $m(m-2)+(m-1)p$를 제외한

$mk_{m-1}+(m-1)p$꼴의 수이다.

따라서 제외하는 가장 큰 수는 $m(m-2)+(m-1)p$이고

$\bigcirc$에서 $p=n-m$이므로

$m(m-2)+(m-1)p=m(m-2)+(m-1)(n-m)=m^2-2m+mn-m^2-n+m=mn-m-n$이므로

$ma+nb$꼴로 표현하지 못하는 수 중 가장 큰 수는 $mn-m-n$이다.

따라서

서로소인 두 자연수 m, n와 음이 아닌 정수 a, b에 대하여

$ma+nb$로 표현 가능한 연속수의 첫 수는 $mn-m-n+1=(m-1)(n-1)$이다.

명제에서 꼭 알아야 할 개념
(1) $p \to q$의 부정은 p and $\sim q$ 이다.
(2) $p \to q$에서 가정 p가 거짓이면 $p \to q$는 참인 명제이다.

설명

(1) $p \to q$: 참인 명제에 대해 알아보자.

예를 들어 '모든 실수 x에 대하여 $x \geq 1$이면 $x \geq 0$이다.'
는 참인 명제이다.

이때, 가정을 p 결론을 q라 하고 x에 적당한 수를
대입해보자.

① $x = 2$ 이면 (p: 참, $\sim p$: 거짓, q: 참)

  $\sim p$ or q : 참

② $x = -2$ 이면 (p: 거짓, $\sim p$: 참, q: 거짓)

  $\sim p$ or q : 참

③ $x = 0$ 이면 (p: 거짓, $\sim p$: 참, q: 참)

  $\sim p$ or q : 참

이를 진리표로 나타내면 다음과 같다.

p	q	$p \to q$	$\sim p$	q	$\sim p$ or q
참	참	참	거짓	참	참
거짓	거짓	참	참	거짓	참
거짓	참	참	참	참	참

④ $p \to q$: 거짓인 명제에 대해 알아보자.

수학·논리학에서는 조건문은 단순히 **'가정이 참이고
결론이 거짓일 때에만 거짓이다.'**라고 정의한다. 그 정의에
맞게 거짓인 명제로

'모든 실수 x에 대하여 $0 \leq x \leq 2$이면

 $1 \leq x \leq 3$이다.'에서

$x = 0$ 이면 (p: 참, $\sim p$: 거짓, q: 거짓)

  $\sim p$ or q : 거짓

이를 진리표로 나타내면 다음과 같다.

p	q	$p \to q$	$\sim p$	q	$\sim p$ or q
참	거짓	거짓	거짓	거짓	거짓

이상에서 $p \to q$와 $\sim p$ or q는 동치인 명제임을 알 수 있다.
따라서 $p \to q$의 부정은 $\sim p$ or q의 부정을 생각하면 된다.

$$\therefore \sim (\sim p \text{ or } q) = p \text{ and } \sim q$$

(2) (1)의 ②,③을 보면 가정 p가 거짓이면 q의 진리값에
관계없이 $p \to q$는 참임을 알 수 있다.

[관련 문제]

① '상위권 학생은 랑데뷰수학을 공부하는 학생이다.'의
  부정인 명제를 적어라.

② '5가 4의 약수이면 3의 약수이다.'의 진리값을 적어라.

풀이

① p : 상위권 학생이다. q : 랑데뷰수학을 공부하는
학생이다.

에서 [$\sim q$: 랑데뷰수학을 공부하는 학생이
아니다.]이므로

$\Rightarrow$ 상위권 학생이지만 랑데뷰수학을 공부하는 학생이
아니다.

② 가정이 거짓이므로 주어진 명제는 참이다.

명제의 함축

$p \rightarrow q$의 진리값은

[p : 참, q : 거짓일 때만 거짓]이고 [나머지는 모두 참]이다.

⇨ ① 가정이 거짓이면 반드시 참인 명제이다.

② 결론이 참이면 반드시 참인 명제이다.

[관련 문제]

전체집합 $U = \{1, 2, 3, n\}$에 대하여 명제 'x가 10의 약수이면 x는 6의 약수이다.' 가 참이 되도록 하는 10이하의 자연수 n의 합을 구하시오.

일반 풀이

두 조건 'x는 10의 약수', 'x는 6의 약수'의 진리집합을 각각 P, Q라 하자.

주어진 명제가 참이 되려면 집합 P의 원소는 모두 집합 Q의 원소가 되어야 한다.

이때, 집합 P 는 10의 약수의 집합 $\{1, 2, 5, 10\}$의 부분집합이고, 집합 Q 는 6의 약수의 집합 $\{1, 2, 3, 6\}$의 부분집합이다.

따라서 $P \subset Q$가 되려면 10의 약수 중 5와 10은 P의 원소가 아니어야 한다.

즉, $U = \{1, 2, 3, n\}$에서 n이 5와 10을 제외한 수이면 $P = \{1, 2\}$가 되어 $P \subset Q$가 성립한다. 한편, n은 10이하의 자연수이고 $1, 2, 3$역시 제외해야 하므로 n은 $4, 6, 7, 8, 9$이다.

따라서 구하는 합은 $4 + 6 + 7 + 8 + 9 = 34$이다.

랑데뷰 풀이

명제의 함축에 의해

가정 'x가 10의 약수이다.'가 거짓이면 주어진 명제는 참이므로 가능한 n은 $4, 6, 7, 8, 9$이다.

설명

(1) 함축 : 문장 p, q가 명제일 때, 명제 p가 가정으로 제시되고 명제 q가 결론으로 제시되는 명제

(2) 함축 $p \rightarrow q$는 가정이 되는 명제 p가 참이고 결론이 되는 명제 q가 거짓인 경우에만 거짓이고, 그 이외의 경우에는 참이 된다. 특히 조건 p가 참일 때 반드시 조건 q가 참인 경우는 $p \Rightarrow q$로 표기하고 'p는 q의 충분조건이다. 또는 q는 p의 필요조건이다.'라고 한다.

(3) 수학적 논리에서의 함축은 명제 자체로서는 의미가 없으며, 오로지 진리값에만 의미가 있다. 그러므로 조건이 되는 명제와 결론이 되는 명제 사이에 연관관계가 있을 필요는 없다.

(4) 예를 들어

① '황보샘이 차은오보다 잘생겼으면 0은 정수이다.' 결론 0이 정수이다가 참인 명제이므로 이 명제는 참인 명제이다.

② '0이 자연수이면 황보샘은 차은오보다 잘 생겼다.' 가정 0이 자연수이다가 거짓 명제이므로 이 명제는 참인 명제이다.

→(p, q가 명제가 아니라서 완전한 문장은 아니다.)

세미나(47) 쉬어가는 코너 : 필요 충분 조건

충분조건 : Sufficient Condition

필요조건 : Necessary Condition

'충분'이 클까 '필요'가 클까?

[쉬어가는 중]

조건 p가 조건 q에 대한 충분조건이기 위해서는 조건 p를 만족하는 진리집합 P는 조건 q를 만족하는 진리집합 Q에 포함되는 즉, $P \subset Q$인 구조가 되어야 한다.

따라서, '충분'은 '필요' 보다 작은 의미를 가져야 한다. 그런데 한글의 의미상으로 볼 때 '충분', '필요'는 어떤 단어가 더 큰 느낌일까?

예를 들어

어떤 가정의 가장이 출장가기 직전 메모를 남겼다.

[베란다에 있는 화분에 물을 오랫동안 안 줬으니 오늘 '충분'한 양의 물을 주고 키우는 강아지가 살이 찌고 있으니 사료는 '필요'한 만큼만 줘라.]

보시다시피 우리 국어에서는 [충분 ⊃ 필요] 라고 느껴진다.

그래서 많은 선생님들께서 충분조건, 필요조건을 "무엇에 충분하니....무엇에 필요 하니..."식으로 가르치지 않는다. 예를 들어 단순히 구조상 $p \Rightarrow q$가 성립하면 [총쏘면 피본다]라는 황당한 논리로 ㅊ $\Rightarrow$ ㅍ 이니 화살표를 보내는 쪽이 'ㅊ'이므로 충분조건, 화살표를 받는 쪽이 'ㅍ'이므로 필요조건이다는 식으로 주입식으로 가르치고 배우는게 한국 수학 수업 시간의 모습이다.

그것이 나쁘다는 것이 아니다. 필자도 그렇게 가르치고 있으며 대부분의 학생들이 거부감 없이 받아들인다. 그런데 그렇게 얘기하면 꼭 눈살을 찌푸리는 한 두명의 학생이 있다. 그때는 이런 이야기를 해준다.

충분조건은 sufficient condition, 필요조건은 necessary condition 이다.

Sufficient는 "충분한"의 의미는 맞지만 **"적합한"**의 의미도 있다. 수학의 명제에서는 충분하다는 의미보다는 특정한 목적이나 필요에 **적절한, 적합한** 이라는 의미로 봐야 하겠다.

즉 명제가 참이 되기 위해 기준이 되는 조건 q에 **적절한, 적합한 조건**이라는 의미로 [Sufficient]를 사용한 것을 단어 의미 그대로 충분이라는 단어로 사용한다고 생각한다.

$$\text{평균부등식} \ (a > 0, \ b > 0)$$

$$\text{제곱근 멱평균} \geq \text{산술평균} \geq \text{기하평균} \geq \text{조화평균}$$

$$\sqrt{\frac{a^2 + b^2}{2}} \geq \frac{a+b}{2} \geq \sqrt{ab} \geq \frac{2}{\dfrac{1}{a} + \dfrac{1}{b}}$$

[관련 문제]

① $x > 0$, $y > 0$ 이고 $3x + 5y = 10$ 일 때, $\sqrt{3x} + \sqrt{5y}$ 의 최댓값을 구하여라.

② $x > 0$, $y > 0$일 때, $\sqrt{x} + \sqrt{y} \leq k\sqrt{x+y}$ 가 항상 성립하도록 하는 실수 k의 최솟값을 구하여라.

일반 풀이

① $(\sqrt{3x} + \sqrt{5y})^2 = 3x + 5y + 2\sqrt{3x}\sqrt{5y}$
$$= 10 + 2\sqrt{15xy} \ \cdots \ \text{㉠}$$

한편 $x > 0$, $y > 0$ 이므로 산술평균과 기하평균의 관계에 의하여

$$3x + 5y \geq 2\sqrt{3x \cdot 5y} = 2\sqrt{15xy}$$

그런데 $3x + 5y = 10$ 이므로

$10 \geq 2\sqrt{15xy}$ (단, 등호는 $3x = 5y$ 일 때) $\cdots$ ㉡

㉠, ㉡ 에 의하여

$$(\sqrt{3x} + \sqrt{5y})^2 = 10 + 2\sqrt{15xy} \leq 10 + 10 = 20$$
$$\therefore \ \sqrt{3x} + \sqrt{5y} \leq \sqrt{20} = 2\sqrt{5}$$

따라서 $\sqrt{3x} + \sqrt{5y}$ 의 최댓값은 $2\sqrt{5}$ 이다.

② $x > 0$, $y > 0$ 이므로 주어진 식의 양변을

$\sqrt{x+y}$ 으로 나누면 $\sqrt{\dfrac{x}{x+y}} + \sqrt{\dfrac{y}{x+y}} \leq k \cdots$ ①

여기서 $\sqrt{\dfrac{x}{x+y}} = a$, $\sqrt{\dfrac{y}{x+y}} = b$ 로 두면

$a > 0$, $b > 0$ 이고 $a^2 + b^2 = 1$

코시-슈바르츠의 부등식에 의해

$(1^2 + 1^2)(a^2 + b^2) \geq (a+b)^2$

$(a+b)^2 \leq 2 \ \Rightarrow \ a + b \leq \sqrt{2}$

$$\therefore \ \sqrt{\frac{x}{x+y}} + \sqrt{\frac{y}{x+y}} \leq \sqrt{2}$$

따라서 ①이 항상 성립하려면 $\sqrt{2} \leq k$ 이어야 하므로 k의 최솟값은 $\sqrt{2}$ 이다.

랑데뷰 풀이

평균부등식에서

① $\sqrt{\dfrac{3x + 5y}{2}} \geq \dfrac{\sqrt{3x} + \sqrt{5y}}{2}$ 이므로

$2\sqrt{5} \geq \sqrt{3x} + \sqrt{5y}$ 이다.

② $\sqrt{\dfrac{(\sqrt{x})^2 + (\sqrt{y})^2}{2}} \geq \dfrac{\sqrt{x} + \sqrt{y}}{2}$ 이므로

$\dfrac{\sqrt{x+y}}{\sqrt{2}} \geq \dfrac{\sqrt{x} + \sqrt{y}}{2} \to \sqrt{x} + \sqrt{y} \leq \sqrt{2}\sqrt{x+y}$

평균부등식 확장 – 모든 문자는 양수

제곱근 멱평균 $= \sqrt{\dfrac{x_1^2 + x_2^2 + \cdots + x_n^2}{n}}$

산술평균 $= \dfrac{x_1 + x_2 + \cdots + x_n}{n}$

기하평균 $= \sqrt[n]{x_1 x_2 \cdots x_n}$

조화평균 $= \dfrac{n}{\dfrac{1}{x_1} + \dfrac{1}{x_2} + \cdots + \dfrac{1}{x_n}}$

일 때, **평균부등식**은 다음과 같다.

$$\sqrt{\frac{x_1^2 + x_2^2 + \cdots + x_n^2}{n}} \geq \frac{x_1 + x_2 + \cdots + x_n}{n}$$

$$\geq \sqrt[n]{x_1 x_2 \cdots x_n} \geq \frac{n}{\dfrac{1}{x_1} + \dfrac{1}{x_2} + \cdots + \dfrac{1}{x_n}}$$

코시 엥겔폼 (Titu's Lemma)

$$\frac{x^2}{a}+\frac{y^2}{b} \geq \frac{(x+y)^2}{a+b}, \quad \frac{x^2}{a}+\frac{y^2}{b}+\frac{z^2}{c} \geq \frac{(x+y+z)^2}{a+b+c}$$

$$\left(\text{단, } a>0,\ b>0,\ c>0 \text{이고 등호는 } \frac{x}{a}=\frac{y}{b}=\frac{z}{c} \text{일 때 성립}\right)$$

[관련 문제]

① 양수 a, b, c가 $a+b+c=6$을 만족할 때, $\dfrac{1}{a}+\dfrac{4}{b}+\dfrac{9}{c}$ 의 최솟값을 구하여라.

② 양의 실수 a, b, c에 대하여 $\dfrac{a+b+c}{a}+\dfrac{a+b+c}{b}+\dfrac{a+b+c}{c}$ 의 최솟값을 구하여라.

일반 풀이

① 코시-슈바르츠의 부등식에 의하여

$$(a+b+c)\left(\frac{1}{a}+\frac{4}{b}+\frac{9}{c}\right)\geq (1+2+3)^2$$

$$6\left(\frac{1}{a}+\frac{4}{b}+\frac{9}{c}\right)\geq 36 \qquad \therefore \ \frac{1}{a}+\frac{4}{b}+\frac{9}{c}\geq 6$$

② $\dfrac{a+b+c}{a}+\dfrac{a+b+c}{b}+\dfrac{a+b+c}{c}$

$$=\left(1+\frac{b}{a}+\frac{c}{a}\right)+\left(\frac{a}{b}+1+\frac{c}{b}\right)+\left(\frac{a}{c}+\frac{b}{c}+1\right)$$

$$=3+\frac{b}{a}+\frac{a}{b}+\frac{c}{a}+\frac{a}{c}+\frac{c}{b}+\frac{b}{c}$$

$a>0$, $b>0$, $c>0$이므로 산술평균과 기하평균의 관계에 의하여

$$\frac{b}{a}+\frac{a}{b}\geq 2\sqrt{\frac{b}{a}\times\frac{a}{b}}=2 \ \cdots\cdots\ \textcircled{\footnotesize ㄱ}$$

(단, 등호는 $a=b$일 때 성립)

$$\frac{c}{a}+\frac{a}{c}\geq 2\sqrt{\frac{c}{a}\times\frac{a}{c}}=2 \ \cdots\cdots\ \textcircled{\footnotesize ㄴ}$$

(단, 등호는 $c=a$일 때 성립)

$$\frac{c}{b}+\frac{b}{c}\geq 2\sqrt{\frac{c}{b}\times\frac{b}{c}}=2 \ \cdots\cdots\ \textcircled{\footnotesize ㄷ}$$

(단, 등호는 $b=c$일 때 성립)

ㄱ + ㄴ + ㄷ을 하면

$$\frac{b}{a}+\frac{a}{b}+\frac{c}{a}+\frac{a}{c}+\frac{c}{b}+\frac{b}{c}\geq 6$$

(단, 등호는 $a=b=c$일 때 성립)

따라서 구하는 최솟값은 $3+6=9$

랑데뷰 풀이

① 코시 엥겔폼에서

$$\frac{1}{a}+\frac{4}{b}+\frac{9}{c}=\frac{1^2}{a}+\frac{2^2}{b}+\frac{3^2}{c}\geq \frac{(1+2+3)^2}{a+b+c}=6$$

② 코시 엥겔폼에서

$$\frac{a+b+c}{a}+\frac{a+b+c}{b}+\frac{a+b+c}{c}$$

$$=\frac{(\sqrt{a+b+c})^2}{a}+\frac{(\sqrt{a+b+c})^2}{b}+\frac{(\sqrt{a+b+c})^2}{c}$$

$$\geq \frac{(3\sqrt{a+b+c})^2}{a+b+c}=9$$

증명

코시 부등식

$$\{(\sqrt{a})^2+(\sqrt{b})^2+(\sqrt{c})^2\}$$

$$\left\{\left(\frac{x}{\sqrt{a}}\right)^2+\left(\frac{y}{\sqrt{b}}\right)^2+\left(\frac{z}{\sqrt{c}}\right)^2\right\}$$

$$\geq (x+y+z)^2 \text{ 에서 양변을 } (a+b+c)\text{로 나누면}$$

$$\frac{x^2}{a}+\frac{y^2}{b}+\frac{z^2}{c}\geq \frac{(x+y+z)^2}{a+b+c}$$

젠센부등식

(1) 함수 $y = f(x)$가 위로 볼록 $\rightarrow f\left(\dfrac{a+b}{2}\right) \geq \dfrac{f(a)+f(b)}{2}$

(2) 함수 $y = f(x)$가 아래로 볼록 $\rightarrow f\left(\dfrac{a+b}{2}\right) \leq \dfrac{f(a)+f(b)}{2}$

(단, 등호는 $a = b$일 때 성립)

[관련 문제]

① $x > 0$, $y > 0$ 이고 $3x + 5y = 10$ 일 때, $\sqrt{3x} + \sqrt{5y}$ 의 최댓값을 구하여라.

② 함수 $y = \sqrt{1-x} + \sqrt{1+x}$ 의 최댓값을 M을 구하여라.

일반 풀이

① $(\sqrt{3x} + \sqrt{5y})^2 = 3x + 5y + 2\sqrt{3x}\sqrt{5y}$

$\qquad\qquad\qquad = 10 + 2\sqrt{15xy}$ $\cdots$ ㉠

한편 $x > 0$, $y > 0$ 이므로 산술평균과 기하평균의 관계에 의하여

$\quad 3x + 5y \geq 2\sqrt{3x \cdot 5y} = 2\sqrt{15xy}$

그런데 $3x + 5y = 10$ 이므로

$10 \geq 2\sqrt{15xy}$ (단, $3x = 5y$ 일 때 등호 성립)$\cdots$ ㉡

㉠, ㉡ 에 의하여

$\quad (\sqrt{3x} + \sqrt{5y})^2 = 10 + 2\sqrt{15xy} \leq 10 + 10 = 20$

$\quad \therefore \sqrt{3x} + \sqrt{5y} \leq \sqrt{20} = 2\sqrt{5}$

따라서 $\sqrt{3x} + \sqrt{5y}$ 의 최댓값은 $2\sqrt{5}$ 이다.

② 근호 안의 값은 항상 0 이어야 하므로

$1 - x \geq 0$, $1 + x \geq 0$ $\quad \therefore -1 \leq x \leq 1$

즉, 함수 y의 정의역은 $\{x \mid -1 \leq x \leq 1\}$ 이고,

$y \geq 0$ 이므로 y^2 이 최대(최소)일 때, y도 최대(최소)이다.

$y^2 = (\sqrt{1-x} + \sqrt{1+x})^2$

$\quad = 1 - x + 2\sqrt{1-x^2} + 1 + x$

$\quad = 2 + 2\sqrt{1-x^2}$

에서 y^2은 $x = 0$ 일 때 최댓값 $2 + 2 = 4$를 갖는다.

$\therefore M = \sqrt{4} = 2$

랑데뷰 풀이

$f(x) = \sqrt{x}$ 는 위로 볼록 함수 이므로

$f\left(\dfrac{a+b}{2}\right) \geq \dfrac{f(a)+f(b)}{2}$ 에서

① $a = 3x$, $b = 5x$을 대입하면

$\sqrt{\dfrac{3x + 5x}{2}} \geq \dfrac{\sqrt{3x} + \sqrt{5x}}{2}$

$\therefore 2\sqrt{5} \geq \sqrt{3x} + \sqrt{5x}$

② $a = 1 - x$, $b = 1 + x$을 대입하면

$\sqrt{\left\{\dfrac{(1-x) + (1+x)}{2}\right\}} \geq \dfrac{\sqrt{1-x} + \sqrt{1+x}}{2}$

$\therefore 2 \geq \sqrt{1-x} + \sqrt{1+x}$

설명 → 아래로 볼록일 때

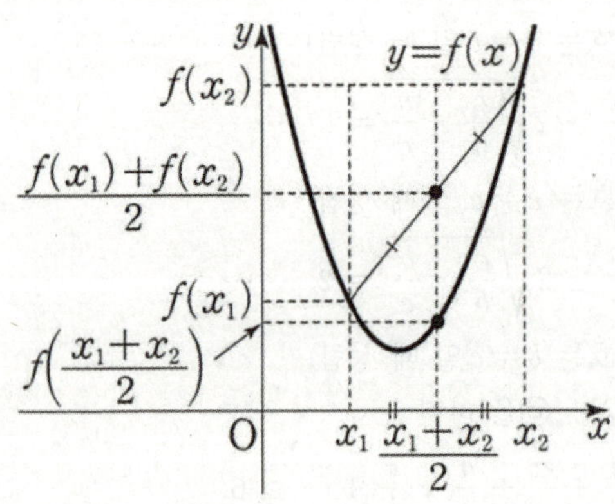

네스빗 부등식의 응용 ($x,\ y,\ z,\ a,\ b,\ c$는 양수)

$$① \quad \frac{x}{y+z}+\frac{y}{z+x}+\frac{z}{x+y}\geq\frac{3}{2}$$

$$② \quad \frac{a^2x}{y+z}+\frac{b^2y}{z+x}+\frac{c^2z}{x+y}\geq\frac{(a+b+c)^2-2(a^2+b^2+c^2)}{2}$$

$$\left(\text{단, } ① \ \frac{1}{y+z}=\frac{1}{z+x}=\frac{1}{x+y} \text{ 일 때 '='성립, } ② \ \frac{a}{y+z}=\frac{b}{z+x}=\frac{c}{x+y} \text{ 일 때 '='성립}\right)$$

[관련 문제]

세 양의 실수 $x,\ y,\ z$에 대하여 $\dfrac{9x(x+y)(z+x)+25y(x+y)(y+z)+36z(y+z)(z+x)}{(x+y)(y+z)(z+x)}$ 의 최솟값 구하여라.

일반 풀이

$$\frac{9x(x+y)(z+x)+25y(x+y)(y+z)+36z(y+z)(z+x)}{(x+y)(y+z)(z+x)}$$

$$=\frac{9x}{y+z}+\frac{25y}{z+x}+\frac{36z}{x+y}$$

$$(x+y+z)\left(\frac{9}{y+z}+\frac{25}{z+x}+\frac{36}{x+y}\right)$$

$$=\frac{9x}{y+z}+\frac{9(y+z)}{y+z}+\frac{25y}{z+x}+\frac{25(z+x)}{z+x}$$
$$\qquad\qquad +\frac{36z}{x+y}+\frac{36(x+y)}{x+y}$$

$$=\frac{9x}{y+z}+\frac{25y}{z+x}+\frac{36z}{x+y}+9+25+36$$

코시-슈바르츠의 부등식에 의하여

$$2(x+y+z)\left(\frac{9}{y+z}+\frac{25}{z+x}+\frac{36}{x+y}\right)$$

$$=\{(y+z)+(z+x)+(x+y)\}\left(\frac{3^2}{y+z}+\frac{5^2}{z+x}+\frac{6^2}{x+y}\right)$$

$$=\{(\sqrt{y+z})^2+(\sqrt{z+x})^2+(\sqrt{x+y})^2\}$$
$$\qquad\times\left\{\frac{3^2}{(\sqrt{y+z})^2}+\frac{5^2}{(\sqrt{z+x})^2}+\frac{6^2}{(\sqrt{x+y})^2}\right\}$$

$$\geq(3+5+6)^2=196$$

$$\therefore\ 2(x+y+z)\left(\frac{9}{y+z}+\frac{25}{z+x}+\frac{36}{x+y}\right)\geq196$$

$$\frac{9x}{y+z}+\frac{25y}{z+x}+\frac{36z}{x+y}+9+25+36\geq98$$

$$\frac{9x}{y+z}+\frac{25y}{z+x}+\frac{36z}{x+y}\geq28$$

랑데뷰 풀이

$$\frac{9x(x+y)(z+x)+25y(x+y)(y+z)+36z(y+z)(z+x)}{(x+y)(y+z)(z+x)}$$

$$=\frac{3^2x}{y+z}+\frac{5^2y}{z+x}+\frac{6^2z}{x+y}$$

$$\geq\frac{(3+5+6)^2-2(3^2+5^2+6^2)}{2}=28$$

---

①번 설명

$$\frac{x}{y+z}+\frac{y}{z+x}+\frac{z}{x+y}$$

$$=\frac{x^2}{xy+zx}+\frac{y^2}{yz+xy}+\frac{z^2}{zx+yz} \quad \text{(by 코시 엥겔폼)}$$

$$\geq\frac{(x+y+z)^2}{2(xy+yz+zx)}=\frac{3}{2}$$

$$\therefore\ (x+y+z)^2\geq3(xy+yz+zx)$$

②번 설명

$$\frac{a^2}{y+z}+\frac{b^2}{z+x}+\frac{c^2}{x+y}\geq\frac{(a+b+c)^2}{2(x+y+z)} \quad \text{이므로}$$

(by 코시 엥겔폼)

양변에 $(x+y+z)$을 곱하면

$$(x+y+z)\left(\frac{a^2}{y+z}+\frac{b^2}{z+x}+\frac{c^2}{x+y}\right)$$

$$\geq\frac{(a+b+c)^2}{2}$$

한편, $\dfrac{a^2x}{y+z}+\dfrac{b^2y}{z+x}+\dfrac{c^2z}{x+y}\cdots㉠$이라 하면

$$(x+y+z)\left(\frac{a^2}{y+z}+\frac{b^2}{z+x}+\frac{c^2}{x+y}\right)$$

$$=\frac{a^2x}{y+z}+a^2+\frac{b^2y}{z+x}+b^2+\frac{c^2z}{x+y}+c^2$$

$$=㉠+a^2+b^2+c^2\text{이다.}$$

따라서 $\therefore\ ㉠+a^2+b^2+c^2\geq\dfrac{(a+b+c)^2}{2}$

$$\therefore\ \frac{a^2x}{y+z}+\frac{b^2y}{z+x}+\frac{c^2z}{x+y}$$

$$\geq\frac{(a+b+c)^2-2(a^2+b^2+c^2)}{2}$$

세미나(52) 재배열 부등식

재배열 부등식 ⇨ (역순 ≤ 난순 ≤ 동순)

$a_1 \le a_2 \le a_3 \le \cdots \le a_n$, $b_1 \le b_2 \le b_3 \le \cdots \le b_n$ 인 임의의 $2n$개의 실수에 대하여

$x_1, x_2, \cdots, x_n$은 $b_1, b_2, \cdots, b_n$을 적당히 재배열하여 얻은 실수라고 하면

$$a_1 b_n + a_2 b_{n-1} + a_3 b_{n-2} + \cdots + a_{n-1} b_2 + a_n b_1 (\text{역순}) \le a_1 x_1 + a_2 x_2 + a_3 x_3 + \cdots + a_{n-1} x_{n-1} + a_n x_n (\text{난순})$$

$$\le a_1 b_1 + a_2 b_2 + a_3 b_3 + \cdots + a_{n-1} b_{n-1} + a_n b_n (\text{동순})$$

이 성립한다. (등호는 a_i 또는 b_i가 모두 같은 값일 때 성립)

[관련 문제]

다음 부등식을 재배열 부등식으로 증명하여라.

① $a^2 + b^2 \ge 2ab$ ② $a^2 + b^2 + c^2 \ge ab + bc + ca$ ③ 양의 실수 a, b, c에 대하여 $\dfrac{1}{a^2} + \dfrac{1}{b^2} + \dfrac{1}{c^2} \ge \dfrac{a+b+c}{abc}$

랑데뷰 풀이

① $a \cdot a + b \cdot b \ge a \cdot b + b \cdot a$이므로
$a^2 + b^2 \ge 2ab$이다.

② $a \cdot a + b \cdot b + c \cdot c \ge a \cdot b + b \cdot c + c \cdot a$이므로
$a^2 + b^2 + c^2 \ge ab + bc + ca$이다.

③ $\dfrac{1}{a} \cdot \dfrac{1}{a} + \dfrac{1}{b} \cdot \dfrac{1}{b} + \dfrac{1}{c} \cdot \dfrac{1}{c}$
$\ge \dfrac{1}{a} \cdot \dfrac{1}{b} + \dfrac{1}{b} \cdot \dfrac{1}{c} + \dfrac{1}{c} \cdot \dfrac{1}{a}$

이므로
$$\frac{1}{a^2} + \frac{1}{b^2} + \frac{1}{c^2} \ge \frac{1}{ab} + \frac{1}{bc} + \frac{1}{ca} = \frac{a+b+c}{abc}$$

욕심쟁이 알고리즘

3가지의 주머니에 10원, 100원, 1000원 짜리 돈이 충분히(3개이상) 들어있다. 이 주머니에서 돈을 꺼낼 때, 각 주머니에서 1, 2, 3개를 꺼낼 수 있을 때 꺼낸 금액의 총합의 최대 최소를 생각해 보면
$1000 \times 3 + 100 \times 2 + 10 \times 1 = 3210 \to$ 최대
$1000 \times 1 + 100 \times 2 + 10 \times 3 = 1230 \to$ 최소
임을 쉽게 알 수 있다. 이것을 욕심쟁이 알고리즘이라고 한다. 즉, 큰 것끼리, 작은 것끼리 곱할 때 최대, 최소가 된다. 이 알고리즘이 재배열 부등식의 핵심 아이디어이다.
⇨ 교과 과정에서는 이것만 이해하면 되겠다.
⇨ 필자는 체비셰프 합 부등식을 이해하기 위한 포석 정도로 재배열부등식을 이해하고 있다

증명

(i) $a_1 b_1 + a_2 b_2 + a_3 b_3 + \cdots + a_{n-1} b_{n-1} + a_n b_n$을 S라 하고 $p < q$인 적당한 p, q에 대해
$S = a_1 b_1 + \cdots + a_p b_p + \cdots + a_q b_q + \cdots + a_n b_n$로 나타낼 수 있다. 이 때, 두 항 $a_p b_p$, $a_q b_q$의 b_p, b_q의 $(b_p < b_q)$위치만 바꾼 $a_p b_q$, $a_q b_p$가 있는 합을 S'라 하면
$S' = a_1 b_1 + \cdots + a_p b_q + \cdots + a_q b_p + \cdots + a_n b_n$이고
$S - S' = a_p(b_p - b_q) + a_q(b_q - b_p)$
$= -a_p(b_q - b_p) + a_q(b_q - b_p) = (a_q - a_p)(b_q - b_p) > 0$
즉, 임의의 두 항의 위치를 바꾸면 값이 작아진다. 이와 같은 과정을 유한 번 반복하면
$a_1 x_1 + a_2 x_2 + a_3 x_3 + \cdots + a_{n-1} b_{n-1} + a_n x_n (\text{난순})$
$\le a_1 b_1 + a_2 b_2 + a_3 b_3 + \cdots + a_{n-1} b_{n-1} + a_n b_n (\text{동순})$

(ii) $a_1 b_n + a_2 b_{n-1} + a_3 b_{n-2} + \cdots + a_{n-1} b_2 + a_n b_1$을 T라 하고 $p < q$인 적당한 p, q에 대해
$T = a_1 b_n + \cdots + a_p b_{n+1-p} + \cdots + a_q b_{n+1-q} + \cdots + a_n b_1$로 나타낼 수 있다. 이 때, 두 항 $a_p b_{n+1-p}$, $a_q b_{n+1-q}$의 $b_{n+1-p} > b_{n+1-q}$의 위치만 바꾼 $a_p b_{n+1-q}$, $a_q b_{n+1-p}$가 있는 합을 T'라 하면
$T' = a_1 b_n + \cdots + a_p b_{n+1-q} + \cdots + a_q b_{n+1-p} + \cdots + a_n b_1$
이고 $T - T' = (b_{n+1-p} - b_{n+1-q})(a_p - a_q) < 0$
즉, 임의의 두 항의 위치를 바꾸면 값이 커진다. 이와 같은 과정을 유한 번 반복하면
$a_1 b_n + a_2 b_{n-1} + a_3 b_{n-2} + \cdots + a_{n-1} b_2 + a_n b_1 (\text{역순})$
$\le a_1 x_1 + a_2 x_2 + a_3 x_3 + \cdots + a_{n-1} x_{n-1} + a_n x_n (\text{난순})$
(i), (ii)에서 재배열 부등식이 성립한다.

체비셰프 합 부등식

$a_1 \leq a_2 \leq a_3 \leq \cdots \leq a_n$, $b_1 \leq b_2 \leq b_3 \leq \cdots \leq b_n$ 인 임의의 $2n$개의 실수에 대하여

$$n(a_1 b_n + a_2 b_{n-1} + a_3 b_{n-2} + \cdots + a_{n-1} b_2 + a_n b_1) \leq (a_1 + a_2 + a_3 + \cdots + a_n)(b_1 + b_2 + b_3 + \cdots + b_n)$$
$$\leq n(a_1 b_1 + a_2 b_2 + a_3 b_3 + \cdots + a_{n-1} b_{n-1} + a_n b_n)$$

문자의 개수를 줄여 교과 과정에 적용시켜 보자. $a_1 \leq a_2 \leq a_3$, $b_1 \leq b_2 \leq b_3$일 때

① $a_1 b_2 + a_2 b_1 \leq \dfrac{(a_1 + a_2)(b_1 + b_2)}{2} \leq a_1 b_1 + a_2 b_2$ 이다.

여기서 $a_1 = b_1 = x$, $a_2 = b_2 = y$라 하면 $2xy \leq \dfrac{(x+y)^2}{2} \leq x^2 + y^2$ 이 성립한다.

$2xy \leq \dfrac{(x+y)^2}{2} \to \dfrac{x+y}{2} \geq \sqrt{xy}$: 산술 기하, $\dfrac{(x+y)^2}{2} \leq x^2 + y^2 \to \dfrac{x^2}{1} + \dfrac{y^2}{1} \geq \dfrac{(x+y)^2}{2}$: 코시 엥겔폼

② $a_1 b_3 + a_2 b_2 + a_3 b_1 \leq \dfrac{(a_1 + a_2 + a_3)(b_1 + b_2 + b_3)}{3} \leq a_1 b_1 + a_2 b_2 + a_3 b_3$이다.

여기서 $a_1 = b_1 = x$, $a_2 = b_2 = y$, $a_3 = b_3 = z$라 하면 $xy + yz + zx \leq \dfrac{(x+y+z)^2}{3} \leq x^2 + y^2 + z^2$이 성립한다.

$xy + yz + zx \leq \dfrac{(x+y+z)^2}{3} \to (x+y+z)^2 \geq 3(xy + yz + zx)$: 유명한(?) 절대 부등식

$\dfrac{(x+y+z)^2}{3} \leq x^2 + y^2 + z^2 \to \dfrac{x^2}{1} + \dfrac{y^2}{1} + \dfrac{z^2}{1} \geq \dfrac{(x+y+z)^2}{3}$: 코시 엥겔폼

[관련 문제]

$x > 0$, $y > 0$, $z > 0$일 때, $(x+y+z)\left(\dfrac{1}{2x+y} + \dfrac{1}{y+2z}\right)$의 최솟값을 구하여라.

일반 풀이

$(x+y+z)\left(\dfrac{1}{2x+y} + \dfrac{1}{y+2z}\right)$

$= \dfrac{1}{2}(2x + 2y + 2z)\left(\dfrac{1}{2x+y} + \dfrac{1}{y+2z}\right)$

$= \dfrac{1}{2}\{(2x+y) + (y+2z)\}\left(\dfrac{1}{2x+y} + \dfrac{1}{y+2z}\right)$

$= \dfrac{1}{2}\left(2 + \dfrac{2x+y}{y+2z} + \dfrac{y+2z}{2x+y}\right)$

이때, $\dfrac{2x+y}{y+2z} > 0$, $\dfrac{y+2z}{2x+y} > 0$ 이므로

산술평균과 기하평균의 관계에 의하여

$\dfrac{2x+y}{y+2z} + \dfrac{y+2z}{2x+y} \geq 2\sqrt{\dfrac{2x+y}{y+2z} \times \dfrac{y+2z}{2x+y}} = 2$

(단, 등호는 $x = z$일 때 성립)

$\therefore (x+y+z)\left(\dfrac{1}{2x+y} + \dfrac{1}{y+2z}\right) \geq \dfrac{1}{2}(2+2) = 2$

따라서 구하는 최솟값은 2이다.

랑데뷰 풀이

$(x+y+z)\left(\dfrac{1}{2x+y} + \dfrac{1}{y+2z}\right)$

$= \dfrac{1}{2}\{(2x+y) + (y+2z)\}\left(\dfrac{1}{2x+y} + \dfrac{1}{y+2z}\right)$

에서 $x \geq z$라면 **체비셰프 합 부등식**에서

(역순) : $(2x+y) \times \dfrac{1}{(2x+y)} + (y+2z) \times \dfrac{1}{(y+2z)} = 1 + 1$

$2 \leq \dfrac{1}{2}\{(2x+y) + (y+2z)\}\left(\dfrac{1}{2x+y} + \dfrac{1}{y+2z}\right)$

증명 재배열 부등식 (역순) ≤ (난순) ≤ (동순)에서

(역순) $\leq a_1 b_1 + a_2 b_2 + \cdots + a_{n-1} b_{n-1} + a_n b_n \leq$ (동순)

(역순) $\leq a_1 b_2 + a_2 b_3 + \cdots + a_{n-1} b_n + a_n b_1 \leq$ (동순)

(역순) $\leq a_1 b_3 + a_2 b_4 + \cdots + a_{n-1} b_1 + a_n b_2 \leq$ (동순)

$\cdots \qquad \cdots \qquad \cdots$

(역순) $\leq a_1 b_n + a_2 b_{n-1} + \cdots + a_{n-1} b_2 + a_n b_1 \leq$ (동순)

의 각 변을 모두 더하면 **체비셰프 합 부등식**이다.

$$x^2 + y^2 + z^2 = K$$가 주어지고 $ax + by + cz$의 범위를 묻는 유형은

$ax + by + cz = k$라 두고 구와 평면이 만날 때의 범위로 해석할 수 있다.

(원과 직선이 만날 때의 계산과정과 동일하다.)

[관련 문제]

(1) 실수 x, y, z 에 대하여 $x^2 + y^2 + z^2 = 2$ 일 때, $x - 2y + 3z$ 의 최솟값을 구하여라.

(2) $a \geq 0$, $b \geq 0$, $c \geq 0$ 이고 $a + b + c = 14$ 일 때, $\sqrt{a} + 2\sqrt{b} + 3\sqrt{c}$ 의 최댓값을 구하여라.

(3) 실수 x, y, z 가 $x + y + z = 1$, $x^2 + y^2 + z^2 = 3$ 을 만족시킬 때, x 의 최댓값을 구하여라.

일반 풀이

(1) x, y, z가 실수이므로
코시-슈바르츠의 부등식에 의하여
$$\{1^2 + (-2)^2 + 3^2\}(x^2 + y^2 + z^2) \geq (x - 2y + 3y)^2$$
그런데 $x^2 + y^2 + z^2 = 2$ 이므로 $28 \geq (x - 2y + 3z)^2$
$$\therefore -2\sqrt{7} \leq x - 2y + 3z \leq 2\sqrt{7}$$
따라서 $x - 2y + 3z$ 의 최솟값은 $-2\sqrt{7}$ 이다.

(2) $\sqrt{a}$, $\sqrt{b}$, $\sqrt{c}$ 가 실수이므로 코시-슈바르츠의
부등식에 의하여
$$(1^2 + 2^2 + 3^2)\{(\sqrt{a})^2 + (\sqrt{b})^2 + (\sqrt{c})^2\}$$
$$\geq (\sqrt{a} + 2\sqrt{b} + 3\sqrt{c})^2$$
$$14(a + b + c) \geq (\sqrt{a} + 2\sqrt{b} + 3\sqrt{c})^2$$
그런데 $a + b + c = 14$ 이므로
$$14^2 \geq (\sqrt{a} + 2\sqrt{b} + 3\sqrt{c})^2$$
이때 $a \geq 0$, $b \geq 0$, $c \geq 0$이므로
$$0 \leq \sqrt{a} + 2\sqrt{b} + 3\sqrt{c} \leq 14$$
따라서 $\sqrt{a} + 2\sqrt{b} + 3\sqrt{c}$ 의 최댓값은 14 이다.

(3) $x + y + z = 1$ 에서 $y + z = 1 - x$ $\cdots$ ㉠
$x^2 + y^2 + z^2 = 3$ 에서 $y^2 + z^2 = 3 - x^2$ $\cdots$ ㉡
y, z 가 실수이므로 코시-슈바르츠의 부등식에
의하여 $(1^2 + 1^2)(y^2 + z^2) \geq (y + z)^2$ $\cdots$ ㉢
㉠, ㉡을 ㉢에 대입하면
$$2(3 - x^2) \geq (1 - x)^2, \quad 6 - 2x^2 \geq 1 - 2x + x^2$$
$$3x^2 - 2x - 5 \leq 0, \quad (x + 1)(3x - 5) \leq 0$$
$$\therefore -1 \leq x \leq \frac{5}{3}$$
(단, 등호는 $y = z$ 일 때 성립)
따라서 x 의 최댓값은 $\frac{5}{3}$ 이다.

랑데뷰 풀이

(1) 구 $x^2 + y^2 + z^2 = 2$ 와
평면 $x - 2y + 3z = k$가 만날 조건은 구의 중심
$(0, 0, 0)$와 평면 $x - 2y + 3z - k = 0$ 사이 거리가
구의 반지름 이하일 때다.
즉, $\dfrac{|k|}{\sqrt{14}} \leq \sqrt{2}$ 이므로 $-2\sqrt{7} \leq k \leq 2\sqrt{7}$
$$\therefore -2\sqrt{7} \leq x - 2y + 3z \leq 2\sqrt{7}$$

(2) $\sqrt{a} = x$, $\sqrt{b} = y$, $\sqrt{c} = z$라 두면
$x^2 + y^2 + z^2 = 14$일 때 $x + 2y + 3z$의 최댓값을 구하면
된다. 위와 같은 방법으로 $\dfrac{|k|}{\sqrt{14}} \leq \sqrt{14}$ 에서
$-14 \leq x + 2y + 3z \leq 14$이므로 최댓값은 14이다.
이때 $x \geq 0, y \geq 0, z \geq 0$이므로
$0 \leq x + 2y + 3z \leq 14$이다. 그런데 $x + 2y + 3z$의
최솟값은 평면 $x + 2y + 3z = k$의 법선벡터 $(1, 2, 3)$의
방향코사인 값을 볼 때 x축과 이루는 각이 가장 크므로
$x^2 + y^2 + z^2 = 14$의 x절편 $(\sqrt{14}, 0, 0)$을
지날 때 최소가 된다. $\therefore \sqrt{14} \leq x + 2y + 3z \leq 14$

(3) $x^2 + y^2 + z^2 = 3$ 의 중심 $(0, 0, 0)$에서
$x + y + z = 1$ 에 내린 수선의 발 $H\left(\dfrac{1}{3}, \dfrac{1}{3}, \dfrac{1}{3}\right)$,
$x + y + z = 1$의 x절편 $A(1, 0, 0)$이라 할 때 직선
AH는 $\dfrac{x - 1}{-2} = y = z$이다. 이때 직선 위의 임의의 점을
t에 대해 나타내면 $(-2t + 1, t, t)$이고 이 점은
$x^2 + y^2 + z^2 \leq 3$ 에 속하는 점이므로 대입하면
$-\dfrac{1}{3} \leq t \leq 1$이다. $\therefore -1 \leq x = -2t + 1 \leq \dfrac{5}{3}$

절대부등식의 불편한 해결 방법(1)
(등호 성립 조건으로 문제 해결)

[관련 문제]

(1) $x > 0$일 때, $x^2 + \dfrac{2}{x}$의 최솟값을 구하여라.

(2) 실수 x, y에 대하여 $x^2 + y^2 = 5$일 때, $\dfrac{3}{2}x^2 + 2xy$의 최댓값과 최솟값을 구하여라.

랑데뷰 풀이

(1) $x^2 + \dfrac{2}{x} = (x^2 - ax) + \left(ax + \dfrac{2}{x}\right)$ 에서

(i) $x^2 - ax = \left(x - \dfrac{a}{2}\right)^2 - \dfrac{a^2}{4}$로 $x = \dfrac{a}{2}$일 때 최솟값 $-\dfrac{a^2}{4}$를 갖는다.

(ii) $ax + \dfrac{2}{x} \geq 2\sqrt{ax \times \dfrac{2}{x}} = 2\sqrt{2a}$에서 $ax = \dfrac{2}{x}$일 때,

즉 $x = \sqrt{\dfrac{2}{a}}$에서 최솟값 $2\sqrt{2a}$를 갖는다.

(i), (ii)에서 $\dfrac{a}{2} = \sqrt{\dfrac{2}{a}} \rightarrow a^3 = 8 \rightarrow \therefore a = 2$

따라서 (i)에서 최솟값 -1, (ii)에서 최솟값 4

이므로 $x^2 + \dfrac{2}{x} \geq 3$

(2) $\dfrac{3}{2}x^2 + 2xy = \dfrac{3}{2}x^2 + ay^2 + 2xy - ay^2$

$= ax^2 + ay^2 + \left(\dfrac{3}{2} - a\right)x^2 + 2xy - ay^2$

$= a(x^2 + y^2) + \left\{\left(\dfrac{3}{2} - a\right)x^2 + 2xy - ay^2\right\}$

$= 5a + \left\{\left(\dfrac{3}{2} - a\right)x^2 + 2xy - ay^2\right\} \cdots \bigcirc$

$\left(\dfrac{3}{2} - a\right)x^2 + 2xy - ay^2 = 0$의 판별식 $D = 0$일 때

완전제곱식이 되므로

$1 + a\left(\dfrac{3}{2} - a\right) = 0 \rightarrow a^2 - \dfrac{3}{2}a - 1 = 0 \rightarrow$

$2a^2 - 3a - 2 = 0 \rightarrow (2a + 1)(a - 2) = 0 \Rightarrow a = 2$ 또는

$a = -\dfrac{1}{2}$

$\bigcirc$에서

(i) $a = 2$일 때

$\dfrac{3}{2}x^2 + 2xy = 10 - \dfrac{1}{2}x^2 + 2xy - 2y^2$

$\qquad\qquad\quad = 10 - \dfrac{1}{2}(x - 2y)^2$

따라서 $x = 2y$일 때 $\dfrac{3}{2}x^2 + 2xy \leq 10$

$\Rightarrow [x = 2, y = 1$ 또는 $x = -2, y = -1$일 때

$\dfrac{3}{2}x^2 + 2xy = 10]$

(ii) $a = -\dfrac{1}{2}$일 때

$\dfrac{3}{2}x^2 + 2xy = -\dfrac{5}{2} + 2x^2 + 2xy + \dfrac{1}{2}y^2$

$\qquad\qquad\quad = -\dfrac{5}{2} + 2\left(x + \dfrac{1}{2}y\right)^2$

따라서 $x = -\dfrac{1}{2}y$일 때 $\dfrac{3}{2}x^2 + 2xy \geq -\dfrac{5}{2}$

$\Rightarrow [x = -1, y = 2$ 또는 $x = 1, y = -2$일 때

$\dfrac{3}{2}x^2 + 2xy = -\dfrac{5}{2}]$

$\therefore -\dfrac{5}{2} \leq \dfrac{3}{2}x^2 + 2xy \leq 10$

랑데뷰 간단 풀이

(1) $x^2 + \dfrac{2}{x} = x^2 + \dfrac{1}{x} + \dfrac{1}{x} \geq 3\sqrt[3]{x^2 \times \dfrac{1}{x} \times \dfrac{1}{x}} = 3$

(2) $\dfrac{3}{2}x^2 + 2xy = \dfrac{3x^2 + 4xy}{2} \leq \dfrac{3x^2 + x^2 + 4y^2}{2}$

$\qquad\qquad = \dfrac{4(x^2 + y^2)}{2} = 10$ (최댓값만)

절대부등식의 불편한 해결 방법(2)
(등호 성립 조건으로 문제 해결)

[관련 문제]

(3) $x^4 + y^4 = 17$을 만족시키는 양의 실수 x, y에 대하여 $15x^2 + 4xy$의 최댓값을 구하여라.

(4) $x^2 + y^2 = 1$일 때, $\dfrac{1}{x} + \dfrac{8}{y}$의 최솟값을 구하여라.

랑데뷰 `풀이`

(3) $x^2 + 4y^2 \geq 4xy$ (등호는 $x^2 = 4y^2$일 때 성립)

양변에 $15x^2$을 더하면

$16x^2 + 4y^2 \geq 15x^2 + 4xy$이다.

한편

$(16^2 + 4^2)((x^2)^2 + (y^2)^2) \geq (16x^2 + 4y^2)^2$에서

$(4 \times 17)^2 \geq (16x^2 + 4y^2)^2$ (등호는 $x^2 = 4y^2$일 때 성립)

따라서 $(15x^2 + 4xy)^2 \leq (4 \times 17)^2$에서

최댓값은 68이다.

[틀린 풀이]

$4x^2 + y^2 \geq 4xy$ (단, '='는 $4x^2 = y^2 \cdots$ ㉢)

양변에 $15x^2$을 더하면

$19x^2 + y^2 \geq 15x^2 + 4xy$이다. 이때

$(19^2 + 1^2)\{(x^2)^2 + (y^2)^2\} \geq (19x^2 + y^2)^2$

(단, '='는 $\dfrac{x^2}{19} = \dfrac{y^2}{1} \cdots$ ㉣)에서

㉢ $\neq$ ㉣이므로 최댓값을 구할 수 없다.

[랑데뷰팁]

절대 부등식의 최댓값, 최솟값을 구하는 문제는 항상 등호 성립 조건을 살피면서 식을 전개해 나가야 한다.

⇨ 관련 문제 (2), (3)에서는 코시 부등식을 적용할 때, 곱하는 식에 다른 문자가 섞이게 되어 바로 코시부등식을 적용할 수 없다. 그러나 (4)번은 다른 문자가 존재하고 같은 문자끼리 곱으로 진행 할 수 있으므로 코시부등식을 바로 적용할 수 있다.

랑데뷰 `풀이`

(4) $(x^2 + y^2)\left(\dfrac{1}{x} + \dfrac{8}{y}\right) \geq (\sqrt{x} + 2\sqrt{2y})^2$

에서 등호 성립 조건은 $\dfrac{\frac{1}{x}}{x^2} + \dfrac{\frac{8}{y}}{y^2} \rightarrow 2x = y$일 때 성립한다.

$x^2 + (2x)^2 = 1$에서 $x = \dfrac{1}{\sqrt{5}}$, $y = \dfrac{2}{\sqrt{5}}$이다.

$\dfrac{1}{x} + \dfrac{8}{y} \geq \sqrt{5} + 4\sqrt{5} = 5\sqrt{5}$

실제로 $(\sqrt{x} + 2\sqrt{2y})^2$의 식에

$x = \dfrac{1}{\sqrt{5}}$, $y = \dfrac{2}{\sqrt{5}}$을 대입하면 같은 결과를 얻는다.

또한 미분해서 풀면 같은 결과를 얻는다.

[틀린 풀이]

$\dfrac{1}{x} + \dfrac{8}{y}$

$= \dfrac{1}{x} + \dfrac{8}{y} + x^2 + y^2 - 1$

$= x^2 + \dfrac{1}{2x} + \dfrac{1}{2x} + y^2 + \dfrac{4}{y} + \dfrac{4}{y} - 1$

$\geq 3\sqrt[3]{\dfrac{1}{4}} + 3\sqrt[3]{16} - 1$

등호 성립 조건에서 $x = \dfrac{1}{\sqrt[3]{2}}$, $y = \sqrt[3]{4}$이다.

그런데 $x^2 + y^2 = 1$이므로 $\left(\dfrac{1}{\sqrt[3]{2}}\right)^2 + (\sqrt[3]{4})^2 \neq 1$

에서 모순이다.

$$n(A)=n,\ f:A\to A$$

$f(f(x))=x$을 만족하는 함수의 개수를 a_n이라 할 때

$$a_n = a_{n-1} + (n-1)a_{n-2},\ a_1 = 1,\ a_2 = 2,\ n \geq 2$$

[관련 문제]

① 집합 $A = \{a, b, c\}$에 대하여 $f \circ f$가 항등함수가 되는 함수 $f : A \to A$의 개수를 구하여라. (단, a, b, c는 서로 다르다.)

② 집합 $A = \{1, 2, 3, 4, 5\}$의 임의의 원소 x에 대하여 $(f \circ f)(x) = x$를 만족하는 함수 $f : A \to A$의 개수를 구하여라.

일반 풀이

① 다음 4개다.

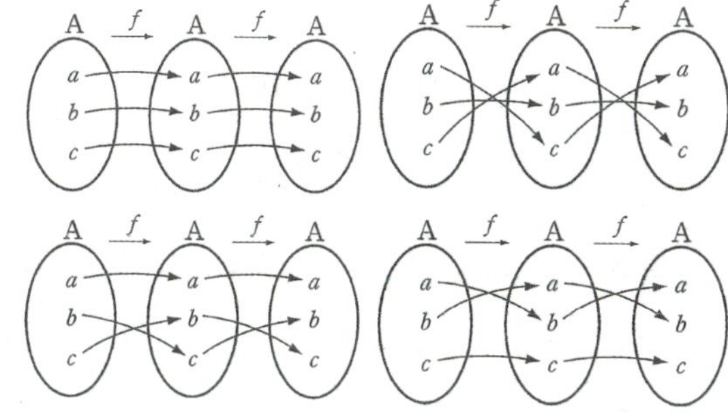

② $(f \circ f)(x) = f(f(x)) = x$를 만족하는 함수 f는 일대일 대응이므로 다음과 같이 세 가지 경우가 있다.

(i) $f(a) = a$ 꼴일 때, 오른쪽 그림과 같이 함수 f의 개수는 1 이다.

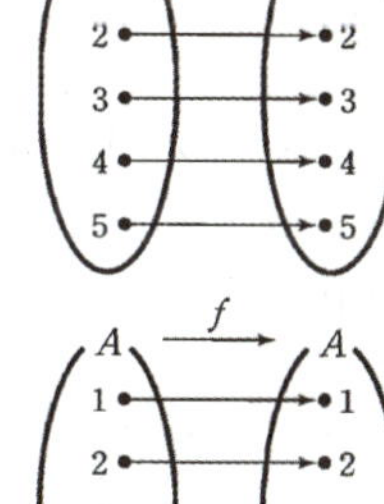

(ii) $f(a) = a$, $f(b) = b$, $f(c) = c$, $f(d) = e$, $f(e) = d$꼴일 때, 오른쪽 그림과 같이 함수 f의 개수는 5 개의 원소 1, 2, 3, 4, 5 중에서 $f(d) = e$, $f(e) = d$를 만족하는 d와 e를 선택하는 경우의 수와

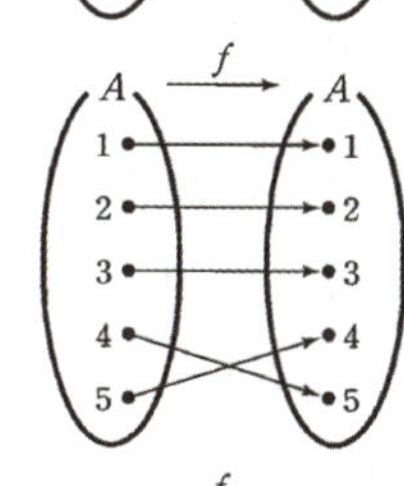

같으므로 $_5C_2 = \dfrac{5 \times 4}{2 \times 1} = 10$ (개)

(iii) $f(a) = a$, $f(b) = c$, $f(c) = b$, $f(d) = e$, $f(e) = d$꼴일 때, 오른쪽 그림과 같이 함수 f의 개수는 5 개의 원소 1, 2, 3, 4, 5 중에서 $f(b) = c$, $f(c) = b$를 만족하는 b와 c를 선택하고, $f(d) = e$, $f(e) = d$를 만족하는 d와 e를 선택하는 경우의 수와 같으므로

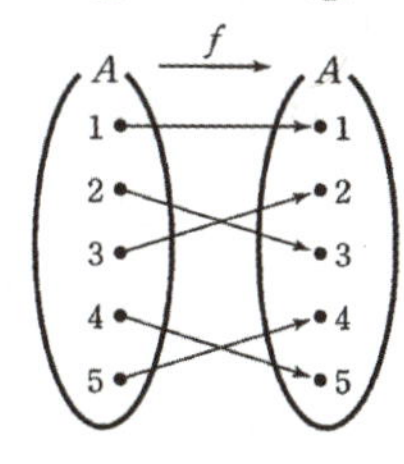

$$_5C_2 \times _3C_2 \times _1C_1 \times \dfrac{1}{2!} = \dfrac{5 \times 4}{2 \times 1} \times 3 \times 1 \times \dfrac{1}{2} = 15\ \text{(개)}$$

(i), (ii), (iii)에서 구하는 함수 f의 개수는

$$1 + 10 + 15 = 26\ \text{(개)}$$

랑데뷰 풀이

① $a_n = a_{n-1} + (n-1)a_{n-2}$, $a_1 = 1$, $a_2 = 2$에서

$a_3 = a_2 + 2 \cdot a_1 = 2 + 2 \times 1 = 4$

② $a_n = a_{n-1} + (n-1)a_{n-2}$, $a_1 = 1$, $a_2 = 2$

$a_3 = a_2 + 2 \cdot a_1 = 2 + 2 \times 1 = 4$

$a_4 = a_3 + 3 \cdot a_2 = 4 + 3 \times 2 = 10$ 에서

$a_5 = a_4 + 4 \cdot a_3 = 10 + 4 \times 4 = 26$

설명 $A = \{1, 2, 3, \cdots, n\}$일 때 a_n은 다음과 같은 두 가지 경우로 나눌 수 있다.

(i) $f(1) = 1$인 경우 그림과 같이 $1 \to 1 \to 1$ 이면 남아있는 원소 $n-1$개가 $f(f(x)) = x$를 만족하는 함수의 개수는 a_{n-1}이라 할 수 있다.

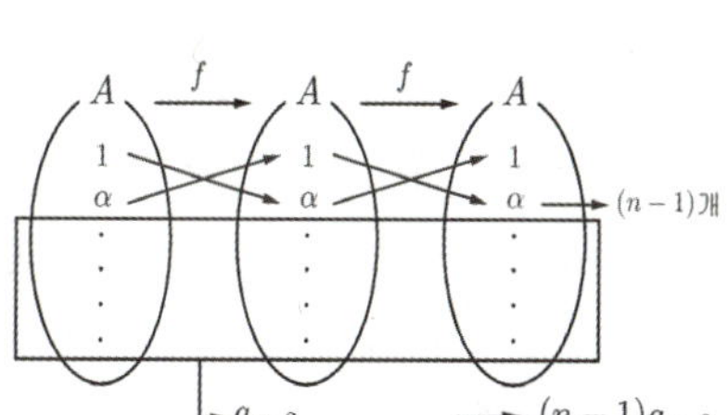

(ii) $f(1) \neq 1$인 경우 $1 \to \alpha \to 1$, $\alpha \to 1 \to \alpha$ 이면 남아있는 원소 $n-2$개가 $f(f(x)) = x$를 만족하는 함수의 개수는 a_{n-2}이라 할 수 있다. 이때 α가 될 수 있는 수가 1을 제외한 $n-1$개 이다. 따라서 $(n-1)a_{n-2}$ (i), (ii)에서 $a_n = a_{n-1} + (n-1)a_{n-2}$

$$n(A)=n,\ f:A\to A$$

$f(f(f(x)))=x$을 만족하는 함수의 개수를 a_n이라 할 때

$$a_n=a_{n-1}+(n-1)(n-2)a_{n-3},\ a_1=1,\ a_2=1,\ a_3=3,\ n\geq 4$$

[관련 문제]

집합 $X=\{1,2,3,4,5,6\}$의 임의의 원소 x에 대하여 $(f\circ f\circ f)(x)=x$를 만족하는 함수 $f:X\to X$의 개수를 구하시오. [2018학년도 경찰대]

일반 풀이

그림과 같이

(i) $f(a)=a$ 이거나

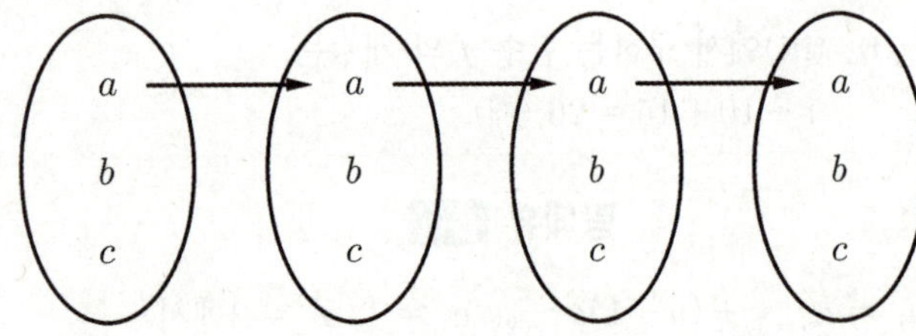

(ii) $f(a)=b,\ f(b)=c,\ f(c)=a$ 이면
$(f\circ f\circ f)(x)=x$를 만족한다.

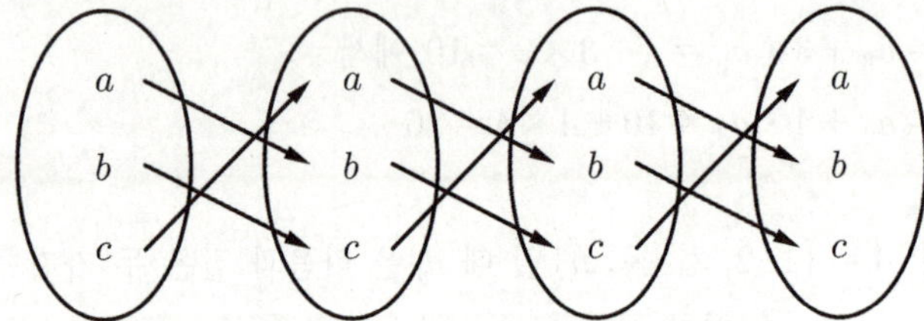

㉠ 6개 모두 (i)인 경우 ⇨ 1가지

㉡ 3개가 (i)의 경우이고 3개가 (ii)의 경우는
우선 3개를 뽑는 경우의 수는 $_6C_3=20$ 이고,
대응순서가 abc, acb인 두 가지 경우가 있으므로
$20\times 2=40$ 가지

㉢ 3개씩 두 쌍이 (ii) 인 경우는
3개씩 분할하는 방법의 수가

$$_6C_3\times\ _3C_3\times\frac{1}{2!}=10$$ 이고

그 각각에 대하여 대응순서를 정하는 방법이 두 가지씩 이므로
$10\times 2\times 2=40$

㉠, ㉡, ㉢에서

$$\therefore\ 1+40+40=81$$

랑데뷰 풀이

$$a_n=a_{n-1}+(n-1)(n-2)a_{n-3},$$
$$a_1=1,\ a_2=1,\ a_3=3,$$
$$a_4=a_3+6\cdot a_1=3+6=9$$
$$a_5=a_4+12\cdot a_2=9+12=21$$
$$a_6=a_5+5\times 4\times a_3=21+60=81$$

설명

$A=\{1,2,3,\cdots,n\}$일 때 a_n은 다음과 같은 두 가지
경우로 나눌 수 있다.

(i) $f(1)=1$인 경우

$1\to1\to1\to1$이면 남아있는 원소
$n-1$개가 $f(f(f(x)))=x$를 만족하는 함수의
개수는 a_{n-1}이라 할 수 있다.

(ii) $f(1)\neq 1$인 경우

$1\to\alpha\to\beta\to1$, $\alpha\to\beta\to1\to\alpha$, $\beta\to1\to\alpha\to\beta$
가 되려면 $n-1$개서 2개의 α, β를 선택해야

되므로 $_{n-1}C_2=\dfrac{(n-1)(n-2)}{2}$이다.

$1\to\beta\to\alpha\to1$, $\alpha\to1\to\beta\to\alpha$, $\beta\to\alpha\to1\to\beta$
도 가능하므로 경우의 수는
$_{n-1}C_2\times 2=(n-1)(n-2)$

그럼 남은 원소가 $n-3$개이므로 $f(f(f(x)))=x$를
만족하는 함수의 개수는 a_{n-3}이라 할 수 있다.

(i), (ii)에서 $a_n=a_{n-1}+(n-1)(n-2)a_{n-3}$

두 일차함수 $f(x)=ax+b$, $g(x)=cx+d$에서

$f \circ g = g \circ f$가 성립하기 위한 조건

$\Rightarrow$ 세 점 (a, b), (c, d), $(1, 0)$이 한 직선 위에 있다.

[관련 문제]

(1) 두 함수 $f(x)=ax+1$, $g(x)=-x-2$에 대하여 $f \circ g = g \circ f$가 항상 성립할 때, 상수 a의 값을 구하여라.

(2) 두 함수 $f(x)=\dfrac{1}{2}x-1$, $g(x)=2x+a$에 대하여 $(g \circ f)^{-1}=g^{-1} \circ f^{-1}$가 성립할 때, 상수 a의 값을 구하여라.

일반 풀이

(1) $f(x)=ax+1$, $g(x)=-x-2$에서

$(f \circ g)(x)=f(g(x))=a(-x-2)+1=-ax-2a+1$

$(g \circ f)(x)=g(f(x))=-(ax+1)-2=-ax-3$

$f \circ g = g \circ f$이므로 $-ax-2a+1=-ax-3$

(양변의 동류항의 계수를 비교한다.)

$$-2a+1=-3 \qquad \therefore a=2$$

(2) $(g \circ f)(x)=g(f(x))=2\left(\dfrac{1}{2}x-1\right)+a=x-2+a$

$y=x-2+a$로 놓으면 $\quad x=y+2-a$

x와 y를 서로 바꾸면 $\quad y=x+2-a$

$\therefore (g \circ f)^{-1}(x)=x+2-a$

$f(x)=\dfrac{1}{2}x-1$에서 $y=\dfrac{1}{2}x-1$로 놓으면

$x=2y+2$, x와 y를 서로 바꾸면 $y=2x+2$

$\therefore f^{-1}(x)=2x+2$

$g(x)=2x+a$에서 $y=2x+a$로 놓으면

$x=\dfrac{1}{2}y-\dfrac{a}{2}$, x와 y를 서로 바꾸면

$y=\dfrac{1}{2}x-\dfrac{a}{2}$ $\quad \therefore g^{-1}(x)=\dfrac{1}{2}x-\dfrac{a}{2}$

$\therefore (g^{-1} \circ f^{-1})(x)=g^{-1}(f^{-1}(x))$

$\qquad =\dfrac{1}{2}(2x+2)-\dfrac{a}{2}=x+1-\dfrac{a}{2}$

$(g \circ f)^{-1}=g^{-1} \circ f^{-1}$에서

$x+2-a=x+1-\dfrac{a}{2}$

따라서 $2-a=1-\dfrac{a}{2}$이므로 $\quad -\dfrac{a}{2}=-1$

$\therefore a=2$

랑데뷰 풀이

(1) $(a, 1)$, $(-1, -2)$, $(1, 0)$이 한 직선 위에 있으므로

$$\dfrac{1-0}{a-1}=\dfrac{-2-0}{-1-1}에서 \quad \dfrac{1}{a-1}=1 \quad \therefore a=2$$

(2) $(g \circ f)^{-1}=g^{-1} \circ f^{-1}$에서 양변을 역함수 취하면

$g \circ f = f \circ g$이다.

따라서 $\left(\dfrac{1}{2}, -1\right)$, $(2, a)$, $(1, 0)$이 한 직선 위에 있으므로

$$\dfrac{-1-0}{\dfrac{1}{2}-1}=\dfrac{a-0}{2-1}에서 \quad a=2$$

설명

$(f \circ g)(x)=f(g(x))=a(cx+d)+b=acx+ad+b$

$(g \circ f)(x)=g(f(x))=c(ax+b)+d=acx+bc+d$

$f \circ g = g \circ f$이기 위해서는 $ad+b=bc+d$이면 된다.

식을 정리해보면

$ad-d=bc-b \rightarrow (a-1)d=(c-1)b$

$\rightarrow \dfrac{b}{a-1}=\dfrac{d}{c-1}$

$\Rightarrow$ 좌변 두 점 (a, b), $(1, 0)$을 잇는 선분의 기울기

　우변 두 점 (c, d), $(1, 0)$을 잇는 선분의 기울기

따라서 $(a, b), (c, d), (1, 0)$은 한 직선위에 있다.

합성함수 $f(f(x))$ 그래프 그리기 ← 점 찍기 방법

① 그래프의 $f(x)$식이 변하는 x범위의 처음과 끝을 $a \to b \to c$꼴로 나타낸다.

② x범위의 $a \to b \to c$ 변화에 따른 $f(x)$값의 변화를 $a' \to b' \to c'$꼴로 나타낸다.

③ $a' \to b' \to c'$를 x범위로 해석하여 $f(x)$값의 변화를 $a'' \to b'' \to c''$꼴로 나타낸다.

④ 정의역의 변화는 $a \to b \to c$이고 치역의 변화는 $a'' \to b'' \to c''$이다.

구간 간격이 같은 경우

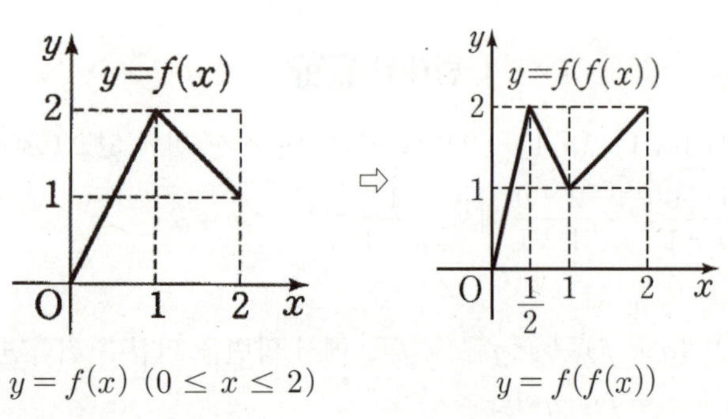

$y = f(x)\ (0 \leq x \leq 2)$ $\qquad$ $y = f(f(x))$

x	$0 \to 1\ (0 \leq x \leq 1)$	⇨	$1 \to 2$
$f(x)$	$0 \to 2\ (0 \leq y \leq 2)$	⇨	$2 \to 1$

$f(x)$는 $y = f(f(x))$의 정의역이므로 $0 \to 2\ (0 \leq y \leq 2)$를 x범위 $0 \to 2\,(0 \leq x \leq 2)$로 보고 다시 그래프의 y범위를 따진다.

x변화를 $2 \to 1$로 역방향으로 볼 때 y변화는 $1 \to 2$

$f(f(x))$	$0 \to 2$	$2 \to 1$	⇨	$1 \to 2$

주어진 그래프의 y가 $0 \to 2$일 때 x가 $0 \to 1$이고 y가 $2 \to 1$일 때 x가 $1 \to 2$이다.

하지만 그래프를 나타낼 정의역 x범위가 $0 \to 1\ (0 \leq x \leq 1)$이므로 $0 \to 1$ 범위를 나누어야 한다. 그래프가 바뀐 x범위의 간격이 $0 \to 1$, $1 \to 2$ 동일하므로 $0 \to 1$범위도

$$0 \to \tfrac{1}{2},\ \tfrac{1}{2} \to 1$$

$1 \leq x \leq 2$ 범위에서는 그래프 변화가 없으므로 $(1,1)$에서 시작해서 $(2,2)$에서 끝난다.

종합하면 $(0,0) \to (\tfrac{1}{2},2) \to (1,1) \to (2,2)$ 을 찍고 연결하면 $y = f(f(x))$가 완성된다.

[$y = f(g(x))$의 그래프도 같은 방법으로 생각해서 그릴 수 있다.]

구간 간격이 다른 경우

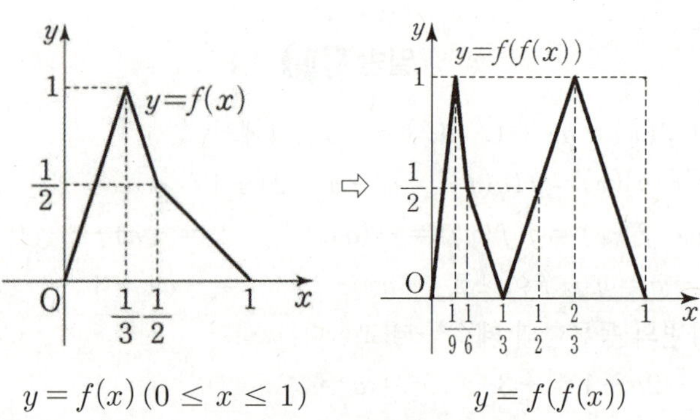

$y = f(x)\ (0 \leq x \leq 1)$ $\qquad$ $y = f(f(x))$

$0 \to \tfrac{1}{3}$	⇨	$\tfrac{1}{3} \to \tfrac{1}{2}$	⇨	$\tfrac{1}{2} \to 1$
$0 \to 1$		$1 \to \tfrac{1}{2}$		$\tfrac{1}{2} \to 0$

$0 \to 1$	$1 \to \tfrac{1}{2}$	$\tfrac{1}{2} \to 0$	$0 \to \tfrac{1}{2}$	$\tfrac{1}{2} \to 1$	$1 \to 0$

x범위를 $0 \to 1$로 볼 때 그래프가 바뀐 x범위의 간격이

$$0 \to \tfrac{1}{3},\ \tfrac{1}{3} \to \tfrac{1}{2},\ \tfrac{1}{2} \to 1 \text{으로}$$

$$\tfrac{1}{3} : \tfrac{1}{6} : \tfrac{1}{2} = 2 : 1 : 3$$

이므로 $0 \to \tfrac{1}{3}$ 범위도

$$0 \to \tfrac{1}{9},\ \tfrac{1}{9} \to \tfrac{1}{6},\ \tfrac{1}{6} \to \tfrac{1}{3}$$

$\tfrac{1}{3} \to \tfrac{1}{2}$에서는 그래프 변화가 없으므로 $(\tfrac{1}{3}, 0)$에서 시작해서 $(\tfrac{1}{2}, \tfrac{1}{2})$에 도착한다.

x범위를 $\tfrac{1}{2} \to 0$로 볼 때 그래프 바뀐 x범위의 간격이

$$\tfrac{1}{2} \to \tfrac{1}{3},\ \tfrac{1}{3} \to 0 \text{으로}\ \ \tfrac{1}{6} : \tfrac{1}{3}$$

이므로

$\tfrac{1}{2} \to 1$ 범위도

$$\tfrac{1}{2} \to \tfrac{2}{3},\ \tfrac{2}{3} \to 1$$

$(0,0) \to (\tfrac{1}{9},1) \to (\tfrac{1}{6}, \tfrac{1}{2}) \to (\tfrac{1}{3},0) \to (\tfrac{1}{2}, \tfrac{1}{2}) \to$

$(\tfrac{2}{3},1) \to (1,0)$을 찍고 연결하면 $y = f(f(x))$완성

세미나(61) 합성함수 그래프 개형

정의역의 구간의 길이와 치역의 구간의 길이에 따른 합성함수의 그래프 개형

[관련 문제]

정의역이 $\{x \mid 0 \leq x \leq 2\}$인 함수 $f(x) = |x-1|$에 대하여

방정식 $(f \circ f)(x) = \dfrac{1}{2}x$의 근의 개수를 구하여라.

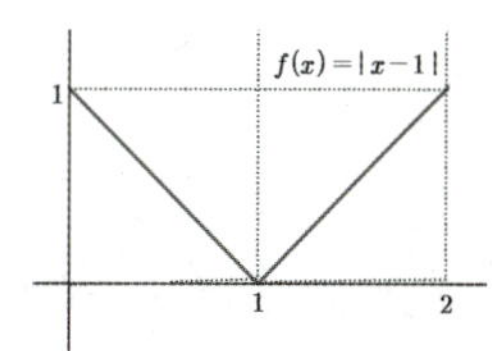

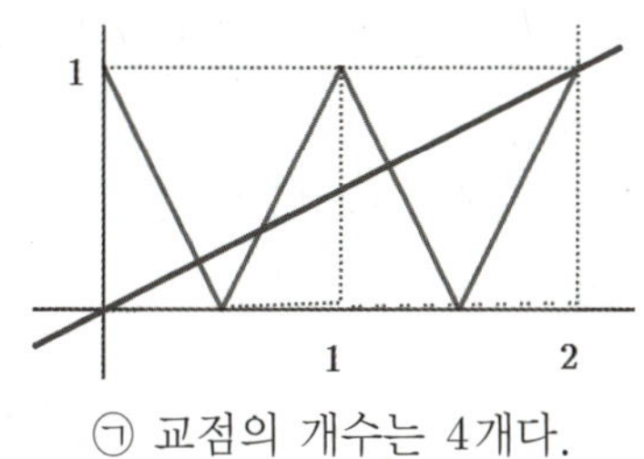

㉠ 교점의 개수는 4개다.

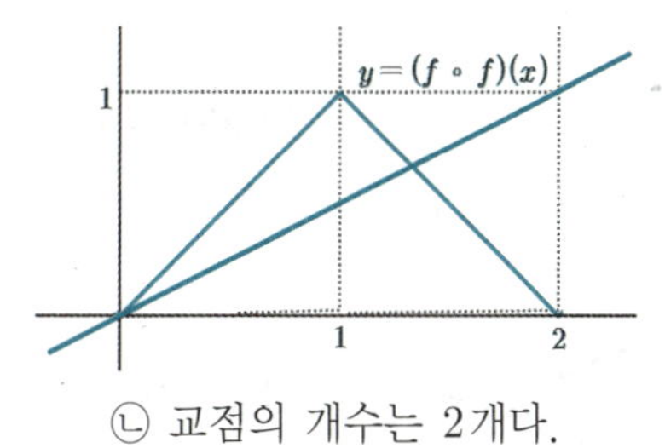

㉡ 교점의 개수는 2개다.

왼쪽 풀이 ㉠, ㉡중 정답은 무엇일까?

설명

① 정의역 > 치역	맞는 그래프	틀린 그래프
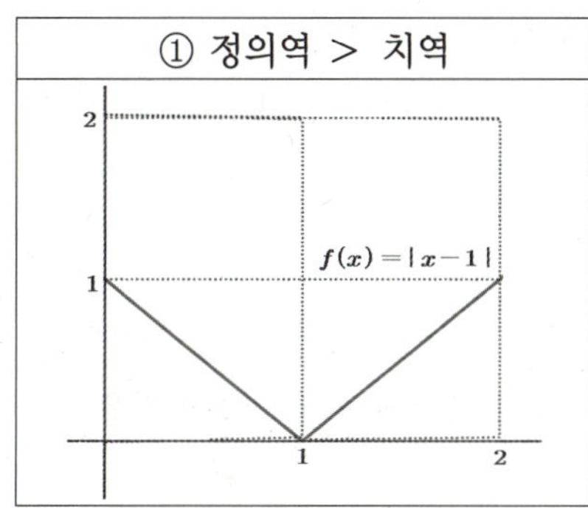	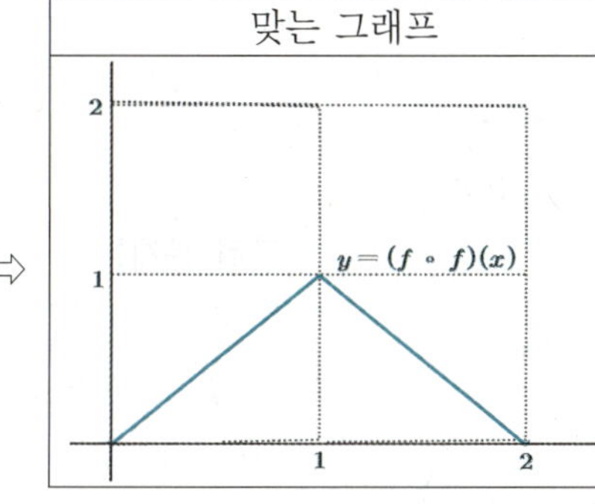	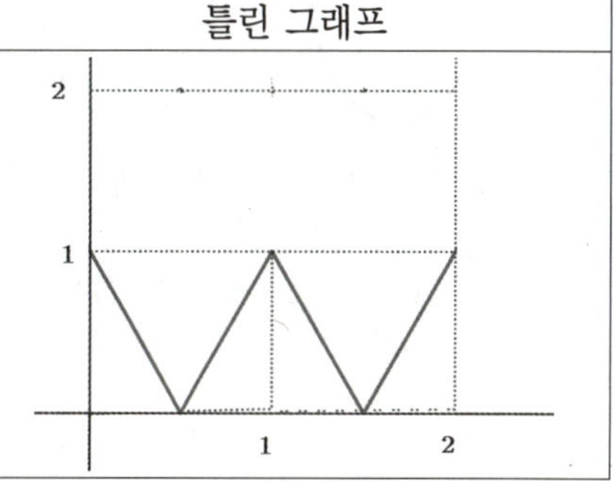

② 정의역 = 치역	맞는 그래프	정의역과 치역의 범위가 같을 때 주기성을 띤다.
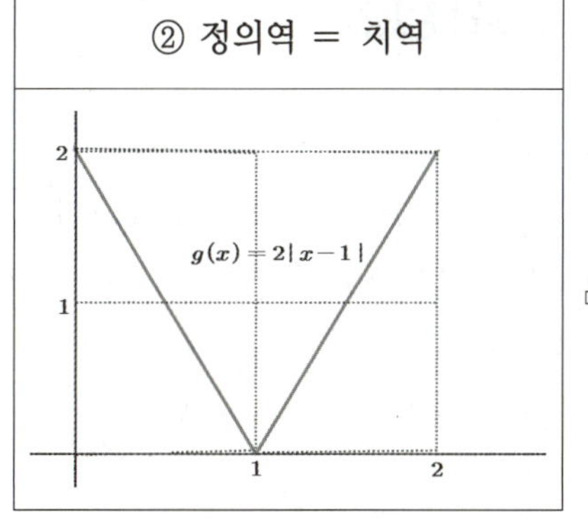	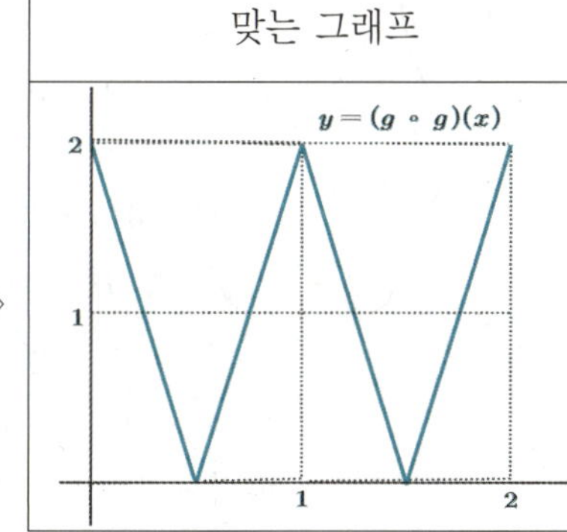	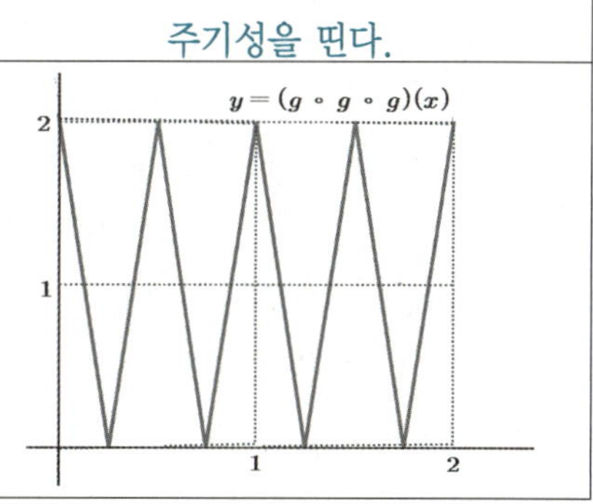

③ 정의역 < 치역	맞는 그래프 (함수가 아님)	틀린 그래프
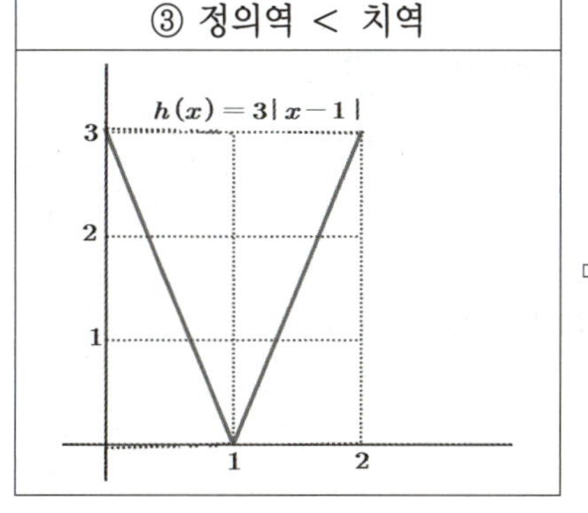	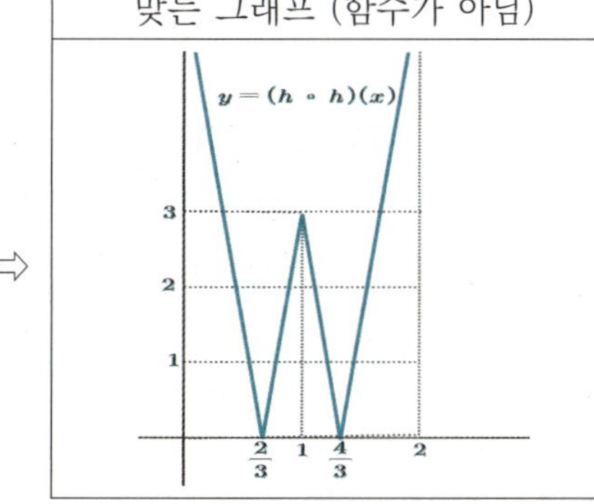	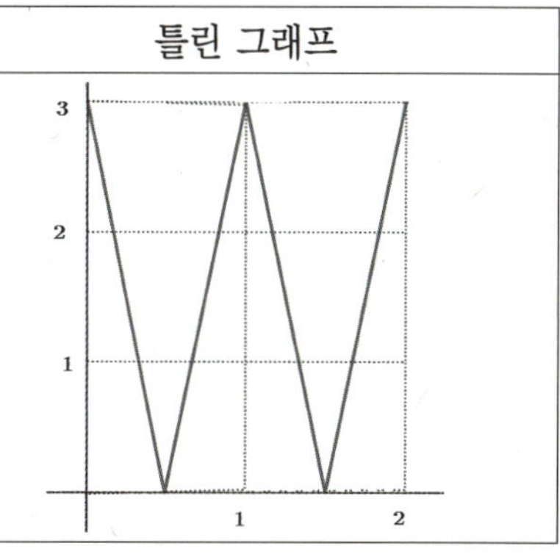

두 집합 X, Y와 함수 $f : X \to Y$에 대하여 f^{-1}이 존재할 때

(1) $f \circ f^{-1} = f^{-1} \circ f$이 성립할까?

(2) $f = f^{-1}$을 만족하는 함수에는 어떤 함수가 있을까?

(1) $f \circ f^{-1} \neq f^{-1} \circ f$

$f \circ f^{-1}$ 와 $f^{-1} \circ f$은 둘 다 항등함수 이므로
두 함수가 같은 함수라고 생각하기 쉽다.
하지만 정의역, 공역을 따져보면
① $f^{-1} \circ f$는 그림과 같이 X에서 X로 가는 함수이다,

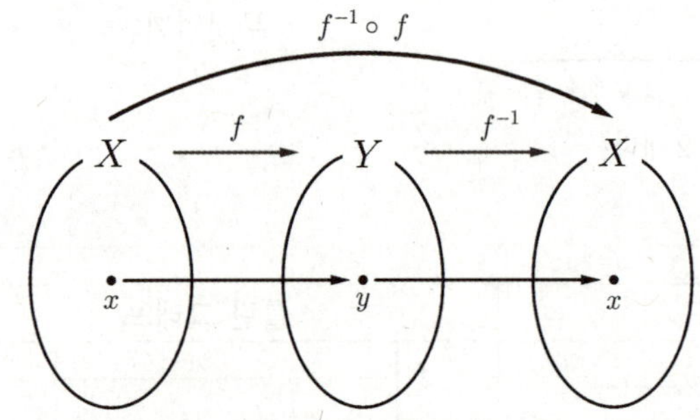

② $f \circ f^{-1}$은 그림과 같이 Y에서 Y로 가는 함수이다.

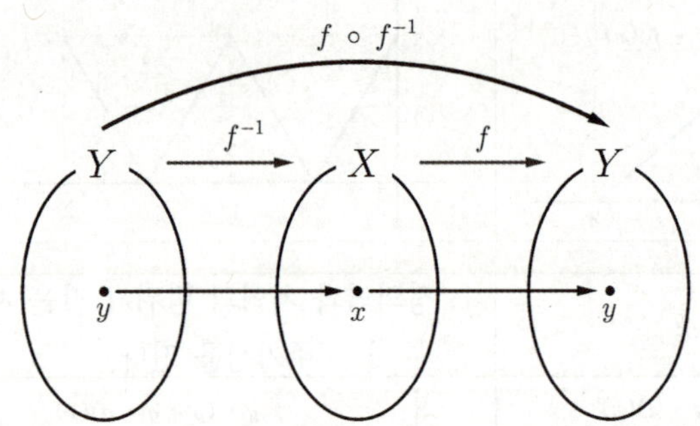

두 함수는 정의역이 다르기 때문에 같은 함수라고 할 수 없다.
예를 들어 $f(x) = x^2 + 4 \ (x \geq 0)$라 두면
$f^{-1}(x) = \sqrt{x-4}$이다. 이 때, $(f^{-1} \circ f)(1)$와
$(f \circ f^{-1})(1)$을 구해 보자.
$(f^{-1} \circ f)(1) = f^{-1}(f(1)) = f^{-1}(5) = 1$
$(f \circ f^{-1})(1) = f(f^{-1}(1)) = f(\sqrt{-3})$이므로
그 값이 존재하지 않는다.
따라서 일반적으로 $f \circ f^{-1} \neq f^{-1} \circ f$이다.
또한 $f \circ f^{-1} = f^{-1} \circ f$이기 위해서는 $X = Y$이면 된다.

(2) $a(x+y) + bxy + c = 0$

원래 f와 f^{-1}의 함수는 $y = x$의 대칭인 함수로 나오는데
$f \circ f = I$ 즉 $f = f^{-1}$를 만족하는 함수는 f 자신이 $y = x$
대칭인 함수라는 의미이다.
보통 시중 판매 교재들에서는 조건을 만족하는 함수는 $y = x$,
$y = -x + k$, $y = \dfrac{k}{x}$ 정도로 소개하고

있다. 그런데 그 외에도 더 많은 함수가 $f = f^{-1}$를 만족한다.
$f = f^{-1}$를 만족하는 함수 중 대수식으로 만들 수 있는 함수의
일반 형태는
$a(x+y) + bxy + c = 0$꼴이다.
$y = x$에 자기 자신이 대칭이기에 x와 y를 바꿔도 성립하기만
하면 된다.

[관련 문제]
점 $(6, -2)$를 지나는 일차함수 $y = f(x)$의 그래프와
$y = f^{-1}(x)$의 그래프가 일치할 때, $f(-1)$의 값을
구하여라.

일반 풀이

$f = f^{-1}$이므로
$(f \circ f)(x) = f(f(x)) = x$
$f(x) = a(x-6) - 2 = ax - 6a - 2 \ (a \neq 0)$로 놓으면
$\quad f(f(x)) = a(ax - 6a - 2) - 6a - 2 = x$
$\quad \therefore \ a^2 x - 6a^2 - 8a - 2 = x$
즉 $a^2 = 1$, $-6a^2 - 8a - 2 = 0$이므로 $\quad a = -1$
따라서 $f(x) = -x + 4$이므로
$\quad f(-1) = -(-1) + 4 = 5$

랑데뷰 풀이

일차함수이므로 $f(x) = -x + k$이다.
$f(6) = -2$에서 $k = 4$
따라서 $f(x) = -x + 4$이므로
$\quad f(-1) = -(-1) + 4 = 5$

원함수와 역함수의 교점이 존재할 때

① $y = f(x)$와 $y = f^{-1}(x)$의 교점은 $y = x$위에 있다. : 거짓

⇨ 교점을 구하는 방법 : $f(a) = b$, $f(b) = a$를 동시에 만족하는 (a, b)

② $y = f(x)$가 증가함수일 때, $y = f^{-1}(x)$와의 교점은 반드시 $y = x$위에 있다. : 참

[관련 문제]

$y = \sqrt{7 - 3x}$ 와 그것의 역함수 y^{-1}의 교점을 구하여라.

틀린 풀이

원함수와 역함수는 $y = x$위에 있으므로

$\sqrt{7 - 3x} = x \left(0 \leq x \leq \dfrac{7}{3}\right)$ 양변 제곱하면

$7 - 3x = x^2$, $x^2 + 3x - 7 = 0$

$x = \dfrac{-3 \pm \sqrt{37}}{2}$ 에서 $x = \dfrac{-3 + \sqrt{37}}{2}$

따라서 교점의 좌표는

$\left(\dfrac{-3 + \sqrt{37}}{2}, \dfrac{-3 + \sqrt{37}}{2}\right)$이다.

랑데뷰 풀이

원함수 $y = f(x)$와 그것의 역함수의 교점을
(a, b)라 하면

$f(a) = b$, $f(b) = a$를 만족하므로

$\sqrt{7 - 3a} = b \cdots ①$, $\sqrt{7 - 3b} = a \cdots ②$

①,②식을 양변 제곱해서 빼면

$3(b - a) = b^2 - a^2$이고 정리하면

$(b - a)(b + a - 3) = 0$ 이므로 $b = a$, $b = -a + 3$

(i) $b = a$일 때, $\left(\dfrac{-3 + \sqrt{37}}{2}, \dfrac{-3 + \sqrt{37}}{2}\right)$

←위 틀린 풀이 참고

(ii) $b = -a + 3$일 때,

$7 - 3a = (-a + 3)^2$, $a^2 - 3a + 2 = 0$,

$a = 1$ or $a = 2$에서 $(1, 2)$ or $(2, 1)$

따라서 교점의 좌표는

$\left(\dfrac{-3 + \sqrt{37}}{2}, \dfrac{-3 + \sqrt{37}}{2}\right)$, $(1, 2)$, $(2, 1)$ 이다.

①-설명

$y = f(x)$위의 점의 집합을 A, $y = f^{-1}(x)$위의
점의 집합을 B라 하면

$A = \{(x, y) \mid y = f(x)\}$, $B = \{(x, y) \mid y = f^{-1}(x)\}$

이다. 그런데 두 함수가 $y = x$에 대칭이므로

$B = \{(y, x) \mid (x, y) \in A\}$으로 나타낼 수 있다.

따라서 원함수와 역함수의 교점은

$A \cap B = \{(x, y) \mid (x, y) \in A \text{ and } (x, y) \in B\}$에서

$\qquad = \{(x, y) \mid (x, y) \in A \text{ and } (y, x) \in A\}$

따라서 $y = f(x)$와 $y = f^{-1}(x)$의 교점은

$(x, y) \in A$ and $(y, x) \in A$을 만족하는 점이지

반드시 $y = x$위에만 있을 필요는 없다.

②-설명

$y = f(x)$와 $y = f^{-1}(x)$의 교점 중 $y = x$위에 있지

않은 점이 존재하고 그것을 $A(a, b)$라 하면

두 함수는 $y = x$ 대칭이므로 $A'(b, a)$도 교점이 되고

AA'의 기울기는 $\dfrac{a - b}{b - a} = -1 \cdots ⓐ$이다.

그런데 $y = f(x)$의 정의역의 임의의 원소 x_1, x_2에

대하여 $x_1 < x_2$이면 $f(x_1) < f(x_2)$이므로

두 점 $(x_1, f(x_1))$, $(x_2, f(x_2))$을 잇는 직선의 기울기

$\dfrac{f(x_2) - f(x_1)}{x_2 - x_1} > 0 \cdots ⓑ$ 이다.

ⓐ,ⓑ은 서로 모순이므로 원함수가 증가함수일 때

역함수와의 교점이 $y = x$위에 있지 않은 점은 없다.

무리함수 $f(x) = \sqrt{ax+b}$ 의 그래프와

그 역함수 $f^{-1}(x)$의 그래프의 교점의 개수가 3개이기 위한 a, b의 조건

$$\Rightarrow a < 0, \ \frac{3}{4}a^2 < b \le a^2$$

증명1

교점을 (p, q)라 하면 $f(p) = q$이고 또한 $f^{-1}(p) = q$이므로 $f(q) = p$이다. 따라서 $p \ne q$이면 $y = f(x)$와 $y = f^{-1}(x)$의 교점은 $y = x$에 대칭인 점 (p, q)와 (q, p)가 교점이 될 수 있다. 만약 (p, q)와 (q, p)이 교점이 되면 두 점 사이의 $y = x$위에서 교점이 하나 더 생기므로 교점의 개수는 3개가 된다. 우선 교점이 증가함수 $y = x$에 대칭이므로 두 점을 지나는 $f(x) = \sqrt{ax+b}$ 는 감소함수이다.

$\therefore \ a < 0 \cdots$ ①

$\sqrt{ap+b} = q \rightarrow ap+b = q^2, \ q \ge 0 \cdots$ ㉠

$\sqrt{aq+b} = p \rightarrow aq+b = p^2, \ p \ge 0 \cdots$ ㉡

㉠ − ㉡을 하면

$a(p-q) = -(p-q)(p+q)$

$\therefore \ (p-q)(p+q+a) = 0$

$\therefore \ p \ne q$ 이므로 $p = -q-a$

$p = -q-a$일 때

㉠, ㉡에 대입하면 p, q는

$x^2 + ax + a^2 - b = 0$의 0이상의 서로 다른 두 근이다.

따라서

$D = a^2 - 4(a^2 - b) > 0$에서 $\frac{3}{4}a^2 < b$

$p \times q = a^2 - b \ge 0$에서 $b \le a^2$

따라서 $\frac{3}{4}a^2 < b \le a^2 \cdots$ ②

①, ②에서 $a < 0, \ \frac{3}{4}a^2 < b \le a^2$

증명2

다음 그림과 같이 $y = \sqrt{ax+b}$와 $x = \sqrt{ay+b}$의 교점이 P, Q와 (β, β)으로 3개가 있다. P, Q의 중점은 $y = x$위에 있고 그 점의 x좌표를 t라 하고 $\left(-\frac{b}{a}, 0 \right)$과

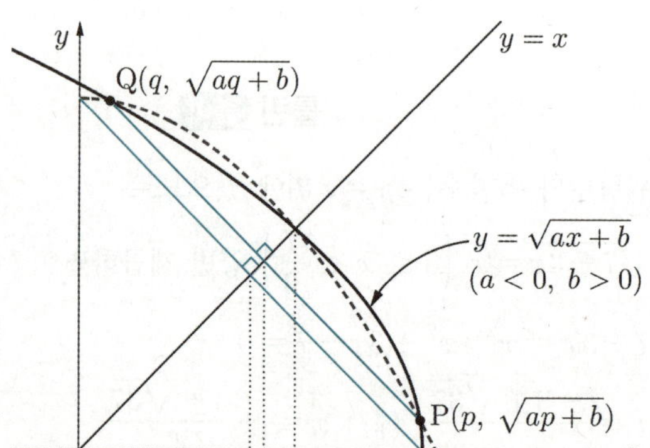

$\left(0, -\frac{b}{a} \right)$의 중점 $\left(-\frac{b}{2a}, -\frac{b}{2a} \right)$의 x좌표를 α라 하면 $\alpha \le t < \beta \cdots$ ①를 만족한다.

$\therefore \ \alpha = -\frac{b}{2a} \cdots$ ㉠

직선 PQ의 기울기가 -1이므로 $\dfrac{\sqrt{ap+b} - \sqrt{aq+b}}{p-q} = -1$ 이다.

정리하면 $\dfrac{a}{\sqrt{ap+b} + \sqrt{aq+b}} = -1$

$\therefore \ \sqrt{ap+b} + \sqrt{aq+b} = -a$

따라서 $\overline{PQ}$의 중점이 $y = x$위에 있으므로

$p + q = \sqrt{ap+b} + \sqrt{aq+b} = -a$에서 $t = \dfrac{p+q}{2} = -\dfrac{a}{2} \cdots$ ㉡

한편, β는 $y = \sqrt{ax+b}$와 $y = x$의 교점의 x좌표이므로

$x^2 - ax - b = 0 \rightarrow \beta = \dfrac{a + \sqrt{a^2 + 4b}}{2} \cdots$ ㉢

㉠, ㉡, ㉢을 ①에 대입하면 $-\dfrac{b}{2a} \le -\dfrac{a}{2} < \dfrac{a + \sqrt{a^2 + 4b}}{2}$이고

$a < 0$이므로 간단히 정리하면 $\dfrac{3}{4}a^2 < b \le a^2$이다.

$$f(x)\text{의 역함수를 } g(x)\text{라 하면}$$
$$y = f(x) \leftrightarrow y^{-1} = g(x)$$
$$y = f(ax+b) \leftrightarrow ay^{-1} + b = g(x)$$
$$\therefore y^{-1} = \frac{1}{a}g(x) - \frac{b}{a}$$

[관련 문제]

함수 $f(x) = 4x - 3$의 역함수를 $g(x)$라 할 때, 함수 $f\left(\dfrac{1}{2}x + 3\right)$의 역함수를 $g(x)$로 나타내어라.

일반 풀이

$y = 4x - 3$으로 놓으면 $4x = y + 3$

$\therefore x = \dfrac{1}{4}(y+3)$

x와 y를 서로 바꾸면 $y = \dfrac{1}{4}(x+3)$

$\therefore g(x) = \dfrac{1}{4}(x+3)$ ······ ㉠

$f\left(\dfrac{1}{2}x+3\right) = 4\left(\dfrac{1}{2}x+3\right) - 3 = 2x + 9$이므로

$y = 2x + 9$로 놓으면 $2x = y - 9$

$\therefore x = \dfrac{1}{2}(y-9)$

x와 y를 서로 바꾸면 $y = \dfrac{1}{2}(x-9)$

$\therefore y = \dfrac{1}{2}(x-9) = 2 \times \dfrac{1}{4}(x+3) - 6$

$\qquad = 2g(x) - 6 \; (\because \, ㉠)$

랑데뷰 풀이

$y = f(x)$	← 왼쪽 설명	$y^{-1} = g(x)$
	오른쪽 설명 →	
$y = f\left(\dfrac{1}{2}x\right)$	← x의 $\dfrac{1}{2}$배	$\dfrac{1}{2}y^{-1} = g(x)$
	y의 $\dfrac{1}{2}$배 →	$\therefore y^{-1} = 2g(x)$
$y = f\left(\dfrac{1}{2}x+3\right)$	← x축으로 -6만큼 평행이동	$y^{-1} + 6 = 2g(x)$
	y축으로 -6만큼 평행이동 →	$\therefore y^{-1} = 2g(x) - 6$

복잡해 보이지만 이 과정을 한 번에 진행하면 간단한 풀이가 된다.

세미나(66) 함수식의 성질

여러 가지 함수식

① $f(x+y)=f(x)+f(y)$: $f(x)=ax$

② $f(x+y)=f(x)\times f(y)$: $f(x)=a^x$

③ $f(xy)=f(x)+f(y)$: $f(x)=\log_a x$

④ $f\left(\dfrac{x+y}{2}\right)=\dfrac{f(x)+f(y)}{2}$: $f(x)=ax+b$

⑤ $f\left(\dfrac{x+y}{2}\right)>\dfrac{f(x)+f(y)}{2}$: 위로볼록 곡선

⑥ $f\left(\dfrac{x+y}{2}\right)<\dfrac{f(x)+f(y)}{2}$: 아래로볼록 곡선

[관련 문제]

(1) 실수 전체의 집합을 A라 할 때, 집합 A의 임의의 원소 m, n에 대하여 함수

$f:A{\rightarrow}A$ 가 $f\left(\dfrac{m+n}{2}\right)=\dfrac{f(m)+f(n)}{2}$ 을 만족하고, $f(0)=1$, $f(1)=1$ 이다.

이때, 함수 $f(x)$ 의 치역의 원소의 개수를 구하여라.

(2) 임의의 두 양수 x, y에 대하여 함수 $f(x)$ 가 $f(xy)=f(x)+f(y)$ 를 만족할 때,
옳은 것만을 보기에서 있는 대로 골라라.

> | 보기 |
>
> ㄱ. $f(1)=1$ ㄴ. $f(8)=3f(2)$ ㄷ. $f\left(\dfrac{1}{x}\right)=-f(x)$

일반 풀이

(1) $f\left(\dfrac{m+n}{2}\right)=\dfrac{f(m)+f(n)}{2}$ ……㉠

(i) ㉠의 양변에 $m=0$, $n=2$를 대입하면

$f\left(\dfrac{0+2}{2}\right)=f(1)=\dfrac{f(0)+f(2)}{2}$

이때, $f(0)=1$, $f(1)=1$ 이므로 $1=\dfrac{1+f(2)}{2}$ $\therefore$ $f(2)=1$

(ii) ㉠의 양변에 $m=1$, $n=3$을 대입하면

$f\left(\dfrac{1+3}{2}\right)=f(2)=\dfrac{f(1)+f(3)}{2}$

이때, $f(1)=1$, $f(2)=1$ 이므로 $1=\dfrac{1+f(3)}{2}$ $\therefore$ $f(3)=1$

마찬가지로 $f(4)=f(5)=\cdots=1$ 이므로 $f(x)$는 집합 A의
모든 원소 x에 대하여 $f(x)=1$ 인 상수함수이다.
따라서 함수 $f(x)$ 의 치역의 원소는 1 의 1개다.

(2) $f(xy)=f(x)+f(y)$ ……㉠

ㄱ. ㉠의 양변에 $x=1$, $y=1$을 대입하면

$f(1)=f(1)+f(1)$ $\therefore$ $f(1)=0$ (거짓)

ㄴ. $f(8)=f(4\times2)=f(4)+f(2)=f(2\times2)+f(2)$
$=f(2)+f(2)+f(2)=3f(2)$ (참)

ㄷ. ㉠의 양변에 $y=\dfrac{1}{x}$ 을 대입하면

$f\left(x\times\dfrac{1}{x}\right)=f(x)+f\left(\dfrac{1}{x}\right)$, $f(1)=f(x)+f\left(\dfrac{1}{x}\right)$

$0=f(x)+f\left(\dfrac{1}{x}\right)$ $(\because$ ㄱ$)$

$\therefore$ $f\left(\dfrac{1}{x}\right)=-f(x)$ (참)

따라서 옳은 것은 ㄴ, ㄷ 이다.

랑데뷰 풀이

(1) $f\left(\dfrac{m+n}{2}\right)=\dfrac{f(m)+f(n)}{2}$ 을 만족하는 함수

$f(x)$는 직선이므로 $f(x)=ax+b$ 라 두고
$f(0)=1$, $f(1)=1$ 을 대입하면 $a=0$, $b=1$이므로
$f(x)=1$
따라서 치역은 $\{1\}$이다.

$f(xy)=f(x)+f(y)$

(2) 을 만족하는 함수 $f(x)$는
로그 함수이므로 $f(x)=\log x$ 라 두면

ㄱ. $f(1)=\log 1=0$

ㄴ. $f(8)=\log 8=\log 2^3=3\log 2=3f(2)$

ㄷ. $f\left(\dfrac{1}{x}\right)=\log\dfrac{1}{x}=\log x^{-1}=-\log x=-f(x)$

부분분수 분해법 – 헤비사이드의 인수 가리기

이항분리를 $\dfrac{1}{AB}=\dfrac{1}{B-A}\left(\dfrac{1}{A}-\dfrac{1}{B}\right)$의 공식을 이용하지 않고 구하기

$\Rightarrow$ $\dfrac{1}{(x-\alpha)(x-\beta)}=\dfrac{1}{\alpha-\beta}\left(\dfrac{1}{x-\alpha}-\dfrac{1}{x-\beta}\right)$에서

$\dfrac{1}{(x-\alpha)(x-\beta)}=\dfrac{A}{x-\alpha}+\dfrac{B}{x-\beta}$ 로 두고 $A,\ B$을 구하는 방법

① A : 좌변 $\dfrac{1}{(x-\alpha)(x-\beta)}$ 에서 $(x-\alpha)$을 가린 $\dfrac{1}{\boxed{}(x-\beta)}$ 에 $x-\alpha=0$의 근 α를 x에 대입하면

$\dfrac{1}{\boxed{}(\alpha-\beta)}$ 이고 가린 부분을 제외한 값 $\dfrac{1}{\alpha-\beta}$ 이 A이다.

② B : 좌변 $\dfrac{1}{(x-\alpha)(x-\beta)}$ 에서 $(x-\beta)$을 가린 $\dfrac{1}{(x-\alpha)\boxed{}}$ 에 $x-\beta=0$의 근 β를 x에 대입하면

$\dfrac{1}{(\beta-\alpha)\boxed{}}$ 이고 가린 부분을 제외한 값 $\dfrac{1}{\beta-\alpha}=-\dfrac{1}{\alpha-\beta}$ 이 B이다.

[관련 문제]

다음 등식이 x에 관한 항등식일 때, $a_1+a_2+\cdots+a_{10}$ 의 값을 구하여라.

$$\dfrac{1}{(x-1)(x-2)\times\cdots\times(x-10)}=\dfrac{a_1}{x-1}+\dfrac{a_2}{x-2}+\cdots+\dfrac{a_{10}}{x-10}$$

일반 풀이

양변에 $(x-1)(x-2)\times\cdots\times(x-10)$ 을 곱하면

$1=a_1(x-2)(x-3)\times\cdots\times(x-10)$
$\quad+a_2(x-1)(x-3)\times\cdots\times(x-10)$
$\quad+\cdots$
$\quad+a_{10}(x-1)(x-2)\times\cdots\times(x-9)$

우변을 x에 관하여 정리하면

$1=(a_1+a_2+\cdots+a_{10})x^9+\cdots$

이 식이 x에 관한 항등식이므로

$a_1+a_2+\cdots+a_{10}=0$

랑데뷰 풀이

$a_1=\dfrac{1}{\boxed{}(1-2)(1-3)\times\cdots\times(1-10)}=-\dfrac{1}{9!}$

$a_2=\dfrac{1}{(2-1)\boxed{}(2-3)\times\cdots\times(2-10)}=\dfrac{1}{1!\times 8!}$

$a_3=\dfrac{1}{(3-1)(3-2)\boxed{}\times\cdots\times(3-10)}=-\dfrac{1}{2!\times 7!}$

$a_4=\dfrac{1}{(4-1)(4-2)(4-3)\boxed{}\times\cdots\times(4-10)}=\dfrac{1}{3!\times 6!}$

같은 방법으로

$a_5=-\dfrac{1}{4!\times 5!}$, $a_6=\dfrac{1}{5!\times 4!}$

$a_7=-\dfrac{1}{6!\times 3!}$, $a_8=\dfrac{1}{7!\times 2!}$

$a_9=-\dfrac{1}{8!\times 1!}$, $a_{10}=\dfrac{1}{9!}$

$\therefore\ a_1+a_2+\cdots+a_{10}=0$

$$\frac{1}{(x-a)(x-b)\times\cdots}$$ 형태의 분수꼴이 아닌 경우에도

헤비사이드 부분분수 분해 인수가리기를 이용할 수 있다.

[관련 문제] [세미나 210과 관련]

(1) 다음 식의 분모를 0으로 만들지 않는 모든 실수 x에 대하여 $\dfrac{x+7}{x^3+1}=\dfrac{a}{x+1}+\dfrac{bx+c}{x^2-x+1}$

가 성립할 때, $a-b-c$의 값을 구하여라.

(2) 다음 식의 분모를 0으로 만들지 않는 모든 실수 x에 대하여 $\dfrac{1}{x(x+1)^2}=\dfrac{a}{x}+\dfrac{b}{x+1}+\dfrac{c}{(x+1)^2}$

가 성립할 때, abc의 값을 구하여라.

일반 풀이

(1) $x^3+1=(x+1)(x^2-x+1)$이므로

주어진 식의 양변에 x^3+1을 곱하여 정리하면

$x+7=a(x^2-x+1)+(bx+c)(x+1)$

$x+7$

$=(a+b)x^2+(-a+b+c)x+a+c$

이 식이 x에 대한 항등식이므로

$-a+b+c=1$

$\therefore\ a-b-c=-1$

(2) 주어진 양변에 $x(x+1)^2$을 곱하여 정리하면

$1=a(x+1)^2+bx(x+1)+cx$

$1=(a+b)x^2+(2a+b+c)x+a$

이 식이 x에 대한 항등식이므로

$a+b=0,\ 2a+b+c=0,\ a=1$

위의 세 식을 연립하여 풀면

$a=1,\ b=-1,\ c=-1$

$\therefore\ abc=1$

랑데뷰 풀이

(1) $\dfrac{x+7}{x^3+1}=\dfrac{x+7}{(x+1)(x^2-x+1)}$

$a=\dfrac{x+7}{\boxed{}(x^2-x+1)}$ 에서 $x=-1$을 대입하면

$a=\dfrac{-1+7}{\boxed{}(1+1+1)}=2$

$bx+c=\dfrac{x+7}{(x+1)\boxed{}}$ 에 $w^2-w+1=0$을 만족하는 $x=w$을

대입하면 $bw+c=\dfrac{w+7}{w+1}\Rightarrow(bw+c)(w+1)=w+7$

$\Rightarrow bw^2+(b+c)w+c=w+7\ \Rightarrow b(w-1)+(b+c)w+c=w+7$

$\Rightarrow(2b+c)w-b+c=w+7$에서 $b=-2,\ c=5$

$\therefore\ a-b-c=2-(-2)-5=-1$

(2) $\dfrac{1}{x(x+1)^2}=\dfrac{a}{x}+\dfrac{b}{x+1}+\dfrac{c}{(x+1)^2}$에서

$a=\dfrac{1}{\boxed{}(x+1)^2}$ 에서 $x=0$대입하면 $a=1$

$c=\dfrac{1}{x\boxed{}}$ 에서 $x=-1$대입하면 $c=-1$

또한, $\dfrac{1}{x(x+1)^2}=\dfrac{1}{x}+\dfrac{b}{x+1}+\dfrac{-1}{(x+1)^2}$에서 분모가 0이 되지

않는 수를 대입하면 (예를 들어 $x=1$) b를 구할 수 있다.

양변에 $x=1$을 대입하면 $\dfrac{1}{4}=1+\dfrac{b}{2}-\dfrac{1}{4}\ \ \therefore\ b=-1$

$$\text{A}(x)= cx+d \text{라 할 때, } \text{A}\!\left(-\frac{b}{a}\right)$$

$$y=\frac{cx+d}{ax+b} \;\Rightarrow\; y=\frac{\boxed{}}{ax+b}+\boxed{\frac{c}{a}}$$

$$y=\frac{cx+d}{ax+b} \;\Rightarrow\; y=\frac{p}{ax+b}+q \text{ 에서 } q=\frac{c}{a},\; p=c\!\left(-\frac{b}{a}\right)+d$$

$$y=\frac{cx+d}{ax+b}=\frac{\dfrac{c}{a}(ax+b)-\dfrac{bc}{a}+d}{ax+b}=\frac{-\dfrac{bc}{a}+d}{ax+b}+\frac{c}{a}=\frac{p}{ax+b}+q$$

의 과정에서 $p=-\dfrac{bc}{a}$, $q=\dfrac{c}{a}$ 을 확인할 수 있다.

그런데 분수함수의 일반형을 표준형으로 고칠때 마다 이런 과정을 거치기에는 번거롭고 p와 q의 값을 공식으로 외워두기도 외울 공식의 중요도에 비해 복잡하여 비효율적이다.

따라서 다음과 같은 방법으로 빠르고 정확하게 변형해 보자.

우선 일차식 $ax+b$와 $cx+d$에서 x가 커질수록 상수항인 b, d는 무시할 만한 값이 되므로

$y=\dfrac{cx}{ax}=\dfrac{c}{a}$ 가 된다. 즉, $\displaystyle\lim_{x\to\infty}\dfrac{cx+d}{ax+b}=\dfrac{c}{a}$ 에서 $y=\dfrac{cx+d}{ax+b}$ 의 점근선은 $y=\dfrac{c}{a}$ 이다.

따라서 $y=\dfrac{cx+d}{ax+b}=\dfrac{\text{A}}{ax+b}+\dfrac{c}{a}$ 로 변형 된다.

여기서 A를 구할 때 다음과 같은 방법을 이용하자.

① $\dfrac{cx+d}{ax+b}=\dfrac{\text{A}}{ax+b}+\dfrac{c}{a}$ 의 양변에 $ax+b$를 곱하면 $cx+d=\text{A}+\dfrac{c}{a}(ax+b)$

양변에 $x=-\dfrac{b}{a}$ 를 대입하면 $c\!\left(-\dfrac{b}{a}\right)+d=\text{A}+\dfrac{c}{a}\times 0$

따라서 $\text{A}=c\!\left(-\dfrac{c}{a}\right)+b$ 이다.

② 헤비사이드의 부분분수 분해법의 인수 가리기와 같은 방법으로 생각하자.

$y=\dfrac{cx+d}{ax+b}$ 을 일반형으로 분리할 때 기본적으로 $y=\dfrac{\boxed{}}{ax+b}+\dfrac{c}{a}$ 꼴이 되고 $\boxed{}$ 안에 들어갈 수는 분모식을 0이

되게하는 값인 $x=-\dfrac{b}{a}$ (점근선)을 분모식을 가린채 분자식에만 대입하면 $\boxed{}=c\!\left(-\dfrac{b}{a}\right)+d$ 이다.

대수

하루 중 90%는 겸손하게 10%는 자신있게...

지수법칙에서

0 또는 음의 정수인 지수

$a \neq 0$이고 n이 양의 정수일 때, $\quad a^0 = 1, \quad a^{-n} = \dfrac{1}{a^n}$

(1) $a^0 = 1$로 정의할 때, $a \neq 0$인 이유는?

(2) $a^{-n} = \dfrac{1}{a^n}$로 정의할 때, n이 자연수인 이유는?

(3) 0^0은 어떤 값에 가까운 값일까?

(1) $3^0 = 1$, $\left(-\dfrac{1}{2}\right)^0 = 1$이므로 「밑이 0일 때도

$0^0 = 1$인가?」 라고 생각하기 쉽다. 그러나 0^0은 정의하지 않는다. 예를 들어

$$0^2 \cdot 0^0 = 0^{2+0} = 0^2$$

인데, 이때 $0^2 = 0 \cdot 0 = 0$이므로 위의 식은

$$0 \cdot 0^0 = 0$$

이 된다. 이것을 만족하는 0^0은 하나의 값으로 정의되지 않는다. 따라서 a^0을 계산할 때는 $a \neq 0$으로 제한하는 것이다.

(2) 대부분의 책에서는 $a^{-n} = \dfrac{1}{a^n}$에서 n을 자연수로

제한한다. 하지만 굳이 그럴 필요는 없다.
예를 들어 $2^3 \cdot 2^{-3} = 2^0 = 1$ 이므로

$2^{-3} = \dfrac{1}{2^3}$ 이고 $2^3 = \dfrac{1}{2^{-3}}$

이다. 따라서 $a^{-n} = \dfrac{1}{a^n}$은 n이 정수일 때 항상 성립하는

성질이다. 다만 2^3을 계산하라고 했을 때
$2^3 = 2 \cdot 2 \cdot 2 = 8$ 이라고 하면 될 것을

$$2^3 = \dfrac{1}{2^{-3}} = \dfrac{1}{\dfrac{1}{2^3}} = \dfrac{1}{\dfrac{1}{2 \cdot 2 \cdot 2}} = \dfrac{1}{\dfrac{1}{8}} = 8$$

로 불편하게 계산하는 사람은 없을 테니

$a^{-n} = \dfrac{1}{a^n}$에서 n을 자연수로 보는 게 편하다는 뜻으로

해석하면 되겠다.

(3) 엄밀하게는 0^0은 정의되지 않지만, 수학적 편의를 위해
$0^0 = 1$로 놓고 사용하는 경우가 많다.
예를 들어 다항식을

$$a_n x^n + a_{n-1} x^{n-1} + a_{n-2} x^{n-2} + \cdots + a_1 x + a_0 x^0$$

으로 정의 할 때 $x^0 = 1$이 되면 편리하다.
그리고 0^0을 극한값 $\displaystyle\lim_{x \to 0+} x^x$로 정의할 수도 있다.

$$\lim_{x \to 0+} x^x = \lim_{x \to 0+} e^{x \ln x} \text{에서 } x = \dfrac{1}{t} \text{로 놓으면,}$$

$x \to 0+$일 때 $t \to \infty$이므로

$$\lim_{x \to 0+} x^x = \lim_{t \to \infty} e^{-\frac{\ln t}{t}} \text{이고}$$

$$\lim_{t \to \infty} -\dfrac{\ln t}{t} = \lim_{t \to \infty} -\dfrac{1}{t} = 0 \text{이므로} \lim_{x \to 0+} x^x = e^0 = 1$$

$a > 0$, $b > 0$이고 r, s가 유리수일 때,

❶ $a^r a^s = a^{r+s}$ ❷ $a^r \div a^s = a^{r-s}$

❸ $(a^r)^s = a^{rs}$ ❹ $(ab)^r = a^r b^r$

(4) 지수가 유리수일 때, 밑 a, b가 양수인 이유는?

위의 지수법칙의 $(a^r)^s = a^{rs}$을 적용시킬 때

① $\{(-1)^3\}^{\frac{1}{3}} = (-1)^{3 \cdot \frac{1}{3}} = (-1)^1 = -1$

② $\{(-1)^3\}^{\frac{1}{3}} = (-1)^{\frac{1}{3}} = \sqrt[3]{-1} = -1$

①,②와 같이 지수가 $\dfrac{\text{홀수}}{\text{홀수}}$꼴 일 때는 문제가 되지 않는다.

그런데

③ $\{(-1)^2\}^{\frac{1}{2}} = (-1)^{2 \cdot \frac{1}{2}} = (-1)^1 = -1$

④ $\{(-1)^2\}^{\frac{1}{2}} = 1^{\frac{1}{2}} = \sqrt{1} = 1$

③,④와 같이 밑이 음수이고 지수가 $\dfrac{\text{홀수}}{\text{짝수}}$일 때 오류가

생긴다. ③,④중 바른 풀이는 ④번이 바른 풀이이다. 따라서 지수가 유리수일 때 밑은 양수라는 조건이 있어야 한다. 밑이 양수라는 조건이 없다면 다음과 같은 현상이 발생할 수도 있다.

$$-1 = (-1)^3 = (-1)^{4 \cdot \frac{3}{4}} = \{(-1)^4\}^{\frac{3}{4}} = 1^{\frac{3}{4}}$$
$$= \sqrt[4]{1^3} = \sqrt[4]{1} = 1$$

(1) n제곱근 a란 a에 $\sqrt[n]{}$ 를 씌웠을 때 실수가 되는 수이다.

    (단, n은 2이상 자연수, a는 실수)

(2) a의 n제곱근이란 [a의 n제곱근이라는 문장을 거꾸로 읽어 '근'을 x로 보고 '의'를 ' = '으로 보면 {x의 n제곱은 a이다.}로 만들어지는 n차 방정식의 해를 가리킨다.]

    즉, $x^n = a$의 모든 해 (실근과 허근을 모두 뜻한다.)

---

(1)번 관련 문제	**(2)번 관련 문제**

(1)번 관련 문제

다음 문장이 참이면 O, 거짓이면 X표시를 하시오.

(1) 세제곱근 -8은 $\sqrt[3]{-8}$ 이다.

(2) 네제곱근 -16은 $\sqrt[4]{-16}$ 이다.

(2)번 관련 문제

$2 \le n \le 100$인 자연수 n에 대하여 $\left(\sqrt[3]{3^5}\right)^{\frac{1}{2}}$ 이 어떤 자연수의 n제곱근이 되도록 하는 n의 개수를 구하시오.
[4점][2013학년도 수능 나26]

랑데뷰 풀이

(1) (O) → $\sqrt[3]{-8} = \sqrt[3]{(-2)^3} = -2$ 실수이므로 표현 가능

(2) (X) → $\sqrt[4]{-16}$ 은 실수가 아니므로 표현 불가

설명

① a가 양수일 때 ⇨ 항상 존재

제곱근 2 ⇨ $\sqrt{2}$ (O) : 양의 실수

세제곱근 2 ⇨ $\sqrt[3]{2}$ (O) : 양의 실수

네제곱근 2 ⇨ $\sqrt[4]{2}$ (O) : 양의 실수

다섯제곱근 2 ⇨ $\sqrt[5]{2}$ (O) : 양의 실수

    ⋮   ⋮

② a가 음수일 때 ⇨ n이 홀수 일 때만 존재

제곱근 -2 ⇨ $\sqrt{-2}$ (X) : 실수가 아니다.

세제곱근 -2 ⇨ $\sqrt[3]{-2}$ (O) : 음의 실수

네제곱근 -2 ⇨ $\sqrt[4]{-2}$ (X) : 실수가 아니다.

다섯제곱근 -2 ⇨ $\sqrt[5]{-2}$ (O) : 음의 실수

    ⋮   ⋮

랑데뷰 풀이

문제의 어떤 자연수를 a라 하면

어떤 자연수의 n제곱근은 거꾸로 읽었을 때,

$x^n = a$을 뜻하고 여기서 x가 $\left(\sqrt[3]{3^5}\right)^{\frac{1}{2}}$ 이므로

$\left(\sqrt[3]{3^5}\right)^{\frac{1}{2}} = \left(3^{\frac{5}{3}}\right)^{\frac{1}{2}} = 3^{\frac{5}{6}}$ 에서

$\left(3^{\frac{5}{6}}\right)^n = 3^{\frac{5}{6}n}$ ⇨ 자연수 a

따라서 $\dfrac{5}{6}n$이 자연수가 되면 되므로

n은 6의 배수이면 된다.

따라서 구하는 n은 6, 12, 18, ⋯, 96이므로 16개이다.

cos과 sin에 대한 고찰–삼각함수의 대칭성

(1) 좌표평면에서 단위원의 중심을 원점 O, 원 위의
점 $A(1, 0)$, $B(-1, 0)$라 하자. 원주를 n등분 할 때, 점
A를 기준으로 시계 반대 방향으로 $A = P_1, P_2, \cdots, P_n$
이라 하고 $\angle P_k O P_1 = \theta_k$라 하자. $\Rightarrow \theta_1 = 0$

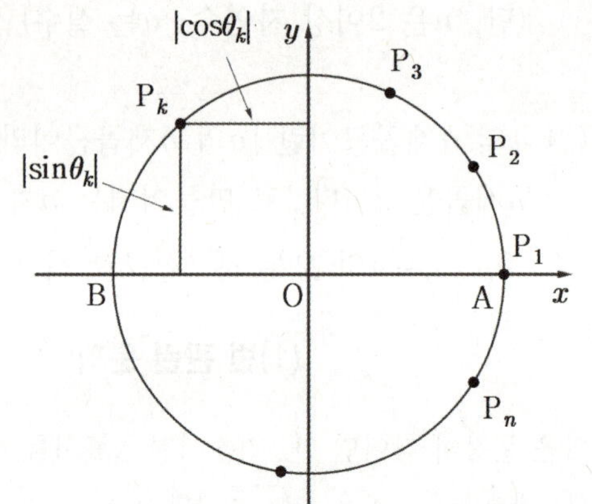

삼각함수 정의 그대로
$|\cos\theta_k|$을 점 P_k에서 y축에 이르는 거리
$|\sin\theta_k|$을 점 P_k에서 x축에 이르는 거리
로 $\cos\theta$와 $\sin\theta$을 파악해 보자.

(2) 원주의 길이인 2π를 n등분 할 때 중요한 성질은 다음과 같다.

① n이 홀수일 때, 점 $P_{\frac{n+1}{2}}$와 점 $P_{\frac{n+3}{2}}$은 점 $B(-1, 0)$에 가장 가까운

점이며 두 점은 x축 대칭이고 $\angle P_{\frac{n+1}{2}} B P_{\frac{n+3}{2}} = \dfrac{2\pi}{n}$이다.

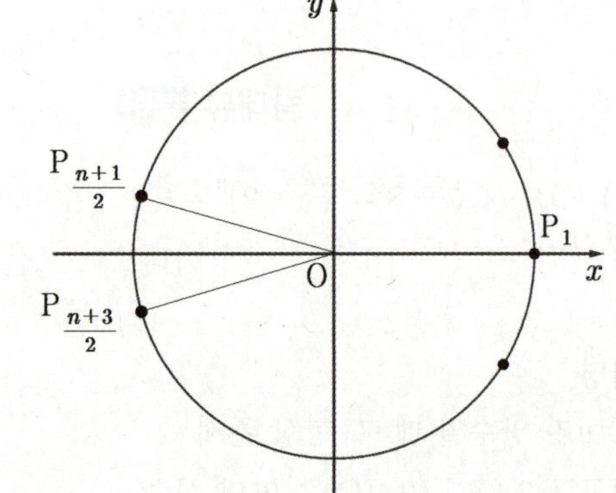

$\Rightarrow$ 예를 들어 $n = 17$일 때,
$P_{\frac{17+1}{2}} = P_9$을 $B(-1, 0)$의 바로 위의 점으로

$P_{\frac{17+3}{2}} = P_{10}$을 $B(-1, 0)$의 바로 아래의 점으로 나타내고

x축 위($y > 0$)쪽에 P_9을 포함한 8개의 점
x축 아래($y < 0$)쪽에 P_{10}을 포함한 8개의 점을 나타내면 된다.
나머지 한 점은 $P_1(1, 0)$이다.

② n이 짝수일 때, 점 $P_{\frac{n}{2}+1}$ 이 점 $B(-1, 0)$이다.

예를 들어 $n = 18$일 때,
$P_{\frac{18}{2}+1} = P_{10}$ 가 $B(-1, 0)$이고

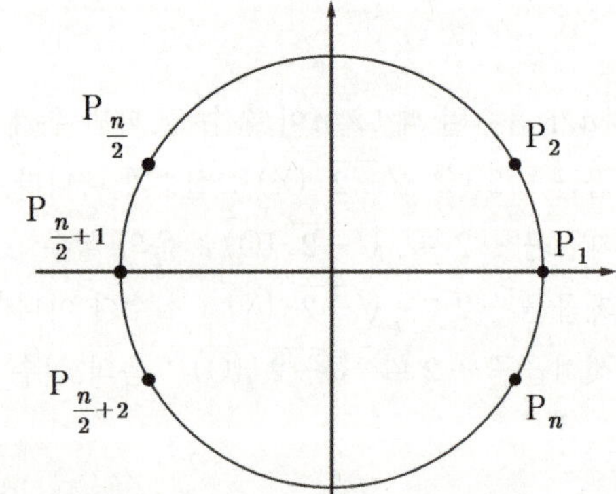

$P_{\frac{18}{2}} = P_9$을 $B(-1, 0)$의 바로 위의 점으로

$P_{\frac{18}{2}+2} = P_{11}$을 $B(-1, 0)$의 바로 아래의 점으로 나타내고

x축 위($y > 0$)쪽에 P_9을 포함한 8개의 점 x축 아래($y < 0$)쪽에 P_{11}을 포함한 8개의 점을 나타내면 된다.
나머지 두 점은 $P_1(1, 0)$과 $P_{10}(-1, 0)$이다.

[랑데뷰팁]

그림을 그릴 때 $B(-1, 0)$에 가까운 점을 잡아 놓고 중심각을 $\dfrac{2\pi}{n}$씩 나눠 원주 위에 점을 찾아보면 일관성 있게 n등분

되는 점을 찾기 쉽다.

(3) 단위원의 중심각을 n등분 한 원 위의 점의 대칭성에 대해 알아보자.

① n이 홀수일 때

㉠ x축에 대칭인 점이 한 쌍씩 존재한다. (P$_1$ 제외)

㉡ y축에 대칭인 점은 존재하지 않는다.

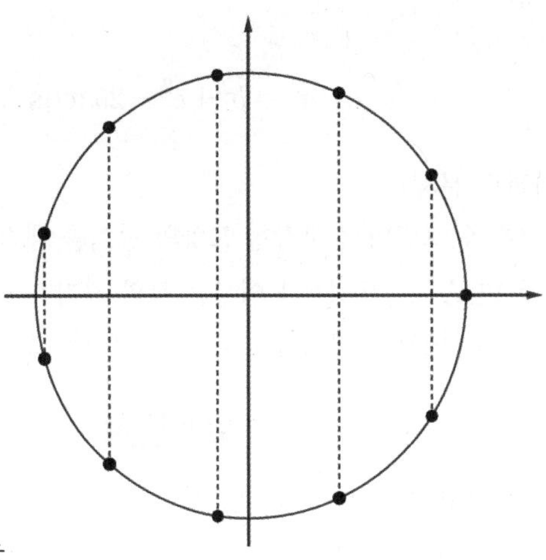

② n이 짝수일 때

㉠ x축에 대칭인 점이 한 쌍씩 존재한다. (P$_1$ 제외)

㉡ y축에 대칭인 점이 한 쌍씩 존재한다. ($n = 4k$일 때, y축 위의 점 제외)

➪ 특히 n이 짝수일 때, $n = 4k$와 $n = 4k + 2$인 경우로 나눌 때의 특징은

㉢ $n = 4k$일 때는 $(1, 0)$, $(0, 1)$, $(-1, 0)$, $(0, -1)$이 점 P$_n$을 원소로 갖는 집합의 원소이다.

㉣ $n = 4k + 2$일 때는 $(1, 0)$, $(-1, 0)$은 원소이고 $(0, 1)$, $(0, -1)$은 원소가 아니다.

(4) 다음 식이 성립한다.

① n이 홀수일 때, $\cos\theta_1 + \cos\theta_2 + \cdots + \cos\theta_n = 0 \leftarrow y$축에 대칭인 점은 존재하지 않는다.

㉠ $\cos\theta_1 = 1 \ (\because \theta_1 = 0)$

㉡ $\cos\theta_2 + \cos\theta_3 + \cdots + \cos\theta_{\frac{n+1}{2}} = -\dfrac{1}{2}$

㉢ $\cos\theta_{\frac{n+3}{2}} + \cos\theta_{\frac{n+5}{2}} + \cdots + \cos\theta_n = -\dfrac{1}{2}$

② n이 짝수일 때, $\cos\theta_1 + \cos\theta_2 + \cdots + \cos\theta_n = 0 \leftarrow y$축에 대칭인 점이 한 쌍씩 존재한다.

㉠ $\cos\theta_1 = 1 \ (\because \theta_1 = 0)$

㉡ $\cos\theta_2 + \cos\theta_3 + \cdots + \cos\theta_{\frac{n}{2}} = 0$

㉢ $\cos\theta_{\frac{n}{2}+1} = -1 \ \left(\because \theta_{\frac{n}{2}+1} = \pi\right)$

㉣ $\cos\theta_{\frac{n}{2}+2} + \cos\theta_{\frac{n}{2}+3} + \cdots + \cos\theta_n = 0$

[관련 문제]

$\cos\left(\dfrac{18}{17}\pi\right) + \cos\left(\dfrac{20}{17}\pi\right) + \cos\left(\dfrac{22}{17}\pi\right) \cdots + \cos\left(\dfrac{32}{17}\pi\right)$의 값은?

(단, $n \geq 2$인 자연수 n에 대하여 $\displaystyle\sum_{k=0}^{n-1} \cos\left(\dfrac{2k\pi}{n}\right) = 0$ 이다.) ➪ 정답 $-\dfrac{1}{2}$

코사인법칙

$$a^2 = b^2 + c^2 - 2bc\cos A, \quad b^2 = c^2 + a^2 - 2ca\cos B, \quad c^2 = a^2 + b^2 - 2ab\cos C$$

[관련 문제]

오른쪽 그림의 정사각형 모양의 종이를 대각선 BD 를 따라 접어서

두 면 ABD, BCD 가 이루는 각의 크기가 60° 가 되도록 할 때, 두 변 AB 와 BC 가

이루는 예각의 크기를 θ 라 하자. 이때, $\sin\theta$ 의 값을 구하여라.

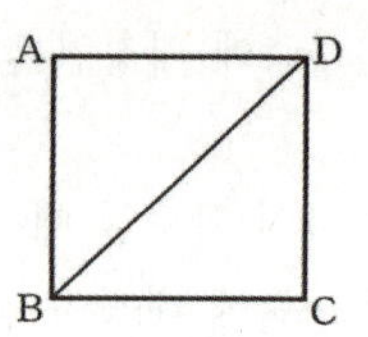

일반 풀이

정사각형 $ABCD$ 의 한 변의 길이를 a 라 하자.

오른쪽 그림과 같이 정사각형 $ABCD$ 를 대각선 BD 를 따라 접은 후 꼭짓점 A 에서 대각선 BD 에 내린 수선의 발을 M 이라 하면 점 M 은 대각선 AC 의 중점이므로

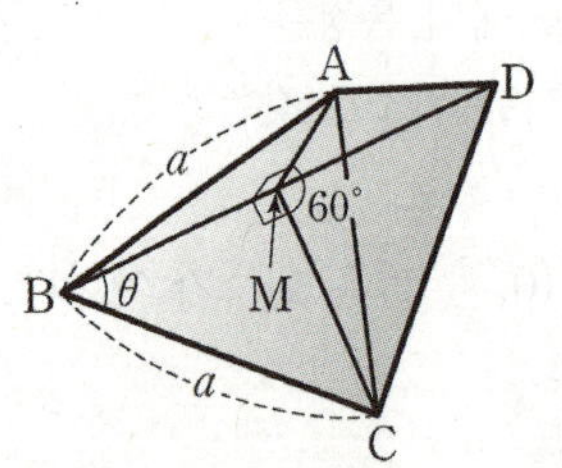

$$\overline{AM} = \overline{MC} = \frac{\sqrt{2}}{2}a$$

이때, $\angle AMC = 60^\circ$ 이므로 $\triangle AMC$는 정삼각형이다.

$$\therefore \overline{AC} = \frac{\sqrt{2}}{2}a$$

오른쪽 그림과 같이 삼각형 ABC의 꼭짓점 A에서 변 BC에 내린 수선의 발을 H라 하면

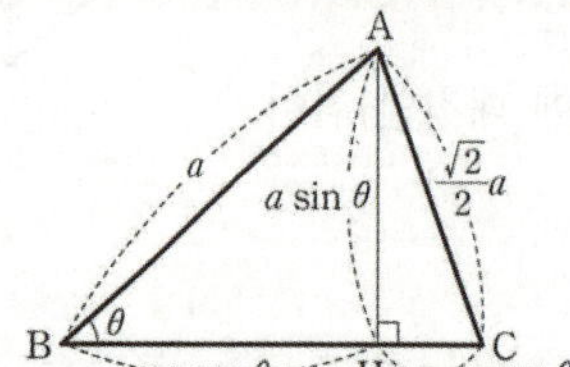

$$\overline{BH} = a\cos\theta$$
$$\overline{AH} = a\sin\theta,$$
$$\overline{HC} = a - a\cos\theta$$

이므로 파타고라스 정리에 의하여

$$\overline{AH}^2 + \overline{HC}^2 = \overline{AC}^2, \ \ 즉$$

$$a^2\sin^2\theta + (a - a\cos\theta)^2 = \frac{1}{2}a^2$$

$$a^2\sin^2\theta + a^2 - 2a^2\cos\theta + a^2\cos^2\theta = \frac{1}{2}a^2$$

$$2a^2\cos\theta = \frac{3}{2}a^2$$

$$\therefore \cos\theta = \frac{3}{4}$$

$$\therefore \sin\theta = \sqrt{1 - \cos^2\theta} = \sqrt{1 - \frac{9}{16}} = \frac{\sqrt{7}}{4}$$

랑데뷰 풀이

$\overline{AB} = \overline{BC} = a$, $\overline{AC} = \dfrac{\sqrt{2}}{2}a$ 이므로

$$\therefore \cos\theta = \frac{\overline{AB}^2 + \overline{BC}^2 - \overline{AC}^2}{2\,\overline{AB}\,\overline{BC}} = \frac{a^2 + a^2 - \frac{1}{2}a^2}{2a^2}$$

$$= \frac{3}{4}$$

$$\therefore \sin\theta = \sqrt{1 - \cos^2\theta} = \sqrt{1 - \frac{9}{16}} = \frac{\sqrt{7}}{4}$$

증명 : 그림과 같이 좌표축을 잡고, 점 C 에서 변 AB 에 내린 수선의 발을 H 라고 하면

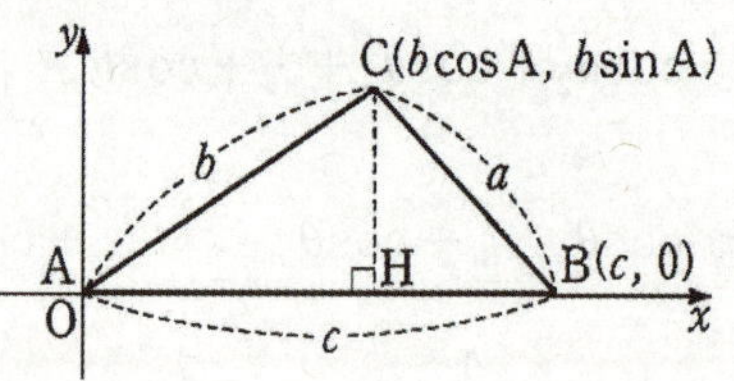

$$a^2 = \overline{CH}^2 + \overline{HB}^2$$
$$= (b\sin A)^2 + (c - b\cos A)^2$$
$$= b^2(\sin^2 A + \cos^2 A) + c^2 - 2bc\cos A$$
$$= b^2 + c^2 - 2bc\cos A$$

한편, $\triangle ABC$ 에서 세 변의 길이를 알면 $\cos A$, $\cos B$, $\cos C$ 의 값을 구할 수 있다.

곧, $a^2 = b^2 + c^2 - 2bc\cos A$ 에서

$$2bc\cos A = b^2 + c^2 - a^2$$

$$\therefore \cos A = \frac{b^2 + c^2 - a^2}{2bc}$$

나머지도 같은 방법으로 구할 수 있다.

사각형의 넓이-브라마굽타 공식

$$S = \sqrt{(s-a)(s-b)(s-c)(s-d)}$$

(단, 원에 내접하는 사각형 ABCD, $s = \dfrac{a+b+c+d}{2}$)

브라마굽타 공식에서 $d=0$인 경우가 헤론의 공식이다. $S = \sqrt{s(s-a)(s-b)(s-c)}$

[관련 문제]

그림과 같이 원에 내접하는 사각형 ABCD에서 $\overline{AB}=4$, $\overline{BC}=6$, $\overline{CD}=2$, $\overline{DA}=2$일 때,
사각형 ABCD의 넓이를 구하여라.

일반 풀이

$\overline{AC}=k$라 하면 △ABC에서

$k^2 = 16 + 36 - 2 \times 24 \times \cos B \cdots$ ㉠

또, △ADC에서 $k^2 = 4 + 4 - 2 \times 4 \times \cos D$

$\cdots$ ㉡

$\angle B + \angle D = \pi$이므로

$\cos B = \cos(\pi - D) = -\cos D$를

㉠, ㉡에 대입하여 정리하면

$52 - 48\cos B = 8 + 8\cos B \Rightarrow 56\cos B = 44$

$\therefore \cos B = \dfrac{44}{56} = \dfrac{11}{14}$

$\angle ABC$는 제 1사분면의 각이므로

$\sin B = \sqrt{1 - \dfrac{121}{196}} = \dfrac{5\sqrt{3}}{14} = \sin D$

따라서 사각형의 넓이는

$\dfrac{1}{2} \times 4 \times 6 \times \dfrac{5\sqrt{3}}{14} + \dfrac{1}{2} \times 2 \times 2 \times \dfrac{5\sqrt{3}}{14}$

$= \dfrac{30\sqrt{3}}{7} + \dfrac{5\sqrt{3}}{7} = \dfrac{35\sqrt{3}}{7} = 5\sqrt{3}$

랑데뷰 풀이

$\overline{AB}=4$, $\overline{BC}=6$, $\overline{CD}=2$, $\overline{DA}=2$이므로

$s = \dfrac{4+6+2+2}{2} = 7$

따라서

$S = \sqrt{(7-6) \times (7-4) \times (7-2) \times (7-2)}$

$\quad = \sqrt{1 \times 3 \times 5^2} = 5\sqrt{3}$

설명

다음 그림과 같이 내접 사각형
ABCD에서 $\angle B + \angle D = 180°$ 이다.
삼각형 ABC와 ACD에 코사인 법칙을
적용하면 각각

$\overline{AC}^2 = a^2 + b^2 - 2ab\cos B$

$\overline{AC}^2 = c^2 + d^2 - 2cd\cos D = c^2 + d^2 + 2cd\cos B$이고

두 식을 연립하면

$2(ab+cd)\cos B = a^2 + b^2 - c^2 - d^2 \cdots$ ㉠을 얻는다.

사각형 ABCD의 넓이는 삼각형 ABC와 ACD의 넓이의 합이므로

$2(ab+cd)\cos B = a^2 + b^2 - c^2 - d^2$

$S = \dfrac{1}{2}ab\sin B + \dfrac{1}{2}cd\sin D = \dfrac{1}{2}(ab+cd)\sin B$

$S^2 = \dfrac{1}{4}(ab+cd)^2 \sin^2 B$

$\quad = \dfrac{1}{4}(ab+cd)^2 - \dfrac{1}{4}(ab+cd)^2 \cos^2 B$

$\quad = \dfrac{1}{4}(ab+cd)^2 - \dfrac{1}{16}(a^2+b^2-c^2-d^2)^2$ ($\because$ ㉠)

양변에 $\times 16$을 곱하고 정리하면

$16S^2$

$= (2ab+2cd)^2 - (a^2+b^2-c^2-d^2)^2$

$= (2ab+2cd+a^2+b^2-c^2-d^2)(2ab+2cd-a^2-b^2+c^2+d^2)$

$= \{(a+b)^2-(c-d)^2\}\{(c+d)^2-(a-b)^2\}$

$= (a+b-c+d)(a+b+c-d)(c+d-a+b)(c+d+a-b)$

$= 2(s-c) \times 2(s-d) \times 2(s-a) \times 2(s-b)$

$= 16(s-a)(s-b)(s-c)(s-d)$

브레치나이더 공식-브라마굽타 공식의 일반화

사각형이 원에 내접하지 않는 경우

$$S = \sqrt{(s-a)(s-b)(s-c)(s-d) - abcd\cos^2\dfrac{A+C}{2}}$$

세미나(75) 평면도형의 넓이 정리

① Saruss법칙(신발끈 공식)

② Heron 공식

③ 브라마굽타 공식

④ 브레치나이더 공식

⑤ 픽의 정리

⇨ 모두 이 책에서 언급된 공식 및 정리이다.

---

① Saruss법칙(신발끈 공식)

⇨ 좌표평면 위의 점을 연결한 모든 다각형 (볼록 다각형 및 오목 다각형도 가능)의 넓이를 구할 수 있다.

② Heron 공식

⇨ 세 변의 길이를 알 때 삼각형의 넓이를 구할 수 있다. 헤론 공식의 변형도 익혀 두자!

③ 브라마굽타 공식

⇨ 원의 내접하는 사각형의 네 변의 길이를 알 때 사각형의 넓이를 구할 수 있다.

④ 브레치나이더 공식

⇨ 원에 내접하지 않는 사각형일지라도 네 변의 길이를 알면 사각형의 넓이를 구할 수 있다.

⑤ 픽의 정리

⇨ 좌표평면에서 점으로 연결된 도형의 내부의 격자점 개수와 경계선 위의 격자점 개수로 도형의 넓이를 구할 수 있다.

그림과 같이 삼각형 ABC에서 $\angle A$의 이등분선이 선분 BC와 만나는 점을 D, 삼각형 ABC의 외접원과 만나는 점을 E라 하자.

$\overline{AB}=a$, $\overline{AE}=b$, $\overline{AC}=c$, $\overline{BE}=\overline{CE}=d$라 하고, $\angle BAE = \angle EAC = \theta$라 하자.

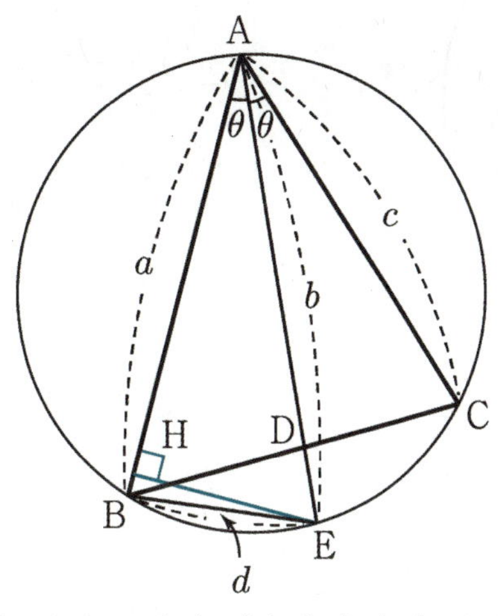

그림이 우산을 펼친 모양과 비슷하여 우산 공식이라 부른다.

① $d^2 = b^2 - ac$

② $\cos\theta = \dfrac{a+c}{2b}$

③ $\overline{AB}\times\overline{AC} = \overline{AD}\times\overline{AE}$

④ $\overline{AD}^2 = \overline{AB}\times\overline{AC} - \overline{DB}\times\overline{DC}$

⑤ $\overline{AH} = \dfrac{\overline{AB}+\overline{AC}}{2}$

기출 문제	랑데뷰 **풀이**

2023학년도 11월 수능 11번

그림과 같이 사각형 ABCD가 한 원에 내접하고 $\overline{AB}=5$, $\overline{AC}=3\sqrt{5}$, $\overline{AD}=7$, $\angle BAC = \angle CAD$일 때, 이 원의 반지름의 길이는? [4점]

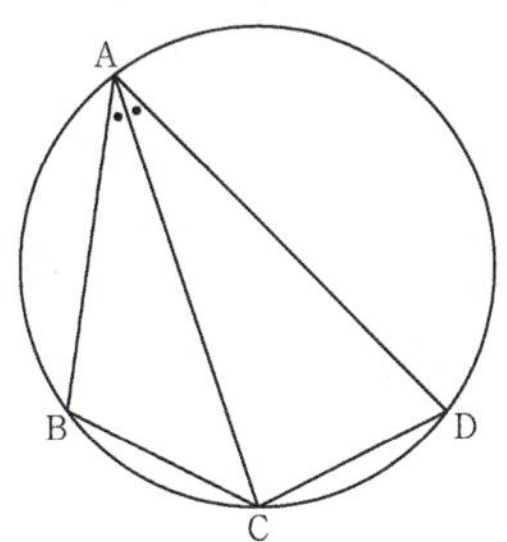

① $\dfrac{5\sqrt{2}}{2}$ ② $\dfrac{8\sqrt{5}}{5}$ ③ $\dfrac{5\sqrt{5}}{3}$ ④ $\dfrac{8\sqrt{2}}{3}$ ⑤ $\dfrac{9\sqrt{3}}{4}$

$\overline{BC}^2 = (3\sqrt{5})^2 - 5\times 7 = 10$

$\therefore \overline{BC} = \sqrt{10}$

$\cos\theta = \dfrac{5+7}{2\times 3\sqrt{5}} = \dfrac{2}{\sqrt{5}}$

$\therefore \sin\theta = \dfrac{1}{\sqrt{5}}$

사인법칙 $\dfrac{\overline{BC}}{\sin\theta} = 2R \rightarrow R = \dfrac{5\sqrt{2}}{2}$

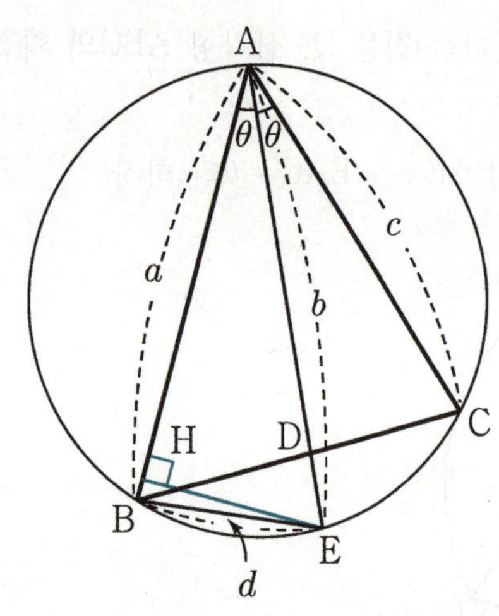

①번 증명

두 삼각형 ABE와 ACE에서 코사인법칙을 적용하면

$$\cos\theta = \frac{a^2 + b^2 - d^2}{2ab} , \quad \cos\theta = \frac{b^2 + c^2 - d^2}{2bc} \text{이고}$$

$$\frac{a^2 + b^2 - d^2}{2ab} = \frac{b^2 + c^2 - d^2}{2bc} \text{에서}$$

$$c(a^2 + b^2 - d^2) = a(b^2 + c^2 - d^2)$$

$$a^2 c + b^2 c - cd^2 = ab^2 + ac^2 - ad^2$$

$$(a - c)d^2 = ab^2 + ac^2 - a^2 c - b^2 c$$

$$(a - c)d^2 = (a - c)b^2 - ac(a - c)$$

$$\therefore \ d^2 = b^2 - ac$$

②번 증명

$$\cos\theta = \frac{a^2 + b^2 - d^2}{2ab} \text{에서}$$

$$\cos\theta = \frac{a^2 + b^2 - (b^2 - ac)}{2ab} = \frac{a + c}{2b}$$

$$\therefore \ \cos\theta = \frac{a + c}{2b}$$

③번 증명

호 AB에 대한 원주각으로 $\angle\mathrm{BEA} = \angle\mathrm{BCA}$ 이므로 $\triangle\mathrm{ABE} \backsim \triangle\mathrm{ACD}$ 이다.

$$\overline{\mathrm{AB}} : \overline{\mathrm{AE}} = \overline{\mathrm{AD}} : \overline{\mathrm{AC}}$$

$$\therefore \ \overline{\mathrm{AB}} \times \overline{\mathrm{AC}} = \overline{\mathrm{AD}} \times \overline{\mathrm{AE}}$$

④번 증명

$$\begin{aligned}
\overline{\mathrm{AB}} \times \overline{\mathrm{AC}} &= \overline{\mathrm{AD}} \times \overline{\mathrm{AE}} \\
&= \overline{\mathrm{AD}} \times (\overline{\mathrm{AD}} + \overline{\mathrm{DE}}) \\
&= \overline{\mathrm{AD}}^2 + \overline{\mathrm{AD}} \times \overline{\mathrm{DE}} \\
&= \overline{\mathrm{AD}}^2 + \overline{\mathrm{DB}} \times \overline{\mathrm{DC}}
\end{aligned}$$

$$\therefore \ \overline{\mathrm{AD}}^2 = \overline{\mathrm{AB}} \times \overline{\mathrm{AC}} - \overline{\mathrm{DB}} \times \overline{\mathrm{DC}}$$

⑤번 증명

$$\cos\theta = \frac{\overline{\mathrm{AH}}}{\overline{\mathrm{AE}}} = \frac{\overline{\mathrm{AH}}}{b} \text{이고} \quad \cos\theta = \frac{a + c}{2b} \text{이므로}$$

$$\overline{\mathrm{AH}} = \frac{a + c}{2}$$

$$\therefore \ \overline{\mathrm{AH}} = \frac{\overline{\mathrm{AB}} + \overline{\mathrm{AC}}}{2}$$

다음과 같은 세 가지 그림에서 모두 같은 곱셈식이 성립한다.

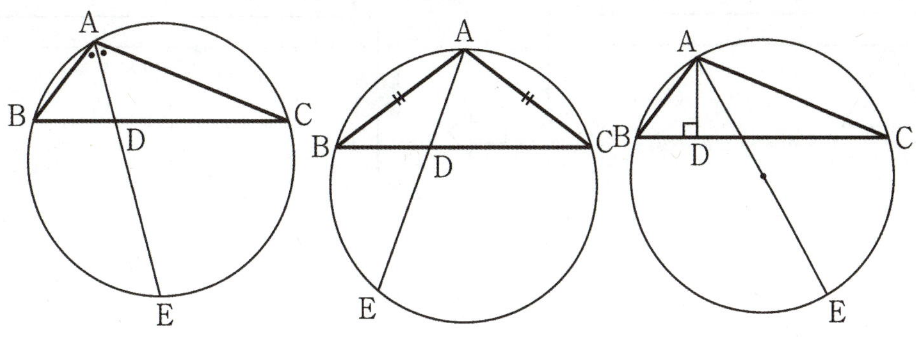

$$\Rightarrow \quad \overline{AB} \times \overline{AC} = \overline{AD} \times \overline{AE}$$

그림 증명	설명
	호 AC에 대한 원주각으로 $\angle ABC = \angle AEC$이므로 $\triangle ABD \backsim \triangle AEC$이다. $\overline{AB} : \overline{AD} = \overline{AE} : \overline{AC}$ $\therefore\ \overline{AB} \times \overline{AC} = \overline{AD} \times \overline{AE}$
	$\triangle ABE \backsim \triangle ADB$ $\overline{AB} : \overline{AE} = \overline{AD} : \overline{AB}$ $\overline{AB}^2 = \overline{AD} \times \overline{AE}$ $\therefore\ \overline{AB} \times \overline{AC} = \overline{AD} \times \overline{AE}$ $(\because\ \overline{AB} = \overline{AC})$
	$\triangle ABD \backsim \triangle ACE$ $\overline{AB} : \overline{AD} = \overline{AE} : \overline{AC}$ $\therefore\ \overline{AB} \times \overline{AC} = \overline{AD} \times \overline{AE}$

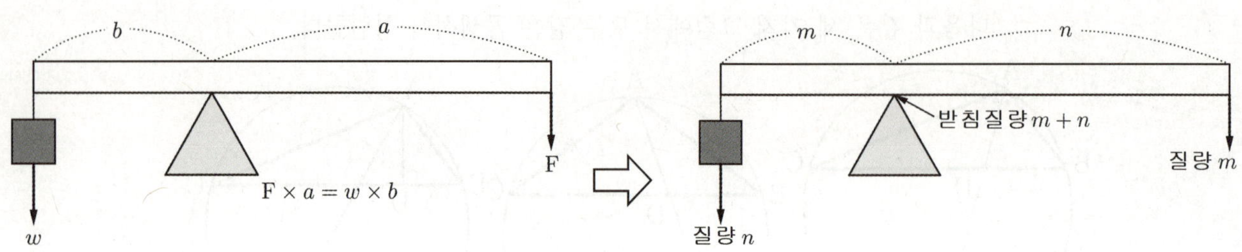

설명

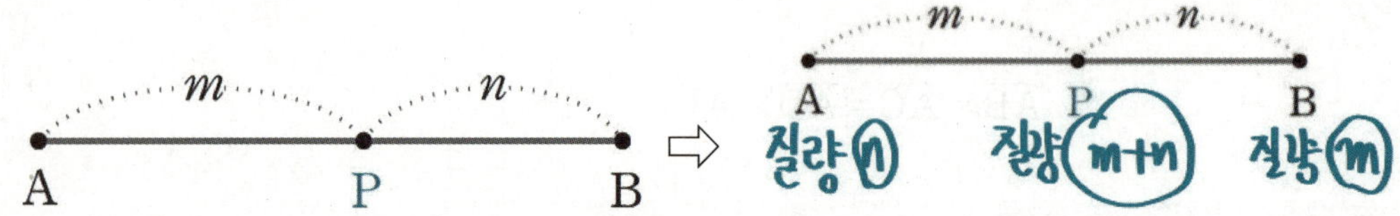

(1) 선분에 활용 : $\overline{AB}$를 $m:n$으로 내분하는 점을 P라 두면 점 A의 질량은 n이 되고 점 B의 질량은 m이 된다. 그때 점 P의 질량은 $m+n$이다. 주의할 점은 m과 n이 비를 나타내기 때문에 질량을 둘 때 문제 계산이 편하도록 두는 것이 좋다. 예를 들어 $\overline{AB}$를 $2:1.5$로 내분하는 점이 P라면 점 A, B의 질량은 각각 3, 4로 두고 점 P의 질량은 $3+4=7$로 두면 된다.

(2) 삼각형의 변에 활용 : 직접적인 선분의 내분하는 비의 직접적인 표현이 없더라도 삼각형의 중선은 변을 $1:1$로 내분하므로 질량을 나타내면 다음 그림과 같다.

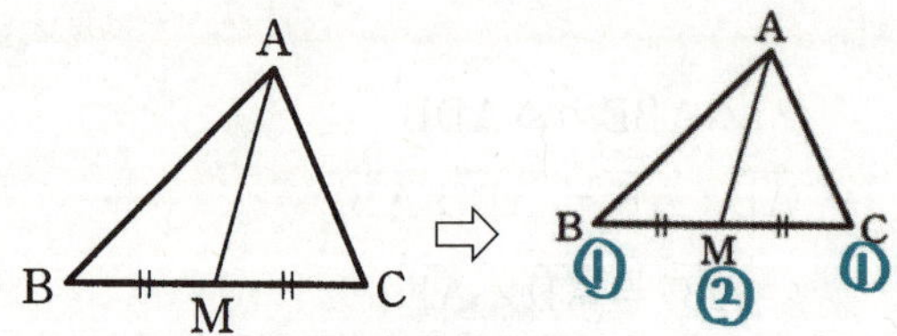

(4) $\triangle ABC$에서 $\overline{BQ}:\overline{CQ}=5:4$, $\overline{AP}:\overline{PQ}=3:1$일 때,

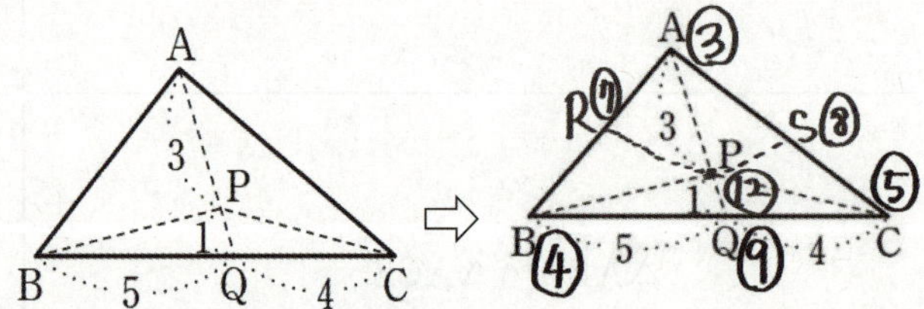

$\overline{CP}$와 $\overline{BP}$의 연장선이 각각 $\overline{AB}$와 $\overline{AC}$와 만나는 점을 각각 R, S라 할 때 지렛대 원리로 질량을 구하면 그림과 같고 다음을 알 수 있다.

① $\overline{AR}:\overline{BR}=4:3$, $\overline{AS}:\overline{CS}=5:3$

② $\overline{BP}:\overline{PS}=2:1$, $\overline{CP}:\overline{PR}=7:5$

③ $\triangle ABP : \triangle BCP : \triangle ACP = $ C질량:A질량:B질량$=5:3:4$

(5) 분할선이 꼭짓점을 지나지 않을 때

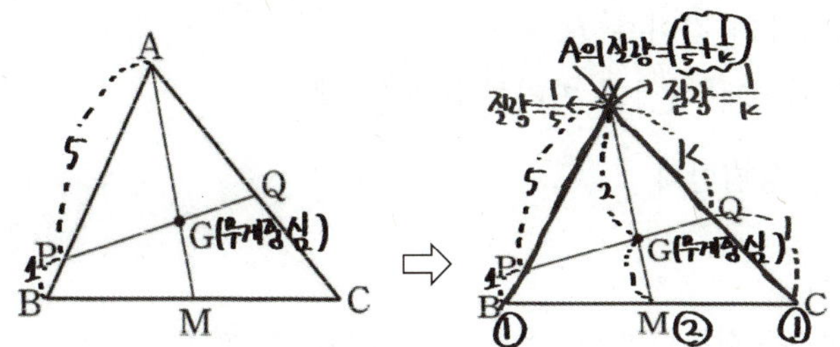

$\triangle$ABC 에서 $\overline{AP} : \overline{BP} = 5 : 1$을 만족하는 P와 무게중심 G를 지나는 직선이 $\overline{AC}$와 만나는 점을 Q라 할 때 P, Q가 모두 받침점으로 지렛대를 지탱하기에 A의 질량은 지렛대를 $\overline{APB}$로 볼 때의 $\dfrac{1}{5}$와 $\overline{AQC}$로 볼 때의 $\dfrac{1}{k}$로 다른 값이 나온다. ($\leftarrow \overline{AQ} : \overline{CQ} = k : 1$로 볼 때)

이런 경우는 $\dfrac{1}{5} + \dfrac{1}{k}$이 A의 질량이다. $\overline{AGM}$을 지렛대로 볼 때는 A질량이 1이므로 $\dfrac{1}{5} + \dfrac{1}{k} = 1$이다.

적용문제

$\overline{AB} = 4$, $\overline{BC} = 3$, $\overline{AC} = \sqrt{13}$ 인 삼각형 ABC에서 직선 BC 위에 $\overline{BC}$를 5 : 2로 외분하는 점을 D라 하자. 선분 AB의 중점을 E라 할 때, 선분 DE와 선분 AC가 만나는 점을 F라 하자. $\overline{DF}$의 길이는?

① $\dfrac{2}{7}\sqrt{19}$ ② $\dfrac{3}{7}\sqrt{19}$ ③ $\dfrac{4}{7}\sqrt{19}$

④ $\dfrac{3}{7}\sqrt{21}$ ⑤ $\dfrac{4}{7}\sqrt{21}$

랑데뷰 풀이

삼각형 ABC에서 코사인법칙을 적용하면
$$\cos B = \frac{4^2 + 3^2 - \left(\sqrt{13}\right)^2}{2 \times 4 \times 3} = \frac{1}{2}$$
$$\therefore \ \angle B = \frac{\pi}{3}$$

선분 BC를 5 : 2로 외분하는 점이 D이므로 $\overline{BD} = 5$이다.

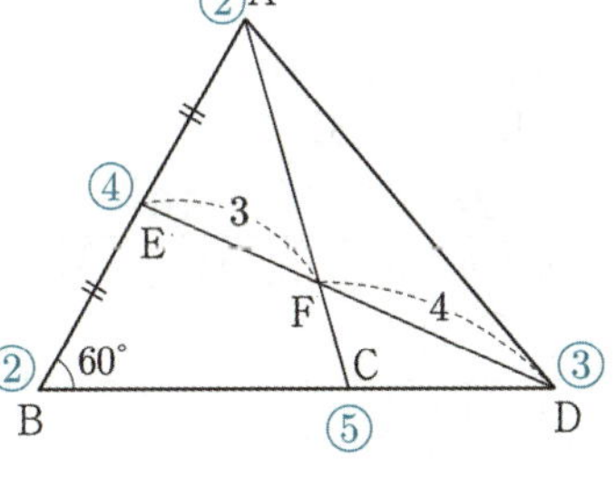

$\overline{BE} = 2$이므로 삼각형 BDE에서 코사인법칙을 적용하면
$$\overline{DE}^2 = 2^2 + 5^2 - 2 \times 2 \times 5 \times \frac{1}{2} = 29 - 10 = 19$$
$$\overline{DE} = \sqrt{19}$$
그림과 같이 지렛대 원리에 의해
$$\overline{DF} = \frac{4}{7}\overline{DE} = \frac{4}{7}\sqrt{19}$$ 이다.

평면기하의 오일러 정리

삼각형의 외접원의 반지름의 길이를 R

내접원의 반지름의 길이를 r이라 하고 외심과 내심의 거리를 d라 할 때

$$d= \sqrt{R^2 - 2Rr}\ \text{이 성립한다.}$$

[관련 문제]

세 직선 $x - y = 0$, $x + y - 2 = 0$, $3x + y - 12 = 0$으로 만들어지는 삼각형의 내심을 I, 외심을 O라 할 때 $\overline{OI} = d$이다. d^2의 값을 구하여라.

랑데뷰 풀이

세 직선의 교점을 구하고 A, B, C 라 하자.

$A(1, 1)$, $B(5, -3)$, $C(3, 3)$이고 세 변의 길이를
a, b, c라 두면

$c = \overline{AB} = 4\sqrt{2}$, $a = \overline{BC} = 2\sqrt{10}$, $b = \overline{CA} = 2\sqrt{2}$
이다.

삼각형 ABC 넓이는 사선공식에서

$$S = \frac{1}{2} \begin{vmatrix} 1 & 5 & 3 & 1 \\ 1 & -3 & 3 & 1 \end{vmatrix} = \frac{1}{2}(15 - (-1)) = 8$$

외접원의 반지름의 길이를 R,

내접원의 반지름의 길이를 r이라 하면

$$R = \frac{abc}{4S} = \frac{32\sqrt{10}}{32} = \sqrt{10}$$

$$r = \frac{2S}{a+b+c} = \frac{16}{6\sqrt{2} + 2\sqrt{10}}$$

$$= \frac{8}{3\sqrt{2} + \sqrt{10}} = 3\sqrt{2} - \sqrt{10}$$

$$d^2 = R^2 - 2Rr = (\sqrt{10})^2 - 2(\sqrt{10})(3\sqrt{2} - \sqrt{10})$$
$$= 10 - 12\sqrt{5} + 20$$
$$= 30 - 12\sqrt{5}$$

설명

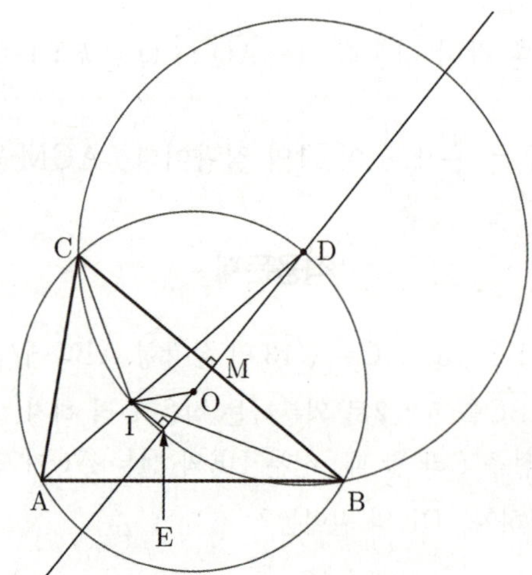

삼각형 BCI의 외접원의 중심을 D라고 하면, D는 호 BC의 중점으로 직선 DO가 변 BC의 중점 M을 지난다. 내심 I에서 직선 OD에 내린 수선의 발을 E라고 하면, $\overline{DB} = \overline{DI}$이므로

$$\overline{OB}^2 - \overline{OI}^2 = \overline{OB}^2 - \overline{DB}^2 + \overline{DI}^2 - \overline{OI}^2\text{이다.}$$

피타고라스 정리를 이용하면

$$\overline{OB}^2 - \overline{DB}^2 + \overline{DI}^2 - \overline{OI}^2$$
$$= \overline{OM}^2 - \overline{MD}^2 + \overline{DE}^2 - \overline{EO}^2\ \text{임을 알 수 있고}$$
$$\overline{OM}^2 - \overline{MD}^2 = (\overline{OM} + \overline{MD})(\overline{OM} - \overline{MD}),$$
$$\overline{DE}^2 - \overline{EO}^2 = (\overline{DE} + \overline{EO})(\overline{DE} - \overline{EO})$$

를 대입하고 정리하면

$$\overline{OM}^2 - \overline{MD}^2 + \overline{DE}^2 - \overline{EO}^2$$
$$= \overline{DO}(\overline{OM} - \overline{MD} + \overline{DE} + \overline{EO})$$
$$= R(2\overline{ME}) = 2Rr\ \text{이다.}$$

따라서 $\overline{OI}^2 = \overline{OB}^2 - 2Rr = R^2 - 2Rr$

세미나(82) 오일러 부등식

기하학에서의 오일러 부등식

$$R \geq 2r$$

$$abc \geq 8(s-a)(s-b)(s-c)$$

$\Rightarrow$ $\triangle ABC$에서 세 변의 길이 a, b, c이고 $s = \dfrac{a+b+c}{2}$

R : 외접원의 반지름, r : 내접원의 반지름

등호는 정삼각형일 때 성립

[관련 문제]

삼각형 ABC의 세 변의 길이가 a, b, c이고 $abc = 5$이다.
이때 $(a+b-c)(b+c-a)(c+a-b)$의 최댓값을 구하여라. [정답 5]

설명

(1) 삼각형의 외접원의 반지름의 길이를 R
내접원의 반지름의 길이를 r이라 하고
외심과 내심의 거리를 d라 할 때
$d = \sqrt{R^2 - 2Rr}$ 이 성립한다.

$d^2 = R(R-2r)$이고 정삼각형일 때 외심과 내심이
일치하므로 $d = 0$
따라서 정삼각형일 때 $R = 2r$이다.
따라서 $R \geq 2r$
이것을 오일러의 부등식이라 한다.

(2) 사인법칙으로부터 $\sin C = \dfrac{c}{2R}$이므로, 삼각형의 넓이

S는 $S = \dfrac{1}{2}ab\sin C = \dfrac{1}{2}ab \cdot \dfrac{c}{2R} = \dfrac{abc}{4R}$ 이다.

따라서 $R = \dfrac{abc}{4S}$

또한 $s = \dfrac{a+b+c}{2}$ 삼각형의 내접원의 반지름의 길이가

r일 때 삼각형의 넓이 S는

$S = \dfrac{1}{2}(a+b+c)r = sr$이다.

따라서 $2r = \dfrac{2S}{s}$

따라서

$$R - 2r = \frac{abc}{4S} - \frac{2S}{s} = \frac{abc \times s - 8S^2}{4Rs}$$

$S = \sqrt{s(s-a)(s-b)(s-c)}$ 이므로

$$= \frac{abc \times s - 8s(s-a)(s-b)(s-c)}{4Rs}$$

$$= \frac{abc - 8(s-a)(s-b)(s-c)}{4R}$$

$R - 2r \geq 0$이므로

$$abc \geq 8(s-a)(s-b)(s-c)$$

이것을 오일러 부등식이라도 한다.

(3) $abc \geq 8(s-a)(s-b)(s-c)$의 다른 증명
a, b, c가 삼각형의 세 변의 길이이므로 적당한
양의 실수 x, y, z에 대하여
$a = x+y, b = y+z, c = z+x$로 둘 수 있다.
그럼
$x + y \geq 2\sqrt{xy}$
$y + z \geq 2\sqrt{yz}$
$z + x \geq 2\sqrt{zx}$
가 성립하므로 변변 곱하면
$(x+y)(y+z)(z+x) \geq 8xyz$이 성립한다.
따라서 $abc \geq 8(s-a)(s-b)(s-c)$이 성립한다.

S_n을 이용해서 a_n을 구할 때 $S_0 = 0$이면

$S_n - S_{n-1} = a_n$이 첫째항부터 성립한다.

[관련 문제]

① 첫째항부터 제 n항까지의 합 S_n이 $S_n = n^2 + 4n + a$ 인 수열 $\{a_n\}$이 첫째항부터 공차가 b인 등차수열을 이룰 때, $a + b$ 의 값을 구하여라.

② $S_n = 5 \cdot 3^{n-2} + k$가 등비수열 a_n의 첫째항부터 제 n항까지의 합을 나타낼 때, 실수 k의 값을 구하여라.

일반 풀이

① (i) $n \geq 2$ 일 때,

$a_n = S_n - S_{n-1}$

$\quad = n^2 + 4n + a - \{(n-1)^2 + 4(n-1) + a\}$

$\quad = 2n + 3 \quad \cdots \text{㉠}$

(ii) $n = 1$ 일 때,

$a_1 = S_1 = 1^2 + 4 \cdot 1 + a = a + 5 \quad \cdots \text{㉡}$

㉠에 $n = 1$ 을 대입하면 $a_1 = 2 \cdot 1 + 3 = 5$ 이므로 첫째항부터 등차수열을 이루려면 ㉡에서

$a + 5 = 5 \quad \therefore a = 0$

또한 일반항 $a_n = 2n + 3$ 에서 공차는 $b = 2$ 이므로

$a + b = 0 + 2 = 2$

② (i) $n \geq 2$일 때,

$a_n = S_n - S_{n-1}$

$\quad = (5 \cdot 3^{n-2} + k) - (5 \cdot 3^{n-3} + k)$

$\quad = 5 \cdot 3^{n-1}(3^{-1} - 3^{-2}) = \dfrac{10}{9} \cdot 3^{n-1} \cdots \text{㉠}$

(ii) $n = 1$ 일 때,

$a_1 = S_1 = 5 \cdot 3^{-1} + k = \dfrac{5}{3} + k \quad \cdots \text{㉡}$

주어진 S_n이 등비수열의 합이 되기 위해서는 ㉡이 ㉠의

$a_n = \dfrac{10}{9} \cdot 3^{n-1}$에 $n = 1$을 대입한 것과 같아야 하므로

$\dfrac{5}{3} + k = \dfrac{10}{9} \quad \therefore k = -\dfrac{5}{9}$

랑데뷰 풀이

① $S_0 = 0$에서 $a = 0$

S_n의 이차항의 계수의 2배가 공차이므로 $b = 2$

$\therefore a + b = 2$

② $S_0 = 0$에서 $\dfrac{5}{9} + k = 0$이므로 $k = -\dfrac{5}{9}$

설명

어떤 수열의 합 S_n이 첫째항부터 합을 나타내는 식이기 위해서는 $a_n = S_n - S_{n-1} \ (n \geq 2)$에서 $a_1 = S_1$이어야 한다.

보통은 왼쪽 **일반풀이**처럼 주어진 S_n식에 $n = 1$을 대입한 값과 $S_n - S_{n-1}$의 식을 정리한 뒤 $n = 1$을 대입한 값이 같도록 미지수를 정한다. 또는 등차수열과 등비수열의 **일반항식의 형태**를 보고도 쉽게 미지수를 구할 수 있다. 그런데… $a_n = S_n - S_{n-1}$에서 $n = 1$을 대입하면 $a_1 = S_1 - S_0$에서 $a_1 = S_1$이기 위해서는 $S_0 = 0$이면 된다.

[추가 문제]

$S_n = 3n^3 + 5^{n-1} + k$가 어느 수열 a_n의 첫째항부터 제 n항까지의 합을 나타낼 때, 실수 k의 값을 구하여라.

풀이

$S_0 = 0 + \dfrac{1}{5} + k = 0$에서 $k = -\dfrac{1}{5}$

(1) S_n이 등차수열의 합일 때 S_n, $S_{2n} - S_n$, $S_{3n} - S_{2n}$도 등차수열이다.

(2) S_n이 등비수열의 합일 때 S_n, $S_{2n} - S_n$, $S_{3n} - S_{2n}$도 등비수열이다.

[관련 문제]

① 등차수열 $\{a_n\}$ 의 첫째항부터 제 n 항까지의 합을 S_n 이라고 할 때,
$S_5 = 70$, $S_{10} = 190$ 이다. 이때 S_{15} 의 값을 구하여라.

② 등비수열 $\{a_n\}$의 첫째항부터 제 n항까지의 합이 S_n에 대하여 $S_n = 30$, $S_{2n} = 50$이다.
이때 S_{3n}의 값을 구하여라.

일반 풀이

① 등차수열 $\{a_n\}$ 의 첫째항을 a , 공차를 d 라고 하면

$$S_5 = \frac{5\{2a + (5-1)d\}}{2} = 5a + 10d = 70$$

$$\therefore \ a + 2d = 14 \quad \cdots\cdots \ \bigcirc$$

$$S_{10} = \frac{10\{2a + (10-1)d\}}{2} = 5(2a + 9d) = 190$$

$$\therefore \ 2a + 9d = 38 \quad \cdots\cdots \ \bigcirc$$

$\bigcirc$, $\bigcirc$을 연립하여 풀면 $a = 10$, $d = 2$

$$\therefore \ S_{15} = \frac{15\{2 \cdot 10 + (15-1) \cdot 2\}}{2} = 360$$

② 첫째항을 a , 공비를 r , 첫째항부터 제 n 항까지의 합을 S_n 이라 하면

$$S_n = \frac{a(r^n - 1)}{r - 1} = 30 \quad \cdots\cdots \ \bigcirc$$

$$S_{2n} = \frac{a(r^{2n} - 1)}{r - 1} = 50 \quad \cdots\cdots \ \bigcirc$$

$\bigcirc \div \bigcirc$을 하면

$$r^n + 1 = \frac{5}{3} \quad \therefore \ r^n = \frac{2}{3}$$

$$\therefore \ S_{3n} = \frac{a(r^{3n} - 1)}{r - 1} = \frac{a(r^n - 1)(r^{2n} + r^n + 1)}{r - 1}$$

$$= 30(r^n + r^{2n} + 1) \quad (\because \ S_n = 30)$$

$$= 30\left(\frac{2}{3} + \frac{4}{9} + 1\right) = 30\left(\frac{6 + 4 + 9}{9}\right)$$

$$= 30 \times \frac{19}{9} = \frac{190}{3}$$

랑데뷰 풀이

① $a_1 + \cdots + a_5 = 70$, $a_6 + \cdots + a_{10} = 120$이므로
(공차 : 50)

$a_{11} + \cdots + a_{15} = 120 + 50 = 170 \quad \therefore \ S_{15} = 360$

② $a_1 + \cdots + a_n = 30$,

$a_{n+1} + \cdots + a_{2n} = 20$이므로 $\left(\text{공비} : \dfrac{2}{3}\right)$

$a_{2n+1} + \cdots + a_{3n} = 20 \times \dfrac{2}{3} = \dfrac{40}{3} \quad \therefore \ S_{3n} = \dfrac{190}{3}$

설명

(1) S_n이 등차수열의 합일 때

$$S_n = \frac{n(a_1 + a_n)}{2} = \frac{n\{2a_1 + (n-1)d\}}{2}$$

$$S_{2n} - S_n = \frac{n(a_{n+1} + a_{2n})}{2} = \frac{n\{2a_1 + (3n-1)d\}}{2}$$

$$S_{3n} - S_{2n} = \frac{n(a_{2n+1} + a_{3n})}{2} = \frac{n\{2a_1 + (5n-1)d\}}{2}$$

에서 $(S_{2n} - S_n) - S_n = \dfrac{n(2nd)}{2} = dn^2$

$$(S_{3n} - S_{2n}) - (S_{2n} - S_n) = \frac{n(2nd)}{2} = dn^2$$

이므로 S_n, $S_{2n} - S_n$, $S_{3n} - S_{2n}$은 공차가 dn^2인 등차수열을 이룬다.

(2) S_n이 등비수열의 합일 때

$$S_n = \frac{a_1(r^n - 1)}{r - 1}$$

$$S_{2n} - S_n = \frac{a_1(r^{2n} - r^n)}{r - 1} = \frac{a_1(r^n - 1)}{r - 1} \times r^n$$

$$S_{3n} - S_{2n} = \frac{a_1(r^{3n} - r^{2n})}{r - 1} = \frac{a_1(r^n - 1)}{r - 1} \times r^{2n}$$

이므로 S_n, $S_{2n} - S_n$, $S_{3n} - S_{2n}$은 공비가 r^n인 등비수열을 이룬다.

등차수열 $\{a_n\}$에서

$$S_n = \frac{n\{2a_1+(n-1)d\}}{2} = \frac{d}{2}n^2 + \frac{2a_1-d}{2}n$$

$$S_n{}' = dn + a_1 - \frac{d}{2} = a_1 + (n-1)d + \frac{d}{2} = a_n + \frac{d}{2}$$

$$S_n{}' = a_n + \frac{d}{2}$$

$S_n{}' = 0$일 때, S_n은 극값을 갖는다.

$$a_n + \frac{d}{2} = 0$$

$$a_1 + (n-1)d + \frac{d}{2} = 0$$

$$a_1 + dn - \frac{d}{2} = 0$$

$$dn = \frac{d}{2} - a_1$$

$$n = \frac{1}{2} - \frac{a_1}{d}$$

$$S_n = \frac{d}{2}\left(n - \frac{1}{2} + \frac{a_1}{d}\right)^2 + \triangle$$

에서 $S_1 = a_1$을 이용하면 $\triangle = \frac{a_1}{2} - \frac{d}{8} - \frac{(a_1)^2}{2d}$ 이다.

예를 들어 $a_1 = -22$이고 공차 $d = 4$인 등차수열에서 S_n은 $S_n = 2(n-6)^2 - 72$이다.

설명

$a_n = 4n - 26$

$S_n{}' = a_n + \frac{d}{2} = 4n - 26 + \frac{4}{2} = 4n - 24$

$S_n{}' = 0 \rightarrow n = 6$

이차함수 S_n의 극값은 $S_n{}' = 0$인 $n = 6$에서 가지고 공차의 $\frac{1}{2}$인 2가 이차항의 계수이므로

$S_n = 2(n-6)^2 + \triangle$ 꼴로 나타낼 수 있다.

$\triangle$의 값은 $a_1 = S_1 = -22$에서 $\triangle = -72$ 이다.

일차함수 $f(x) = mx + n$은 모든 실수 a, b에 대하여

$$f\left(\frac{a+b}{2}\right) = \frac{f(a)+f(b)}{2}$$

를 만족시킨다. (by 젠센부등식)

(1) 일차함수의 그래프는 그래프 위의 모든 점에서 점대칭이다.

(2) 등차수열은 n에 관한 일차식이다.

수열 $\{c_n\}$이 등차수열이고 함수 $f(x)$가 일차함수일 때, 시그마와 정적분의 계산팁은 다음과 같다.

$$① \quad \sum_{n=a}^{b} c_n = (b-a+1) \times c_{\frac{a+b}{2}}$$

$$② \quad \sum_{n=a}^{b} c_n = \frac{(b-a+1)(c_a + c_b)}{2}$$

$$③ \quad \int_a^b f(x)dx = (b-a) \times f\left(\frac{a+b}{2}\right)$$

$$④ \quad \int_a^b f(x)dx = \frac{(b-a+1)\{f(a)+f(b)\}}{2}$$

등차수열 관점	정적분 관점

등차수열 관점

수열 $\{c_n\}$의 일반항이 $c_n = 4n - 1$일 때,

$\displaystyle\sum_{n=1}^{8} c_n$의 값을 구하시오.

풀이1→①번 적용

$$\sum_{n=1}^{8} c_n = 8 \times \left(c_{\frac{9}{2}} - 1\right) = 8 \times 17 = 136$$

풀이2→②번 적용

$$\sum_{n=1}^{8} c_n = \frac{8(c_1 + c_8)}{2} = 4 \times (3 + 31) = 136$$

정적분 관점

$f(x) = 4x - 1$ 일 때,

$\displaystyle\int_1^8 f(x)dx$의 값을 구하시오.

풀이1→③번 적용

$$\int_1^8 f(x)dx = 7 \times f\left(\frac{9}{2}\right) = 7 \times 17 = 119$$

풀이2→④번 적용

$$\int_1^8 f(x)dx = \frac{7 \times \{f(1)+f(8)\}}{2} = \frac{7 \times (3+31)}{2} = 119$$

연속한 자연수의 곱의 합

$$\sum_{k=1}^{n} k(k+1)\cdots(k+m) = \frac{n(n+1)(n+2)\cdots(n+m+1)}{m+2}$$

$\Rightarrow$ 세미나(65)에서 증명

[관련 문제] 다음 식을 설명하여라.

① $\displaystyle\sum_{k=1}^{n} k(k+1) = \frac{n(n+1)(n+2)}{3}$

② $\displaystyle\sum_{k=1}^{n} k(k+1)(k+2) = \frac{n(n+1)(n+2)(n+3)}{4}$

③ $\displaystyle\sum_{k=1}^{n} k(k+1)(k+2)(k+3) = \frac{n(n+1)(n+2)(n+3)(n+4)}{5}$

일반 풀이

① $\displaystyle\sum_{k=1}^{n} k(k+1) = \sum_{k=1}^{n} k^2 + \sum_{k=1}^{n} k$

$= \dfrac{n(n+1)(2n+1)}{6} + \dfrac{n(n+1)}{2} = \dfrac{n(n+1)(n+2)}{3}$

② $\displaystyle\sum_{k=1}^{n} k(k+1)(k+2) = \sum_{k=1}^{n} k^3 + \sum_{k=1}^{n} 3k^2 + \sum_{k=1}^{n} 2k$

$= \left\{\dfrac{n(n+1)}{2}\right\}^2 + \dfrac{n(n+1)(2n+1)}{2} + n(n+1)$

$= \dfrac{n(n+1)(n+2)(n+3)}{4}$

③ $\displaystyle\sum_{k=1}^{n} k(k+1)(k+2)(k+3)$

$= \cdots \quad \cdots$ ←참고를 이용해 설명할 수 있지만 복잡하다.

$= \dfrac{n(n+1)(n+2)(n+3)(n+4)}{5}$

참고

$$\sum_{k=1}^{n} k^4 = \frac{1}{30}n(n+1)(2n+1)(3n^2+3n-1)$$

$$\sum_{k=1}^{n} k^5 = \frac{1}{12}n^2(n+1)^2(2n^2+2n-1)$$

$$\sum_{k=1}^{n} k^6 = \frac{1}{42}n(n+1)(2n+1)(3n^4+6n^3-3n+1)$$

랑데뷰 풀이

① $\displaystyle\sum_{k=1}^{n} k(k+1) = \sum_{k=1}^{n} 2!\,_{k+1}C_2$

$= 2!(_2C_2 + _3C_2 + _4C_2 + _5C_2 + \cdots + _{n+1}C_2)$

$= 2!(_3C_3 + _3C_2 + _4C_2 + _5C_2 + \cdots + _{n+1}C_2)$

$= 2!(\quad\;\; _4C_3 \;\;+ _4C_2 + _5C_2 + \cdots + _{n+1}C_2)$

$= 2!(\qquad\qquad _5C_3 \;\;+ _5C_2 + \cdots + _{n+1}C_2)$

$= \cdots \quad \cdots = 2!(_{n+2}C_3) = 2!\left\{\dfrac{(n+2)(n+1)n}{3\times2\times1}\right\}$

$= \dfrac{n(n+1)(n+2)}{3}$

② $\displaystyle\sum_{k=1}^{n} k(k+1)(k+2) = \sum_{k=1}^{n} 3!\,_{k+2}C_3$

$= 3!(_3C_3 + _4C_3 + _5C_3 + _6C_3 + \cdots + _{n+2}C_3)$

$= 3!(_4C_4 + _4C_3 + _5C_3 + _6C_3 + \cdots + _{n+2}C_3)$

$= 3!(\quad\;\; _5C_4 \;\;+ _5C_3 + _6C_3 + \cdots + _{n+2}C_3)$

$= 3!(\qquad\qquad _6C_4 \;\;+ _6C_3 + \cdots + _{n+2}C_3)$

$= \cdots \quad \cdots = 3!(_{n+3}C_4) = 3!\left\{\dfrac{(n+3)(n+2)(n+1)n}{4!}\right\}$

$= \dfrac{n(n+1)(n+2)(n+3)}{4}$

③ $\displaystyle\sum_{k=1}^{n} k(k+1)(k+2)(k+3) = \sum_{k=1}^{n} 4!\,_{k+3}C_4$

$= 4!(_4C_4 + _5C_4 + _6C_4 + _7C_4 + \cdots + _{n+3}C_4)$

$= 4!(_5C_5 + _5C_4 + _6C_4 + _7C_4 + \cdots + _{n+3}C_4)$

$= 4!(\quad\;\; _6C_5 \;\;+ _6C_4 + _7C_4 + \cdots + _{n+3}C_4)$

$= 4!(\qquad\qquad _7C_5 \;\;+ _7C_4 + \cdots + _{n+3}C_4)$

$= \cdots \quad \cdots = 4!(_{n+4}C_5)$

$= 4!\left\{\dfrac{n(n+1)(n+2)(n+3)(n+4)}{5!}\right\}$

$= \dfrac{n(n+1)(n+2)(n+3)(n+4)}{5}$

망원급수

수열의 합을 구함에 있어서 k에 대하여 연속하는 항으로 나타난 수열의 합을 구할 때,

가운데의 항은 모두 소거되고 처음과 끝만 바로 보인다고 하여 붙여진 이름 : (telescoping sum)

$$\sum_{k=1}^{n}(a_{k+1}-a_k)=a_{n+1}-a_1$$

큰항 1개 / 작은항 1개   ← 항의 차이 1개

$$\sum_{k=1}^{n}(a_{k+2}-a_k)=a_{n+2}+a_{n+1}-a_1-a_2$$

큰항 2개 / 작은항 2개   ← 항의 차이 2개

$$\sum_{k=1}^{n}(a_{k+3}-a_k)=a_{n+3}+a_{n+2}+a_{n+1}-a_1-a_2-a_3$$

큰항 3개 / 작은항 3개   ← 항의 차이 3개

[관련 문제]

① $\displaystyle\sum_{n=1}^{8}\dfrac{1}{n(n+1)(n+2)}$ 의 값을 구하여라.

② x 에 대한 이차방정식 $x^2+(4n-4)x+4n^2=0$ 의 두 근을 α_n, β_n 이라 할 때,

$\displaystyle\sum_{k=1}^{9}\dfrac{1}{(\alpha_k-1)(\beta_k-1)}=\dfrac{q}{p}$ 이다. 이때, $p+q$ 의 값을 구하여라. (단, p, q 는 서로소인 자연수이다.)

랑데뷰 풀이

① $\dfrac{1}{n(n+1)(n+2)}=\dfrac{1}{2}\left\{\dfrac{1}{n(n+1)}-\dfrac{1}{(n+1)(n+2)}\right\}$ 이므로

$$\sum_{n=1}^{8}\dfrac{1}{n(n+1)(n+2)}=\sum_{n=1}^{8}\dfrac{1}{2}\left\{\dfrac{1}{n(n+1)}-\dfrac{1}{(n+1)(n+2)}\right\}=\dfrac{1}{2}\left(\dfrac{1}{2}-\dfrac{1}{90}\right)=\dfrac{11}{45}$$

↑ 항의 차이 1개

② x 에 대한 이차방정식 $x^2+(4n-4)x+4n^2=0$ 의 두 근이 α_n, β_n 이므로 이차방정식의 근과 계수의 관계에 의하여

$\alpha_n+\beta_n=-4n+4$, $\alpha_n\beta_n=4n^2$

$$\therefore \sum_{k=1}^{9}\dfrac{1}{(\alpha_k-1)(\beta_k-1)}=\sum_{k=1}^{9}\dfrac{1}{\alpha_k\beta_k-(\alpha_k+\beta_k)+1}=\sum_{k=1}^{9}\dfrac{1}{4k^2+4k-3}$$

$$=\sum_{k=1}^{9}\dfrac{1}{(2k-1)(2k+3)}=\dfrac{1}{4}\sum_{k=1}^{9}\left(\dfrac{1}{2k-1}-\dfrac{1}{2k+3}\right)=\dfrac{1}{4}\left(1+\dfrac{1}{3}-\dfrac{1}{19}-\dfrac{1}{21}\right)$$

$$=\dfrac{1}{4}\times\dfrac{164}{133}=\dfrac{41}{133}$$

↑ 항의 차이 2개

$\therefore p=133$, $q=41$

$\therefore p+q=133+41=174$

이항 분리법 이용하기 (추가하고 빼기!)
⇨ 필요한 식을 더하거나 빼거나 곱하거나 나누어서
망원급수 형태로 바꿀 수 있도록 식을 변형한다.

[관련 문제]

$A_n = \sum_{k=1}^{n} (k \times k!)$, $B_n = \sum_{k=1}^{n} \dfrac{k}{(k+1)!}$ 일 때, 등식 $\dfrac{A_{100}}{B_{100}} = m!$ 을 만족하는 자연수 m 의 값을 구하여라.

(단, $n! = n \times (n-1) \times (n-2) \times \cdots \times 3 \times 2 \times 1$)

랑데뷰 풀이

$A_n = \sum_{k=1}^{n} (k \times k!) = \sum_{k=1}^{n} (k+1-1) \times k! = \sum_{k=1}^{n} \{(k+1)! - k!\} = (n+1)! - 1$

$\therefore\ A_{100} = 101! - 1\ \cdots\cdots\ \text{㉠}$ ↑ 항의 차이 1개

$B_n = \sum_{k=1}^{n} \dfrac{k}{(k+1)!} = \sum_{k=1}^{n} \dfrac{(k+1-1)}{(k+1)!} = \sum_{k=1}^{n} \left\{ \dfrac{1}{k!} - \dfrac{1}{(k+1)!} \right\} = 1 - \dfrac{1}{(n+1)!} = \dfrac{(n+1)! - 1}{(n+1)!}$

$\therefore\ B_{100} = \dfrac{101! - 1}{101!}\ \cdots\cdots\ \text{㉡}$ ↑ 항의 차이 1개

㉠, ㉡에서 $\dfrac{A_{100}}{B_{100}} = (101! - 1) \times \dfrac{101!}{101! - 1} = 101!$ $\therefore\ m = 101$

$\displaystyle\sum_{k=1}^{n} k = \dfrac{n(n+1)}{2}$	$\displaystyle \Rightarrow \sum_{k=1}^{n} k = \sum_{k=1}^{n} k \times \{k+1-(k-1)\} \times \dfrac{1}{2} = \dfrac{1}{2} \sum_{k=1}^{n} \{k(k+1) - (k-1)k\} = \dfrac{n(n+1)}{2}$
$\displaystyle\sum_{k=1}^{n} k(k+1)$ $= \dfrac{n(n+1)(n+2)}{3}$	$\displaystyle \Rightarrow \sum_{k=1}^{n} k(k+1) = \sum_{k=1}^{n} k(k+1) \times \{k+2-(k-1)\} \times \dfrac{1}{3}$ $\displaystyle = \dfrac{1}{3} \sum_{k=1}^{n} \{k(k+1)(k+2) - (k-1)k(k+1)\} = \dfrac{n(n+1)(n+2)}{3}$
$\displaystyle\sum_{k=1}^{n} k(k+1)(k+2)$ $= \dfrac{n(n+1)(n+2)(n+3)}{4}$	$\displaystyle \Rightarrow \sum_{k=1}^{n} k(k+1)(k+2) = \sum_{k=1}^{n} k(k+1)(k+2) \times \{k+3-(k-1)\} \times \dfrac{1}{4}$ $\displaystyle = \dfrac{1}{4} \sum_{k=1}^{n} \{k(k+1)(k+2)(k+3) - (k-1)k(k+1)(k+2)\}$ $\displaystyle = \dfrac{n(n+1)(n+2)(n+3)}{4}$

$\displaystyle\sum_{k=1}^{n} k(k+1) \cdots (k+m) = \dfrac{n(n+1)(n+2) \cdots (n+m+1)}{m+2}$

$\displaystyle \Rightarrow \sum_{k=1}^{n} k(k+1) \cdots (k+m) = \sum_{k=1}^{n} k(k+1) \cdots (k+m) \times \{(k+m+1) - (k-1)\} \times \dfrac{1}{m+2}$

$\to a_k = k(k+1) \cdots (k+m)(k+m+1)$ 라 두면 $a_0 = 0$, $a_n = n(n+1) \cdots (n+m)(n+m+1)$ 이므로

$\displaystyle = \dfrac{1}{m+2} \sum_{k=1}^{n} a_k - a_{k-1} = \dfrac{1}{m+2}(a_n - a_0) = \dfrac{n(n+1)(n+2) \cdots (n+m+1)}{m+2}$

점화식 $p a_{n+2} + q a_{n+1} + r a_n = 0 \ (p+q+r \neq 0)$꼴의 특성방정식을 이용한 해법

⇨ 특성방정식 $p x^2 + q x + r = 0$의 두 근을 α, β라 하면 다음 두 가지 경우로 나눠진다.

특성방정식 : $a_{n+1} = p a_n + q$의 점화식을 $a_{n+1} - \alpha = p(a_n - \alpha)$로 변형하는 방법은 직관에 의하여 변형할 수도 있지만 점화식의 a_{n+1}과 a_n 부분을 α로 바꾸어 $\alpha = p\alpha + q$라는 방정식을 생각해 보자.

이 방정식을 **특성방정식**이라 한다. 여기서 α는 이 방정식의 근이 된다.

---

(1) $\alpha \neq \beta$이면

$$\begin{cases} a_{n+2} - \alpha a_{n+1} = \beta(a_{n+1} - \alpha a_n) \\ a_{n+2} - \beta a_{n+1} = \alpha(a_{n+1} - \beta a_n) \end{cases}$$

로 변형하여 이 두 점화식을 푼 다음 두 식을 서로 뺀다.

문제 $a_1 = 1$, $a_2 = 5$, $a_{n+2} - 5a_{n+1} + 6a_n = 0$

풀이 먼저 주어진 점화식의 각 항을 x로 바꾸어 특성방정식을 만들어 풀면

$$x^2 - 5x + 6 = 0 \text{에서 } x = 2, 3$$

여기서 $\alpha = 2$, $\beta = 3$이라 하면

$$a_{n+2} - 2 \cdot a_{n+1} = 3(a_{n+1} - 2 \cdot a_n) \ \cdots \ ①$$

$$a_{n+2} - 3 \cdot a_{n+1} = 2(a_{n+1} - 3 \cdot a_n) \ \cdots \ ②$$

①에서 $a_{n+1} - 2a_n$은 첫째항이

$a_2 - 2a_1 = 5 - 2 = 3$이고 공비가 3인 등비수열이 되므로

$$a_{n+1} - 2a_n = 3^n \ \cdots \ ③$$

또, ②에서 $a_{n+1} - 3a_n$은 첫째항이

$a_2 - 3a_1 = 5 - 3 = 2$이고 공비가 2인 등비수열이 되므로

$$a_{n+1} - 3a_n = 2^n \ \cdots \ ④$$

③$-$④하면 $a_n = 3^n - 2^n$

---

(2) $\alpha = \beta$이면 (α가 중근)

$a_{n+2} - \alpha a_{n+1} = \alpha(a_{n+1} - \alpha a_n)$으로 변형한다.

문제 $a_1 = 1$, $a_2 = 6$, $a_{n+2} - 6a_{n+1} + 9a_n = 0$

풀이 먼저 주어진 점화식의 각 항을 x로 바꾸어 특성방정식을 만들어 풀면

$$x^2 - 6x + 9 = 0 \text{에서 } x = 3 \text{ (중근)}$$

주어진 점화식을 변형하면

$$a_{n+2} - 3a_{n+1} = 3(a_{n+1} - 3a_n)$$

여기서 수열 $\{a_{n+1} - 3a_n\}$은 첫째항이

$a_2 - 3a_1 = 6 - 3 = 3$이고 공비가 3인 등비수열이 된다.

따라서 $a_{n+1} - 3a_n = 3^n$ $\quad \therefore \ a_{n+1} = 3a_n + 3^n$

이제 양변을 3^n으로 나누면 $\dfrac{a_{n+1}}{3^n} = \dfrac{a_n}{3^{n-1}} + 1$

$\dfrac{a_n}{3^{n-1}} = b_n$을 두면 $b_{n+1} = b_n + 1$

이는 첫째항이 $b_1 = a_1 = 1$이고 공차가 1인

등차수열이므로 $b_n = \dfrac{a_n}{3^{n-1}} = n$ 따라서 $a_n = n \cdot 3^{n-1}$

피보나치 수열 $a_1 = 1$, $a_2 = 1$, $a_{n+2} = a_{n+1} + a_n$

풀이 피보나치 수열의 점화식의 각 항을 x로 바꾸어 특성방정식을 만들어보면 $x^2 - x - 1 = 0$이 되고 이 두 근을 α, β라 하면 $\alpha + \beta = 1$이고 $\alpha\beta = -1$이다. $\alpha = \dfrac{1+\sqrt{5}}{2}$, $\beta = \dfrac{1-\sqrt{5}}{2}$

$$(a_{n+2} - \alpha a_{n+1}) = \beta(a_{n+1} - \alpha a_n) \quad \cdots \ ①$$

$$(a_{n+2} - \beta a_{n+1}) = \alpha(a_{n+1} - \beta a_n) \quad \cdots \ ②$$

①에서 $b_n = a_{n+1} - \alpha a_n$라고 치환하면 $b_{n+1} = \beta b_n$

이 때, b_n은 첫째항이

$b_1 = a_2 - \alpha a_1 = 1 - \alpha = \beta$ ⬅ $\alpha + \beta = 1$

이고 공비가 β인 등비수열이다. 따라서

$$b_n = a_{n+1} - \alpha a_n = \beta \cdot \beta^{n-1} = \beta^n \quad \cdots \ ③$$

또, ②에서 $c_n = a_{n+1} - \beta a_n$라고 치환하면

$c_{n+1} = \alpha c_n$ 이 때, c_n은 첫째항이

$c_1 = a_2 - \beta a_1 = 1 - \beta = \alpha$ ⬅ $\alpha + \beta = 1$

이고 공비가 α인 등비수열이다. 따라서

$$c_n = a_{n+1} - \beta a_n = \alpha \cdot \alpha^{n-1} = \alpha^n \quad \cdots \ ④$$

④$-$③을 하면 $(\alpha - \beta)a_n = \alpha^n - \beta^n$,

$\alpha - \beta = \sqrt{5}$

이므로 대입하여 정리하면

$$\therefore \ a_n = \frac{1}{\sqrt{5}}\left\{ \left(\frac{1+\sqrt{5}}{2} \right)^n - \left(\frac{1-\sqrt{5}}{2} \right)^n \right\}$$

$$a_{n+1} = \frac{ra_n + s}{pa_n + q} \text{ 의 계수를 행렬 } A = \begin{pmatrix} r & s \\ p & q \end{pmatrix} \text{로 대응시키면}$$

$$A^{n-1} \times \begin{pmatrix} a_1 \\ 1 \end{pmatrix} = \begin{pmatrix} P \\ Q \end{pmatrix} \text{에서 } a_n = \frac{P}{Q}$$

설명

먼저 $a_{n+1} = \dfrac{ra_n + s}{pa_n + q}$ 의 점화식의 계수를 행렬

$\dfrac{ra_n + s}{pa_n + q} = \begin{pmatrix} r & s \\ p & q \end{pmatrix}$ 로 대응시킨 뒤 계산과정을 살펴보자.

$a_2 = \dfrac{ra_1 + s}{pa_1 + q}$ 이므로 $\begin{pmatrix} r & s \\ p & q \end{pmatrix}\begin{pmatrix} a_1 \\ 1 \end{pmatrix} = \begin{pmatrix} ra_1 + s \\ pa_1 + q \end{pmatrix} = \begin{pmatrix} a_2 \\ 1 \end{pmatrix}$

$a_3 = \dfrac{ra_2 + s}{pa_2 + q}$ 이므로 $\begin{pmatrix} r & s \\ p & q \end{pmatrix}\begin{pmatrix} a_2 \\ 1 \end{pmatrix} = \begin{pmatrix} ra_2 + s \\ pa_2 + q \end{pmatrix} = \begin{pmatrix} a_3 \\ 1 \end{pmatrix}$

에서 $\begin{pmatrix} r & s \\ p & q \end{pmatrix}^2 \begin{pmatrix} a_1 \\ 1 \end{pmatrix} = \begin{pmatrix} a_3 \\ 1 \end{pmatrix}$ 라 할 수 있다.

따라서 $\begin{pmatrix} r & s \\ p & q \end{pmatrix}^{n-1} \begin{pmatrix} a_1 \\ 1 \end{pmatrix} = \begin{pmatrix} a_n \\ 1 \end{pmatrix}$ 이 성립한다.

따라서 $A = \begin{pmatrix} r & s \\ p & q \end{pmatrix}$ 라 두면 다음이 성립한다.

$A^{n-1} \times \begin{pmatrix} a_1 \\ 1 \end{pmatrix} = \begin{pmatrix} P \\ Q \end{pmatrix}$ 에서 $a_n = \dfrac{P}{Q}$

점화식 계수를 행렬로 대응시키는 예는 다음과 같다.

① $a_{n+1} = a_n + 2 = \dfrac{1 \cdot a_n + 2}{0 \cdot a_n + 1} \Leftrightarrow A = \begin{pmatrix} 1 & 2 \\ 0 & 1 \end{pmatrix}$

② $a_{n+1} = 3a_n = \dfrac{3 \cdot a_n + 0}{0 \cdot a_n + 1} \Leftrightarrow A = \begin{pmatrix} 3 & 0 \\ 0 & 1 \end{pmatrix}$

③ $a_{n+1} = 2a_n + 1 = \dfrac{2 \cdot a_n + 1}{0 \cdot a_n + 1} \Leftrightarrow A = \begin{pmatrix} 2 & 1 \\ 0 & 1 \end{pmatrix}$

④ $a_{n+1} = \dfrac{a_n}{a_n + 1} = \dfrac{1 \cdot a_n + 0}{1 \cdot a_n + 1} \Leftrightarrow A = \begin{pmatrix} 1 & 0 \\ 1 & 1 \end{pmatrix}$

예) $a_1 = 2$, $a_{n+1} = 3a_n$ 일 때, a_n을 구해보자.

$A = \begin{pmatrix} 3 & 0 \\ 0 & 1 \end{pmatrix}$ 과 대응을 시키면 $A^{n-1} = \begin{pmatrix} 3^{n-1} & 0 \\ 0 & 1 \end{pmatrix}$

이 되므로

$$A^{n-1} \times \begin{pmatrix} a_1 \\ 1 \end{pmatrix} = \begin{pmatrix} 3^{n-1} & 0 \\ 0 & 1 \end{pmatrix}\begin{pmatrix} 2 \\ 1 \end{pmatrix} = \begin{pmatrix} 2 \cdot 3^{n-1} \\ 1 \end{pmatrix}$$

$\therefore a_n = 2 \cdot 3^{n-1}$

[관련 문제]

수열 $\{a_n\}$이 $a_1 = 2$, $a_{n+1} = \dfrac{2a_n}{1 + a_n}$ $(n = 1,\ 2,\ 3,\ \cdots)$ 으로 정의 될 때, a_{10}의 값?

일반 풀이

$a_{n+1} = \dfrac{2a_n}{1 + a_n}$ 에서 $\dfrac{1}{a_{n+1}} = \dfrac{1 + a_n}{2a_n} = \dfrac{1}{2} \cdot \dfrac{1}{a_n} + \dfrac{1}{2}$

$\dfrac{1}{a_n} = b_n$ 으로 놓으면 $b_{n+1} = \dfrac{1}{b_n} + \dfrac{1}{2}$

$\therefore b_{n+1} - 1 = \dfrac{1}{2}(b_n - 1)$

즉 수열 $\{b_n - 1\}$은 공비가 $\dfrac{1}{2}$인 등비수열이고, 첫째항은

$b_1 - 1 = \dfrac{1}{a_1} - 1 = \dfrac{1}{2} - 1 = -\dfrac{1}{2}$ 이므로

$b_n - 1 = \left(-\dfrac{1}{2}\right) \cdot \left(\dfrac{1}{2}\right)^{n-1} = -\left(\dfrac{1}{2}\right)^n$

$\therefore b_n = 1 - \left(\dfrac{1}{2}\right)^n = \dfrac{2^n - 1}{2^n}$

$a_n = \dfrac{1}{b_n} = \dfrac{2^n}{2^n - 1}$ 이므로 $a_{10} = \dfrac{2^{10}}{2^{10} - 1} = \dfrac{1024}{1023}$

랑데뷰 풀이

$a_{n+1} = \dfrac{2a_n}{1 + a_n} = \dfrac{2a_n}{a_n + 1}$ 에서 $A = \begin{pmatrix} 2 & 0 \\ 1 & 1 \end{pmatrix}$

$A^{n-1} = \begin{pmatrix} 2^{n-1} & 0 \\ 2^{n-1} - 1 & 1 \end{pmatrix}$ 이므로

$\begin{pmatrix} 2^{n-1} & 0 \\ 2^{n-1} - 1 & 1 \end{pmatrix}\begin{pmatrix} 2 \\ 1 \end{pmatrix} = \begin{pmatrix} 2^n \\ 2^n - 1 \end{pmatrix}$ 이므로

$a_n = \dfrac{2^n}{2^n - 1}$ $\therefore a_{10} = \dfrac{2^{10}}{2^{10} - 1} = \dfrac{1024}{1023}$

미적분 Ⅰ

하루 중 90%는 겸손하게 10%는 자신있게...

함수 $f(x)$가 $x = t$에서만 불연속이고 $f(t) \neq 0$일 때 (평행이동)

(1) $f(x)f(x-a)$가 실수 전체에서 연속이기 위한 a값

① $\left| \lim\limits_{x \to t-} f(x) \right| = \left| \lim\limits_{x \to t+} f(x) \right| = |f(t)|$이면 $\Rightarrow a = 0$

② $f(x) = 0$의 실근 중 $x = t$에 대칭인 두 근이 α, β일 때

$\Rightarrow a = t - \alpha,\ a = t - \beta$

(2) $f(x)\{f(x)-a\}$가 실수 전체에서 연속이기 위한 a값

$\lim\limits_{x \to t-} f(x) = \alpha$, $\lim\limits_{x \to t+} f(x) = \beta$일 때 $\Rightarrow a = \alpha + \beta$

[관련 문제]

(1) 실수 전체의 범위에서 정의된 함수 $y = f(x)$의 그래프가
다음 그림과 같고, $x = 0$에서만 불연속이다. 이때, 함수 $f(x)f(x-k)$가
모든 실수에서 연속이 되도록 하는 실수 k의 개수를 구하여라.

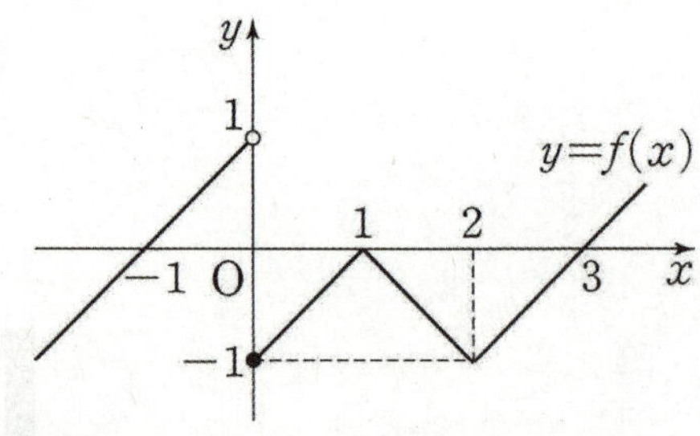

(2) 함수

$$f(x) = \begin{cases} x(x-2) & (x \leq 1) \\ x(x-2) + 16 & (x > 1) \end{cases}$$

에 대하여 함수 $f(x)\{f(x)-a\}$가 실수 전체의 집합에서 연속이 되도록 하는 상수 a의 값을 구하시오.
[2018년 6월 실시 고2 가형 28번]

랑데뷰 풀이

(1) $t = 0$인 경우이므로

① $\left| \lim\limits_{x \to 0-} f(x) \right| = \left| \lim\limits_{x \to 0+} f(x) \right| = 1$이다. $\therefore\ k = 0$

② $f(x) = 0$의 근 중 절댓값이 같은 $-1, 1$

따라서 $f(x)f(x-k)$가 모든 실수에서 연속이 되도록 하는 k는 3개다.

(2) $t = 1$인 경우이므로

$\lim\limits_{x \to 1-} f(x) = -1$, $\lim\limits_{x \to 1+} f(x) = 15$ 이다,

$a = (-1) + 15 = 14$

다른 문제를 통해 이해하기

다른 예를 들어
실수 전체의 범위에서
정의된 함수 $y = g(x)$
의 그래프가 다음 그림
과 같고, $x = 0$에서만
불연속이다.

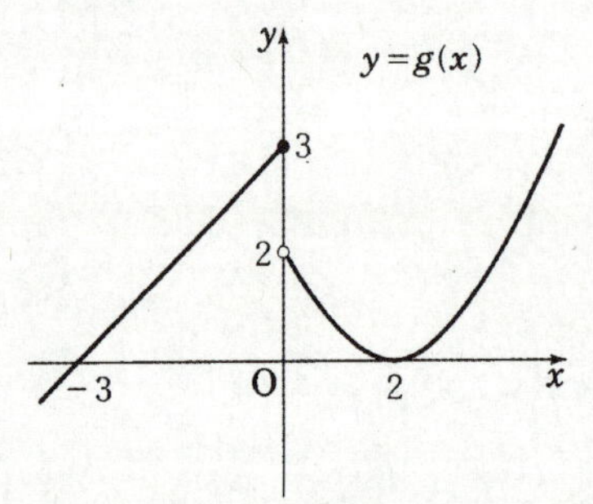

(1) 함수 $g(x)g(x-a)$가 모든 실수에서 연속이 되도록
하는 실수 a의 값을 구하여라.

(2) 함수 $g(x)\{g(x)-a\}$가 모든 실수에서 연속이 되도록
하는 실수 a의 값을 구하여라.

풀이

(1) ① $\left| \lim\limits_{x \to 0-} g(x) \right| \neq \left| \lim\limits_{x \to 0+} g(x) \right|$이므로 $a = 0$ 불가능

② $g(x) = 0$의 근 중 절댓값이 같은 것은 없다.
따라서 $g(x)g(x-a)$가 모든 실수에서 연속이 되도록 하는
a는 존재하지 않는다.

(2) $\lim\limits_{x \to 0-} g(x) = 3$, $\lim\limits_{x \to 0+} g(x) = 2$ 이므로

$a = 3 + 2 = 5$

함수 $f(x)$가 $x=t$에서만 불연속이고 $f(t) \neq 0$일 때 (대칭이동)

$f(x)f(a-x)$가 실수 전체에서 연속이기 위한 a값

① $y=f(x)$를 $x=t$에 대칭 이동한 함수 $f(2t-x)$에 대해 $g(x)=f(x)f(2t-x)$라 할 때

$g(x)$가 $x=t$에서 연속이면 ⇨ $a=2t$

② $f(x)=0$의 실근 중 $x=t$에 대칭인 두 근이 α, β일 때

⇨ $a=t+\alpha$, $a=t+\beta$

[관련 문제]

두 함수 $f(x)=\begin{cases} 2x & (x < 2) \\ 2 & (x = 2) \\ -\dfrac{1}{2}x+2 & (x > 2) \end{cases}$ 에 대하여 함수 $f(x)f(a-x)$가

실수 전체의 집합에서 연속이 되도록 하는 모든 실수 a의 값의 합을 구하시오.

[2021 랑데뷰수학 모의고사]

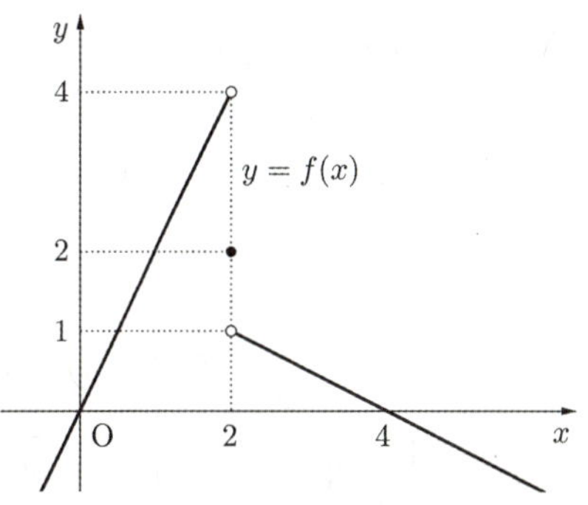

랑데뷰 풀이 1

$g(x)=f(x)f(a-x)$라 할 때

$f(x)$가 $x=2$에서 불연속이므로

$\displaystyle\lim_{x\to 2-} g(x)= \lim_{x\to 2-} f(x)f(a-x)=4f(a-(2-))$

$\displaystyle\lim_{x\to 2+} g(x)= \lim_{x\to 2+} f(x)f(a-x)=f(a-(2+))$

$g(2)=2f(a-2)$

따라서 $4f(a-(2-))= f(a-(2+))=2f(a-2)$이다.

(i) $f(a-2)=0$이면 성립한다.

$f(0)=f(4)=0$이므로 $a-2=0$, $a-2=4$에서

$a=2$, $a=6$이다.

(ii) 함수 $f(a-x)$는 함수 $f(x)$를 $x=\dfrac{a}{2}$에 대칭

이동한 그래프이다.

$f(2)=2$이므로 $f(a-2)=2$이면 즉, $a=4$일 때,

$4f(a-(2-))=4f(2+)=4\times 1=4$

$f(a-(2+))=f(2-)=4$이므로

$4f(a-(2-))= f(a-(2+))=2f(a-2)$이 성립한다.

따라서 $a=4$일 때도 성립한다.

모든 a의 합은 $2+4+6=12$이다.

랑데뷰 풀이 2

$f(x)$를 $x=2$에 대칭이동한 함수 $f(4-x)$와

$f(x)$의 곱함수인 $f(x)f(4-x)$는 $x=2$에서

연속이다.

따라서 $a=4$

$f(x)=0$의 두 실근이 $x=0$, $x=4$로

$x=2$에 대칭이므로

$a=2+0=2$, $a=2+4=6$

일 때 $f(x)f(a-x)$는 연속이다.

따라서 가능한 모든 a의 값의 합은

$2+4+6=12$

합성함수의 연속성에 관하여

① 두 함수 $f(x)$와 $g(x)$가 모두 $x=a$에서 연속일 때, 합성함수 $g(f(x))$가 $x=a$에서 연속이다 : **거짓**

설명 예를 들어 $f(x)=x-1$, $g(x)=\dfrac{1}{x+1}$이면 $f(x)$와 $g(x)$가 모두 $x=0$에서 연속이지만

$$g(f(x))=\dfrac{1}{x} \text{은 } x=0 \text{에서 불연속이다.}$$

⇨ 합성함수 $g(f(x))$가 $x=a$에서 연속이려면 $f(a)=b$라 할 때, $g(x)$가 $x=b$에서 연속이어야 한다.

② $y=(g \circ f)(x)$의 연속성은 다음 두 가지 경우의 x좌표에서 확인하면 된다.

㉠ $y=f(x)$가 불연속인 점의 x좌표

㉡ $y=g(x)$가 불연속인 점의 x좌표를 함숫값으로 갖는 $f(x)$의 x좌표

⇨ $y=g(x)$가 불연속인 점의 x좌표는 확인할 필요가 없다.

예를 들어 위 설명에서 $g(x)=\dfrac{1}{x+1}$는 $x=-1$에서 불연속이다.

$y=g(f(x))$의 $x=-1$에서의 연속성은 $f(x)=x-1$이 $x=-1$에서 연속이고 $f(-1)=\lim\limits_{x\to-1}f(x)=-2$ 이므로

$g(x)=\dfrac{1}{x+1}$의 $x=-2$에서 연속성을 따지는 문제가 된다. 따라서 $y=g(f(x))$의 $x=-1$에서의 연속성은 굳이 따질 필요가 없다.

[관련 문제]

두 함수 $y=f(x)$와 $y=g(x)$의 그래프가 다음 그림과 같을 때, 다음 합성함수의 연속성을 확인하기 위해 조사해야할 x좌표를 말하여라.

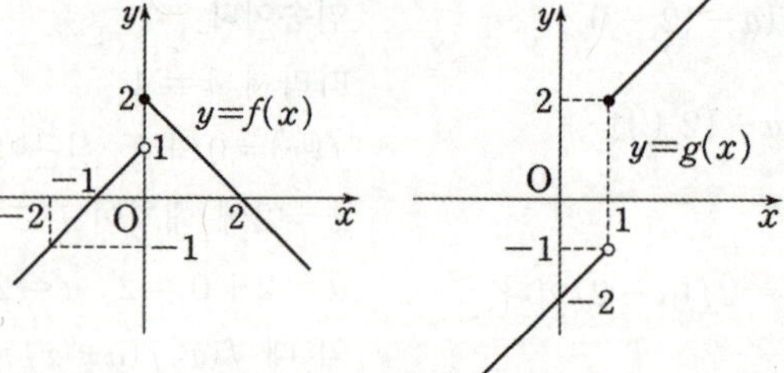

(1) $g(f(x))$　　　　(2) $f(g(x))$　　　　(3) $f(f(x))$　　　　(4) $g(g(x))$

랑데뷰 풀이

(1) $y=f(x)$는 $x=0$에서 불연속이고
$y=g(x)$는 $x=1$에서 불연속이므로
$y=g(f(x))$는 $x=0$과 $f(x)=1$인 점에서 연속성을 조사하면 된다. $f(x)=1$인 점은 $x=1$이다.
따라서 $x=0$, $x=1$

(2) $y=f(x)$는 $x=0$에서 불연속이고
$y=g(x)$는 $x=1$에서 불연속이므로
$y=f(g(x))$는 $x=1$과 $g(x)=0$ 인 점에서 연속성을 조사하면 되는데 $g(x)=0$인 점은 없으므로
$x=1$에서만 조사하면 된다.

(3) $y=f(x)$는 $x=0$에서 불연속이므로
$y=f(f(x))$는 $x=0$과 $f(x)=0$인 점에서 연속성을 조사하면 된다. $f(x)=0$인 점은 $x=-1$, $x=2$이다. 따라서 $x=0$, $x=-1$, $x=2$

(4) $y=g(x)$는 $x=1$에서 불연속이므로
$y=g(g(x))$는 $x=1$과 $g(x)=1$인 점에서 연속성을 조사하면 되는데 $g(x)=1$인 점은 없으므로
$x=1$에서만 조사하면 된다.

곱함수와 합성함수 연속과 미분가능

$y = g(x)$가 다음과 같이 $x = x_1$ $x = x_2$에서 불연속이며 극한값과 함숫값이 y_1, y_2, y_3, y_4일 때

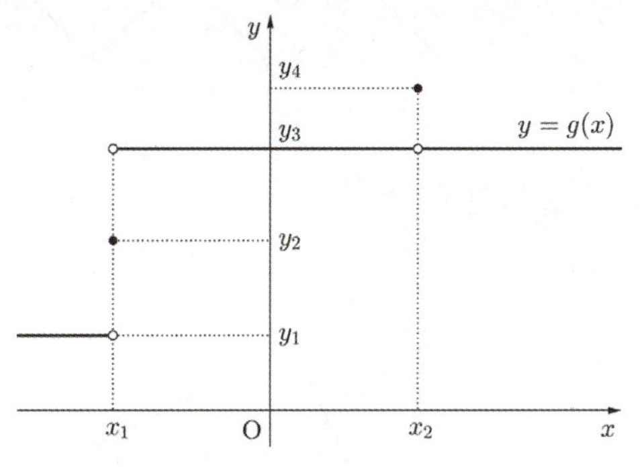

(1) $f(x)g(x)$가 실수 전체에서 연속 ⇨

$$f(x) = (x-x_1)(x-x_2)Q(x)꼴$$

(2) $f(x)g(x)$가 실수 전체에서 미분가능 ⇨

$$f(x) = (x-x_1)^2(x-x_2)Q(x)꼴$$

(3) $f(g(x))$가 실수 전체에서 연속 ⇨

$$f(x) = (x-y_1)(x-y_2)(x-y_3)(x-y_4)Q(x) + k$$

설명

(1)

$g(x)$가 $x = x_1$과 $x = x_2$에서 좌극한 우극한 값이 존재하면서 불연속이므로 연속함수 $f(x)$가

$f(x_1) = 0$, $f(x_2) = 0$이면 $f(x)g(x)$가 실수전체에서 연속이다.

(2)

$$\{f(x)g(x)\}' = f'(x)g(x) + f(x)g'(x) \text{에서} \quad \{f(x_1)g(x_1)\}' = f'(x_1)\lim_{x \to x_1} g(x) + f(x_1)\,g'(x_1)$$

이때 함수 $g(x)$는 $\displaystyle\lim_{x \to x_1} g(x)$와 $g'(x_1)$가 모두 존재하지 않으므로 $f'(x_1) = 0$, $f(x_1) = 0$이면 $f(x)g(x)$는

$x = x_1$에서 미분가능하다. 따라서 $f(x)$는 적어도 $(x - x_1)^2$항을 인수로 가져야 한다.

$$\{f(x_2)g(x_2)\}' = f'(x_2)\lim_{x \to x_2} g(x) + f(x_2)\,g'(x_2)$$

$g(x)$는 $\displaystyle\lim_{x \to x_2} g(x)$은 존재하고 $g'(x_2)$가 존재하지 않으므로 $f(x_2) = 0$이면 $f(x)g(x)$는 $x = x_2$에서 미분가능하다.

따라서 $f(x)$는 적어도 $(x - x_2)$항을 인수로 가져야 한다.

따라서 곱함수 $f(x)g(x)$가 실수 전체에서 미분가능하려면 $f(x)$는 $f(x) = (x-x_1)^2(x-x_2)Q(x)$꼴이다.

(3)

$x = x_1$일 때 $f(g(x))$가 연속이기 위해서는 $g(x)$의 좌극한 y_1, 함숫값 y_2, 우극한 y_3이 모두 같아야 하므로

$x = x_1$에서 연속일 조건은 $f(y_1) = f(y_2) = f(y_3)$이다.

$x = x_2$일 때 $f(g(x))$가 연속이기 위해서는 $g(x)$의 극한 y_3와 함숫값 y_4가 같아야 하므로 $x = x_2$에서 연속일 조건은

$f(y_3) = f(y_4)$이다.

따라서 합성함수 $f(g(x))$가 실수 전체에서 연속이기 위해서는 $f(x)$는

$f(y_1) = f(y_2) = f(y_3) = f(y_4)$이므로 $f(x) = (x-y_1)(x-y_2)(x-y_3)(x-y_4)Q(x) + k$꼴이면 된다.

다음 문제를 풀어라.

(1) 실수 전체의 범위에서 정의된 함수 $y = f(x)$의 그래프가 다음 그림과 같고, $x = 0$에서만 불연속이다. 이때, 함수 $f(x)f(x-a)$가 모든 실수에서 연속이 되도록 하는 실수 a의 개수를 구하시오.

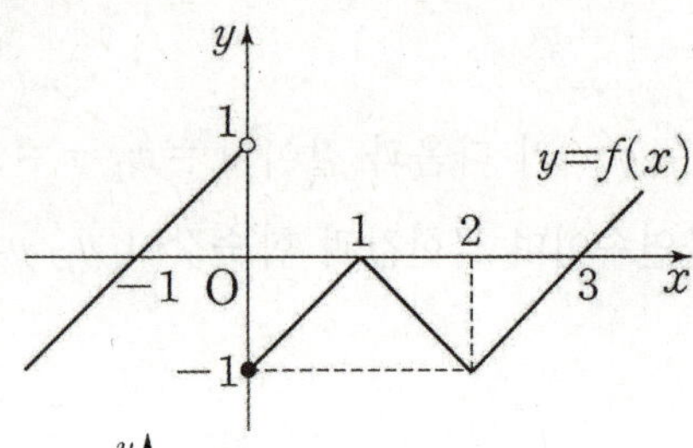

(2) 두 함수 $f(x)=\begin{cases} 2x & (x < 2) \\ 2 & (x = 2) \\ -\dfrac{1}{2}x + 2 & (x > 2) \end{cases}$ 에 대하여 함수 $f(x)f(a-x)$가 실수 전체

의 집합에서 연속이 되도록 하는 모든 실수 a의 값의 합을 구하시오.

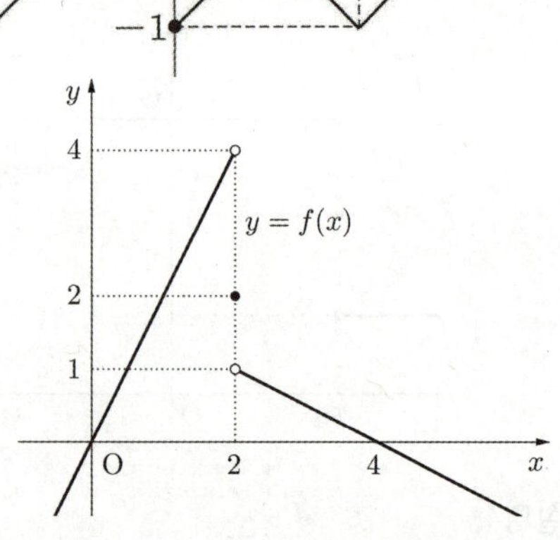

---

(1)번 답은 3이다.

문제를 풀어본 대부분의 학생들이 맞추었을거라 본다.

그런데 [실수 a의 개수를 구하시오.] 가 [실수 a의 합을 구하시오.]

라고 문제를 바꿨다면

정답을 맞춘 대부분의 학생이 3이라고 대답할 것이다.

오답이다!

(1)번 문제가 [실수 a의 합을 구하시오.] 였다면 정답은 0이다.

(2)번 문제의 정답을 4라고 한 학생들이 또 많을 것이다.

(2)번 문제의 정답은 6이다.

이렇게 곱합수의 연속성을 따지는 문제는 쉬운 문제가 아니다. 놓치기 쉬운 부분이 많은 문제이고 난이도를 올리면 어느 문제보다 어려울 수 있는 요소가 많은 유형의 문제이다.

곱합수의 연속성의 문제의 해결법으로 표로 작성해서 해결하는 풀이법을 제시한다.

여기서 만들어지는 표를 [랑데뷰 불방도]라 하겠다.

[랑데뷰 불방도] 작성

두 함수의 곱으로 표현된 함수의 연속성은 다음과 같은 경우로 정리된다.

① (연속)×(연속) → 항상 연속이다.

② (불연속)×(연속) → 연속일수도 불연속일수도 있다.

③ (불연속)×(불연속) → 연속일수도 불연속일수도 있다.

곱함수의 연속성을 묻는 출제되는 대부분의 유형은 ②번 유형이다.

한 함수가 불연속인 지점에서 다른 함수가 함숫값이 0이 되면 연속이 된다.

여기서 함숫값이 0이 되어서 곱함수가 연속이 되도록 하는 미지수의 값을 도우미라 하겠다.

또한 (불연속)×(불연속)인 경우도 상황에 따라 연속이 될 수 있으므로 ③인 경우도 확인을 해야 한다.

이런 과정을 표로 작성해 보면 다음과 같다.

이를 [랑데뷰 불방도]라 하겠다.

[예] 자작 문제

실수 전체의 집합에서 정의된 함수

$$f(x)=\begin{cases} ax+3 & (x<1) \\ -2x+a & (x \geq 1) \end{cases}$$

이 있다. 함수 $f(x)f(4-x)$가 실수 전체의 집합에서 연속일 때, $f(a)$의 값은?

① -10　　　② -8　　　③ -6　　　④ -4　　　⑤ -2

불방도 풀이

	불연속	방정식	도우미	
$f(x)$	$x=1$	$f(x)f(4-x)$에 $x=1$을 대입 → $f(1)f(3)$에서 $f(x)$는 $x=1$에서 불연속이므로 $f(3)=0$이어야 한다.	$x<1$일 때, 존재하지 않음	
			$x>1$일 때, $f(3)=-6+a=0$ $a=6$	
$f(4-x)$	$x=3$	같은 방법으로 $f(x)f(4-x)$에 $x=3$을 대입 → $f(3)=0$	$x<1$일 때, 존재하지 않음	
			$x>1$일 때, $f(3)=-6+a=0$ $a=6$	
	X		$a=6$	

[불방도]-(1)의 문제들을 풀어보자!

[예] 실수 전체의 범위에서 정의된 함수 $y=f(x)$의 그래프가 다음 그림과 같고, $x=0$에서만 불연속이다. 이때, 함수 $f(x)f(x-a)$가 모든 실수에서 연속이 되도록 하는 실수 a의 값을 모두 구하시오.

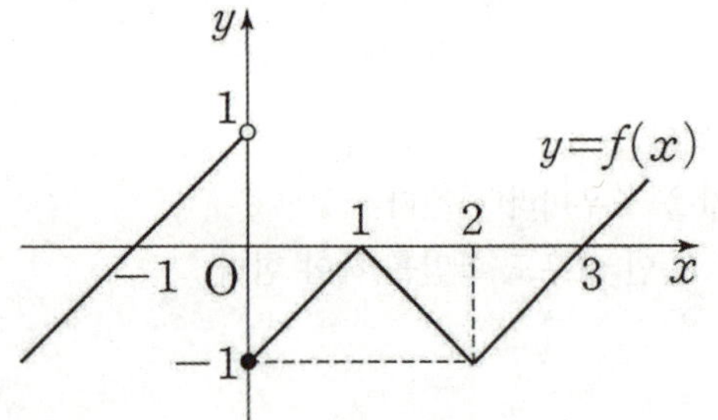

풀이

	불연속	방정식	도우미
$f(x)$	$x=0$	$f(x)f(x-a)$ 에 $x=0$을 대입 → $f(-a)=0$	$x<0$일 때, $a=1$
			$x>0$일 때, $a=-1$, $a=-3$
$f(x-a)$	$x=a$	$f(x)f(x-a)$ 에 $x=a$을 대입 → $f(a)=0$	$x<0$일 때, $a=-1$
			$x>0$일 때, $a=1$, $a=3$
	$a=0$		$a=-1$, $a=1$

(불연속)×(불연속)이 되는 경우는 $a=0$일 때다.

$a=0$이면 $f(x)f(x-a)=\{f(x)\}^2$이고

함수 $\{f(x)\}^2$은 $x=0$에서 연속이다. 따라서 $a=0$이면 함수 $f(x)f(x-a)$은 실수 전체의 집합에서 연속이다.

따라서

$a=0$, $a=-1$, $a=1$이다.

두 함수 $f(x)=\begin{cases} 2x & (x<2) \\ 2 & (x=2) \\ -\dfrac{1}{2}x+2 & (x>2) \end{cases}$에 대하여

함수 $f(x)f(a-x)$가 실수 전체의 집합에서 연속이 되도록 하는 모든 실수 a의 값을 구하시오.

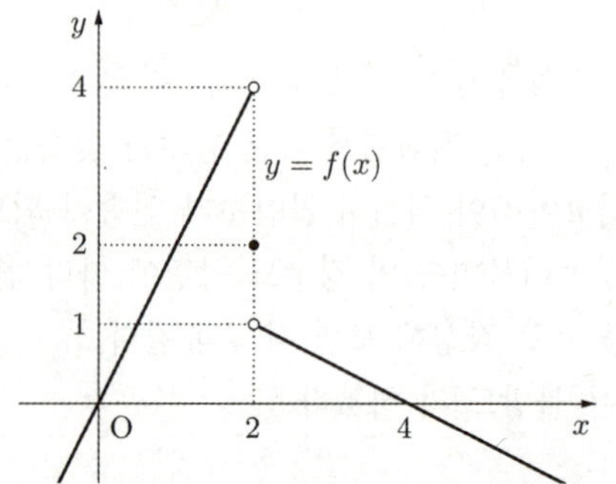

풀이

	불연속	방정식	도우미
$f(x)$	$x=2$	$f(x)f(a-x)$ 에 $x=2$을 대입 → $f(a-2)=0$	$x<2$일 때, $a=2$
			$x>2$일 때, $a=6$
$f(a-x)$	$x=a-2$	$f(x)f(a-x)$ 에 $x=a-2$을 대입 → $f(a-2)=0$	$x<2$일 때, $a=2$
			$x>2$일 때, $a=6$
	$a=4$		$a=2$, $a=6$

(불연속)×(불연속)이 되는 경우는 $a=4$일 때다.

$a=0$이면 $f(x)f(a-x)=f(x)f(4-x)$이고

$g(x)=f(x)f(4-x)$라 하면 $g(2)=f(2)f(2)=4$

$\displaystyle \lim_{x\to 2-} g(x)=\lim_{x\to 2-} f(x)f(4-x)=f(2-)f(2+)$

$=4\times 1=4$

$\displaystyle \lim_{x\to 2+} g(x)=\lim_{x\to 2+} f(x)f(4-x)=f(2+)f(2-)$

$=1\times 4=4$

$g(x)$는 $x=2$에서 연속이다. 따라서 $a=2$, $a=4$, $a=6$이다.

왜 $[a, b]$에서 연속이고 (a, b)에서 미분가능일까?

롤의 정리와 평균값 정리에서, 연속의 조건은 닫힌구간 $[a, b]$에서인데 미분가능의 조건은 열린구간 (a, b)에서이다.

왜 그럴까?

오히려 닫힌구간 $[a, b]$에서 미분가능하다는 조건이면 어떤 구간에서 미분가능하면 그 구간에서 저절로 연속이므로(→**간.미.연**), 닫힌구간 $[a, b]$에서 연속이라는 조건은 표현하지 않아도 되기에 간략히 표현하는 수학의 표현법과도 일맥상통한데 굳이 구분해서 표현해야 하는 이유는 무엇일까?

랑데뷰 [쉬어가는 중]

우선 미분계수 $f'(a)$는 기하학적으로 $x = a$에서 접선의 기울기이므로 기울기에 대해 생각해 보자.

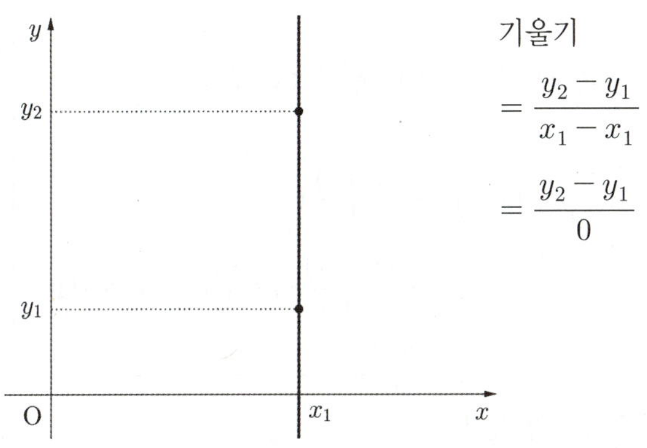

위 그림에서와 같이 직선이 y축과 평행할 때 직선의 기울기는 정의되지 않는다. 즉, 존재하지 않는다.

아래 그림과 같이 닫힌구간 $[-1, 1]$에서 정의된 함수 $f(x) = \sqrt{1 - x^2}$ 을 생각해 보자.

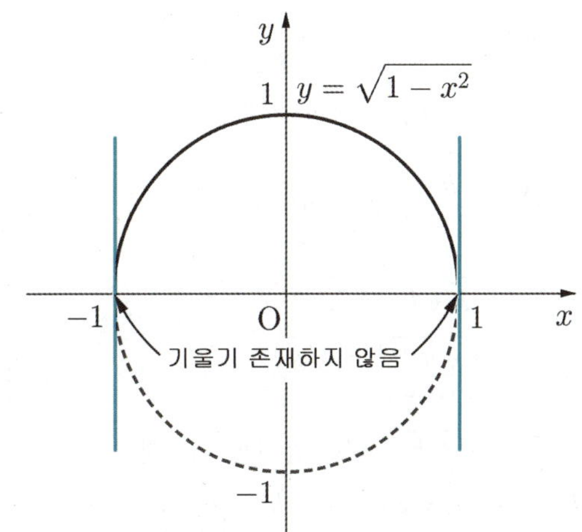

$f'(x) = \dfrac{-x}{\sqrt{1 - x^2}}$ 이므로 $f'(-1)$과 $f'(1)$은 존재하지 않는다.

즉, 구간의 양 끝점에서 함수 $f(x)$는 미분가능하지 않다. 그러나 $f'(0) = 0$이므로 이 함수는 롤의 정리를 만족한다.

따라서 롤의 정리는 구간의 양 끝점에서 미분이 불가능 하더라도 거기서 연속이기만 하면 성립한다는 것이다.

평균값 정리는 롤의 정리를 일반화 한 것이므로 같은 원리로 설명할 수 있다.

따라서 롤의 정리와 평균값 정리의 함수 $f(x)$는 닫힌구간에서 연속이고 열린구간에서 미분가능이어야 하는 것이다.

$$f(a+h) = f(a) + hf'(a+\theta h)\text{일 때}$$

$$\lim_{h \to 0} \theta = \frac{1}{2}$$

$$(\text{단, } f'(a)\text{존재 및 } f''(a) \neq 0)$$

[관련 문제]

함수 $f(x) = \sqrt{x}$ 에 대하여 상수 $\theta \; (0 < \theta < 1)$가 $f(a+h) = f(a) + hf'(a+\theta h)$ 를 만족할 때, $\lim_{h \to 0} \theta$ 의 값을 구하여라. (단, $a > 0$, $h > 0$)

일반 풀이

$f(x) = \sqrt{x}$ 에서 $f'(x) = \dfrac{1}{2\sqrt{x}}$

$f(a+h) = f(a) + hf'(a+\theta h)$에서

$\sqrt{a+h} = \sqrt{a} + h \cdot \dfrac{1}{2\sqrt{a+\theta h}}$

$2\sqrt{a+\theta h} = \dfrac{h}{\sqrt{a+h} - \sqrt{a}}$

$2\sqrt{a+\theta h} = \dfrac{h(\sqrt{a+h} + \sqrt{a})}{(a+h) - a}$

$2\sqrt{a+\theta h} = \sqrt{a+h} + \sqrt{a}$ 양변을 제곱하면

$4(a+\theta h) = a + h + 2\sqrt{a(a+h)} + a$

$4\theta h = h - 2a + 2\sqrt{a^2 + ah}$

$\therefore \theta = \dfrac{h - 2(a - \sqrt{a^2+ah})}{4h}$

$\therefore \lim_{h \to 0} \theta = \lim_{h \to 0} \dfrac{h - 2(a - \sqrt{a^2+ah})}{4h}$

$= \lim_{h \to 0} \left(\dfrac{h}{4h} - \dfrac{a - \sqrt{a^2+ah}}{2h} \right)$

$= \lim_{h \to 0} \left\{ \dfrac{1}{4} - \dfrac{a^2 - (a^2+ah)}{2h(a + \sqrt{a^2+ah})} \right\}$

$= \lim_{h \to 0} \left\{ \dfrac{1}{4} + \dfrac{a}{2(a + \sqrt{a^2+ah})} \right\} = \dfrac{1}{4} + \dfrac{1}{4} = \dfrac{1}{2}$

랑데뷰 풀이

그냥 정답은 $\dfrac{1}{2}$

설명

> **테일러 급수**
>
> a를 포함하는 구간에서 무한 번 미분 가능한 함수 $f(x)$에 대하여
>
> $$f(x) = f(a) + \frac{f'(a)}{1!}(x-a) + \frac{f''(a)}{2!}(x-a)^2 + \frac{f'''(a)}{3!}(x-a)^3 + \cdots \; \cdots \text{①}$$
>
> 이 성립한다.

①식의 x에 $a+h$를 대입하면

$$f(a+h) = f(a) + \frac{f'(a)}{1!}h + \frac{f''(a)}{2!}h^2 + \frac{f'''(a)}{3!}h^3 + \cdots \cdots \text{②}$$

①식의 양변을 미분하면

$$f'(x) = f'(a) + \frac{f''(a)}{1!}(x-a) + \frac{f'''(a)}{2!}(x-a)^2 + \cdots \; \cdots \text{③}$$

③식의 x에 $a+\theta h$를 대입하면

$$f'(a+\theta h) = f'(a) + \frac{f''(a)}{1!}(\theta h) + \frac{f'''(a)}{2!}(\theta h)^2 + \cdots \text{ 이고}$$

양변에 h를 곱하고 $f(a)$를 더하면

$f(a) + hf'(a+\theta h)$

$$= f(a) + f'(a)h + \frac{f''(a)}{1!}\theta h^2 + \frac{f'''(a)}{2!}\theta^2 h^3 + \cdots \; \cdots \text{④}$$

$f(a+h) = f(a) + hf'(a+\theta h)$ 이므로 식②,④의 우변을 비교해서 소거하여 나타내면

$$\frac{f''(a)}{2!}h^2 + \frac{f'''(a)}{3!}h^3 + \cdots = \frac{f''(a)}{1!}\theta h^2 + \frac{f'''(a)}{2!}\theta^2 h^3 + \cdots$$

$$\frac{f''(a)}{2!} + \frac{f'''(a)}{3!}h + \cdots = \frac{f''(a)}{1!}\theta + \frac{f'''(a)}{2!}\theta^2 h + \cdots$$

에서 $h \to 0$이므로 $\dfrac{f''(a)}{2!} = \dfrac{f''(a)}{1!}\theta$ $\therefore \theta = \dfrac{1}{2}$

$L'Hopital's\ Rule$

(1) 약한 로피탈의 정리

> $x = a$에서 미분 가능한 두 함수 $f(x)$, $g(x)$에 대하여 $f(a) = g(a) = 0$이고 $g'(a) \neq 0$이면
> $$\lim_{x \to a} \frac{f(x)}{g(x)} = \frac{f'(a)}{g'(a)}$$

증명 $\dfrac{f'(a)}{g'(a)}$ 은 미분 계수의 정의와 극한의 성질에서

$$\frac{f'(a)}{g'(a)} = \frac{\lim\limits_{x \to a} \dfrac{f(x)-f(a)}{x-a}}{\lim\limits_{x \to a} \dfrac{g(x)-g(a)}{x-a}} = \lim_{x \to a} \frac{\dfrac{f(x)-f(a)}{x-a}}{\dfrac{g(x)-g(a)}{x-a}}$$

그런데, $\dfrac{\dfrac{f(x)-f(a)}{x-a}}{\dfrac{g(x)-g(a)}{x-a}} = \dfrac{f(x)-f(a)}{g(x)-g(a)} = \dfrac{f(x)-0}{g(x)-0} = \dfrac{f(x)}{g(x)}$ 이므로 $\dfrac{f'(a)}{g'(a)} = \lim\limits_{x \to a} \dfrac{f(x)}{g(x)}$ 이다.

⇨ $f(x)$와 $g(x)$의 비가 a에서 x까지의 평균변화율과 같음을 이용해서 증명하고 있음

(2) 부정형 $\dfrac{0}{0}$ 꼴, $\dfrac{(\pm\infty)}{(\pm\infty)}$ 꼴에 대한 강한 로피탈의 정리

> 두 함수 $f(x)$, $g(x)$가 t을 포함하는 열린구간 $(a,\ b)$에서 미분 가능하고, $f(t) = g(t) = 0$이라
> 하자. 또한 $x = t$을 제외한 열린구간 $(a,\ b)$의 모든 점에서 $g'(x) \neq 0$이라고 할 때,
> $\lim\limits_{x \to t} \dfrac{f'(x)}{g'(x)}$ 의 극한값이 존재하면 $\lim\limits_{x \to t} \dfrac{f(x)}{g(x)} = \lim\limits_{x \to t} \dfrac{f'(x)}{g'(x)}$

우선 증명에 필요한 코시의 평균값 정리는 다음과 같고 증명은 생략한다.

> **코시의 평균값 정리** ($Cauchy's\ Mean\ Value\ Theorem$)
> 두 함수 $f(x)$, $g(x)$가 닫힌구간 $[a,\ b]$에서 연속이고 열린구간 $(a,\ b)$에서 미분 가능하며, $(a,\ b)$의 모든
> 점에서 $g'(x) \neq 0$이라고 하면, $\dfrac{f(b)-f(a)}{g(b)-g(a)} = \dfrac{f'(c)}{g'(c)}$ 인 c가 열린구간 $(a,\ b)$에 적어도 하나 존재한다.

증명 부정형 $\dfrac{0}{0}$ 꼴에 대한 로피탈의 정리를 증명해 보자.

$t < x < b$인 x에 대하여, 주어진 조건에서 $g'(x) \neq 0$이다. 또한 쉽게 두 함수 $f(x)$, $g(x)$가 $[t,\ x]$에서 연속이고 $(t,\ x)$에서 미분 가능하며, $y \in (t,\ x)$인 모든 y에 대하여 $g'(y) \neq 0$이므로 코시의 평균값의 정리를 사용할 수 있다.

즉, $\dfrac{f(x)-f(t)}{g(x)-g(t)} = \dfrac{f'(c)}{g'(c)}$ 인 c가 $(t,\ x)$에 적어도 하나 존재한다. 그런데 $f(t) = g(t) = 0$에서 $\dfrac{f(x)}{g(x)} = \dfrac{f'(c)}{g'(c)}$

$x \to t+$일 때, $c \to t+$이므로, $\lim\limits_{x \to t+} \dfrac{f(x)}{g(x)} = \lim\limits_{c \to t+} \dfrac{f'(c)}{g'(c)} = \lim\limits_{x \to t+} \dfrac{f'(x)}{g'(x)}$

$x \to t-$일 때에도 비슷한 식이 성립하므로 주어진 명제는 참이다. $\dfrac{(\pm\infty)}{(\pm\infty)}$ 꼴 증명은 생략한다.

세미나(102) 로피탈 정리의 득과 실

복잡한 식 변형을 통해 극한값 구할 때 로피탈의 정리의 득과 실

득(得)

[관련 문제]

x에 대한 다항식 $f(x)$가

$\lim\limits_{x \to -3} \dfrac{f(x)-x^2}{x+3}=4$를 만족시키는 함수

$g(x)=f(x)-f(-3)$에 대하여 $\lim\limits_{x \to -3} \dfrac{f(x)g(x)}{x^2-9}$

의 값을 구하여라.

일반 풀이

$$\lim_{x \to -3} \frac{f(x)g(x)}{x^2-9}$$

$$= \lim_{x \to -3} \frac{f(x)\{f(x)-9\}}{x^2-9}= \lim_{x \to -3} \frac{\{f(x)\}^2-9f(x)}{x^2-9}$$

$$= \lim_{x \to -3} \frac{\{f(x)\}^2-x^2f(x)+x^2f(x)-9f(x)}{x^2-9}$$

$$= \lim_{x \to -3} \left[\frac{f(x)\{f(x)-x^2\}}{(x+3)(x-3)} + \frac{f(x)(x^2-9)}{x^2-9} \right]$$

$$= \lim_{x \to -3} \left\{ \frac{f(x)}{x-3} \cdot \frac{f(x)-x^2}{x+3} + f(x) \right\}$$

$$= \frac{f(-3)}{-6} \cdot 4 + f(-3) = -6+9 = 3$$

로피탈의 정리 이용한 풀이

$\lim\limits_{x \to -3} \dfrac{f(x)-x^2}{x+3}= \lim\limits_{x \to -3} \dfrac{f'(x)-2x}{1}=4$에서

$f(-3)=9$, $f'(-3)=-2$이고

$g(x)=f(x)-f(-3)$ $g'(x)=f'(x)$에서

$g(-3)=0$, $g'(-3)=-2$이므로

$$\lim_{x \to -3} \frac{f(x)g(x)}{x^2-9} = \lim_{x \to -3} \frac{f'(x)g(x)+f(x)g'(x)}{2x}$$

$$= \frac{f'(-3)g(-3)+f(-3)g'(-3)}{-6}$$

$$= \frac{(-2)\times 0 + 9 \times (-2)}{-6} = \frac{-18}{-6} = 3$$

실(失)

[관련 문제]

두 함수 $f(x)$, $g(x)$에 대하여

$\lim\limits_{x \to a} \dfrac{f(x)}{x-a}=2$, $\lim\limits_{x \to a} \dfrac{g(x)}{x-a}=1$ 일 때,

$\lim\limits_{x \to a} \dfrac{m\{f(x)\}^2+n\{g(x)\}^2}{\{f(x)-2g(x)\}(x-a)}=8$을 만족하는 두 상수

m, n에 대하여 $m-n$의 값을 구하여라.

일반 풀이

$$\lim_{x \to a} \frac{m\{f(x)\}^2+n\{g(x)\}^2}{\{f(x)-2g(x)\}(x-a)}$$

$$= \lim_{x \to a} \frac{m\left\{\dfrac{f(x)}{x-a}\right\}^2+n\left\{\dfrac{g(x)}{x-a}\right\}^2}{\dfrac{f(x)}{x-a}-2\times\dfrac{g(x)}{x-a}}=8 \cdots\cdots \text{㉠}$$

이때, 극한값이 존재하고 $\lim\limits_{x \to a} \dfrac{f(x)}{x-a}=2$, $\lim\limits_{x \to a} \dfrac{g(x)}{x-a}=1$

에서 $x \to a$ 일 때, (분모)$\to 0$이고 (분자)$\to 0$이다.

즉, $\lim\limits_{x \to a} \left[m\left\{\dfrac{f(x)}{x-a}\right\}^2+n\left\{\dfrac{g(x)}{x-a}\right\}^2 \right]=0$이므로

$$m \times \left\{\lim_{x \to a} \frac{f(x)}{x-a}\right\}^2 + n \times \left\{\lim_{x \to a} \frac{g(x)}{x-a}\right\}^2 = 0$$

$4m+n=0$ $\qquad \therefore n=-4m \qquad \cdots\cdots \text{㉡}$

㉡을 ㉠에 대입하면

$$= \lim_{x \to a} \frac{m\left\{\dfrac{f(x)}{x-a}\right\}^2-4m\left\{\dfrac{g(x)}{x-a}\right\}^2}{\dfrac{f(x)}{x-a}-2\times\dfrac{g(x)}{x-a}}$$

$$= \lim_{x \to a} \frac{m\left\{\dfrac{f(x)}{x-a}-2\times\dfrac{g(x)}{x-a}\right\}\left\{\dfrac{f(x)}{x-a}+2\times\dfrac{g(x)}{x-a}\right\}}{\dfrac{f(x)}{x-a}-2\times\dfrac{g(x)}{x-a}}$$

$$= m\lim_{x \to a} \left\{\frac{f(x)}{x-a}+2\times\frac{g(x)}{x-a}\right\} = m(2+2\times 1)$$

$=4m=8$ $\quad \therefore m=2$, $n=-8$

$\therefore m-n=2-(-8)=10$

 $\displaystyle\lim_{x\to a}\frac{f(x)}{x-a}=2 \to f(a)=0,\ f'(a)=2$

$\displaystyle\lim_{x\to a}\frac{g(x)}{x-a}=1 \to g(a)=0,\ g'(a)=1$ 에서

$$\lim_{x\to a}\frac{m\{f(x)\}^2+n\{g(x)\}^2}{\{f(x)-2g(x)\}(x-a)}=\lim_{x\to a}\frac{2mf(x)+ng(x)}{f(x)-2g(x)}$$

(여기서모순)

$$=\lim_{x\to a}\frac{2mf'(x)+ng'(x)}{f'(x)-2g'(x)}=8\text{에서 대입하면}$$

$\dfrac{0}{0}$ 꼴이므로

$$2mf'(a)+ng'(a)=4m+n=0 \quad\therefore\ n=-4m$$

$$\therefore\lim_{x\to a}\frac{2m\{f'(x)-2g'(x)\}}{f'(x)-2g'(x)}=2m=8 \quad\therefore\ m=4$$

세미나(103) 이동한 함수 곱의 미분 가능성

$$f(x-a)\{f(x)+b\}의 \text{ 미분 가능성}$$
$$\Rightarrow \text{함수 } f\text{가 } x=\alpha\text{에서 미분 가능하지 않고 } f(\beta)=0\text{일 때,}$$
$$a=\alpha-\beta,\; b=-f(2\alpha-\beta)\text{이면 함수 } f(x-a)\{f(x)+b\}\text{는 실수 전체에서 미분가능 한 함수이다.}$$

[관련 문제]

함수 $f(x)=2x+|x-1|$에 대하여 함수 $f(x-a)\{f(x)+b\}\;(a>0)$이 실수 전체의 집합에서 미분가능할 때, $a-b$의 값을 구하시오. (단, a, b는 상수이다.)

일반 풀이

$$f(x)=2x+|x-1|=\begin{cases}3x-1 & (x\geq 1)\\ x+1 & (x<1)\end{cases}$$

에서 함수 f는 $x=1$에서 미분 가능하지 않고 $f(-1)=0$이다.

$g(x)=f(x-a)\{f(x)+b\}$라 두고 양변 미분 하면

$$g'(x)=f'(x-a)\{f(x)+b\}+f(x-a)f'(x)$$

함수 $g(x)$다항함수의 곱으로 만들어진 함수이므로 $g(x)$가 실수 전체의 집합에서 미분가능하기 위해서는 $g'(x)$가 실수 전체에서 연속이면 된다.

$f'(\boxed{})\times\triangle$꼴에서 $\boxed{}=1$일 때, $\triangle=0$이 되어야 한다.

즉,

① $x=1$일 때 $f(1-a)f'(1)$에서
$f(-1)=0$이므로 $1-a=-1$ $\therefore$ $a=2$

② $x=a+1$일 때 $f'(a+1-a)\{f(a+1)+b\}$에서
$f'(1)\{f(3)+b\}$꼴이 되므로 $b=-f(3)=-8$이다.
따라서 $a-b=2-(-8)=10$
실제로 $g(x)$가 $a=2$, $b=-8$이면 실수 전체에서 미분 가능한지 확인해보자

$$\begin{aligned}g(x)&=f(x-a)\{f(x)+b\}\\&=f(x-2)\{f(x)-8\}\\&=\{2x-4+|x-3|\}\{2x-8+|x-1|\}\end{aligned}$$이다.

$x<1$일 때 $g(x)=(x-1)(x-7)\Rightarrow g'(1)=-6$

$1\leq x<3$일 때 $g(x)=3(x-1)(x-3)$
$\Rightarrow g'(1)=-6,\; g'(3)=6$

$x>3$일 때 $g(x)=(3x-7)(3x-9)\Rightarrow g'(3)=6$

따라서 $g(x)$는 $x=1$과 $x=3$에서 미분 가능하므로 실수 전체의 집합에서 미분가능하다.

랑데뷰 풀이

$\alpha=1,\; \beta=-1$이므로
$a=1-(-1)=2$
$b=-f(2\times 1-(-1))=-f(3)=-8$
$a-b=2-(-8)=10$

설명

함수 f가 $x=\alpha$에서 미분 가능하지 않고 $f(\beta)=0$일 때, $g(x)=f(x-a)\{f(x)+b\}$라 두고 양변 미분 하면

$$g'(x)=f'(x-a)\{f(x)+b\}+f(x-a)f'(x)$$

$g'(x)$가 실수 전체에서 연속이기 위해서는
$f'(\boxed{})\times\triangle$꼴에서 $\boxed{}=\alpha$일 때, $\triangle=0$이 되어야 한다.

$f(\alpha-a)f'(\alpha)$의 값이 존재하기 위해서는
$f(\alpha-a)=0$이어야 하고 $f(\beta)=0$이므로
$\alpha-a=\beta$이다.
$\therefore$ $a=\alpha-\beta$
$f'(x-a)\{f(x)+b\}$에서 $x=a+\alpha$이면
$f'(\alpha)\{f(a+\alpha)+b\}$이고 값이 존재하기 위해서는
$f(a+\alpha)+b=0$이어야 한다. $a=\alpha-\beta$이므로
$b=-f(2\alpha-\beta)$이다.

편미분

뜻 : 독립 변수가 둘 이상인 함수에서, 하나의 변수를 제외한 다른 변수의 값을 고정시켜 놓고 그 변수로 미분함을 의미한다.

예를 들어 $f(x+y) = f(x) + f(y) + xy + 1$을

① x를 변수 y를 상수로 보고 미분하면 $f'(x+y) = f'(x) + y$

② y를 변수 x를 상수로 보고 미분하면 $f'(x+y) = f'(y) + x$

이런 유형의 문제들은 x, y에 대한 대칭식이므로 어떤 문자를 변수로 봐도 미분한 형태는 같다.

다시 말해 x, y에 대한 대칭식이 아닌 즉 편미분으로 풀이가 불가능한 문제들은 오류일 가능성이 높다.

[관련 문제]

다항함수 $f(x)$는 모든 실수 x, y에 대하여 $f(x+y) = f(x) + f(y) + 2xy - 1$을 만족시킨다.

$\displaystyle\lim_{x \to 1} \frac{f(x) - f'(x)}{x^2 - 1} = 14$일 때, $f'(0)$의 값을 구하시오. [4점] [2007학년도 6월 평가원]

일반 **풀이**

$f(x+y) = f(x) + f(y) + 2xy - 1$에서

$x = y = 0$을 대입하면

$f(0) = f(0) + f(0) - 1 \quad \therefore \ f(0) = 1$

$$f'(x) = \lim_{h \to 0} \frac{f(x+h) - f(x)}{h}$$

$$= \lim_{h \to 0} \frac{f(h) + 2xh - 1}{h}$$

$$= \lim_{h \to 0} \left\{ \frac{f(h) \quad f(0)}{h} + 2x \right\}$$

$$= 2x + f'(0)$$

$$\therefore \ f(x) = x^2 + f'(0)x + C$$

$$= x^2 + f'(0)x + 1 \ (\because \ f(0) = 1)$$

$$\lim_{x \to 1} \frac{f(x) - f'(x)}{x^2 - 1}$$

$$= \lim_{x \to 1} \frac{\{x^2 + f'(0)x + 1\} - \{2x + f'(0)\}}{x^2 - 1}$$

$$= \lim_{x \to 1} \frac{(x-1)^2 + f'(0)(x-1)}{x^2 - 1}$$

$$= 0 + \frac{f'(0)}{2} = 14$$

$$\therefore \ f'(0) = 28$$

랑데뷰 **풀이**

$f(x)$가 다항함수이므로 두 번 미분가능하다.

$$\lim_{x \to 1} \frac{f(x) - f'(x)}{x^2 - 1} = \lim_{x \to 1} \frac{f'(x) - f''(x)}{2x}$$

$$= \frac{f'(1) - f''(1)}{2} = 14$$

$$\therefore \ f'(1) - f''(1) = 28 \ \cdots \text{㉠}$$

$f(x+y) = f(x) + f(y) + 2xy - 1$을

x에 관해 미분하면

$f'(x+y) = f'(x) + 2y$이고 양변에 $x = 0$을

대입하면 $f'(y) = f'(0) + 2y \ \cdots \text{㉡}$

㉡에 $y = 1$을 대입하면 $f'(1) = f'(0) + 2$

㉡을 y에 관해 미분하면 $f''(y) = 2 \ \therefore \ f''(1) = 2$

이것을 ㉠에 대입하면

$\therefore \ f'(1) - f''(1) = f'(0) + 2 - f''(1) = 28$

에서 $\therefore \ f'(0) = 28$

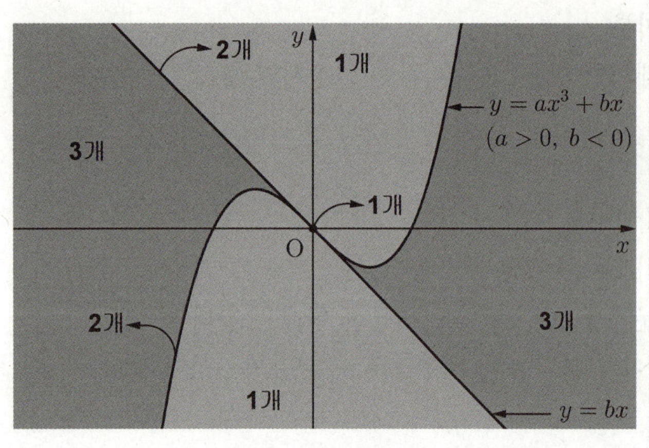

$y = f(x)$을 (p, q)에 대칭이동하면
$2q - y = f(2p - x)$이다.
만약 $f(x)$가 점 (p, q)에 점대칭 함수라면
$2q - f(x) = f(2p - x)$가 성립한다.
정리하면 $f(x) + f(2p - x) = 2q$이고 $x = p + t$
을 대입하면 $f(p + t) + f(p - t) = 2q$가 된다.
삼차함수 $f(x) = a(x - p)^3 + b(x - p) + q$이면
$f(p + x) + f(p - x) = 2q$가 성립하므로 변곡점
이 (p, q)라면 삼차함수는 변곡점에 대칭이므
로 $y = a(x - p)^3 + b(x - p) + q$꼴이 된다.

삼차함수의 변곡점의 좌표가 (p, q)이면 $y = a(x - p)^3 + b(x - p) + q$라 둘 수 있다. $(a > 0)$
이것을 x축으로 $-p$만큼, y축으로 $-q$만큼 평행이동 한 함수를 $f(x)$라 하면 $f(x) = ax^3 + bx$꼴이 된다.
$f'(x) = 3ax^2 + b$, $f''(x) = 6ax$에서 변곡점의 좌표는 $(0, 0)$이고 $f'(0) = b$에서 변곡접선의 방정식은 $y = bx$이다.
한편 $y = f(x)$의 곡선 위의 점 $(t, f(t))$에서의 접선의 방정식은 $y - (at^3 + bt) = (3at^2 + b)(x - t)$
을 t에 관한 내림차순 정리하면 $2at^3 - 3axt^2 - bx + y = 0$
$g(t) = 2at^3 - 3axt^2 - bx + y$ 라 할 때 $g'(t) = 6at^2 - 6axt = 6at(t - x)$
$x \neq 0$일 때 삼차함수 $g(t)$는 $t = 0$, $t = x$에서 극값을 갖고 두 극값은 다음과 같다.
$g(0) = y - bx$, $g(x) = y - ax^3 - bx$
따라서

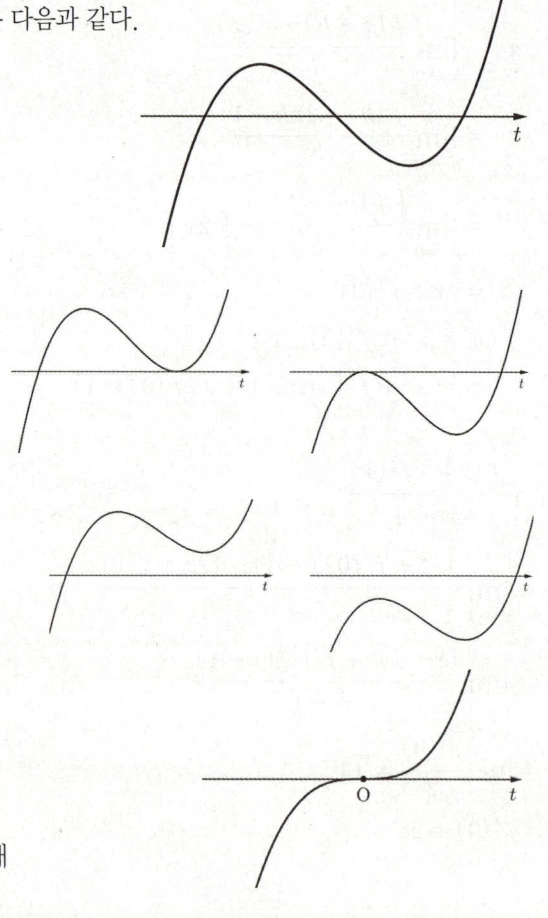

(i) $g(t) = 0$의 실근이 3개일 때 $g(0) \times g(x) < 0$에서
$(y - bx)(y - ax^3 - bx) < 0$ → 곡선 바깥쪽 영역의 점에서는
삼차함수 $f(x)$에 3개의 접선을 그을 수 있다.

(ii) $g(t) = 0$의 실근이 2개일 때
$g(0) \times g(x) = 0$에서 $(y - bx)(y - ax^3 - bx) = 0$
→ $y = bx$, $y = ax^3 + bx$에서는 삼차함수 $f(x)$에 2개의
접선을 그을 수 있다. $(x \neq 0$이므로 변곡점 제외$)$

(iii) $g(t) = 0$의 실근이 1개일 때 $g(0) \times g(x) > 0$에서
$(y - bx)(y - ax^3 - bx) > 0$
→ 곡선 안쪽 영역의 점에서는 삼차함수 $f(x)$에 1개의 접선을
그을 수 있다.

또한, $g'(t) = 6at(t - x)$에서 $x = 0$이면
$g'(t) = 6at^2$에서 $y = g(t)$는 삼중근을 갖는 개형이므로 실근이 1개
존재하므로 $t = 0$(변곡점)에서는 1개의 접선을 그을 수 있다.

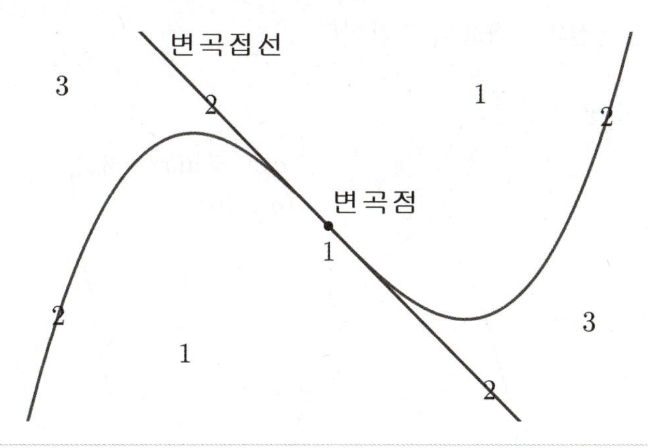

① 변곡점에서는 1개의 접선을 그을 수 있다.
② 변곡점을 제외한 변곡접선 위의 점과 곡선 위의 점에서는 2개의 접선을 그을 수 있다.
③ 변곡접선과 곡선의 볼록한 부분을 경계로 하는 영역에서는 3개의 접선을 그을 수 있다.
④ 변곡접선과 곡선의 오목한 부분을 경계로 하는 영역에서는 1개의 접선을 그을 수 있다.

[관련 문제]

좌표평면 위의 점 $(1, k)$에서 곡선 $y = x^3 + x + 1$에 서로 다른 세 개의 접선을 그을 수 있을 때, 실수 k의 값의 범위를 구하여라.

일반 풀이

접점의 좌표를 $(a, a^3 + a + 1)$이라 하면 이 점에서의 접선의 기울기는 $f'(a) = 3a^2 + 1$이므로 접선의 방정식은

$$y - (a^3 + a + 1) = (3a^2 + 1)(x - a)$$
$$\therefore \ y = (3a^2 + 1)x - 2a^3 + 1$$

위의 직선이 점 $(1, k)$를 지나므로

$$-2a^3 + 3a^2 + 2 = k \quad \cdots\cdots \ \text{㉠}$$

점 $(1, k)$에서 곡선 $y = x^3 + x + 1$에 서로 다른 세 개의 접선을 그을 수 있으므로 삼차방정식 ㉠은 서로 다른 세 실근을 갖는다.

$g(a) = -2a^3 + 3a^2 + 2$라 하면

$$g'(a) = -6a^2 + 6a = -6a(a - 1)$$

$g'(a) = 0$에서 $a = 0$ 또는 $a = 1$

함수 $g(a)$의 증가와 감소를 표로 나타내면 다음과 같다.

a	$\cdots$	0	$\cdots$	1	$\cdots$
$g'(a)$	$-$	0	$+$	0	$-$
$g(a)$	$\searrow$	2	$\nearrow$	3	$\searrow$

삼차방정식 ㉠이 서로 다른 세 실근을 가지려면 오른쪽 그림과 같이 함수 $y = g(a)$의 그래프와 직선 $y = k$가 서로 다른 세 점에서 만나야 하므로

$$2 < k < 3$$

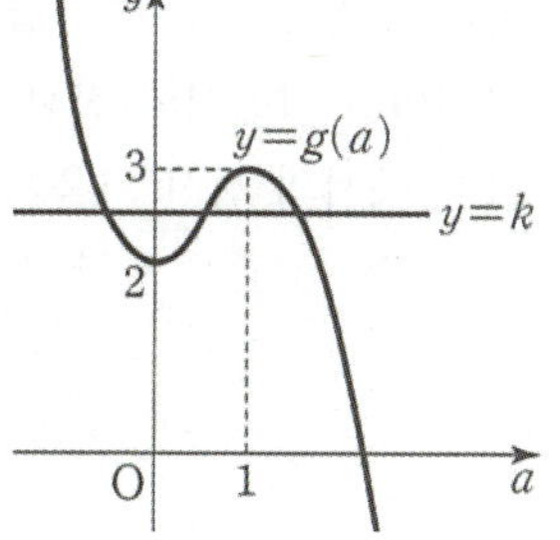

랑데뷰 풀이

$$y = x^3 + x + 1$$
$$y' = 3x^2 + 1$$
$$y'' = 6x$$ 에서 변곡점은 $(0, 1)$이고

변곡접선 방정식은 $y = x + 1$

$x = 1$일 때의 변곡접선 위의 점은 $(1, 2)$

곡선 위의 점은 $(1, 3)$이므로 서로 다른 3개의 접선을 그을 수 있는 영역중 x좌표가 1인 $(1, k)$가 속하는 부분은 $2 < k < 3$ 이다.

삼차함수 $f(x)$의 위의 점 $(a, f(a))$에서의 접선이 삼차함수의 극점을 지날 때
⇨ a는 변곡점의 x좌표와 다른 극점의 x좌표의 중간이다.

삼차함수 $f(x)$가 다음 조건을 만족시킨다.

> (가) $x = -2$에서 극댓값을 갖는다.
> (나) $f'(-3) = f'(3)$

보기에서 옳은 것만을 있는 대로 고른 것은?

| 보기 |

> ㄱ. 도함수 $f'(x)$는 $x = 0$에서 최솟값을 갖는다.
> ㄴ. 방정식 $f(x) = f(2)$는 서로 다른 두 실근을 갖는다.
> ㄷ. 곡선 $y = f(x)$위의 점 $(-1, f(-1))$에서의 접선은 점 $(2, f(2))$를 지난다.

[2017학년도 9월 모평 나형 20번]

일반 풀이

ㄱ, ㄴ. 해설 생략

ㄷ. ㄱ, ㄴ에서 $f(x) = ax^3 - 12ax + d \ (a > 0)$

$f'(x) = 3ax^2 - 12a$ 이므로 점 $(-1, f(-1))$에서의 접선의 방정식은

$y - (11a + d) = -9a(x + 1)$

$y = -9ax + 2a + d \quad \cdots \ \bigcirc$

$\bigcirc$에 점 $(2, f(2))$ 즉, $(2, -16a + d)$를 대입하면 등식이 성립하므로 점 $(-1, f(-1))$에서의 접선은 점 $(2, f(2))$를 지난다. (참)

따라서 옳은 것은 ㄱ, ㄴ, ㄷ이다.

랑데뷰 풀이

$f(x)$의 변곡점의 x좌표는 0이고 극대점의 x좌표는 -2이므로 중점 $x = -1$에서의 곡선위의 점 $(-1, f(-1))$에서의 접선은 극소점 $(2, f(2))$을 지난다.

설명

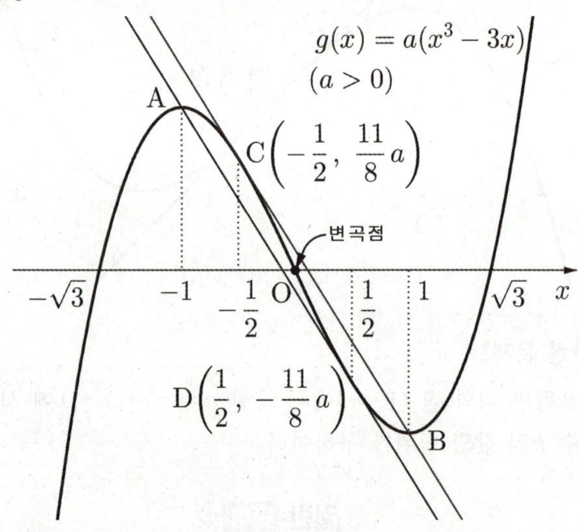

삼차함수 $f(x)$의 변곡점의 좌표가 (p, q)이면 $f(x) = a(x - p)^3 + b(x - p) + q$라 둘 수 있다. 이것을 x축으로 $-p$만큼, y축으로 $-q$만큼 평행이동 한 함수를 $g(x)$라 하면 $g(x) = ax^3 + bx$꼴이 된다. $g(x)$가 극값을 가질 때 삼차함수의 비율 $1 : \sqrt{3} : 2$에 의해 $g(x) = a(x^3 - 3x)$라 둘 수 있다.

$g(x) = a(x^3 - 3x), \ g'(x) = 3a(x^2 - 1)$

두 극점의 좌표 → $A(-1, 2a), B(1, -2a)$

변곡점의 좌표 → $O(0, 0)$

$x = -\dfrac{1}{2}$일 때의 곡선위의 점의 좌표 $C\left(-\dfrac{1}{2}, \dfrac{11}{8}a\right)$

$x = \dfrac{1}{2}$일 때의 곡선위의 점의 좌표 $D\left(\dfrac{1}{2}, -\dfrac{11}{8}a\right)$

C에서의 접선의 기울기 → $g'\left(-\dfrac{1}{2}\right) = -\dfrac{9}{4}a$

직선 BC의 기울기 → $\dfrac{-2a - \dfrac{11}{8}a}{1 - \left(-\dfrac{1}{2}\right)} = -\dfrac{9}{4}a$

따라서 변곡점과 한 극점의 x좌표의 중점을 x좌표로 하는 곡선위의 점에서의 접선은 다른 극점을 지난다.
(D점에서의 접선 기울기와 직선 AD의 기울기도 같다.)

증가 감소의 등호는 들어갈까?

[관련 문제]

$f(x) = x^3 - 3x$의 증가와 감소를 조사해 보자.

일반 풀이

$f'(x) = 3(x+1)(x-1)$이므로
증감표를 조사해보면 다음과 같다.

x	$\cdots$	-1	$\cdots$	1	$\cdots$
$f'(x)$	$+$	0	$-$	0	$+$
$f(x)$	$\nearrow$	1	$\searrow$	-3	$\nearrow$

답1 : 증가 구간 $(-\infty, -1), (1, \infty)$
　　　감소 구간 $(-1, 1)$
답2 : 증가 구간 $(-\infty, -1], [1, \infty)$
　　　감소 구간 $[-1, 1]$

[답1]과 [답2] 중 어느 것이 맞는 답일까?
교육과정 (2009개정)의 교과서를 살펴보면
[금성][신사고]등이 [답1]을
[미래엔][동아]등이 [답2]를 모범답안으로 제시하고 있다.

결론은 모두 맞다.

랑데뷰 풀이

함수 $f(x)$가 닫힌구간 $[a, b]$에서 연속일 때,
열린구간 (a, b)에서 증가하면 닫힌구간 $[a, b]$에서도
증가함을 증명하여라.

증명 구간 (a, b)에서 함수 $f(x)$가 증가하므로 열린구간에
속하는 임의의 두 수 x, y에 대하여 $x < y$이면
$f(x) < f(y)$가 항상 성립한다.

(i) 만약 $f(a) = f(m)$인 열린구간 (a, b)내의 실수 m이
존재한다면 $a < m$이고, $a < k < m$인 실수 k가
존재한다. 따라서 $f(k) < f(m) = f(a)$
$[a, k]$에서 $f(x)$가 연속이므로 $f(k) < f(n) < f(a)$인
실수 n이 (a, k)에 존재한다.
그런데 $a < n < k$에서 $f(n) < f(k)$이므로 모순
따라서 $f(a) = f(m)$을 만족하는 m은 존재하지 않는다.

(ii) 만약 $f(a) > f(m)$인 열린구간 (a, b)내의 실수 m이
존재한다면 $a < m$이고, $[a, m]$에서 $f(x)$가 연속이므로
$f(m) < f(n) < f(a)$인 실수 n이 (a, m)에 존재한다.
그런데 $a < n < m$에서 $f(n) < f(m)$이므로 모순
따라서 $f(a) > f(m)$을 만족하는 m은 존재하지 않는다.
(i),(ii)에서 열린구간 (a, b)에는 $f(a)$이하인 실수는
존재하지 않는다.
따라서 열린구간 (a, b)에 속하는 임의의 x에 대하여
$f(a) < f(x)$이다. 이것은 $[a, b)$에 속하는 임의의 두 수
x, y에 대하여 $x < y$이면 $f(x) < f(y)$가 항상 성립함을
의미한다.
마찬가지로 $f(b)$에 대해서도 위의 과정으로 (a, b)에
속하는 임의의 두 수 x, y에 대하여 $x < y$이면
$f(x) < f(y)$가 항상 성립함을 증명할 수 있다.
따라서
함수 $f(x)$가 닫힌구간 $[a, b]$에서 연속일 때,
열린구간 (a, b)에서 증가하면 닫힌구간 $[a, b]$에서도
증가함을 알 수 있다.

설명
함수 $f(x)$가 닫힌구간 $[a, b]$에서 연속일 때,
열린구간 (a, b)에서 증가하면 닫힌구간 $[a, b]$에서도
증가함을 증명하였다.
또한 닫힌구간 $[a, b]$에서 증가하면 당연히 (a, b)에서도
증가한다. 따라서 두 명제는 동치이므로 어느 것을
사용하여도 무방하겠다.

Newton's Method

$f(x) = ax^n$ 이고 뉴턴의 방법을 이용하여 근을 구할 때, n번째 근을 x_n이라 하면 수열 $\{x_n\}$은

공비가 $\dfrac{n-1}{n}$ 인 등비수열이다.

[관련 문제]

곡선 $y = x^3$ 위의 점 $(1, 1)$에서의 접선이 x축과 만나는 점을 $(a_1, 0)$, 곡선 $y = x^3$ 위의 점 (a_1, a_1^3)에서의 접선이 x축과 만나는 점을 $(a_2, 0)$, 곡선 $y = x^3$ 위의 점 (a_2, a_2^3)에서의 접선이 x축과 만나는 점을 $(a_3, 0), \cdots$ 이라고 하자. 이와 같은 과정을 무한히 반복하여 생기는 수열 $\{a_n\}$에 대하여 $\displaystyle\sum_{n=1}^{\infty} a_n$의 값을 구하여라.

일반 풀이

$f(x) = x^3$ 으로 놓으면 $f'(x) = 3x^2$

$x = 1$에서 접선의 기울기는 $f'(1) = 3$

따라서 기울기가 3이고 점 $(1, 1)$을 지나는 접선의

방정식은 $y - 1 = 3(x-1)$ $\quad \therefore y = 3x - 2$

이 접선의 x절편 $\left(\dfrac{2}{3}, 0\right)$이므로 $\therefore a_1 = \dfrac{2}{3} \cdots \text{㉠}$

또한, 곡선 x위의 점 (a_n, a_n^3)에서의 접선의

방정식은 $y - a_n^3 = f'(a_n)(x - a_n)$

$y = 3a_n^2(x - a_n) + a_n^3 \quad \therefore y = 3a_n^2 x - 2a_n^3$

따라서 이 접선의 x절편 $\left(\dfrac{2}{3} a_n, 0\right)$ 이므로

$\therefore a_{n+1} = \dfrac{2}{3} a_n \cdots \text{㉡}$

㉠ , ㉡에서 수열 $\{a_n\}$은 첫째항이 $\dfrac{2}{3}$이고, 공비가 $\dfrac{2}{3}$인

등비수열이므로 $a_n = \dfrac{2}{3} \cdot \left(\dfrac{2}{3}\right)^{n-1} = \left(\dfrac{2}{3}\right)^n$

$\therefore \displaystyle\sum_{n=1}^{\infty} a_n = \sum_{n=1}^{\infty} \left(\dfrac{2}{3}\right)^n = \dfrac{\dfrac{2}{3}}{1 - \dfrac{2}{3}} = 2$

랑데뷰 풀이

$y = x^3$이므로 $\{a_n\}$은 $a_1 = \dfrac{2}{3}$이고 공비가 $\dfrac{2}{3}$인

등비수열이다. $\therefore \displaystyle\sum_{n=1}^{\infty} a_n = \sum_{n=1}^{\infty} \left(\dfrac{2}{3}\right)^n = 2$

설명

방정식의 근을 $f(x)$와 $f'(x)$을 이용하여 $f(x) = 0$의 해를 근사적으로 구하는 방법을 **뉴턴의 방법**이라 한다.

즉 방정식 $f(x) = 0$의 근사근 x_0에서 출발하여

$x_{n+1} = x_n - \dfrac{f(x_n)}{f'(x_n)}$ 에 의하여 근사를 계산한다.

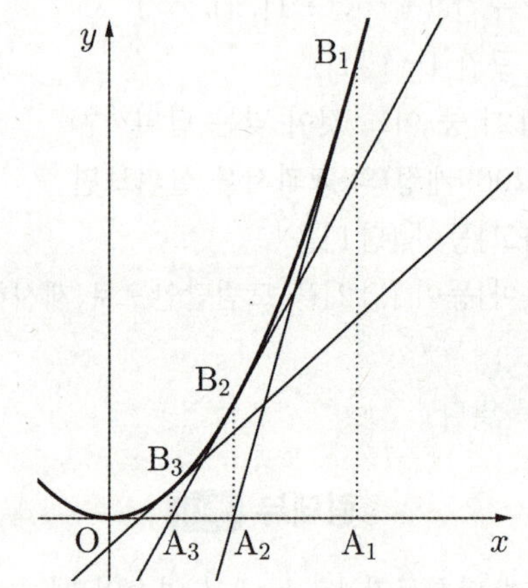

$y - f(x_n) = -f'(x_n)(x - x_n)$의 x절편을 구해보면

x절편 $= x_n - \dfrac{f(x_n)}{f'(x_n)}$

그림과 같이 $y = f(x)$의 곡선 위의 점 B_1에서 접선의 x절편을 A_2, B_2에서 접선의 x절편을 A_3, B_3에서 접선의 x절편을 $A_4, \cdots \displaystyle\lim_{n \to \infty} A_n$이 바로

$f(x) = 0$의 해가 된다.

특히 $f(x) = ax^n$꼴이면 $f'(x) = anx^{n-1}$이므로

$x_{n+1} = x_n - \dfrac{ax_n^n}{anx_n^{n-1}}$에서

$x_{n+1} = x_n - \dfrac{x_n}{n} = \left(1 - \dfrac{1}{n}\right)x_n$

$\therefore x_{n+1} = \dfrac{n-1}{n} x_n$

$\Rightarrow$ 수열 $\{x_n\}$은 공비가 $\dfrac{n-1}{n}$인 등비수열이다.

삼차함수 $y = f(x)$의 그래프와 직선 $y = mx + n$이 세 점에서 만날 때,
세 점의 x좌표를 작은 것부터 차례대로 $\mathrm{A}\,(a, f(a))$, $\mathrm{B}\,(b, f(b))$, $\mathrm{C}\,(c, f(c))$라 하자.

이때, 점 A에서 곡선 $y = f(x)$에 그은 접선 l_1의 접점은
$$\left(\frac{b+c}{2},\ f\left(\frac{b+c}{2}\right)\right)\text{이다.}$$

점 C에서 곡선 $y = f(x)$에 그은 접선 l_2의 접점은
$$\left(\frac{a+b}{2},\ f\left(\frac{a+b}{2}\right)\right)\text{이다.}$$

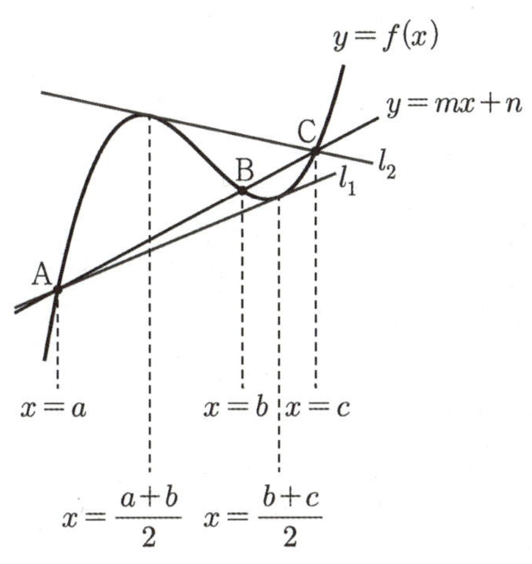

설명

① $f(x) - mx = k(x-a)(x-b)(x-c) + d$일 때,

$f'(x) - m = k\{3x^2 - 2(a+b+c)x + ab + bc + ca\}$,

$f''(x) = 2k\{3x - (a+b+c)\}$

따라서 변곡점의 x좌표는 $x = \dfrac{a+b+c}{3}$이다.

⇨ 삼차방정식 $f(x) = k$의 세 실근의 합은 변곡점 x좌표의 3배다.

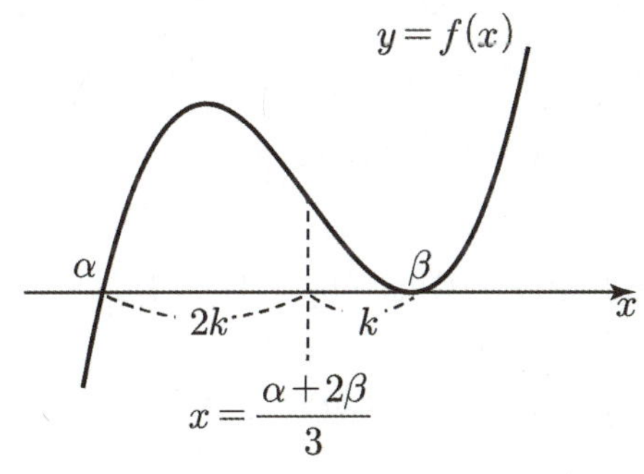

② $f(x) = (x-\alpha)(x-\beta)^2$의 삼차함수 비율에서 변곡점의 x 좌표는 $x = \dfrac{\alpha + 2\beta}{3}$

③ ①, ②에서
점 A에서 곡선 $y = f(x)$에 그은 접점의 x좌표를 t라 하면
$$\frac{a+2t}{3} = \frac{a+b+c}{3} \ \rightarrow\ t = \frac{b+c}{2}$$

따라서 접점의 좌표는 $\left(\dfrac{b+c}{2},\ f\left(\dfrac{b+c}{2}\right)\right)$이다.

삼차함수 $y = f(x)$의 그래프 위의 점 A에 접하는 접선 l_1을 긋는다.

접선 l_1이 곡선 $y = f(x)$와 만나는 점 중 점 A가 아닌 점을 B라 하자.

점 B에 접하는 접선 l_2를 긋는다.

접선 l_2가 곡선 $y = f(x)$와 만나는 점 중 점 B가 아닌 점을 C라 하자.

세 점 A, B, C의 x좌표를 각각 a, b, c라 할 때,

$$c = \frac{a+b}{2}$$

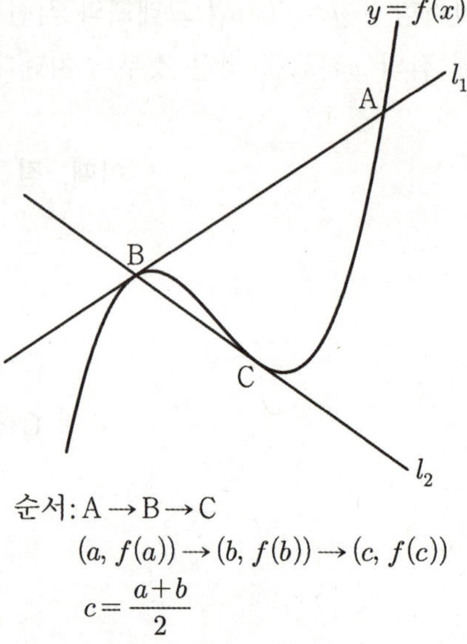

[2022학년도 6월 모평 22번]

삼차함수 $f(x)$가 다음 조건을 만족시킨다.

> (가) 방정식 $f(x) = 0$의 서로 다른 실근의 개수는 2이다.
> (나) 방정식 $f(x - f(x)) = 0$의 서로 다른 실근의 개수는 3이다.

$f(1) = 4$, $f'(1) = 1$, $f'(0) > 1$일 때, $f(0) = \dfrac{q}{p}$이다. $p+q$의 값을 구하시오. (단, p와 q는 서로소인 자연수이다.)

풀이

직선 $y = x - \alpha$가 $(1, 4)$를 지나므로 $\alpha = -3$

위 성질에서 $\dfrac{\alpha + \beta}{2} = 1$이므로 $\beta = 5$이다.

$f(x) = a(x+3)^2(x-5)$ $f'(1) = 1$을 이용하면 $a = -\dfrac{1}{16}$이다.

$$\therefore f(x) = -\frac{1}{16}(x+3)^2(x-5)$$

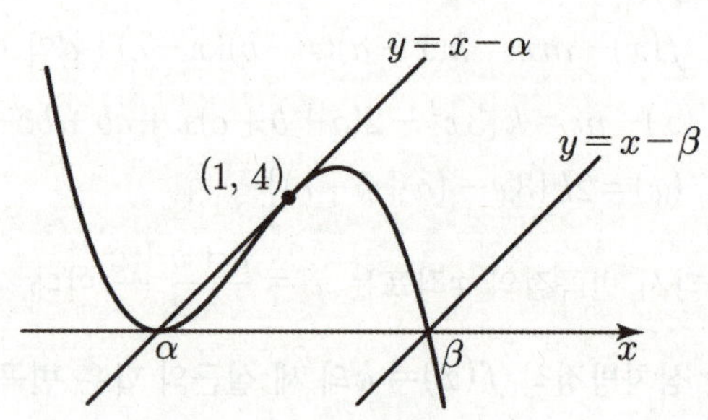

세미나(112) 삼차함수의 극대와 극소의 차

극값을 갖는 삼차함수 $f(x)=ax^3+bx^2+cx+d$의

$$(\text{극댓값과 극솟값의 차})=\frac{|a|}{2}(\beta-\alpha)^3$$

(단, $f'(x)=0$의 두 근이 α, β이고 $\alpha<\beta$)

[관련 문제]

함수 $f(x)=-x^3-\dfrac{3}{2}ax^2+6a^2x$의 극댓값과 극솟값의 차가 $\dfrac{1}{2}$일 때, 양수 a의 값을 구하여라.

일반 풀이

$f(x)=-x^3-\dfrac{3}{2}ax^2+6a^2x$에서

$f'(x)=-3x^2-3ax+6a^2=-3(x+2a)(x-a)$

$f'(x)=0$에서 $x=-2a$ 또는 $x=a$

x	$\cdots$	$-2a$	$\cdots$	a	$\cdots$
$f'(x)$	$-$	0	$+$	0	$-$
$f(x)$	$\searrow$	$-10a^3$	$\nearrow$	$\dfrac{7}{2}a^3$	$\searrow$

$a>0$이므로 함수 $f(x)$는 $x=-2a$에서 극솟값 $-10a^3$을 갖고, $x=a$에서 극댓값 $\dfrac{7}{2}a^3$을 갖는다.

이때 극댓값과 극솟값의 차가 $\dfrac{1}{2}$이므로

$\dfrac{7}{2}a^3-(-10a^3)=\dfrac{1}{2}$, $a^3=\dfrac{1}{27}$

$\therefore\ a=\dfrac{1}{3}$

랑데뷰 풀이

$f'(x)=-3x^2-3ax+6a^2=-3(x-a)(x+2a)$

에서 $f'(x)=0$의 해가 $-2a$, a이므로

$\dfrac{1}{2}\{a-(-2a)\}^3=\dfrac{1}{2}$ 에서

$a^3=\dfrac{1}{27}$ $\quad\therefore\ a=\dfrac{1}{3}$

설명

$f(x)=ax^3+bx^2+cx+d$

$f'(x)=3ax^2+2bx+c=0$의 두 근을 α, β라 하면

$f'(x)=3a(x-\alpha)(x-\beta)$이다. 따라서

$|f(\beta)-f(\alpha)|$

$=\left|\displaystyle\int_\alpha^\beta f'(x)dx\right|=\left|3a\displaystyle\int_\alpha^\beta(x-\alpha)(x-\beta)dx\right|$

$=\left|3a\right|\dfrac{(\beta-\alpha)^3}{6}=\dfrac{|a|}{2}(\beta-\alpha)^3$

삼차함수의 두 극점을 지나는 직선의 기울기는 변곡접선 기울기의 $\dfrac{2}{3}$

[관련 문제] 함수 $f(x) = x^3 + ax^2 + bx + c$가 다음 세 조건을 만족한다.

> (가) 함수 $y = f(x)$의 그래프는 점 $(1,\ 9)$를 지난다.
> (나) 함수 $f(x)$는 극댓값과 극솟값을 모두 갖는다.
> (다) 극값을 갖는 두 점을 지나는 직선의 기울기는 -1보다 크다.

a, b, c가 자연수일 때, 순서쌍 $(a,\ b,\ c)$의 개수를 구하여라.

일반 풀이

조건 (가)에서 함수 $f(x) = x^3 + ax^2 + bx + c$의 그래프가
점 $(1,\ 9)$를 지나므로 $f(1) = 9$에서 $\quad \therefore\ a + b + c = 8 \quad \cdots\cdots ㉠$
$f(x) = x^3 + ax^2 + bx + c$에서 $f'(x) = 3x^2 + 2ax + b$이고 조건
(나)에서 함수 $f(x)$는 극댓값과 극솟값을 모두 가지므로 방정식
$f'(x) = 0$은 서로 다른 두 실근을 갖는다. 이때, 이차방정식
$3x^2 + 2ax + b = 0$의 판별식을 D라 하면

$$\dfrac{D}{4} = a^2 - 3b > 0 \quad \therefore\ b < \dfrac{a^2}{3} \quad \cdots\cdots ㉡$$

또한 방정식 $f'(x) = 0$의 서로 다른 두 실근을 α, β라 하면
이차방정식의 근과 계수와의 관계에 의해

$$\alpha + \beta = -\dfrac{2a}{3}, \ \alpha\beta = \dfrac{b}{3} \quad \cdots\cdots ㉢$$

함수 $f(x)$는 두 점 $(\alpha,\ f(\alpha))$, $(\beta,\ f(\beta))$에서 극값을 갖고,

조건 (다)에서 $\dfrac{f(\alpha) - f(\beta)}{\alpha - \beta} > -1$ 이므로

$$\dfrac{f(\alpha) - f(\beta)}{\alpha - \beta}$$
$$= \dfrac{(\alpha^3 + a\alpha^2 + b\alpha + c) - (\beta^3 + a\beta^2 + b\beta + c)}{\alpha - \beta}$$
$$= \dfrac{\alpha^3 - \beta^3 + a(\alpha^2 - \beta^2) + b(\alpha - \beta)}{\alpha - \beta}$$
$$= \dfrac{(\alpha - \beta)(\alpha^2 + \alpha\beta + \beta^2) + a(\alpha - \beta)(\alpha + \beta) + b(\alpha - \beta)}{\alpha - \beta}$$
$$= \alpha^2 + \alpha\beta + \beta^2 + a(\alpha + \beta) + b \ (\because\ \text{(나)에서 } \alpha \neq \beta)$$
$$= (\alpha + \beta)^2 - \alpha\beta + a(\alpha + \beta) + b$$
$$= \left(-\dfrac{2a}{3}\right)^2 - \dfrac{b}{3} + a \times \left(-\dfrac{2a}{3}\right) + b \ (\because ㉢)$$
$$= -\dfrac{2a^2}{9} + \dfrac{2b}{3} > -1$$

$$\therefore\ b > \dfrac{a^2}{3} - \dfrac{3}{2} \cdots ㉣ \quad ㉡, ㉣ \text{에서} \ \dfrac{a^2}{3} - \dfrac{3}{2} < b < \dfrac{a^2}{3} \ \cdots ㉤$$

따라서 ㉠, ㉤을 만족하는 자연수
a, b, c의 순서쌍 $(a,\ b,\ c)$는
$(2,\ 1,\ 5)$, $(3,\ 2,\ 3)$의 2개다.

랑데뷰 풀이

왼쪽 풀이의 ㉣부분을 설명한다.
$f'(x) = 3x^2 + 2ax + b$
$f''(x) = 6x + 2a$에서 변곡점의 x좌표는
$-\dfrac{a}{3}$이므로 변곡접선의 기울기는

$$f'\left(-\dfrac{a}{3}\right) = \dfrac{a^2}{3} - \dfrac{2a^2}{3} + b = -\dfrac{a^2}{3} + b$$

따라서 두 극점을 지나는 직선의 기울기는

$$\dfrac{2}{3} f'\left(-\dfrac{a}{3}\right) = \dfrac{2}{3}\left(-\dfrac{a^2}{3} + b\right) \text{이다.}$$

(다)에서

$$-\dfrac{2a^2}{9} + \dfrac{2b}{3} > -1 \therefore\ b > \dfrac{a^2}{3} - \dfrac{3}{2}$$

설명

$f(x) = ax^3 + bx^2 + cx + d \ (a > 0)$일 때
$f'(x) = 3a(x - p)(x - q) \ (p > q)$라 하면

변곡점의 x좌표 $x = \dfrac{p + q}{2}$이므로

$$f'\left(\dfrac{p + q}{2}\right) = -3a \dfrac{(p - q)^2}{4}$$
$$\dfrac{f(p) - f(q)}{p - q} = -a \dfrac{(p - q)^3}{2} \times \dfrac{1}{p - q}$$
$$= -a \dfrac{(p - q)^2}{2} = \dfrac{2}{3} \times f'\left(\dfrac{p + q}{2}\right)$$

$f(f(x))= x$의 고찰

$f(f(x))= x$을 만족하는 실수 a가 존재하면 $f(f(a))= a$가 성립한다.

이때 $f(a)$가 될 수 있는 값은 a이거나 a가 아닌 어떤 수 b로 생각할 수 있다.

(i) $f(a)= a$이면 $f(f(a))= f(a)= a$이므로 항상 성립한다. ⇨ (a, a)는 $y = x$ 위의 점이다.

(ii) $f(a)= b$이면 $f(f(a))= f(b)= a$에서 $f(b)= a$가 성립해야 한다.

⇨ (a, b)와 (b, a)는 $y = x$에 대칭인 점이다. (단, $a \neq b$)

(i), (ii)에서 $f(f(x))= x$을 만족하는 실수 a는 $y = f(x)$와 $y = x$의 교점 또는 그것의 $y = x$에 대칭인 함수 $x = f(y)$의 교점의 x좌표임을 알 수 있다.

⇩ 아래 그림은 차례로 예)로 든 식의 함수

$f(x)$가 최고차항의 계수가 양수인 삼차함수인 경우에 대해 생각해보자.

$(f \circ f)(x)= x$을 만족하는 실근은 $y = f(x)$와 $y = x$의 교점 또는 $y = f(x)$와 $x = f(y)$의 교점의 x좌표이다. $y = f(x)$와 $y = x$의 교점의 x좌표를 크기순으로 $\alpha_1, \alpha_2, \cdots, \alpha_{n-1}, \alpha_n$이라 하고 $y = f(x)$와 $x = f(y)$의 교점 중 $y \neq x$인 x좌표를 크기순으로 $\beta_1, \beta_2, \cdots, \beta_{m-1}, \beta_m$이라 하자.

삼차함수 $y = f(x)$와 $y = x$의 교점의 최대 개수는 3이므로 $n = 1, 2, 3$이다.

⇨ α근은 반드시 1개이상 존재하며 3개까지 존재할 수 있다.

또한 삼차함수 개형을 생각해 보면 $(f \circ f)(x)= x$의 가장 작은 실근과 가장 큰 실근은 $y = f(x)$와 $y = x$의 교점의 x좌표이므로 $\alpha_1 < \beta_1$, $\beta_m < \alpha_3$이다.

그런데 $y \neq x$인 $y = f(x)$와 $x = f(y)$의 교점은 $y = x$에 대칭으로 $f(\beta_p)= \beta_q$이년 $f(\beta_q)= \beta_p$을 만족하므로 $\beta_1, \beta_2, \cdots, \beta_{m-1}, \beta_m$의 m은 짝수다. ⇨ β근은 존재하지 않거나 짝수개 존재한다.

따라서 다음을 만족한다.

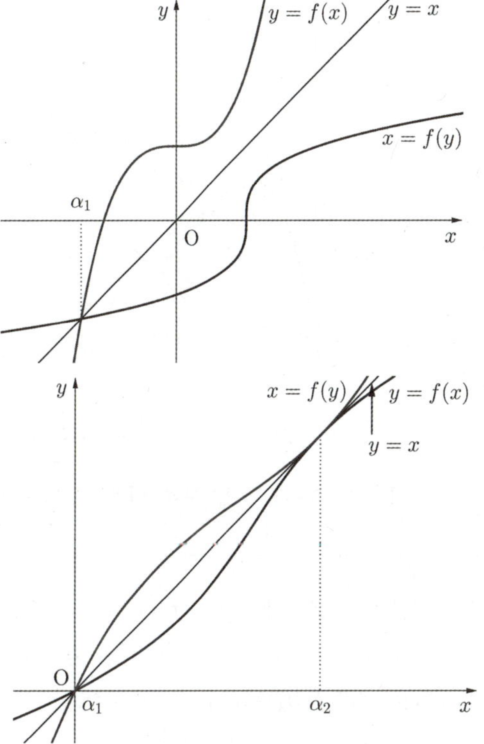

(i) $n = 1$일 때 $(f \circ f)(x)= x$의 해는 1개로 유일하다.

예) $f(x)= x^3 + 1$ ⇨ α근이 1개이고 β근은 0개다.

(ii) $n = 2$일 때 $(f \circ f)(x)= x$의 해는 2개로 모두 $y = x$위에 있다. 즉 삼차함수 $f(x)$가 $y = x$에 접하는 경우이다.

예) $f(x)= x(x-1)^2 + x$ ⇨ α근이 2개이고 β근은 0개다.

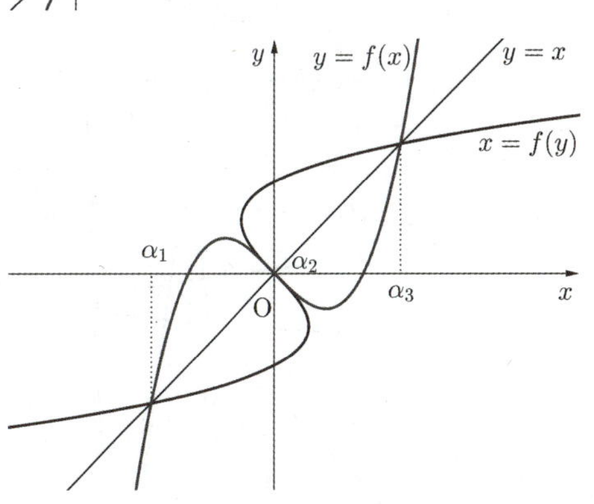

(iii) $n = 3$일 때

㉠ β근이 0개일 때 $(f \circ f)(x)= x$의 해는 3개이고 모두 $y = x$위에 있다. 예) $y = x^3 - x$

ⓛ β근이 2개일 때 $(f \circ f)(x) = x$의 해는 5개이고 $y = x$위에 있지 않은 두 실근을 β_1, β_2라 하면

$f(\beta_1) = \beta_2$, $f(\beta_2) = \beta_1$을 만족한다. 예) $y = 2x^3 - 2x$

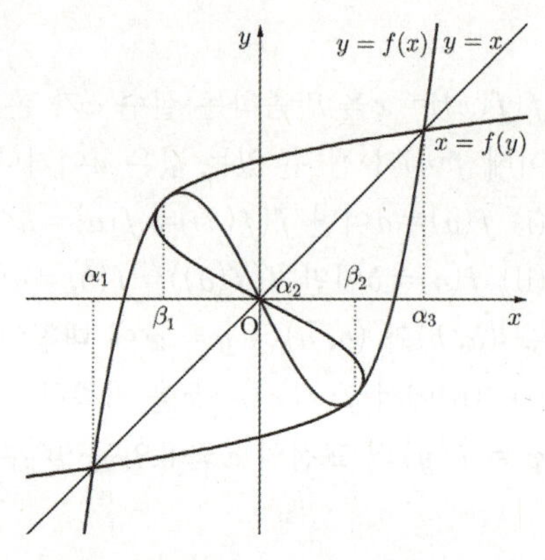

⇨ 여기서 α_2가 항상 삼차함수 $f(x)$의 대칭점 위에 있다고는 할 수 없다.

⇨ α_2가 대칭점위에 있는 경우의 예)	⇨ α_2가 대칭점위에 있지 않는 경우의 예)
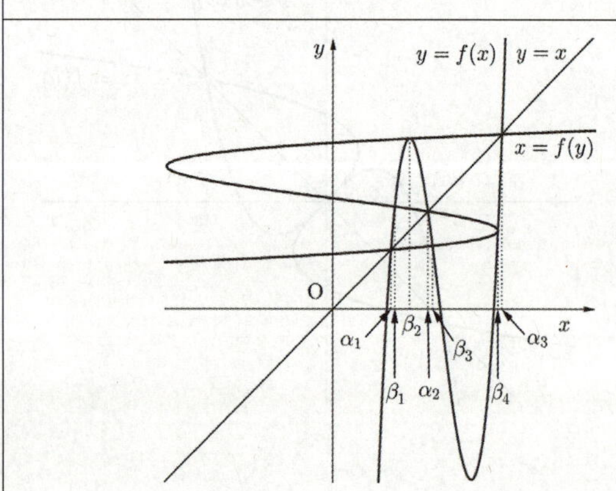	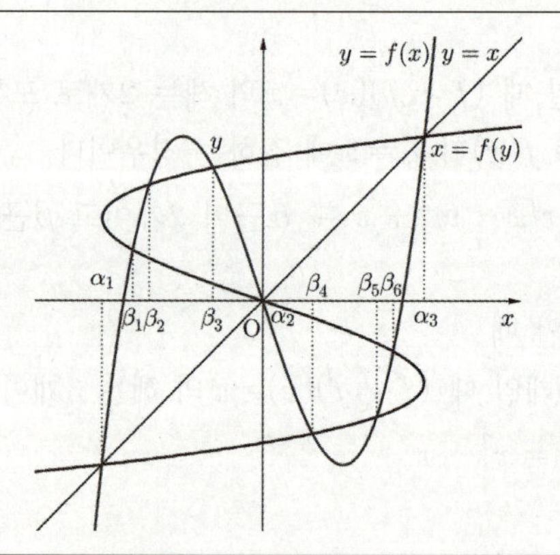
예) $f(x) = x^3 - \dfrac{9}{2}x^2 + \dfrac{11}{2}x$ [2019학년도 9월 모평 나형 30번의 답]	예) $f(x) = x^3 - 5x^2 + \dfrac{21}{4}x$

ⓒ β근이 4개일 때 $(f \circ f)(x) = x$의 해는 7개이고 $y = x$위에 있지 않은 네 실근을 β_1, β_2, β_3, β_4라 하면 $\{f(\beta_1) = \beta_3,\ f(\beta_3) = \beta_1\}$, $\{f(\beta_2) = \beta_4,\ f(\beta_4) = \beta_2\}$을 만족한다.	ⓓ β근이 6개일 때 $(f \circ f)(x) = x$의 해는 9개이고 $y = x$위에 있지 않은 여섯 실근을 β_1, β_2, $\cdots$, β_5, β_6라 하면 $\{f(\beta_1) = \beta_4,\ f(\beta_4) = \beta_1\}$, $\{f(\beta_2) = \beta_5,\ f(\beta_5) = \beta_2\}$, $\{f(\beta_3) = \beta_6,\ f(\beta_6) = \beta_3\}$을 만족한다.
	예) $y = 3x^3 - 3x$

중심화 차 몫

$$\left[\frac{f(a+mh)-f(a-nh)}{h}\ \text{꼴의 극한을 중심화 차 몫이라 한다.}\right]$$

$$\lim_{h\to0}\frac{f(a+mh)-f(a-nh)}{h}=\alpha\text{일 때, }\left[\lim_{h\to0}\frac{f(a+mh)-f(a-nh)}{(m+n)h}=f'(a)\right]$$

① $m\neq n$이면 $x=a$에서 미분가능하다. $\Rightarrow$ $f'(a)$의 값은 존재하며 $(m+n)f'(a)=\alpha$

② $m=n$이면 $x=a$에서 미분가능과 상관없다. $\Rightarrow$ $f'(a)$가 존재와 상관없이 $\lim\limits_{h\to0}\dfrac{f(a+mh)-f(a-mh)}{h}$의

값은 존재한다.

[관련 문제]

모든 실수 x에서 정의된 함수 $f(x)$가 $x=a$에서 미분가능하기 위한 필요충분조건인 것만을 보기에서 있는 대로 고른 것은? [2013년 사관학교 가나18]

> | 보기 |
>
> ㄱ. $\lim\limits_{h\to0}\dfrac{f(a+h^2)-f(a)}{h^2}$의 값이 존재한다.   ㄴ. $\lim\limits_{h\to0}\dfrac{f(a+h^3)-f(a)}{h^3}$의 값이 존재한다.
>
> ㄷ. $\lim\limits_{h\to0}\dfrac{f(a+h)-f(a-h)}{2h}$의 값이 존재한다.

① ㄱ   ② ㄴ   ③ ㄷ   ④ ㄱ, ㄷ   ⑤ ㄴ, ㄷ

$\Rightarrow$ 중심화 차 몫에서 $x=a$에서 $f(x)$의 미분가능 여부와 상관없이 ㄷ.의 $\lim\limits_{h\to0}\dfrac{f(a+h)-f(a-h)}{2h}$의 값이 존재한다.

정답 : ②

①의 설명 예를 들어 $\lim\limits_{h\to0}\dfrac{f(a+3h)-f(a-2h)}{5h}=\alpha$이면

$x=a$에서 연속이고 $x=a$에서 미분가능 하지 않은 함수 $f(x)$는 $f'(a)$의 값이 존재하지 않으므로

$\lim\limits_{x\to0-}\dfrac{f(a+h)-f(a)}{h}=p,\ \lim\limits_{x\to0+}\dfrac{f(a+h)-f(a)}{h}=q$라 하면 $p\neq q$이다. 이때,

$$\frac{f(a+3h)-f(a-2h)}{5h}=\frac{f(a+3h)-f(a)-f(a-2h)+f(a)}{5h}$$

$$=\frac{3}{5}\times\frac{f(a+3h)-f(a)}{3h}-\frac{(-2)}{5}\times\frac{f(a-2h)-f(a)}{-2h}\text{이므로}$$

$$\lim_{h\to0+}\frac{f(a+3h)-f(a-2h)}{5h}=\frac{3}{5}p-\frac{(-2)}{5}q,\ \lim_{h\to0-}\frac{f(a+3h)-f(a-2h)}{5h}=\frac{3}{5}q-\frac{(-2)}{5}p$$

에서 $\lim\limits_{h\to0}\dfrac{f(a+3h)-f(a-2h)}{5h}=\alpha$이므로 $\alpha=\dfrac{3}{5}p-\dfrac{(-2)}{5}q=\dfrac{3}{5}q-\dfrac{(-2)}{5}p$에서 $\alpha=p=q$이다.

이는 $p\neq q$라는 가정에 모순이므로 $\lim\limits_{h\to0}\dfrac{f(a+3h)-f(a-2h)}{5h}=\alpha$이면 함수 $f(x)$는

$x=a$에서 미분가능하고 $\alpha=p=q$이므로 $f'(a)=\alpha$이다.

[쉬어가는 중]

$$\frac{dy}{dx} \rightarrow [디엑스분의 \ 디와이]? \ [디와이 \ 디엑스]?$$

---

① { $\frac{dy}{dx}$ 는 분수형태이니 [디엑스분의 디와이]라고 읽어야 한다.}라는 주장의 반박

⇨ $\frac{dy}{dx}$ 가 분수형태면 $\frac{dx}{dy}$ 는 $\frac{dy}{dx}$ 의 역수가 된다.

그런데 $\frac{dy}{dx}$ 는 x 에 대한 y 의 미분을 가리킨다. 즉, 독립변수가 x 이고 종속변수가 y 인 함수이다.

마찬가지로 $\frac{dx}{dy}$ 는 y 에 대한 x 의 미분을 가리키므로 독립변수가 y 이고 종속변수가 x 인 함수이다.

서로가 역수 관계가 될 수 없다. 예를 들어 $y = x^2$ 에서 $\frac{dy}{dx} = 2x$, $\frac{dx}{dy} = \frac{1}{2x}$ 이다. 식 자체에서는 둘의 관계가 역수

관계로 보인다. 그런데 $x = 1$ 일 때의 $\frac{dy}{dx}$ 와 그와 대응하는 $y = 1$ 에서의 $\frac{dx}{dy}$ 를 생각해보면 $x = 1$ 일 때의 $\frac{dy}{dx}$ 값은

2이지만 $y = 1$ 일 때는 $x = \pm 1$ 이므로 $\frac{dx}{dy} = \pm \frac{1}{2}$ 가 됨을 알 수 있다.

따라서 $\frac{dy}{dx}$ 와 $\frac{dx}{dy}$ 는 역수 관계가 아니다. 따라서 $\frac{dy}{dx}$ 은 분수형태의 식이 아니다.

② { $\frac{dy}{dx}$ 는 분수형태가 아니니 [디엑스분의 디와이]로 읽어서는 안되고 [디와이 디엑스]라고 읽는게 맞다.}라는 주장의 반박

⇨ 부정적분에 쓰이는 공식을 갖고 얘기해 보자.

$\int f(x)\,dx = F(x) + C$ 이듯이 $\int f(g(x)) \frac{d(g(x))}{dx}\,dx = F(g(x)) + C$ 는 항상 성립하는 식이며 하나의 공식이다.

여기서 $g(x) = u$ 로 치환하면 $\int f(u) \frac{du}{dx}\,dx = F(u) + C = \int f(u)\,du$

이 식도 항상 성립한다. 이 식 자체가 어떤 의미가 있는지는 여기서는 중요하지 않다.

중요한건 이 식이 항상 성립한다는 것이다. 그럼 다음이 성립함을 알 수 있다. $\frac{du}{dx}\,dx = du$

이 식은 라이프니츠의 미분기호를 마치 분수인 것처럼 보아 계산한 것이다.

따라서 $\frac{dy}{dx}$ 은 분수형태의 식으로 보고 계산하여도 된다.

③ **결론** : 그럼 어떻게 읽어야 할까? **필자의 생각은 [디엑스분의 디와이]든 [디와이 디엑스]든 편한대로 읽으면 된다.**
이것이 무조건 맞고 저것은 틀리다라는 이분법적 사고는 학습에 있어 큰 장애가 된다.
이것도 가능하다면 저것도 가능할 수 있다는 생각을 가지는 것이 사고의 유연성을 확장해 준다고 생각한다.
마지막으로 $\frac{2}{5}$ 는 한국인은 아래에서 위로 [오분의 이]라고 읽고 미국인들은 위에서 아래로 [two fifths]라고 읽는다는

점을 생각해 보면 $\frac{dy}{dx}$ 를 [디와이 디엑스]라고 읽어야지 [디엑스분의 디와이]라고 읽으면 절대 안된다고 하면 왠지 일제
강점기때 일제의 국어말살 정책과 상통하는 면이 있어 보인다.

역함수와 관련된 문제에서 사용하면 편한 팁 ⇨ $x = f(t)$ 대입하기
① 주어진 식을 간단히 정리한다.
② $f^{-1}(x) = g(x)$일 때, 관계식에 $x = f(t)$을 대입한다.
③ x의 범위가 주어질 때는 $f(t)$의 범위에서 t의 범위를 찾는다.

[관련 문제]

함수 $f(x) = (x^2 + ax + b)e^x$ 과 함수 $g(x)$가 다음 조건을 만족시킨다.

> (가) $f(1) = e$, $f'(1) = e$
> (나) 모든 실수 x에 대하여 $g(f(x)) = f'(x)$이다.

함수 $h(x) = f^{-1}(x)g(x)$에 대하여 $h'(e)$의 값은? (단, a, b는 상수이다.)

① 1   ② 2   ③ 3   ④ 4   ⑤ 5

[2018년 3월 실시 교육청 가형 21번]

랑데뷰 풀이

$f(1) = (1 + a + b)e = e$에서 $a + b = 0 \cdots \bigcirc$
$f'(x) = \{x^2 + (a+2)x + a + b\}e^x$ 이므로
$f'(1) = \{1 + (a+2) + a + b\}e = e$에서
$2a + b = -2 \cdots \bigcirc\!\bigcirc$
$\bigcirc$, $\bigcirc\!\bigcirc$에서 $a = -2$, $b = 2$
$f(x) = (x^2 - 2x + 2)e^x$에서 $f'(x) = x^2 e^x$
$f''(x) = x(x+2)e^x$이므로 $f'(1) = e$, $f''(1) = 3e$
이때 모든 실수 x에 대하여 $f'(x) \geq 0$이므로
함수 $f(x)$는 역함수가 존재한다.

한편 $h(x) = f^{-1}(x)g(x)$에서 $x = f(t)$를 대입하면
$h(f(t)) = f^{-1}(f(t))\, g(f(t)) = t\, f'(t)$
이므로 양변 미분하면
$h'(f(t))f'(t) = f'(t) + t f''(t)$
$f(1) = e$이므로 양변에 $t = 1$을 대입하면
$h'(e)f'(1) = f'(1) + f''(1)$
$h'(e) \times e = e + 3e$
$\therefore\ h'(e) = 4$

[관련 문제]

실수 k에 대하여 함수 $f(x) = x^3 - 3x^2 + 6x + k$의 역함수를 $g(x)$라 하자. 방정식
$4f'(x) + 12x - 18 = (f' \circ g)(x)$가 닫힌구간 $[0, 1]$에서 실근을 갖기 위한 k의 최솟값을 m, 최댓값을 M이라 할 때, $m^2 + M^2$의 값을 구하시오.
[2017학년도 11월 수능 나형 30번]

랑데뷰 풀이

$f'(x) = 3x^2 - 6x + 6$이므로
$4(3x^2 - 6x + 6) + 12x - 18 = f'(g(x))$
$12x^2 - 12x + 6 = f'(g(x))$
$x = f(t)$를 대입하면
$12\{f(t)\}^2 - 12f(t) + 6 = f'(g(f(t))) = f'(t)$
$12\{f(t)\}^2 - 12f(t) + 6 = 3t^2 - 6t + 6$
$4\{f(t)\}^2 - 4f(t) = t^2 - 2t$
$\{2f(t) - t\}\{2f(t) + t - 2\} = 0$
$f(t) = \dfrac{1}{2}t,\ \ f(t) = -\dfrac{1}{2}t + 1$

$0 \leq x = f(t) \leq 1$이므로 $0 \leq t \leq 2$
따라서 다음 그림과 같이 $(0, 1)$을 지날 때, $k = 1$로 최대이고 $(2, 0)$을 지날 때, $k = -8$로 최소이다.

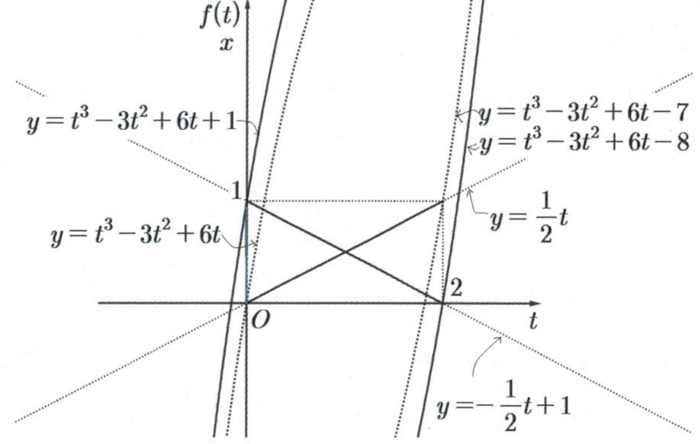

$m = -8$, $M = 1$ 따라서 $m^2 + M^2 = 65$

삼차함수의 비율

삼차함수 $f(x)$의 변곡점의 좌표가 (p, q)이면 $f(x) = a(x-p)^3 + b(x-p) + q$라 둘 수 있다.

이것을 x축으로 $-p$만큼, y축으로 $-q$만큼 평행이동 한 함수를 $g(x)$라 하면 $g(x) = ax^3 + bx$꼴이 된다.

계산 편의를 위해 $g(x) = ax^3 - bx$라 하면 $g'(x) = 3ax^2 - b$이므로

$g(x) = 0 \rightarrow x = -\sqrt{\dfrac{b}{a}},\ 0,\ \sqrt{\dfrac{b}{a}}$에서 $B\left(\sqrt{\dfrac{b}{a}},\ 0\right)$라 두자.

$g'(x) = 0 \rightarrow x = -\sqrt{\dfrac{b}{3a}},\ \sqrt{\dfrac{b}{3a}}$에서 $A\left(\sqrt{\dfrac{b}{3a}},\ 0\right)$라 두자.

한편, $g\left(-\sqrt{\dfrac{b}{3a}}\right) = a \times \left(\dfrac{b}{3a}\right) \times \left(-\sqrt{\dfrac{b}{3a}}\right) - b \times \left(-\sqrt{\dfrac{b}{3a}}\right) = -\dfrac{b}{3}\sqrt{\dfrac{b}{3a}} + b\sqrt{\dfrac{b}{3a}} = \dfrac{2b}{3}\sqrt{\dfrac{b}{3a}}$

따라서 극대점은 $\left(-\sqrt{\dfrac{b}{3a}},\ \dfrac{2b}{3}\sqrt{\dfrac{b}{3a}}\right)$이다. $g(x) = \dfrac{2b}{3}\sqrt{\dfrac{b}{3a}}$에서 $C\left(\sqrt{\dfrac{4b}{3a}},\ 0\right)$이므로

아래 왼쪽 그림에서 다음이 성립함을 확인하고 오른쪽 그림으로 일반화해서 생각하자.

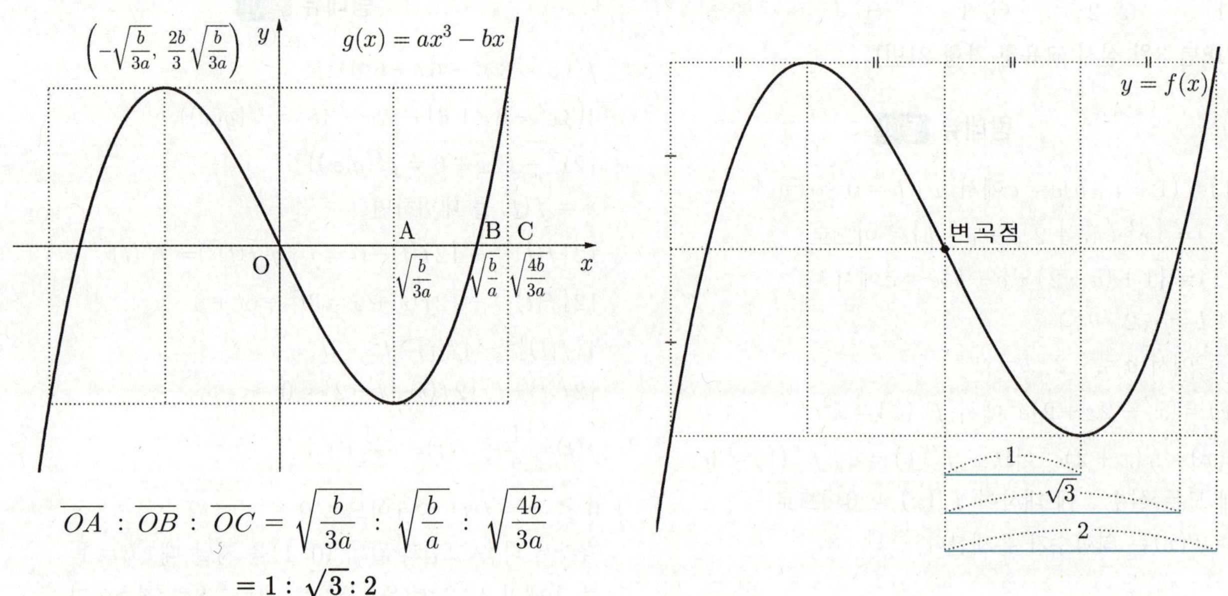

[관련 문제]

함수 $f(x) = x^3 + ax^2 + bx + 6$은 $x = -1$에서 극댓값을 갖고, $x = 3$에서 극솟값을 갖는다.
이때 상수 a, b에 대하여 $a + b$의 값을 구하여라.

일반 풀이	랑데뷰 풀이
$f(x) = x^3 + ax^2 + bx + 6$에서 $f'(x) = 3x^2 + 2ax + b$ 함수 $f(x)$가 $x = -1$에서 극댓값을 갖고, $x = 3$에서 극솟값을 가지므로 $f'(-1) = 0,\ f'(3) = 0$ $3 - 2a + b = 0,\ 27 + 6a + b = 0$ 두 식을 연립하여 풀면 $a = -3,\ b = -9$ $\therefore\ a + b = -12$	$f(x) = x^3 + ax^2 + bx + 6$ $f'(x) = 3x^2 + 2ax + b$ $f''(x) = 6x + 2a$ $x = -1$과 $x = 3$의 중점이 $x = 1$이 변곡점 x좌표이므로 $f''(1) = 0$에서 $a = -3$, 또한 $f'(-1) = f'(3) = 0$에서 $b = -9$ $\therefore\ a + b = -12$

삼차함수의 비율에 관한 심화 문제

함수 $f(x) = \dfrac{1}{3}x^3 - kx^2 + 1$ ($k > 0$인 상수)의 그래프 위의 서로 다른 두 점 A, B에서의 접선 l, m의 기울기가 모두 $3k^2$이다. 곡선 $y = f(x)$에 접하고 x축에 평행한 두 직선과 접선 l, m으로 둘러싸인 도형의 넓이가 24일 때, k의 값은?

[2018학년도 6월 모평 나형 20번] ⇨ y축으로 -1만큼 평행이동하면 수월

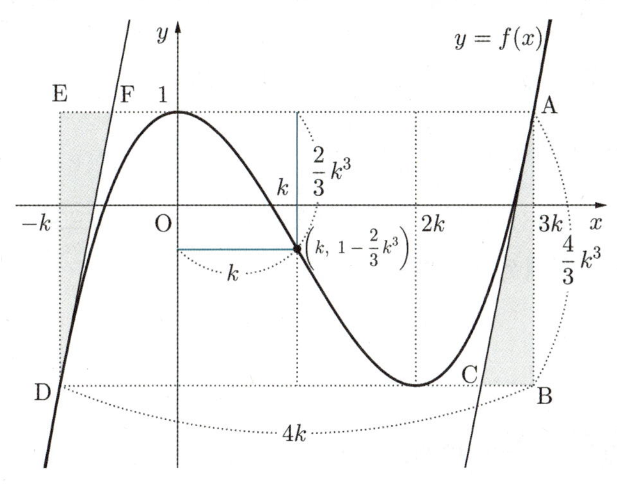

설명1

직선 AC의 기울기가 $3k^2$이고 $\overline{AB} = \dfrac{4}{3}k^3$이므로

$3k^2 = \dfrac{\overline{AB}}{\overline{BC}}$에서 $\overline{BC} = \dfrac{4}{9}k$

따라서 $\triangle ABC = \dfrac{1}{2} \times \dfrac{4}{9}k \times \dfrac{4}{3}k^3 = \dfrac{8}{27}k^4$

$\square\,AFDC = \square\,AEDB - 2 \times \triangle ABC$

$24 = \dfrac{16}{3}k^4 - \dfrac{16}{27}k^4 \rightarrow k^4 = \dfrac{81}{16} \quad \therefore k = \dfrac{3}{2}$

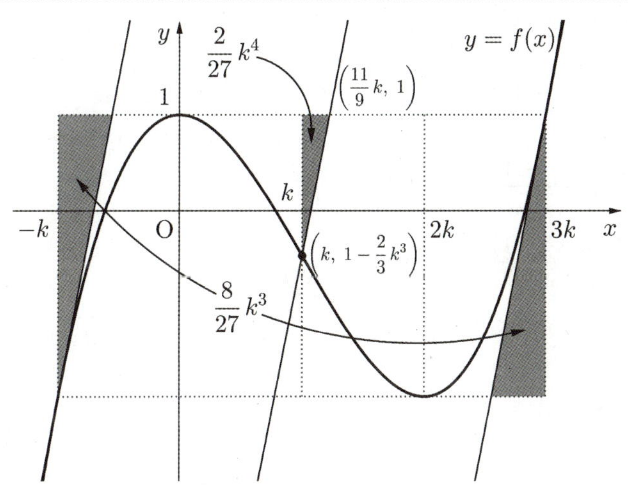

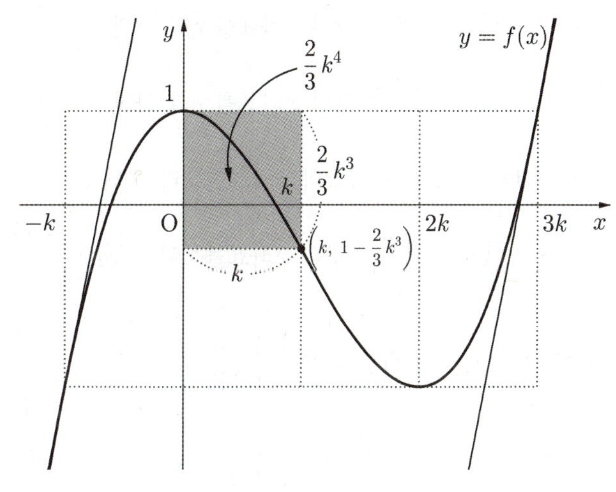

설명2 ⇨ $f'(x) = x^2 - 2kx$에서 $f'(x) = 0 \rightarrow x = 0,\ 2k$, 극대점 $(0, 1)$, 극소점 $\left(2k,\ 1 - \dfrac{4}{3}k^3\right)$

$f''(x) = 2x - 2k$, $f''(x) = 0 \rightarrow x = k$, 변곡점 $\left(k,\ 1 - \dfrac{2}{3}k^3\right)$, 또한, $f'(x) = 3k^2$에서 접점의 x좌표는

$x = -k,\ 3k$이다. 삼차함수의 성질에서 위 오른쪽 그림의 직사각형[가로k, 세로 $\dfrac{2}{3}k^3$] 8개에서 위 왼쪽 그림의 색칠된

합동인 직각 삼각형 2개를 빼면 넓이가 24이다. 직사각형 넓이 합은 $8 \times \dfrac{2}{3}k^4 = \dfrac{16}{3}k^4$이다. 합동인 두 직각삼각형

넓이를 구하기 위해 변곡점을 지나고 기울기가 $3k^2$인 직선이 $y = 1$과 만나는 점으로 만들어지는 색칠된 가장 작은

직각삼각형의 넓이를 구해보면 $\dfrac{2}{27}k^4$이다. 따라서 직각삼각형의 넓이는 4배이므로 $\dfrac{8}{27}k^4$이다.

$\therefore \dfrac{16}{3}k^4 - 2 \times \dfrac{8}{27}k^4 = 24 \rightarrow k^4 = \dfrac{81}{16} \quad \therefore k = \dfrac{3}{2}$

$$y=(x-a)^m(x-b)^n \ (a<b) \text{의 극값의 } x\text{좌표가 } x=c \text{일 때}$$

$$c-a:b-c=m:n \text{이 성립한다.}$$

$$\text{즉, } c=\frac{mb+na}{m+n}$$

$$(\text{단, } a<b \text{이고 } m, \ n \text{은 자연수이다.})$$

설명

$$y'=m(x-a)^{m-1}(x-b)^n+n(x-a)^m(x-b)^{n-1}=(x-a)^{m-1}(x-b)^{n-1}\{m(x-b)+n(x-a)\}$$

$$=(x-a)^{m-1}(x-b)^{n-1}\{(m+n)x-(mb+na)\}\Rightarrow y'=0 \text{의 해는 } x=\frac{mb+na}{m+n}$$

따라서 $y=(x-a)^m(x-b)^n$은 x축과 $x=a$, $x=b$에서 만나고 함수의 극값의 x좌표는 a, b를 $m:n$으로 내분하는 값으로 표현된다. ⇨ **m중근과 n중근의 $m:n$인 점에서 극값이 생긴다.**

적용 예를 들어

$y=(x+1)(x-1)$은 극값의 x좌표를 c라 하면 $c=\dfrac{1\times(1)+1\times(-1)}{2}=0$이다.

$y=(x+1)^2(x-1)$은 극값의 x좌표를 c라 하면 $c=\dfrac{2\times(1)+1\times(-1)}{3}=\dfrac{1}{3}$이다.

$y=(x+1)(x-1)^2$은 극값의 x좌표를 c라 하면 $c=\dfrac{1\times(1)+2\times(-1)}{3}=-\dfrac{1}{3}$이다.

$y=(x+1)^3(x-1)^2$은 극값의 x좌표를 c라 하면 $c=\dfrac{3\times(1)+2\times(-1)}{5}=\dfrac{1}{5}$이다.

$y=(x+1)^3(x-1)^4$은 극값의 x좌표를 c라 하면 $c=\dfrac{3\times(1)+4\times(-1)}{7}=-\dfrac{1}{7}$이다.

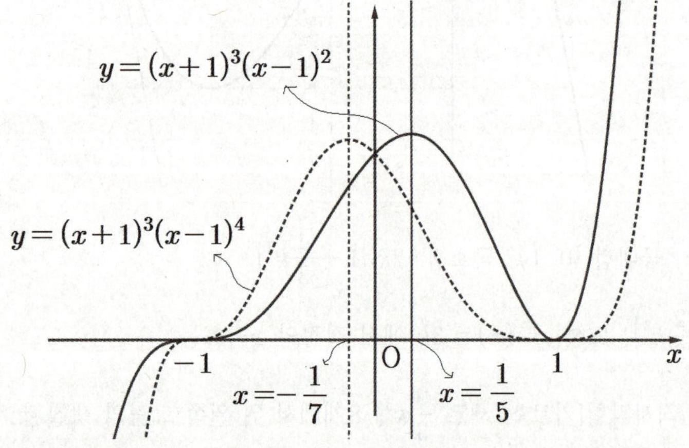

응용 ⇨ 삼차함수 $f(x)$위의 점 $(x_1, f(x_1))$에서의 접선이 $f(x)$와 $(x_2, f(x_2))$에서 만나고 $f(x)$와 접선

$f'(x_1)(x-x_1)+f(x_1)$에 대하여 $g(x)=f(x)-f'(x_1)(x-x_1)-f(x_1)$일 때, $g'\left(\dfrac{2x_2+x_1}{3}\right)=0$이 성립한다.

다항함수 그래프 개형에서 함수식 유도하기

$y = (x-a)^m(x-b)^n \ (a < b)$의 극값의 x좌표가 $x = c$일 때 $c = \dfrac{mb+na}{m+n}$을 이용하면 그래프 개형으로 파악한 다항함수 식을 쉽게 유도할 수 있다.

예를 들어 (최고차항의 계수는 모두 1인 삼차함수 $f(x)$이다.)

① $f(x)$가 $f'(1)=0$, $f(1)=f(2)=0$을 만족하면 $\Rightarrow$ $f(x)=(x-1)^2(x-2)$이다.

② $f(x)$가 $f'(1)=0$, $f(1)=f(2)=k$을 만족하면 $\Rightarrow$ $f(x)=(x-1)^2(x-2)+k$이다.

③ $f(x)$가 $f'(1)=f'(2)=0$, $f(1)=0$을 만족하면 $\Rightarrow$ $f(x)=(x-1)^2\left(x-\dfrac{5}{2}\right)$이다.

$\Rightarrow$ $2-1 : \boxed{\dfrac{5}{2}} - 2 = 2 : 1$

④ $f(x)$가 $f'(1)=f'(2)=0$, $f(1)=k$을 만족하면 $\Rightarrow$ $f(x)=(x-1)^2\left(x-\dfrac{5}{2}\right)+k$이다.

그래프 개형	설명
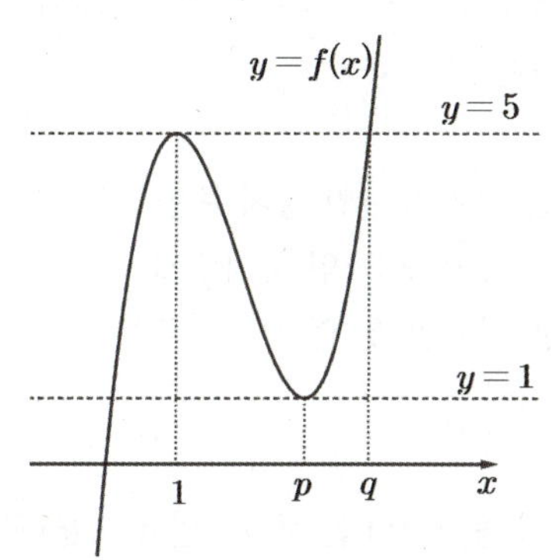	삼차함수 $f(x)$가 $x=1$에서 극댓값 5를 갖고 극솟값이 1인 함수라 하자. 극대$-$극소$=\dfrac{a(\beta-\alpha)^3}{2}$ 공식을 이용하면 $5-1=\dfrac{1\times(p-1)^3}{2} \to (p-1)^3=8$에서 $p=3$ $p-1 : q-p = 2 : 1 \to 2 : q-3 = 2 : 1$에서 $q=4$이다. 따라서 $y=f(x)$와 $y=5$의 교점을 기준으로 $f(x)$의 식을 만들면 $f(x)=a(x-1)^2(x-q)+5=a(x-1)^2(x-4)+5$이다. 극솟값은 $x=p=3$에서 1이므로 $f(3)=-4a+5=1$에서 $a=1$이다. 따라서 $f(x)=(x-1)^2(x-4)+5$
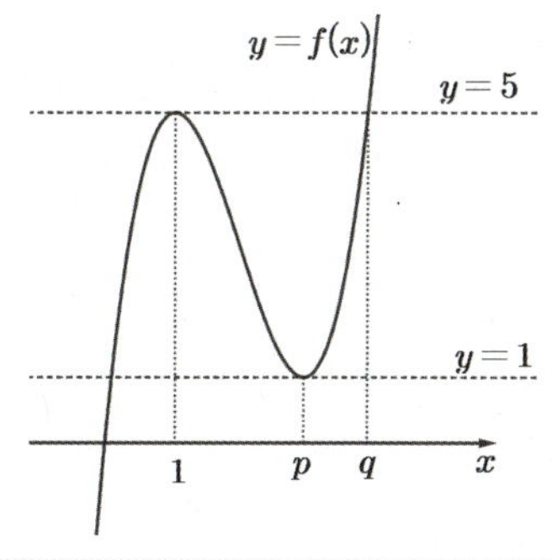	$y=f(x)$와 $y=1$의 교점을 기준으로 $f(x)$의 식을 만들어 보자. 위 설명에서와 같이 $p=3$임을 알아내었다면 $y=1$과 $y=f(x)$가 만나는 점의 x좌표는 $x=p=3$이므로 $x=3$이 아닌 교점의 x좌표는 $x=1$이다. 따라서 $f(x)=ax(x-3)^2+1$로 잡아도 된다. 극댓값은 $x=1$에서 5이므로 $f(5)=4a+1=5$에서 $a=1$ 따라서 $f(x)=x(x-3)^2+1$ 실제로 $(x-1)^2(x-4)+5=x(x-3)^2+1$이다.
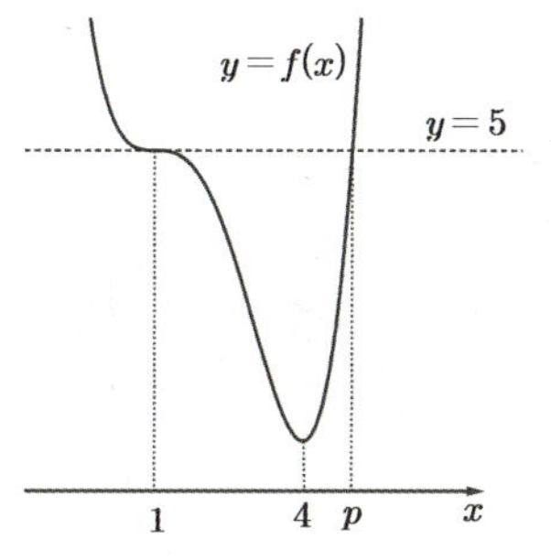	사차함수 $f(x)$가 $x=1$에서 $y=5$와 접하고 $x=4$에서 극솟값 1인 함수라 하자. $4-1 : p-4 = 3 : 1$에서 $p=5$이다. 따라서 $f(x)=a(x-1)^3(x-p)+5=a(x-1)^3(x-5)+5$이고 $f(4)=1$이므로 $f(4)=-27a+5=1$ $\therefore$ $a=\dfrac{4}{27}$ 그러므로 $f(x)=\dfrac{4}{27}(x-1)^3(x-5)+5$

다항 함수에서 등차수열의 표현

예를 들어 $f(x)$가 삼차함수이고 최고차항의 계수가 1일 때,

$f(k)$, $f(k+n)$, $f(k+2n)$가 공차가 d인 등차수열을 이룬다면

$$f(x)=(x-k)(x-k-n)(x-k-2n)+\frac{d}{n}x+b$$꼴의 식이 된다.

[관련 문제]

최고차항의 계수가 1인 삼차함수 $f(x)$에 대하여 세 개의 수 $f(-2)$, $f(0)$, $f(2)$가 이 순서대로 공차가 2인 등차수열을 이루고, 함수 $f(x)$는 극댓값 3을 가진다. $f(x)$의 극솟값은? **[랑데뷰 제작]**

① -1 　　② $-\dfrac{3}{2}$ 　　③ -2 　　④ $-\dfrac{5}{2}$ 　　⑤ -3

랑데뷰 풀이

등차수열은 1차식으로 나타나므로

$f(x)=(x+2)x(x-2)+ax+b$

$\quad\;\; =x^3+(a-4)x+b$

라 둘 수 있다.

$f(-2)=k$라면 공차가 2인 등차수열이므로

$f(0)=k+2$이다. $(-2, k)$와 $(0, k+2)$을 지나는 직선의

기울기는 $\dfrac{(k+2)-k}{2}=1$이므로

$a=1$임을 알 수 있다.

$\therefore\ a=1$이다.

따라서 $f(x)=x^3-3x+b$

$f'(x)=3x^2-3x=3(x+1)(x-1)$에서

$x=-1$에서 극댓값 3을, $x=1$에서 극솟값을 가진다.

$f(-1)=-1+3+b=3$

따라서 $b=1$

$\therefore\ f(x)=x^3-3x+1$

$f(1)=1-3+1=-1$

설명

등차수열의 일반항은 $a_n=dn+a_1-d$로 n에 관한

일차식이고 n의 계수가 공차 d이다.

함수 일차함수 $f(x)=ax+b$는 x가 정수일 때, 공차가

a인 등차수열의 식과 같다.

따라서

$f(1)$, $f(2)$, $f(3)$, $\cdots$는 공차가 a인 등차수열을 이룬다.

$f(1)$, $f(3)$, $f(5)$, $\cdots$는 공차가 $2a$인 등차수열을 이룬다.

$f(1)$, $f(4)$, $f(7)$, $\cdots$는 공차가 $3a$인 등차수열을 이룬다.

예를 들어

$f(-3)$, $f(2)$, $f(7)$ 등이 공차가 1인 등차수열을 이룬다면

$5a=1$에서 $a=\dfrac{1}{5}$이다.

따라서 $f(x)=(x+3)(x-2)(x-7)Q(x)+\dfrac{1}{5}x+b$꼴로

둘 수 있다.

사차함수위의 네 점이 한 직선 위에 있고 네 점의 함숫값이 등차수열을 이룰 때, 네 점을 x좌표의 크기순으로 나타낸 점을 A, B, C, D라 하자. 이때, A와 D에서의 접선의 교점의 x좌표는 A와 D의 중점의 x좌표와 같다. 마찬가지로 B와 C에서의 접선의 교점의 x좌표도 B와 C의 중점의 x좌표와 같다.

[관련 문제]

최고차항의 계수가 1인 사차함수 $f(x)$에 대하여 네 개의 수 $f(-1)$, $f(0)$, $f(1)$, $f(2)$가 이 순서대로 등차수열을 이루고, 곡선 $y = f(x)$위의 점 $(-1, f(-1))$에서의 접선과 점 $(2, f(2))$에서의 접선이 점 $(k, 0)$에서 만난다. $f(2k) = 20$일 때, $f(4k)$의 값을 구하시오. (단, k는 상수이다.)

[2020학년 9월 평가원 나형 30번]

랑데뷰 풀이

등차수열은 1차식으로 나타나므로
$f(x) = (x+1)x(x-1)(x-2) + ax + b$이다.
점 $(-1, f(-1))$에서의 접선과 점 $(2, f(2))$에서의 접선이 점 $(k, 0)$에서 만나므로
$$k = \frac{(-1)+(2)}{2} = \frac{1}{2}$$
$$k = \frac{1}{2} \Rightarrow f(2k) = f(1) = a + b = 20 \cdots \text{㉠}$$

한편 $f'(-1) = a - 6$, $f'(2) = a + 6$이다.
따라서
$(-1, f(-1))$에서의 접선의 방정식은
$y = (a-6)(x+1) - a + b \cdots \text{㉡}$
㉡에 $\left(\frac{1}{2}, 0\right)$을 대입하고 정리하면
$$\frac{1}{2}a + b = 9 \cdots \text{㉢}$$이다.

㉠, ㉢을 연립하여 풀면
$a = 22$, $b = -2$이다.
따라서
$f(x) = (x+1)x(x-1)(x-2) + 22x - 2$
$f(4k) = f(2) = 42$

설명

$A(k, f(k))$, $B(k+n, f(k+n))$, $C(k+2n, f(k+2n))$, $D(k+3n, f(k+3n))$이라 둘 수 있고
$f(x) = (x-k)(x-k-n)(x-k-2n)(x-k-3n) + ax + b$
$f'(x) = (x-k-n)(x-k-2n)(x-k-3n) +$
$\quad (x-k)(x-k-2n)(x-k-3n) +$
$\quad (x-k)(x-k-n)(x-k-3n) +$
$\quad (x-k)(x-k-n)(x-k-2n) + a$

A를 지나는 접선의 방정식은
$f'(k) = (-n)(-2n)(-3n) + a = a - 6n^3$이므로
$y = (a - 6n^3)(x-k) + ak + b$
$\quad = (a - 6n^3)x + 6n^3 k + b$

D를 지나는 접선의 방정식은
$f'(k) = (3n)(2n)(n) + a = a + 6n^3$이므로
$y = (a + 6n^3)(x - k - 3n) + ak + 3an + b$
$\quad = (a + 6n^3)x - 6n^3 k - 18n^4 + b$

두 직선의 교점의 x좌표는
$(a - 6n^3)x + 6n^3 k + b = (a + 6n^3)x - 6n^3 k - 18n^4 + b$
$$-12n^3 x = -12n^3 k - 18n^4 \Rightarrow x = k + \frac{3}{2}n$$

따라서 점 A와 점 D에서의 접선의 교점의 x좌표는
$A(k, f(k))$와 $D(k+3n, f(k+3n))$의 중점의 x좌표와 같다.
점 B와 점 C에서의 접선의 교점도 마찬가지로
$x = k + \frac{3}{2}n$가 됨을 알 수 있다.

거리곱이란?

다항함수의 그래프 개형을 파악한 뒤 식을 구하지 않고 그림을 보고 함숫값, 미분계수 정적분값(넓이) 등을 함수의 그래프의 x절편과의 거리의 곱(오른쪽 방향 거리는 음의 값, 왼쪽 방향 거리는 양의 값 ⇨ 구하려는 x값에서 절편의 x값을 뺀 값)으로 구하는 방법을 가리킨다.

⇨ 장점 : 문제의 조건에서 원하는 다항함수의 그래프 개형을 구한 뒤 식으로 옮기지 않고 바로 계산이 되어 조금이나마 시간 단축이 되고 문제 풀이에 속도감이 있어 즐겁게 계산할 수 있다. 수학이 계산이 즐거우면………

⇨ 단점 : 계산이 복잡한 문제는 평가원에서 잘 다루지 않아서 굳이 익혀둘 필요가 있을까라는 의문이 계속 든다.

① 거리곱 함숫값

㉠ 최고차항의 계수가 a인 삼차함수 $f(x)$의 그래프가 그림과 같다.

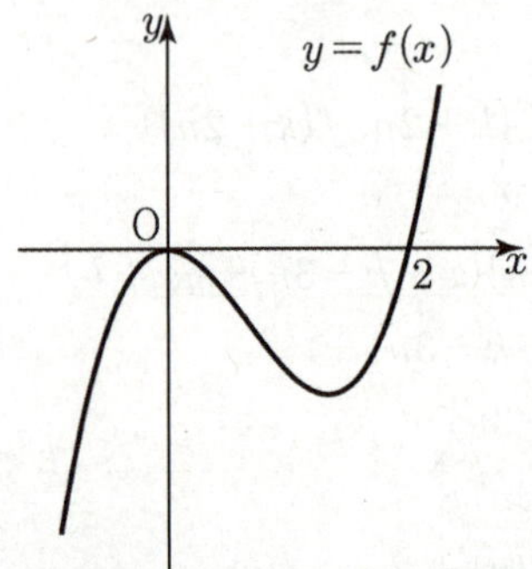

$f(3) = a \times 3^2 \times 1 = 9a$

⇨ 함수 $f(x)$의 그래프를 그린다.

⇨ 함수 $f(x)$가 x축과 만나는 점을 체크한다.

⇨ 구하려는 함숫값의 x의 값과 x축과 만나는 점까지의 거리를 구한다.

⇨ 방정식 $f(x) = 0$의 근 중 n중근까지 거리는 거리의 n제곱을 한다.

⇨ 여기서 "거리"란 함숫값의 x의 값에서 그래프의 x절편을 빼는 것이므로 양의 값과 음의 값이 나타난다.

$f(1) = a \times 1^2 \times (1 - 2) = -a$

⇨ $x = 1$에서 $x = 0$까지 거리 $1 - 0 = 1$과 $x = 1$에서 $x = 2$까지의 거리 $1 - 2 = -1$의 곱으로 나타난다.

⇨ $x = 0$이 중근이므로 $(1 - 0)^2$으로 나타난다.

㉡ 최고차항의 계수가 a인 사차함수 $f(x)$의 그래프가 그림과 같다.

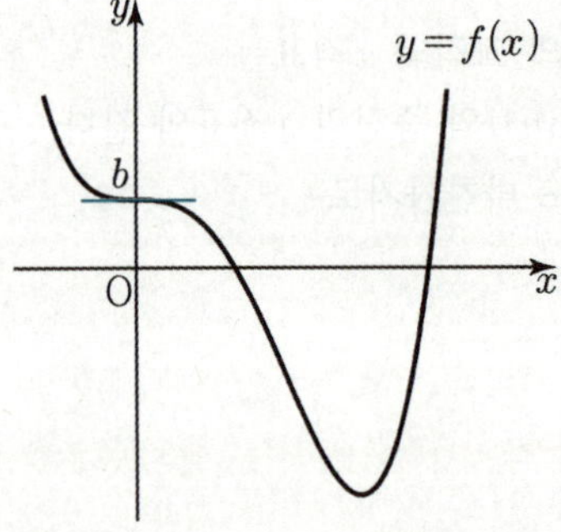

$f(5) = a \times 5^3 \times (5 - 4) + b$

⇨ $y = f(x)$와 $y = b$가 만나는 점들과의 거리곱으로 ㉠ 상황과 같이 적용시키면 된다.

② 거리곱 미분계수

거리곱의 합으로 나타난다.

⇨ 함수 $f(x)$의 그래프를 그린다.

⇨ 함수 $f(x)$가 x축과 만나는 점을 체크한다.

⇨ 구하려는 미분계수의 x의 값과 x축과 만나는 점까지의 거리를 구한다.

⇨ 방정식 $f(x)=0$의 근 중 n중근까지 거리는 거리의 n제곱을 한다.

⇨ 여기서 "거리"란 미분계수의 x의 값에서 그래프의 x절편을 빼는 것이므로 양의 값과 음의 값이 나타난다.

⇨ x절편의 미분계수는 함숫값의 거리곱과 같이 하나의 항으로 나타나서 활용도가 높다.

⇨ x절편이 아닌 점에서의 미분계수는 x절편을 하나씩 제외한 거리곱의 합으로 나타난다.

ex)

$f(x)=(x-1)(x-3)^2(x-4)$에서

$f'(2)=(-1)^2(-2)+2\times(1)(-1)(-2)+(1)(-1)^2=-2+4+1=3$

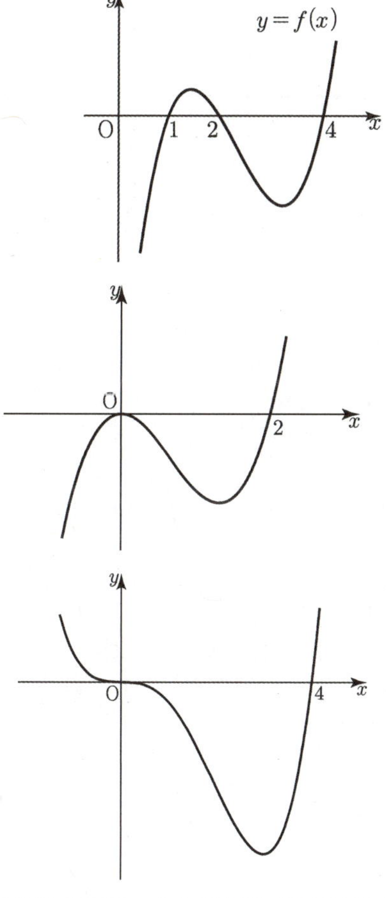

㉠ 최고차항의 계수가 1인 삼차함수 $f(x)$의 그래프가 그림과 같다.

$f'(1)=(-1)(-3)=3$

$f'(2)=(1)(-2)=-2$

$f'(3)=(1)(-1)+(2)(-1)+(2)(1)=-1$

$f'(4)=(3)(2)=6$

㉡ 최고차항의 계수가 a인 삼차함수 $f(x)$의 그래프가 그림과 같다.

$f'(0)=a\{2\times(0)(-2)+0^2\}=0$

$f'(2)=a\times2^2=4a$

$f'(1)=a\{2\times(1)(-1)+1^2\}=-a$

㉢ 최고차항의 계수가 a인 사차함수 $f(x)$의 그래프가 그림과 같다.

$f'(-1)=a\{3\times(-1)^2(-5)+(-1)^3\}=-16a$

$f'(2)=-16a$

$f'(4)=64a$

$f'(5)=200a$

암기 : $\displaystyle\int_{\alpha}^{\beta}(x-\alpha)^m(x-\beta)^n dx=(-1)^n\dfrac{m!\,n!\,(\beta-\alpha)^{m+n+1}}{(m+n+1)!}\quad(\alpha<\beta)$

ex)

$\displaystyle\int_0^1 x\left(x-\dfrac{1}{2}\right)(x-1)^2 dx$의 값을 구하시오.

<table>
<tr><td>

$\begin{aligned}
&\text{㉠}\ \int_0^1 x\left(x-\dfrac{1}{2}\right)(x-1)^2 dx\\[4pt]
&=\int_0^1 x^2(x-1)^2 dx-\dfrac{1}{2}\int_0^1 x(x-1)^2 dx\\[4pt]
&=\dfrac{1}{30}-\dfrac{1}{2}\times\dfrac{1}{12}\\[4pt]
&=\dfrac{4-5}{120}=-\dfrac{1}{120}
\end{aligned}$

</td><td>

$\begin{aligned}
&\text{㉡}\ \int_0^1 x\left(x-\dfrac{1}{2}\right)(x-1)^2 dx\\[4pt]
&=\int_0^1 x\left(x-1+\dfrac{1}{2}\right)(x-1)^2 dx\\[4pt]
&=\int_0^1 x(x-1)^3 dx+\dfrac{1}{2}\int_0^1 x(x-1)^2 dx\\[4pt]
&=-\dfrac{1}{20}+\dfrac{1}{2}\times\dfrac{1}{12}\\[4pt]
&=\dfrac{-6+5}{120}=-\dfrac{1}{120}
\end{aligned}$

</td></tr>
</table>

ex)

$\displaystyle\int_0^2 x(x-1)^2(x-2)dx$의 값을 구하시오.

<table>
<tr><td>

$\begin{aligned}
&\text{㉠}\ \int_0^2 x(x-1)^2(x-2)dx\\[4pt]
&=\int_0^2 x\{x(x-2)+1\}(x-2)dx\\[4pt]
&=\int_0^2 x^2(x-2)^2 dx+\int_0^2 x(x-2)dx\\[4pt]
&=\dfrac{2^5}{30}-\dfrac{2^3}{6}\\[4pt]
&=\dfrac{16}{15}-\dfrac{4}{3}=\dfrac{16-20}{15}=-\dfrac{4}{15}
\end{aligned}$

</td><td>

$\begin{aligned}
&\text{㉡}\ \int_0^2 x(x-1)^2(x-2)dx\\[4pt]
&=2\int_0^1 x(x-1)^2(x-2)dx\\[4pt]
&=2\left\{\int_0^1 x(x-1)^3 dx-\int_0^1 x(x-1)^2 d\right\}\\[4pt]
&=2\left(-\dfrac{1}{20}+\dfrac{1}{12}\right)\\[4pt]
&=2\left(-\dfrac{3+5}{60}\right)=-\dfrac{4}{15}
\end{aligned}$

</td></tr>
</table>

ex)

$f(x)=k(x-a)(x-b)(x-c)$, $y=f(x)$와 x축으로 둘러싸인 부분의 넓이는 $b-a=m$, $c-b=n$이라 할 때,

$$S=\frac{|k|(m^4+2m^3n+2mn^3+n^4)}{12}\ \text{이다.}$$

$S=A+B$ 라 할 때,

$$A=|k|\int_a^b (x-a)(x-b)(x-c)\,dx$$

$$=|k|\int_a^b (x-a)(x-b)(x-b+b-c)\,dx=|k|\frac{m^4+2m^3n}{12}$$

$$B=|k|\frac{2mn^3+n^4}{12}$$

$$\therefore\ S=|k|\frac{m^4+2m^3n+2mn^3+n^4}{12}$$

[참고] $n=0$일 때, $S=\dfrac{|k|m^4}{12}$

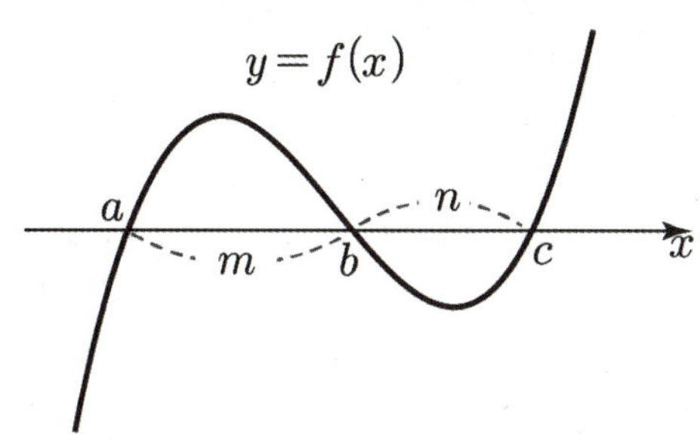

ex)

$f(x)=k(x-a)(x-b)^2(x-c)$, $y=f(x)$와 x축으로 둘러싸인 부분의 넓이는 $b-a=m$, $c-b=n$이라 할 때,

$$S=\frac{|k|(3m^5+5m^4n+5mn^4+3n^5)}{60}\ \text{이다.}$$

$S=A+B$ 라 할 때,

$$A=|k|\int_a^b (x-a)(x-b)^2(x-c)\,dx$$

$$=|k|\int_a^b (x-a)(x-b)^2(x-b+b-c)\,dx=|k|\frac{3m^5+5m^4n}{60}$$

$$B=|k|\frac{5mn^4+3n^5}{60}$$

$$\therefore\ S=\frac{|k|(3m^5+5m^4n+5mn^4+3n^5)}{60}$$

[참고] $n=0$일 때, $S=\dfrac{|k|3m^5}{60}=\dfrac{|k|m^5}{20}$

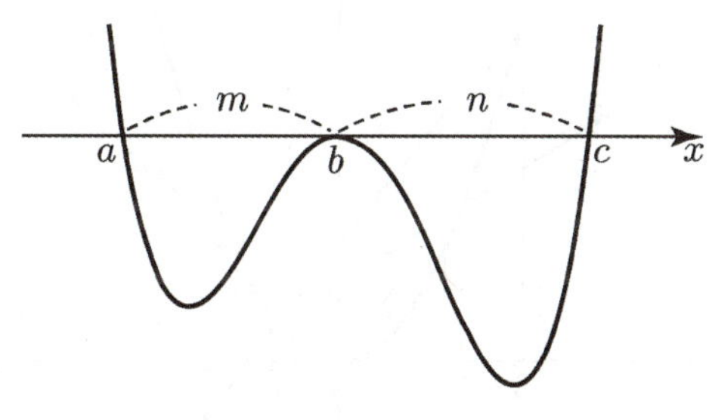

그림과 같이 최고차항의 계수가 a인 삼차함수 $y=f(x)$의 그래프 위의 점 $(\alpha, f(\alpha))$에 접하는 접선의
기울기가 m이고 기울기가 n인 직선이 곡선 $y=f(x)$와 만나는 점의 x좌표가 $x=\alpha$, $x=\beta$, $x=\gamma$일 때,

$$m-n=|a|\,(\beta-\alpha)(\gamma-\alpha) \text{ [거리곱] 이다.}$$

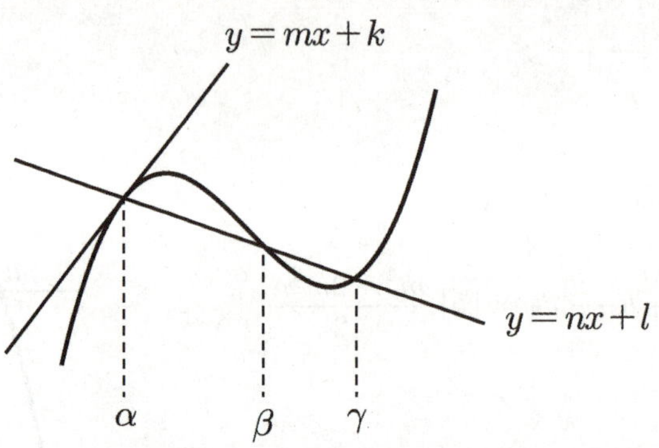

문제에 적용시키기 위한 조건은 다음과 같다.
① 곡선 위의 한 점에서 접선의 기울기를 안다.
② 접점을 지나고 곡선과 만나는 다른 한 직선의 기울기와 접점이 아닌 다른 교점의 x좌표를 안다.
③ 곡선이 n차의 다항함수일 때, ②의 직선과 곡선이 만나는 점의 개수는 $(n-1)$이상이다. [거리곱 적용가능]

[예제1]

그림과 같이 곡선 $y=x^2$과 세 직선 $y=2x-1$,
$y=-x+2$, $y=-2x+3$의 관계에서 파악해 보자.

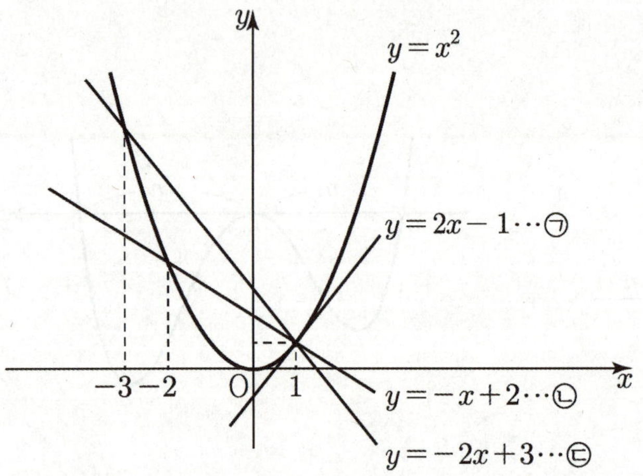

㉠은 곡선 $y=x^2$ 위의 점 $(1, 1)$에서의 접선이다.

① ㉠, ㉡에서
기울기차 $= 2-(-1)=3$
거리곱 $= 1-(-2)=3$

② ㉠, ㉢에서
기울기차 $= 2-(-2)=4$
거리곱 $= 1-(-3)=4$

[예제2]

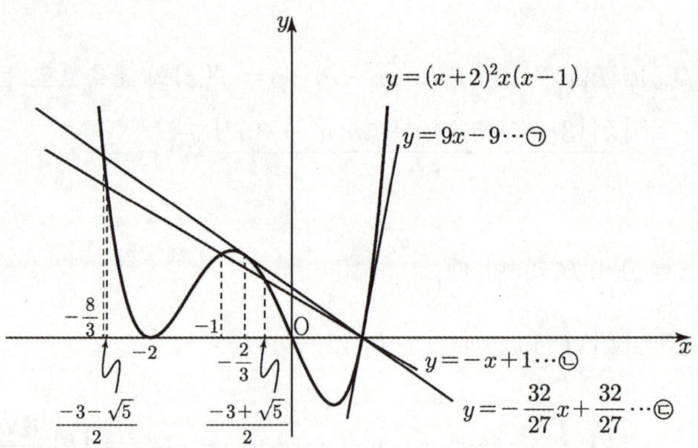

그림과 같이 곡선 $y=x(x+2)(x-1)$과 세 직선
$y=3x-3$, $y=-x+1$, $y=3x-3$의 관계에서
파악해 보자. ㉠은 곡선 $y=x(x+2)(x-1)$ 위의
점 $(1, 0)$에서의 접선이다.

① ㉠, ㉡에서
기울기차 $= 3-(-1)=4$
거리곱 $= (1-(-1))^2 = 4$

② ㉠, ㉢에서
기울기차 $= 3-\dfrac{5}{4}=\dfrac{7}{4}$
거리곱 $= \left(1-\left(-\dfrac{5}{2}\right)\right)\times\left(1-\dfrac{1}{2}\right)=\left(\dfrac{7}{2}\right)\times\left(\dfrac{1}{2}\right)=\dfrac{7}{4}$

[예제3]

그림과 같이 곡선 $y = x(x+2)^2(x-1)$과 세 직선

$y = 9x - 9$, $y = -x + 1$, $y = -\dfrac{32}{27}x + \dfrac{32}{27}$의 관계에서 파악해 보자.

㉠은 곡선 $y = x(x+2)^2(x-1)$ 위의 점 $(1, 0)$에서의 접선이다.

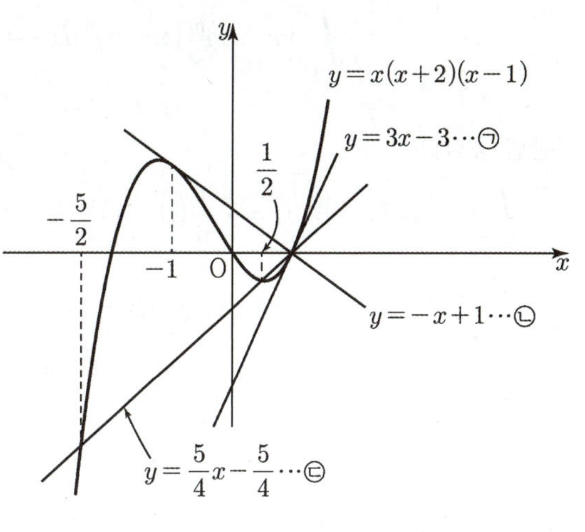

① ㉠, ㉡에서

기울기차 $= 9 - (-1) = 10$

거리곱 $= \left(1 - \dfrac{-3-\sqrt{5}}{2}\right)(1 - (-1))\left(1 - \dfrac{-3+\sqrt{5}}{2}\right)$

$\qquad = \left(\dfrac{5+\sqrt{5}}{2}\right) \times 2 \times \dfrac{5-\sqrt{5}}{2}$

$\qquad = 2 \times \dfrac{25-5}{4} = 10$

② ㉠, ㉢에서

기울기차 $= 9 - \left(-\dfrac{32}{27}\right) = \dfrac{275}{27}$, 거리곱 $= \left(1 - \left(-\dfrac{8}{3}\right)\right) \times \left(1 - \left(-\dfrac{2}{3}\right)\right)^2 = \dfrac{11}{3} \times \dfrac{25}{9} = \dfrac{275}{27}$

기출문제

2016학년도 사관B형 21번

최고차항의 계수가 1인 삼차함수 $f(x)$에 대하여 곡선 $y = f(x)$가 y축과 만나는 점을 A라 하자. 곡선 $y = f(x)$ 위의 점 A에서의 접선을 l이라 할 때, 직선 l이 곡선 $y = f(x)$와 만나는 점 중에서 A가 아닌 점을 B라 하자. 또, 곡선 $y = f(x)$ 위의 점 B에서의 접선을 m이라 할 때, 직선 m이 곡선 $y = f(x)$와 만나는 점 중에서 B가 아닌 점을 C라 하자. 두 직선 l, m이 서로 수직이고 직선 m의 방정식이 $y = x$일 때, 곡선 $y = f(x)$ 위의 점 C에서의 접선의 기울기는? (단, $f(0) > 0$이다.)

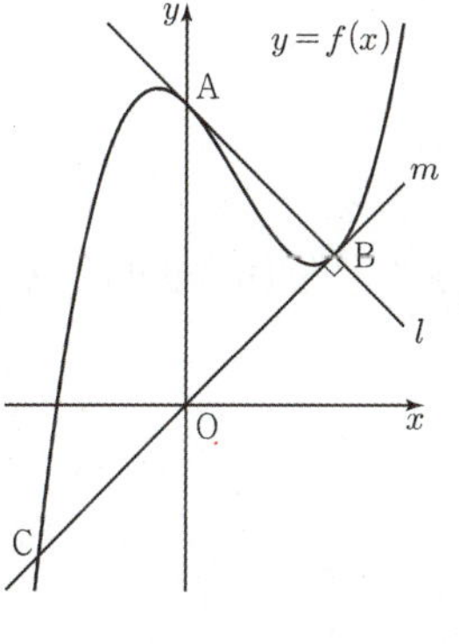

① 8　　② 9　　③ 10　　④ 11　　⑤ 12

랑데뷰 풀이

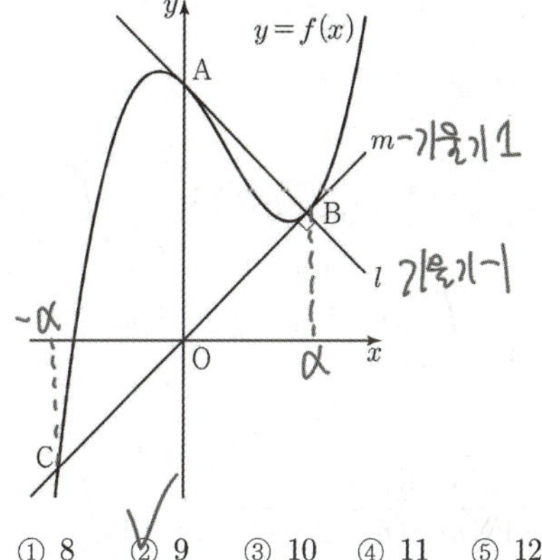

① 8　　② 9　　③ 10　　④ 11　　⑤ 12

m과 l에서

기울기차 $= 2$
거리곱 $= \alpha^2$
∴ $\alpha^2 = 2$

m과 점 C에서의 접선에서

기울기차 : $f'(-\alpha) - 1$
거리곱 : $(2\alpha)^2 = 4\alpha^2$

$f'(-\alpha) = 4 \times 2 + 1 = 9$

$$\int_{\alpha}^{\beta} (x-\alpha)^m (x-\beta)^n \, dx = (-1)^n \frac{m! \, n!}{(m+n+1)!} (\beta-\alpha)^{m+n+1} \quad (\text{단, } \alpha < \beta)$$

[관련 공식]

① $\displaystyle\int_{\alpha}^{\beta} (x-\alpha)(x-\beta)\,dx = -\frac{1}{6}(\beta-\alpha)^3$

② $\displaystyle\int_{\alpha}^{\beta} (x-\alpha)^2 (x-\beta)\,dx = -\frac{1}{12}(\beta-\alpha)^4$

③ $\displaystyle\int_{\alpha}^{\beta} (x-\alpha)(x-\beta)^2\,dx = \frac{1}{12}(\beta-\alpha)^4$

$\displaystyle\int_{\alpha}^{\beta} (x-\alpha)^m (x-\beta)^n \, dx$ 을 x축으로 $-\alpha$만큼 옮기면

$\displaystyle\int_{0}^{\beta-\alpha} x^m \{x-(\beta-\alpha)\}^n \, dx$ 이고 $\beta-\alpha = k$라 두면

$$\int_{0}^{k} x^m (x-k)^n \, dx = \left[\frac{1}{m+1} x^{m+1} \times (x-k)^n\right]_{0}^{k} - \int_{0}^{k} \frac{1}{m+1} x^{m+1} \times n(x-k)^{n-1} \, dx \quad \leftarrow \text{부분적분}$$

$$= -\frac{n}{m+1} \int_{0}^{k} x^{m+1} (x-k)^{n-1} \, dx$$

$$= -\frac{n}{m+1} \left\{ \left[\frac{1}{m+2} x^{m+2} \times (x-k)^{n-1}\right]_{0}^{k} - \int_{0}^{k} \frac{1}{m+2} x^{m+2} \times (n-1)(x-k)^{n-2} \, dx \right\}$$

$$= \frac{n(n-1)}{(m+2)(m+1)} \int_{0}^{k} x^{m+2} (x-k)^{n-2} \, dx$$

$$= \frac{n(n-1)}{(m+2)(m+1)} \left\{ \left[\frac{1}{m+3} x^{m+3} \times (x-k)^{n-2}\right]_{0}^{k} - \int_{0}^{k} \frac{1}{m+3} x^{m+3} \times (n-2)(x-k)^{n-3} \, dx \right\}$$

$$= -\frac{n(n-1)(n-2)}{(m+3)(m+2)(m+1)} \int_{0}^{k} x^{m+3} (x-k)^{n-3} \, dx$$

$$= \cdots\cdots$$

$$= (-1)^n \frac{n(n-1)(n-2)\cdots\{n-(n-1)\}}{(m+n)(m+n-1)(m+n-2)\cdots(m+1)} \int_{0}^{k} x^{m+n} \, dx$$

$$= (-1)^n \frac{n(n-1)(n-2)\cdots\{n-(n-1)\}}{(m+n)(m+n-1)(m+n-2)\cdots(m+1)} \left[\frac{1}{m+n+1} x^{m+n+1}\right]_{0}^{\beta-\alpha}$$

$$= (-1)^n \frac{m! \, n!}{(m+n+1)!} (\beta-\alpha)^{m+n+1} \; : \; (-1)^n \text{의 의미} \Rightarrow y = (x-\alpha)^m (x-\beta)^n \; (\alpha < \beta) \text{는 } n \text{이 짝수이면 } x축$$

윗부분에서 n이 홀수 이면 x축 아랫부분에서 정적분값이 나타난다. → 최고차항의 계수가 양인 다항함수의 그래프는 항상 오른쪽 끝이 위로 향하는 모양이므로, 그래프를 그릴 때는 오른쪽에서 왼쪽으로 그려나가는 것이 편리하다.

$y = (x-k)^n$꼴의 그래프는 n이 짝수일 때 $x = k$의 좌우에서 부호가 변하지 않으므로 그래프는 x축을 통과하지 못하고 반사되고 n이 홀수일 때는 $x = k$의 좌우에서 부호가 변하므로 그래프는 x축을 통과하게 된다.

$$\int_\alpha^\beta (x-\alpha)^m (x-\beta)^n \, dx = (-1)^n \frac{m!\,n!}{(m+n+1)!}(\beta-\alpha)^{m+n+1} \text{ 의 응용}$$

$$\Rightarrow S = \int_\alpha^\beta |ax^3 + bx^2 + cx + d - mx - n|\, dx$$

$$= \int_\alpha^\beta |a(x-\alpha)^2(x-\beta)|\, dx = \frac{|a|}{12}(\beta-\alpha)^4$$

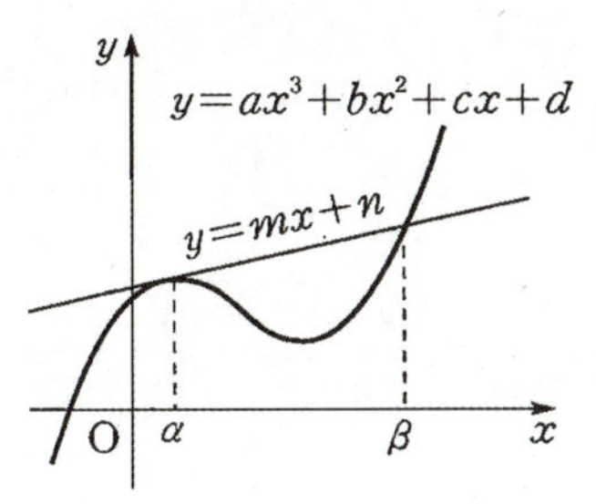

[관련 문제]

$x=0$, $x=1$에서 극값을 갖고 x축에 접하는 삼차함수 $y=f(x)$의 그래프가 오른쪽 그림과 같다. 도함수 $y=f'(x)$의 그래프와 x축으로 둘러싸인 부분의 넓이가 1일 때, 삼차함수 $y=f(x)$의 그래프와 x축으로 둘러싸인 부분의 넓이를 구하여라.

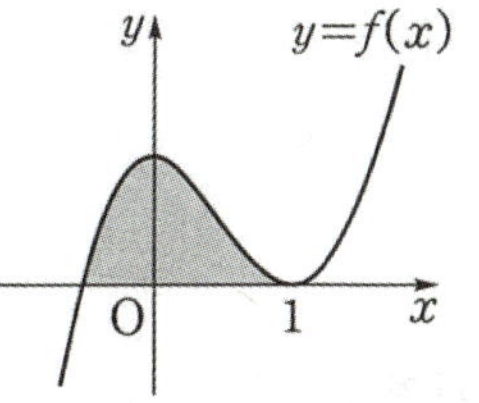

일반 풀이

$f'(x)=kx(x-1)\,(k>0)$로 놓으면

$$\int_0^1 |kx(x-1)|\, dx = -k\int_0^1 (x^2-x)\, dx$$

$$= -k\left[\frac{1}{3}x^3 - \frac{1}{2}x^2\right]_0^1$$

$$= \frac{1}{6}k$$

즉, $\dfrac{1}{6}k=1$이므로 $k=6$

$\therefore\ f'(x)=6x(x-1)=6x^2-6x$

$\therefore\ f(x)=\displaystyle\int f'(x)\,dx = \int (6x^2-6x)\,dx$

$$= 2x^3 - 3x^2 + C$$

$f(1)=0$이므로 $-1+C=0$ $\therefore\ C=1$

$\quad \therefore\ f(x)=2x^3-3x^2+1=(x-1)^2(2x+1)$

$f(x)=0$에서 $x=-\dfrac{1}{2}$ 또는 $x=1$

이므로 구하는 넓이는

$$\int_{-\frac{1}{2}}^1 f(x)\,dx = \int_{-\frac{1}{2}}^1 (2x^3-3x^2+1)\,dx$$

$$= \left[\frac{1}{2}x^4 - x^3 + x\right]_{-\frac{1}{2}}^1 = \frac{27}{32}$$

랑데뷰 풀이

적분기호 $\displaystyle\int$ 사용하지 않고 풀기!

$\rightarrow f'(x)=kx(x-1)\,(k>0)$ 와 x축으로 둘러싸인 부분의 넓이는 $\dfrac{k}{6}(1-0)^3 = \dfrac{k}{6}$이다.

넓이가 1이므로 $k=6$

따라서 삼차함수의 최고차항의 계수는 2이고 삼차함수 $y=f(x)$의 그래프가 x축과 만나는 점을 A, B라 하면 $\overline{AO} : \overline{OB} = 1:2$임을 이용하면 [세미나(90)참고]

$O(0,0)$, $B(1,0)$에서 $A\left(-\dfrac{1}{2}, 0\right)$이다.

따라서 넓이는 $\dfrac{2}{12}\left\{1-\left(-\dfrac{1}{2}\right)\right\}^4 = \dfrac{1}{2}\times\dfrac{27}{16} = \dfrac{27}{32}$

$$f(x) = a(x-\alpha)(x-\beta)(x-\gamma) \ (\alpha < \beta < \gamma) \text{ 일 때,}$$
$$\beta - \alpha = m, \ \gamma - \beta = n \text{이라 하면}$$

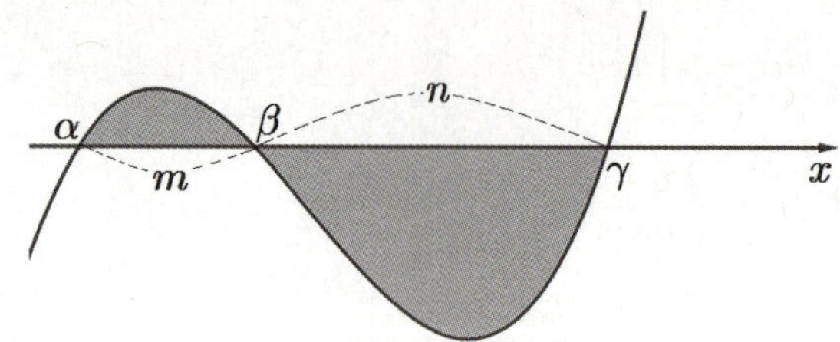

$$f(x)\text{와 } x\text{축으로 둘러싸인 부분의 넓이 } S\text{는}$$
$$S = \frac{|a|}{12}(m^4 + 2m^3n + 2mn^3 + n^4)$$

[관련 문제]

(1) $y = (x-1)(x-2)(x-3)$과 x축으로 둘러싸인 부분의 넓이는?

(2) $y = 2(x-1)(x-3)(x-6)$과 x축으로 둘러싸인 부분의 넓이는?

(3) $y = (x-1)(x-2)^2$과 x축으로 둘러싸인 부분의 넓이는?

랑데뷰 풀이

(1) $a=1, \ m=2-1=1, \ n=3-2=1$이므로
$$s = \frac{1}{12}(1+2+2+1) = \frac{1}{2}$$

(2) $a=2, \ m=3-1=2, \ n=6-3=3$이므로
$$s = \frac{2}{12}(2^4 + 2\times 2^3 \times 3 + 2\times 2 \times 3^3 + 3^4) = \frac{253}{6}$$

(3) $a=1, \ m=2-1=1, \ n=2-2=0$이므로
$$s = \frac{1}{12}(1^4) = \frac{1}{12}$$

랑데뷰 설명 [거리곱 없이]

$$S_1 = \int_{\alpha}^{\beta} a(x-\alpha)(x-\beta)(x-\gamma)dx$$

$\Leftarrow x$축으로 $-\alpha$만큼 평행이동

$$= \int_{0}^{\beta-\alpha} ax(x+\alpha-\beta)(x+\alpha-\gamma)dx$$

$$= |a| \int_{0}^{\beta-\alpha} x\{x^2 + (2\alpha-\beta-\gamma)x + (\alpha-\beta)(\alpha-\gamma)\}dx$$

$$= |a| \int_{0}^{\beta-\alpha} x^3 + (2\alpha-\beta-\gamma)x^2 + (\alpha-\beta)(\alpha-\gamma)x \, dx$$

$$= |a|\left[\frac{1}{4}x^4 + \frac{1}{3}(2\alpha-\beta-\gamma)x^3 + \frac{1}{2}(\alpha-\beta)(\alpha-\gamma)x^2\right]_{0}^{\beta-\alpha}$$

$$= |a|\left\{\frac{1}{4}(\beta-\alpha)^4 + \frac{1}{3}(2\alpha-\beta-\gamma)(\beta-\alpha)^3 + \frac{1}{2}(\alpha-\beta)(\alpha-\gamma)(\alpha-\beta)^2\right\}$$

설명 이어서

$$= \frac{|a|}{12}(\beta-\alpha)^3\{3(\beta-\alpha) + 4(2\alpha-\beta-\gamma) - 6(\alpha-\gamma)\}$$

$$= \frac{|a|}{12}(\beta-\alpha)^3\{(\gamma-\beta) + (\gamma-\alpha)\}$$

$$S_2 = -\int_{\beta}^{\gamma} |a|(x-\alpha)(x-\beta)(x-\gamma)dx$$

$\Leftarrow x$축으로 $-\beta$만큼 평행이동

$$= -\int_{0}^{\gamma-\beta} |a|(x-\alpha+\beta)x(x+\beta-\gamma)dx$$

$$\vdots \qquad \vdots$$

$$= -\frac{|a|}{12}(\gamma-\beta)^3(2\alpha-\beta-\gamma)$$

$$= \frac{|a|}{12}(\gamma-\beta)^3\{(\beta-\alpha) + (\gamma-\alpha)\}$$

따라서

$$S_1 + S_2 = \frac{|a|}{12}(\beta-\alpha)^3\{(\gamma-\beta) + (\gamma-\alpha)\}$$
$$+ \frac{|a|}{12}(\gamma-\beta)^3\{(\beta-\alpha) + (\gamma-\alpha)\}$$

$\Leftarrow \beta-\alpha = m, \ \gamma-\beta = n$

$$= \frac{|a|}{12}m^3\{n + (n+m)\} + \frac{|a|}{12}n^3\{m + (n+m)\}$$

$$= \frac{|a|}{12}(m^4 + 2m^3n + 2mn^3 + n^4)$$

$$\int_a^x (x-t)f(t)dt = g(x)\text{의 고찰}$$

(1) $g(x)$는 $(x-a)^2$을 인수로 가져야 한다. (2) $f(x) = g''(x)$이다.

[관련 문제]

(1) 미분가능한 함수 $f(x)$ 가 $\int_a^x (x-t)f(t)dt = x^3 - 2x^2 + 3x - 4$ 를 만족시킬 때, $f(2)$ 의 값은? (단, a 는 상수)

(2) 미분가능한 함수 $f(x)$가 $\int_1^x (x-t)f(t)dt = x^3 - ax^2 + bx + 3$ 을 만족시킬 때, $f(3) + a + b$의 값?

일반 풀이

(1) $\int_a^x (x-t)f(t)dt = x^3 - 2x^2 + 3x - 4$ 에서

$$x\int_a^x f(t)dt - \int_a^x tf(t)dt = x^3 - 2x^2 + 3x - 4$$

양변을 x 에 대하여 미분하면

$$\int_a^x f(t)dt + xf(x) - xf(x) = 3x^2 - 4x + 3$$

$$\therefore \int_a^x f(t)dt = 3x^2 - 4x + 3$$

다시 양변을 x 에 대하여 미분하면
$$f(x) = 6x - 4 \qquad \therefore f(2) = 12 - 4 = 8$$

(2) $\int_1^x (x-t)f(t)dt = x^3 - ax^2 + bx + 3$의 양변에

$x = 1$을 대입하면 $1 - a + b + 3 = 0$

$\therefore a - b = 4 \qquad \cdots \text{㉠}$

$$\int_1^x (x-t)f(t)dt = x^3 - ax^2 + bx + 3\text{에서}$$

$$x\int_1^x f(t)dt - \int_1^x tf(t)dt = x^3 - ax^2 + bx + 3$$

위의 등식의 양변을 x에 대하여 미분하면

$$\int_1^x f(t)dt + xf(x) - xf(x) = 3x^2 - 2ax + b$$

$$\therefore \int_1^x f(t)dt = 3x^2 - 2ax + b$$

위의 등식의 양변에 $x = 1$을 대입하면
$3 - 2a + b = 0 \qquad \therefore 2a - b = 3 \qquad \cdots \text{㉡}$
㉠, ㉡을 연립하여 풀면 $\qquad a = -1, \ b = -5$

따라서 $\int_1^x f(t)dt = 3x^2 + 2x - 5$의 양변을 x에 대하여

미분하면 $f(x) = 6x + 2 \qquad \therefore f(3) = 20$

$$\therefore f(3) + a + b = 14$$

랑데뷰 풀이

① $f(x) = (x^3 - 2x^2 + 3x - 4)'' = 6x - 4$

$\therefore f(2) = 12 - 4 = 8$

그런데 $g(x) = x^3 - 2x^2 + 3x - 4$에서

$g(a) = 0$, $g'(a) = 0$을 동시에 만족하는 a가 존재하지

않으므로 문제오류이다.

② $x^3 - ax^2 + bx + 3 = (x+k)(x-1)^2$에서 $k = 3$

$x^3 - ax^2 + bx + 3 = x^3 + x^2 - 5x + 3$이므로

$a = -1$, $b = -5$

$f(x) = (x^3 + x^2 - 5x + 3)'' = 6x + 2 \quad \therefore f(3) = 20$

$\therefore f(3) + a + b = 14$

설명 $\Rightarrow$ $\int_a^x (x-t)f(t)dt = g(x)$

양변에 $x = a$ 대입 하면 $0 = g(a)$이다.

또한 $x\int_a^x f(t)dt - \int_a^x tf(t)dt = g(x)$에서

양변 미분하면 $\int_a^x f(t)dt = g'(x)$이고

양변에 $x = a$ 대입 하면 $0 = g'(a)$ 이므로

$g(x)$는 $g(a) = 0$, $g'(a) = 0$이므로 $(x-a)^2$을 인수로

갖는 식이어야 한다. $\cdots$ (1)

또한 $\int_a^x f(t)dt = g'(x)$을 양변 미분하면

$f(x) = g''(x)$이다. $\cdots$ (2)

넓이의 변화율은 선분의 길이와 같다.

⇨ x의 변화에 따라 두 영역의 넓이가 한쪽은 증가하고 다른 한 쪽은 감소하는 상황에서 증가율과 감소율이 같아질 때 넓이의 변화를 나타내는 함수는 극값을 갖는다. 즉 두 영역에서 x의 위치에 따른 선분의 길이가 같아질 때 그 함수는 극대 또는 극솟값을 갖는다.

설명

$$S(x+h) - S(x) = \int_0^{x+h} f(t)\,dt - \int_0^x f(t)\,dt = F(x+h) - F(x)$$

$$\therefore \lim_{h \to 0} \frac{S(x+h) - S(x)}{h} = \lim_{h \to 0} \frac{F(x+h) - F(x)}{h}$$

$$\therefore \ S'(x) = f(x)$$

부피의 변화는 넓이로 파악할 수 있다.

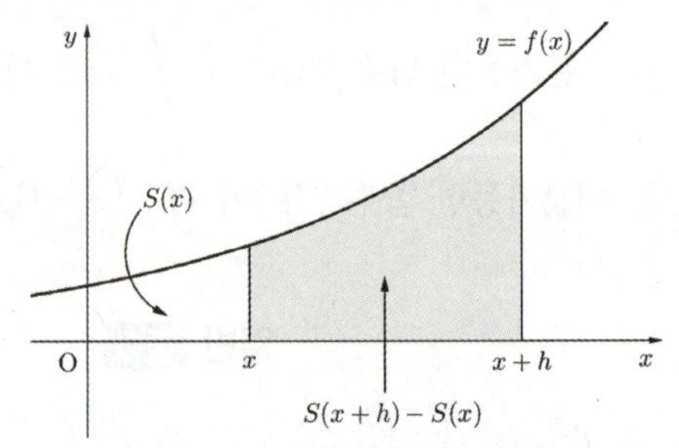

관련 문제

[2017학년도 9월 모평 나형 29번]

구간 $[0,\ 8]$에서 정의된 함수 $f(x)$는

$$f(x) = \begin{cases} -x(x-4) & (0 \le x < 4) \\ x - 4 & (4 \le x \le 8) \end{cases}$$

이다. 실수 $a\ (0 \le a \le 4)$에 대하여

$\displaystyle\int_a^{a+4} f(x)\,dx$의 최솟값은 $\dfrac{q}{p}$이다.

$p+q$의 값을 구하시오.

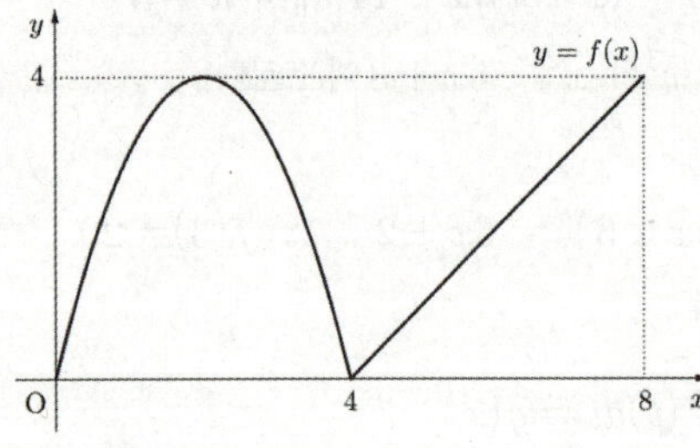

랑데뷰 풀이

$\overline{AB} = \overline{CD}$일 때 $\displaystyle\int_a^{a+4} f(x)\,dx$가

최소이다. 즉,

$-a(a-4) = (a+4) - 4$에서

$a = 3$일 때 극소이며 최소가 된다.

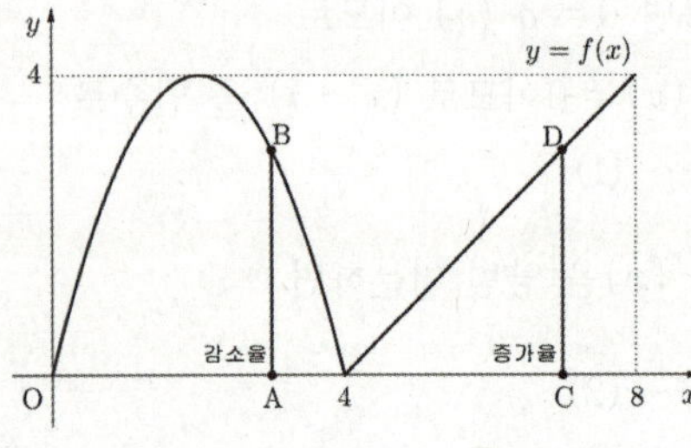

[2019학년도 수능완성 나형 실전모의고사 2회 29번]

그림과 같이 함수

$$f(x) = \begin{cases} 5x - x^2 & (x \ge 0) \\ x^3 - x & (x < 0) \end{cases}$$
에 대하여

함수 $y = f(x)$의 그래프와 직선 $y = ax$가 서로 다른 세 점에서 만나도록 하는 실수 a가 있다. 함수 $y = f(x)$의 그래프와 직선 $y = ax$로 둘러싸인 넓이를 $S(a)$라 할 때, $S(a)$의 최솟값은 $\dfrac{q}{p}$이다. $p+q$의 값을 구하시오.

랑데뷰 풀이

$\overline{OA} = \overline{OB}$일 때 $S(a)$가 최소이다.

$\triangle OAA' \equiv \triangle OBB'$이므로

$\overline{OA'} = \overline{OB'}$이고 $A',\ B'$는

$5x - x^2 = ax$에서 $x = 5 - a$

$x^3 - x = ax$에서 $x = -\sqrt{a+1}$이다.

$|-\sqrt{a+1}| = 5 - a$일 때 즉,

$a = 3$일 때 $S(a)$가 최솟값을 갖는다.

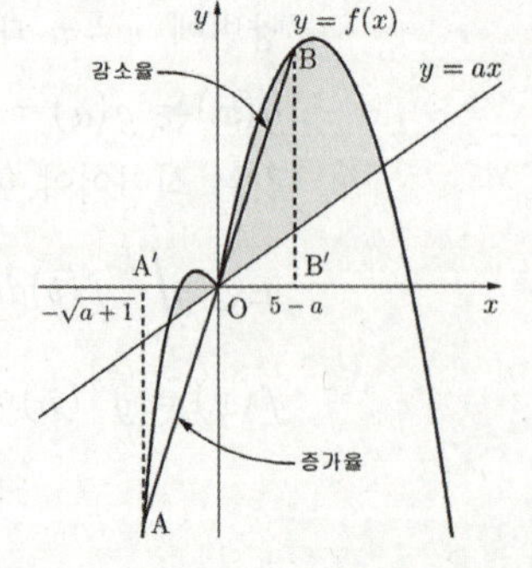

[2019학년도 3월 교육청 가형 30번]

함수 $f(x) = \begin{cases} e^x & (0 \le x < 1) \\ e^{2-x} & (1 \le x \le 2) \end{cases}$

에 대하여 열린구간 $(0,\ 2)$에서 정의된 함수

$$g(x) = \int_0^x |f(x) - f(t)|\,dt$$

의 극댓값과 극솟값의 차는 $ae + b\sqrt[3]{e^2}$이다. $(ab)^2$의 값은?

랑데뷰 풀이

(i) $0 < x < 1$일 때 $\overline{AB}$가 가장 클 때까지 $g(x)$가 증가하므로 B가 $(1,\ e)$에 있을 때 즉 $x = 1$일 때 극댓값을 갖는다.

(ii) $1 < x < 2$일 때 $\overline{AB}$가 넓이의 감소율 $\overline{BC}$가 넓이의 증가율을 나타내므로 $\overline{AB} = \overline{BC}$일 때

$$2 - x = x - (2 - x)$$

즉, $x = \dfrac{4}{3}$일 때 극솟값을 갖는다.

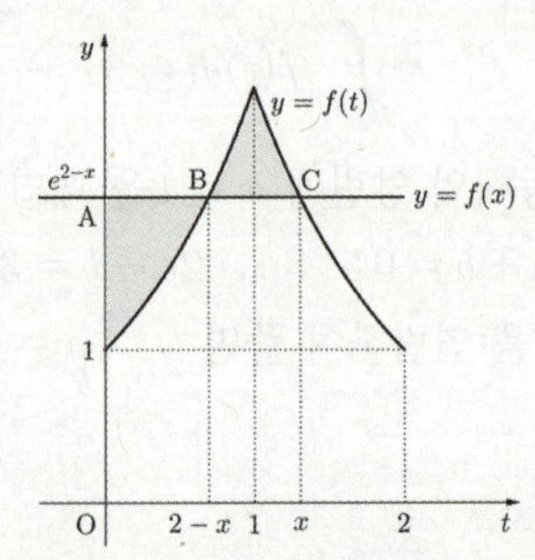

설명

포물선 $f(x)=ax^2+bx+c$ 위의 서로 다른 두 점
$\mathrm{P}\,(\alpha,\,f(\alpha))$, $\mathrm{Q}(\beta,\,f(\beta))$가 있다. (단, $\alpha<\beta$)
$f(x)$와 직선 PQ로 둘러싸인 부분의 넓이

$S=\dfrac{|a|(\beta-\alpha)^3}{6}$ 이다. 포물선 위의 점 P, Q에서의

접선을 각각 $m:y=a_1x+b_1$, $n:y=a_2x+b_2$이라 하면

$ax^2+bx+c=a_1x+b_1 \to a(x-\alpha)^2=0$

$ax^2+bx+c=a_2x+b_2 \to a(x-\beta)^2=0$ 이 된다.

또한 $m,\,n$의 교점의 x좌표는 $a_1x+b_1=a_2x+b_2$에서

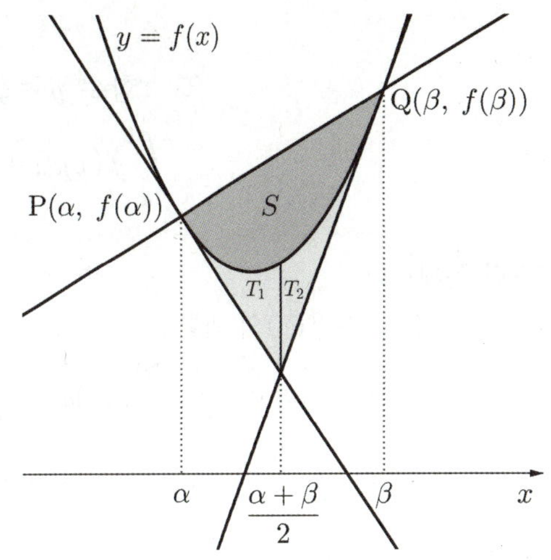

$x=-\dfrac{b_1-b_2}{a_1-a_2}=-\dfrac{(-a\alpha^2+c)-(-a\beta^2+c)}{(2a\alpha+b)-(2a\beta+b)}=-\dfrac{a(\beta^2-\alpha^2)}{2a(\alpha-\beta)}=\dfrac{\alpha+\beta}{2}$ 이므로 $T=T_1+T_2$에서

$T=\displaystyle\int_{\alpha}^{\frac{\alpha+\beta}{2}}|a|(x-\alpha)^2\,dx+\int_{\frac{\alpha+\beta}{2}}^{\beta}|a|(x-\beta)^2\,dx=|a|\left\{\left[\dfrac{(x-\alpha)^3}{3}\right]_{\alpha}^{\frac{\alpha+\beta}{2}}+\left[\dfrac{(x-\beta)^3}{3}\right]_{\frac{\alpha+\beta}{2}}^{\beta}\right\}$

$=\dfrac{|a|}{3}\left\{\left(\dfrac{\beta-\alpha}{2}\right)^3-\left(\dfrac{\alpha-\beta}{2}\right)^3\right\}=\dfrac{|a|}{3}\times\dfrac{(\beta-\alpha)^3}{4}=\dfrac{|a|(\beta-\alpha)^3}{12}\quad\therefore\ S:T=\dfrac{|a|(\beta-\alpha)^3}{6}:\dfrac{|a|(\beta-\alpha)^3}{12}=2:1$

[관련 문제]

점 $\left(\dfrac{1}{2},\,-2\right)$에서 곡선 $y=x^2$에 그은 두 접선과 이 곡선으로 둘러싸인 부분의 넓이를 구하여라.

일반 풀이

$y=x^2$에서 $y'=2x$
접점의 좌표를 $(t,\,t^2)$이라 하면 이 점에서의 접선의
기울기는 $2t$이고, 접선의 방정식은
$y-t^2=2t(x-t)$ $\therefore\ y=2tx-t^2$ $\cdots\cdots$ ㉠
이 직선이 점 $\left(\dfrac{1}{2},\,-2\right)$를 지나므로

$-2=t-t^2,\ t^2-t-2=0$
$(t+1)(t-2)=0$
$\therefore\ t=-1$ 또는 $t=2$
(i) $t=-1$일 때, ㉠에서
$y=-2x-1$
(ii) $t=2$일 때, ㉠에서
$y=4x-4$

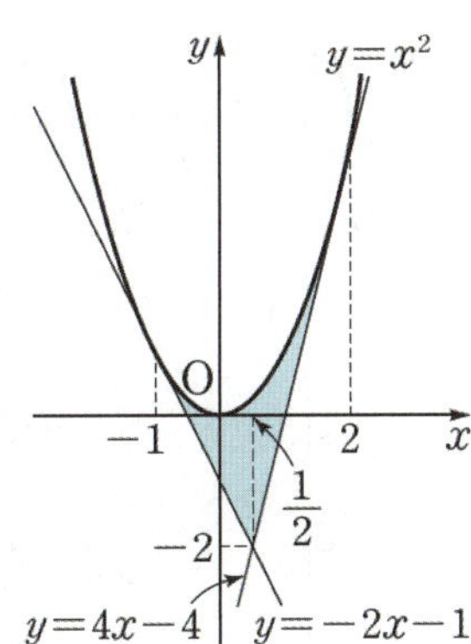

따라서 구하는 넓이는

$\displaystyle\int_{-1}^{\frac{1}{2}}\{x^2-(-2x-1)\}dx+\int_{\frac{1}{2}}^{2}\{x^2-(4x-4)\}dx$

$=\displaystyle\int_{-1}^{\frac{1}{2}}(x^2+2x+1)dx+\int_{\frac{1}{2}}^{2}(x^2-4x+4)dx$

$=\left[\dfrac{1}{3}x^3+x^2+x\right]_{-1}^{\frac{1}{2}}+\left[\dfrac{1}{3}x^3-2x^2+4x\right]_{\frac{1}{2}}^{2}$

$=\dfrac{9}{8}+\dfrac{9}{8}=\dfrac{9}{4}$

랑데뷰 풀이

두 접점을 지나는 직선(극선)과 $y=x^2$으로 둘러싸인

부분의 넓이가 $\dfrac{\{2-(-1)\}^3}{6}=\dfrac{9}{2}$이므로

색칠된 부분의 넓이는 $\dfrac{9}{4}$

세미나(137) young's 법칙

young's 법칙

함수 $y = g(x)$가 함수 $y = f(x)$의 역함수일 때,

$$\int_a^b f(x)\,dx + \int_{f(a)}^{f(b)} g(x)\,dx = bf(b) - af(a)$$가 성립한다.

[관련 문제]

다음 그림은 함수 $f(x)$의 역함수 $y = g(x)$의 그래프를 나타낸 것이다.

$g(5) = 0$, $g(32) = 3$이고 $2\displaystyle\int_{g(5)}^{g(32)} f(x)\,dx + \int_{f(0)}^{f(3)} g(x)\,dx = 112$

일 때, 정적분의 $\displaystyle\int_{g(5)}^{g(32)} f(x)\,dx$값을 구하여라.

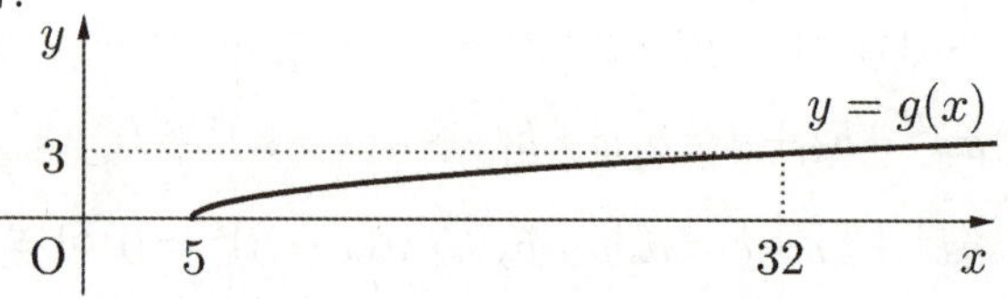

일반 풀이

함수 $y = f(x)$의 그래프와 그 역함수 $y = g(x)$의 그래프는 직선 $y = x$에 대하여 대칭이므로 $g(5) = 0$, $g(32) = 3$에서

$f(0) = 5$, $f(3) = 32$

이때,

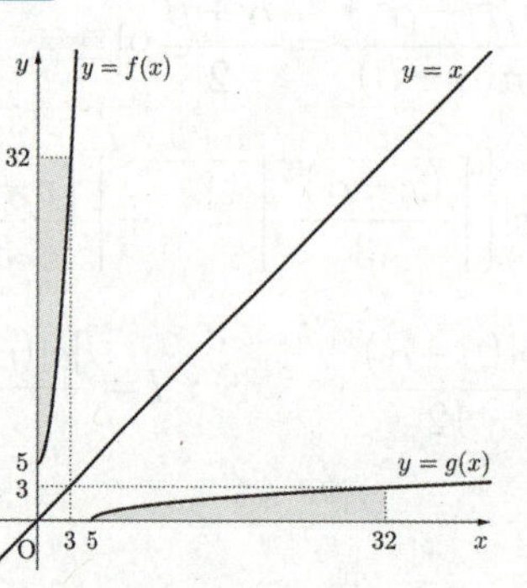

$2\displaystyle\int_{g(5)}^{g(32)} f(x)\,dx + \int_{f(0)}^{f(3)} g(x)\,dx = 112$이므로

$2\displaystyle\int_{g(5)}^{g(32)} f(x)\,dx + \int_{f(0)}^{f(3)} g(x)\,dx$

$= 2\displaystyle\int_0^3 f(x)\,dx + \int_5^{32} g(x)\,dx$

$= 2\displaystyle\int_0^3 f(x)\,dx + \left\{ 3 \times 32 - \int_0^3 f(x)\,dx \right\}$

$= \displaystyle\int_0^3 f(x)\,dx + 96 = 112 \quad \therefore \int_0^3 f(x)\,dx = 112 - 96 = 16$

$\therefore \displaystyle\int_{f(5)}^{f(32)} g(x)\,dx = \int_0^3 f(x)\,dx = 16$

랑데뷰 풀이

$g(5) = 0$, $g(32) = 3$이므로 $f(0) = 5$, $f(3) = 32$

$2\displaystyle\int_{g(5)}^{g(32)} f(x)\,dx + \int_{f(0)}^{f(3)} g(x)\,dx$

$= \displaystyle\int_{g(5)}^{g(32)} f(x)\,dx + \int_0^3 f(x)\,dx + \int_{f(0)}^{f(3)} g(x)\,dx$

$= \displaystyle\int_{g(5)}^{g(32)} f(x)\,dx + 3 \times 32 = 112 \quad \therefore \int_{g(5)}^{g(32)} f(x)\,dx = 16$

설명

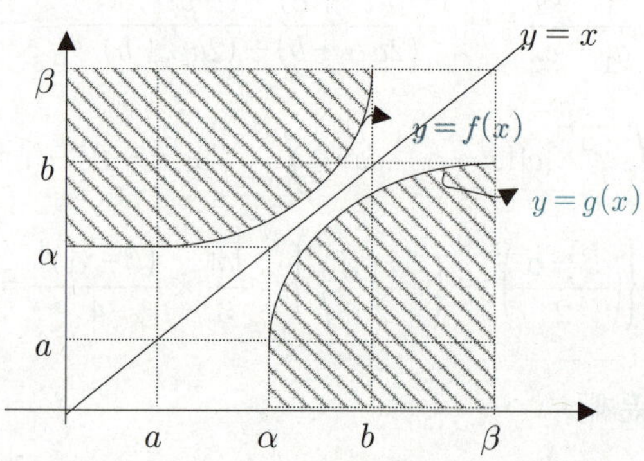

위 그림에서 $y = f(x)$와 $y = g(x)$가 서로

역함수일 때, $\displaystyle\int_\alpha^\beta g(x)\,dx$의 값은 곡선 $y = g(x)$

와 직선 $x = \alpha$, $x = \beta$ 그리고 x축으로 둘러싸인 부분의 넓이이며 그림의 $y = x$ 아래쪽 빗금 친 부분의 넓이를 뜻한다. 그리고 역함수 성질에 의해 $y = x$ 위 부분의 빗금 친 부분의 넓이와 같다. 또한 $y = f(x)$와 x축 그리고 $x = a$, $x = b$로

둘러싸인 부분의 넓이는 $\displaystyle\int_a^b f(x)\,dx$와 같으므로

$\displaystyle\int_a^b f(x)\,dx + \int_\alpha^\beta g(x)\,dx$의 값은 아래 그림에서

빗금 친 부분의 넓이이며 $b\beta - a\alpha$ 이다.

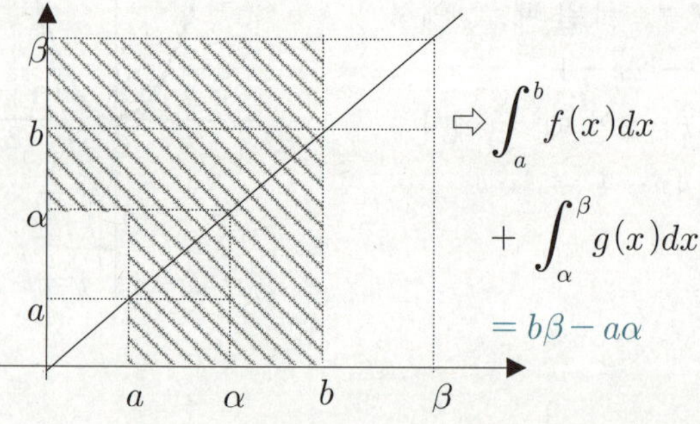

모든 함수는 합성함수로 표현할 수 있다.

① $f(x) = \sin 2x$

$\Rightarrow g(x) = \sin x$, $h(x) = 2x$라 하면 $f(x) = g(h(x))$이다.

② $f(x) = \sin\dfrac{1}{2}x$

$\Rightarrow g(x) = \sin x$, $h(x) = \dfrac{1}{2}x$라 하면 $f(x) = g(h(x))$이다.

합성함수 $g(f(x))$에서 $g(x)$는 겉함수 $f(x)$를 속함수라 하자.
합성함수의 그래프는 다음과 같이 $N-Set$를 설정하여 나타낸다.

① 속함수의 그래프가 증가하는 구간에서는
겉함수의 그래프 개형이 그대로 나타나며
폭이 좁아졌거나 넓어진 그래프로 나타난다.

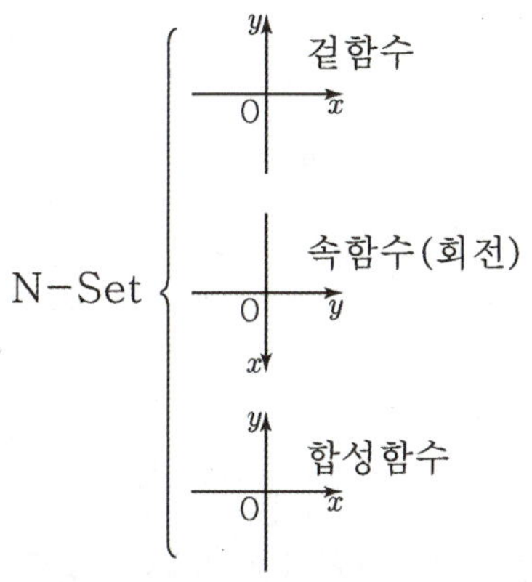

$\ominus$ $f(x) = \sin 2x$

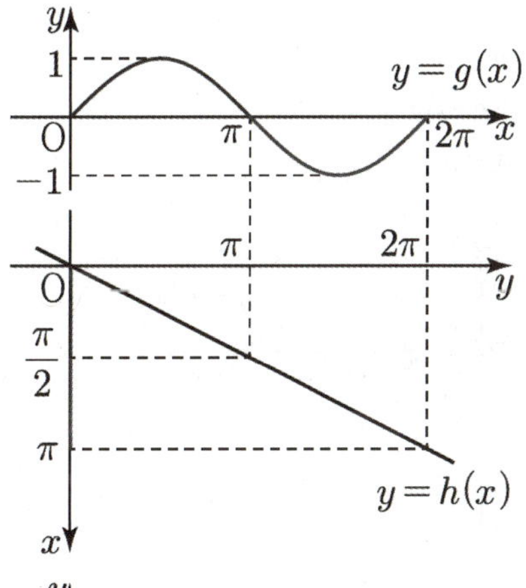
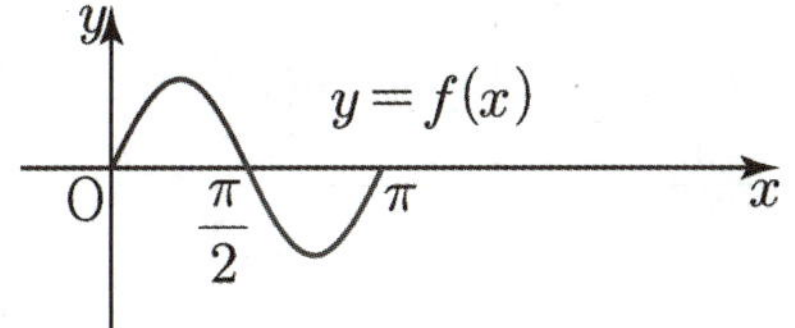

$\bigcirc$ $f(x) = \sin\dfrac{1}{2}x$

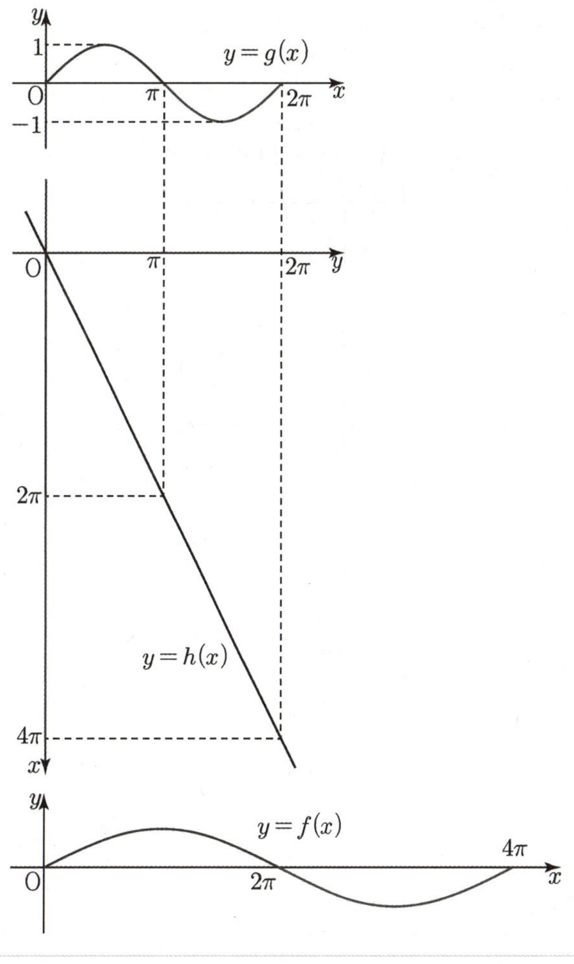

② 속함수의 그래프가 감소하는 구간에서는 겉함수의 그래프개형이 선대칭되어 나타나고 폭이 좁아졌거나 넓어진 그래프로 나타난다.

ex)

$f(x)= \sin(-2x)$

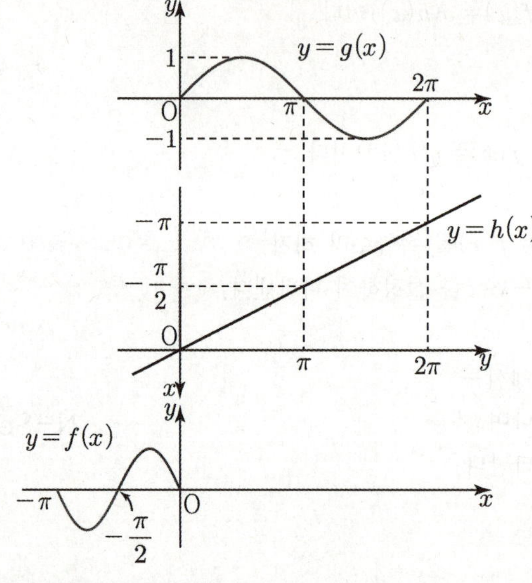

③ 속함수 증감이 변하기 직전까지 겉함수 개형을 그린다.

ex)

㉠ $f(x)= \sin(2\pi x^2)$

$g(x)= \sin 2\pi x$, $h(x)= x^2$

⇨ $f(x)= g(h(x))$

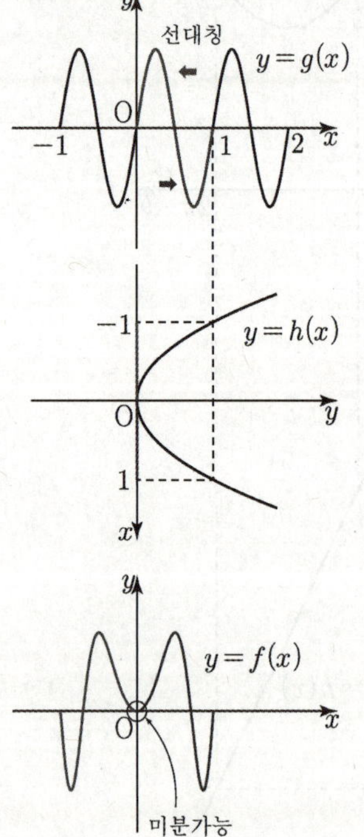

겉함수가 감소하다 멈추면 극소, 증가하다 멈추면 극대가 나타난다.

㉡ $f(x)= \sin(|x|)$

$g(x)= \sin x$, $h(x)= |x|$

⇨ $f(x)= g(h(x))$: 감소하다 멈춤

　(극소 : 뾰죽점, 미분불능. 선대칭)

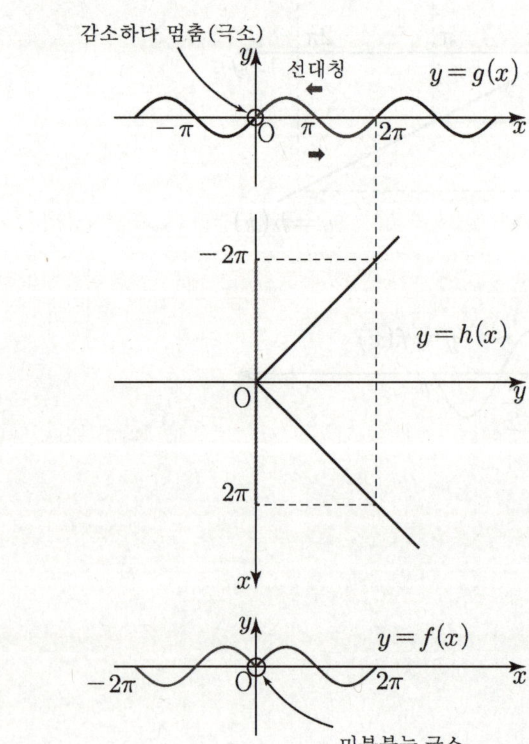

$f(x)=x^3$, $g(x)=x^2$ $\Rightarrow$ 합성 순서에 관계없이
$y=x^6$의 그래프 개형이다.

ⓒ $f(g(x))$

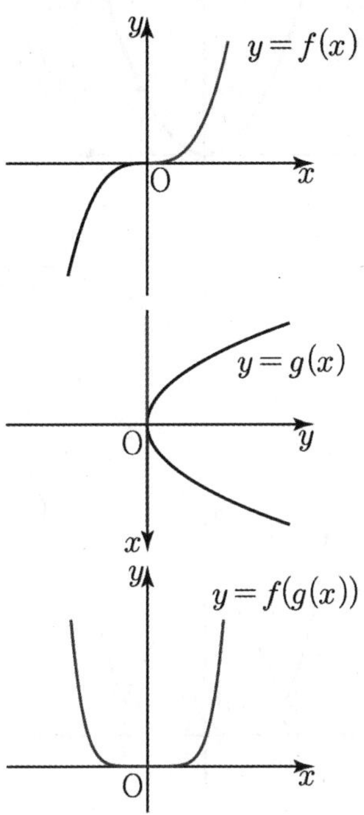

ⓔ $g(f(x))$

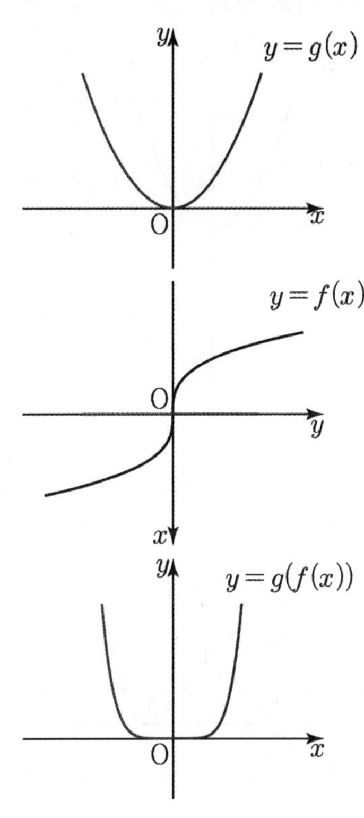

심화 개념서 – 세미나　**159**

$f(x)= x^2$, $g(x)= |x^2-1|$

$\Rightarrow f(g(x))$

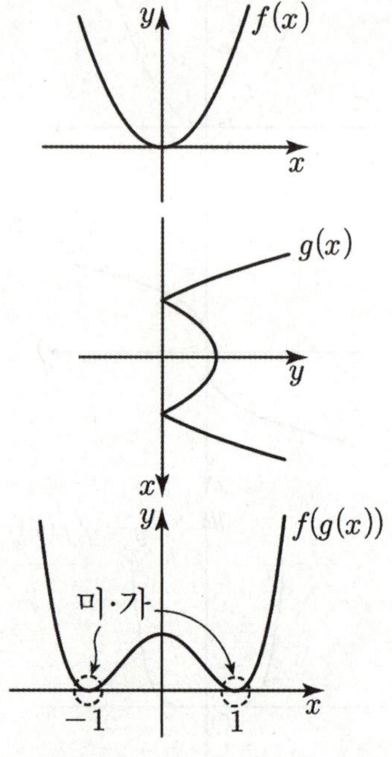

$f(x)= x^2$, $g(x)= |x^2-1|+1$

$\Rightarrow f(g(x))$

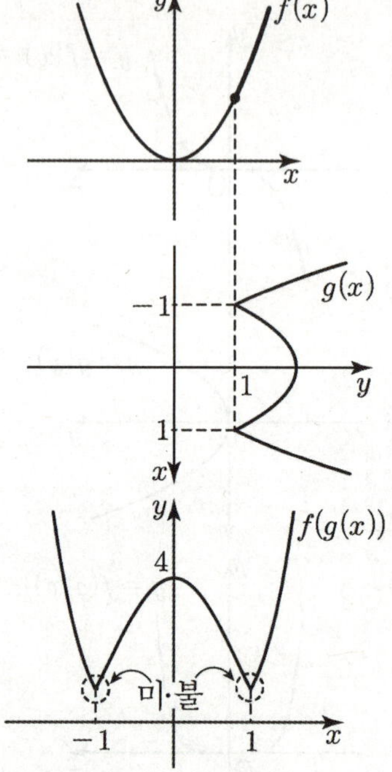

$f(x)= |x^2-1|$, $g(x)= x^2+1$

$\Rightarrow f(g(x))$, $g(f(x))$

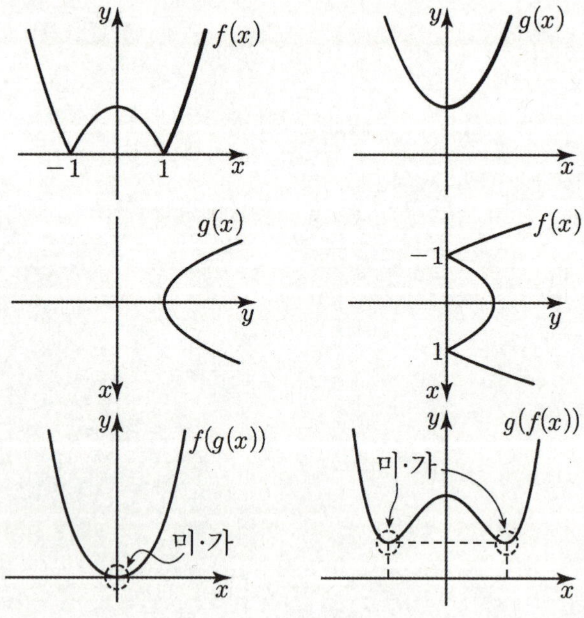

$f(x)= |x^2-1|$, $g(x)= x^2$

$\Rightarrow f(g(x))$

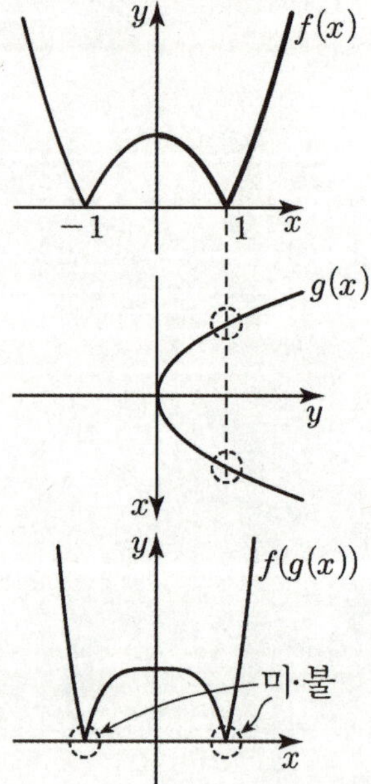

$f(x) = |x^2 - 1|$, $g(x) = x^2 - 1 \ \Rightarrow \ f(g(x))$

$x = \pm \sqrt{2}$에서 극솟값 0을 갖고 미분불가능

$x = \pm 1$에서 극댓값 1을 갖고 미분가능

$x = 0$에서 극솟값 0을 갖고 미분가능

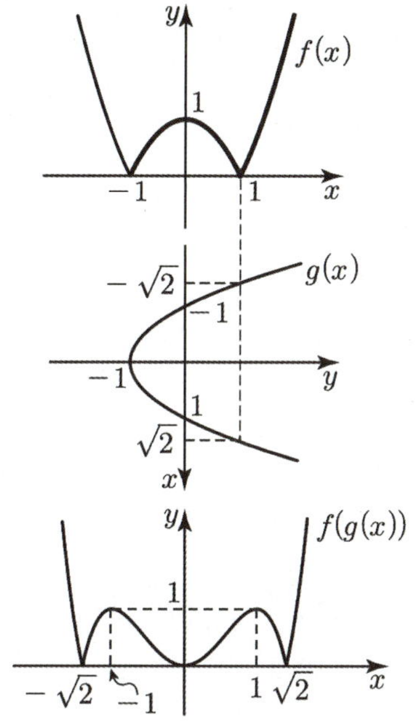

점근선을 갖는 그래프 개형 [미적분II]

$f(x) = \dfrac{x}{x^2 + 1}$, $g(x) = \ln x \ \Rightarrow \ f(g(x))$

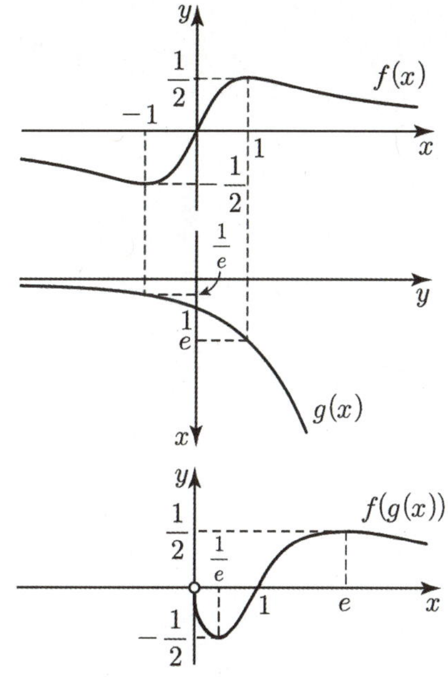

기출 문제	풀이

{23년 5월 교육청 11번 변형}

$0 < x < \pi$일 때, 방정식 $3\cos^2 x + 4\sin x = k$의 서로 다른 실근의 개수가 3이다. 이 세 실근 중 가장 큰 근을 α라 할 때, $k \times \cos\alpha$의 값은?

① $-\dfrac{8\sqrt{2}}{3}$ ② $-\dfrac{4\sqrt{2}}{3}$ ③ $-\dfrac{2\sqrt{2}}{3}$

④ $\dfrac{4\sqrt{2}}{3}$ ⑤ $\dfrac{8\sqrt{2}}{3}$

$3\cos^2 x + 4\sin x = k$

$3(1 - \sin^2 x) + 4\sin x = k$

$3\sin^2 x - 4\sin x + k - 3 = 0$

$f(x) = 3x^2 - 4x + k - 3$, $g(x) = \sin x$

$\Rightarrow f(g(x)) = 0$

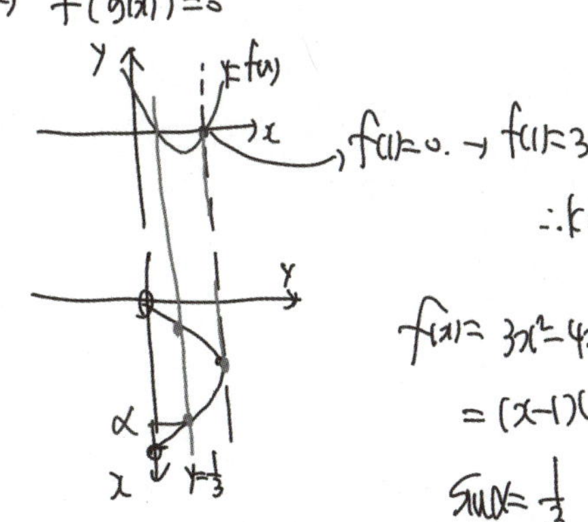

$f(1) = 0 \ \rightarrow \ f(1) = 3 - 4 + k - 3 = 0$

$\therefore k = 4$

$f(x) = 3x^2 - 4x + 1$

$\quad = (x-1)(3x-1)$

$\sin x = \dfrac{1}{3}$ (α 둔각)

$\therefore \cos x = -\dfrac{2\sqrt{2}}{3}$

$\rightarrow k \times \cos x = -\dfrac{2\sqrt{2}}{3} \cdot$

확률과통계

하루 중 90%는 겸손하게 10%는 자신있게...

세미나(142) 경우의 수 종합

n개의 공을 k개의 주머니에 넣는다.

(1) 다른 공 n개를 다른 주머니 k개에 넣을 경우

① 빈 주머니 있음 → 중복순열 : $_k\Pi_n$	② 빈 주머니 없음 → 집합 분할 후 분배 : $S(n,k)\times k!$

5명의 선거인이 2명의 후보 중 한 명의 후보에게 각각 투표하는 방법의 수를 구하여라. (단, 투표용지에는 투표자의 이름이 공개되고, 기권은 없는 것으로 한다.)

풀이 $_2\Pi_5 = 2^5 = 32$

두 집합 $X = \{a,\ b,\ c,\ d,\ e\}$, $Y = \{1,\ 2,\ 3\}$ 에 대하여 함수 $f : X \to Y$ 중에서 공역과 치역이 같은 함수의 개수를 구하여라.

풀이 $S(5,3) \times 3! = 25 \cdot 6 = 150$

(2) 다른 공 n개를 같은 주머니 k개에 넣을 경우

① 빈 주머니 있음 → 집합 분할의 합 $\quad : S(n,1) + S(n,2) + \cdots + S(n,k)$	② 빈 주머니 없음 → 집합 분할 $\quad : S(n,k)$

크기가 $10MB, 50MB, 100MB, 150MB, 200MB$인 5개의 동영상 파일을 용량이 $700MB$이고 구별이 되지 않는 3장의 CD에 저장하는 방법의 수를 구하여라. (단, 사용하지 않는 CD가 있을 수 있다.)

풀이 $S(5,1) + S(5,2) + S(5,3) = 1 + 15 + 25 = 41$

랑랑이네 가족 5명은 놀이 공원에 갔다. 5명이 똑같은 놀이 기구 3개에 나누어 타려고 할 때, 랑랑이네 가족이 놀이 기구 3개에 나누어 타는 방법의 수를 구하여라. (단, 비어 있는 놀이 기구는 없다.)

풀이 $S(5,3) = 25$

(3) 같은 공 n개를 다른 주머니 k개에 넣을 경우

① 빈 주머니 있음 → 중복조합 : $_kH_n$	② 빈 주머니 없음 → 중복조합(자연수해) : $_kH_{n-k}$

사과, 배, 귤, 토마토 중에서 중복을 허용하여 3개를 입하는 방법의 수를 구하여라.

풀이 각 과일을 담는 사과 주머니, 배 주머니, 귤 주머니, 토마토 주머니 4개가 있다고 생각한다.

$_4H_3 = {}_6C_3 = 20$

똑같은 장미 8 송이와 똑같은 국화 6 송이를 A, B, C 세 사람에게 나누어 주려고 한다. 이때 세 사람이 장미와 국화를 모두 한 송이 이상씩은 받도록 나누어 주는 방법의 수를 구하여라.

풀이 $_3H_{8-3} \times {}_3H_{6-3} = {}_3H_5 \times {}_3H_3 = 21 \times 10 = 210$

(4) 같은 공 n개를 같은 주머니 k개에 넣을 경우

① 빈 주머니 있음 → 자연수 분할의 합 $\quad : P(n,1) + P(n,2) + \cdots + P(n,k)$	② 빈 주머니 없음 → 자연수 분할 $\quad : P(n,k)$

어느 고등학교 축구부는 같은 종류의 축구공 25개를 가지고 있다. 운동이 끝난 후 같은 종류의 바구니 3개에 25개의 축구공을 담으려고 할 때, 각 바구니에 5개 이상씩 담는 방법의 수를 구하여라.

풀이 $P(10,1) + P(10,2) + P(10,3) = 1 + 5 + 8 = 14$

찹쌀떡 10상자를 4개의 같은 종류의 쇼핑백에 나누어 담으려고 한다. 빈 쇼핑백이 없도록 나누어 담는 방법의 수를 구하여라.

풀이 $P(10,4) = 9$

$$\text{Vandemonde의 정리} \;\Rightarrow\; \sum_{k=0}^{r} {}_m\mathrm{C}_k \times {}_n\mathrm{C}_{r-k} = {}_{m+n}\mathrm{C}_r$$

→ 결론적으로 $m+n$개의 공 중 r개를 뽑을려고(${}_{m+n}\mathrm{C}_r$) 하는데,

m개의 공 중 k개의 공을 뽑고(${}_m\mathrm{C}_k$), n개의 공 중 $r-k$개의 공을 뽑는(${}_n\mathrm{C}_{r-k}$) 상황으로 설정한다.

설명 $(1+x)^m (1+x)^n = ({}_m\mathrm{C}_0 + {}_m\mathrm{C}_1 x + {}_m\mathrm{C}_2 x^2 + \cdots + {}_m\mathrm{C}_m x^m) \times ({}_n\mathrm{C}_0 + {}_n\mathrm{C}_1 x + {}_n\mathrm{C}_2 x^2 + \cdots + {}_n\mathrm{C}_n x^n)$

우변의 전개식에서 x^r의 계수가 ${}_m\mathrm{C}_0 \cdot {}_n\mathrm{C}_r + {}_m\mathrm{C}_1 \cdot {}_n\mathrm{C}_{r-1} + {}_m\mathrm{C}_2 \cdot {}_n\mathrm{C}_{r-2} + {}_m\mathrm{C}_3 \cdot {}_n\mathrm{C}_{r-3} + \cdots + {}_m\mathrm{C}_r \cdot {}_n\mathrm{C}_{r-r}$이고,

좌변 $(1+x)^m (1+x)^n = (1+x)^{m+n}$의 전개식에서 x^r의 계수는 ${}_{m+n}\mathrm{C}_r$이다.

$${}_m\mathrm{C}_0 \cdot {}_n\mathrm{C}_r + {}_m\mathrm{C}_1 \cdot {}_n\mathrm{C}_{r-1} + {}_m\mathrm{C}_2 \cdot {}_n\mathrm{C}_{r-2} + {}_m\mathrm{C}_3 \cdot {}_n\mathrm{C}_{r-3} + \cdots + {}_m\mathrm{C}_r \cdot {}_n\mathrm{C}_0 = {}_{m+n}\mathrm{C}_r$$

$$\therefore \sum_{k=0}^{r} {}_m\mathrm{C}_k \times {}_n\mathrm{C}_{r-k} = {}_{m+n}\mathrm{C}_r$$

[관련 문제]

${}_{20}\mathrm{C}_5 \cdot {}_{10}\mathrm{C}_{10} + {}_{20}\mathrm{C}_6 \cdot {}_{10}\mathrm{C}_9 + {}_{20}\mathrm{C}_7 \cdot {}_{10}\mathrm{C}_8 + \cdots + {}_{20}\mathrm{C}_{14} \cdot {}_{10}\mathrm{C}_1 + {}_{20}\mathrm{C}_{15} \cdot {}_{10}\mathrm{C}_0 = {}_a\mathrm{C}_b$ 일 때,

두 상수 a, b의 합 $a+b$의 값을 구하여라.

일반 풀이

$(1+x)^{20}(1+x)^{10} = (1+x)^{30}$ 이므로 이 식의 양변에서 각각 x^{15} 항의 계수를 구해 본다.

(i) 좌변 : $(1+x)^{20}(1+x)^{10}$ 의 전개식에서 x^{15} 항이 오는 경우는 다음과 같다.

$${}_{20}\mathrm{C}_5 x^5 \cdot {}_{10}\mathrm{C}_{10} x^{10} = ({}_{20}\mathrm{C}_5 \cdot {}_{10}\mathrm{C}_{10}) x^{15}$$
$${}_{20}\mathrm{C}_6 x^6 \cdot {}_{10}\mathrm{C}_9 x^9 = ({}_{20}\mathrm{C}_6 \cdot {}_{10}\mathrm{C}_9) x^{15}$$
$${}_{20}\mathrm{C}_7 x^7 \cdot {}_{10}\mathrm{C}_8 x^8 = ({}_{20}\mathrm{C}_7 \cdot {}_{10}\mathrm{C}_8) x^{15}$$
$$\vdots$$
$${}_{20}\mathrm{C}_{15} x^{15} \cdot {}_{10}\mathrm{C}_0 x^0 = ({}_{20}\mathrm{C}_{15} \cdot {}_{10}\mathrm{C}_0) x^{15}$$

이때, x^{15} 항의 계수는

$${}_{20}\mathrm{C}_5 \cdot {}_{10}\mathrm{C}_{10} + {}_{20}\mathrm{C}_6 \cdot {}_{10}\mathrm{C}_9 + {}_{20}\mathrm{C}_7 \cdot {}_{10}\mathrm{C}_8$$
$$+ \cdots + {}_{20}\mathrm{C}_{14} \cdot {}_{10}\mathrm{C}_1 + {}_{20}\mathrm{C}_{15} \cdot {}_{10}\mathrm{C}_0$$

(ii) 우변 : $(1+x)^{30}$ 의 전개식에서 x^{15} 의 계수는 ${}_{30}\mathrm{C}_{15}$ 따라서 (i), (ii)에서

$${}_{20}\mathrm{C}_5 \cdot {}_{10}\mathrm{C}_{10} + {}_{20}\mathrm{C}_6 \cdot {}_{10}\mathrm{C}_9 + {}_{20}\mathrm{C}_7 \cdot {}_{10}\mathrm{C}_8$$
$$+ \cdots + {}_{20}\mathrm{C}_{15} \cdot {}_{10}\mathrm{C}_0 = {}_{30}\mathrm{C}_{15}$$

$$\therefore a+b = 30+15 = 45$$

랑데뷰 풀이

$20+10$개의 공에서 15개의 공을 꺼내는 상황이므로

$${}_{20+10}\mathrm{C}_{15} = {}_{30}\mathrm{C}_{15}$$

[응용문제]

집합 $U = \{a, b, c, d, e\}$의 두 부분집합 A, B에 대하여 $n(A) + n(B) = 6$를 만족하는 집합의 순서쌍 (A, B)의 개수를 구하여라.

$n(A) + n(B) = 1+5$일 때 ${}_5\mathrm{C}_1 \times {}_5\mathrm{C}_5$

$n(A) + n(B) = 2+4$일 때 ${}_5\mathrm{C}_2 \times {}_5\mathrm{C}_4$

$n(A) + n(B) = 3+3$일 때 ${}_5\mathrm{C}_3 \times {}_5\mathrm{C}_3$

$n(A) + n(B) = 4+2$일 때 ${}_5\mathrm{C}_4 \times {}_5\mathrm{C}_2$

$n(A) + n(B) = 5+1$일 때 ${}_5\mathrm{C}_5 \times {}_5\mathrm{C}_1$

이므로 ${}_{10}\mathrm{C}_6 = 210$

$$\sum_{k=p}^{n-q} {}_k C_p \times {}_{n-k} C_q = {}_{n+1} C_{p+q+1}$$

[관련 문제]

${}_1 C_1 \cdot {}_{48} C_3 + {}_2 C_1 \cdot {}_{47} C_3 + \cdots + {}_{46} C_1 \cdot {}_3 C_3 = {}_\alpha C_\beta$ 일 때 $\alpha + \beta$의 값을 구하여라.

좋은 풀이

${}_1 C_1 \cdot {}_{48} C_3 + {}_2 C_1 \cdot {}_{47} C_3 + \cdots + {}_{46} C_1 \cdot {}_3 C_3$
$= {}_{48} C_3 + 2 \cdot {}_{47} C_3 + 3 \cdot {}_{46} C_3 + \cdots + 46 \cdot {}_3 C_3$

${}_{48}C_3$						
${}_{47}C_3$	${}_{47}C_3$					
${}_{46}C_3$	${}_{46}C_3$	${}_{46}C_3$				
${}_{45}C_3$	${}_{45}C_3$	${}_{45}C_3$	${}_{45}C_3$			
...	...	...	...			
${}_4C_3$	${}_4C_3$	${}_4C_3$	${}_4C_3$	...	${}_4C_3$	
${}_3C_3$	${}_3C_3$	${}_3C_3$	${}_3C_3$		${}_3C_3$	${}_3C_3$
↓	↓	↓	↓	...	↓	↓
${}_{49}C_4$	${}_{48}C_4$	${}_{47}C_4$	${}_{46}C_4$	...	${}_5C_4$	${}_4C_4$

$\Rightarrow {}_{50}C_5$

랑데뷰 풀이

$$\sum_{k=p}^{n-q} {}_k C_p \times {}_{n-k} C_q = {}_{n+1} C_{p+q+1}$$

에서 $n = 49$, $p = 1$, $q = 3$인 경우이므로
$\alpha = 49 + 1 = 50$, $\beta = 1 + 3 + 1 = 5$
$\therefore \ \alpha + \beta = 55$

설명

$\{1, 2, 3, \cdots, 50\}$의 집합에서 원소 5개를 뽑으려 할 때, 뽑은 원소를 $a < b < c < d < e$라 하자. b를 기준으로 생각하면

(i) $b = 1$일 때, a가 존재하지 않으므로 $b \neq 1$이다.

(ii) $b = 2$일 때, $a = 1$이므로 1가지→${}_1 C_1$이다. c, d, e는 3~50까지 48개의 원소 중 3개를 뽑으면 되므로 ${}_{48} C_3$
따라서 ${}_1 C_1 \times {}_{48} C_3$

(iii) $b = 3$일 때, a는 1, 2중 1개이므로 →${}_2 C_1$이다. c, d, e는 4~50까지 47개의 원소 중 3개를 뽑으면 되므로 ${}_{47} C_3$

따라서 ${}_2 C_1 \times {}_{47} C_3$
$\cdots \quad \cdots \quad \cdots \quad \cdots$

(iv) $b = 47$일 때, a는 1~46중 1개이므로 →${}_{46} C_1$이다.
c, d, e는 48, 49, 50중 3개를 뽑으면 되므로 ${}_3 C_3$
따라서 ${}_{46} C_1 \times {}_3 C_3$

(v) $b = 48, 49, 50$일 때, c, d, e가 존재하지 않는다.
(i)~(v)에서
${}_1 C_1 \cdot {}_{48} C_3 + {}_2 C_1 \cdot {}_{47} C_3 + \cdots + {}_{46} C_1 \cdot {}_3 C_3 = {}_{50} C_5$
$\alpha = 50$, $\beta = 5$
$\therefore \ \alpha + \beta = 55$

[랑데뷰팁]

$\{1, 2, 3, \cdots, 50\}$의 집합에서 원소 5개를 뽑으려 할 때, 뽑은 원소를 $a < b < c < d < e$라 하자.

a를 기준으로 생각하면
→${}_{49} C_4 + {}_{48} C_4 + \cdots + {}_4 C_4 = {}_{50} C_5$
c를 기준으로 생각하면
→${}_2 C_2 \cdot {}_{47} C_2 + {}_3 C_2 \cdot {}_{46} C_2 + \cdots + {}_{47} C_2 \cdot {}_2 C_2 = {}_{50} C_5$
d를 기준으로 생각하면
→${}_3 C_3 \cdot {}_{46} C_1 + {}_4 C_3 \cdot {}_{45} C_1 + \cdots + {}_{48} C_3 \cdot {}_1 C_1 = {}_{50} C_5$
e를 기준으로 생각하면
→${}_4 C_4 + {}_5 C_4 + \cdots + {}_{49} C_4 = {}_{50} C_5$

⇨ 이 문제 아이디어의 확장!

$$(a+bx)^n = \sum_{r=0}^{n} {}_n\mathrm{C}_r\, a^{n-r}(bx)^r \text{에서 계수의 최댓값은}$$

$$r = \left[\frac{b(n+1)}{a+b}\right] \text{일 때 나타난다. (단, } [\ ] \text{은 가우스 기호)}$$

[관련 문제]

(1) $(4+3x)^{30}$의 전개식에서 각 항의 계수 중 최댓값을 ${}_{30}\mathrm{C}_a \cdot 3^a \cdot 4^b$의 꼴로 나타내어라.

(2) 다항식 $(x+2)^{19}$의 전개식에서 x^k의 계수가 x^{k+1}의 계수보다 크게 되는 자연수 k의 최솟값은?

[2019학년도 9월 모평]

일반 풀이

(1) $r = \left[\dfrac{3 \times (30+1)}{4+3}\right] = [13.2\ldots] = 13$이므로

계수의 최댓값은 ${}_{30}\mathrm{C}_{13} \cdot 3^{13} \cdot 4^{17}$

(2) $\left[\dfrac{1 \times (19+1)}{1+2}\right] = [6.666] = 6$이므로 $k=6$일 때

계수가 최대이다. 즉 $(x+2)^{19}$의 차수가 증가할 때 계수는 증가하다 x^6에서 최대가 되고 다시 감소하므로 조건을 만족하는 최소 차수 k는 6이다.

설명

$(a+bx)^n = (a+b)^n \left(\dfrac{a}{a+b} + \dfrac{b}{a+b}x\right)^n$ 이고

$(a+b)^n$은 상수이므로 $\left(\dfrac{a}{a+b} + \dfrac{b}{a+b}x\right)^n$의 전개항의 계수를 생각한다.

$\left(\dfrac{a}{a+b} + \dfrac{b}{a+b}x\right)^n$의 계수는

${}_n\mathrm{C}_r \left(\dfrac{a}{a+b}\right)^{n-r} \left(\dfrac{b}{a+b}\right)^r$ 이고 이것은

이항분포 $\mathrm{B}\left(n, \dfrac{b}{a+b}\right)$의 확률 질량함수를 나타낸다.

이때, $(p+q)^n$ (단, $p+q=1$)의 일반항 ${}_n\mathrm{C}_r p^r q^{n-r}$을 생각하자.

${}_n\mathrm{C}_{r-1} p^{r-1} q^{n-r+1} < {}_n\mathrm{C}_r p^r q^{n-r}$과

${}_n\mathrm{C}_{r+1} p^{r+1} q^{n-r-1} < {}_n\mathrm{C}_r p^r q^{n-r}$를 동시에 만족시키는 곳에서 ${}_n\mathrm{C}_r p^r q^{n-r}$는 최대가 된다.

랑데뷰 풀이

(i) ${}_n\mathrm{C}_{r-1} p^{r-1} q^{n-r+1} < {}_n\mathrm{C}_r p^r q^{n-r}$

$$\frac{n!}{(n-r+1)!(r-1)!} p^{r-1} q^{n-r+1} < \frac{n!}{(n-r)!\,r!} p^r q^{n-r}$$

를 풀면 $r < np + p \cdots \text{㉠}$

(ii) ${}_n\mathrm{C}_{r+1} p^{r+1} q^{n-r-1} < {}_n\mathrm{C}_r p^r q^{n-r}$

$$\frac{n!}{(n-r-1)!(r+1)!} p^{r+1} q^{n-r+1} < \frac{n!}{(n-r)!\,r!} p^r q^{n-r}$$

를 풀면 $r > np - q \cdots \text{㉡}$

㉠, ㉡으로부터

$np - q < r < np + p$ (r의 구간이 크기가 1)

따라서 이항분포에서의 확률의 최댓값은 $[np+p]$에서 나온다.

그러므로 $(a+bx)^n$에서 $p = \dfrac{b}{a+b}$이므로

계수의 최댓값은

$$r = \left[\frac{bn}{a+b} + \frac{b}{a+b}\right] = \left[\frac{b(n+1)}{a+b}\right] \text{에서 발생한다.}$$

[주의]

이항분포는 $\mathrm{B}\left(n, \dfrac{b}{a+b}\right)$정규분포로 근사시킬 수 있고

정규분포는 평균에서 확률이 최대이므로

따라서 ${}_n\mathrm{C}_r \left(\dfrac{a}{a+b}\right)^{n-r} \left(\dfrac{b}{a+b}\right)^r$의 최댓값은

$\mathrm{B}\left(n, \dfrac{b}{a+b}\right)$의 평균인 $\dfrac{bn}{a+b}$에서 발생할 거 같지만

실제로 오차가 생긴다.

따라서 $r = \left[\dfrac{b(n+1)}{a+b}\right]$에서 최댓값임을 기억하자.

[수강모 mercury 김성윤T 도움으로 작성]

세미나(146) 부등식의 해의 개수

부등식 $a_1 + a_2 + \cdots + a_k \leq n$를 만족하는

음이 아닌 정수 해의 개수 $\Rightarrow {}_{k+1}\mathrm{H}_n$

자연수 해의 개수 $\Rightarrow {}_{k+1}\mathrm{H}_{n-k}$

[관련 문제]

(1) 부등식 $x+y+z+w \leq 2$를 만족시키는 음이 아닌 정수 $x,\ y,\ z,\ w$의 순서쌍 $(x,\ y,\ z,\ w)$의 개수를 구하여라.

(2) 다음 중 부등식 $x+y+z < 10$의 자연수인 해의 개수와 같은 것은?

   ① ${}_9\mathrm{C}_3$ ② ${}_9\mathrm{C}_4$ ③ ${}_{10}\mathrm{C}_3$ ④ ${}_{10}\mathrm{C}_4$ ⑤ ${}_{10}\mathrm{C}_5$

일반 풀이

(1) $x,\ y,\ z,\ w$가 음이 아닌 정수이므로

$x+y+z+w = 0$ 또는 $x+y+z+w = 1$

또는 $x+y+z+w = 2$

(i) $x+y+z+w = 0$의 음이 아닌 정수인 해의

개수는 ${}_4\mathrm{H}_0 = {}_3\mathrm{C}_0 = 1$

(ii) $x+y+z+w = 1$의 음이 아닌 정수인 해의

개수는 ${}_4\mathrm{H}_1 = {}_4\mathrm{C}_1 = 4$

(iii) $x+y+z+w = 2$의 음이 아닌 정수인 해의

개수는 ${}_4\mathrm{H}_2 = {}_5\mathrm{C}_2 = 10$

이상에서 구하는 순서쌍 $(x,\ y,\ z,\ w)$의 개수는

$$1 + 4 + 10 = 15$$

(2) $x+y+z < 10\ (x \geq 1, y \geq 1, z \geq 1)$에서

$x = X+1, y = Y+1, z = Z+1$로 놓으면

$X+Y+Z < 7\ (X \geq 0, Y \geq 0, Z \geq 0)$

$X+Y+Z = 0$의 해의 개수는 ${}_3\mathrm{H}_0$

$X+Y+Z = 1$의 해의 개수는 ${}_3\mathrm{H}_1$

$X+Y+Z = 2$의 해의 개수는 ${}_3\mathrm{H}_2$

    $\vdots$

$X+Y+Z = 6$의 해의 개수는 ${}_3\mathrm{H}_6$

따라서 구하는 부등식의 해의 개수는

$\qquad {}_3\mathrm{H}_0 + {}_3\mathrm{H}_1 + {}_3\mathrm{H}_2 + \cdots + {}_3\mathrm{H}_6$

$= {}_2\mathrm{C}_0 + {}_3\mathrm{C}_1 + {}_4\mathrm{C}_2 + \cdots + {}_8\mathrm{C}_6$

$= {}_3\mathrm{C}_0 + {}_3\mathrm{C}_1 + {}_4\mathrm{C}_2 + \cdots + {}_8\mathrm{C}_6$

$= {}_4\mathrm{C}_1 + {}_4\mathrm{C}_2 + \cdots + {}_8\mathrm{C}_6$

$= {}_5\mathrm{C}_2 + \cdots + {}_8\mathrm{C}_6$

    $\vdots$

$= {}_8\mathrm{C}_5 + {}_8\mathrm{C}_6 = {}_9\mathrm{C}_6 = {}_9\mathrm{C}_3$

랑데뷰 풀이

(1) 부등식 $x+y+z+w \leq 2$를 만족하는 음이 아닌

정수해의 개수는 $x+y+z+w+v = 2$의 음이 아닌

정수해의 개수와 같으므로 ${}_5\mathrm{H}_2 = {}_6\mathrm{C}_2 = 15$이다.

즉 ${}_{4+1}\mathrm{H}_2$

(2) 부등식 $x+y+z < 10$의 자연수인 해의 개수는

$x+y+z+u = 10$의 자연수인 해의 개수와 같으므로

${}_4\mathrm{H}_{10-4} = {}_9\mathrm{C}_6 = {}_9\mathrm{C}_3$이다. 즉 ${}_{3+1}\mathrm{H}_{10-(3+1)}$

설명

부등식 $a_1 + a_2 + \cdots + a_k \leq n$를 만족하는 음이 아닌

정수 해의 개수

(i) $a_1 + a_2 + \cdots + a_k = n$

(ii) $a_1 + a_2 + \cdots + a_k = n-1$

    $\cdots \qquad \cdots$

(n) $a_1 + a_2 + \cdots + a_k = 1$

(n+1) $a_1 + a_2 + \cdots + a_k = 0$

의 모든 개수의 합과 같다.

이 과정을 새로운 문자 a_{k+1}이 추가된 방정식

즉 $a_1 + a_2 + \cdots + a_k + a_{k+1} = n$의 음이 아닌 정수 해의

개수로 생각할 수 있다.

$a_{k+1} = 0$일 때 (i), $a_{k+1} = 1$일 때 (ii),

$a_{k+1} = n-1$일 때 (n), $a_{k+1} = n$일 때 (n+1)와

같은 과정의 계산이다.

방정식 $a_1 + a_2 + \cdots + a_k = n$ 의 해의 개수에 대한 고찰

① 음이 아닌 정수해 $\Rightarrow {}_k\mathrm{H}_n$

② 자연수 해 $\Rightarrow {}_k\mathrm{H}_{n-k}$

③ $0 \leq a_1, a_2, \cdots, a_k \leq m$ 일 때　　㉠ $0 \leq n \leq m$ 이면 ${}_k\mathrm{H}_n$　　㉡ $km - m \leq n \leq km$ 이면 ${}_k\mathrm{H}_{km-n}$

예) (1) $k = 4, m = 3$인 경우 (즉, $0 \leq x, y, z, u \leq 3$일 때)

㉠ $0 \leq n \leq m$ $\Rightarrow 0 \leq n \leq 3$		㉡ $km - m \leq n \leq km$ $\Rightarrow 9 \leq n \leq 12$	㉡의 설명
$x + y + z + u = 0 \rightarrow$	${}_4\mathrm{H}_0$	$\leftarrow x + y + z + u = 12$	$0 \leq x', y', z', u' \leq 3$이고 $x = 3 - x',\ y = 3 - y'$
$x + y + z + u = 1 \rightarrow$	${}_4\mathrm{H}_1$	$\leftarrow x + y + z + u = 11$	$z = 3 - z',\ u = 3 - u'$ 라 두면 $x + y + z + u = n$
$x + y + z + u = 2 \rightarrow$	${}_4\mathrm{H}_2$	$\leftarrow x + y + z + u = 10$	$x + y + z + u = 12 - (x' + y' + z' + u')$에서 $x' + y' + z' + u' = 12 - n$ 이므로
$x + y + z + u = 3 \rightarrow$	${}_4\mathrm{H}_3$	$\leftarrow x + y + z + u = 9$	$x + y + z + u = n$과 $x' + y' + z' + u' = 12 - n$ 은 $0 \leq n \leq 3$일 때 같은 해를 갖는다.

㉢ $m + 1 \leq n \leq km - m - 1$ 이면 여사건을 이용한다.

$\Rightarrow {}_k\mathrm{H}_n - (a_1 \geq m+1\ \text{or}\ a_2 \geq m+1\ \text{or}\ \cdots\ \text{or}\ a_k \geq m+1)$ ←위의 모든 경우에 적용되는 일반적인 방법

예) $0 \leq x, y, z, u \leq 3$ 일 때

(2) $x + y + z + u = 9 \Rightarrow {}_4\mathrm{H}_9 - \left\{ {}_4\mathrm{C}_1 \times {}_4\mathrm{H}_5 - \left({}_4\mathrm{C}_2 \times 2 + {}_4\mathrm{P}_2 \right) \right\} = 220 - (224 - 24) = 20$

$\underbrace{}_{(4,4,1,0)}\quad \underbrace{}_{(4,5,0,0)}$

←③의 ${}_4\mathrm{H}_3 = 20$과 같다. [${}_4\mathrm{C}_1 \times {}_4\mathrm{H}_5$의 뜻 : 4개중 1개가 4이상 $\times$ 3개의 합이 5이하]

(3) $x + y + z + u = 8 \Rightarrow {}_4\mathrm{H}_8 - \left({}_4\mathrm{C}_1 \times {}_4\mathrm{H}_4 - {}_4\mathrm{C}_2 \times {}_4\mathrm{H}_0 \right) = 165 - (140 - 6) = 31$ ←위 ③의 풀이가

　　적용되지 않고 (7)의 $x + y + z + u = 4$의 개수와 같다.

(4) $x + y + z + u = 7 \Rightarrow {}_4\mathrm{H}_7 - \left({}_4\mathrm{C}_1 \times {}_4\mathrm{H}_3 \right) = 120 - 80 = 40$ ←위 ③의 ㉠,㉡풀이가 적용되지 않고

　　(6)의 $x + y + z + u = 5$의 개수와 같다.

(5) $x + y + z + u = 6 \Rightarrow {}_4\mathrm{H}_6 - \left({}_4\mathrm{C}_1 \times {}_4\mathrm{H}_2 \right) = 84 - (40) = 44$ ←위 ③의 ㉠,㉡풀이가 적용되지 않는다.

(6) $x + y + z + u = 5 \Rightarrow {}_4\mathrm{H}_5 - \left({}_4\mathrm{C}_1 \times {}_4\mathrm{H}_1 \right) = 56 - (16) = 40$ ←위 ③의 ㉠,㉡풀이가 적용되지 않고

　　(4)의 $x + y + z + u = 7$의 개수와 같다.

(7) $x + y + z + u = 4 \Rightarrow {}_4\mathrm{H}_4 - \left({}_4\mathrm{C}_1 \times {}_4\mathrm{H}_0 \right) = 35 - (4) = 31$ ←위 ③의 ㉠,㉡풀이가 적용되지 않고

　　(3)의 $x + y + z + u = 8$의 개수와 같다.

따라서 (3),(4)과 같이 $x + y + z + u$의 값의 최댓값 12의 반값보다 클 때는

$x' + y' + z' + u' = 12 - n$의 경우로 고쳐서 계산하면 여사건의 계산으로 간단하다.

예) $0 \leq x, y, z, u \leq 8$이고 $x + y + z + u = 20 \Rightarrow x' + y' + z' + u' = 12$와 같으므로 ${}_4\mathrm{H}_{12} - {}_4\mathrm{C}_1 \times {}_4\mathrm{H}_3$

방정식 $a_1 + a_2 + \cdots + a_k = n$ 의 해의 개수에 대한 고찰

$a_1 + a_2 + \cdots + a_k$ 의 값이 최댓값 M 의 반값보다 클 때는 $a_1 + a_2 + \cdots + a_k = M - n$ 의 경우로 고쳐서 계산하면 여사건의 계산으로 간단하다.

예를 들어
0이상 5이하의 정수 a, b, c, d, e에 대하여 다음 방정식의 음이 아닌 정수해의 개수를 구해 보자.

(1) $a+b+c+d+e=0 \rightarrow {}_5H_0 \leftarrow a+b+c+d+e=25$

(2) $a+b+c+d+e=1 \rightarrow {}_5H_1 \leftarrow a+b+c+d+e=24$

(3) $a+b+c+d+e=2 \rightarrow {}_5H_2 \leftarrow a+b+c+d+e=23$

(4) $a+b+c+d+e=3 \rightarrow {}_5H_3 \leftarrow a+b+c+d+e=22$

(5) $a+b+c+d+e=4 \rightarrow {}_5H_4 \leftarrow a+b+c+d+e=21$

(6) $a+b+c+d+e=5 \rightarrow {}_5H_5 \leftarrow a+b+c+d+e=20$

(7) $a+b+c+d+e=6 \rightarrow {}_5H_6 - {}_5C_1 \times {}_5H_0 \leftarrow a+b+c+d+e=19$

(8) $a+b+c+d+e=7 \rightarrow {}_5H_7 - {}_5C_1 \times {}_5H_1 \leftarrow a+b+c+d+e=18$

(9) $a+b+c+d+e=8 \rightarrow {}_5H_8 - {}_5C_1 \times {}_5H_2 \leftarrow a+b+c+d+e=17$

(10) $a+b+c+d+e=9 \rightarrow {}_5H_9 - {}_5C_1 \times {}_5H_3 \leftarrow a+b+c+d+e=16$

(11) $a+b+c+d+e=10 \rightarrow {}_5H_{10} - {}_5C_1 \times {}_5H_4 \leftarrow a+b+c+d+e=15$

(12) $a+b+c+d+e=11 \rightarrow {}_5H_{11} - {}_5C_1 \times {}_5H_5 \leftarrow a+b+c+d+e=14$

(13) $a+b+c+d+e=12 \rightarrow {}_5H_{12} - {}_5C_1 \times {}_5H_6 + {}_5C_2 \leftarrow a+b+c+d+e=13$

랑데뷰 제작 [관련 문제]-1	랑데뷰 제작 [관련 문제]-2

랑데뷰 제작 [관련 문제]-1

어느 마트에서 특별 할인 행사 사은품으로 크기가 같고 맛이 다른 막대사탕 A, B, C, D, E을 25개 담아갈 수 있는 바구니를 준비하였다. 각 막대사탕은 6개까지만 담을 수 있고 다섯 종류의 각 사탕을 적어도 하나씩은 바구니에 담는다고 할 때 바구니에 사탕을 담는 방법의 수를 구하시오.

풀이 ${}_5H_5 = 126$

랑데뷰 제작 [관련 문제]-2

진라면, 신라면, 너구리, 안성탕면이 각각 3개씩 있다. 이 4종류의 라면을 8개의 라면을 끓일 수 있는 냄비에 라면 8개를 끓일 수 있는 경우의 수를 구하시오. (단, 8개에 포함되지 않는 라면종류가 있을 수 있다.)

풀이 ${}_4H_4 - {}_4C_1 = {}_7C_3 - 4 = 35 - 4 = 31$

n명이 참여하는 경기의 대진표에서 위치 교환이 가능한 갈림길의 개수가 m개일 때 경우의 수는 $\Rightarrow \dfrac{n!}{2^m}$

[관련 문제] 다음과 같은 대진표를 작성하는 방법의 수를 구하여라.

(1)

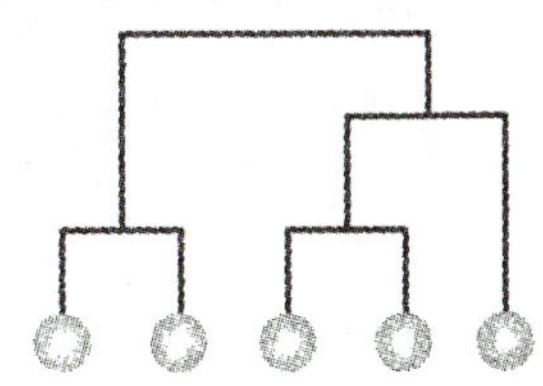

(2)

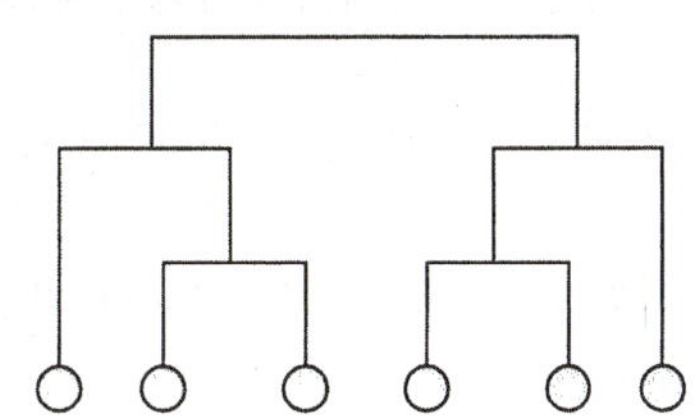

(3)

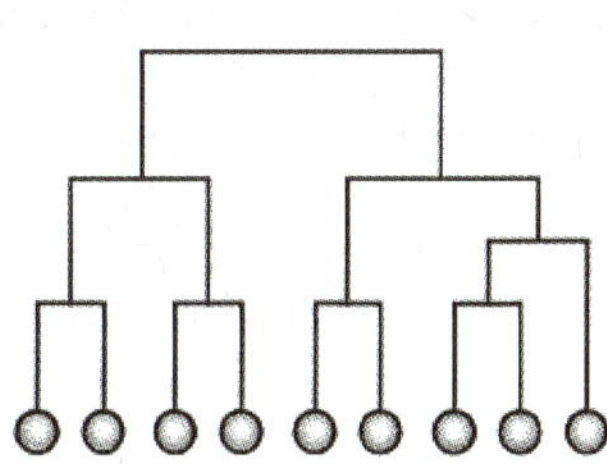

일반 풀이

(1) 5명의 선수를 2명, 3명의 2개 조로 분할하는 방법의수는

$${}_5C_2 \times {}_3C_3 = 10\,(가지)$$

대진표의 오른쪽에서 3명을 2명, 1명으로 분할하는

방법의 수는 ${}_3C_2 \times {}_1C_1 = 3\,(가지)$

따라서 구하는 방법의 수는 $10 \times 3 = 30\,(가지)$

(2) 6명을 3명, 3명의 두 개의 조로 분할하는 방법의 수는

$${}_6C_3 \times {}_3C_3 \times \dfrac{1}{2!} = 10$$

분할된 3명을 1명, 2명의 두 개의 조로 분할하는 방법의

수는 ${}_3C_1 \times {}_2C_2 = 3$

따라서 구하는 방법의 수는

$$10 \times 3 \times 3 = 90$$

(3) 9개의 팀을 5개, 4개의 팀으로 나누는 방법의 수는

$${}_9C_5 \times {}_4C_4 = 126\,(가지)$$

나누어진 5개의 팀을 2개, 3개의 팀으로 나눈 다음 3개의

팀을 다시 2개, 1개의 팀으로 나누는 방법의 수는

$$({}_5C_2 \times {}_3C_3) \times ({}_3C_2 \times {}_1C_1) = 30\,(가지)$$

나누어진 4개의 팀을 2개, 2개의 팀으로 나누는 방법의 수는

$${}_4C_2 \times {}_2C_2 \times \dfrac{1}{2!} = 3\,(가지)$$

따라서 구하는 방법의 수는 $126 \times 30 \times 3 = 11340$ 가지

랑데뷰 풀이

(1) $n = 5$, $m = 2$인 경우이므로 $\dfrac{5!}{2^2} = \dfrac{120}{4} = 30$

(2) $n = 6$, $m = 3$인 경우이므로 $\dfrac{6!}{2^3} = \dfrac{720}{8} = 90$

(3) $n = 9$, $m = 5$인 경우이므로

$$\dfrac{9!}{2^5} = \dfrac{9 \times 8 \times 7 \times 720}{32} = 9 \times 7 \times 180 = 11340$$

설명

다음과 같은 대진표에 A, B, C, D 네 명의 대진표를
작성하는 방법 중에

1 − (A, B), 2 − (C, D)

1 − (B, A), 2 − (C, D)

1 − (A, B), 2 − (D, C)

$\vdots \qquad \vdots \qquad \vdots$

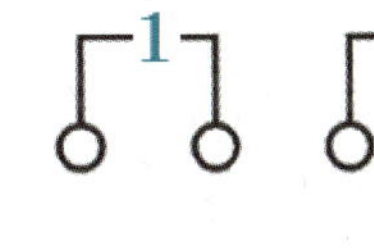

은 모두 같은 경우의 수 이다. 이것은 갈림길 1과 2에서
교환한 경우를 의미한다. 또한

1 − (C, D), 2 − (A, B)

도 1차전에서 A와 B가 경기하고 C와 D가 경기하는
경우이므로 같은 경우이다. 이것은 갈림길 3에서의 교환을
의미한다. 따라서 A, B, C, D를 나열하는 경우의 수인
4!에서 중복되는 같은 경우의 수인 $2 \times 2 \times 2$를 나눈
경우의 수와 같은 값이 된다.

$\Rightarrow$ $n = 4$, $m = 3$인 경우이므로 $\dfrac{4!}{2^3} = \dfrac{24}{8} = 3$

확률에서 $_n\mathrm{C}_r$에서 n의 의미

예를 들어

① 남자 3명, 여자 4명 있는 그룹에서 2명을 뽑을 때, 여자 2명을 뽑을 확률은 $\dfrac{_4\mathrm{C}_2}{_7\mathrm{C}_2}$이다.

② 크기와 모양이 같은 흰공 3개, 검은공 4개가 있는 주머니에서 2개의 공을 뽑을 때 검은공 2개를 뽑을 확률도 $\dfrac{_4\mathrm{C}_2}{_7\mathrm{C}_2}$이다.

계산 과정에서 나타나는 조합의 수 $_n\mathrm{C}_r$에서 n은 서로 다른 것의 총 개수를 의미하는데 ①,②에서 n은 무엇을 의미하는 걸까?

n의 의미를 파악하기 위해 수학적 확률과 근원사건의 확률에 대해 알아보자.

랑데뷰 [쉬어가는 중]

(1) 수학적 확률

어떤 시행에서 결과가 유한개인 표본공간 S에 대하여 각 **근원사건**이 일어날 가능성이 모두 같은 정도로 기대될 때,

사건 A가 일어날 확률 $\mathrm{P}(A)=\dfrac{n(A)}{n(S)}$로 정의하고 이를

사건 A가 일어날 **수학적 확률**이라고 한다. $n(A)$는 사건 A에 속하는 근원사건의 수이다.

→ 확률을 구하기 위해서는 **근원사건을 정확히 파악해야 한다.**

(2) 근원사건의 확률

표본공간의 원소의 수가 유한해서 셀 수 있는 경우 각 **근원사건**은 0보다 큰 확률을 갖는다.

각 근원사건의 확률은 모두 더하면 1이 된다. 또한 각 근원사건의 확률을 알면 모든 사건의 확률을 구할 수 있다.

예를 들어 **문제①**의
남 3명, 여 4명의 근원사건은
$\{남1\},\{남2\},\{남3\},\{여1\},\{여2\},\{여2\},\{여4\}$
이다.

그럼 **문제②**의 근원 사건은 어떻게 될까?
만약 흰공 1개, 검은공 2개가 있는 주머니에서 공 1개를

꺼낼 때 흰공이 나올 확률은 $\dfrac{1}{3}$이다. 분자의 1은 흰공의

개수 1을 의미하므로 분모의 3이 근원사건의 총 개수임을 가리킨다.

따라서 흰공 1개, 검은공 2개를 근원사건으로 나눌 때 $\{흰1\},\{검1\},\{검2\}$으로 [**같은 공 이지만 다른 공으로 보고 근원사건을 만들어야 함**]을 알 수 있다.

따라서 **문제②**의 흰공 3개, 검은공 4개의 근원사건은
$\{흰1\},\{흰2\},\{흰2\},\{검1\},\{검2\},\{검3\},\{검4\}$이다.

①에서 $\dfrac{_4\mathrm{C}_2}{_7\mathrm{C}_2}$을 서로 다른 7명에서 2명을 뽑을 때

서로 다른 4명에서 2명을 뽑을 확률로 해석하기 보다는
서로 다른 근원사건 7개에서 2개의 근원사건을 뽑을 때
서로 다른 근원사건 4개에서 2개의 근원사건을 뽑을 확률로
해석하는 게 맞다.

같은 식으로 ②도 명확하게 해석된다.

확률의 계산에서는 같은 종류 일지라도 다른 종류로 보고 계산할 수 있다.

[관련 문제]

사랑이는 시험 과목이 a, b인 어느 시험을 응시하기 위해 시험 일주일 전 과목 a을 3일, 과목 b을 4일 공부하려고 한다. 일주일 동안 임의로 하루 한 과목을 공부하기로 할 때, 과목 a을 3일 연속하여 공부하지 않고 과목 b을 3일 이상 연속하여 공부하지 않을 확률이 $\dfrac{q}{p}$이다. $p+q$의 값을 구하시오. (단, p, q는 서로소인 자연수이다.) [랑데뷰 作]

랑데뷰 풀이

7일 동안 과목 a을 3일, 과목 b을 4일 공부하는 순서를 정하는 경우의 수는 $\dfrac{7!}{3!\,4!}=35$이다. 과목 a을 3일 연속하여 공부하는 사건을 A, 과목 b을 3일 이상 연속하여 공부하는 사건을 B라 하면 구하는 확률은 $P(A^C \cap B^C)$이다. 이때

$$P(A)=\frac{\dfrac{5!}{4!}}{35}=\frac{5}{35}$$

$$P(B)=\frac{{}_4C_2 \times 2}{35}+\frac{\dfrac{4!}{3!}}{35}=\frac{16}{35}$$

$$P(A \cap B)=\frac{2}{35}+\frac{2}{35}=\frac{4}{35}$$

이므로

$$P(A \cup B)=P(A)+P(B)-P(A \cap B)$$
$$=\frac{5}{35}+\frac{16}{35}-\frac{4}{35}=\frac{17}{35}$$

따라서

$$P(A^C \cap B^C)=1-P(A \cup B)=1-\frac{17}{35}=\frac{18}{35}$$

그러므로 $p=35$, $q=18$

$p+q=53$

랑데뷰 풀이

확률계산에서는 같은 것을 다른 것으로 보고 계산이 된다. 따라서 a을 a_1, a_2, a_3라 하고 b을 b_1, b_2, b_3, b_4라 생각하고 해결해 보자.

a_1, a_2, a_3, b_1, b_2, b_3, b_4을 일주일 동안 공부하는 순서를 정하는 경우의 수는 7!

a_1, a_2, a_3을 3일 연속하여 공부하는 사건을 A, b_1, b_2, b_3, b_4을 3일 이상 연속하여 공부하는 사건을 B라 하면 구하는 확률은 $P(A^C \cap B^C)$이다. 이때

$$P(A)=\frac{5! \times 3!}{7!}=\frac{1}{7}=\frac{5}{35}$$

$$P(B)=\frac{{}_4C_3 \times 3! \times {}_4P_2}{7!}+\frac{4! \times 4!}{7!}$$
$$=\frac{12}{35}+\frac{4}{35}=\frac{16}{35}$$

$$P(A \cap B)=\frac{{}_4C_3 \times 3! \times 3! \times 2!}{7!}+\frac{4! \times 3! \times 2!}{7!}$$
$$=\frac{2}{35}+\frac{2}{35}=\frac{4}{35}$$

이므로

$$P(A \cup B)=P(A)+P(B)-P(A \cap B)$$
$$=\frac{5}{35}+\frac{16}{35}-\frac{4}{35}=\frac{17}{35}$$

따라서

$$P(A^C \cap B^C)=1-P(A \cup B)=1-\frac{17}{35}=\frac{18}{35}$$

그러므로 $p=35$, $q=18$

$p+q=53$

먼저 일어나는 사건(A)에 의해서 뒤에 일어나는 사건(B)의 확률이 변하지 않을 때를 두 사건은 독립이라고 하고
$P(A \cap B) = P(A)P(B)$이다. 두 사건이 독립인지 아닌지만 파악되면 합사건의 확률 $P(A \cup B)$을 계산할 때
$P(A \cup B) = P(A) + P(B) - P(A)P(B)$로 계산할 수 있다.
즉, $P(A \cup B) = P(A) + P(B) - P(A \cap B)$에서 $P(A \cap B)$을 구할 때 두 사건 A, B가 독립사건임이 구별 가능할 때는
$P(A \cap B) = P(A) \times P(B)$으로 구한다.

[관련 문제]
두 사건이 독립 ⇨ 두 집합 $A = \{1, 2, 3, 4\}$, $B = \{1, 2, 3\}$에 대하여 A에서 B로의 모든 함수 f 중에서 임의로 하나를
선택할 때, 이 함수가 다음 조건을 만족시킬 확률은?
[2021학년도 6월 모평 가형 19번]

> $f(1) \geq 2$이거나 함수 f의 치역은 B이다.

① $\dfrac{16}{27}$ ② $\dfrac{2}{3}$ ③ $\dfrac{20}{27}$ ④ $\dfrac{22}{27}$ ⑤ $\dfrac{8}{9}$

일반 풀이

함수 f 중 $f(1) \geq 2$인 사건을 A, 함수 f의 치역이 B인
사건을 B라 하자.
$P(A \cup B)$을 구하면 되겠다.
$P(A \cup B) = P(A) + P(B) - P(A \cap B)$
함수 f의 전체 경우의 수는 $_3\Pi_4 = 81$
A^C은 $f(1) = 1$인 경우이므로 $_3\Pi_3 = 27$
따라서 $P(A) = 1 - \dfrac{27}{81} = \dfrac{2}{3}$

$$P(B) = \dfrac{_4C_2 \times {_2}C_1 \times {_1}C_1 \times \dfrac{1}{2!} \times 3!}{81} = \dfrac{6 \times 6}{81} = \dfrac{4}{9}$$

$A \cap B$는 $f(1) = 2$, 함수 f의 치역이 B인 경우와
$f(1) = 3$, 함수 f의 치역이 B인 경우로 나눌 수 있다.
따라서
$$P(A \cap B) = 2 \times \dfrac{_3\Pi_3 - {_3}C_2 \times {_2}\Pi_3 + 3 + {_2}\Pi_3 - 2}{81}$$
$$= 2 \times \dfrac{27 - 24 + 3 + 8 - 2}{81} = \dfrac{8}{27}$$

그러므로
$$P(A \cup B) = \dfrac{2}{3} + \dfrac{4}{9} - \dfrac{8}{27} = \dfrac{18 + 12 - 8}{27} = \dfrac{22}{27}$$

랑데뷰 풀이

$$P(A) = \dfrac{2}{3}, \ P(B) = \dfrac{4}{9}$$

이고 두 사건 A, B가 독립사건임은 쉽게 파악할 수 있으므로

$$P(A \cap B) = P(A)P(B) = \dfrac{2}{3} \times \dfrac{4}{9} = \dfrac{8}{27}$$

[2021학년도 6월 모평 나형 16번]
두 사건이 종속 ⇨ 한 개의 주사위를 두 번 던져서 나오는
눈의 수를 차례로 a, b라 할 때,
$|a - 3| + |b - 3| = 2$이거나 $a = b$일 확률은?

① $\dfrac{1}{4}$ ② $\dfrac{1}{3}$ ③ $\dfrac{5}{12}$ ④ $\dfrac{1}{2}$ ⑤ $\dfrac{7}{12}$

풀이 ⇨ 두 사건이 독립임을 명확히 알 수 없으므로
$P(A \cap B) = P(A)P(B)$을 적용할 수 없다.
$|a - 3| \geq 0$, $|b - 3| \geq 0$이므로
$|a - 3| + |b - 3| = 2$가 성립하기 위한 a, b의
순서쌍 (a, b)는 다음과 같다.
$2 + 0 = 2 \rightarrow (5, 3), (1, 3)$
$1 + 1 = 2 \rightarrow (4, 4), (2, 4), (4, 2), (2, 2)$
$0 + 2 = 2 \rightarrow (3, 5), (3, 1)$
이다.
$a = b$인 경우는 6가지 이고 $(2, 2)$와 $(4, 4)$는 중복되므로
$$\dfrac{8 + 6 - 2}{36} = \dfrac{1}{3}$$

[초지관철] 인가 [임기응변] 인가

미국의 어느 TV프로그램 중에 출연자가 자기 앞에 있는 3개의 문 중에서 하나를 선택하는 프로그램이 있다. 이 3개의 문 중 어느 한 문 뒤에만 승용차가 있고 나머지 두 문 뒤에는 염소가 있어서 만일 출연자가 선택한 문을 열어서 그 문 뒤에 승용차가 나오면 그 차는 출연자의 것이 되지만 염소가 나오면 아무 것도 갖지 못하는 게임이다.

이 게임에서 출연자가 자동차를 받을 확률은 $\frac{1}{3}$이다.

그런데 출연자가 한 문을 선택했을 때 어느 문 뒤에 승용차가 있는지 알고 있는 사회자(몬티홀)가 남은 다른 두 문 중에서 염소가 있는 문을 열어준 후 (남은 두 문중 어느 한 문 뒤에는 반드시 염소가 있을 것이다.) 출연자에게 선택한 문을 바꿔도 된다고 제안한다. 처음 선택한 문을 그대로 고수할 것인가 아니면 사회자가 기회를 준대로 남은 다른 문을 선택할 것인가?

이 문제를 사회자의 이름을 따서 몬티홀의 딜레마라고 한다. 이 문제는 IQ가 가장 높은 마릴린 보스 사반트(228)가 1990년에 어느 잡지의 자신의 칼럼에 실으면서 문제를 제기 하였다. 그녀의 결론은 바꾸는 것이 바꾸지 않는 것보다 상품을 탈 확률이 높다는 것이었다. 이 칼럼이 게재 된 후 반론을 제시하는 수 많은 편지가 그녀 앞에 도착했고 그 중에는 수학자와 대학교수들도 수 백명 이나 되었다고 한다. 결국은 컴퓨터에서 몬티홀 문제를 여러 번 수행 집계하고 그 확률을 확인하는 방법으로 시뮬레이션을 수행하였다. 그 결과 몬티홀 딜레마는 마릴린 보스 사반트의 의견이 옳다는 것이 입증되었다.

설명1

문1,문2,문3 상황은 다음 표와 같고 출연자가 문1을 선택하였을 때 상황을 생각해 보자.

(1) 표①-선택한 문1을 흔들림 없이 선택

표① - 초지관철				
상황	문1	문2	문3	결과
①	승용차(C)	염소	염소	good
②	염소(C)	승용차	염소	bad
③	염소(C)	염소	승용차	bad

(C)는 최종선택을 의미한다.

따라서 표와 같이 ①상황에서는 good이고 ②,③상황에서는 bad이므로 처음 선택을 고수한다면 승용차를 받을 확률이 $\frac{1}{3}$이다.

(2) 표②-선택한 문1을 버리고 상황에 따라 문2와 문3 중에 하나를 선택

표② - 임기응변				
상황	문1	문2	문3	결과
①	승용차	염소(C)	염소(C)	bad
②	염소	승용차(C)	염소	good
③	염소	염소	승용차(C)	good

따라서 표와 같이 ①상황에서는 bad이고 ②,③상황에서는 good이므로 처음 선택을 버리고 상황에 맞게 바꿔서 문을 선택하였을 때 승용차를 받을 확률은 $\frac{2}{3}$이다.
[임기응변]이 유리하다.

설명2

규칙에 따랐을 때, 출연자가 승용차를 받지 못할 경우 사회자가 승용차를 받을 수 있다고 생각하면 문을 선택하기 전 출연자가 승용차를 받을 확률은 $\frac{1}{3}$이고 사회자가 승용차를 받을 확률은 $\frac{2}{3}$이다. 이때 출연자가 1개의 문을 선택했을 때 사회자가 규칙에 따라 꽝인 문중 1개를 열어놓는다면 출연자가 선택을 바꾸게 되면 사회자의 확률인 $\frac{2}{3}$을 가지게 되므로 확률이 높아진다.

[관련 문제]

몬티홀 딜레마 문제에서 문이 n개이고 1개의 문 뒤에만 상품이 있고 출연자가 1개의 문을 선택하면 사회자가 나머지 $n-1$개중 상품이 없는 문중에서 하나를 열어준다. 출연자가 처음 선택한 문을 바꾸는 경우 상품을 탈 확률을 구하여라.

풀이 선택전 출연자가 상품을 못 받을 확률 $\frac{n-1}{n}$

사회자가 꽝 인 곳을 하나 버리고 출연자가 선택을 바꾼다면 상품을 받을 확률은

$$\frac{n-1}{n} \times \frac{1}{n-2} = \frac{n-1}{n(n-2)} > \frac{1}{n}$$

⇨ [임기응변]이 유리

몬티홀 딜레마의 고찰

몬티홀 문제는 사회자(몬티홀)가 전지전능하여 모든 상황을 알고 있다.

사회자가 염소가 들어있는 방의 문을 열어서 참가자를 헷갈리게 한 것이 아니라 사회자가 승용차가 들어 있는 방의 문을 열지 않아 참여자에게 그 방에 승용차가 들어 있을 가능성이 높다는 걸 알려준 것이다.

예를 들어 방이 3개가 아니고 1000개가 있다고 생각해 보자.

1개의 방에만 승용차가 있을 때, 사회자가 참여자가 처음 선택한 방을 제외하고 나머지 999개(999개 모두 염소가 들어 있을 수도 있고 998개의 방에 염소, 1개의 방에 승용차가 들어 있을 수 있다.)의 방 중 염소가 들어있는 998개의 방을 열고 방 한 개만 닫아놓았다고 하자. …㉠

사회자는 닫혀있는 그 방에 승용차가 있을 확률이 높다는 것을 알려준 것이라고 생각할 수 있다.

따라서 **이런 경우 [사회자가 전지전능할 때]는 바꾸는 것이 유리하다.**

몬티홀 퀴즈쇼를 조금 다르게 설정해 보자.

출연자가 선택한 방을 제외하고 모든 상황을 알고 있는 사회자가 남은 두 문 중 염소가 있는 문을 여는 것이 아니라 아무 것도 모르는 방청객 중 한 명이 출연자가 선택한 문을 제외하고 남아 있는 방 2개중 하나를 임의로 열었을 때, 그 방에서 승용차가 나오면 게임을 처음부터 다시 시작하고 그 방에서 염소가 나오면 출연자에게 문을 바꿀 선택권을 준다고 하자. 이때는 출연자가 문을 바꿀 것이 유리할까?[임기응변], 출연자가 문을 바꾸지 않는 것이 유리할까?[초지일관]

이 경우는 방청객이 아무것도 모르는 상황에서 문을 선택하므로 출연자가 선택한 문에 승용차가 있을 확률에 영향을 끼치지 않는다.

따라서 **이런 경우[방청객이 전지전능하지 않을 때]는 바꾸든 바꾸지 않든 확률은 같다.**

위와 같이 3개가 아니고 1000개가 있을 때, ㉠과 같은 경우는 전지전능한 사회자가 수행할 수 있는 확률은 1이지만 방청객이 ㉠과 같은 상황을 만들 확률은 거의 0에 가깝다고 할 수 있다. 따라서 문을 열 수 있는 사람이 전지전능하냐 전지전능하지 않느냐에 출연자의 선택의 확률이 달라진다.

몬티홀 딜레마 유사 기출 문제 [2006년 경찰대]

어떤 범죄 사건에서 3 명의 용의자가 포착되었다. 이들이 각각 진범일 확률은 $\dfrac{1}{3}$ 로 모두 같고, 이들 중에 진범이 있는 것은 의심의 여지가 없다고 가정하자. 수사반장은 다음과 같은 수사 계획을 세웠다. "우선 3 명 중에 한 명을 임의로 뽑아 집중 수사를 한다. 다른 두 명은 과학 수사 팀에 의뢰하여 결백한지, 즉 용의선 상에서 제외할 수 있는지를 조사한다." 그런데 수사반장은 다음과 같은 고민이 생겼다. "계획대로 수사가 시작된 지 얼마 지나지 않았을 때 만약 과학 수사 팀에 의뢰한 두 명 중에 한 명이 결백함이 밝혀진다면 처음 집중 수사 대상이었던 사람을 계속 수사할 것인지 아니면 과학 수사 팀에서 결백함이 밝혀지지 않은 다른 한 사람으로 수사 초점을 바꿀 것인지"가 문제가 된 것이다.

지금까지의 경험으로 볼 때, 과학 수사 결과 결백함이 밝혀진 자가 후일 범인임이 밝혀진 예는 전혀 없었으므로 과학 수사 결과 결백함이 밝혀지면 전혀 의심의 여지가 없는 것으로 가정하고, 또 처음 수사 대상자에 대한 수사 비용과 시간을 무시하기로 할 때, 즉 확률적으로만 판단할 때, 이 경우 수사반장의 합리적인 판단은 어느 것인가?

① 바꾸는 것이 확률적으로 유리하다.

② 바꾸지 않는 것이 확률적으로 유리하다.

③ 바꾸거나 바꾸지 않거나 진범을 알아낼 확률은 같다.

④ 주어진 정보와 가정만으로는 아무것도 알 수 없다.

⑤ 과학수사결과 결백함이 밝혀지지 않은 남은 한 사람이 진범이다.

일반 `풀이` → 잘못된 풀이

세 명의 용의자 A, B, C 중에서 진범이 A 라고 가정하면 아래 표와 같이 3 가지 경우가 가능하다.

경 우	1	2	3
집중수사	A	C	B
과학수사팀	B	B	C
	C	A	A

(1) 수사초점을 바꾸지 않는 경우에 진범일 확률 :

경우 1 인 경우에 진범이 된다. 집중수사 대상은 임의로 선정한 것이므로 A 가 선정될 확률은 $\dfrac{1}{3}$,

과학수사팀에서 한 명이 무혐의 결정을 받게 되는 경우가 2 가지, 수사초점을 바꾸지 않을 확률은 $\dfrac{1}{2}$ 이므로

$$\frac{1}{3} \times \frac{1}{2} \times 2 = \frac{1}{3}$$

(2) 수사초점을 바꾸는 경우에 진범일 확률 :

경우 2, 3 에 진범이 된다. 각 경우의 확률은

$\dfrac{2}{3} \times \dfrac{1}{2} = \dfrac{1}{3}$ 이므로 수사초점을 바꾸는 경우의 확률은 $\dfrac{2}{3}$ 이다. 따라서 수사초점을 바꾸는 것이 유리하다.

정답 ① ←오답

랑데뷰 `풀이`

위의 경찰대 문제는 과학 수사 팀이 전지전능하여 세 명 중 범인인 한명이 누구라는걸 아는 경우가 아니다.

따라서 몬티홀 문제와 유사해 보이지만 같은 상황이 아니다. 왼쪽의 풀이 (2)에서 과학 수사팀이 선택한 한명이 범인이 아닌 사람인지 범인인 A 인지가 적용되지 않아 확률의 계신이 맞지 않다.

(2) 수사초점을 바꾸는 경우에 진범일 확률 :

경우 2, 3 에 진범이 된다. 각 경우의 확률은

$$\frac{2}{3} \times \frac{1}{2} = \frac{1}{3}$$

이므로 수사초점을 바꾸는 경우의 확률은 $\dfrac{2}{3}$ 이다.

그런데 수사초점을 바꿀려면 과학수학팀이 2의 경우는 B를 선택해야 하고 3의 경우는 C를 선택해야 한다. $(\times \dfrac{1}{2})$

따라서 $\dfrac{2}{3} \times \dfrac{1}{2} = \dfrac{1}{3}$

따라서 확률은 같다.

정답 ③

독립사건의 고찰 (전사건과 공사건에 대하여)

독립사건 : 두 사건 A와 B에서 한 사건의 결과가 다른 사건에 영향을 주지 않을 때 A와 B를 독립사건이라 한다.
종속사건 : 두 사건 A와 B에서 한 사건의 결과가 다른 사건에 영향을 줄 때 A와 B를 종속사건이라 한다.
는 수식을 표현한 의미일 뿐 독립사건과 종속사건은 수식으로 정의되어 있다.

$P(B|A) = P(B|A^C) = P(B)$ 이면 사건 A와 B는 독립사건이다.

$$P(B|A) = \frac{P(A \cap B)}{P(A)}, \quad P(B|A^C) = \frac{P(B \cap A^C)}{P(A^C)} \text{ 에서}$$

사건 A가 전사건일 때는 $P(A^C) = 0$

사건 A가 공사건일 때는 $P(A) = 0$

이므로 $P(B|A)$ 또는 $P(B|A^C)$이 수학적으로 정의되지 않는다.

따라서

두 사건 A, B에 대하여 두 사건 A와 B가 독립인지 종속인지 파악할 때는

전제조건이 $0 < P(A) < 1,\ 0 < P(B) < 1$이다.

두 사건 A와 B가 독립일 때의 수식의 정의를 $P(A \cap B) = P(A)P(B)$으로 본다면 사건 A와 B가 전사건 또는 공사건일 때도 정의된다고 할 수 있다. 예를 들어
A가 공사건이면 $P(A) = 0,\ P(A \cap B) = 0$이므로 $P(A \cap B) = P(A)P(B) = 0$이 성립하므로 두 사건은 독립이다.
A가 전사건이면 $P(A) = 1,\ P(A \cap B) = P(B)$이므로 $P(A \cap B) = P(A)P(B) = P(B)$이 성립하므로 두 사건은 독립이다.
그런데 $P(A \cap B) = P(A)P(B)$는 $P(B|A) = \dfrac{P(A \cap B)}{P(A)} = P(B)$에서 나온 식이므로 독립사건의 정의를 나타내는

식이라고 할 수 없다. [이 식 때문에 전사건과 공사건의 독립사건이 성립한다고 오해가 생기는 것 같다.]

세미나(157) 통계의 기술

독립시행에서 일어날 확률이 p일 때 a점을 얻고
일어날 확률이 $1-p$일 때 b점을 얻는
시행을 n번 할 때의 평균은 $m = n\{a \times p + b \times (1-p)\}$이다.
$\Rightarrow m = n \times (\text{1회 일 때 의 평균})$

[관련 문제]

(1) 한 개의 주사위를 한 번 던져 3의 배수의 눈이 나오면 3점을 얻고 3의 배수가 아닌 눈이 나오면 1점을 얻는 게임이 있다. 이 게임을 270번 반복할 때, 얻을 수 있는 총 점수의 기댓값은? **[2021 수능특강 확통 5단원 lev2 4번]**

(2) 1부터 10가지의 자연수가 하나씩 적힌 10개의 공이 들어 있는 주머니에서 임의로 3개의 공을 동시에 꺼내어 다음과 같이 점수를 받는다.

> 주머니에서 꺼낸 3개의 공에 적힌 수 중 3의 배수인 수 1개마다 10점을 받고, 3의 배수가 아닌 수 1개마다 4점을 받는다.

학생 A가 주머니에서 임의로 3개의 공을 동시에 꺼내어 학생 A가 받은 점수를 확률변수 X라 할 때, $\mathrm{E}(5X)$의 값을 구하시오. **[2021 수능완성 09통계 12번]**

일반 풀이

(1) 한 개의 주사위를 270번 던질 때 3의 배수의 눈이 나오는 횟수를 확률변수 X라 하자.

한 개의 주사위를 한 번 던져 3의 배수의 눈이 나올 확률은
$$\frac{2}{6} = \frac{1}{3}$$

따라서 확률변수 X는 이항분포 $\mathrm{B}\left(270, \dfrac{1}{3}\right)$을 따르므로

$$\mathrm{E}(X) = 270 \times \frac{1}{3} = 90$$

3의 배수의 눈이 X번 나오면 3의 배수가 아닌 눈은 $(270-X)$번 나오므로 총 점수는 $3X + (270-X) = 2X + 270$

따라서 얻을 수 있는 총 점수의 기댓값은
$$\mathrm{E}(2X+270) = 2\mathrm{E}(X) + 270 = 2 \times 90 + 270 = 450$$

(2) 1부터 10까지의 자연수 중에서 3의 배수는 3개, 3의 배수가 아닌 수는 7개이다. 학생 A가 주머니에서 임의로 꺼낸 3개의 공에 적힌 수 중 3의 배수인 수의 개수를 확률변수 Y라 하자.

$$\mathrm{P}(Y=0) = \frac{{}_7\mathrm{C}_3}{{}_{10}\mathrm{C}_3} = \frac{7}{24}, \quad \mathrm{P}(Y=1) = \frac{{}_3\mathrm{C}_1 \times {}_7\mathrm{C}_2}{{}_{10}\mathrm{C}_3} = \frac{21}{40}$$

$$\mathrm{P}(Y=2) = \frac{{}_3\mathrm{C}_2 \times {}_7\mathrm{C}_1}{{}_{10}\mathrm{C}_3} = \frac{7}{40}, \quad \mathrm{P}(Y=3) = \frac{{}_3\mathrm{C}_3}{{}_{10}\mathrm{C}_3} = \frac{1}{120}$$

따라서 이산확률변수 Y의 확률분포를 표로 나타내면 다음과 같다.

X	0	1	2	3	합계
$\mathrm{P}(X=x)$	$\dfrac{7}{24}$	$\dfrac{21}{40}$	$\dfrac{7}{40}$	$\dfrac{1}{120}$	1

$$\mathrm{E}(Y) = 0 \times \frac{7}{24} + 1 \times \frac{21}{40} + 2 \times \frac{7}{40} + 3 \times \frac{1}{120} = \frac{9}{10}$$

한편, 학생 A가 주머니에서 임의로 꺼낸 3개의 공에 적힌 수 중 3의 배수인 수의 개수가 y이면 3의 배수가 아닌 수의 개수는 $3-y$이므로 학생 A가 받은 점수 x는
$$x = 10y + 4(3-y), \quad x = 6y + 12 \ (y = 0, 1, 2, 3)$$

따라서 두 확률변수 X, Y 사이의 관계는
$X = 6Y + 12$이므로
$$\mathrm{E}(X) = \mathrm{E}(6Y+12)$$
$$= 6\mathrm{E}(Y) + 12 = 6 \times \frac{9}{10} + 12 = \frac{87}{5}$$

$$\mathrm{E}(5X) = 5\mathrm{E}(X) = 5 \times \frac{87}{5} = 87$$

랑데뷰 풀이

(1) $\mathrm{E}(X) = 3 \times \dfrac{1}{3} \times 270 + 1 \times \dfrac{2}{3} \times 270$
$$= 270 + 180 = 450$$

(2) $\mathrm{E}(X) = 10 \times \dfrac{3}{10} \times 3 + 4 \times \dfrac{7}{10} \times 3$
$$= 9 + \frac{42}{5} = \frac{87}{5}$$

$$\mathrm{E}(5X) = 5\mathrm{E}(X) = 87$$

$V(X) = \mathrm{E}(\mathrm{X}^2) - \mathrm{m}^2$ 의 증명

(1) $E(X) = m$ 이라고 하면

$$V(X) = \sum_{i=1}^{n} (x_i - m)^2 p_i = \sum_{i=1}^{n} (x_i^2 - 2mx_i + m^2) p_i$$

$$= \sum_{i=1}^{n} x_i^2 p_i - \sum_{i=1}^{n} 2mx_i p_i + \sum_{i=1}^{n} m^2 p_i$$

$$= \sum_{i=1}^{n} x_i^2 p_i - 2m \sum_{i=1}^{n} x_i p_i + m^2 \sum_{i=1}^{n} p_i$$

이 때, $\displaystyle\sum_{i=1}^{n} x_i p_i = m$, $\displaystyle\sum_{i=1}^{n} p_i = 1$이므로

$$V(X) = \sum_{i=1}^{n} x_i^2 p_i - 2m^2 + m^2 = \sum_{i=1}^{n} x_i^2 p_i - m^2$$

$$= E(X^2) - \{E(X)\}^2$$

(2) 연속확률변수 X의 확률밀도함수가 $f(x)(\alpha \le x \le \beta)$일 때

$$V(X) = \int_{\alpha}^{\beta} (x - m)^2 f(x)\,dx$$

$$= \int_{\alpha}^{\beta} (x^2 - 2mx + m^2) f(x)\,dx$$

$$= \int_{\alpha}^{\beta} x^2 f(x)\,dx - 2m \int_{\alpha}^{\beta} x f(x)\,dx + m^2 \int_{\alpha}^{\beta} f(x)\,dx$$

$\displaystyle\int_{\alpha}^{\beta} x f(x)\,dx = m$, $\displaystyle\int_{\alpha}^{\beta} f(x)\,dx = 1$이므로

$$V(X) = \int_{\alpha}^{\beta} x^2 f(x)\,dx - 2m^2 + m^2$$

$$= \int_{\alpha}^{\beta} x^2 f(x)\,dx - m^2$$

$$\therefore \ \mathrm{V}(X) = \mathrm{E}(\mathrm{X}^2) - \mathrm{m}^2$$

이항분포 $B(n, p)$에서

(3) $$\mathrm{E}(\mathrm{X}) = \sum_{r=0}^{n} r\mathrm{P}(\mathrm{X} = \mathrm{r})$$

$$= \sum_{r=0}^{n} r\,{}_n\mathrm{C}_r \mathrm{p}^r \mathrm{q}^{n-r} \ (\text{단, } q = 1 - p)$$

이때 $r\,{}_n\mathrm{C}_r = \mathrm{n}\,{}_{n-1}\mathrm{C}_{r-1}\,(r \ge 1)$이므로

$$\mathrm{E}(\mathrm{X}) = \sum_{r=1}^{n} \mathrm{n}\,{}_{n-1}\mathrm{C}_{r-1} \mathrm{p}^r \mathrm{q}^{n-r}$$

$$= np \sum_{r=1}^{n} {}_{n-1}\mathrm{C}_{r-1} \mathrm{p}^{r-1} \mathrm{q}^{(n-1)-(r-1)}$$

$$= np(p+q)^{n-1} = np$$

(4) $$\mathrm{E}(\mathrm{X}^2) = \sum_{r=0}^{n} r^2 \mathrm{P}(\mathrm{X} = \mathrm{r})$$

$$= \sum_{r=0}^{n} r^2\,{}_n\mathrm{C}_r \mathrm{p}^r \mathrm{q}^{n-r} \ (\text{단, } q = 1 - p)$$

$$= \sum_{r=0}^{n} \{r(r-1) + r\}\,{}_n\mathrm{C}_r \mathrm{p}^r \mathrm{q}^{n-r}$$

$$= \sum_{r=0}^{n} r(r-1)\,{}_n\mathrm{C}_r \mathrm{p}^r \mathrm{q}^{n-r} + \sum_{r=0}^{n} r\,{}_n\mathrm{C}_r \mathrm{p}^r \mathrm{q}^{n-r}$$

이때 $r(r-1)\,{}_n\mathrm{C}_r = \mathrm{n}(n-1)\,{}_{n-2}\mathrm{C}_{r-2}$ $(r \ge 2)$이므로

$$\mathrm{E}(\mathrm{X}^2) = n(n-1)p^2 \sum_{r=2}^{n} {}_{n-2}\mathrm{C}_{r-2} \mathrm{p}^{r-2} \mathrm{q}^{(n-2)-(r-2)}$$

$$+ \sum_{r=0}^{n} r\,{}_n\mathrm{C}_r \mathrm{p}^r \mathrm{q}^{n-r}$$

$$= n(n-1)p^2 (p+q)^{n-2} + np$$

$$= n(n-1)p^2 + np$$

(5) $$\mathrm{V}(\mathrm{X}) = \mathrm{E}(\mathrm{X}^2) - \{\mathrm{E}(\mathrm{X})\}^2$$

$$= n(n-1)p^2 + np - (np)^2$$

$$= np(1-p) = npq$$

표본분산 S^2을

$$\frac{1}{n}\sum_{i=1}^{n}\left(X_i - \overline{X}\right)^2 \text{이 아니라 } \frac{1}{n-1}\sum_{i=1}^{n}\left(X_i - \overline{X}\right)^2 \text{으로 정의하는 이유는?}$$

설명1

모집단에서 추출한 크기 n인 표본 X_1, X_2, $\cdots$, X_n에 대하여

$S_n{}^2 = \dfrac{1}{n}\sum_{i=1}^{n}(X_i - \overline{X})^2$라 하고 $S_{ni}{}^2$의 기댓값 $E(S_{ni}{}^2)$을 구해 보자.

$$E(S_n{}^2) = E\left(\frac{1}{n}\sum_{i=1}^{n}(X_i - \overline{X})^2\right)$$

$$= \frac{1}{n}E\left(\sum_{i=1}^{n}\left\{(X_i - m) - (\overline{X} - m)\right\}^2\right)$$

$$= \frac{1}{n}E\left(\sum_{i=1}^{n}\left\{(X_i - m)^2 - 2(X_i - m)(\overline{X} - m) + (\overline{X} - m)^2\right\}\right)$$

$$= \frac{1}{n}E\left(\sum_{i=1}^{n}(X_i - m)^2 - 2(\overline{X} - m)\sum_{i=1}^{n}(X_i - m) + n(\overline{X} - m)^2\right)$$

$$= \frac{1}{n}\left[E\left(\sum_{i=1}^{n}(X_i - m)^2\right) - 2E\left((\overline{X} - m)\sum_{i=1}^{n}(X_i - m)\right) + nE\left\{(\overline{X} - m)^2\right\}\right]$$

$$= \frac{1}{n}\left\{\sum_{i=1}^{n}E\left\{(X_i - m)^2\right\} - nE\left\{(\overline{X} - m)^2\right\}\right\}$$

$$= \frac{1}{n}\left\{\sum_{i=1}^{n}V(X_i) - nV(\overline{X})\right\}$$

$$= \frac{1}{n}\left\{n\sigma^2 - n\frac{\sigma^2}{n}\right\} = \frac{n-1}{n}\sigma^2$$

따라서 $E(S_n{}^2) = \dfrac{n-1}{n}\sigma^2$이므로 $S_n{}^2$은 모집단의

분산 σ^2보다 작아지는 경향이 있다.

$S_n{}^2$에 $\dfrac{n}{n-1}$을 곱한 S^2의 기댓값은

$$E(S^2) = E\left(\frac{n}{n-1}S_n{}^2\right) = \frac{n}{n-1}E(S_n{}^2) = \frac{n}{n-1}\cdot\frac{n-1}{n}\sigma^2 = \sigma^2$$

이므로, S^2이 $S_n{}^2$보다 모분산을 대신하기에 더 적절하다. 이와 같은 이유로 표본분산을 S^2

$$S^2 = \frac{1}{n-1}\sum_{i=1}^{n}(X_i - \overline{X})^2 \text{으로 정의한다.}$$

설명2

모평균 $E(X_i) = m$, 모분산 $V(X_i) = \sigma^2$라 할 때

$$E\left\{\sum_{i=1}^{n}\left(X_i - \overline{X}\right)^2\right\} = E\left\{\sum_{i=1}^{n}\left(X_i^2 - 2X_i\overline{X} + \overline{X}^2\right)\right\}$$

$$= E\left(\sum_{i=1}^{n}X_i^2 - 2\overline{X}\sum_{i=1}^{n}X_i + \sum_{i=1}^{n}\overline{X}^2\right)$$

$$= E\left(\sum_{i=1}^{n}X_i^2 - 2\overline{X}(n\overline{X}) + n(\overline{X}^2)\right)$$

$$\because \left(\overline{X} = \frac{\sum_{i=1}^{n}X_i}{n}\right)$$

$$= E\left(\sum_{i=1}^{n}X_i^2 - n(\overline{X}^2)\right) = \sum_{i=1}^{n}E(X_i^2) - E(n\overline{X}^2)$$

$$= \sum_{i=1}^{n}E(X_i^2) - nE(\overline{X}^2)$$

$$= \sum_{i=1}^{n}(\sigma^2 + m^2) - n\left(\frac{\sigma^2}{n} + m^2\right)$$

$$\because E(X_i^2) = V(X_i) + m^2, \ E(\overline{X}^2) = V(\overline{X}) + m^2$$

$$= n\sigma^2 + nm^2 - \sigma^2 - nm^2 = (n-1)\sigma^2$$

따라서

$$E\left\{\sum_{i=1}^{n}\left(X_i - \overline{X}\right)^2\right\} = (n-1)\sigma^2 \text{이고}$$

한편, 표본분산 S^2의 평균을 구해보면

$$E(S^2) = E\left\{\frac{\sum_{i=1}^{n}\left(X_i - \overline{X}\right)^2}{n-1}\right\}$$

$$= \frac{1}{n-1}E\left\{\sum_{i=1}^{n}\left(X_i - \overline{X}\right)^2\right\}$$

$$= \frac{1}{n-1}(n-1)\sigma^2 = \sigma^2$$

에서 표본분산의 평균이 모분산임을 알 수 있다.

$\therefore$ 표본분산 $\Leftrightarrow$ 표본 각각의 분산

$\therefore$ 표본분산의 평균 $\Leftrightarrow$ 모분산

낱개에서 세트로

한 개가 정규분포 $N(m, \sigma^2)$을 따르면

n개로 한 세트를 만들면 그 세트는 정규분포 $N\left(mn, (\sqrt{n}\,\sigma)^2\right)$를 따른다.

➡ 평균은 n배를 하고 표준편차는 $\sqrt{n}$ 배를 한다.

[관련 문제]

(1) 어느 과수원에서 생산되는 사과의 무게는 평균 $260\,g$, 표준편차 $25\,g$ 인 정규분포를 따른다고 한다. 이 과수원에서는 무게가 $250\,g$ 인 상자에 사과를 25 개씩 담아 포장하고 있다. 포장을 마친 사과 한 상자의 무게가 $6.5\,kg$ 미만이면 경고음이 울리는 저울에서 포장된 사과의 무게를 측정할 때, 저울에서 경고음이 울릴 확률을 오른쪽 표준정규분포표를 이용하여 구하시오.

z	$P(0 \leq Z \leq z)$
1.28	0.3997
1.35	0.4115
1.92	0.4726
2.0	0.4772

(2) 비엔나 커피 하우스에서 판매하는 마들렌 한 개의 무게는 $45g$이고 표준편차가 $2g$인 정규분포를 따른다고 한다. 여기에서 판매하는 마들렌 선물세트에는 마들렌이 9개가 들어 있고 무게가 $x\,g$미만이면 불량품으로 판정한다고 한다. 비엔나 커피하우스에서 판매하는 마들렌 선물세트 한 개를 임의로 선택할 때, 선택한 선물 세트가 불량품으로 판정될 확률은 0.0885이다. 오른쪽 표준정규분포표를 이용하여 x의 값을 구한 것은? (단, 선물세트 상자의 무게는 고려하지 않는다.) ➡ 랑데뷰 제작

일반 풀이

(1) 과수원에서 생산되는 사과의 무게를 $X\,g$ 이라 하면 확률변수 X는 정규분포 $N(260,\ 25^2)$을 따르므로 크기가 25 인 표본의 표본평균을 $\overline{X}$ 라 하면 $\overline{X}$는 정규분포 $N\left(260,\ \dfrac{25^2}{25}\right)$, 즉 $N(260,\ 5^2)$을 따른다. 한편, 빈 상자의 무게가 $250\,g$ 이므로 25 개의 사과의 무게의합이 $6500 - 250 = 6250\ (g)$ 미만, 즉 25 개의 사과의 무게의 평균이 $\dfrac{6250}{25} = 250\ (g)$ 미만이면 저울에서 경고음이 울린다.

이때, $Z = \dfrac{\overline{X} - 260}{5}$ 이라하면 확률변수 Z는 표준정규분포 $N(0,\ 1)$을 따르므로, 저울에서 경고음이 울릴 확률은

$$P(\overline{X} < 250) = P\left(Z < \frac{250 - 260}{5}\right)$$
$$= P(Z < -2) = P(Z > 2) = 0.5 - P(0 \leq Z \leq 2)$$
$$= 0.5 - 0.4772 = 0.0228$$

(2) 풀이 생략

랑데뷰 풀이

(1) 사과 한 개의 무게는 정규분포 $N(260, 25^2)$을 따른다. 사과 상자에는 25개 사과가 들어가 있으므로 사과 25개의 무게는 $260 \times 25 = 6500g$라 할 수 있고 표준편차는 $25 \times \sqrt{25} = 125g$라 할 수 있다. 상자의 무게가 $250g$이므로 따라서 사과 상자의 무게는 정규 분포 $N(6750, 125^2)$을 따른다.

따라서 $\dfrac{6500 - 6750}{125} = -2$을 만족한다.

따라서 $0.5 - 0.4772 = 0.0228$

(2) 마들렌 한 개의 무게는 정규분포 $N(45, 2^2)$을 따른다. 선물세트에는 9개 마들렌이 들어가 있으므로 마들렌 9개의 무게는 $45 \times 9 = 405g$이라 할 수 있고 표준편차는 $2 \times \sqrt{9} = 6g$이라 할 수 있다. 따라서 선물세트는 정규 분포 $N(405, 6^2)$을 따른다.

$0.5 - 0.0885 = 0.4115$이므로 $\dfrac{x - 405}{6} = -1.35$ 을 만족한다. 따라서 $x = 405 - 8.1 = 396.9$

집합의 분할

① 제2종 스털링수 $S(n,k)$의 성질
$1 < k < n$일 때,
$$S(n,k) = S(n-1, k-1) + k \cdot S(n-1, k)$$

② $S(n,1) = 1$

③ $S(n,2) = 2^{n-1} - 1$

④ $S(n,n) = 1$

⑤ $S(n, n-1) = \dfrac{n(n-1)}{2}$

⑥ $S(n, n-2) = \dfrac{n(n-1)(n-2)(3n-5)}{24}$

증명 및 해설은 [상위권수학 확률과통계]에 있습니다.

예를 들어 $S(6,4)$을 구해보자.
방법1. ①-③-⑤ 이용
$$S(6,4) = S(5,3) + 4S(5,4)$$
$$= S(4,2) + 3S(4,3) + 4S(5,4)$$
$$= (2^3 - 1) + 3\left(\frac{4 \times 3}{2}\right) + 4\left(\frac{5 \times 4}{2}\right) = 65$$

방법2. ⑥ 이용
$$S(6,4) = \frac{6 \times 5 \times 4 \times 13}{24} = 65$$

자연수의 분할

① 공액(켤레) 분할 $P(n,k)$의 성질
㉠ $1 < k < n$일 때,
$$P(n,k) = P(n-k, 1) + P(n-k, 2) + \cdots + P(n-k, k)$$
㉡ $n \geq 2k,\ k \geq 2$일 때,
$$P(n,k) = P(n-1, k-1) + P(n-k, k)$$

② $P(n,1) = 1$

③ $P(n,2) = \left[\dfrac{n}{2} \right]$

④ $P(n,3) = \left[\dfrac{n^2 + 6}{12} \right]$

⑤ $P(n,n) = 1$

⑥ $P(n, n-1) = 1$

⑦ $P(n, n-2) = 2$ (단, $n \geq 4$)

⑧ $P(n, n-3) = 3$ (단, $n \geq 6$)

⑨ $P(n, n-4) = 5$ (단, $n \geq 8$)

증명 및 해설은 [상위권수학 확률과통계]에 있습니다.

예를 들어 $P(10,4)$을 구해보자.
방법1. ① ㉠-②-③-④-⑦ 이용
$$P(10,4) = P(6,1) + P(6,2) + P(6,3) + P(6,4)$$
$$= 1 + \left[\frac{6}{2}\right] + \left[\frac{6^2 + 6}{12}\right] + 2$$
$$= 1 + 3 + 3 + 2 = 9$$

방법2. ① ㉡-④-⑦ 이용
$$P(10,4) = P(9,3) + P(6,4)$$
$$= \left[\frac{9^2 + 6}{12}\right] + 2 = 7 + 2 = 9$$

집합의 분할

$S(n,k)$의 성질 → $1 < k < n$일 때,
$$S(n,k) = S(n-1,k-1) + k \cdot S(n-1,k)$$
이 성립한다. 이 식을 표에서 적용시키면 다음과 같다.

	$\cdots$	$k-1$	k	$\cdots$
$\cdots$	$\cdots$	$\cdots$	$\cdots$	$\cdots$
$n-1$	$\cdots$	$S(n-1,k-1)$	$S(n-1,k)$	
n	$\cdots$	$\cdots$	$S(n,k)$	$\cdots$
$\cdots$		$\cdots$	$\cdots$	$\cdots$
		A	B	
			C	

$$\Rightarrow A + B \times (\text{열번호}\,k) = C$$

$S(n,1) = 1$, $S(n,n) = 1$과 위 성질을
이용하여 표를 만들면 다음과 같다.

$n \backslash k$	1	2	3	4	5	6	7
1	1						
2	1	1					
3	1	3	1				
4	1	7	6	1			
5	1	15	25	10	1		
6	1	31	90	65	15	1	
7	1	63	301	350	140	21	1

자연수의 분할

$P(n,k)$의 성질 → $1 < k < n$일 때,
$$P(n,k) = P(n-k,1) + P(n-k,2) + \cdots + P(n-k,k)$$
이 성립한다. 이 식을 표에서 적용시키면 다음과 같다.

행 \ 열	1	2	$\cdots$	k
$\cdots$				
$n-k$	$P(n-k,1)$	$P(n-k,2)$	$\cdots$	$P(n-k,k)$
$\cdots$				
n				$P(n,k)$
$\cdots$			$\cdots$	
	A	B	$\cdots$	C
$\cdots$			$\cdots$	
				D

$$\Rightarrow A + B + \cdots + C = D$$

예를 들어 $P(7,2)$인 7행 2열의 수는 5행의 모든 수를
더하는 것이 아니라 5행의 2열까지만 더한다. $P(8,3)$인
8행 3열의 수는 5행의 3열까지 더한 수가 된다.

$P(n,1) = 1$, $P(n,n) = 1$, $P(n,n-1) = 1$과
위 성질을 이용하여 표를 만들면 다음과 같다.

$n \backslash k$	1	2	3	4	5	6	7
1	1						
2	1	1					
3	1	1	1				
4	1	2	1	1			
5	1	2	2	1	1		
6	1	3	3	2	1	1	
7	1	3	4	3	2	1	1

집합의 분할 설명(1)

① 제2종 스털링수 $S(n, k)$의 성질 $1 < k < n$일 때,

$$S(n, k) = S(n-1, k-1) + k \times S(n-1, k)$$

③ $S(n, 2) = 2^{n-1} - 1$

---

① 제2종 스털링 수 $S(n, k)$의 성질 ← **설명**

$1 < k < n$일 때, n개의 원소를 갖는 집합을 k개로 분할하는 방법은 특정한 원소 a를 기준으로 생각할 수 있다.

㉠ 원소 a 하나로만 1개의 부분집합을 이루는 경우

→ 이 경우의 분할하는 방법의 수는 $(n-1)$개의 원소를 갖는 집합을 $(k-1)$개의 부분집합으로 분할하는 방법의 수와 같으므로

$S(n-1, k-1)$이다.

㉡ 원소 a가 다른 원소들과 함께 1개의 부분집합을 이루는 경우

→ 먼저, 원소 a를 제외한 $(n-1)$개의 원소를 갖는 집합을 k개의 부분집합으로 분할한 후, 원소 a가 k개의 부분집합 중에서 어느 한 부분집합에 속하도록 한다. 이때 원소 a가 어느 부분집합에 속하느냐에 따라 다른 분할이 되므로 이 경우의 분할하는 방법의 수는

$k \times S(n-1, k)$이다.

∴ $S(n, k) = S(n-1, k-1) + k \times S(n-1, k)$

③ $S(n, 2) = 2^{n-1} - 1$ ← **설명**

㉠ 상황을 설정한다.

$S(n, 2)$은 집합 $\{1, 2, 3, \cdots, n\}$의 원소들을 2개의 $\{\ \}, \{\ \}$에 빈 괄호 없이 나눠서 넣는 방법의 수이다.

우선 가장 큰 원소 n을 두 괄호 중 하나에 넣자.

(발생하는 경우의 수 1)

그럼 $\{n\ \}, \{\ \}$이 되어 괄호의 종류가 2개가 된다.

남아 있는 $1, 2, 3, \cdots, n-1$의 $n-1$개의 원소를 괄호에 넣는 경우의 수는 2^{n-1}이다. 그런데 모두 $\{n\ \}$에 들어가면 빈 괄호가 생기므로 그 경우는 제외한다. 따라서

$S(n, 2) = 2^{n-1} - 1$

㉡ 포함배제의 원리를 이용한다.

$S(n, 2)$은 집합 $\{1, 2, 3, \cdots, n\}$의 원소들을 2개의 $\{\ \}, \{\ \}$에 빈 괄호 없이 나눠서 넣는 방법의 수이다.

우선 빈 괄호를 $A = \{\ \}, B = \{\ \}$라 하면 $1, 2, 3, \cdots, n$의 n개의 원소를 A, B에 넣는 경우의 수는 2^n이다. 그런데 모두 A에 들어가는 경우나 B에 들어가는 경우 2가지는 제외한다. $2^n - 2$

또한 A, B가 같은 괄호이므로 $2!$으로 나눠준다.

따라서 $S(n, 2) = \dfrac{2^n - 2}{2!} = 2^{n-1} - 1$

㉢ 제2종 스털링 수

$S(n, k) = S(n-1, k-1) + k \times S(n-1, k)$을 이용한다.

$$S(n, 2) = S(n-1, 1) + 2S(n-1, 2)$$
$$= 1 + 2\{S(n-2, 1) + 2S(n-2, 2)\}$$
$$= 1 + 2 + 4S(n-2, 2)$$
$$= 1 + 2 + 4\{S(n-3, 1) + 2S(n-3, 2)\}$$
$$= 1 + 2 + 4 + 8S(n-3, 2)$$
$$= \cdots \quad \cdots$$
$$= 1 + 2 + 4 + 8 + \cdots + 2^{n-2} \times S(n-(n-2), 2)$$
$$= 1 + 2 + 4 + 8 + \cdots + 2^{n-2}$$
$$= \frac{2^{n-1} - 1}{2 - 1} = 2^{n-1} - 1$$

집합의 분할 설명(2)

$$S(n,\ k)= \frac{1}{k!}\sum_{r=0}^{k}(-1)^r\,{}_kC_r\,(k-r)^n \ \to \ \text{포함배제의 원리로 설명하자.}$$

$$S(n,\ 3)= \frac{3^n - {}_3C_2 \times 2^n + 3}{3!}$$

⇨ $S(n,\ 3)$은 집합 $\{1,2,3,\cdots,n\}$의 원소들을 3개의 $\{\ \}, \{\ \}, \{\ \}$에 빈 괄호 없이 나눠서 넣는 방법의 수이다. 우선 빈 괄호를 $A=\{\ \}$, $B=\{\ \}$, $C=\{\ \}$라 하면 $1, 2, 3, \cdots, n$의 n개의 원소를 A, B, C에 넣는 경우의 수는 3^n이다.

그런데 A, B, C중 2개의 괄호에 n개의 원소가 모두 들어가는 경우의 수 ${}_3C_2 \times 2^n$는 제외한다. 그때 A, B, C 중 1개의 괄호에 n개의 원소가 모두 들어가는 경우의 수 3은 두 번 제외 되므로 그 경우는 더해 준다.

또한 A, B, C가 같은 괄호이므로 $3!$으로 나눠준다.

따라서 $S(n,\ 3)= \dfrac{3^n - {}_3C_2 \times 2^n + 3}{3!}$

$$S(n,\ 4)= \frac{4^n - {}_4C_3 \times 3^n + {}_4C_2 \times 2^n - 4}{4!}$$

⇨ $S(n,\ 3)$은 집합 $\{1,2,3,\cdots,n\}$의 원소들을 4개의 $\{\ \}, \{\ \}, \{\ \}, \{\ \}$에 빈 괄호 없이 나눠서 넣는 방법의 수이다. 우선 빈 괄호를 $A=\{\ \}$, $B=\{\ \}$, $C=\{\ \}$, $D=\{\ \}$라 하면 $1, 2, 3, \cdots, n$의 n개의 원소를 A, B, C, D에 넣는 경우의 수는 4^n이다.

그런데 A, B, C, D 중 3개의 괄호에 n개의 원소가 모두 들어가는 경우의 수 ${}_4C_3 \times 3^n$는 제외한다. 그때 A, B, C, D 중 2개의 괄호에 n개의 원소가 모두 들어가는 경우의 수 ${}_4C_2 \times 2^n$은 두 번 제외되므로 그 경우는 더해 준다.

그때 A, B, C, D 중 1개의 괄호에 n개의 원소가 모두 들어가는 경우의 수 4는 두 번씩 포함 되게 되므로 그 경우는 다시 빼 준다.

또한 A, B, C, D가 같은 괄호이므로 $4!$으로 나눠준다.

따라서 $S(n,\ 4)= \dfrac{4^n - {}_4C_3 \times 3^n + {}_4C_2 \times 2^n - 4}{4!}$

$$S(n,\ n-1)= \frac{n(n-1)}{2}$$

① 상황을 설정한다.

$S(n,\ n-1)$은 집합 $\{1,2,3,\cdots,n\}$의 원소들을 $n-1$개의 $\{\ \}, \cdots, \{\ \}$에 빈 괄호 없이 나눠서 넣는 방법의 수이다.

그럼 1개의 괄호에만 원소가 2개 들어가고 나머지 괄호에는 모두 1개의 원소가 들어가게 된다. 따라서 n개의 원소 중 한 괄호 안에 함께 있을 원소 2개만 골라주면 된다.

따라서 $S(n,\ n-1)= {}_nC_2 = \dfrac{n(n-1)}{2}$

② 제2종 스털링 수

$S(n,k)= S(n-1,\ k-1)+ k \times S(n-1,\ k)$을 이용한다.

$S(n,\ n-1)$
$= (n-1) \times S(n-1,\ n-1)+ S(n-1,\ n-2)$
$= (n-1)+ S(n-1,\ n-2)$
$= (n-1)+ (n-2) \times S(n-2,\ n-2)+ S(n-2,\ n-3)$
$= (n-1)+ (n-2)+ S(n-2,\ n-3)$
$= (n-1)+ (n-2)+ (n-3)+ S(n-3,\ n-4)$
$= \cdots \quad \cdots$
$= (n-1)+ (n-2)+ \cdots + 2 + S(2,\ 1)$
$= \dfrac{n(n-1)}{2}$

$$\text{집합의 분할 설명(3)} \Rightarrow S(n,\, n-2) = \frac{n(n-1)(n-2)(3n-5)}{24}$$

① 상황을 설정한다.

$S(n,\, n-2)$은 집합 $\{1, 2, 3, \cdots, n\}$의 원소들을 $n-2$개의 $\{\ \}, \cdots, \{\ \}$에 빈 괄호 없이 나눠서 넣는 방법의 수이다. 그 상황은 다음과 같이 2가지 상황으로 나눌 수 있다.

㉠ 1개의 괄호에 원소 3개가 들어가고 나머지 괄호에는 모두 1개의 원소가 들어가는 경우

→ n개의 원소 중 1개의 괄호 안에 함께 있을 원소 3개만 골라주면 된다. ($_nC_3$)

㉡ 2개의 괄호에 원소 2개씩 들어가고 나머지 괄호에는 모두 1개의 원소가 들어가는 경우로 나눌 수 있다. → n개의 원소 중 2개의 괄호 안에 함께 있을 원소 4개를 고른 뒤 2개의 괄호안에 넣을 원소 2개씩 분할한다.

$$_nC_4 \times {}_4C_2 \times {}_2C_2 \times \frac{1}{2!} = 3 \times {}_nC_4 \ \text{따라서}$$

$$S(n,\, n-2) = {}_nC_3 + 3 \times {}_nC_4 = \frac{n(n-1)(n-2)}{6} + \frac{n(n-1)(n-2)(n-3)}{8} = \frac{n(n-1)(n-2)(3n-5)}{24}$$

② 제2종 스털링 수 $S(n, k) = S(n-1, k-1) + k \times S(n-1, k)$을 이용한다.

$$S(n,\, n-2)$$
$$= (n-2) \times S(n-1, n-2) + S(n-1, n-3)$$
$$= \frac{(n-1)(n-2)^2}{2} + S(n-1, n-3)$$
$$= \frac{(n-1)(n-2)^2}{2} + (n-3) \times S(n-2, n-3) + S(n-2, n-4)$$
$$= \frac{(n-1)(n-2)^2}{2} + \frac{(n-2)(n-3)^2}{2} + S(n-2, n-4)$$
$$= \frac{(n-1)(n-2)^2}{2} + \frac{(n-2)(n-3)^2}{2} + \frac{(n-3)(n-4)^2}{2} + S(n-3, n-5)$$
$$= \cdots \quad \cdots$$
$$= \sum_{k=1}^{n-3} \left\{ \frac{(n-k)(n-(k+1))^2}{2} \right\} + S(3, 1)$$
$$= \sum_{k=1}^{n-3} \left\{ \frac{(n-k)(n-k-1)^2}{2} \right\} + 1$$

$n - k = m$이라 두면 k가 $1 \to n-3$일 때 m은 $3 \to n-1$이므로

$$= \sum_{m=3}^{n-1} \left\{ \frac{m(m-1)^2}{2} \right\} + 1 = \sum_{m=1}^{n-1} \left\{ \frac{m(m-1)^2}{2} \right\} - 1 + 1 = \frac{1}{2} \sum_{m=1}^{n-1} (m^3 - 2m^2 + m)$$
$$= \frac{1}{2} \sum_{m=1}^{n-1} (m^3 - m - 2m^2 + 2m) = \frac{1}{2} \sum_{m=1}^{n-1} \{(m-1)m(m+1) - 2m(m-1)\}$$
$$= \frac{1}{2} \sum_{m=1}^{n-2} \{m(m+1)(m+2)\} - \sum_{m=1}^{n-2} \{m(m+1)\} = \frac{1}{2} \times \frac{(n-2)(n-1)n(n+1)}{4} - \frac{(n-2)(n-1)n}{3}$$
$$= \frac{3(n-2)(n-1)n(n+1) - 8(n-2)(n-1)n}{24} = \frac{(n-2)(n-1)n\{3(n+1)-8\}}{24} = \frac{n(n-1)(n-2)(3n-5)}{24}$$

자연수의 분할 설명(1)

(1) 공액 분할 (켤레 분할)

$P(n,k) = P(n-1, k-1) + P(n-k, k)$

$1 < k < n$일 때, 자연수 n을 k개의 자연수로 분할하는 방법은 서로 같은 구슬 n개를 서로 같은 k개의 상자에 나누어 넣는 방법으로 바꾸어 생각할 수 있다.

이때 n개의 구슬이 서로 같으므로 이 중에서 어느 k개를 택하여도 그 방법의 수는 1가지 뿐이다. 따라서 먼저 k개의 구슬을 k개의 상자에 1개씩 넣은 후, 남은 $(n-k)$개의 구슬을 1개, 2개, 3개, $\cdots$, k개의 상자에 남는 구슬이 없도록 나누어 넣는 방법의 수는 각각

$P(n-k, 1),\ P(n-k, 2),\ P(n-k, 3),$

$\cdots,\ P(n-k, k-1),\ P(n-k, k)$이므로

$\therefore\ P(n,k) = P(n-k, 1) + P(n-k, 2) + \cdots + P(n-k, k)$

또한

$P(n-1, k-1) = P(n-k, 1) + \cdots + P(n-k, k-1)$

이므로

$\therefore\ P(n,k) = P(n-1, k-1) + P(n-k, k)$

(2) $P(n, 2) = \left[\dfrac{n}{2}\right]$

㉠ $n = 2k$일 때

$n = 1 + (2k-1) = 2 + (2k-2)$

$\quad = 3 + (2k-3) = \cdots$

$\quad = k + k$

즉 $n = 2k$일 때 $P(2k, 2) = k$이므로

$P(n, 2) = \dfrac{n}{2} = \left[\dfrac{n}{2}\right]$

㉡ $n = 2k+1$일 때

$n = 1 + (2k) = 2 + (2k-1) = 3 + (2k-2)$

$\quad = \cdots$

$\quad = k + (k+1)$

즉 $n = 2k+1$일 때 $P(2k+1, 2) = k$이므로

$P(n, 2) = \dfrac{n-1}{2} = \left[\dfrac{n}{2}\right]$

㉠, ㉡에서 $P(n, 2) = \left[\dfrac{n}{2}\right]$

(3) $P(n, n-1) = 1$

㉠ 직접 나열하기

자연수 n을 $n-1$개의 자연수의 합으로 표현하면,

$$n = \underbrace{1 + \cdots + 1}_{n-2개} + 2$$

$n-2$개의 1과 1개의 2의 합으로 표현되는 것이 유일하다.

따라서 $P(n, n-1) = 1$

㉡ 공액 분할로 설명하기

$P(n, n-1) = P(1, 1) = 1$

(4) $P(n, n-2) = 2$ (단, $n \geq 4$)

㉠ 직접 나열하기

자연수 n을 $n-2$개의 자연수의 합으로 표현하면,

$$n = \underbrace{1 + \cdots + 1}_{n-3개} + 3 \qquad n = \underbrace{1 + \cdots + 1}_{n-4개} + 2 + 2$$

$n-3$개의 1과 1개의 3의 합으로 표현되거나 $n-4$개의 1과 2개의 2의 합으로 표현될 수 있다.

따라서 $P(n, n-2) = 2$

㉡ 공액 분할로 설명하기

$P(n, n-2) = P(2, 1) + P(2, 2) = 2$

(5) $P(n, n-3) = 3$ (단, $n \geq 6$)

㉠ 직접 나열하기

자연수 n을 $n-3$개의 자연수의 합으로 표현하면,

$$n = \underbrace{1 + \cdots + 1}_{n-4개} + 4,\ \ n = \underbrace{1 + \cdots + 1}_{n-5개} + 2 + 3$$

$$n = \underbrace{1 + \cdots + 1}_{n-6개} + 2 + 2 + 2$$

$n-4$개의 1과 1개의 4의 합으로 표현되거나 $n-5$개의 1과 2개의 2의 합으로 표현될 수 있다.

따라서 $P(n, n-2) = 2$

㉡ 공액 분할로 설명하기

$P(n, n-3) = P(3, 1) + P(3, 2) + P(3, 3) = 3$

(6) $P(n, n-4) = 5$ (단, $n \geq 8$)

공액 분할로 설명하기

$P(n, n-4) = P(4, 1) + P(4, 2) + P(4, 3) + P(4, 4) = 5$

$$\text{자연수의 분할 설명(2)} \ \Rightarrow \ P(n, 3) = \left[\frac{n^2 + 6}{12} \right]$$

자연수 n을 $n = 6k, 6k+1, 6k+2, \cdots, 6k+5$의 6으로 나눈 나머지로 분류하자.

(i) $n = 6k$

$P(6k, 3) = P(6k-1, 2) + P(6k-3, 3)$

$= \left[\dfrac{6k-1}{2} \right] + P(6k-4, 2) + P(6k-6, 3)$

$= \left[\dfrac{6k-1}{2} \right] + \left[\dfrac{6k-4}{2} \right] + P(6(k-1), 3)$

$= (3k-1) + (3k-2) + P(6(k-1), 3)$

$\therefore \ P(6k, 3) - P(6(k-1), 3) = 6k - 3$

따라서 $P(6k, 3)$은 첫째항이 $P(6, 3)$이고 $k \geq 2$인 계차수열의 일반항이 $6k - 3$인 수열이다.

$P(6k, 3) = P(6, 3) + \displaystyle\sum_{i=2}^{k} (6i - 3)$

$= 3 + \dfrac{(k-1)(6k+6)}{2} = 3k^2$ 따라서 $k = \dfrac{n}{6}$ 이므로

$P(n, 3) = 3 \left(\dfrac{n}{6} \right)^2 = \dfrac{n^2}{12}$

(ii) $n = 6k+1$일 때

$P(6k+1, 3) = P(6k, 2) + P(6k-2, 3)$

$= \left[\dfrac{6k}{2} \right] + P(6k-3, 2) + P(6k-5, 3)$

$= \left[\dfrac{6k}{2} \right] + \left[\dfrac{6k-3}{2} \right] + P(6(k-1)+1, 3)$

$= (3k) + (3k-2) + P(6(k-1)+1, 3)$

$\therefore \ P(6k+1, 3) - P(6(k-1)+1, 3) = 6k - 2$

따라서 $P(6k+1, 3)$은 첫째항이 $P(7, 3)$이고 $k \geq 2$인 계차수열의 일반항이 $6k - 2$인 수열이다.

$P(6k+1, 3) = P(7, 3) + \displaystyle\sum_{i=2}^{k} (6i - 2)$

$= 4 + \dfrac{(k-1)(6k+8)}{2} = 3k^2 + k$

따라서 $k = \dfrac{n-1}{6}$ 이므로

$P(n, 3) = 3 \left(\dfrac{n-1}{6} \right)^2 + \left(\dfrac{n-1}{6} \right) = \dfrac{n^2 - 1}{12}$

(iii) $n = 6k+2$일 때 (i), (ii)과정으로 유추해 보면 $P(6k+2, 3)$은 첫째항이 $P(8, 3)$이고 $k \geq 2$인 계차수열의 일반항이 $6k - 1$인 수열이다.

$P(6k+2, 3) = P(8, 3) + \displaystyle\sum_{i=2}^{k} (6i - 1)$

$= 5 + \dfrac{(k-1)(6k+10)}{2} = 3k^2 + 2k$

$k = \dfrac{n-2}{6}$ 이므로

$P(n, 3) = 3 \left(\dfrac{n-2}{6} \right)^2 + 2 \left(\dfrac{n-2}{6} \right) = \dfrac{n^2 - 4}{12}$

(iv) $n = 6k+3$일 때

$P(6k+3, 3)$은 첫째항이 $P(9, 3)$이고 $k \geq 2$인 계차수열의 일반항이 $6k$인 수열이다.

$P(6k+3, 3) = P(9, 3) + \displaystyle\sum_{i=2}^{k} (6i)$

$= 7 + \dfrac{(k-1)(6k+12)}{2} = 3k^2 + 3k + 1$

$k = \dfrac{n-3}{6}$ 이므로

$P(n, 3) = 3 \left(\dfrac{n-3}{6} \right)^2 + 3 \left(\dfrac{n-3}{6} \right) + 1 = \dfrac{n^2 + 3}{12}$

(v) $n = 6k+4$일 때

$P(6k+4, 3)$은 첫째항이 $P(10, 3)$이고 $k \geq 2$인 계차수열의 일반항이 $6k + 1$인 수열이다.

$P(6k+4, 3) = P(10, 3) + \displaystyle\sum_{i=2}^{k} (6i + 1)$

$= 8 + \dfrac{(k-1)(6k+14)}{2} = 3k^2 + 4k + 1$

$k = \dfrac{n-4}{6}$ 이므로

$P(n, 3) = 3 \left(\dfrac{n-4}{6} \right)^2 + 4 \left(\dfrac{n-4}{6} \right) + 1 = \dfrac{n^2 - 4}{12}$

(vi) $n = 6k + 5$일 때

$P(6k+5, 3)$은 첫째항이 $P(11, 3)$이고 $k \geq 2$인
계차수열의 일반항이 $6k+2$인 수열이다.

$$P(6k+5, 3) = P(11, 3) + \sum_{i=2}^{k} (6i+2)$$

$$= 10 + \frac{(k-1)(6k+16)}{2} = 3k^2 + 5k + 2$$

$$k = \frac{n-5}{6}$$ 이므로

$$P(n, 3) = 3\left(\frac{n-5}{6}\right)^2 + 5\left(\frac{n-5}{6}\right) + 2 = \frac{n^2-1}{12}$$

(i)~(vi)에서 $P(n, 3)$은 n을 6으로 나눈 나머지에 따라
달라진다.

그런데 분할 수는 자연수이고 위 경우에서 $\frac{n^2}{12}$에 $\frac{1}{2}$ 보다

작은 값을 더하거나 뺀 결과가 나오므로 $\frac{n^2}{12}$에 가까운

자연수이므로 $P(n, 3) = \left[\frac{n^2+6}{12}\right]$ 라 할 수 있다.

미적분 Ⅱ

하루 중 90%는 겸손하게 10%는 자신있게...

Pick's Theorem

픽(George Pick)은 격자평면에서 모든 꼭짓점이 격자점 위에 놓인 다각형과 이의 넓이와의 관계를 발견하여 다음 식을 증명하였다.

$$S = A + \frac{B}{2} - 1$$

(S:다각형의 넓이, A:내부의 격자점의 개수, B:경계 위의 격자점의 개수)

픽의 증명은 다음 기회에 알아보고 여기서는 위 식이 성립하는지 몇 가지 예를 들어 확인해보자.

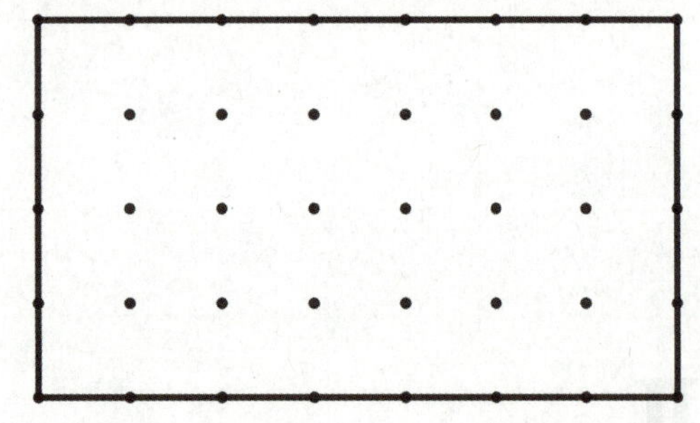

(1) 직사각형에서
① 격자의 길이가 가로가 7, 세로가 4이니 직사각형 넓이 $S = 28$
② 직사각형 내부의 격자점의 개수 $A = 18$
③ 직사각형 경계의 격자점의 개수 $B = 22$

따라서 $28 = 18 + \dfrac{22}{2} - 1$ 이 성립한다.

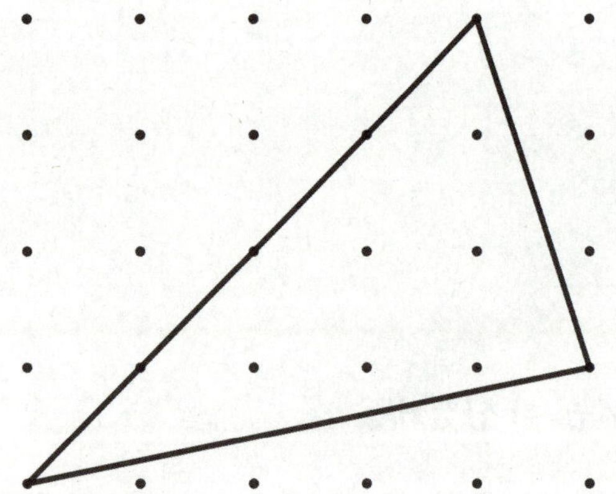

(2) 삼각형에서
① 삼각형의 넓이 $S = 8$
② 삼각형 내부의 격자점의 개수 $A = 6$
③ 삼각형 경계의 격자점의 개수 $B = 6$

따라서 $8 = 6 + \dfrac{6}{2} - 1$ 이 성립한다.

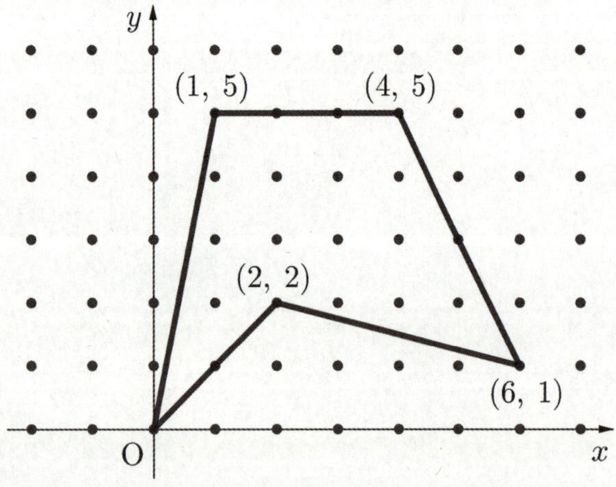

(3) 다각형에서
① 사선식에서 $\dfrac{1}{2} \begin{vmatrix} 0 & 2 & 6 & 4 & 1 & 0 \\ 0 & 2 & 1 & 5 & 5 & 0 \end{vmatrix} = \dfrac{31}{2}$

따라서 $S = \dfrac{31}{2}$

② 다각형 내부의 격자점의 개수 $A = 12$
③ 다각형 경계의 격자점의 개수 $B = 9$

따라서 $\dfrac{31}{2} = 12 + \dfrac{9}{2} - 1$ 이 성립한다.

픽의 정리에 의해 격자점 개수의 극한값은 넓이로 근사시킬 수 있다.

(1) 다항함수 일 때 ⇨ 2019년 3월 나형 30번 적용

그림은 $y = x^2$와 꼭짓점의 좌표가 $O(0,0)$, $A(n,0)$, $B(n,n^2)$, $C(0,n^2)$ 인 직사각형 OABC 를 나타낸 것이다. 자연수 n 에 대하여, x 좌표와 y 좌표가 모두 정수인 점 중에서 직사각형 OABC 또는 그 내부에 있고 부등식 $y \geq x^2$ 을 만족시키는 모든 점의 개수를 a_n 이라 하자.

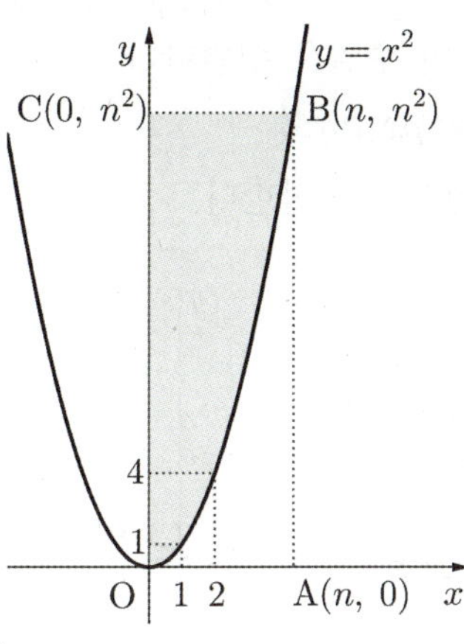

$\lim\limits_{n \to \infty} \dfrac{a_n}{n^3}$ 의 값을 구하여라. (단, n 은 자연수이다.) [4점]
[2013학년도 9월 평가원]

일반 풀이

직사각형 OABC 또는 그 내부에 있고 부등식 $y \geq x^2$ 을 만족하는 점의 개수를 점의 x 좌표에 따라 구분하여 구하면

x 좌표가 0 일 때, $n^2 - 0^2 + 1$ 개

x 좌표가 1 일 때, $n^2 - 1^2 + 1$ 개

x 좌표가 2 일 때, $n^2 - 2^2 + 1$ 개

$\vdots$

x 좌표가 n 일 때, $n^2 - n^2 + 1$ 개

$$\therefore a_n = \sum_{k=0}^{n} (n^2 - k^2 + 1) = n^2 + 1 + \sum_{k=1}^{n} (n^2 + 1 - k^2)$$

$$= n^2 + n(n^2 + 1) - \frac{n(n+1)(2n+1)}{6}$$

$$= \frac{4n^3 + 3n^2 + 5n + 6}{6}$$

$$\therefore \lim_{n \to \infty} \frac{a_n}{n^3} = \lim_{n \to \infty} \frac{4n^3 + 3n^2 + 5n + 6}{6n^3} = \frac{2}{3}$$

랑데뷰 풀이

색칠된 부분의 넓이 $S = n \times n^2 - \displaystyle\int_0^n x^2 dx = \dfrac{2}{3}n^3$

이므로 $a_n \fallingdotseq \dfrac{2}{3}n^3$

$$\therefore \lim_{n \to \infty} \frac{a_n}{n^3} = \lim_{n \to \infty} \frac{2n^3}{3n^3} = \frac{2}{3}$$

(2) 무리함수 일 때

그림은 두 곡선 $y = \sqrt{x}$, $y = \sqrt{x + n^2}$ 과 네 점 $O(0,0)$, $A(4n^2, 0)$, $B(4n^2, 2n)$, $C(0, 2n)$ 을 꼭짓점으로 하는 직사각형 OABC를 나타낸 것이다. 직사각형 OABC의 변 또는 그 내부에 있고 x좌표와 y좌표가 모두 정수인 점 중에서 연립부등식 $\sqrt{x} \leq y \leq \sqrt{x + n^2}$ 을 만족시키는 점의 개수를 a_n 이라 하자. $\lim\limits_{n \to \infty} \dfrac{a_n}{n^3}$ 의 값을 구하여라.

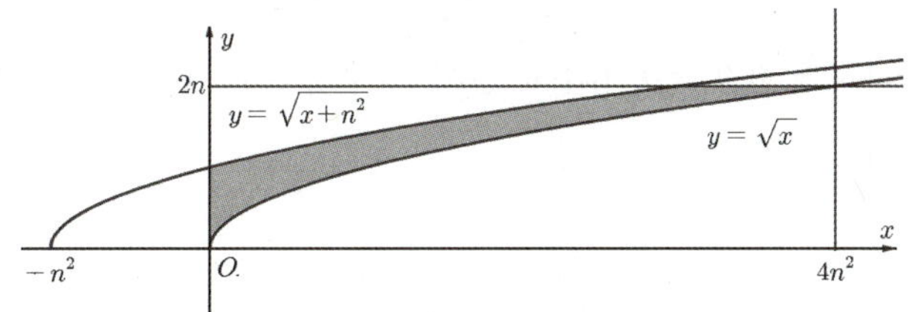

일반 풀이

(i) $y = k \, (0 \leq k \leq n)$일 때 조건을 만족시키는 점은 $(0, k), (1, k), \cdots (k^2, k)$의 $k^2 + 1$개다.

(ii) $y = k \, (n < k \leq 2n)$일 때 조건을 만족시키는 점은 $(k^2 - n^2, k), (k^2 - n^2 + 1, k), \cdots (k^2, k)$의 $n^2 + 1$개다.

$$a_n = \sum_{k=0}^{n} (k^2 + 1) + \sum_{k=n+1}^{2n} (n^2 + 1)$$

$$= 1 + \sum_{k=1}^{n} (k^2 + 1) + (n^2 + 1)n$$

$$= 1 + \frac{n(n+1)(2n+1)}{6} + n + (n^2 + 1)n$$

$$= \frac{8n^3 + 3n^2 + 13n + 6}{6}$$

$$\therefore \lim_{n \to \infty} \frac{a_n}{n^3} = \lim_{n \to \infty} \frac{8n^3 + 3n^2 + 13n + 6}{6n^3} = \frac{4}{3}$$

랑데뷰 풀이

색칠된 부분의 넓이

$$S = 4n^2 \times 2n - \int_0^{4n^2} \sqrt{x} \, dx - \int_n^{2n} x^2 - n^2 \, dx = \frac{4}{3}n^3$$

이므로 $a_n \fallingdotseq \dfrac{4}{3}n^3$

$$\lim_{n \to \infty} \frac{a_n}{n^3} = \lim_{n \to \infty} \frac{4n^3}{3n^3} = \frac{4}{3}$$

주의 : 지수함수에서는 넓이의 증가 속도가 격자점의 개수의 증가 속도보다 훨씬 빨라 이런 방법으로 구할 수 없다.

피가르드(Picard) 수렴정리

점화식 $\begin{cases} a_1 = a \\ a_{n+1} = pa_n + q \end{cases}$ 에서 $\{a_n\}$의 수렴과 발산

① $-1 < p < 1$이면 이 수열은 수렴한다.

그 극한값은 $x = px + q$의 근

② 그 외의 범위에서는 발산한다.

만약 수열 $\{a_n\}$이 x에 수렴한다면 $\displaystyle\lim_{n \to \infty} a_n = \lim_{n \to \infty} a_{n+1} = x$

이므로 점화식 $a_{n+1} = pa_n + q$ 으로부터 $\displaystyle\lim_{n \to \infty} a_{n+1} = p \lim_{n \to \infty} a_n + q$

따라서 $x = px + q$ 의 해가 극한값이 된다.

따라서 극한값 $x = \displaystyle\lim_{n \to \infty} a_n$은 두 함수 $y = x$, $y = px + q$의 교점을

구하는 문제로 바뀌게 된다.

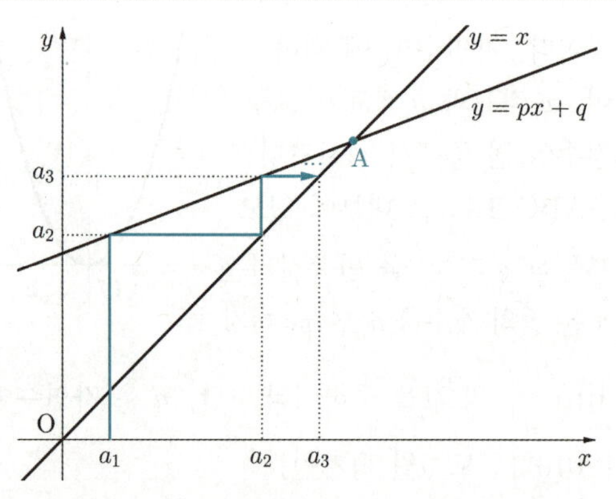

① $p < -1$일 때

$\begin{cases} a_1 = 1 \\ a_{n+1} = -2a_n + 6 \end{cases}$

일 때 $\displaystyle\lim_{n \to \infty} a_n$

→ 발산

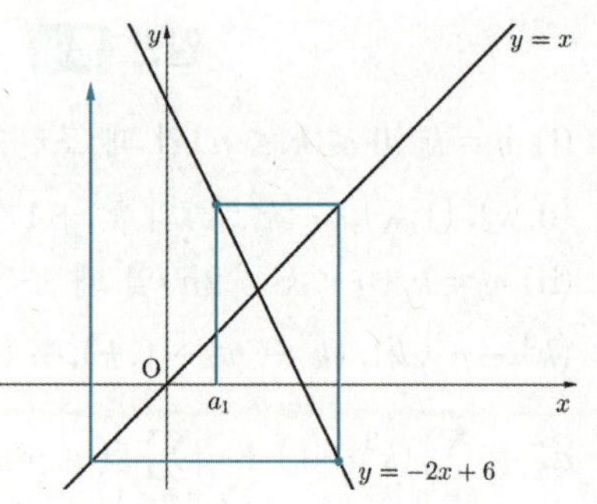

② $p = -1$일 때

$\begin{cases} a_1 = 1 \\ a_{n+1} = -a_n + 8 \end{cases}$

일 때 $\displaystyle\lim_{n \to \infty} a_n$

→ 발산

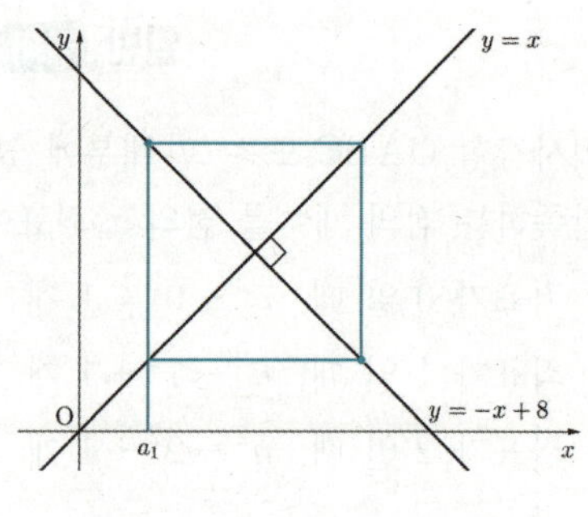

③ $-1 < p < 0$일 때

$\begin{cases} a_1 = 1 \\ a_{n+1} = -\dfrac{1}{2}a_n + 3 \end{cases}$

일 때 $\displaystyle\lim_{n \to \infty} a_n$

→ 교점으로 수렴

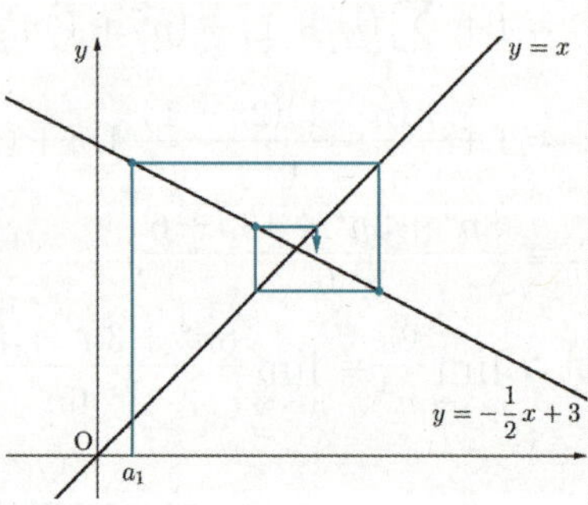

④ $0 < p < 1$일 때

$\begin{cases} a_1 = 1 \\ a_{n+1} = \dfrac{1}{2}a_n + 3 \end{cases}$

일 때 $\displaystyle\lim_{n \to \infty} a_n$

→ 교점으로 수렴

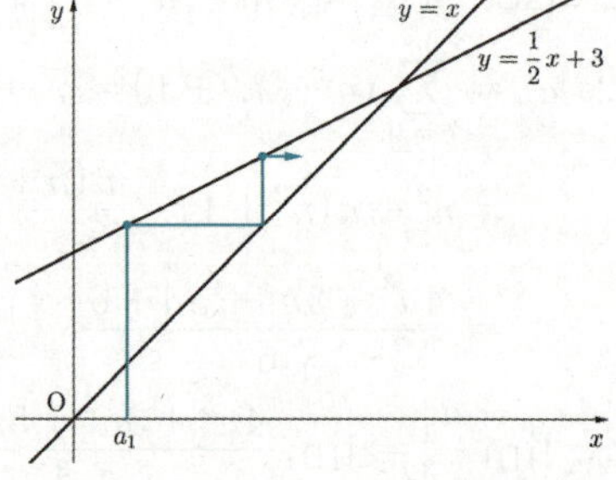

⑤ $p > 1$일 때

$\begin{cases} a_1 = 5 \\ a_{n+1} = 2a_n - 4 \end{cases}$

일 때 $\displaystyle\lim_{n \to \infty} a_n$

→ 발산

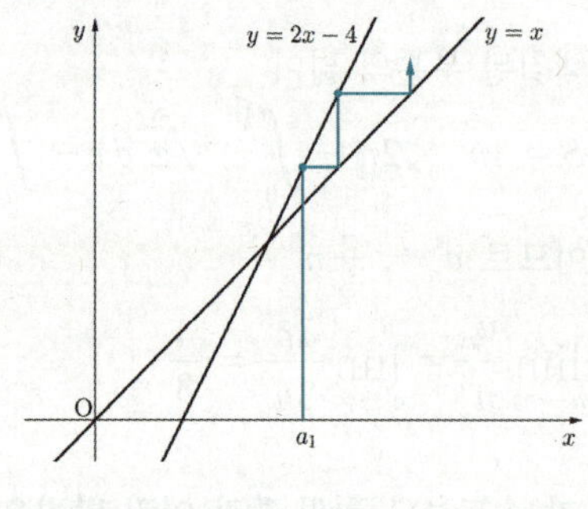

[관련문제]

$a_1 = 2$, $2a_{n+1} = a_n + 3 \ (n = 1, 2, 3, \cdots)$으로

정의된 수열 $\{a_n\}$에서 $\displaystyle\lim_{n \to \infty} a_n$ 의 값을 구하여라.

풀이

$\displaystyle\lim_{n \to \infty} a_n = \alpha \ (\alpha \text{는 상수})$라고 하면

$\displaystyle\lim_{n \to \infty} a_{n+1} = \alpha$ 이므로 $2\alpha = \alpha + 3$ $\quad \therefore \ \alpha = 3$

$$a_1 = a,\ a_2 = b,\ ka_{n+2} + la_{n+1} + ma_n = 0 \ (\text{단},\ k+l+m=0,\ |k| > |m|)$$

$\displaystyle \lim_{n \to \infty} a_n = \alpha$ 일 때, α는 a와 b를 $k:m$으로 외분하는 형태의 값이다.

$$\text{즉},\ \lim_{n \to \infty} a_n = \frac{kb - ma}{k - m}$$

[관련 문제]

$a_1 = 0$, $a_2 = 1$ 일 때 $2a_{n+2} - a_{n+1} - a_n = 0$ (단, $n = 1,\ 2,\ 3,\ \cdots$) 일 때, $\displaystyle \lim_{n \to \infty} a_n$ 을 구하여라.

일반 풀이

$2a_{n+2} - a_{n+1} - a_n = 0$ 에서

$2(a_{n+2} - a_{n+1}) = -(a_{n+1} - a_n)$

$\therefore\ a_{n+2} - a_{n+1} = -\dfrac{1}{2}(a_{n+1} - a_n)$

따라서 수열 $\{a_{n+1} - a_n\}$은 첫째항이 이고,

$a_2 - a_1 = 1 - 0 = 1$,

공비가 $-\dfrac{1}{2}$인 등비수열이므로

$a_{n+1} - a_n = 1 \cdot \left(-\dfrac{1}{2}\right)^{n-1}$

위의 식을 n에 $1,2,3,\cdots,n-1$을 차례로 대입한 후 변끼리 더하면

$\therefore\ a_n = a_1 + \displaystyle\sum_{k=1}^{n-1} \left(-\dfrac{1}{2}\right)^{n-1}$

$a_n = \dfrac{\left\{1 - \left(-\dfrac{1}{2}\right)^{n-1}\right\}}{1 - \left(-\dfrac{1}{2}\right)} = \dfrac{2}{3}\left\{1 - \left(-\dfrac{1}{2}\right)^{n-1}\right\}$

$\therefore\ \displaystyle\lim_{n \to \infty} a_n = \dfrac{2}{3}$

일반 풀이

극한값은 0, 1을 $2:(-1)$로 외분하는 형태의 값이므로

$\displaystyle\lim_{n \to \infty} a_n = \dfrac{2 \times 1 - (-1) \times 0}{2 - (-1)} = \dfrac{2}{3}$

설명

$a_1 = a,\ a_2 = b,\ ka_{n+2} + la_{n+1} + ma_n = 0$

에서 $k + l + m = 0$ 이므로

$a_{n+2} - a_{n+1} = \dfrac{m}{k}(a_{n+1} - a_n)$ 이 성립한다.

따라서 수열 $\{a_n\}$의 계차수열은 첫째항이 $a_2 - a_1$,

공비가 $\dfrac{m}{k}$ 인 등비수열을 이룬다.

$a_n = a_1 + \dfrac{(a_2 - a_1)\left\{1 - \left(\dfrac{m}{k}\right)^{n-1}\right\}}{1 - \left(\dfrac{m}{k}\right)}$

$\displaystyle\lim_{n \to \infty}\left(\dfrac{m}{k}\right)^{n-1} = 0,\ (\because |k| > |m|)$ 이므로

$\therefore\ \displaystyle\lim_{n \to \infty} a_n = a_1 + \dfrac{(a_2 - a_1)}{1 - \left(\dfrac{m}{k}\right)} = \dfrac{ka_2 - ma_1}{k - m}$

이므로 a_1, a_2를 $k : m$ 으로 외분하는 형태의 값을 가리킨다.

세미나(172) 교대급수 성질

(1) $a_1 - a_2 + a_2 - a_3 + a_3 - \cdots$ 의 분수꼴의 교대급수는 분자가 변하지 않는 상수면 a_1 으로 수렴하고 분자가 변하는 상수면 발산한다.

  $\Rightarrow$ 교대급수의 부분합의 짝수 번째 항까지의 합은 $a_1 - a_n$, 홀수 번째 항까지의 합은 a_1

  따라서 $\lim\limits_{n \to \infty} a_n = 0$ 이면 이 두 합의 극한값이 a_1 으로 같아지므로 수렴하게 된다.

(2) ( )가 있는 꼴은 분자의 변화유무에 상관없이 수렴한다.

[관련 문제]

다음 급수의 수렴, 발산을 조사하고, 수렴하면 그 합을 구하여라.

① $1 - \dfrac{1}{2} + \dfrac{1}{2} - \dfrac{1}{3} + \dfrac{1}{3} - \cdots$

② $2 - \dfrac{3}{2} + \dfrac{3}{2} - \dfrac{4}{3} + \dfrac{4}{3} - \dfrac{5}{4} + \cdots$

③ $\left(\dfrac{1}{3} - \dfrac{1}{4}\right) + \left(\dfrac{1}{4} - \dfrac{1}{5}\right) + \left(\dfrac{1}{5} - \dfrac{1}{6}\right) + \cdots$

④ $\left(\dfrac{1}{2} - \dfrac{2}{3}\right) + \left(\dfrac{2}{3} - \dfrac{3}{4}\right) + \left(\dfrac{3}{4} - \dfrac{4}{5}\right) + \cdots$

일반 풀이

① 제n 항까지의 부분합을 S_n 이라 하면

(i) $S_{2n-1} = 1 + \left(-\dfrac{1}{2} + \dfrac{1}{2}\right) + \left(-\dfrac{1}{3} + \dfrac{1}{3}\right) + \cdots + \left(-\dfrac{1}{n} + \dfrac{1}{n}\right) = 1$

$\therefore \lim\limits_{n \to \infty} S_{2n-1} = \lim\limits_{n \to \infty} 1 = 1$

(ii) $S_{2n} = \left(1 - \dfrac{1}{2}\right) + \left(\dfrac{1}{2} - \dfrac{1}{3}\right) + \cdots + \left(\dfrac{1}{n} - \dfrac{1}{n+1}\right) = 1 - \dfrac{1}{n+1}$

$\therefore \lim\limits_{n \to \infty} S_{2n} = \lim\limits_{n \to \infty} \left(1 - \dfrac{1}{n+1}\right) = 1 - 0 = 1$

(i), (ii)에서 $\lim\limits_{n \to \infty} S_{2n-1} = \lim\limits_{n \to \infty} S_{2n} = 1$ 이므로 주어진 급수는 수렴하고 그 합은 1이다.

② 제n항까지의 부분합을 S_n 이라 하면

(i)

$S_{2n-1} = 2 + \left(-\dfrac{3}{2} + \dfrac{3}{2}\right) + \left(-\dfrac{4}{3} + \dfrac{4}{3}\right) + \cdots + \left(-\dfrac{n+1}{n} + \dfrac{n+1}{n}\right)$

$\qquad = 2 \quad \therefore \lim\limits_{n \to \infty} S_{2n-1} = \lim\limits_{n \to \infty} 2 = 2$

(ii)

$S_{2n} = \left(2 - \dfrac{3}{2}\right) + \left(\dfrac{3}{2} - \dfrac{4}{3}\right) + \cdots + \left(\dfrac{n+1}{n} - \dfrac{n+2}{n+1}\right) = 2 - \dfrac{n+2}{n+1}$

$\therefore \lim\limits_{n \to \infty} S_{2n} = \lim\limits_{n \to \infty} \left(2 - \dfrac{n+2}{n+1}\right) = 2 - 1 = 1$

(i), (ii)에서 $\lim\limits_{n \to \infty} S_{2n-1} \neq \lim\limits_{n \to \infty} S_{2n}$ 이므로 주어진 급수는 발산

③ n 항까지의 부분합을 S_n 이라 하면

$S_n = \left(\dfrac{1}{3} - \dfrac{1}{4}\right) + \left(\dfrac{1}{4} - \dfrac{1}{5}\right) + \left(\dfrac{1}{5} - \dfrac{1}{6}\right) + \cdots + \left(\dfrac{1}{n+2} - \dfrac{1}{n+3}\right)$

$= \dfrac{1}{3} - \dfrac{1}{n+3}$

$\therefore \lim\limits_{n \to \infty} S_n = \lim\limits_{n \to \infty} \left(\dfrac{1}{3} - \dfrac{1}{n+3}\right) = \dfrac{1}{3}$

따라서 주어진 급수는 $\dfrac{1}{3}$ 로 수렴

④ 제n 항까지의 부분합을 S_n 이라 하면

$S_n = \left(\dfrac{1}{2} - \dfrac{2}{3}\right) + \left(\dfrac{2}{3} - \dfrac{3}{4}\right) + \cdots$

$\qquad + \left(\dfrac{n}{n+1} - \dfrac{n+1}{n+2}\right) = \dfrac{1}{2} - \dfrac{n+1}{n+2}$

$\therefore \lim\limits_{n \to \infty} S_n = \lim\limits_{n \to \infty} \left(\dfrac{1}{2} - \dfrac{n+1}{n+2}\right) = \dfrac{1}{2} - 1 = -\dfrac{1}{2}$

랑데뷰 풀이

① 분자 고정 → 홀수번째항까지 두항씩 괄호 메겨 확인 → 1로 수렴

② 분자 변함 → 발산

③ 괄호 있으므로 수렴 → 분자 고정 → 괄호를 지우고 다시 홀수번째항까지 두항씩 괄호 메겨 확인 → $\dfrac{1}{3}$ 으로 수렴

④ 괄호 있으므로 수렴 → 분자 변함 → $\lim\limits_{n \to \infty} (a_1 - a_n)$ 확인 → $-\dfrac{1}{2}$ 으로 수렴

$$\tan\frac{x}{2}=t \ \text{일 때} \ \ t\text{에 대한 삼각함수의 값의 활용}$$

$$\sin x = \frac{2t}{1+t^2} \quad \cos x = \frac{1-t^2}{1+t^2} \quad \tan x = \frac{2t}{1-t^2}$$

[관련 문제]

① 부정적분 $\displaystyle\int \frac{1}{\sin x}\,dx$ 를 구하여라.

② 실수 x에 대하여 $\dfrac{\sin x+1}{-\cos x-3}$ 의 최댓값을 M, 최솟값을 m이라 할 때, $M+m$의 값을 구하여라.

일반 풀이

① 준식

$$= \int \frac{1}{2\sin\frac{x}{2}\cos\frac{x}{2}}\,dx = \int \frac{\dfrac{1}{\cos^2\frac{x}{2}}}{\dfrac{2\sin\frac{x}{2}}{\cos\frac{x}{2}}}\,dx$$

$$= \int \frac{\sec^2\frac{x}{2}}{2\tan\frac{x}{2}}\,dx$$

이때 $\tan\frac{x}{2}=t$ 로 놓으면 $\dfrac{dt}{dx}=\dfrac{1}{2}\sec^2\dfrac{x}{2}$ 이므로

$$\int \frac{\sec^2\frac{x}{2}}{2\tan\frac{x}{2}}\,dx = \int \frac{1}{t}\,dt = \ln|t| + C$$

$$= \ln\left|\tan\frac{x}{2}\right| + C$$

② $\cos x = s$, $\sin x = t$로 놓으면

$-1 \leq s \leq 1$, $-1 \leq t \leq 1$, $s^2+t^2=1$

$\dfrac{\sin x+1}{-\cos x-3} = \dfrac{t+1}{-s-3} = k$ (k는 정수)로 놓으면

$t+1 = -(s+3)k \quad \therefore t = -k(s+3)-1 \cdots$ ㉠

직선 ㉠은 기울기가 $-k$이고 점 $(-3,\ -1)$을 지나는 직선이다.

랑데뷰 풀이

① $\tan\frac{x}{2}=t$라 두고 양변 미분하면

$\dfrac{1}{2}\sec^2\dfrac{x}{2}\,dx = dt$ 에서

$$dx = \frac{2}{1+t^2}\,dt$$

$$\int \frac{1}{\sin x}\,dx = \int \frac{1}{\dfrac{2t}{1+t^2}}\frac{2}{1+t^2}\,dt = \int \frac{1}{t}\,dt$$

$$= \ln|t| + C = \ln\left|\tan\frac{x}{2}\right| + C$$

② $\tan\frac{x}{2}=t$라 두면

$$\frac{\sin x+1}{-\cos x-3} = \frac{\dfrac{2t}{1+t^2}+1}{-\dfrac{1-t^2}{1+t^2}-3}$$

$$= \frac{\dfrac{2t+(1+t^2)}{1+t^2}}{\dfrac{-1+t^2-3(1+t^2)}{1+t^2}}$$

$$= \frac{t^2+2t+1}{-2t^2-4}$$

$\dfrac{t^2+2t+1}{-2t^2-4} = k$라 두고 정리하면

t가 실수이므로 $(2k+1)t^2+2t+4k+1=0$ 이 실근을 가지므로 $1-(2k+1)(4k+1) \geq 0$ 에서 $-\dfrac{3}{4} \leq k \leq 0$

$$\therefore M+m = -\frac{3}{4}$$

오른쪽 그림에서 직선
$t = -k(s+3) - 1$,
즉, $ks + t + 3k + 1 = 0$과
원 $s^2 + t^2 = 1$이 접할 때,
$-k$가 최댓값과 최솟값을

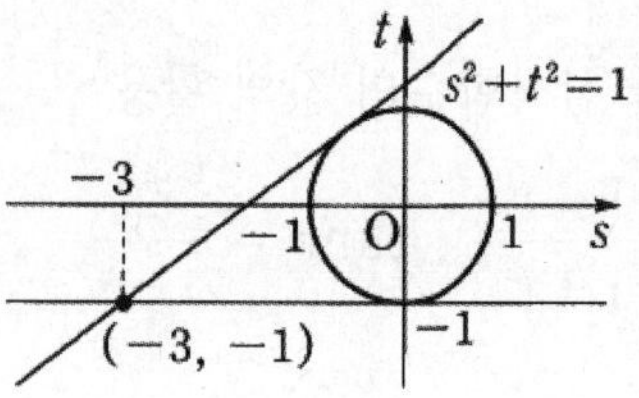

가지므로 $\dfrac{|3k+1|}{\sqrt{k^2+1}} = 1$ $|3k+1| = \sqrt{k^2+1}$,

$4k^2 + 3k = 0$ $k(4k+3) = 0$

$\therefore k = 0$ 또는 $k = -\dfrac{3}{4}$ $\therefore M + m = -\dfrac{3}{4}$

설명 $\tan\dfrac{x}{2} = t$일 때 t에 대한 삼각함수의 값

(1) $\sin x = 2\sin\dfrac{x}{2}\cos\dfrac{x}{2} = 2\tan\dfrac{x}{2}\cos^2\dfrac{x}{2}$

$= \dfrac{2\tan\dfrac{x}{2}}{\sec^2\dfrac{x}{2}} = \dfrac{2\tan\dfrac{x}{2}}{1+\tan^2\dfrac{x}{2}} = \dfrac{2t}{1+t^2}$

(2) $\cos x = \cos^2\dfrac{x}{2} - \sin^2\dfrac{x}{2} = \cos^2\dfrac{x}{2}\left(1 - \tan^2\dfrac{x}{2}\right)$

$= \dfrac{1-\tan^2\dfrac{x}{2}}{\sec^2\dfrac{x}{2}} = \dfrac{1-\tan^2\dfrac{x}{2}}{1+\tan^2\dfrac{x}{2}} = \dfrac{1-t^2}{1+t^2}$

(3) $\tan x = \dfrac{\sin x}{\cos x} = \dfrac{\dfrac{2t}{1+t^2}}{\dfrac{1-t^2}{1+t^2}} = \dfrac{2t}{1-t^2}$

(1) 모든 실수 x에서 정의된 함수 $f(x)$가 $x=a$에서 미분가능하기 위한 필요충분조건은
$\displaystyle\lim_{h \to 0} \frac{f(a+h)-f(a)}{h}$의 값이 존재하는 것이다.

(2) $f'(a)$가 존재하면 도함수 $f'(x)$가 $x=a$에서 연속성에 상관없이 $f(x)$는 $x=a$에서 미분 가능하다.

(1)번 추가 설명

모든 실수 x에서 정의된 함수 $f(x)$가 $x=a$에서 미분가능하기 위한 필요충분조건은 서로 다른 수 m, n에 대하여
$\displaystyle\lim_{h \to 0} \frac{f(a+mh)-f(a-nh)}{h}$의 값이 존재하는 것이다. $\Rightarrow m=1$, $n=0$인 경우가
$\displaystyle\lim_{h \to 0} \frac{f(a+h)-f(a)}{h}$이고 $m=n=1$인 경우가 $\displaystyle\lim_{h \to 0} \frac{f(a+h)-f(a-h)}{h}$ [중심화 차 몫]

(2)번 설명

$f(x) = \begin{cases} x^2 \sin\left(\dfrac{1}{x}\right) & (x \neq 0) \\ 0 & (x=0) \end{cases}$ 의 $x=0$에서의 연속성과 미분 가능성에 대해 알아보자.

① $x=0$에서의 $f(x)$의 연속성

$f(x)$의 $x=0$에서의 연속성 $\Rightarrow \displaystyle\lim_{x \to 0} f(x) = f(0) = 0$이므로 $x=0$에서 연속

② $x=0$에서의 $f(x)$의 미분 가능성 $\Rightarrow$ [다르부 정리 관련]

$f(x)$의 $x=0$에서의 미분가능성 $\Rightarrow f'(0) = \displaystyle\lim_{h \to 0} \frac{f(0+h)-f(0)}{h} = \lim_{h \to 0} \frac{h^2 \sin\left(\dfrac{1}{h}\right)}{h} = \lim_{h \to 0} h \sin\left(\dfrac{1}{h}\right) = 0$

$f(x) = \begin{cases} x^2 \sin\left(\dfrac{1}{x}\right) & (x \neq 0) \\ 0 & (x=0) \end{cases}$ 는 $x=0$에서 연속이고 $f'(0)=0$이므로 $f(x)$는 $x=0$에서 미분가능하다.

③ $x=0$에서의 $f'(x)$의 연속성

$f'(x) = \begin{cases} 2x \sin\left(\dfrac{1}{x}\right) - \cos\left(\dfrac{1}{x}\right) & (x \neq 0) \\ 0 & (x=0) \end{cases}$ 으로 $\displaystyle\lim_{x \to 0} \cos\left(\dfrac{1}{x}\right)$의 값이 존재하지 않으므로 $f'(x)$는 $x=0$에서
불연속이다.

①, ②, ③에서 $f'(x)$은 $x=0$에서 불연속이지만 $f'(0)$의 값이 0으로 존재하므로 $f(x)$는 $x=0$에서 미분가능하다고
할 수 있다.
따라서
$\quad f'(a)$가 존재하면 도함수 $f'(x)$가 $x=a$에서 연속성에 상관없이 $f(x)$는 $x=a$에서 미분 가능하다.

$$n\text{이 자연수일 때 } f(x) = \begin{cases} x^n \sin\left(\dfrac{1}{x}\right) & (x \neq 0) \\ 0 & (x = 0) \end{cases} \text{에 대하여}$$

① $f(x)$가 $x=0$에서 연속 $\Rightarrow n \geq 1$

② $f(x)$가 $x=0$에서 미분가능 $\Rightarrow n \geq 2$　　③ $f'(x)$가 $x=0$에서 연속 $\Rightarrow n \geq 3$

$\Rightarrow f(x) = \begin{cases} x^2 \sin\left(\dfrac{1}{x}\right) & (x \neq 0) \\ 0 & (x = 0) \end{cases}$ 는 원함수가 미분 가능하지만 도함수가 불연속 **[다르부함수]**

④ $f'(x)$가 $x=0$에서 미분가능 $\Rightarrow n \geq 4$　　⑤ $f''(x)$가 $x=0$에서 연속 $\Rightarrow n \geq 5$

$\Rightarrow f(x) = \begin{cases} x^4 \sin\left(\dfrac{1}{x}\right) & (x \neq 0) \\ 0 & (x = 0) \end{cases}$ 는 도함수가 미분 가능하지만 이계도함수가 불연속

---

① $f(x)$의 $x=0$에서의 연속성 $\Rightarrow \lim\limits_{x \to 0} f(x) = f(0) = 0$이므로 모든 자연수에 대해 $x=0$에서 연속

② $f(x)$의 $x=0$에서의 미분가능성 $\Rightarrow f'(0) = \lim\limits_{h \to 0} \dfrac{f(0+h)-f(0)}{h} = \lim\limits_{h \to 0} \dfrac{h^n \sin\left(\dfrac{1}{h}\right)}{h} = \lim\limits_{h \to 0} h^{n-1} \sin\left(\dfrac{1}{h}\right)$

이 값(0)을 갖기 위해서는 $n \geq 2$이다. 또한, $x \neq 0$일 때

$$f'(x) = \left\{ x^n \sin\left(\dfrac{1}{x}\right) \right\}' = nx^{n-1} \sin\left(\dfrac{1}{x}\right) + x^n \cos\left(\dfrac{1}{x}\right)\left(-\dfrac{1}{x^2}\right) = nx^{n-1} \sin\left(\dfrac{1}{x}\right) - x^{n-2} \cos\left(\dfrac{1}{x}\right)$$

$$\therefore \ f'(x) = \begin{cases} nx^{n-1} \sin\left(\dfrac{1}{x}\right) - x^{n-2} \cos\left(\dfrac{1}{x}\right) & (x \neq 0) \\ 0 & (x = 0) \end{cases}$$

③ $f'(x)$의 $x=0$에서의 연속성 $\Rightarrow f'(0) = 0$ 이므로 $\lim\limits_{x \to 0} f'(x) = 0$이기 위해서는 $n \geq 3$이다.

④ $f'(x)$의 $x=0$에서의 미분가능성

$$f''(0) = \lim\limits_{h \to 0} \dfrac{f'(0+h)-f'(0)}{h} = \lim\limits_{h \to 0} \dfrac{nh^{n-1} \sin\left(\dfrac{1}{h}\right) - h^{n-2} \cos\left(\dfrac{1}{h}\right)}{h} = \lim\limits_{h \to 0} nh^{n-2} \sin\left(\dfrac{1}{h}\right) - h^{n-3} \cos\left(\dfrac{1}{h}\right)$$

이 값(0)을 갖기 위해서는 $n \geq 4$이다. 또한, $x \neq 0$일 때

$$\therefore \ f''(x) = \begin{cases} n(n-1)x^{n-2} \sin\left(\dfrac{1}{x}\right) - 2(n-1)x^{n-3} \cos\left(\dfrac{1}{x}\right) - x^{n-4} \sin\left(\dfrac{1}{x}\right) & (x \neq 0) \\ 0 & (x = 0) \end{cases}$$

⑤ $f''(x)$의 $x=0$에서의 연속성 $\Rightarrow f''(0) = 0$ 이므로 $\lim\limits_{x \to 0} f''(x) = 0$이기 위해서는 $n \geq 5$이다.

[관련문제]
최고차항의 계수가 1인 사차함수 $f(x)$와 함수 $g(x) = |\, 2\sin(x+2|\,x\,|) + 1\,|$에 대하여 함수 $h(x) = f(g(x))$는 실수 전체의 집합에서 이계도함수 $h''(x)$를 갖고, $h''(x)$는 실수 전체의 집합에서 연속이다. $f'(3)$의 값을 구하시오. **[2017학년도 9월 모평 가형 30번]**

설명 $\Rightarrow$ 이 문제를 해결하기 위해 구해야 되는 값 중에 $h''(0)$이 있다.

그런데 $h(x)$는 $h(x) = \begin{cases} h_1(x) & (x \geq 0) \\ h_2(x) & (x < 0) \end{cases}$ 으로 분리된 함수이므로 $h''(x)$도 마찬가지로 $h''(x) = \begin{cases} h_1''(x) & (x > 0) \\ h_2''(x) & (x < 0) \end{cases}$ 이다.

따라서 $h''(x)$을 표현한 뒤 $x=0$을 대입하여 구할 수는 없다.
따라서 $h''(x)$는 실수 전체의 집합에서 연속이라는 조건이 필요하고
$h''(x)$가 $x=0$에서 연속이므로 $h''(0) = \lim\limits_{x \to 0+} h_1''(x) = \lim\limits_{x \to 0-} h_2''(x)$을 이용하여 $h''(0)$을 구하면 된다.

[랑데뷰팁] $-h''(0) = h_1''(0)$만 이용해도 되겠다.

---

(1) 실수 전체에서 정의된 함수 $f(x)$가 실수 전체에서 미분 가능할 지라도
  $f(x)$의 도함수 $f'(x)$는 연속성이 보장되지 않는다.

(2) 다르부 정리는 '미분가능한 함수의 도함수는 사잇값 성질을 가진다.'는 정리이다.
  사잇값 정리를 만족하는 함수가 연속일 필요는 없다는 얘기가 된다.

$f'(a)$가 존재하면 함수 $f(x)$의 도함수 $f'(x)$가 $x = a$에서의 연속성과 상관없이 함수 $f(x)$는 $x = a$에서 미분가능하다.

예를 들어 $f(x) = \begin{cases} x^2 \sin\left(\dfrac{1}{x}\right) & (x \neq 0) \\ 0 & (x = 0) \end{cases}$ 의 $f'(0)$을 구해보자.

$\Rightarrow f'(0) = \lim_{h \to 0} \dfrac{f(h) - f(0)}{h} = \lim_{h \to 0} \dfrac{h^2 \sin\left(\dfrac{1}{h}\right)}{h} = \lim_{h \to 0} h \sin\left(\dfrac{1}{h}\right) = 0$ (by 샌드위치 정리)

으로 $f'(0)$이 존재하므로 $f(x) = \begin{cases} x^2 \sin\left(\dfrac{1}{x}\right) & (x \neq 0) \\ 0 & (x = 0) \end{cases}$ 는 $x = 0$에서 미분가능이다.

그런데 $f'(x) = \begin{cases} 2x \sin\left(\dfrac{1}{x}\right) - \cos\left(\dfrac{1}{x}\right) & (x \neq 0) \\ 0 & (x = 0) \end{cases}$ 이고 $\lim_{x \to 0} \cos\left(\dfrac{1}{x}\right)$의 값이 존재하지 않으므로

$\lim_{x \to 0} f'(x) \neq f'(0)$이다. 따라서 $f'(x)$는 $x = 0$에서 불연속이다.

$\Rightarrow$ 원함수가 미분 가능하지만 도함수가 불연속인 대표적 함수로 $f(x) = \begin{cases} x^2 \sin\left(\dfrac{1}{x}\right) & (x \neq 0) \\ 0 & (x = 0) \end{cases}$ 이 있다.

<table>
<tr><td>

다르부 정리에 관하여

다르부 정리$\Rightarrow$닫힌 구간 $[a, b]$를 포함하는 열린 구긴에시 정의된 $f(x)$가 미분가능할 때, $f'(a)$와 $f'(b)$ 사이의 값 k에 대하여 $f'(c) = k$를 만족하는 점 c가 a와 b사이에 적어도 하나 존재한다.

$\Rightarrow$ 도함수 $f'(x)$는 연속성이 보장되지 않지만 사잇값 정리가 성립한다.

랑데뷰曰 $\Rightarrow$ 다르부 정리가 원함수가 미분가능하지만 도함수가 불연속인 것을 나타내는 정리라고 생각하기 쉬우나 다르부 정리는 미분가능한 함수의 도함수가 사잇값 성질을 만족한다는 정리이고 도함수는 불연속일 수도 있으므로 사잇값 정리를 만족하는 함수가 연속일 필요는 없다는 내용으로 생각하면 되겠다.

</td><td>

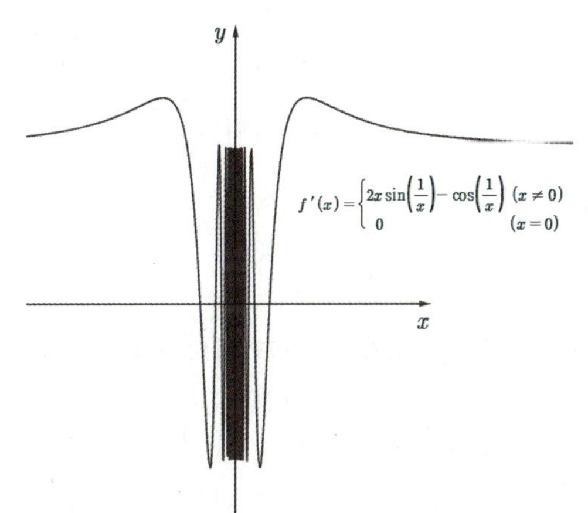

$f(x) = \begin{cases} x^2 \sin\left(\dfrac{1}{x}\right) & (x \neq 0) \\ 0 & (x = 0) \end{cases}$ 의 도함수 $f'(x)$의 그래프이다.

$f'(x)$는 $x = 0$에서 불연속이지만 사잇값 성질을 가지므로 $f(x)$는 다르부 함수이다. $\Rightarrow$ 도함수가 불연속이어서 다르부 함수가 되는 것이 아니라 도함수가 사잇값 성질을 만족해서 다르부 함수가 되는 것이다.

</td></tr>
</table>

앞의 [2017학년도 9월 모평 가형 30번]에서 함수 $h(x)$가 실수 전체의 집합에서 이계도함수 $h''(x)$를 갖고, $h''(x)$는 실수 전체의 집합에서 연속이다. 라고 표현한 이유가 $h'(x)$의 도함수인 $h''(x)$가 연속성이 보장되지 않으므로 [연속이다]라는 조건을 준 것이다.

함수의 연속과 미분가능에 대한 요약 [랑데뷰日]

(1) 미분 가능성

① 함수 $f(x)$가 $x=a$에서 미분 가능하다. $\Leftrightarrow f'(a)$가 존재한다.

$$\Leftrightarrow \lim_{h\to 0}\frac{f(a+h)-f(a)}{h} \text{ 가 존재한다.}$$

$$\Leftrightarrow m\neq n, \lim_{h\to 0}\frac{f(a+mh)-f(a-nh)}{h} \text{ 가 존재한다.}$$

그럼 $m=n,\ \lim_{h\to 0}\dfrac{f(a+mh)-f(a-nh)}{h}$ 인 경우는 함수 $f(x)$의 $x=a$의 좌,우극한이 존재한다면

$x=a$의 미분 가능과 관계없이 항상 극한값이 존재한다.

특히 $m=n=1$인 경우 즉, $\lim_{h\to 0}\dfrac{f(a+h)-f(a-h)}{h}$ 을 중심화 차 몫이라 한다.

② 함수 $f(x)=\begin{cases} p(x) & (x < a) \\ q(x) & (x \geq a) \end{cases}$ 일 때, 함수 $f(x)$가 $x=a$의 미분 가능과 상관없이

$\lim_{h\to 0}\dfrac{f(a+h)-f(a-h)}{h}=p'(a)+q'(a)$이다.

(2) 연속성

① 실수 전체의 집합에서 정의된 함수 $f(x)$가 실수 전체의 집합에서 미분 가능할 때 도함수 $f'(x)$는 연속이라고 할 수 없다.

예를 들어 $f(x) = \begin{cases} x^2 \sin\left(\dfrac{1}{x}\right) & (x \neq 0) \\ 0 & (x = 0) \end{cases}$ 는 $x=0$에서 연속이고 $f'(0)$이 존재하여 $x=0$에서 미분가능하다.

따라서 $f(x)$는 모든 실수에서 미분 가능하다.

그런데 도함수 $f'(x)$는 $f'(x) = \begin{cases} 2x\sin\left(\dfrac{1}{x}\right)- \cos\left(\dfrac{1}{x}\right) & (x \neq 0) \\ 0 & (x = 0) \end{cases}$ 으로 $\lim_{x\to 0}\cos\left(\dfrac{1}{x}\right)$의 값이 존재하지 않으므로

$f'(x)$는 $x=0$에서 불연속이다.

기출 문제에서 의미를 찾아보자. [2017학년도 9월 모평 가형 30번]

최고차항의 계수가 1인 사차함수 $f(x)$와 함수

$$g(x) = |\, 2\sin(x+2|\,x\,|)+1\,|$$

에 대하여 함수 $h(x) = f(g(x))$는 실수 전체의 집합에서 이계도함수 $h''(x)$를 갖고, **$h''(x)$는 실수 전체의 집합에서 연속이다.** $f'(3)$의 값을 구하시오.

⇨ 이 문제에서 $h''(x)$가 존재한다 해서 $h''(x)$의 연속성이 보장되지 않으므로 문제에서 $h''(x)$는 실수 전체의 집합에서 연속이다라는 조건을 붙여 연속일 조건으로 문제를 해결할 수 있게 한 것이다.

② 이때 도함수 $f'(x)$는 사잇값 성질이 성립한다는 다르부 정리를 생각해 보면

㉠ 도함수 $f'(x)$는 연속성이 보장되지 않으므로 연속함수는 사잇값 성질을 만족하지만 사잇값 성질을 만족하는 함수라고 해서 연속함수라고 할 수 없다는 것을 알 수 있다.

㉡ 사잇값 정리를 만족하는 함수를 다르부 함수라고 한다.

로피탈 정리는 만능이 아니다!

① 실제 극한값이 존재하지 않는데 로피탈정리를 사용하면 극한값이 존재하는 경우

예) $\displaystyle\lim_{x\to\infty}\dfrac{e^{-2x}(\cos x+2\sin x)}{e^{-x}(\cos x+\sin x)}$ 의 극한을 조사하여라.

[잘못된 풀이] ⇨

$$(\text{준식})=\lim_{x\to\infty}\dfrac{\{e^{-2x}(\cos x+2\sin x)\}'}{\{e^{-x}(\cos x+\sin x)\}'}=\lim_{x\to\infty}\dfrac{-2e^{-2x}(\cos x+2\sin x)+e^{-2x}(-\sin x+2\cos x)}{-e^{-x}(\cos x+\sin x)+e^{-x}(-\sin x+\cos x)}$$

$$=\lim_{x\to\infty}\dfrac{-5e^{-2x}\sin x}{-2e^{-x}\sin x}=\lim_{x\to\infty}\dfrac{5}{2}e^{-x}=0$$

[옳은 풀이] ⇨ $(\text{준식})=\displaystyle\lim_{x\to\infty}e^{-x}\dfrac{1+2\tan x}{1+\tan x}=\lim_{x\to\infty}e^{-x}\left(1+\dfrac{1}{1+\dfrac{1}{\tan x}}\right)$ 는 $\dfrac{1}{\tan x}$ 이 진동 (발산)

② 실제 극한값이 존재하지만 로피탈정리를 사용하면 극한값이 존재하지 않는 경우

예) $\displaystyle\lim_{x\to 0}\dfrac{x^2\sin\dfrac{1}{x}}{\sin x}$ 의 극한을 조사하여라.

[잘못된 풀이] ⇨ $(\text{준식})=\displaystyle\lim_{x\to 0}\dfrac{\left(x^2\sin\dfrac{1}{x}\right)'}{(\sin x)'}=\lim_{x\to 0}\dfrac{2x\sin\dfrac{1}{x}-\cos\dfrac{1}{x}}{\cos x}$ 는 $\cos\dfrac{1}{x}$ 이 진동 (발산)

[옳은 풀이] ⇨ $(\text{준식})=\displaystyle\lim_{x\to 0}\dfrac{x}{\sin x}\cdot x\sin\dfrac{1}{x}=1\cdot 0=0$

[관련 문제]

$\displaystyle\lim_{x\to 0}\dfrac{e^{1-\sin x}-e^{1-\tan x}}{\tan x-\sin x}$ 의 값은? **[평가원 기출 2010년 6월]** ←로피탈로 안 풀림

① $\dfrac{1}{e}$ ② $\dfrac{2}{e}$ ③ 1 ④ e ⑤ $2e$

일반 풀이

$$\lim_{x\to 0}\dfrac{e^{1-\sin x}-e^{1-\tan x}}{\tan x-\sin x}$$

$$=\lim_{x\to 0}e^{1-\tan x}\times\dfrac{e^{\tan x-\sin x}-1}{\tan x-\sin x}$$

$$=\lim_{x\to 0}e^{1-\tan x}\times\lim_{x\to 0}\dfrac{e^{\tan x-\sin x}-1}{\tan x-\sin x}$$

(여기서 $\tan x-\sin x=t$ 라 하면)

$$=\lim_{x\to 0}e^{1-\tan x}\times\lim_{t\to 0}\dfrac{e^t-1}{t}=e$$

랑데뷰 풀이

$f(x)=e^x$ 이라고 하면 $f'(x)=e^x$ 이다.

$f(x)$는 구간 $[1-\tan x,\ 1-\sin x]$ 에서 연속이고

구간 $(1-\tan x,\ 1-\sin x)$ 에서 미분 가능하므로

평균값 정리에 의하여 $\dfrac{e^{1-\sin x}-e^{1-\tan x}}{\tan x-\sin x}=e^c$,

$1-\tan x<c<1-\sin x$ 인 c가 적어도 하나 존재한다.

그런데 $x\to 0$일 때 $c\to 1$이므로

$$\lim_{x\to 0}\dfrac{e^{1-\sin x}-e^{1-\tan x}}{\tan x-\sin x}=\lim_{c\to 1}e^c=e$$

$$\sum_{n=1}^{\infty} \frac{1}{n^2} = \frac{\pi^2}{6} \text{ (매클로린 급수를 이용한 풀이)}$$

배경 지식

(1) 테일러 급수 : 주어진 함수를 정의역의 특정 점의 미분계수들을 계수로 가지는 다항식의 극한(멱급수)으로 표현하는 것을 말한다. 테일러 전개라고도 부른다.

고등학교 과정에서는 해석함수가 아니면서 무한히 미분가능한 함수가 나오지 않으므로 주어진 함수가 테일러 급수로 표현될 수 있다고 가정하고 사용한다. 극한에서는 로피탈정리 라는 강력한 무기가 있긴 하지만 이는 제약이 크고 부정형일 경우에만 쓸 수 있다는 단점이 있다. 그러나 테일러 급수를 조금만 이용하면 얼마든지 초월함수의 극한을 쉽게 풀 수 있다.

테일러 급수는 다음과 같다.

$$f(x) = \sum_{n=0}^{\infty} \frac{f^{(n)}(x_0)}{n!}(x-x_0)^n$$

$$= f(x_0) + f'(x_0)(x-x_0) + \frac{f''(x_0)}{2!}(x-x_0)^2$$

$$+ \cdots + \frac{f^{(n)}(x_0)}{n!}(x-x_0)^n + \cdots$$

(2) 매클로린 급수 :

테일러 급수에서 $x_0 = 0$일 때를 가리킨다.

$$f(x) = \sum_{n=0}^{\infty} \frac{f^{(n)}(0)}{n!}(x-0)^n$$

$$= f(0) + f'(0)x + \frac{f''(0)}{2!}x^2$$

$$+ \cdots + \frac{f^{(n)}(0)}{n!}x^n + \cdots$$

랑데뷰 풀이

$$\sin x = \sin 0 + \cos 0\, x + \frac{-\sin 0}{2!}x^2 + \frac{-\cos 0}{3!}x^3 + \cdots$$

$$= x - \frac{x^3}{3!} + \cdots \text{ 에서}$$

$$\sin x = x - \frac{x^3}{3!} + \frac{x^5}{5!} - \cdots \text{ 양변을} \div x$$

$$\frac{\sin x}{x} = 1 - \frac{x^2}{3!} + \frac{x^4}{5!} - \cdots \text{ 이다.}$$

한편, 삼각방정식 $\sin x = 0$의 근은

$$0, \pi, -\pi, 2\pi, -2\pi, \cdots$$

$$x - \frac{x^3}{3!} + \frac{x^5}{5!} - \cdots = 0 \text{의 근 또한}$$

$$0, \pi, -\pi, 2\pi, -2\pi, \cdots \text{ 이므로}$$

$$x - \frac{x^3}{3!} + \frac{x^5}{5!} - \cdots = ax(x-\pi)(x+\pi)(x-2\pi)(x+2\pi)\cdot$$

$$= ax(x^2-\pi^2)(x^2-4\pi^2)\cdots$$

양변을 $\div x$

$$1 - \frac{x^2}{3!} + \frac{x^4}{5!} - \cdots = a(x^2-\pi^2)(x^2-4\pi^2)\cdots$$

$$= b\left(1-\frac{x^2}{\pi^2}\right)\left(1-\frac{x^2}{4\pi^2}\right)\left(1-\frac{x^2}{9\pi^2}\right)\cdots$$

이때 $x \to 0$일 때 $b = 1$임을 알 수 있다.

따라서

$$1 - \frac{x^2}{3!} + \frac{x^4}{5!} - \cdots = \left(1-\frac{x^2}{\pi^2}\right)\left(1-\frac{x^2}{4\pi^2}\right)\left(1-\frac{x^2}{9\pi^2}\right)\cdots$$

에서 양변의 x^2의 계수를 비교하면

$$-\frac{1}{3!} = -\frac{1}{\pi^2} - \frac{1}{4\pi^2} - \frac{1}{9\pi^2} - \cdots$$

$$\therefore\ 1 + \frac{1}{4} + \frac{1}{9} + \cdots = \frac{\pi^2}{6}$$

$$\therefore\ \sum_{n=1}^{\infty} \frac{1}{n^2} = \frac{\pi^2}{6}$$

e를 급수로 나타내면 $e = 1 + \dfrac{1}{1!} + \dfrac{1}{2!} + \dfrac{1}{3!} + \cdots$ 이다.

증명 1 ⇨ 매클로린 급수에서 $e^x = 1 + x + \dfrac{1}{2!}x^2 + \dfrac{1}{3!}x^3 + \dfrac{1}{4!}x^4 \cdots$ 이다.

양변에 $x = 1$을 대입하면 $e = 1 + \dfrac{1}{1!} + \dfrac{1}{2!} + \dfrac{1}{3!} + \cdots$

증명 2 ⇨ 이항정리 $(a+b)^n = \displaystyle\sum_{r=0}^{n} {}_n C_r \, a^{n-r} b^r$ 을 이용하면

$$\left(1 + \frac{1}{x}\right)^x = \sum_{r=0}^{x} {}_x C_r \, 1^{x-r} \left(\frac{1}{x}\right)^r = \sum_{r=0}^{x} {}_x C_r \left(\frac{1}{x}\right)^r$$

$$= {}_x C_0 \left(\frac{1}{x}\right)^0 + {}_x C_1 \left(\frac{1}{x}\right)^1 + {}_x C_2 \left(\frac{1}{x}\right)^2 + {}_x C_3 \left(\frac{1}{x}\right)^3 + \cdots + {}_x C_x \left(\frac{1}{x}\right)^x$$

$$= 1 + \frac{x}{1!} \cdot \frac{1}{x} + \frac{x(x-1)}{2!} \cdot \frac{1}{x^2} + \frac{x(x-1)(x-2)}{3!} \cdot \frac{1}{x^3} + \cdots + \frac{1}{x^x}$$

$$= 1 + \frac{1}{1!} + \frac{1}{2!}\left(1 - \frac{1}{x}\right) + \frac{1}{3!}\left(1 - \frac{1}{x}\right)\left(1 - \frac{2}{x}\right) + \cdots + \frac{1}{x^x}$$

따라서 $e = \displaystyle\lim_{x \to \infty}\left(1 + \frac{1}{x}\right)^x = 1 + \dfrac{1}{1!} + \dfrac{1}{2!} + \dfrac{1}{3!} + \cdots$

$e = 1 + \dfrac{1}{1!} + \dfrac{1}{2!} + \dfrac{1}{3!} + \cdots$ 은 무리수이다.

증명 (귀류법)

e를 유리수라고 하면 $e = \dfrac{y}{x}$인 자연수 x와 y가 존재한다. 즉,

$\dfrac{y}{x} = 1 + \dfrac{1}{1!} + \dfrac{1}{2!} + \dfrac{1}{3!} + \cdots + \dfrac{1}{(x-1)!} + \dfrac{1}{x!} + \dfrac{1}{(x+1)!} + \dfrac{1}{(x+2)!} + \cdots$ 양변에 $x!$을 곱하면

$$y(x-1)! = x! + x! + \{x(x-1)\cdots 3\} + \{x(x-1)\cdots 4\} + x + 1 + \frac{1}{x+1} + \frac{1}{(x+1)(x+2)} + \cdots\cdots ①$$

여기서 $\dfrac{1}{x+1} + \dfrac{1}{(x+1)(x+2)} + \dfrac{1}{(x+1)(x+2)(x+3)} + \cdots$ 은 자연수가 아니다.

왜냐하면 $x = 1$이면 $e = \dfrac{y}{x} = y$도 자연수가 되는데, 이것은 e의 값의 범위인 $2 < e < 3$에 모순이기 때문이다. 따라서 $x \geq 2$이다. 따라서

$$\frac{1}{x+1} + \frac{1}{(x+1)(x+2)} + \frac{1}{(x+1)(x+2)(x+3)} + \cdots \leq \frac{1}{3} + \frac{1}{3 \cdot 4} + \frac{1}{3 \cdot 4 \cdot 5} + \cdots < \frac{1}{3} + \frac{1}{3 \cdot 3} + \frac{1}{3 \cdot 3 \cdot 3} + \cdots$$

$$= \frac{\dfrac{1}{3}}{1 - \dfrac{1}{3}} = \frac{1}{2} \quad \blacktriangleleft \text{등비급수의 합 공식 이용}$$

따라서 $\dfrac{1}{x+1} + \dfrac{1}{(x+1)(x+2)} + \dfrac{1}{(x+1)(x+2)(x+3)} + \cdots$ 은 자연수가 아니다.

따라서 ①의 좌변은 자연수이고, 우변은 자연수가 아니게 되므로 모순이다. 따라서 e는 무리수이다.

$$x \to 0 \text{일 때 } \sin f(x) \fallingdotseq f(x), \ \tan f(x) \fallingdotseq f(x), \ 1 - \cos f(x) \fallingdotseq \frac{1}{2}\{f(x)\}^2$$

[관련 문제]

$$\lim_{x \to 0} \frac{1 - \cos\left(1 - \cos\dfrac{x}{2}\right)}{2^k x^n} = 4 \text{를 만족시키는 정수 } k, \ n \text{의 값을 구하여라.}$$

일반 풀이

$$1 - \cos\left(1 - \cos\frac{x}{2}\right) = 1 - \cos\left(2\sin^2\frac{x}{4}\right)$$
$$= 2\sin^2\left(\sin^2\frac{x}{4}\right)$$

$\therefore$ (주어진 식)

$$= \lim_{x \to 0} \frac{2\sin^2\left(\sin^2\dfrac{x}{4}\right)}{2^k x^n}$$

$$= \lim_{x \to 0} \frac{\sin^2\left(\sin^2\dfrac{x}{4}\right)}{\left(\sin^2\dfrac{x}{4}\right)^2} \cdot \frac{\left(\sin^2\dfrac{x}{4}\right)^2}{\left(\dfrac{x}{4}\right)^2} \cdot \frac{2 \cdot \left(\dfrac{x}{4}\right)^4}{2^k x^n}$$

$$= \lim_{x \to 0} \left\{ \frac{\sin\left(\sin^2\dfrac{x}{4}\right)}{\sin^2 x} \right\}^2 \cdot \left(\frac{\sin\dfrac{x}{4}}{\dfrac{x}{4}}\right)^4 \cdot \frac{x^{4-n}}{2^{k+7}}$$

$$= \lim_{x \to 0} \frac{x^{4-n}}{2^{k+7}} = 4$$

따라서 $k + 7 = -2, \ 4 - n = 0$ 이므로
$$k = -9, \ n = 4$$

랑데뷰 풀이

$$1 - \cos\frac{x}{2} \fallingdotseq \frac{1}{2}\left(\frac{x}{2}\right)^2 = \frac{x^2}{8} \text{ 이므로}$$

$$\lim_{x \to 0} \frac{1 - \cos\left(1 - \cos\dfrac{x}{2}\right)}{2^k x^n} \fallingdotseq \lim_{x \to 0} \frac{1 - \cos\left(\dfrac{x^2}{8}\right)}{2^k x^n}$$

또한 $1 - \cos\left(\dfrac{x^2}{8}\right) \fallingdotseq \dfrac{1}{2}\left(\dfrac{x^2}{8}\right)^2 = \dfrac{x^4}{2^7}$ 이므로

$$= \lim_{x \to 0} \frac{x^{4-n}}{2^{k+7}} = 4$$

따라서 $k + 7 = -2, \ 4 - n = 0$ 이므로
$$k = -9, \ n = 4$$

설명1

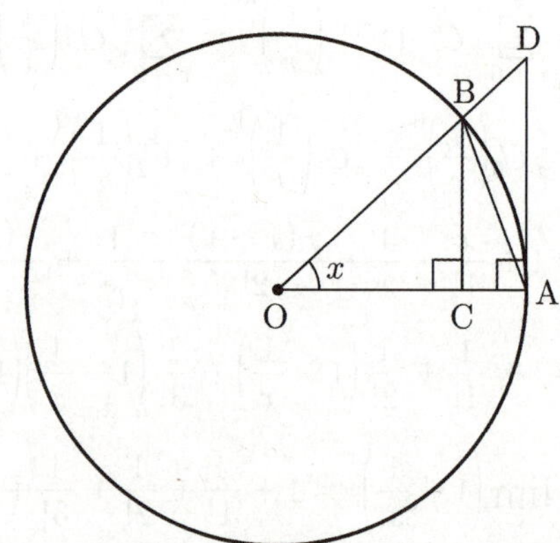

삼각형 BOC에서 $\overline{BC} = \sin x$
삼각형 AOB에서 $\overline{AB} = \sqrt{2 - 2\cos x}$ ⬅ 코사인법칙
부채꼴 AOB에서 호 $AB = x$
삼각형 AOD에서 $\overline{AD} = \tan x$
그림에서 각 x의 크기가 점점 작아질수록 위의 네 개의 길이는 점점 짧아지면서 서로 비슷하게 된다.
$x \to +0$일 때 $\sin x \fallingdotseq \sqrt{2 - 2\cos x} \fallingdotseq x \fallingdotseq \tan x$
이 결과는 x 대신 $-x$를 대입해도 똑같이 성립하므로
$x \to -0$일 때 $\sin x \fallingdotseq \sqrt{2 - 2\cos x} \fallingdotseq x \fallingdotseq \tan x$
따라서 $\sin x \fallingdotseq \sqrt{2 - 2\cos x} \fallingdotseq x \fallingdotseq \tan x$
즉, $x \to 0$일 때 $\sin x \fallingdotseq x, \ \tan x \fallingdotseq x,$
$$1 - \cos x \fallingdotseq \frac{1}{2}x^2$$

설명2
매클로린 급수에서

$$\sin x = x - \frac{1}{6}x^3 + \frac{1}{120}x^5 - \frac{1}{5040}x^7 + \cdots$$

$$1 - \cos x = \frac{1}{2}x^2 - \frac{1}{24}x^4 + \frac{1}{720}x^6 - \cdots$$

$$\tan x = x + \frac{1}{3}x^3 + \frac{2}{15}x^5 + \cdots$$

$x \to 0$일 때

$$e^{f(x)} - 1 \fallingdotseq f(x), \quad \ln(1 + f(x)) \fallingdotseq f(x)$$

$$a^{f(x)} - 1 \fallingdotseq \ln a \cdot f(x), \quad \log_a(1 + f(x)) \fallingdotseq \frac{f(x)}{\ln a}$$

[관련 문제]

극한값 $\displaystyle\lim_{t \to 0} \frac{e^{2t^2} - \ln(t^2+1) - 1}{\ln(t^2+1) - \sin^2 \frac{t}{2}}$ 을 구하여라.

일반 풀이

$$\lim_{t \to 0} \frac{e^{2t^2} - \ln(t^2+1) - 1}{\ln(t^2+1) - \sin^2 \frac{t}{2}}$$

$$= \lim_{t \to 0} \frac{\dfrac{e^{2t^2}-1}{t^2} - \dfrac{\ln(t^2+1)}{t^2}}{\dfrac{\ln(t^2+1)}{t^2} - \dfrac{1}{4}\left(\dfrac{\sin \frac{t}{2}}{\frac{t}{2}}\right)^2}$$

$$= \lim_{t \to 0} \frac{2 - \ln(t^2+1)^{\frac{1}{t^2}}}{\ln(t^2+1)^{\frac{1}{t^2}} - \dfrac{1}{4}\left(\dfrac{\sin \frac{t}{2}}{\frac{t}{2}}\right)^2}$$

$$= \frac{2-1}{1 - \dfrac{1}{4}} = \frac{4}{3}$$

랑데뷰 풀이

$$\lim_{t \to 0} \frac{e^{2t^2} - \ln(t^2+1) - 1}{\ln(t^2+1) - \sin^2 \frac{t}{2}} = \lim_{t \to 0} \frac{2t^2 - t^2}{t^2 - \left(\frac{t}{2}\right)^2} = \frac{4}{3}$$

설명1

지수함수 $y = e^x - 1$과 로그함수 $y = \ln(1+x)$는 서로 역함수의 관계이므로 두 함수 그래프는 직선 $y = x$에 대하여 서로 대칭이다.

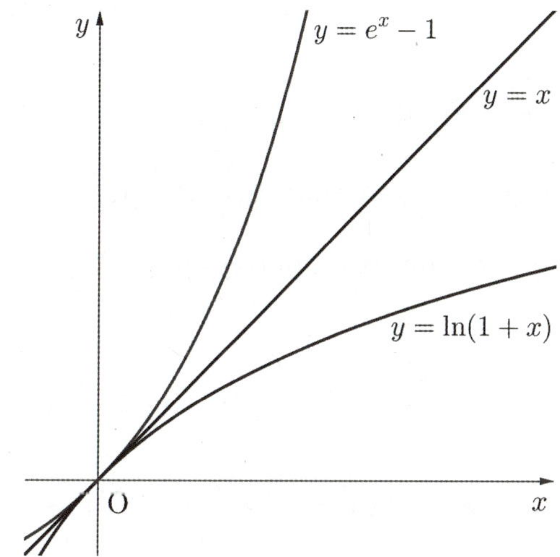

그림에서

$x \to 0$일 때 $e^x - 1 \fallingdotseq x$이고 $\ln(1+x) \fallingdotseq x$이다.

또한, $a^{f(x)} - 1 = e^{\ln a^{f(x)}} - 1 \fallingdotseq \ln a^{f(x)} = \ln a \cdot f(x)$,

$\log_a(1 + f(x)) = \dfrac{\ln(1+f(x))}{\ln a} \fallingdotseq \dfrac{f(x)}{\ln a}$이다

설명2

매클로린 급수에서

$$e^x - 1 = x + \frac{1}{2}x^2 + \frac{1}{6}x^3 + \cdots$$

$$\ln(1+x) = x - \frac{1}{2}x^2 + \frac{1}{3}x^3 - \frac{1}{4}x^4 + \cdots$$

(1) 난해한 함수의 극한값 문제는 평균값 정리를 이용한다. (no 로피탈)

① $\lim\limits_{x \to 0} \dfrac{e^{1-\sin x} - e^{1-\tan x}}{\tan x - \sin x}$ 의 값을 구하여라. $\lim\limits_{x \to 0} e \dfrac{e^{-\tan x} - e^{-\sin x}}{(-\tan x) - (-\sin x)}$ 에서 $f(x) = e^x$, $[-\sin x, -\tan x]$ 로도 가능

풀이 $f(x) = e^x$ 이라고 하면 $f'(x) = e^x$ 이다. $f(x)$ 는 구간 $[1 - \tan x, \ 1 - \sin x]$ 에서 연속이고

구간 $(1 - \tan x, \ 1 - \sin x)$ 에서 미분 가능하므로 평균값 정리에 의하여 $\dfrac{e^{1-\sin x} - e^{1-\tan x}}{\tan x - \sin x} = e^c$,

$1 - \tan x < c < \ 1 - \sin x$ 인 c 가 적어도 하나 존재한다. 그런데 $x \to 0$ 일 때 $c \to 1$ 이므로

$\lim\limits_{x \to 0} \dfrac{e^{1-\sin x} - e^{1-\tan x}}{\tan x - \sin x} = \lim\limits_{c \to 1} e^c = e$ $[x < 0$ 일 때도 같은 방법으로 구할 수 있다.$]$

---

② $\lim\limits_{x \to 0} \dfrac{\sin x - x}{x^3}$ 의 값을 구하여라. [분모 : 단항식] (by 로피탈 $\Rightarrow \lim\limits_{x \to 0} \dfrac{\cos x - 1}{3x^2} = \lim\limits_{x \to 0} \left(-\dfrac{1}{2} x^2 \right) \times \left(\dfrac{1}{3x^2} \right) = -\dfrac{1}{6}$)

풀이 $f(x) = \sin \sqrt[3]{x} - \sqrt[3]{x}$ 이라고 하면 $f'(x) = \dfrac{\cos \sqrt[3]{x} - 1}{3 \sqrt[3]{x^2}}$ 이다. $f(x)$ 는 실수 전체에서 연속이고

구간 $(-\infty, 0) \cup (0, \infty)$ 에서 미분 가능하므로 평균값 정리에 의하여 $\dfrac{\sin x - x}{x^3} = \dfrac{\cos \sqrt[3]{c} - 1}{3 \sqrt[3]{c^2}}$ 을 만족하는

c 가 $0 < c < x^3$ 에 적어도 하나 존재한다.

그런데 $x \to 0$ 일 때 $c \to 0$ 이므로 $\lim\limits_{x \to 0} \dfrac{\sin x - x}{x^3} = \lim\limits_{c \to 0} \dfrac{\cos \sqrt[3]{c} - 1}{3 \sqrt[3]{c^2}} = -\dfrac{1}{6}$

---

③ $\lim\limits_{x \to 0} \dfrac{e^x - x - 1}{x^2}$ 의 값을 구하여라. [분모 : 단항식] (by 로피탈 $\Rightarrow \lim\limits_{x \to 0} \dfrac{e^x - 1}{2x} = \lim\limits_{x \to 0} \left(\dfrac{x}{2x} \right) = \dfrac{1}{2}$)

풀이 $f(x) = e^{\sqrt{x}} - \sqrt{x} - 1$ 이라고 하면 $f'(x) = \dfrac{e^{\sqrt{x}} - 1}{2\sqrt{x}}$ 이다. $x > 0$ 일 때, $f(x)$ 는 $[0, \infty)$ 에서

연속이고 $(0, \infty)$ 에서 미분 가능하므로 평균값 정리에 의하여 $\dfrac{e^x - x - 1}{x^2} = \dfrac{e^{\sqrt{c}} - 1}{2\sqrt{c}}$ 을 만족하는 c 가

$0 < c < x^2$ 에 적어도 하나 존재한다. 그런데 $x \to 0+$ 일 때 $c \to 0+$ 이므로

$\lim\limits_{x \to 0+} \dfrac{e^x - x - 1}{x^2} = \lim\limits_{c \to 0+} \dfrac{e^{\sqrt{c}} - 1}{2\sqrt{c}} = \dfrac{1}{2}$ $\qquad [x < 0$ 일 때도 같은 방법으로 구할 수 있다.$]$

---

④ $\lim\limits_{x \to 0} \dfrac{x - \ln(1+x)}{x^2}$ 의 값을 구하여라.[분모 : 단항식] 로피탈 $\Rightarrow \lim\limits_{x \to 0} \left(\dfrac{1}{2x} \right) \left(1 - \dfrac{1}{1+x} \right) = \lim\limits_{x \to 0} \left(\dfrac{1}{2x} \right) \left(\dfrac{x}{1+x} \right) = \dfrac{1}{2}$)

풀이 $f(x) = \sqrt{x} - \ln(1 + \sqrt{x})$ 이라고 하면 $f'(x) = \dfrac{1}{2\sqrt{x}} \left(1 - \dfrac{1}{1 + \sqrt{x}} \right)$ 이다. $x > 0$ 일 때,

$f(x)$ 는 $[0, \infty)$ 에서 연속이고 $(0, \infty)$ 에서 미분 가능하므로 평균값 정리에 의하여

$\dfrac{x - \ln(1+x)}{x^2} = \dfrac{1}{2\sqrt{c}} \left(1 - \dfrac{1}{1 + \sqrt{c}} \right)$ 을 만족하는 c 가 $0 < c < x^2$ 에 적어도 하나 존재한다.

그런데 $x \to 0+$ 일 때 $c \to 0+$ 이므로 $\lim\limits_{x \to 0+} \dfrac{x - \ln(1+x)}{x^2} = \lim\limits_{c \to 0+} \dfrac{1}{2\sqrt{c}} \left(1 - \dfrac{1}{1 + \sqrt{c}} \right) = \dfrac{1}{2}$

$x < 0$ 일 때도 같은 방법으로 구할 수 있다.

---

(2) 난해한 함수의 극한값 문제는 매클로린 급수를 이용하여 초월함수를 다항함수로 변형한다. (no 로피탈)

$\sin x \fallingdotseq x$, $\tan x \fallingdotseq x$, $e^x - 1 \fallingdotseq x$, $\ln(1+x) \fallingdotseq x$로 변형이 되지 않을 때는 다음 단계까지 적용한다.

매클로린 급수에서

(1) $\sin x = x - \dfrac{1}{6}x^3 + \dfrac{1}{120}x^5 - \dfrac{1}{5040}x^7 + \cdots$ (2) $\tan x = x + \dfrac{1}{3}x^3 + \dfrac{2}{15}x^5 + \cdots$

(3) $e^x - 1 = x + \dfrac{1}{2}x^2 + \dfrac{1}{6}x^3 + \cdots$ (4) $\ln(1+x) = x - \dfrac{1}{2}x^2 + \dfrac{1}{3}x^3 - \dfrac{1}{4}x^4 + \cdots$

(5) $1 - \cos x = \dfrac{1}{2}x^2 - \dfrac{1}{24}x^4 + \dfrac{1}{720}x^6 - \cdots$

---

① $\displaystyle\lim_{x \to 0} \dfrac{e^{1-\sin x} - e^{1-\tan x}}{\tan x - \sin x}$의 값을 구하여라.

[풀이] $\displaystyle\lim_{x \to 0} \dfrac{e^{1-\sin x} - e^{1-\tan x}}{\tan x - \sin x} = \lim_{x \to 0} \dfrac{e(e^{-\sin x} - e^{-\tan x})}{\tan x - \sin x} = \lim_{x \to 0} \dfrac{e\big((e^{-\sin x} - 1) - (e^{-\tan x} - 1)\big)}{\tan x - \sin x}$

$$= e\lim_{x \to 0} \dfrac{-\sin x - (-\tan x)}{\tan x - \sin x} = e$$

---

② $\displaystyle\lim_{x \to 0} \dfrac{\sin x - x}{x^3}$의 값을 구하여라.

[풀이] $\displaystyle\lim_{x \to 0} \dfrac{(\sin x) - x}{x^3} = \lim_{x \to 0} \dfrac{\left(x - \dfrac{1}{6}x^3\right) - x}{x^3} = -\dfrac{1}{6}$

---

③ $\displaystyle\lim_{x \to 0} \dfrac{e^x - x - 1}{x^2}$의 값을 구하여라.

[풀이] $\displaystyle\lim_{x \to 0} \dfrac{e^x - x - 1}{x^2} = \lim_{x \to 0} \dfrac{(e^x - 1) - x}{x^2} = \lim_{x \to} \dfrac{\left(x + \dfrac{1}{2}x^2\right) - x}{x^2} = \dfrac{1}{2}$

---

④ $\displaystyle\lim_{x \to 0} \dfrac{x - \ln(1+x)}{x^2}$의 값을 구하여라.

[풀이] $\displaystyle\lim_{x \to 0} \dfrac{x - \ln(1+x)}{x^2} = \lim_{x \to 0} \dfrac{x - \left(x - \dfrac{1}{2}x^2\right)}{x^2} = \dfrac{1}{2}$

---

⑤ $\displaystyle\lim_{x \to 0} \dfrac{\sin x - x}{\tan x - x}$의 값을 구하여라.

[풀이] $\displaystyle\lim_{x \to 0} \dfrac{(\sin x) - x}{(\tan x) - x} = \lim_{x \to 0} \dfrac{\left(x - \dfrac{1}{6}x^3\right) - x}{\left(x + \dfrac{1}{3}x^3\right) - x} = -\dfrac{1}{2}$

$\sin x \fallingdotseq x - \dfrac{1}{6}x^3$, $1-\cos x \fallingdotseq \dfrac{1}{2}x^2 - \dfrac{1}{24}x^4$, $\tan x \fallingdotseq x + \dfrac{1}{3}x^3$, $e^x - 1 \fallingdotseq x + \dfrac{1}{2}x^2$, $\ln(1+x) \fallingdotseq x - \dfrac{1}{2}x^2$을

이용한 초월함수의 극한값 계산

$\displaystyle\lim_{x\to 0}\left(\dfrac{2}{\sin^2 x} - \dfrac{1}{1-\cos x}\right)$의 극한값 계산은 다음과 같다.

$$\Rightarrow \lim_{x\to 0}\left(\dfrac{2}{\sin^2 x} - \dfrac{1}{1-\cos x}\right) = \lim_{x\to 0}\left(\dfrac{2}{\sin^2 x} - \dfrac{1+\cos x}{\sin^2 x}\right) = \lim_{x\to 0}\left(\dfrac{1-\cos x}{\sin^2 x}\right)$$

$$= \lim_{x\to 0}\left(\dfrac{\sin^2 x}{\sin^2 x} \times \dfrac{1}{1+\cos x}\right) = \dfrac{1}{2} \,(\text{정답}) \,[\text{교육과정의 바른 계산}]$$

이것을 $\sin x \fallingdotseq x$, $1-\cos x \fallingdotseq \dfrac{1}{2}x^2$을 이용하여 바로 대입하면

$$\lim_{x\to 0}\left(\dfrac{2}{\sin^2 x} - \dfrac{1}{1-\cos x}\right) = \lim_{x\to 0}\left(\dfrac{2}{x^2} - \dfrac{1}{\frac{1}{2}x^2}\right) = \lim_{x\to 0}\left(\dfrac{2}{x^2} - \dfrac{2}{x^2}\right) = 0 \,(\text{오답}) \,[\text{잘못된 풀이}]$$

그렇다고 $\sin x \fallingdotseq x - \dfrac{1}{6}x^3$, $1-\cos x \fallingdotseq \dfrac{1}{2}x^2$을 이용하면

$$\lim_{x\to 0}\left(\dfrac{2}{\sin^2 x} - \dfrac{1}{1-\cos x}\right) = \lim_{x\to 0}\left(\dfrac{2}{\left(x-\frac{1}{6}x^3\right)^2} - \dfrac{1}{\frac{1}{2}x^2}\right) = \lim_{x\to 0}\left(\dfrac{2}{x^2 - \frac{1}{3}x^4 + \frac{1}{36}x^6} - \dfrac{2}{x^2}\right)$$

$$= \lim_{x\to 0}\dfrac{2}{x^2}\left(\dfrac{1}{1-\frac{1}{3}x^2+\frac{1}{36}x^4} - 1\right) = \lim_{x\to 0}\dfrac{2}{x^2}\left(\dfrac{\frac{1}{3}x^2 - \frac{1}{36}x^4}{1-\frac{1}{3}x^2+\frac{1}{36}x^4}\right)$$

$$= \lim_{x\to 0} 2 \times \left(\dfrac{\frac{1}{3} - \frac{1}{36}x^2}{1-\frac{1}{3}x^2+\frac{1}{36}x^4}\right) = \dfrac{2}{3} \,(\text{오답}) \,[\text{잘못된 풀이}]$$

따라서 초월함수 극한을 계산할 때는 매클로린 급수로 표현된 함수로 무작정 교체하면 안 되고 식을 적당히 변형한 후 계산해야 한다. 식을 적당히 변형한 후 교체하는게 계산 과정에서 편리한 건 맞지만 무작정 교체한다고 해서 계산이 안 되는 건 아니다. 교체한 함수의 극한이 존재하는 경우에는 그냥 교체하면 된다. 위의 교체는 잘못되었기 때문에 오답이 나오는 것이다.

바른 교체는 $\sin x \fallingdotseq x - \dfrac{1}{6}x^3$, $1-\cos x \fallingdotseq \dfrac{1}{2}x^2 - \dfrac{1}{24}x^4$으로 함수의 근사 다음 단계까지 함께 가는 경우이다.

$$\lim_{x\to 0}\left(\dfrac{2}{\sin^2 x} - \dfrac{1}{1-\cos x}\right) = \lim_{x\to 0}\left(\dfrac{2}{\left(x-\frac{1}{6}x^3\right)^2} - \dfrac{1}{\frac{1}{2}x^2 - \frac{1}{24}x^4}\right) = \dfrac{1}{2} \,(\text{정답}) \,[\text{계산기 이용}] \Rightarrow \text{계산이 더 복잡할 수도}$$

있지만 틀린 과정은 아니다.

따라서 다음과 같이 생각하면 되겠다. [교육과정으로 해결하는 게 어려울 수는 있으나 교육과정으로 모든 문제를 해결하는 걸 가장 추천한다.]

① 바꾸기 쉽게 정리된 식은 바로 교체해서 해결한다.

② $\sqrt{\ }$ 식이 있는 경우는 유리화를 한 후 교체하는 게 편리하다. 그렇다고 바로 교체한다고 해서 해결되지 않는 건 아니다.

③ $\sin\left(\dfrac{1}{x}\right) \fallingdotseq \dfrac{1}{x} - \dfrac{1}{6x^3}$ 와 같이 바꾼 식의 극한이 수렴하지 않을 때는 교체해서 풀어서는 안 된다.

---

①의 예1 ⇨ $\displaystyle\lim_{x\to 0+}\dfrac{1}{\sin x}\left(\dfrac{1}{\sin x}-\dfrac{1}{x}\right)$의 값은? ⇨ **교육과정으로는 평균값 정리를 이용해야 해서 어려운 문제이다.**

$$\lim_{x\to 0+}\frac{1}{\sin x}\left(\frac{1}{\sin x}-\frac{1}{x}\right)=\lim_{x\to 0+}\frac{1}{x-\frac{1}{6}x^3}\left(\frac{1}{x-\frac{1}{6}x^3}-\frac{1}{x}\right)=\lim_{x\to 0+}\frac{1}{x\left(1-\frac{1}{6}x^2\right)}\left(\frac{1-\left(1-\frac{1}{6}x^2\right)}{x-\frac{1}{6}x^3}\right)$$

$$=\lim_{x\to 0+}\frac{1}{x\left(1-\frac{1}{6}x^2\right)}\left(\frac{\frac{1}{6}x^2}{x-\frac{1}{6}x^3}\right)=\lim_{x\to 0+}\frac{1}{\left(1-\frac{1}{6}x^2\right)}\left(\frac{\frac{1}{6}}{1-\frac{1}{6}x^2}\right)=\frac{1}{6}$$

①의 예2 ⇨ $\displaystyle\lim_{x\to 0+}\dfrac{2\tan\frac{x}{2}-\tan x}{x^3}$ 의 값은?⇨교육과정으로는 tan 배각 공식을 이용해야 해서 현 교과과정은 아니다.

$$\lim_{x\to 0+}\frac{2\tan\frac{x}{2}-\tan x}{x^3}=\lim_{x\to 0+}\frac{2\left(\frac{x}{2}+\frac{1}{3}\frac{x^3}{8}\right)-\left(x+\frac{1}{3}x^3\right)}{x^3}=\lim_{x\to 0+}\frac{\frac{1}{12}x^3-\frac{1}{3}x^3}{x^3}=-\frac{1}{4}$$

②의 예 ⇨ $\displaystyle\lim_{x\to 0}\dfrac{\cos x-\sqrt{1-\tan^2 x}}{x^4}$ 의 값은?

유리화를 하지 않고 바로 바꾸면 다음과 같다.

$$\lim_{x\to 0}\frac{\cos x-\sqrt{1-\tan^2 x}}{x^4}=\lim_{x\to 0}\frac{1-\frac{1}{2}x^2+\frac{1}{24}x^4-\sqrt{1-\left(x+\frac{1}{3}x^3\right)^2}}{x^4}=\frac{1}{2}\text{(계산기 이용)}$$

③의 예 ⇨ $\displaystyle\lim_{x\to 0}\dfrac{x^2\sin\frac{1}{x}}{\sin x}=\lim_{x\to 0}\dfrac{x}{\sin x}\times x\sin\frac{1}{x}=1\times 0=0$ (정답)

바로 교체하면 $\displaystyle\lim_{x\to 0}\dfrac{x^2\left(\frac{1}{x}-\frac{1}{6x^3}\right)}{x-\frac{1}{6}x^3}=-\infty$ (오답)으로 잘못된 계산이 된다.

랑데뷰티 ⇨ ③번과 같은 경우를 제외하고는 모든 초월함수의 극한은 바르게 바로 교체하면 계산상의 편리 불리가 있을 뿐 교체한다고 해서 틀린 계산은 아니다.

$\theta \to 0$ 일 때 $\theta = 0$인 상황을 상상하자!

관련문제-1

그림과 같이 중심이 원점 O 이고 반지름의 길이가 1인 원 C가 있다. 원 C가 x축의 양의 방향과 만나는 점을 A, 원 C 위에 있고 제1사분면에 있는 점 P에서 x축에 내린 수선의 발을 H, $\angle POA = \theta$ 라 하자. 삼각형 APH 에 내접하는 원의 반지름의 길이를 $r(\theta)$ 라 할 때, $\displaystyle\lim_{\theta \to 0+} \frac{r(\theta)}{\theta^2}$ 의 값은?

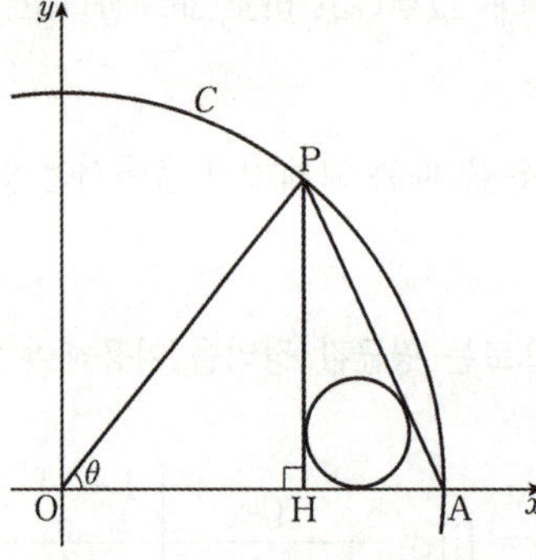

[2017학년도 3월 교육청 21번]

풀이

$\overline{OH} = \cos\theta$, $\overline{AH} = \overline{OA} - \overline{HA} = 1 - \cos\theta$

$\angle OAP = \angle OPA = \dfrac{\pi}{2} - \dfrac{\theta}{2}$

이때 $\theta = 0$이면 $\angle OAP = \angle OPA = \dfrac{\pi}{2}$

이므로 다음 그림과 같은 상황으로 상상할 수 있다.

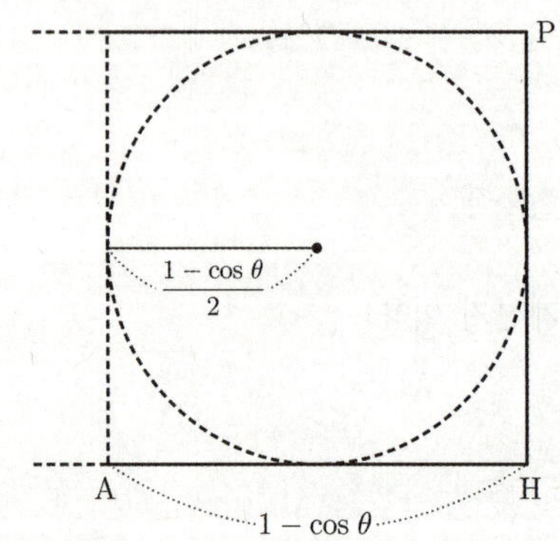

따라서 $r(\theta) = \dfrac{1 - \cos\theta}{2}$

$$\lim_{\theta \to 0+} \frac{r(\theta)}{\theta^2} = \frac{1}{2} \lim_{\theta \to 0+} \frac{\frac{1}{2}\theta^2}{\theta^2} = \frac{1}{4}$$

관련문제-2

그림과 같이 길이가 1인 선분 AB를 지름으로 하는 반원이 있다. 호 AB위의 점 P에 대하여 $\overline{BP} = \overline{BC}$ 가 되도록 선분 AB위의 점 C를 잡고, $\overline{AC} = \overline{AD}$ 가 되도록 선분 AP위의 점 D를 잡는다. $\angle PAB = \theta$ 에 대하여 선분 CD를 반지름으로 하고 중심각의 크기가 $\angle PCD$인 부채꼴의 넓이를 $S(\theta)$, 선분 CP를 반지름으로 하고 중심각의 크기가 $\angle PCD$인 부채꼴의 넓이를 $T(\theta)$라 할 때, $\displaystyle\lim_{\theta \to 0+} \frac{T(\theta) - S(\theta)}{\theta^2}$ 의 값은?

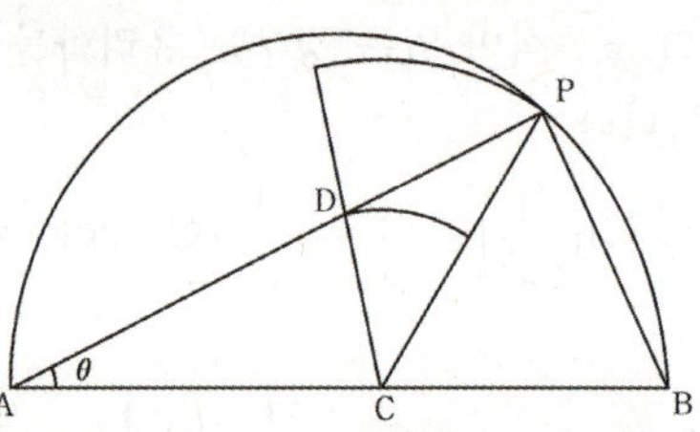

[2018학년도 4월 교육청 21번]

풀이

$\overline{AB} = 1$이고 $\angle APB = \dfrac{\pi}{2}$이므로 $\overline{BP} = \sin\theta = \overline{BC}$

삼각형 APB에서 $\angle ABP = \dfrac{\pi}{2} - \theta$

삼각형 ACD에서 $\angle ACD = \dfrac{\pi}{2} - \dfrac{\theta}{2}$

삼각형 BPC에서 $\angle BCP = \dfrac{\pi}{4} + \dfrac{\theta}{2}$, $\angle PCD = \dfrac{\pi}{4}$

이때 $\theta = 0$이면 $\angle ABP = \angle ACD = \dfrac{\pi}{2}$

$\angle BCP = \angle PCD = \dfrac{\pi}{4}$이므로 다음 그림과 같은 상황으로 상상할 수 있다.

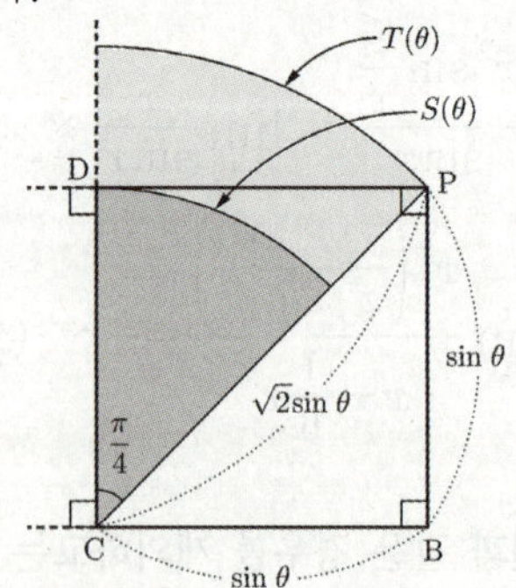

$$\lim_{\theta \to 0+} \frac{T(\theta) - S(\theta)}{\theta^2} = \frac{\pi}{8} \lim_{\theta \to 0+} \frac{2\sin^2\theta - \sin^2\theta}{\theta^2} = \frac{\pi}{8}$$

$\theta\to 0$ 일 때 $\theta=0$인 상황을 상상하자! (2)

관련문제-3

그림과 같이 $\overline{AB}=2$이고 $\angle\,ABC=2\angle\,BAC$를 만족하는 삼각형 ABC가 있다. 선분 AC를 지름으로 하는 원과 직선 AB가

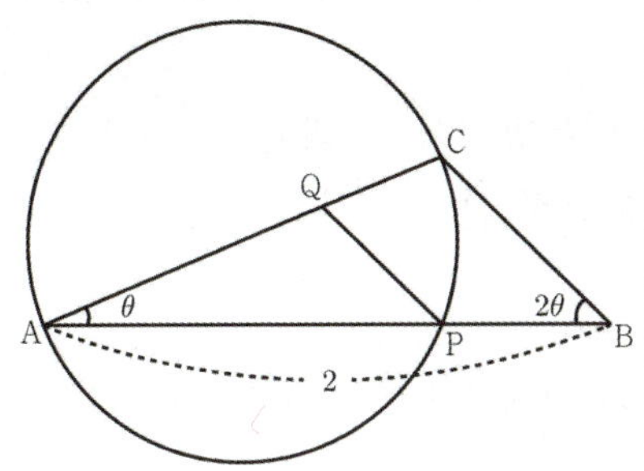

만나는 점 중 A가 아닌 점을 P, 점 P를 지나고 선분 BC에 평행한 직선이 선분 AC와 만나는 점을 Q라 하자. $\angle\,BAC=\theta$라 할 때, 삼각형 APQ의 넓이를 $S(\theta)$라 하자. $\displaystyle\lim_{\theta\to 0+}\frac{S(\theta)}{\theta}$의 값은? (단, $0<\theta<\dfrac{\pi}{4}$)

[2018학년도 7월 교육청 21번]

풀이

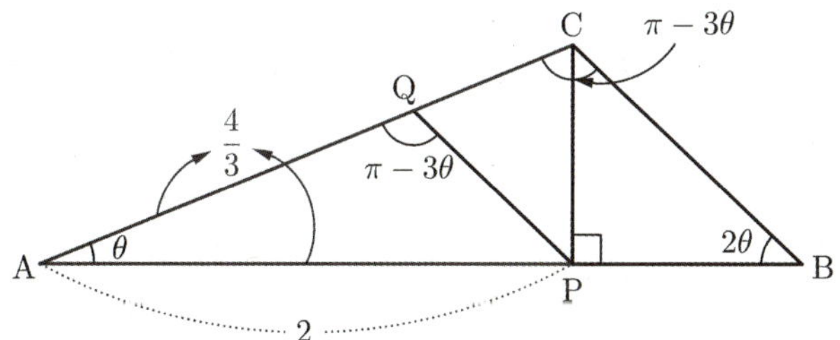

$\angle\,ACB=\pi-3\theta$ 이므로

$\dfrac{\overline{AC}}{\sin 2\theta}=\dfrac{2}{\sin(\pi-3\theta)}$에서 $\overline{AC}=\dfrac{2\sin 2\theta}{\sin 3\theta}$이므로

$\theta\to 0+$일 때 $\overline{AC}=\dfrac{4}{3}$ $\quad\therefore\ \overline{AP}=\dfrac{4}{3}$

$\overline{PQ}\,/\!/\,\overline{BC}$이므로 $\triangle APQ\,\backsim\,\triangle ABC$

닮음비가 $2:\dfrac{4}{3}=3:2$이므로 $\triangle APQ=\dfrac{4}{9}\triangle ABC$

$\triangle ABC=\dfrac{1}{2}\times 2\times\dfrac{4}{3}\times\sin\theta=\dfrac{4}{3}\sin\theta$

$\therefore\ \triangle APQ=\dfrac{16}{27}\sin\theta$ 따라서 $\displaystyle\lim_{\theta\to 0+}\frac{S(\theta)}{\theta}=\dfrac{16}{27}$

관련문제-4

그림과 같이 길이가 4인 선분 AB를 지름으로 하는 반원 위에 두 점 P, Q를 $\angle\,PAB=\theta$, $\angle\,QAB=2\theta$가

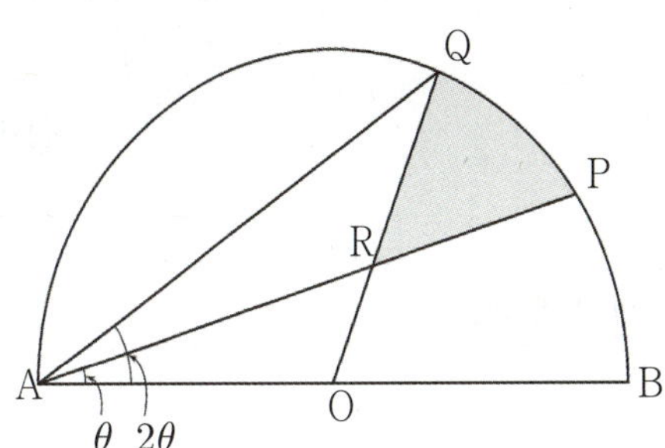

되도록 잡는다. 선분 AB의 중점 O에 대하여 선분 OQ와 선분 AP가 만나는 점을 R라 하자. 호 PQ와 두 선분 QR, RP로 둘러싸인 부분의 넓이를 $S(\theta)$라 할 때, $\displaystyle\lim_{\theta\to 0+}\frac{S(\theta)}{\theta}$의 값은? (단, $0<\theta<\dfrac{\pi}{4}$)

[2019학년도 4월 교육청 20번]

풀이

직각삼각형 ABQ에서 $\overline{AQ}=4\cos 2\theta$이므로 $\theta\to 0+$일 때 $\overline{AQ}=4$

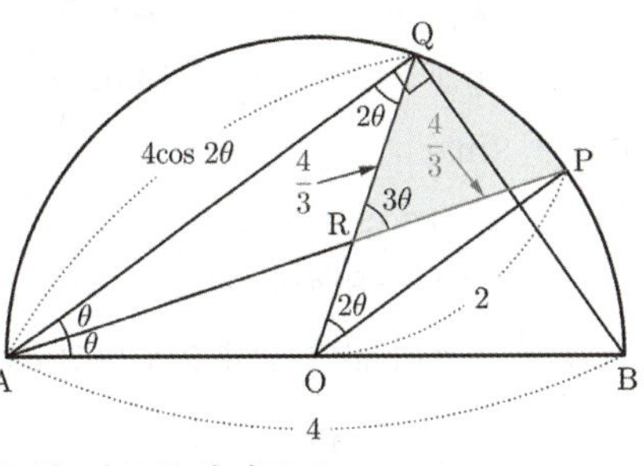

선분 AR는 각 QAO의 이등분선이므로 $\overline{AO}:\overline{AQ}=\overline{OR}:\overline{RQ}=1:2$, $\overline{OQ}=2$이므로

$\overline{RQ}=\dfrac{4}{3}$이므로 $\overline{RQ}=\overline{RP}=\dfrac{4}{3}$, $\angle\,QRP=3\theta$

$\therefore\ S(\theta)=\dfrac{1}{2}\times\dfrac{4}{3}\times\dfrac{4}{3}\times 3\theta$

$\therefore\ \displaystyle\lim_{\theta\to 0+}\frac{S(\theta)}{\theta}=\lim_{\theta\to 0+}\left\{\dfrac{\dfrac{8}{3}\theta}{\theta}\right\}=\dfrac{8}{3}$

보충설명

$\triangle POR$에서

$\overline{RP}=\sqrt{\overline{OR}^2+\overline{OP}^2-2\,\overline{OR}\,\overline{OP}\cos 2\theta}$

$=\sqrt{\dfrac{4}{9}+4-2\times\dfrac{2}{3}\times 2}=\dfrac{4}{3}$ $(\because\cos 2\theta=1)$

$$y = e^{px}\cos qx \ (\text{또는 } y = e^{px}\sin qx)\text{에서}$$
$$ay'' + by' + cy = 0\text{이 성립한다.}$$
$$\rightarrow ax^2 + bx + c = 0\text{의 두 근이 } p+qi,\ p-qi\text{로 해석해서 풀 수 있다.}$$

설명 : 이계 재차 선형 미분방정식 (교과外)

[검색 : 미분방정식]

[관련 문제]

함수 $y = e^{2x}\sin x$ 에 대하여 등식 $ay' - y'' = 5y$ 가 x 의 값에 관계없이 항상 성립할 때, 상수 a 의 값을 구하여라.

일반 풀이

함수 $y = e^{2x}\sin x$ 에 대하여

$y' = 2e^{2x}\sin x + e^{2x}\cos x = e^{2x}(2\sin x + \cos x)$

$y'' = 2e^{2x}(2\sin x + \cos x) + e^{2x}(2\cos x - \sin x)$

$\quad = e^{2x}(3\sin x + 4\cos x)$

이것을 $ay' - y'' = 5y$ 에 대입하면

$ae^{2x}(2\sin x + \cos x) - e^{2x}(3\sin x + 4\cos x)$

$= 5e^{2x}\sin x$

$2a\sin x + a\cos x - 3\sin x - 4\cos x = 5\sin x$

$\quad\quad (2a-8)\sin x + (a-4)\cos x = 0$

위의 식이 x 의 값에 관계없이 항상 성립하므로

$\quad\quad a = 4$

랑데뷰 풀이

$ay' - y'' - 5y = 0$ 을 $y'' - ay' + 5y = 0$ 으로 보고

$x^2 - ax + 5 = 0$ 으로 해석하여

의 두 근이 $2+i$, $2-i$ 이므로 근과 계수와의 관계에서

$(2+i) + (2-i) = 4 = a$,

$$\lim_{h \to 0} \frac{f(k+h)-f(k-h)}{h} \text{의 고찰 [중심화 차 몫]}$$

모든 실수에서 연속인 함수 $f(x)$가 $f(x)=\begin{cases} p(x) & (x \geq k) \\ q(x) & (x < k) \end{cases}$ 일 때 $\lim_{h \to 0} \dfrac{f(k+h)-f(k-h)}{h}=p'(k)+q'(k)$ 이다.

(단, 두 함수 $p(x)$, $q(x)$는 $x=k$에서 미분가능한 함수이다.)

예를 들어

(1) $f(x)=\begin{cases} x & (x \geq 1) \\ x^2 & (x < 1) \end{cases}$ 일 때, $\lim_{h \to 0} \dfrac{f(1+h)-f(1-h)}{h}$의 값을 구해보자.

$$\lim_{h \to 0+} \frac{f(1+h)-f(1-h)}{h}=\lim_{h \to 0}\frac{(1+h)-(1-h)^2}{h}=\lim_{h \to 0}\frac{h(3-h)}{h}=3$$

$$\lim_{h \to 0-} \frac{f(1+h)-f(1-h)}{h}=\lim_{h \to 0}\frac{(1+h)^2-(1-h)}{h}=\lim_{h \to 0}\frac{h(3+h)}{h}=3$$

결국 $f'(x)=\begin{cases} 1 & (x \geq 1) \\ 2x & (x < 1) \end{cases}$ 에서 $\lim_{x \to 1+} f'(x)+\lim_{x \to 1-} f'(x)=1+2=3$과 같은 결과이다.

(2) 함수 $f(x)$가 $x=k$에서 미분가능하면

즉, $f(x)=\begin{cases} p(x) & (x \geq k) \\ q(x) & (x < k) \end{cases}$ 에서 $p'(k)=q'(k)$이면 $\lim_{h \to 0} \dfrac{f(k+h)-f(k-h)}{h}=2p'(k)=2q'(k)$이다.

(3) $f(x)$가 분리되지 않은 함수일 때 즉, $f(x)=\begin{cases} f(x) & (x \geq k) \\ f(x) & (x < k) \end{cases}$ 이면

$$\lim_{h \to 0} \frac{f(k+h)-f(k-h)}{h}=\lim_{h \to 0}\frac{f(k+h)-f(k)}{h}+\lim_{h \to 0}\frac{f(k-h)-f(k)}{-h}=f'(k)+f'(k)$$

임을 확인할 수 있다.

[관련 문제] [랑데뷰제작]

함수 $p(x)=\ln(ax+2)$와 함수 $q(x)=b\left(x+\dfrac{1}{a}\right)^2+c$에 대하여 함수

열린구간 $\left(-\dfrac{2}{a}, \infty\right)$에서 정의된 함수 $f(x)$는 $f(x)=\begin{cases} p(x) & (p(x) \geq q(x)) \\ q(x) & (p(x) < q(x)) \end{cases}$ 이고 정의된 구간에서 연속이다.

$\lim_{h \to 0} \dfrac{f(k+h)-f(k-h)}{h}=0$을 만족시키는 모든 실수 k의 값의 합이 0일 때, c의 값은 $\ln\alpha+\beta$이다.

$\dfrac{\alpha}{\beta}$의 값을 구하시오. (단, $a>0$, $b<0$, α는 자연수, β는 유리수이다.)

정답: 9 해설 ⇨ 상위권 수학 랑데뷰 미적분

$$A(x) = f(x) \pm g(x), \ h(x) = f(x)g(x), \ k(x) = \frac{f(x)}{g(x)} \text{라 할 때}$$

① 두 함수 $f(x), g(x)$가 각각 $x = m$에 대칭일 때 → $A(x), h(x), k(x)$도 $x = m$에 대칭

② 두 함수 $f(x), g(x)$가 각각 $(m, 0)$에 대칭일 때 → $A(x)$는 $(m, 0)$에 대칭, $h(x), k(x)$는 $x = m$에 대칭

③ $f(x)$는 $x = m$에 대칭, $g(x)$는 $(m, 0)$에 대칭일 때 → $h(x), k(x)$는 $(m, 0)$에 대칭

대칭성 이론 설명

㉠ $f(x)$가 $x = m$에 대칭 : $f(m-x) = f(m+x)$

예) $f(x) = (x-m)^2 + n$일 때 $x = 2m - x$을 대입하면 $f(2m-x) = (m-x)^2 + n = (x-m)^2 + n = f(x)$

에서 $f(2m-x) = f(x)$의 $x = m-x$을 대입하면 $f(m+x) = f(m-x)$

㉡ $f(x)$가 (m, n)에 대칭 : $f(m-x) + f(m+x) = 2n$, 특히 $(m, 0)$에 대칭이면 $f(m-x) = -f(m+x)$

예) $f(x) = (x-m)^3 + n$일 때 $x = 2m-x$을 대입하면

$f(2m-x) = (m-x)^3 + n = -(x-m)^3 + n = -f(x) + 2n$에서 $f(2m-x) = -f(x) + 2n$의 $x = m-x$을

대입하면 $f(m+x) = -f(m-x) + 2n \to f(m-x) + f(m+x) = 2n \ \Rightarrow \ f(m-x) = -f(m+x) + 2n$

설명

① $f(m-x) = f(m+x), \ g(m-x) = g(m+x)$에서

(i) $A(m-x) = f(m-x) \pm g(m-x) = f(m+x) \pm g(m+x) = A(m+x)$에서

$A(m-x) = A(m+x)$이므로 $A(x)$는 $x = m$에 대칭

(ii) $h(m-x) = f(m-x)g(m-x) = f(m+x)g(m+x) = h(m+x)$에서

$h(m-x) = h(m+x)$이므로 $h(x)$는 $x = m$에 대칭

(iii) $k(m-x) = \dfrac{f(m-x)}{g(m-x)} = \dfrac{f(m+x)}{g(m+x)} = k(m+x)$에서 $k(m-x) = k(m+x)$이므로 $k(x)$는 $x = m$에 대칭

② $f(m-x) = -f(m+x), \ g(m-x) = -g(m+x)$에서

(i) $A(m-x) = f(m-x) \pm g(m-x) = \{-f(m+x)\} \pm \{-g(m+x)\} = -A(m+x)$에서

$A(m-x) = -A(m+x)$이므로 $A(x)$는 $(m, 0)$에 대칭

(ii) $h(m-x) = f(m-x)g(m-x) = \{-f(m+x)\}\{-g(m+x)\} = h(m+x)$에서

$h(m-x) = h(m+x)$이므로 $h(x)$는 $x = m$에 대칭

(iii) $k(m-x) = \dfrac{f(m-x)}{g(m-x)} = \dfrac{-f(m+x)}{-g(m+x)} = k(m+x)$에서

$k(m-x) = k(m+x)$이므로 $k(x)$는 $x = m$에 대칭

주의 ; $f(x), g(x)$가 (m, n)에 대칭일 때는 성립하지 않는다. 반드시 $(m, 0)$에 대칭!

③ $f(m-x) = f(m+x), \ g(m-x) = -g(m+x)$에서

(i) $A(m-x) = f(m-x) \pm g(m-x) = \{f(m+x)\} \pm \{-g(m+x)\} \neq -A(m+x)$에서 대칭이 아니다.

(ii) $h(m-x) = f(m-x)g(m-x) = \{f(m+x)\}\{-g(m+x)\} = -h(m+x)$에서

$h(m-x) = -h(m+x)$이므로 $h(x)$는 $(m, 0)$에 대칭

(iii) $k(m-x) = \dfrac{f(m-x)}{g(m-x)} = \dfrac{f(m+x)}{-g(m+x)} = -k(m+x)$에서

$k(m-x) = -k(m+x)$이므로 $k(x)$는 $(m, 0)$에 대칭

$f(x)$는 $x=m$에 대칭, $g(x)$는 $(m, 0)$에 대칭일 때 $\to$ $f(x)\times g(x)$는 $(m, 0)$에 대칭

[관련 문제]

상수항을 포함한 모든 항의 계수가 유리수인 이차함수 $f(x)$가 있다.

함수 $g(x)$가 $g(x)=|f'(x)|e^{f(x)}$일 때, 함수 $g(x)$는 다음 조건을 만족시킨다.

> (가) 함수 $g(x)$는 $x=2$에서 극솟값을 갖는다.
> (나) 함수 $g(x)$의 최댓값은 $4\sqrt{e}$ 이다.
> (다) 방정식 $g(x)=4\sqrt{e}$ 의 근은 모두 유리수이다.

$|f(-1)|$의 값을 구하시오. [2018학년도 7월 교육청 30번]

일반 풀이

$f(x)=a(x-m)^2+n$ 이라 하자.

$f'(x)=2a(x-m)$ 이고 $f''(x)=2a$ 이다.

두 곡선 $y=f(x)$와 $y=|f'(x)|$는 각각 직선 $x=m$에 대하여 대칭이므로 함수 $g(x)=|f'(x)|e^{f(x)}$의 그래프도 직선 $x=m$에 대하여 대칭이다.

(i) $x>m$인 경우

$a>0$ 이면 함수 $y=f'(x)e^{f(x)}$는 실수 전체에서 증가하므로 함수 $g(x)$의 최댓값이 존재하지 않는다.

그러므로 조건 (나)에 의하여 $a<0$ 이다.

$g'(x)=-\left(f'(x)e^{f(x)}\right)'$

$g'(x)=-\left[f''(x)+\{f'(x)\}^2\right]e^{f(x)}$

$g'(x)=\left\{-4a^2(x-m)^2-2a\right\}e^{f(x)}$

방정식 $g'(x)=0$을 만족하는 x는 한 개이고 그 값을 $p\,(p>m)$ 이라 하자. 함수 $g(x)$는 $x=p$에서 극댓값을 갖고, 그 값이 최댓값이다.

(ii) $x<m$인 경우

함수 $y=g(x)$의 그래프는 직선 $x=m$에 대하여 대칭이므로 함수 $g(x)$는 $x=2m-p$에서 극댓값을 갖고, 그 값이 최댓값이다.

(i), (ii)에 의하여 함수 $y=g(x)$의 그래프의 개형은 다음과 같다.

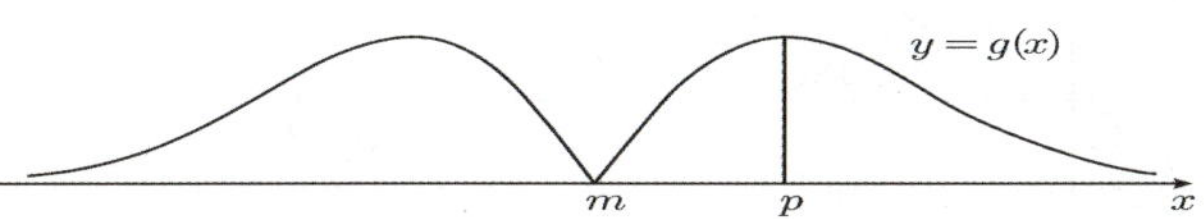

$g(m)=0$ 이고, 함수 $g(x)$는 $x=2$에서 극솟값을 가지므로 $m=2$ 이다.

함수 $g(x)$는 $x=p$에서 최댓값이 $4\sqrt{e}$ 이므로 $g(p)=|f'(p)|e^{f(p)}=4\sqrt{e}$ 이다.

상수항을 포함한 모든 항의 계수가 유리수이므로

$f'(p)=2a(p-2)=-4 \qquad \cdots\ \text{㉠}$

$f(p)=a(p-2)^2+n=\dfrac{1}{2} \qquad \cdots\ \text{㉡}$

또한 함수 $g(x)$는 $x=p$에서 극댓값을 가지므로

$g'(p)=0$에서 $2a(p-2)^2+1=0 \qquad \cdots\ \text{㉢}$

㉠, ㉡, ㉢에 의하여 $n=1$, $p=\dfrac{9}{4}$ 이므로 $a=-8$

$f(x)=a(x-m)^2+n=-8(x-2)^2+1$

따라서 $|f(-1)|=71$

랑데뷰 풀이

$y=e^{f(x)}$은 $x=m$에 대칭, 일차함수 $f'(x)$는 $(m, 0)$에 대칭이므로 $y=f'(x)e^{f(x)}$는 $(m, 0)$에 대칭이다. 따라서

$f(x)=a(x-m)^2+n$ 이라 할 수 있고 (나)조건에서 $a<0$임을 알 수 있다.

($y=f'(x)e^{f(x)}$의 그래프 개형은 오른쪽 그림과 같다.)

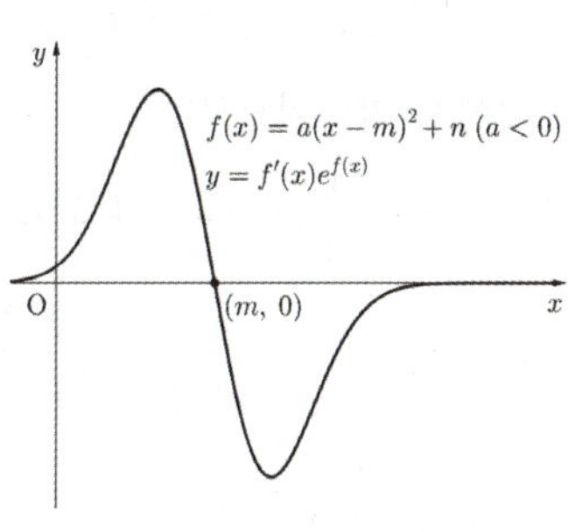

또한 $g(x)=|f'(x)|e^{f(x)}=|f'(x)e^{f(x)}|$ 이므로 $y=f'(x)e^{f(x)}$의 대칭점인 $(m, 0)$에서 x축 아랫부분이 x축에 대칭 이동하여 $x=m$에서 극솟값이 생긴다.

$\therefore\ m=2$ 따라서 그래프 개형은 왼쪽 그림과 같다.

이하 풀이 동일

구간 $[a, b]$의 함수 $f(x)$가 $0 \leq x \leq b-a$인 x에 대하여 다음 식이 성립할 때,
구간 $[b, b+n(b-a)]$에서의 함수 $f(x)$의 설명→[상세 설명은 다음 쪽 세미나에]

$f(b+nx)= f(b-x)$

⇨ $f(x)$를 $x = b$에 대칭이동한 후 x축의 구간의 길이를 n배 한 그래프이다.

$f'(b+nx)= f'(b-x)$

⇨ $f'(x)$는 $x = b$에 비대칭이지만 선대칭 후 x축의 구간의 길이를 n배한 개형이므로 $f(x)$는 $(b, f(b))$에 점대칭 한 후 x축, y축 구간의 길이를 모두 n배한 그래프이다.

[관련 문제]

구간 $(0, 3)$에서 미분 가능한 함수 $f(x)$가 다음 조건을 만족시킨다.

> (가) 구간 $[0, 2]$에서 $f(x)= (x-1)^2$이다. (나) $0 < x < 2$일 때, $f'\left(2+\dfrac{1}{2}x\right)= f'(2-x)$이다.

$\displaystyle\int_0^3 f(x)dx$의 값을 구하시오. [랑데뷰 제작]

수강모 GEUSS 선생님 풀이

(나)에서 $0 < x < 2$일 때,

$f'\left(2+\dfrac{1}{2}x\right)= f'(2-x)$의 양변 적분하면

$2f\left(2+\dfrac{1}{2}x\right)=-f(2-x)+ C_1$ 이고

$2+\dfrac{1}{2}x = t$라 두면 $x = 2t-4$이므로

$\therefore\ 2f(t)=-f(6-2t)+ C_1\ (2 < t < 3)$

따라서

$f(x)= \begin{cases} (x-1)^2 & (0 \leq x \leq 2) \\ -\dfrac{1}{2}f(6-2x)+ C & (2 < x < 3) \end{cases}$

$x = 2$에서 연속이므로

$f(2)= 1 =-\dfrac{1}{2}f(2)+ C$에서 $C=\dfrac{3}{2}$

$f(x)= \begin{cases} (x-1)^2 & (0 \leq x \leq 2) \\ -\dfrac{1}{2}f(6-2x)+ \dfrac{3}{2} & (2 < x < 3) \end{cases}$

$\displaystyle\int_0^3 f(x)dx = \int_0^2 (x-1)^2 dx + \int_2^3 \left\{-\dfrac{1}{2}f(6-2x)+ \dfrac{3}{2}\right\}dx$

$= \dfrac{2}{3}-\dfrac{1}{2}\int_2^3 f(6-2x)dx + \dfrac{3}{2}$

$= \dfrac{13}{6}-\dfrac{1}{4}\int_0^2 f(s)ds$ (⇦ $s = 6-2x$일 때)

$= \dfrac{13}{6}-\dfrac{1}{4}\times\dfrac{2}{3}= 2$

랑데뷰 풀이

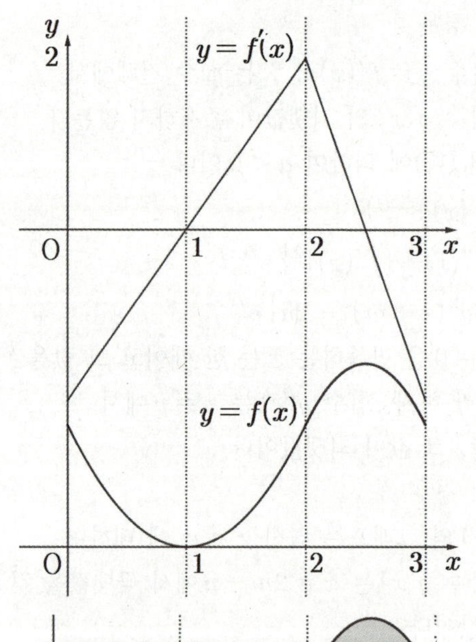

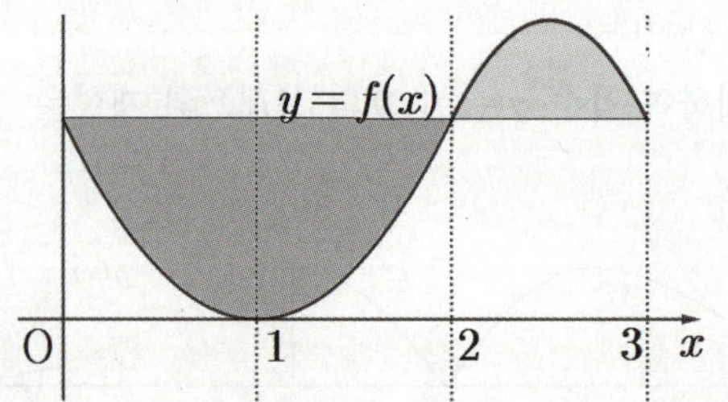

$\displaystyle\int_0^3 f(x)dx = \dfrac{2}{3}+1+\dfrac{1}{3}= 2$ (카발리에리의 원리)

앞 세미나 설명

① $[0, 2]$에서 $f(x)=(x-1)^2$일 때, $0 \leq x \leq 2$인 x에 대하여 $f\left(2+\dfrac{1}{2}x\right)=f(2-x)$이 성립한다면

$\Rightarrow 2+\dfrac{1}{2}x=t$라 두면 $x=2t-4$이므로 $2 \leq t \leq 3$에서 $f(t)=f(6-2t)=(6-2t-1)^2=4\left(t-\dfrac{5}{2}\right)^2$이다.

따라서 $2 \leq x \leq 3$일 때, $f(x)=4\left(x-\dfrac{5}{2}\right)^2$이다.

② $[2, 3]$에서 $f(x)=4\left(x-\dfrac{5}{2}\right)^2$일 때, $0 \leq x \leq 1$인 x에 대하여 $f\left(3+\dfrac{1}{2}x\right)=f(3-x)$이 성립한다면

$\Rightarrow 3+\dfrac{1}{2}x=t$라 두면 $x=2t-6$이므로 $3 \leq t \leq \dfrac{7}{2}$에서 $f(t)=f(9-2t)=4\left(9-2t-\dfrac{5}{2}\right)^2=16\left(t-\dfrac{13}{4}\right)^2$

따라서 $3 \leq x \leq \dfrac{7}{2}$일 때, $f(x)=16\left(x-\dfrac{13}{4}\right)^2$이다.

③ $\left[3, \dfrac{7}{2}\right]$에서 $f(x)=16\left(x-\dfrac{13}{4}\right)^2$일 때, $0 \leq x \leq \dfrac{1}{2}$인 x에 대하여 $f\left(\dfrac{7}{2}+\dfrac{1}{2}x\right)=f\left(\dfrac{7}{2}-x\right)$이 성립한다면

$\Rightarrow \dfrac{7}{2}+\dfrac{1}{2}x=t$라 두면 $x=2t-7$이므로 $\dfrac{7}{2} \leq t \leq \dfrac{15}{4}$에서

$f(t)=f\left(\dfrac{21}{2}-2t\right)=16\left(\dfrac{21}{2}-2t-\dfrac{13}{4}\right)^2=64\left(t-\dfrac{29}{8}\right)^2$

따라서 $\dfrac{7}{2} \leq x \leq \dfrac{15}{4}$일 때, $f(x)=64\left(x-\dfrac{29}{8}\right)^2$이다.

①, ②, ③에서 $y=f(x)$의 그래프는 다음 그림과 같다.

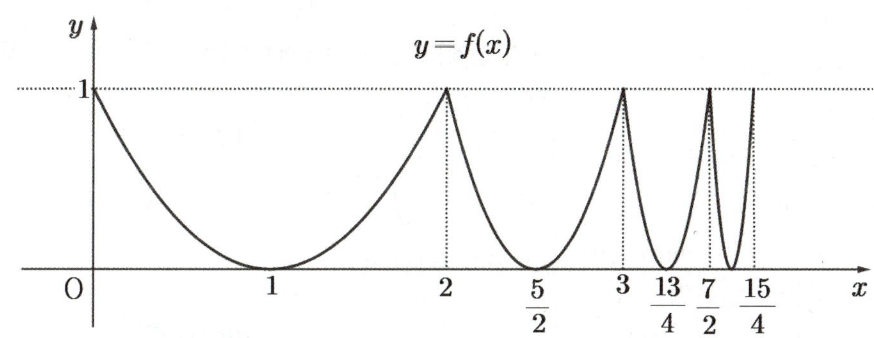

따라서 구간 $[a, b]$의 함수 $f(x)$가 $0 \leq x \leq b-a$인 x에 대하여 $f(b+nx)=f(b-x)$이 성립하면
구간 $[b, b+n(b-a)]$의 함수 $f(x)$는 구간 $[a, b]$의 $f(x)$의 그래프를 $x=b$에 대칭이동한 후 x축의 구간을 n배 한
그래프가 된다.

예를 들어 구간 $[4, 5]$의 $f(x)=g(x)$이고 $0 \leq x \leq 1$인 x에 대하여 $f(5+3x)=f(5-x)$가 성립한다면
구간 $[5, 8]$의 함수를 $f(x)=h(x)$라 할 때, $h(x)$는 $g(x)$를 $x=5$에 대칭이동한 후 x축으로 3배로 늘린 그래프가 된다.

$$y = \frac{2ax+b}{ax^2+bx+c} \quad (\text{단, } a > 0,\ b^2 - 4ac < 0)\ \text{의 고찰}$$

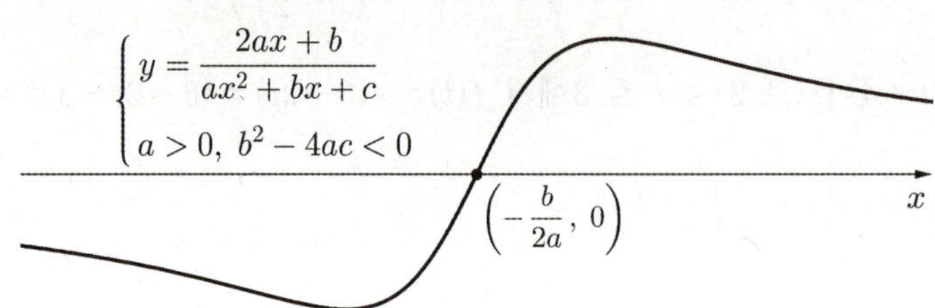

① 극대, 극소를 갖는다. (변곡점은 3개), ② $\left(-\dfrac{b}{2a},\, 0\right)$에 대칭

$$f(x) = \frac{2ax+b}{ax^2+bx+c}$$

(단, $a > 0,\ b^2 - 4ac < 0$)

① $f(x)$는 $\left(-\dfrac{b}{2a},\, 0\right)$을 지나며 x축을

점근선으로 하고 극대, 극소를 갖는 함수이다.

$$\therefore \lim_{x \to \infty} f(x) = 0+,\quad \lim_{x \to -\infty} f(x) = 0-$$

이므로 x축을 점근선으로 갖는다.

$$f'(x) = \frac{2a(ax^2+bx+c) - (2ax+b)^2}{(ax^2+bx+c)^2}$$

$$= \frac{-2a^2x^2 - 2abx + 2ac - b^2}{(ax^2+bx+c)^2}$$

$$= -\frac{2a^2x^2 + 2abx - 2ac + b^2}{(ax^2+bx+c)^2}$$

$$f'(x) = 0 \rightarrow 2a^2x^2 + 2abx - 2ac + b^2 = 0$$

$$\Rightarrow D/4 = a^2b^2 - 2a^2(-2ac + b^2)$$
$$= 4a^3c - a^2b^2 = -a^2(b^2 - 4ac) > 0$$

$\therefore f'(x) = 0$ 이 서로 다른 두 실근을

가지므로 함수 $f(x)$는 극대, 극소를 갖는다.

② $f(x)$는 $\left(-\dfrac{b}{2a},\, 0\right)$에 점대칭 도형이다.

$f(x) = \dfrac{2ax+b}{ax^2+bx+c}$ 에서 x에 $-\dfrac{b}{a} - x$을

대입하면

$$f\left(-\frac{b}{a} - x\right) = \frac{2a\left(-\dfrac{b}{a} - x\right) + b}{a\left(-\dfrac{b}{a} - x\right)^2 + b\left(-\dfrac{b}{a} - x\right) + c}$$

$$= \frac{-2b - 2ax + b}{ax^2 + bx + c} = -\frac{2ax + b}{ax^2 + bx + c}$$

$$= -f(x)$$

$\Rightarrow f\left(-\dfrac{b}{a} - x\right) + f(x) = 0$에 $x = -\dfrac{b}{2a} + x$을 대입

$\Rightarrow f\left(-\dfrac{b}{2a} - x\right) + f\left(-\dfrac{b}{2a} + x\right) = 0$ 이므로

$\therefore$ 함수 $f(x)$는 $\left(-\dfrac{b}{2a},\, 0\right)$에 점대칭 도형이다.

[관련 문제] 모든 실수 x에 대하여 $f(x) > 0$인 이차함수 $f(x)$에
대하여 $g(x) = -\ln f(x)$가 모든 실수 x에 대하여
$g'(7) \leq g'(x) \leq g'(1)$을 만족한다.

함수 $h(x) = \displaystyle\int_x^{x+2} g(t)\,dt$가 $x = k$에서 최댓값을 가질 때,

k의 값을 구하시오.

랑데뷰 풀이

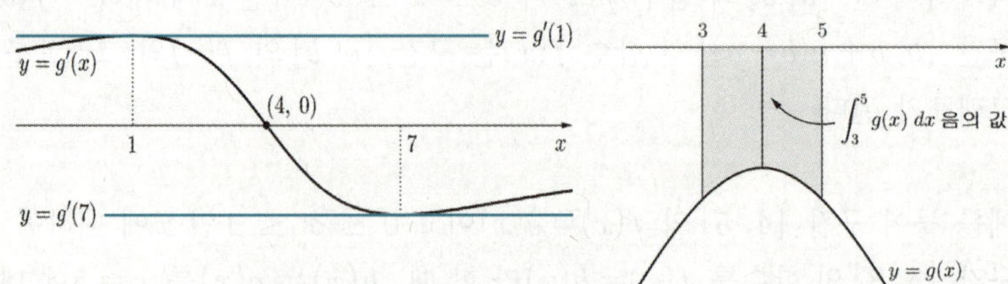

$f(x) = ax^2 + bx + c$ (단, $a > 0,\ b^2 - 4ac < 0$)

$g'(x) = -\dfrac{2ax + b}{ax^2 + bx + c}$ 이므로 위 그래프와 같다.

따라서 $k = 3$

$$f(\alpha+x)=f(\alpha-x),\ f(x)>0일\ 때$$

[다항함수 $f(x)$가 $x=\alpha$에 대칭이고 모든 실수 x에 대하여 $f(x)>0$이고 함수 $f(x)$는 $x=\alpha$에서 유일한 극솟값을 갖는 함수일 때, ex) $f(x)=x^2-2x+3$]

$$g(x)=\frac{f'(x)}{f(x)},\ h(x)=\int g(x)\,dx,\ I(x)=\int \{h(x)-T\}\,dx\ (T>h(\alpha))$$

① $y=g(x)$

㉠ $\lim\limits_{x\to\infty} g(x)=0+,\ \lim\limits_{x\to-\infty} g(x)=0-$ 이므로 x축을 점근선으로 한다.

㉡ $(\alpha,\ 0)$에 대칭이다. $\to g(\alpha+x)+g(\alpha-x)=0$

ex) $g(x)=\dfrac{2x-2}{x^2-2x+3}$

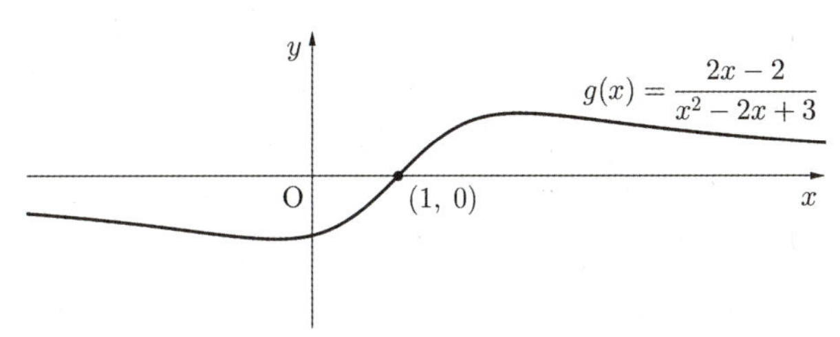

② $y=h(x)$

㉠ $h(x)=\displaystyle\int g(t)\,dt=\int \frac{f'(x)}{f(x)}\,dx=\ln f(x)+C$

㉡ $x=\alpha$에 대칭이다. $\to h(\alpha+x)=h(\alpha-x)$

㉢ $g'(x)=0$인 x에서 변곡점을 갖는다.

ex) $h(x)=\ln(x^2-2x+3)$

*$h(x)>0$이므로 $y=h(x)$을 y축으로 $-T$만큼 평행이동하면 x축과 두 점에서 만난다.

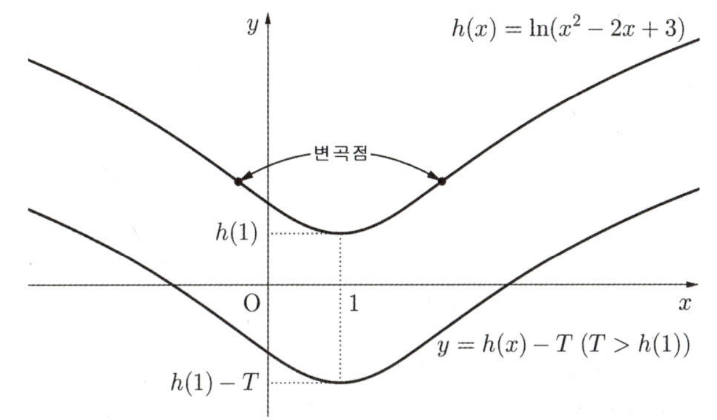

③ $y=I(x)$ ($C>h(\alpha)$일 때)

㉠ $I(x)=\displaystyle\int \{h(x)-T\}\,dx=\int \{\ln f(x)-T\}\,dx$

㉡ $(\alpha,\ I(\alpha))$에 대칭이다.

$\quad\to I(\alpha-x)+I(\alpha+x)=2I(\alpha)$

ex) $I(x)=\displaystyle\int \{\ln(x^2-2x+3)-2\}\,dx$

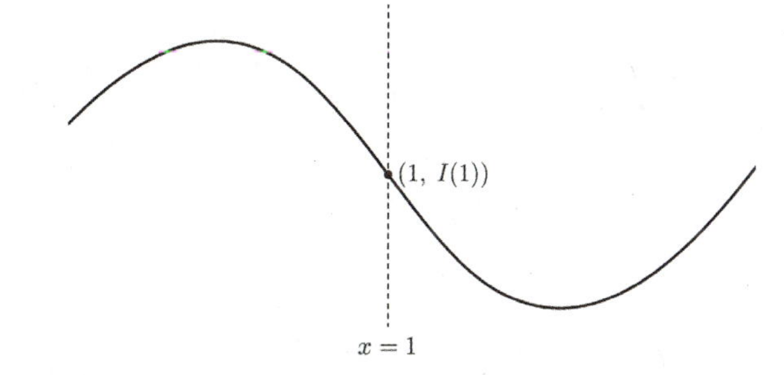

적용예시 - [2018학년도 6월 모평 가형 30번]

실수 a와 함수 $f(x)=\ln(x^4+1)-c$ ($c>0$인 상수)에 대하여 함수 $g(x)$를 $g(x)=\displaystyle\int_a^x f(t)\,dt$ 라 하자. 함수 $y=g(x)$의 그래프가 x축과 만나는 서로 다른 점의 개수가 2가 되도록 하는 모든 a의 값을 작은 수부터 크기순으로 나열하면 $\alpha_1,\ \alpha_2,\ \cdots,\ \alpha_m$ (m은 자연수)이다.

$a=\alpha_1$일 때, 함수 $g(x)$와 상수 k는 다음 조건을 만족시킨다. **(이하 생략)**

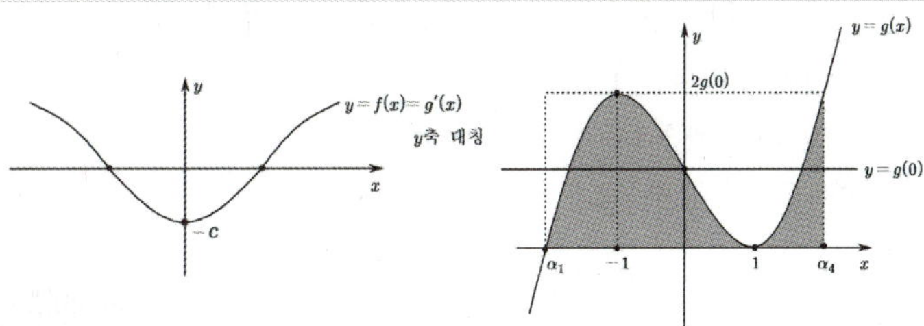

$$f(x)=x^4+1\to g(x)=\frac{4x^3}{x^4+1}\to$$

$$h(x)=\ln(x^4+1)-\ln 2\to I(x)=\int h(x)\,dx\text{꼴}$$

축에 대칭인 함수와 어떤 함수와의 합성함수(축에 대칭인 함수가 속함수)는 같은 축을 갖는 함수이다.

$\Rightarrow$ 즉, 함수 $f(x)$가 $x=m$에 대칭이면 $f(m-x)=f(m+x)$가 성립한다.

$$h(x)=g(f(x)) \text{라 할 때,}$$

$$h(m-x)=g(f(m-x))=g(f(m+x))=h(m+x) \text{이므로}$$

$$h(m-x)=h(m+x)$$

$f(x)=(x-1)^2+1,\ g(x)=e^x$

$\Rightarrow h(x)=e^{(x-1)^2+1}$

$y=h(x)$의 그래프는
오른쪽 그림과 같다.

$\rightarrow$

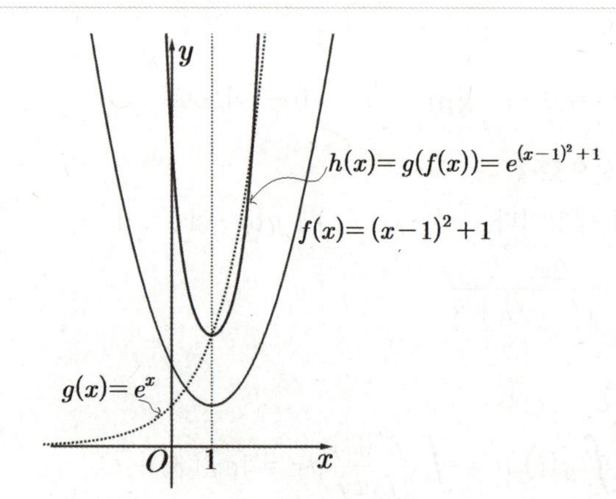

$f(x)=(x-1)^2+1,\ g(x)=\ln x$

$\Rightarrow h(x)=\ln\{(\ln x-1)^2+1\}$

$y=h(x)$의 그래프는
오른쪽 그림과 같다.

$\rightarrow$

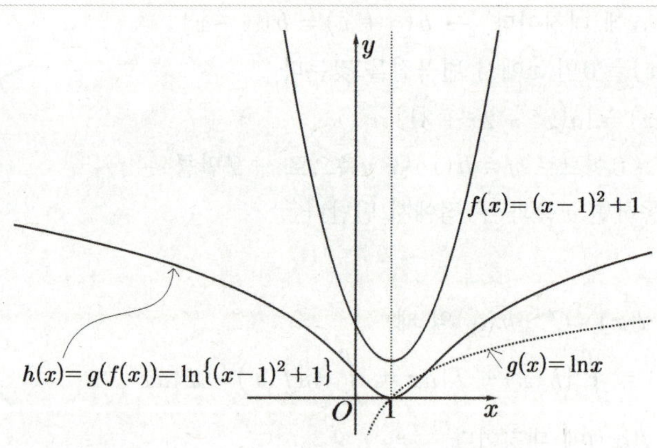

$f(x)=(x-1)^2+1,\ g(x)=\sin x$

$\Rightarrow h(x)=\sin\{(x-1)^2+1\}$

$y=h(x)$의 그래프는
오른쪽 그림과 같다.

$\rightarrow$

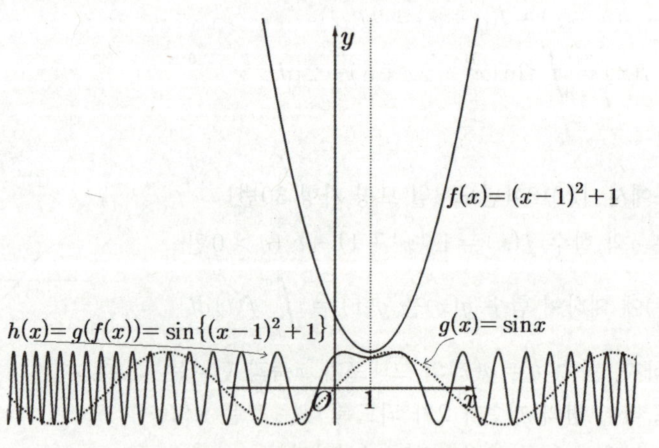

$$|f(g(x))|의\ 미분\ 가능성에\ 관하여$$

실수 전체에서 미분가능 한 함수 $f(x)$가 있다. $f(x)$를 다항함수라 가정하자.

① $f(k)=0$일 때 $x=k$에서 $y=|f(x)|$가 미분가능하기 위해서는 $f(x)$는 $(x-k)^n\,(n\geq 2)$인 인수를 가진 다항함수이다.
⇨ $f(k)=0$이므로 $y=f(x)$는 $(k,0)$을 지나고 절댓값 기호 $(|\ \ |)$을 씌우면 x축 아랫부분이 꺾여서 올라가는 그래프가 된다.
그럼 $x=k$에서 미분계수가 $K\,(K\neq 0)$라면 즉, $f'(k)=K$일 때, $\displaystyle\lim_{x\to k+}|f(x)|=K$라면 $\displaystyle\lim_{x\to k-}|f(x)|=-K$이다. 따라서
$K\neq 0$이면 $y=|f(x)|$는 $x=k$에서 미분가능하지 않는다.
따라서 $f(k)=0$인 $x=k$에서 $y=|f(x)|$가 미분가능하기 위해서는 $f'(k)=0$이므로 $f(x)$는
$(x-k)^n\,(n\geq 2)$인 인수를 가져야 한다.

⇨ 예) $f(x)=x(x-1)^2$일 때 $y=|x(x-1)^2|$은 $x=0$에서
미분 가능하지 않고 $x=1$에서 미분가능하다.

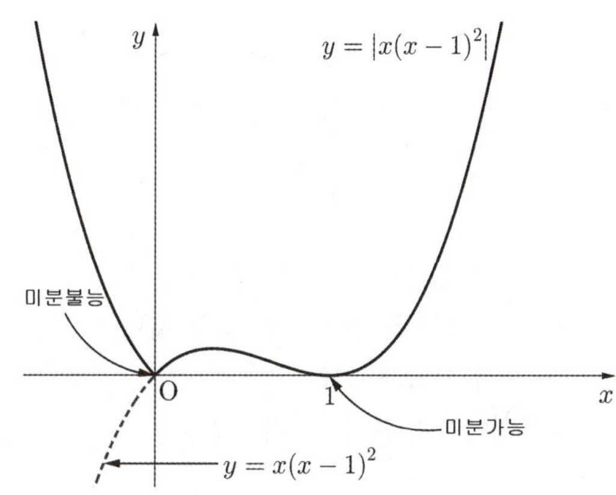

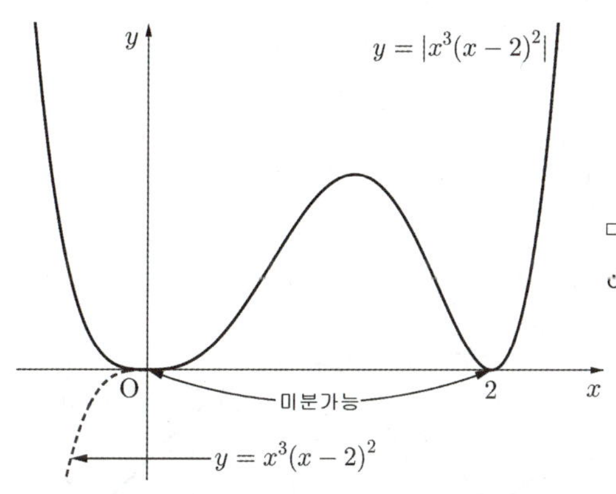

⇨ 예) $f(x)=x^3(x-2)^2$일 때 $y=|x^3(x-2)^2|$은 $x=0$, $x=2$
에서 모두 미분가능하다.

② $y=f(g(x))$에서 함수 $g(x)$가 $(x_1,\,y_1)$에서 미분 가능하지
않을 때 $y=f(g(x))$가 $x=x_1$에서 미분가능하기 위해서는
$f(x)$는 $(x-y_1)^n\,(n\geq 2)$을 인수로 가진다.

⇨ $y'=f'(g(x))g'(x)$에서 $g'(x_1)$이 존재하지 않으므로
$f'(g(x_1))=f'(y_1)=0$이어야 함수 $f(g(x))$가 $x=x_1$에서 미분
가능하다. 따라서 $f'(y_1)=0$이면 $f(x)$는 $(x-y_1)^n\,(n\geq 1)$을
인수로 가진 함수이다.

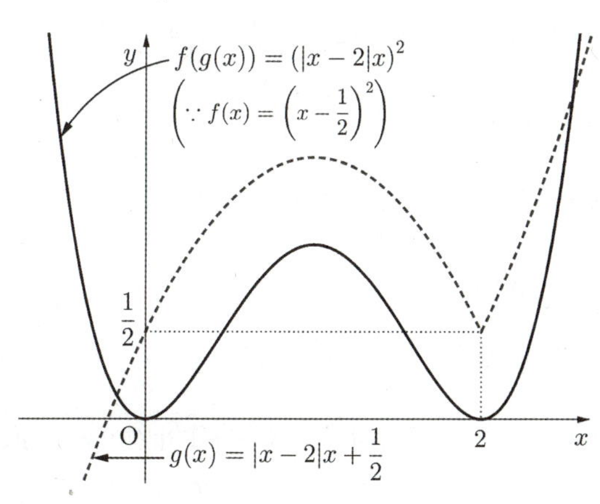

따라서 ①, ②에서
$y = |f(g(x))|$가 실수 전체에서 미분가능하기 위해서는
다음 조건을 살펴봐야 한다.

㉠ $f(k) = 0$인 k가 함수 $g(x)$의 치역의 원소이면 $f(x)$는
$(x-k)^n$ $(n \geq 2)$인 인수를 가져야 한다.

⇨ 예) $f\left(\dfrac{1}{2}\right) = 0$이고 $g(x) = \sin x$라면 $\dfrac{1}{2} \in \{g(x)\}$이므로

$f(x)$는 $\left(x - \dfrac{1}{2}\right)^n$ $(n \geq 2)$을 인수로 갖는다.

즉, $f(x) = \left(x - \dfrac{1}{2}\right)^2$이고 $g(x) = \sin x$일 때 $|f(g(x))| = \left|\left(\sin x - \dfrac{1}{2}\right)^2\right|$는 실수 전체에서 미분가능하다.

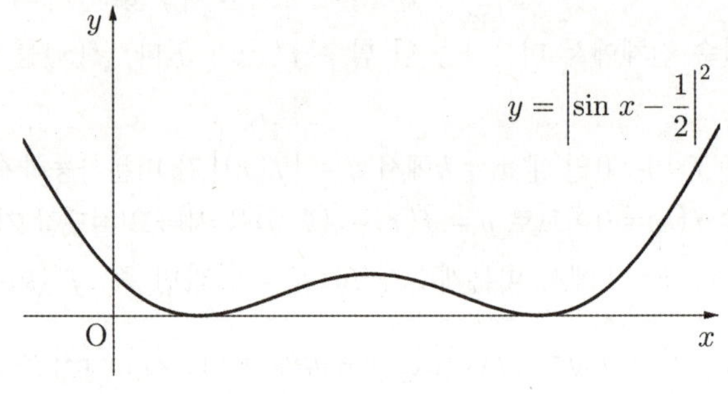

㉡ $f(k) = 0$인 k가 함수 $g(x)$의 치역의 원소가 아니면
$f(x)$는 $(x-k)^n$ 에서 $n = 1$이어도 된다.
⇨ 예) $f(2) = 0$이고 $g(x) = \sin x$라면 $2 \notin \{g(x)\}$이므로
$f(x)$는 $(x-2)$만 인수로 가져도 된다.
즉, $f(x) = x - 2$이고 $g(x) = \sin x$일 때
$|f(g(x))| = |(\sin x - 2)|$
는 실수 전체에서 미분가능하다.

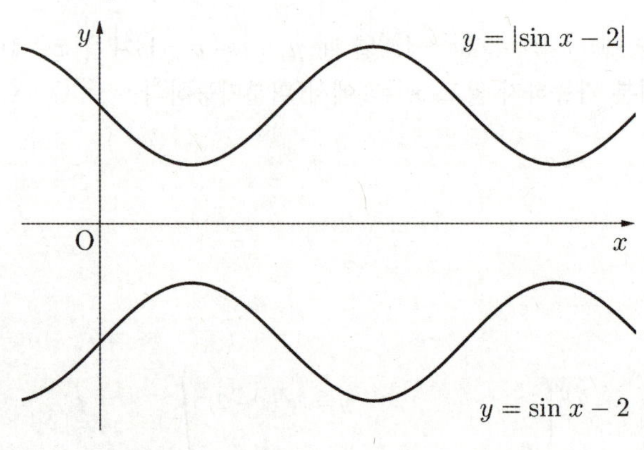

㉢ $g(x)$가 (x_1, y_1)에서 미분가능하지 않고 y_1이 다항함수
$f(x)$의 정의역에 반드시 포함되므로 $f(x)$는 $(x - y_1)^n$ $(n \geq 2)$
을 인수로 가진다.

⇨ 예) $g(x) = \left|\sin x - \dfrac{1}{2}\right| + \dfrac{1}{3}$이면 $g(x)$는

$\left(x, \dfrac{1}{3}\right)$에서 미분가능하지 않는다.

따라서 $f(x) = \left(x - \dfrac{1}{3}\right)^2$이면

$|f(g(x))| = \left(\left|\sin x - \dfrac{1}{2}\right| + \dfrac{1}{3} - \dfrac{1}{3}\right)^2$

$\qquad\quad = \left(\left|\sin x - \dfrac{1}{2}\right|\right)^2$이고

$|f(g(x))|$는 실수 전체에서 미분가능하다.

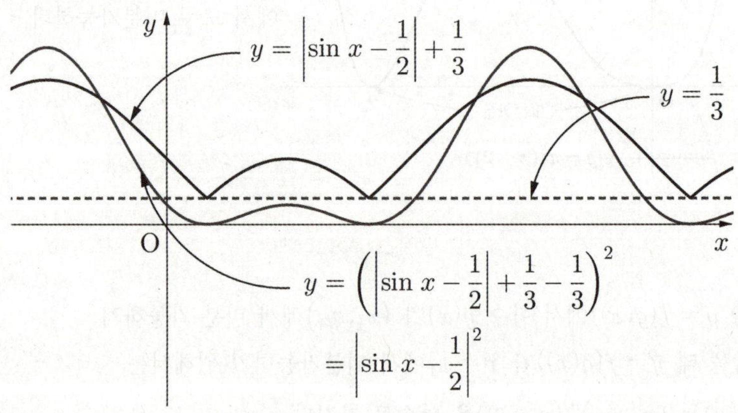

[관련문제] 다음 조건을 만족하는 $f(x)$가 있다.

(가) $f(x) = \dfrac{5x}{x^2 + 1}$ $(-2 \leq x < 2)$ (나) $f(x) = f(x + 4)$

$(0, 0)$을 지나고 최고차항의 계수가 1인 사차함수 $g(x)$에 대하여 $|g(|f(x)|)|$가 열린구간 $(4n, 4n + 4)$에서 미분가능하다.
$g(-1) > 30$일 때, $g(1)$의 최댓값을 M이라 하자. $4M^2$의 값을 구하시오. (단, n은 정수) 랑데뷰 제작문제

정답 9

$y = |f(x)|$의 미분 가능성은 $y = f(x)$와 x축과의 교점의 x좌표에서
미분가능한지 불가능한지 살펴보면 된다.

예를 들어 $f(x) = (x-1)^2(x-2)^3(x-3)$이면

$y = |(x-1)^2(x-2)^3(x-3)|$은 다음 그림과 같이

$x = 1$, $x = 2$에서는 미분 가능하고 $x = 3$에서 미분 가능하지 않는다.

즉, x축과의 교점에서 접선이 x축이 되면 미분가능하고 x축이 되지 않으면
미분 불가능함을 알 수 있다.

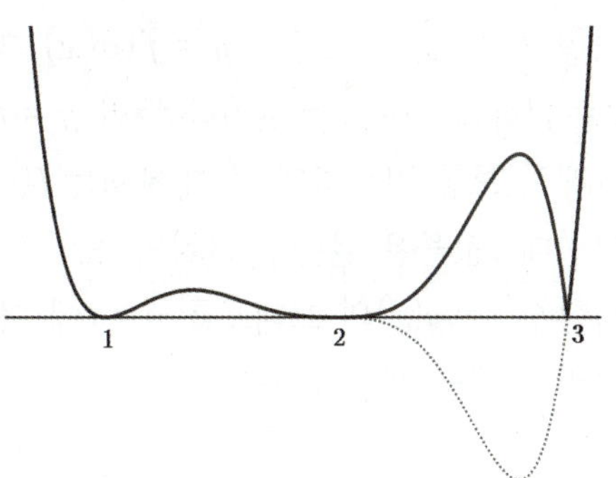

$y = |f(g(x))|$의 미분 가능성은 $t = g(x)$라 하면 $y = f(t)$와 t축과의 점의 t좌표에서 미분가능한지 불가능한지
살펴보면 된다.

그 교점을 t좌표를 다음과 같은 경우로 생각해 볼 수 있다.

① 교점의 t좌표 값이 $g(x)$의 치역 범위 밖의 값일 때 ⇨ **항상 미분 가능**

② 교점의 t좌표 값이 $g(x)$의 치역 범위의 값일 때

㉠ 교점에서 접선이 t축이 될 때 ⇨ **항상 미분 가능**

㉡ 교점에서 접선이 t축이 아닐 때

　ⓐ $t = g(x)$가 그 값에서 변곡점(이계도함수가 0)이거나 극값일 때 ⇨ **항상 미분 가능**

　ⓑ ⓐ가 아닌 경우 ⇨ 미분 불가능

$y = g(x)$와 $y = f(t)$가 다음 그림과 같을 때 $y = |f(g(x))|$의 미분 가능성을 따져 보자.

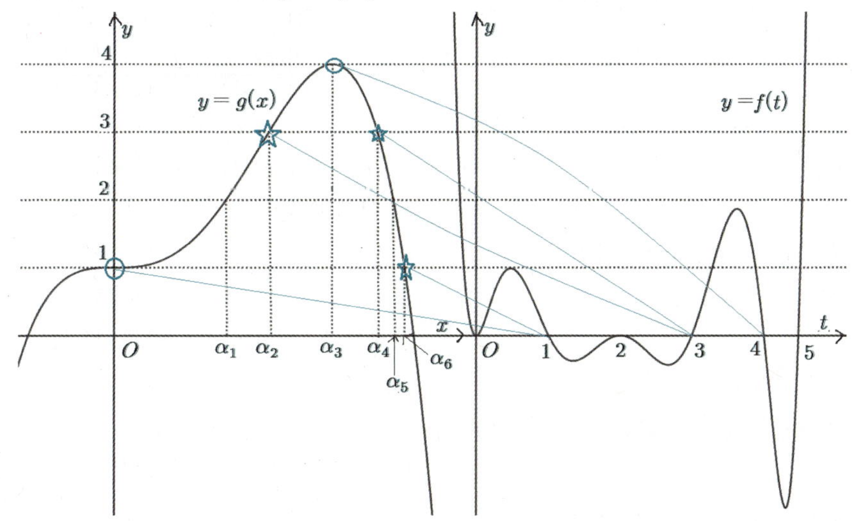

(1) $f(t) = 0$의 근 중 $t = 5$는 $g(x)$의 치역 밖이므로 $g(x)$에 관계없이 **미분가능**하다.

(2) $f(t) = 0$의 근 중 $t = 0, 2$에서는 접선이 t축이므로 $g(x)$에 관계없이 **미분가능**하다. (②-㉠)

(3) $f(t) = 0$의 근 중 $t = 4$ 일 때는 $g(x) = 4$인 $x = \alpha_3$에서는 **미분가능**하다. (②-㉡-ⓐ)

(4) $f(t) = 0$의 근 중 $t = 3$ 일 때는 $g(x) = 3$인 $x = \alpha_2$, $x = \alpha_4$에서는 미분가능하지 않다. (②-㉡-ⓑ)

(5) $f(t) = 0$의 근 중 $t = 1$ 일 때는 $g(x) = 1$인 $x = 0$, $x = \alpha_6$에서는 다음과 같다.

　⇨ $x = 0$에서는 **미분가능**하다.(②-㉡-ⓐ), $x = \alpha_6$에서는 미분가능하지 않다.(②-㉡-ⓑ)

따라서 $y = |f(g(x))|$는 $x = \alpha_2$, $x = \alpha_4$, $x = \alpha_6$에서 미분가능하지 않는다.

$y = f(g(x))$의 속함수 $g(x)$ 그래프를 바라보는 [시선바꾸기]

$y = f(g(x))$에서 $t = g(x)$라 두면 $y = f(t)$와 $t = g(x)$의 관계로 $y = f(g(x))$의 그래프를 생각할 수 있다.
그래서 보통 좌표평면 두 개에 $y = f(t)$와 $t = g(x)$의 그래프를 그려 $y = f(g(x))$의 그래프를 파악한다.
그런데 t값들은 겉함수 $f(x)$의 정의역에 해당하면서 동시에 속함수 $g(x)$의 치역에 해당하는 값들이다.
속함수 $t = g(x)$의 그래프를 $y = t$에 대칭인 함수 $x = g(t)$의 그래프로 생각하면 한 좌표평면에 두 그래프를
그려 문제를 해결할 수 있다.

$y = g(x)$와 $y = f(t)$가 다음 그림과 같을 때
$y = |f(g(x))|$의 미분 가능성에 대한 앞의 설명.

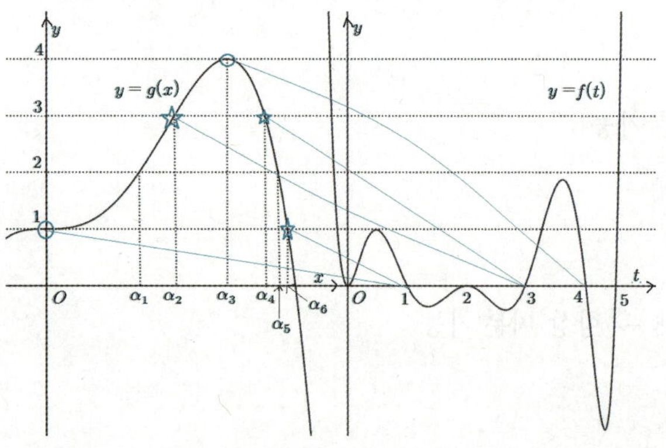

(1) $f(t) = 0$의 근 중 $t = 5$는 $g(x)$의 치역 밖이므로
$g(x)$에 관계없이 **미분가능**하다.

(2) $f(t) = 0$의 근 중 $t = 0, 2$에서는 접선이 t축이므로
$g(x)$에 관계없이 **미분가능**하다. (②-㉠)

(3) $f(t) = 0$의 근 중 $t = 4$ 일 때는 $g(x) = 4$인
$x = \alpha_3$에서는 **미분가능**하다. (②-㉡-ⓐ)

(4) $f(t) = 0$의 근 중 $t = 3$ 일 때는 $g(x) = 3$인
$x = \alpha_2$, $x = \alpha_4$에서는 미분가능하지 않다. (②-㉡-ⓑ)

(5) $f(t) = 0$의 근 중 $t = 1$ 일 때는 $g(x) = 1$인 $x = 0$,
$x = \alpha_6$에서는 다음과 같다.
⇨ $x = 0$에서는 **미분가능**하다. (②-㉡-ⓐ), $x = \alpha_6$에서는
미분가능하지 않다. (②-㉡-ⓑ)

따라서 $y = |f(g(x))|$는 $x = \alpha_2$, $x = \alpha_4$, $x = \alpha_6$에서
미분가능하지 않는다.

⇨ 왼쪽 그래프의 $y = |f(g(x))|$의 미분가능성을 알아보자.

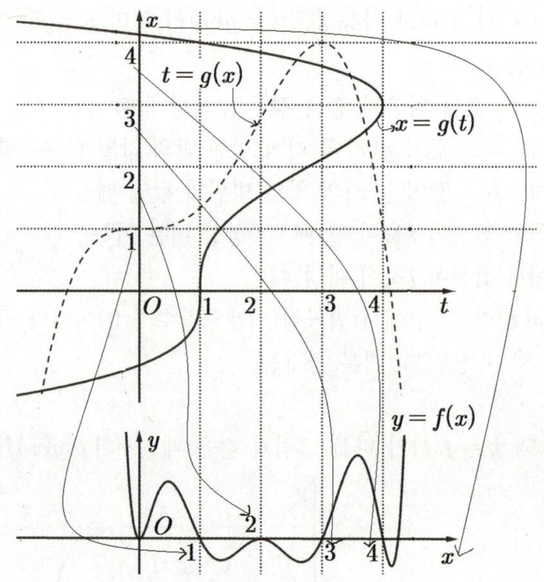

(1) $y = f(g(x))$를 $y = f(t)$와 $t = g(x)$(위의 점선 그래프)
로 분리한다.

(2) $t = g(x)$를 $y = t$에 대칭한 $x = g(t)$그래프를
생각한다.(위의 실선 그래프) ⇨ $g(t)$의 [시선바꾸기] ⇦
(랑데뷰 日)

(3) 위 그래프의 $t = n$과 아래 그래프의 $x = n$을 같은 선으로
본다.

(4) 아래 그래프에서 $y = f(x)$와 x축의 교점 중 $x = 0$과
$x = 2$는 중근이므로 $y = |f(g(x))|$은 항상 미분가능하므로
생각할 필요 없다.

(5) $n = 1$일 때, 위 그래프에서 $x = g(t)$와 $t = 1$이 만나는
점은 2개이지만 그 중 하나는 접점이므로 $n = 1$일 때 미분
불가능한 점은 1개다.(교점 중 접점이 아닌 위의 점)

[예] 다음 조건을 만족시키며 최고차항의 계수가 1인 모든
사차함수 $f(x)$에 대하여 $f(0)$의 최댓값과 최솟값의 합을
구하시오.

> (가) $f(1)=0$, $f'(1)=0$
> (나) 방정식 $f(x)=0$의 모든 실근은 10 이하의
> 자연수이다.
> (다) 함수 $g(x)=\dfrac{3x}{e^{x-1}}+k$에 대하여 함수
> $|(f \circ g)(x)|$가 실수 전체의 집합에서
> 미분가능 하도록 하는 자연수 k의 개수는 4이다.

[2019년 3월 교육청 가형 30번]
⇨ $g(x)$의 [시선바꾸기]를 적용

(6) $n=3$일 때, 위 그래프에서 $x=g(t)$와 $t=3$이
만나는 점 2개 모두 미분 불가능하다.

(7) $n=4$일 때 위 그래프에서 $x=g(t)$와 $t=4$가
만나는점은 1개 이지만 그 점이 접점이므로 미분가능하다.

(8) $n>4$일 때는 위 그래프에서 교점이 없으므로 미분
불가능한 점이 생기지 않는다. 따라서 미분 불가능한 점은
모두 3개다.
⇨ 이 유형뿐 아니라 $y=f(g(x))$가 등장하는 대부분의
킬러유형에 속함수 $g(x)$의 시선 바꾸기를 적용해 보자!

함수 $\sqrt{|f(x)|}$ 의 미분가능성에 대하여

모든 실수 x에 대하여 $f(x) \geq 0$인 함수 $f(x)$가 $f(x) = \{g(x)\}^n$일 때,

$$\left(\sqrt{f(x)}\right)' = \frac{f'(x)}{2\sqrt{f(x)}} = \frac{n\{g(x)\}^{n-1} g'(x)}{2\{g(x)\}^{\frac{n}{2}}} \text{에서 } n-1 > \frac{n}{2} \text{이면}$$

즉, $n > 2$이면 미분한 식에서 분모 부분이 약분되므로 $g(x) = 0$인 x에서도 $\sqrt{f(x)}$ 는 미분가능하다.

⇨ 모든 실수 x에 대하여 $|f(x)| \geq 0$이므로 함수 $\sqrt{|f(x)|}$ 또한 $f(x)$의 차수가 2차 보다 큰 차수이면 $f(x) = 0$인 x에서 미분 가능하다.

[관련 문제]

열린 구간 $\left(-\dfrac{\pi}{2}, \dfrac{3\pi}{2}\right)$에서 정의된 함수 $f(x) = \begin{cases} 2\sin^3 x & \left(-\dfrac{\pi}{2} < x < \dfrac{\pi}{4}\right) \\ \cos x & \left(\dfrac{\pi}{4} \leq x < \dfrac{3\pi}{2}\right) \end{cases}$

가 있다. 실수 t에 대하여 다음 조건을 만족시키는 모든 실수 k의 개수를 $g(t)$라 하자.

> (가) $-\dfrac{\pi}{2} < k < \dfrac{3\pi}{2}$　　　　(나) 함수 $\sqrt{|f(x) - t|}$ 는 $x = k$에서 미분가능하지 않다.

함수 $g(t)$에 대하여 합성함수 $(h \circ g)(t)$가 실수 전체의 집합에서 연속이 되도록 하는 최고차항의 계수가 1인 사차함수 $h(x)$가 있다. $g\left(\dfrac{\sqrt{2}}{2}\right) = a$, $g(0) = b$, $g(-1) = c$라 할 때, $h(a+5) - h(b+3) + c$의 값은?

[2019학년도 6월 평가원 가형 21번]

랑데뷰 풀이

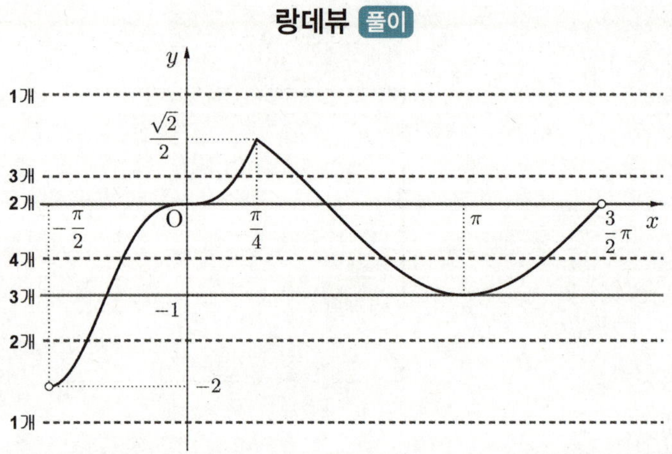

예) $\sqrt{|f(x)|} = \sqrt{|\sin^3 x|}$ 이면 $x = 0$에서 미분 가능

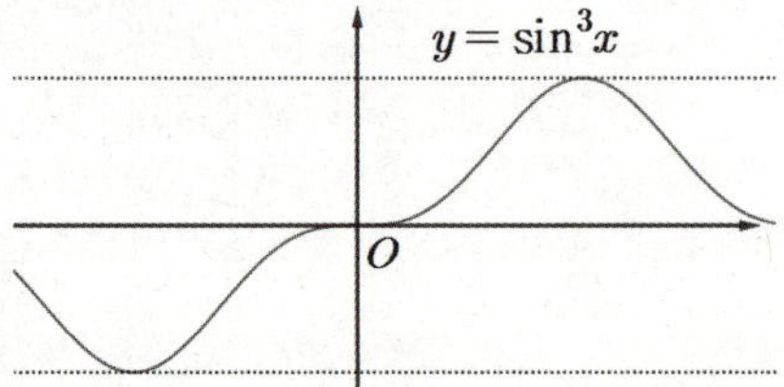

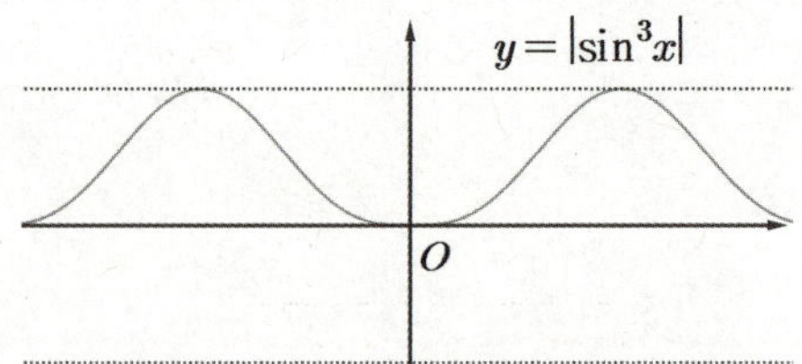

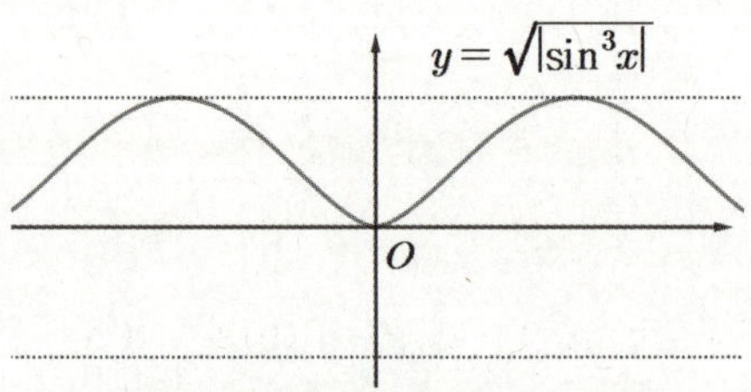

예) $\sqrt{|f(x)|} = \sqrt{|\sin^2 x|}$ 이면 $x = 0$에서 미분 불능

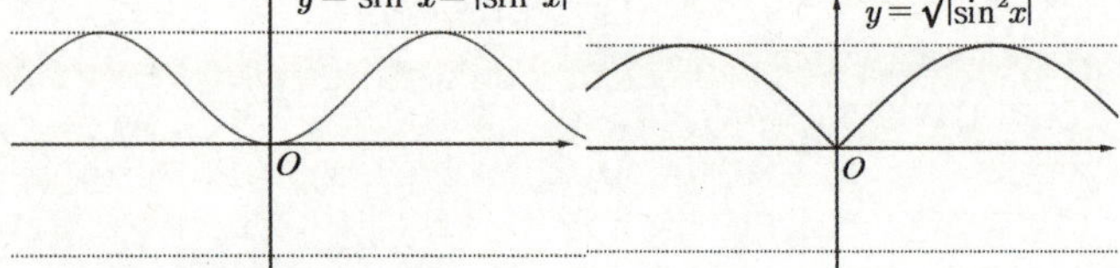

⇨ $(0, 0)$이 뾰족점이고 미분 가능하지 않다.

⇨ $(0, 0)$이 뾰족점이 아닌 미분 가능한 점이다.

$$y = |f(x) - t| \text{의 미분 가능하지 않은 실수 } x \text{의 개수의 함수 } g(t)$$
$$y = |f(x) - f(t)| \text{의 미분 가능하지 않은 실수 } x \text{의 개수의 함수 } h(t)$$
$$g(t) \text{와 } h(t) \text{에 대한 고찰}$$

### 함수 $g(t)$	### 함수 $h(t)$

함수 $g(t)$

$y = |f(x) - t|$의 미분 가능성의 판단은 t값(y)이 $-\infty$에서 ∞로 변함에 따라 $y = f(x)$에 상수 함수 $y = t$를 그으며 만나는 점에서 이뤄진다.

교점에서 접할 때는 미분 가능하고 그렇지 않을 때는 미분 가능하지 않는다.

예를 들어 $f(x) = e^x(x-2)^2$로 생각해 보자. $f(x)$의 그래프는 다음 그림과 같다.

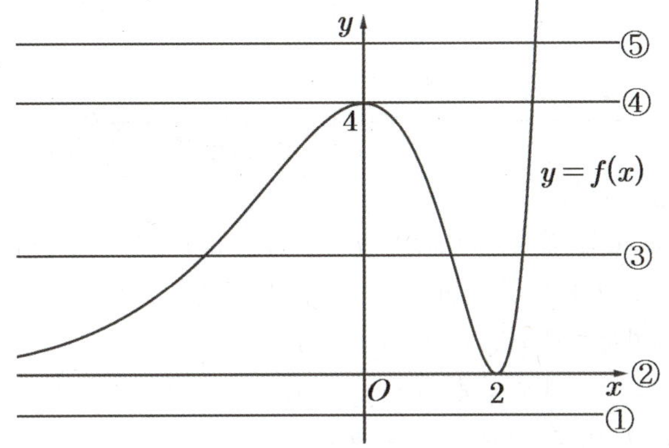

t는 y값이며 ①⇨②⇨③⇨④⇨⑤순으로 생각해 보면 $y = g(t)$의 그래프는 다음 그림과 같다.

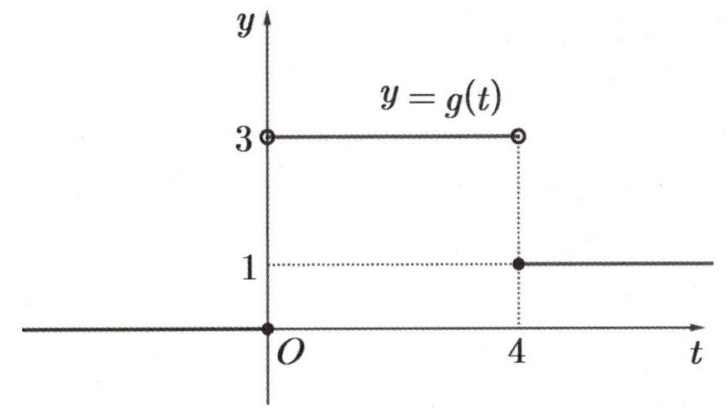

함수 $h(t)$

$y = |f(x) - f(t)|$의 미분 가능성의 판단은 t값(x)이 $-\infty$에서 ∞로 변함에 따라 $y = f(x)$에 상수 함수 $y = f(t)$를 그으며 만나는 점에서 이뤄진다.

교점에서 접할 때는 미분 가능하고 그렇지 않을 때는 미분 가능하지 않는다.

예를 들어 $f(x) = e^x(x-2)^2$로 생각해 보자. $f(x)$의 그래프는 다음 그림과 같다.

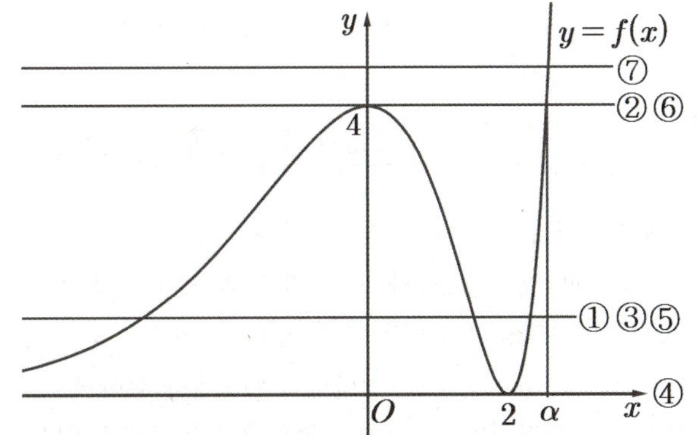

t는 x값이며 ①⇨②⇨③⇨④⇨⑤⇨⑥⇨⑦순으로 생각해 보면 $y = h(t)$의 그래프는 다음 그림과 같다.

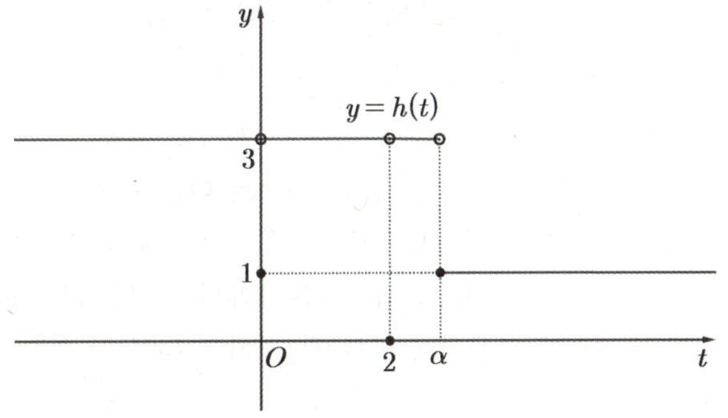

[관련 문제]

최고차항의 계수가 1인 이차함수 $f(x)$에 대하여 함수 $g(x)$를 $g(x) = f(x)e^{x-1}$이라 하자. 실수 t에 대하여 함수 $y = |g(x) - g(t)|$가 미분가능하지 않은 실수 x의 개수를 $h(t)$라 할 때, 함수 $h(t)$는 $t = \alpha$에서만 불연속이고 $g(\alpha) = 2$이다. 함수 $y = |g(x) - t|$가 미분가능하지 않은 실수 x의 개수를 $k(t)$라 하자.

함수 $k(t)$가 불연속인 t의 값을 크기가 작은 거부터 차례로 β_1, β_2, $\cdots$, β_n이라 할 때, $\beta_n \times f(\alpha - \beta_1)$의 값을 구하시오.

– 랑데뷰 제작 – 정답 4

$y = g(t)$ 그래프의 설명

$y = |f(x) - t|$의 미분 가능성의 판단은 t값(y)이 $-\infty$에서 ∞로 변함에 따라 $y = f(x)$에 상수 함수 $y = t$를 그으며 만나는 점에서 이뤄진다.

교점에서 접할 때는 미분가능하고 그렇지 않을 때는 미분 가능하지않는다.

예를 들어 $f(x) = e^x (x-2)^2$로 생각해 보자.

$f(x)$의 그래프는 다음 그림과 같다.

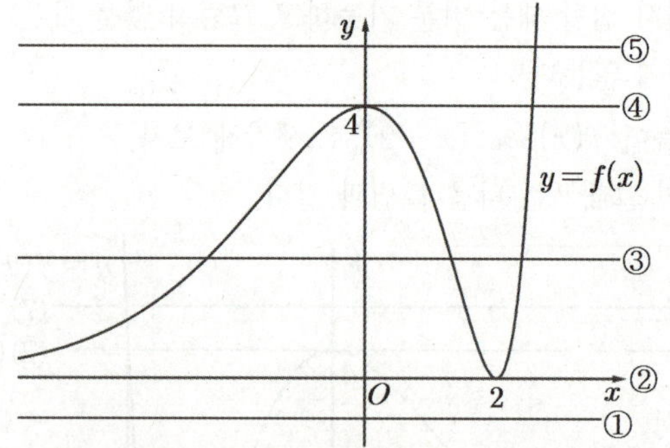

[t는 y값이다.]

① $t < 0$일 때, $y = f(x)$와 $y = t$의 교점 자체가 생기지 않으므로 미분가능하지 않은 점이 없다. $\Rightarrow g(t) = 0$

② $t = 0$일 때, $y = f(x)$는 x축에 $x = 2$에서 접하므로 교점이 1개 생기지만 그 점에서 접하므로 미분하지 않은 점이 없다. $\Rightarrow g(0) = 0$

③ $0 < t < 4$일 때, $y = f(x)$와 $y = t$는 3개의 교점을 가지고 3개 모두 접점이 아니므로 교점에서 모두 미분가능하지 않는다. $\Rightarrow g(t) = 3$

④ $t = 4$일 때, $y = f(x)$와 $y = t$는 2개의 교점을 가지는데 그 중 1개$(0, 4)$가 접점이므로 미분가능하지 않은 점은 1개다. $\Rightarrow g(4) = 1$

⑤ $t > 4$일 때, $y = f(x)$와 $y = t$는 1개의 교점을 가지고 접점이 아니므로 교점에서 미분가능하지 않는다. $\Rightarrow g(t) = 1$

따라서 $y = g(t)$의 그래프는 앞 쪽과 같다.

$\Rightarrow t$값이 y값이다!

$y = h(t)$ 그래프의 설명

$y = |f(x) - f(t)|$의 미분 가능성의 판단은 t값(x)이 $-\infty$에서 ∞로 변함에 따라 $y = f(x)$에 상수 함수 $y = f(t)$를 그으며 만나는 점에서 이뤄진다.

교점에서 접할 때는 미분가능하고 그렇지 않을 때는 미분 가능하지 않는다.

예를 들어 $f(x) = e^x (x-2)^2$로 생각해 보자.

$f(x)$의 그래프는 다음 그림과 같다.

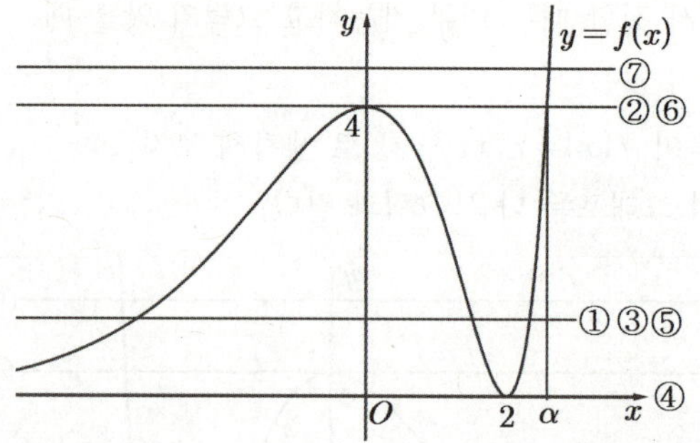

[t는 x값이다.]

① $t < 0$일 때 $y = f(x)$와 $y = f(t)$는 3개의 교점을 가지고 3개 모두 접점이 아니므로 교점에서 모두 미분가능하지 않는다. $\Rightarrow h(t) = 3$

② $t = 0$일 때 $y = f(x)$와 $y = f(0) = 4$는 2개의 교점을 가지고 그 중 1개$(0, 4)$가 접점이므로 미분가능하지 않은 점은 1개다. $\Rightarrow h(0) = 1$

③ $0 < t < 2$일 때 $y = f(x)$와 $y = f(t)$는 3개의 교점을 가지고 3개 모두 접점이 아니므로 교점에서 모두 미분가능하지 않는다. $\Rightarrow h(t) = 3$

④ $t = 2$일 때, $y = f(x)$는 x축과 $x = 2$에서 접하므로 교점이 1개 생기지만 그 점에서 접하므로 미분가능하지 않은 점이 없다. $\Rightarrow h(0) = 0$

⑤ $2 < t < \alpha$일 때, $y = f(x)$와 $y = f(t)$는 3개의 교점을 가지고 3개 모두 접점이 아니므로 교점에서 모두 미분가능하지 않는다. $\Rightarrow h(t) = 3$

⑥ $t = \alpha$일 때, $y = f(x)$와 $y = f(\alpha) = 4$는 2개의 교점을 가지고 그 중 1개$(0, 4)$가 접점이므로 미분가능하지 않은 점은 1개다. $\Rightarrow h(\alpha) = 1$

⑦ $t > \alpha$일 때, $y = f(x)$와 $y = f(t)$는 1개의 교점을 가지고 접점이 아니므로 교점에서 미분가능하지 않는다. $\Rightarrow h(t) = 1$

$\Rightarrow t$값이 x값이다!

$$y = \frac{f(x)}{ax+b} \text{의 그래프에 대한 고찰}$$

$\Rightarrow \dfrac{f(x)}{ax+b} = \dfrac{\frac{1}{a}f(x)}{x+\frac{b}{a}}$ 에서 $\left(x, \dfrac{1}{a}f(x)\right)$와 $\left(-\dfrac{b}{a}, 0\right)$의 직선의 기울기 함수

예를 들어 $y = \dfrac{x^2}{x-1}$의 그래프는 $f(x) = x^2$일 때, $(x, f(x))$와 $(1, 0)$을 잇는 직선의 기울기 함수로 파악할 수 있다.

[관련 문제]

$y = \dfrac{\ln x}{x}$의 그래프 개형을 그려라.

랑데뷰 `풀이` [미분을 사용하지 않고]

$y = \dfrac{\ln x}{x}$을 $(x, \ln x)$와 $O(0, 0)$을 잇는

직선의 기울기로 볼 때, 그림에서와
같이 점 $(x, \ln x)$가 ㉠→㉡→㉢→㉣→㉤
까지 변할 때, 각 점과 원점 O을 지나는 직선의

기울기는 증가하다 ㉤일 때 최대 기울기 $\dfrac{1}{e}$값이

되고 다시 ㉤→㉥→㉦→⋯로 감소하다
기울기가 $x \to \infty$일 때 0으로 수렴한다.
따라서 그래프 개형을 오른쪽 곡선의 그래프와
같은 개형임을 파악할 수 있다.

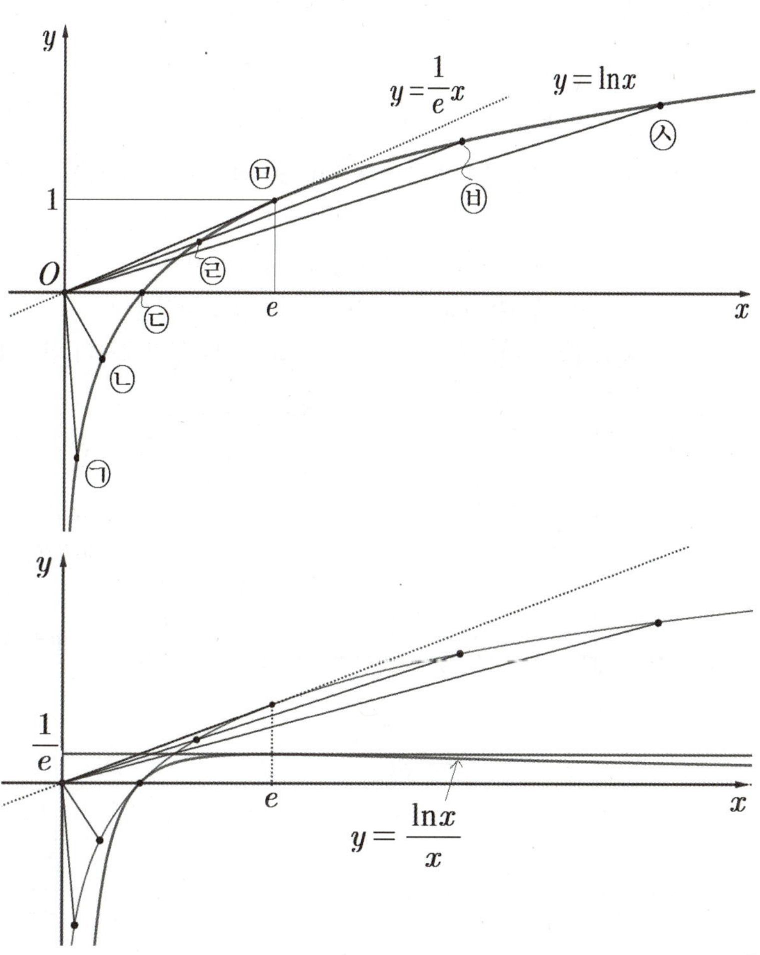

[관련 문제] [랑데뷰제작]

실수 전체 집합에서 연속인 함수 $f(x)$가 다음 조건을 만족시킨다.

> (가) $x \neq a$인 모든 실수 x에 대하여 $(x-a)f(x) = \sin x$이다.
>
> (나) 함수 $f(x)$의 $x > 0$에서의 첫 번째 극값을 m이라 할 때, 방정식 $f(x) - m = 0$의 실근의 개수는 12개다.

$\displaystyle\int_0^a |\sin x|\,dx = k$일 때, k^2의 최솟값을 구하시오. (단, 중근은 1개의 근이다.)   정답 : 144

합성함수 그래프 개형 파악하기

[관련 문제]

사차함수 $f(x)=x^2(x-2)^2$와 함수 $g(x)=x^2e^{-x}$에 대하여 방정식 $y=f(g(x))$의 그래프 개형을 추론하여라.

랑데뷰 `풀이`

함수 $f(x)=x^2(x-2)^2$와 함수 $g(x)=x^2e^{-x}$의 그래프는 아래 표와 같다.

방정식 $f(g(x))-k=0$의 실근은 $h(x)=f(g(x))$와 $y=k$의 교점의 x좌표와 같다.

합성함수 $h(x)$는 다음과 같은 방법으로 그래프 개형을 추론할 수 있다.

$f(x)$을 겉함수, $g(x)$을 속함수라 하자.

① $g(x)$의 극댓값 $g(2)=\dfrac{4}{e^2}$의 값이 $f(x)$의 극값이 생기는 x값들과의 크기를 비교한다. $\dfrac{4}{e^2}<1$이다.

② 겉함수 $f(x)$의 극값이 나타나는 $x=0$, $x=1$, $x=2$가 속함수 $g(x)$의 함숫값인 y값이 될 때의 x값을 크기순으로 구하면 다음과 같다.

　$g(x)=2$인 x을 k_1, $g(x)=1$인 x을 k_2, $g(x)=0$인 x을 0 을 파악한다.

③ $g(x)$의 극값이 생기는 x값이 $x=0$, $x=2$임을 파악한다.

④ $(-\infty, k_1)$, (k_1, k_2), $(k_2, 0)$, $(0, 2)$, $(2, \infty)$의 구간에서의 함수 $h(x)$는 다음 표와 같이 파악한다.

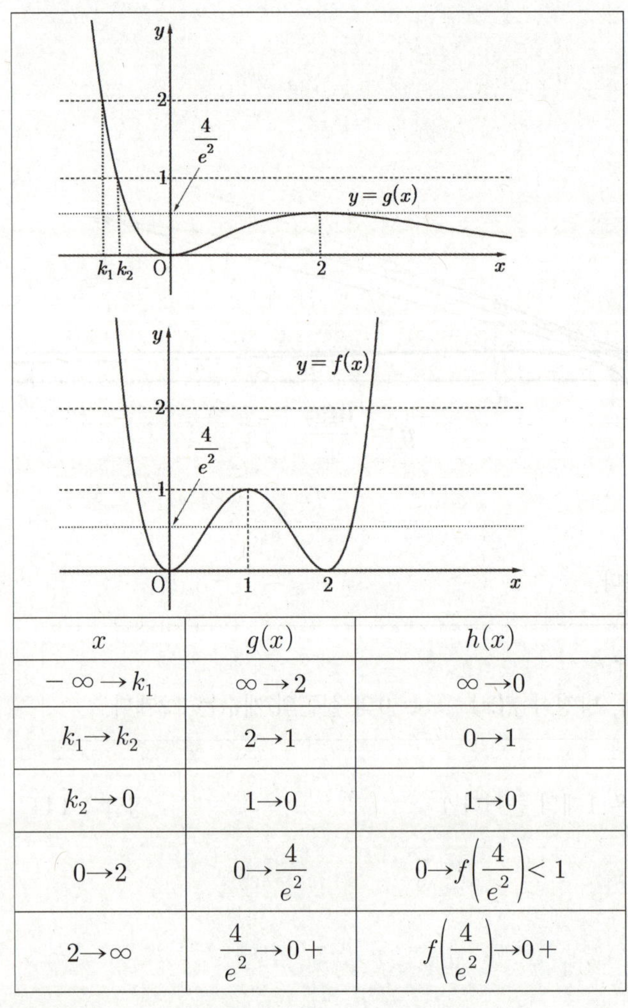

x	$g(x)$	$h(x)$
$-\infty \to k_1$	$\infty \to 2$	$\infty \to 0$
$k_1 \to k_2$	$2 \to 1$	$0 \to 1$
$k_2 \to 0$	$1 \to 0$	$1 \to 0$
$0 \to 2$	$0 \to \dfrac{4}{e^2}$	$0 \to f\left(\dfrac{4}{e^2}\right) < 1$
$2 \to \infty$	$\dfrac{4}{e^2} \to 0+$	$f\left(\dfrac{4}{e^2}\right) \to 0+$

함수 $h(x)$는 $(k_1, 0)$, $(k_2, 1)$, $(0, 0)$, $\left(2, f\left(\dfrac{4}{e^2}\right)\right)$

을 지나는 그래프를 갖는다.

따라서 아래 그래프 개형이 된다.

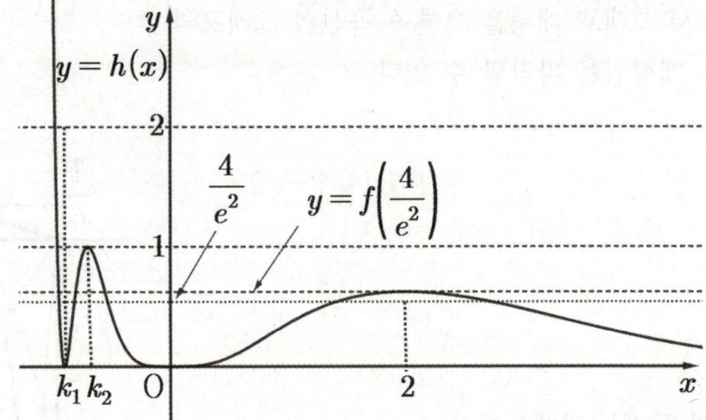

정리

① 겉함수와 속함수의 그래프 개형을 파악한다.

② 겉함수의 극점의 x좌표를 함수값으로 갖는 속함수의 x값들을 크기순으로 구한다.

③ 겉함수의 극점의 x좌표를 크기순으로 구한다.

④ ②,③의 x값들을 크기순으로 연결되는 표를 작성한다.

⑤ ④의 x값의 변화에 따른 속함수 $g(x)$의 변화를 파악한다.

⑥ ⑤의 변화를 x범위로 보고 겉함수 $f(x)$의 개형으로 $f(g(x))$ 파악한다.

$$\text{함수 } f(x)\text{가 감소함수 일 때}$$

(제외→$y=x$에 대칭함수$\left(\text{예}:y=\dfrac{1}{x}\right)$, $y=x$와의 교점이 $x=a$일 때 $f''(a)=0$인 함수(예 : $y=-x^3$))

예를 들어 $f(x)=a^x$ $(0<a<1)$일 때

① 역함수 $f^{-1}(x)$가 존재한다.

② $y=f(x)$와 $y=f^{-1}(x)$는 적어도 1개의 교점을 가지며 그 교점은 $y=x$위에 있다.

③ $y=f(x)$와 $y=f^{-1}(x)$의 교점 중 $y=x$위에 있지 않은 교점을 가질 조건은 다음과 같다.

⇨ 실수 전체의 집합에서 미분가능하며 감소하는 함수와 그 역함수는 $y=x$위의 점에서 교점을 갖고

그 교점에서의 접선의 기울기가 -1보다 크거나 같으면 $y=x$ 위의 교점 외에는 교점을 갖지 않는다. $y=x$위의 점에서의 접선의 기울기가 -1보다 작으면 $y=x$위의 교점 외에 $y=x$에 대칭인 다른 교점이 $y=x$위가 아닌 곳에 존재한다.

즉, $y=f(x)$와 $y=x$의 교점을 t라 할 때 $f'(t)<-1$이면 $y=f(x)$와 $y=f^{-1}(x)$는 3개의 교점을 갖는다.

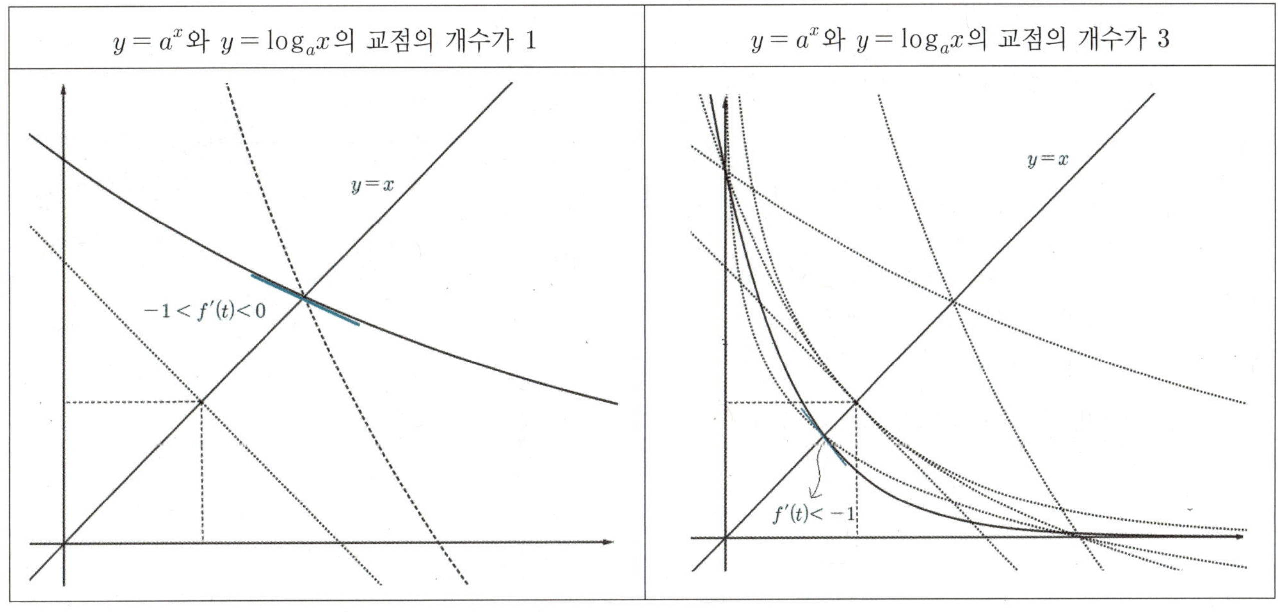

[관련 문제]

함수 $f(x)=a^x$ $(0<a<1)$ 에 대하여 $f(x)$의 역함수를 $g(x)$라 하자. 두 곡선 $y=f(x)$와 $y=g(x)$의 교점의 개수가 1이게 하는 a의 최솟값은?

[랑데뷰 자작 문항]

랑데뷰 풀이

$f(x)=a^x$와 $y=g(x)$의 교점 중 $y=x$위의 점의 x좌표를 $x=t$라 하자.

교점의 좌표는 $(t,\,t)$이므로

$$a^t=t \to t\ln a=\ln t \to \ln a=\frac{\ln t}{t}$$

$f'(x)=a^x\ln a$에서

$$f'(t)=a^t\ln a=t\times\frac{\ln t}{t}=\ln t$$

$f'(t)=-1$일 때 t의 값은 $\ln t=-1$에서 $t=\dfrac{1}{e}$이다.

따라서

$a^t=t$에 대입하면 $a^{\frac{1}{e}}=\dfrac{1}{e}$에서 $a=\left(\dfrac{1}{e}\right)^e=\dfrac{1}{e^e}$

그러므로 $f(x)=a^x$ $(0<a<1)$꼴에서 $y=f(x)$와 그 역함수 $y=g(x)$의 교점 중 $y=x$위에 있는 점 $x=t$에서의 접선의 기울기는 다음과 같다.

(i) $\dfrac{1}{e^e}<a<1$이면 $\dfrac{1}{e}<t<1$이고 $-1<f'(t)<0$이다.

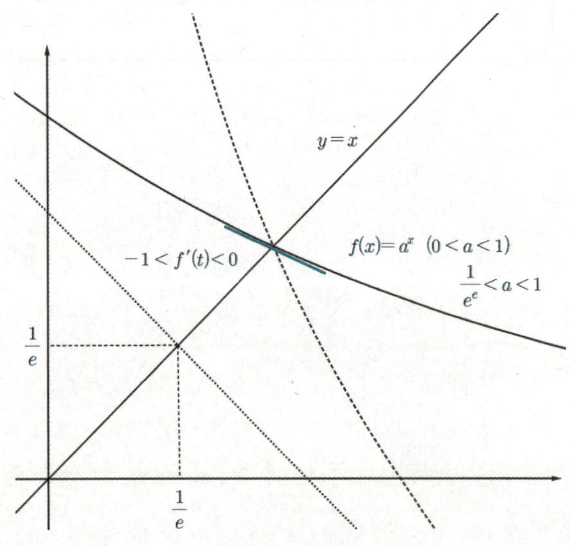

이 경우 교점의 개수가 1이다.

(ii) $a=\dfrac{1}{e^e}$이면 $t=\dfrac{1}{e}$이고 $f'(t)=f'\left(\dfrac{1}{e}\right)=-1$이다.

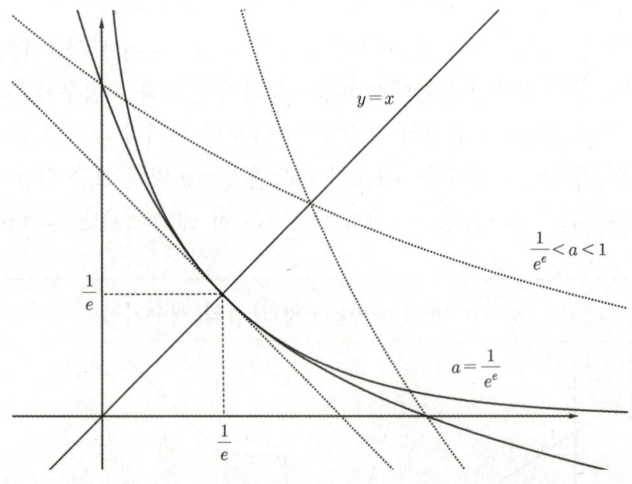

이 경우 교점의 개수가 1이다.

(iii)

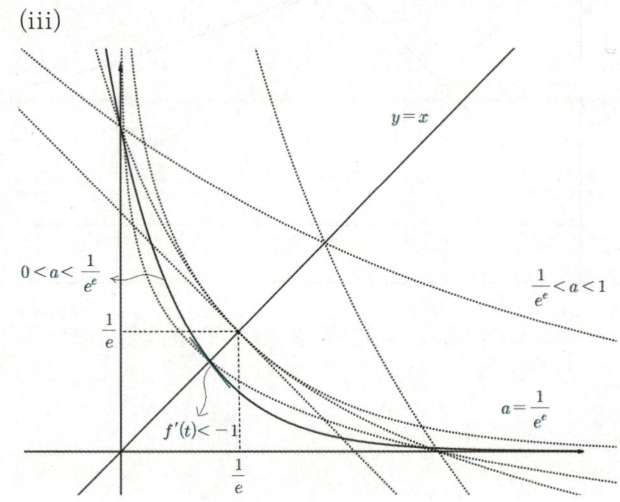

$0<a<\dfrac{1}{e^e}$이면 $0<t<\dfrac{1}{e}$이고 $f'(t)<-1$이다.

이 경우 교점의 개수가 3이다.

(i), (ii), (iii)에서 교점의 개수가 1이게 하는 a의 최솟값은 e^{-e}이다.

삼각함수 세제곱의 부정적분

$$\int \sin^3 x\, dx,\ \int \cos^3 x\, dx,\ \int \tan^3 x\, dx,\ \int \sec^3 x\, dx,\ \int \csc^3 x\, dx$$

[설 명]

① $\displaystyle\int \sin^3 x\, dx = \int \sin x \sin^2 x\, dx = \int \sin x (1-\cos^2 x)\, dx$

이 때, $\cos x = t$ 라 두고 양변 미분하면 $-\sin x\, dx = dt$ 이므로

$$= \int (t^2-1)\, dt = \frac{1}{3}t^3 - t + C = \frac{1}{3}\cos^3 x - \cos x + C$$

(또는 $\sin 3x = 3\sin x - 4\sin^3 x$ 에서 $\sin^3 x = \dfrac{3\sin x - \sin 3x}{4}$ 로 바꿔 적분할 수 있다.)

② $\displaystyle\int \cos^3 x\, dx = \int \cos x \cos^2 x\, dx = \int \cos x (1-\sin^2 x)\, dx$

이 때, $\sin x = t$ 라 두고 양변 미분하면 $\cos x\, dx = dt$ 이므로

$$= \int (1-t^2)\, dt = -\frac{1}{3}t^3 + t + C = -\frac{1}{3}\sin^3 x + \sin x + C$$

(또는 $\cos 3x = 4\cos^3 x - 3\cos x$ 에서 $\cos^3 x = \dfrac{3\cos x + \cos 3x}{4}$ 로 바꿔 적분할 수 있다.)

③ $\displaystyle\int \tan^3 x\, dx = \int \tan^2 x \tan x\, dx = \int (\sec^2 x - 1)\tan x\, dx = \int \sec^2 x \tan x\, dx - \int \tan x\, dx$

$$= \frac{1}{2}\tan^2 x + \ln|\cos x| + C$$

④ $\displaystyle\int \operatorname{cosec}^3 x\, dx = \int \operatorname{cosec}^2 x \operatorname{cosec} x\, dx = -\cot x \operatorname{cosec} x - \int (-\cot x)(-\operatorname{cosec} x \cot x)\, dx$

$$= -\cot x \operatorname{cosec} x - \int \operatorname{cosec} x \cot^2 x\, dx = -\cot x \operatorname{cosec} x - \int \operatorname{cosec} x (\operatorname{cosec}^2 x - 1)\, dx$$

$$= -\cot x \operatorname{cosec} x - \int \operatorname{cosec}^3 x\, dx + \int \operatorname{cosec} x\, dx$$

$\therefore 2\displaystyle\int \operatorname{cosec}^3 x\, dx = -\cot x \operatorname{cosec} x + \int \operatorname{cosec} x\, dx$

$\therefore \displaystyle\int \operatorname{cosec}^3 x\, dx = \frac{1}{2}\{-\cot x \operatorname{cosec} x - \ln|\operatorname{cosec} x + \cot x|\} + C$

⑤ $\displaystyle\int \sec^3 x\, dx = \int \sec^2 x \sec x\, dx = \tan x \sec x - \int (\tan x)(\sec x \tan x)\, dx$

$$= \tan x \sec x - \int \sec x \tan^2 x\, dx = \tan x \sec x - \int \sec x (\sec^2 x - 1)\, dx$$

$$= \tan x \sec x - \int \sec^3 x\, dx + \int \sec x\, dx$$

$\therefore 2\displaystyle\int \sec^3 x\, dx = \tan x \sec x + \int \sec x\, dx \quad \therefore \int \sec^3 x\, dx = \frac{1}{2}\{\tan x \sec x + \ln|\sec x + \tan x|\} + C$

⑥ $\displaystyle\int \cot^3 x\, dx = \int \cot^2 x \cot x\, dx = \int (\operatorname{cosec}^2 x - 1)\cot x\, dx = \int \operatorname{cosec}^2 x \cot x\, dx - \int \cot x\, dx$

$$= -\frac{1}{2}\cot^2 x - \ln|\sin x| + C$$

헤비사이드의 부분분수 분해법–인수 가리기

$$\frac{1}{(x-\alpha)(x-\beta)}=\frac{A}{x-\alpha}+\frac{B}{x-\beta} \text{ 로 두고 } A,\, B \text{을 구하는 방법}$$

① A : 좌변 $\dfrac{1}{(x-\alpha)(x-\beta)}$ 에서 $(x-\alpha)$을 가린 $\dfrac{1}{\square(x-\beta)}$ 에 $x-\alpha=0$의 근 α를 x에 대입하면

$\dfrac{1}{\square(\alpha-\beta)}$ 이고 가린 부분을 제외한 값 $\dfrac{1}{\alpha-\beta}$ 이 A이다.

② B : 좌변 $\dfrac{1}{(x-\alpha)(x-\beta)}$ 에서 $(x-\beta)$을 가린 $\dfrac{1}{(x-\alpha)\square}$ 에 $x-\beta=0$의 근 β를 x에 대입하면

$\dfrac{1}{(\beta-\alpha)\square}$ 이고 가린 부분을 제외한 값 $\dfrac{1}{\beta-\alpha}=-\dfrac{1}{\alpha-\beta}$ 이 B이다.

[관련 문제]

(1) $\displaystyle\int \frac{1}{x(x+1)(x+2)}dx$ 을 구하여라.

(2) $\displaystyle\int \frac{1}{x(x+1)^2}dx$ 을 구하여라.

일반 풀이

(1) 피적분함수를 부분분수로 변형하면

$$\frac{1}{x(x+1)(x+2)}=\frac{A}{x}+\frac{B}{x+1}+\frac{C}{x+2}$$

$$\frac{1}{x(x+1)(x+2)}$$
$$=\frac{A(x+1)(x+2)+Bx(x+2)+Cx(x+1)}{x(x+1)(x+2)}$$
$$\frac{1}{x(x+1)(x+2)}$$
$$=\frac{(A+B+C)x^2+(3A+2B+C)x+2A}{x(x+1)(x+2)}$$

위의 등식은 항등식이므로 분자의 계수를 비교하면

$A+B+C=0$, $3A+2B+C=0$, $2A=1$

세 식을 연립하여 풀면 $A=\dfrac{1}{2}$, $B=-1$, $C=\dfrac{1}{2}$

$$-\text{이하 생략}-$$

(2) 피적분함수를 부분분수로 변형하면

$$\frac{1}{x(x+1)^2}=\frac{A}{x}+\frac{B}{x+1}+\frac{C}{(x+1)^2}$$

$$\frac{1}{x(x+1)^2}=\frac{A(x+1)^2+Bx(x+1)+Cx}{x(x+1)^2}$$
$$\frac{1}{x(x+1)^2}=\frac{(A+B)x^2+(2A+B+C)x+A}{x(x+1)^2}$$

위의 등식은 항등식이므로 양변의 계수를 비교하면

$A+B=0$, $2A+B+C=0$, $A=1$

세 식을 연립하여 풀면 $A=1$, $B=-1$, $C=-1$

$$-\text{이하 생략}-$$

랑데뷰 풀이

(1) $\dfrac{1}{x(x+1)(x+2)}=\dfrac{A}{x}+\dfrac{B}{x+1}+\dfrac{C}{x+2}$

$A=\dfrac{1}{\square(x+1)(x+2)}$ 에서 $x=0$대입하면

$\Rightarrow A=\dfrac{1}{2}$

$B=\dfrac{1}{x\,\square(x+2)}$ 에서 $x=-1$대입하면 $B=-1$

$C=\dfrac{1}{x(x+1)\square}$ 에서 $x=-2$대입하면 $C=\dfrac{1}{2}$

$$-\text{이하 생략}-$$

(2) $\dfrac{1}{x(x+1)^2}=\dfrac{A}{x}+\dfrac{B}{x+1}+\dfrac{C}{(x+1)^2}$

$A=\dfrac{1}{\square(x+1)^2}$ 에서 $x=0$대입하면 $A=1$

$C=\dfrac{1}{x\,\square}$ 에서 $x=-1$대입하면 $C=-1$

또한, $\dfrac{1}{x(x+1)^2}=\dfrac{1}{x}+\dfrac{B}{x+1}+\dfrac{-1}{(x+1)^2}$ 에서

분모가 0이 되지 않는 수를 대입하면

(예를 들어 $x=1$) B를 구할 수 있다.

양변에 $x=1$을 대입하면 $\dfrac{1}{4}=1+\dfrac{B}{2}-\dfrac{1}{4}$

$\therefore\ B=-1$

$$-\text{이하 생략}-$$

도표적분법

적분에서 부분적분을 여러 번 적용해야 되는 경우에는 부분적분의 원리를 적용시켜 빠르게 계산할 수 있다. 예를 들어

$$\int x^2\sin x\,dx = (-\cos x)\cdot x^2 - \int(-\cos x)\cdot 2x\,dx = -x^2\cos x + 2\int x\cos x\,dx$$

$$= -x^2\cos x + 2\left(x\sin x - \int \sin x\,dx\right) = -x^2\cos x + 2x\sin x + 2\cos x + C \text{ 에서}$$

x^2과 $\sin x$의 변화를 살펴보면

x^2	$\Rightarrow$	그대로 (x^2)	$\rightarrow$	미분 $(2x)$	$\rightarrow$	미분 (2)	$\rightarrow$	미분 (0)	$\rightarrow$	미분 (0)	$\rightarrow$	$\cdots$
$\sin x$	$\Rightarrow$	적분 $(-\cos x)$	$\rightarrow$	적분 $(-\sin x)$	$\rightarrow$	적분 $(\cos x)$	$\rightarrow$	적분 $(\sin x)$	$\rightarrow$	적분 $(-\cos x)$	$\rightarrow$	$\cdots$

$x^2\sin x$은 [그적-미적+미적-미적+미적-$\cdots$] 과정을 거친다.

x^2이 세 번째 미분되면서 부터는 0이 되어 계산과정에서 사라지므로 $x^2\sin x$은 [그적-미적+미적-미적] 으로 부정적분을 구할 수 있다.

$\displaystyle\int f(x)g(x)\,dx$에서 두 함수 $f(x), g(x)$중 [그대로→미분]의 과정을 거치는 $f(x)$가 되는 순서는

[로그함수→다항함수→ 삼각함수→ 지수함수] 순서이다. (로.다.삼.지)로 외우도록 하자.

(1) $\displaystyle\int x^2 e^x\,dx$을 구해보자. $\rightarrow \displaystyle\int x^2 e^x\,dx = x^2 e^x - 2x e^x + 2e^x + C$

그런데 로그함수가 있는 경우에는

(2) $\displaystyle\int (\ln x)^2\,dx$을 구해보자. $\rightarrow \displaystyle\int (\ln x)^2 1\,dx = (\ln x)^2 x - \left(\dfrac{2\ln x}{x}\right)\left(\dfrac{1}{2}x^2\right) + \left(\dfrac{2\ln x}{x}\right)' \int\left(\dfrac{1}{2}x^2\right)dx - \cdots$

와 같이 계산하면 할수록 복잡해지는 경우에는 식을 정리 한 후 [+미적-미적+미적+$\cdots$] 해야 하는데 그 과정을 익히는거 보다는 원래 방법대로 하는 것이 더 간단하다.

따라서 도표적분법은 로그함수가 없고 다항함수가 포함된 부분적분에서 적용하면 편리하다.

[관련 문제] $\displaystyle\int (2x^2 + 4x + 1)e^{2x}\,dx$ 을 구하여라.

일반 풀이

$u(x) = 2x^2 + 4x + 1,\ v'(x) = e^{2x}$ 으로 놓으면

$u'(x) = 4x + 4,\ v(x) = \dfrac{1}{2}e^{2x}$ 이므로

$$\int (2x^2 + 4x + 1)e^{2x}\,dx$$

$$= \left(x^2 + 2x + \frac{1}{2}\right)e^{2x} - \int (2x + 2)e^{2x}\,dx$$

이때, $\displaystyle\int (2x + 2)e^{2x}\,dx$ 에 부분적분을 다시 적용하여

$h(x) = 2x + 2,\ k'(x) = e^{2x} \rightarrow h'(x) = 2,\ k(x) = \dfrac{1}{2}e^{2x}$

$\displaystyle\int (2x + 2)e^{2x}\,dx = (x + 1)e^{2x} - \int e^{2x}\,dx$ 이므로

$$\int (2x^2 + 4x + 1)e^{2x}\,dx$$

$$= \left(x^2 + 2x + \frac{1}{2}\right)e^{2x} - \left\{(x + 1)e^{2x} - \int e^{2x}\,dx\right\}$$

$$= \left(x^2 + 2x + \frac{1}{2}\right)e^{2x} - (x + 1)e^{2x} + \frac{1}{2}e^{2x} + C$$

$$= (x^2 + x)e^{2x} + C$$

랑데뷰 풀이 $\Rightarrow \displaystyle\int (2x^2 + 4x + 1)e^{2x}\,dx$

$$= (2x^2 + 4x + 1)\left(\frac{1}{2}e^{2x}\right) - (4x + 4)\left(\frac{1}{4}e^{2x}\right)$$

$$+ (4)\left(\frac{1}{8}e^{2x}\right) - (0)\left(\frac{1}{16}e^{2x}\right)\cdots$$

$$= (x^2 + x)e^{2x} + C$$

적분 가능한 (삼각함수×지수함수)의 도표적분법

⇨ [그적−미적+미적−미적+미적+⋯]의 과정에서 [그적−미적]을 거친 후 나타나는 [+미적−미적+미적+⋯]을
−로 묶으면 구하려는 부정적분과 같거나 실수배의 식이 나타나서 우변으로 이항 후 정리하면 된다.

---

(1) $\displaystyle\int \sin x\, e^x\, dx$은 도표적분법에서 $\sin x\, e^x$이 [그적−미적+미적−미적+미적+⋯] 과정을 거친다.

$$\int \sin x\, e^x\, dx = (\sin x)(e^x) - (\cos x)(e^x) + (-\sin x)(e^x) - (-\cos x)(e^x) + (\sin x)(e^x) - (\cos x)(e^x) + \cdots$$

$$= (\sin x)(e^x) - (\cos x)(e^x) - \underbrace{\{(\sin x)(e^x) - (\cos x)(e^x) - (\sin x)(e^x) + (\cos x)(e^x) + \cdots\}}_{\int \sin x\, e^x\, dx}$$

따라서 $\displaystyle 2\int \sin x\, e^x\, dx = (\sin x)(e^x) - (\cos x)(e^x)$ $\therefore \displaystyle\int \sin x\, e^x = \frac{1}{2}e^x(\sin x - \cos x) + C$

(2) $\displaystyle\int \cos x\, 2^x\, dx$은 도표적분법에서 $\cos x\, 2^x$이 [그적−미적+미적−미적+미적+⋯] 과정을 거친다.

$$\int \cos x\, 2^x\, dx$$

$$= (\cos x)\left(\frac{2^x}{\ln 2}\right) - (-\sin x)\left(\frac{2^x}{(\ln 2)^2}\right) + (-\cos x)\left(\frac{2^x}{(\ln 2)^3}\right) - (\sin x)\left(\frac{2^x}{(\ln 2)^4}\right) + (\cos x)\left(\frac{2^x}{(\ln 2)^5}\right) - (-\sin x)\left(\frac{2^x}{(\ln 2)^6}\right) + \cdots$$

$$= (\cos x)\left(\frac{2^x}{\ln 2}\right) - (-\sin x)\left(\frac{2^x}{(\ln 2)^2}\right) - \underbrace{\frac{1}{(\ln 2)^2}\left\{(\cos x)\left(\frac{2^x}{(\ln 2)}\right) - (-\sin x)\left(\frac{2^x}{(\ln 2)^2}\right) + (-\cos x)\left(\frac{2^x}{(\ln 2)^3}\right) - (\sin x)\left(\frac{2^x}{(\ln 2)^4}\right) + \cdots\right\}}_{\frac{1}{(\ln 2)^2}\int \cos x\, 2^x\, dx}$$

따라서

$$\int \cos x\, 2^x\, dx + \frac{1}{(\ln 2)^2}\int \cos x\, 2^x\, dx = (\cos x)\left(\frac{2^x}{\ln 2}\right) - (-\sin x)\left(\frac{2^x}{(\ln 2)^2}\right)$$

$$\int \cos x\, 2^x\, dx\left\{\frac{(\ln 2)^2 + 1}{(\ln 2)^2}\right\} = (\cos x)\left(\frac{2^x}{\ln 2}\right) - (-\sin x)\left(\frac{2^x}{(\ln 2)^2}\right)$$

$$\therefore \int \cos x\, 2^x = \frac{2^x(\ln 2 \cos x + \sin x)}{(\ln 2)^2 + 1} + C$$

예를 들어 $\displaystyle\int \sin(2x+1)e^{3x}\, dx$을 두 번 그적−미적 한 후 +미적을 한번만 하고 **실수배를 예측한 뒤** 정리해서 해결해보자.

$$\int \sin(2x+1)e^{3x}\, dx = (\sin(2x+1))\left(\frac{1}{3}e^{3x}\right) - (2\cos(2x+1))\left(\frac{1}{9}e^{3x}\right) + (-4\sin(2x+1))\left(\frac{1}{27}e^{3x}\right) - \cdots$$

$$= (\sin(2x+1))\left(\frac{1}{3}e^{3x}\right) - (2\cos(2x+1))\left(\frac{1}{9}e^{3x}\right) - \frac{4}{9}\left\{(\sin(2x+1))\left(\frac{1}{3}e^{3x}\right) - \cdots\right\}$$

$$= (\sin(2x+1))\left(\frac{1}{3}e^{3x}\right) - (2\cos(2x+1))\left(\frac{1}{9}e^{3x}\right) - \frac{4}{9}\int \sin(2x+1)e^{3x}\, dx$$

따라서 $\displaystyle\frac{13}{9}\int \sin(2x+1)e^{3x}\, dx = (\sin(2x+1))\left(\frac{1}{3}e^{3x}\right) - (2\cos(2x+1))\left(\frac{1}{9}e^{3x}\right)$

⇨ $\displaystyle\int \sin(2x+1)e^{3x}\, dx = \frac{9}{13}\left\{(\sin(2x+1))\left(\frac{1}{3}e^{3x}\right) - (2\cos(2x+1))\left(\frac{1}{9}e^{3x}\right)\right\}$

$$\therefore \int \sin(2x+1)e^{3x}\, dx = \frac{e^{3x}}{13}\{3\sin(2x+1) - 2\cos(2x+1)\}$$

---

① $g(x)=xf'(x)+f(x) \Rightarrow \displaystyle\int_a^x g(t)dt = xf(x)$

② $g(x)=xf'(x)-f(x) \Rightarrow \displaystyle\int_a^x \left(\frac{g(t)}{t^2}\right)dt = \frac{f(x)}{x}$

③ $g(x)=xf'(x)+2f(x) \Rightarrow \displaystyle\int_a^x t\,g(t)dt = x^2 f(x)$

④ $g(x)=xf'(x)+nf(x) \Rightarrow \displaystyle\int_a^x t^{n-1} g(t)dt = x^n f(x)$

⑤ $g(x)=xf'(x)-nf(x) \Rightarrow \displaystyle\int_a^x \left(\frac{g(t)}{t^{n+1}}\right)dt = \frac{f(x)}{x^n}$

설명

① $g(x)=xf'(x)+f(x) \Rightarrow \displaystyle\int_a^x g(t)dt = xf(x) \Rightarrow g(x)=xf'(x)+f(x)=(xf(x))'$ 이므로

$\displaystyle\int_a^x g(t)dt = xf(x)$ 의 양변을 미분한 식이다.

② $g(x)=xf'(x)-f(x) \Rightarrow \displaystyle\int_a^x \left(\frac{g(t)}{t^2}\right)dt = \frac{f(x)}{x} \Rightarrow g(x)=xf'(x)-f(x)$ 에서 양변에 $\div x^2$ 을 하면

$\dfrac{g(x)}{x^2} = \dfrac{xf'(x)-f(x)}{x^2} = \left(\dfrac{f(x)}{x}\right)'$ 이므로 $\displaystyle\int_a^x \left(\frac{g(t)}{t^2}\right)dt = \frac{f(x)}{x}$ 의 양변을 미분한 식이다.

적용예시 [2019학년도 6월 평가원 가형 30번]
실수 전체의 집합에서 미분 가능한 함수 $f(x)$ 에 대하여 곡선 $y=f(x)$ 위의 점 $(t,\ f(t))$ 에서의 접선의 y 절편을 $g(t)$ 라 하자.

⇨ **문장해석** $g(t)$ 는 접선의 y 절편이므로 $y=f(x)$ 의 $(t,\ f(t))$ 에서의 접선의 방정식은 $y=f'(t)(x-t)+f(t)$ 이므로

$g(t)=-tf'(t)+f(t)$ 이다. 양변에 $-\dfrac{1}{t^2}$ 을 곱하면 $-\dfrac{g(t)}{t^2} = \dfrac{tf'(t)-f(t)}{t^2} = \left(\dfrac{f(t)}{t}+C_1\right)'$ 에서

$\therefore\ g(t)=(-t^2)\left(\dfrac{f(t)}{t}+C_1\right)'$

③ $g(x)=xf'(x)+2f(x) \Rightarrow \displaystyle\int_a^x t\,g(t)dt = x^2 f(x) \Rightarrow g(x)=xf'(x)+2f(x)$ 에서 양변에 $\times x$ 을 하면

$xg(x)=x^2 f'(x)+2xf(x)=(x^2 f(x))'$ 이므로 $\displaystyle\int_a^x t\,g(t)dt = x^2 f(x)$ 의 양변을 미분한 식이다.

④ $g(x)=xf'(x)+nf(x) \Rightarrow \displaystyle\int_a^x t^{n-1} g(t)dt = x^n f(x) \Rightarrow g(x)=xf'(x)+nf(x)$ 에서 양변에 $\times x^{n-1}$ 을 하면

$x^{n-1}g(x)=x^n f'(x)+nx^{n-1}f(x)=(x^n f(x))'$ 이므로 $\displaystyle\int_a^x t^{n-1} g(t)dt = x^n f(x)$ 의 양변을 미분한 식이다.

⑤ $g(x)=xf'(x)-nf(x) \Rightarrow \displaystyle\int_a^x \left(\frac{g(t)}{t^{n+1}}\right)dt = \frac{f(x)}{x^n} \Rightarrow g(x)=xf'(x)-nf(x)$ 에서 양변에 $\div x^{n+1}$ 을 하면

$\dfrac{g(x)}{x^{n+1}} = \dfrac{xf'(x)-nf(x)}{x^{n+1}} = \left(\dfrac{f(x)}{x^n}\right)'$ 이므로 $\displaystyle\int_a^x \left(\frac{g(t)}{t^{n+1}}\right)dt = \frac{f(x)}{x^n}$ 의 양변을 미분한 식이다.

⇨ $g(x)=xf'(x)-nf(x)=xf'(x)+f(x)-(n+1)f(x)=\{xf(x)\}'-(n+1)f(x)$ 라 두고 풀어나가도 된다.

$$f(x) + f'(x) = g(x) \Rightarrow \text{양변에 } e^x \text{을 곱하여 해결한다.}$$
$$f(x) - f'(x) = h(x) \Rightarrow \text{양변에 } e^{-x} \text{을 곱하여 해결한다.}$$
$$\{e^x f(x)\}' = e^x f(x) + e^x f'(x), \quad \{e^{-x} f(x)\}' = -e^{-x} f(x) + e^{-x} f'(x)$$

비제차 1계 선형 미분방정식$(y' + p(x)y = f(x))$의 일반해를 구하는 과정에서 적분인자를 구하는 원리가 e^x을 곱하는 것이다. 이 과정은 대학과정이기에 이해할 필요는 없지만 고교 내신 기출 문제에 자주 등장하므로 위 형태의 미분방정식은 $[e^x$을 곱하면 쉽게 풀린다.]고 직관적으로 떠 올릴 수 있도록 하자.

[관련 문제]-1

함수 $f(x)$와 도함수 $f'(x)$가

$f(x) = \sin x - f'(x)$, $f(0) = -\dfrac{1}{2}$을 만족할 때,

$f\left(\dfrac{\pi}{4}\right)$의 값을 구하여라.

풀이 $f(x) + f'(x) = \sin x$ 이고 양변에 e^x을 곱하면

$e^x f(x) + e^x f'(x) = e^x \sin x$이고 양변을 부정적분 하면

$e^x f(x) = \displaystyle\int e^x \sin x\, dx$

$\qquad\quad = \dfrac{1}{2} e^x (\sin x - \cos x) + C$

이고 양변에 $x = 0$을 대입하면

$f(0) = -\dfrac{1}{2} + C = -\dfrac{1}{2}$에서 $C = 0$

따라서 $f(x) = \dfrac{1}{2}(\sin x - \cos x)$

$\therefore f\left(\dfrac{\pi}{4}\right) = 0$

[관련 문제]-2

미분 가능한 함수 $f(x)$가 모든 실수 x에 대하여

$\displaystyle\int_0^{2x} f(t)\, dt - xf(0) = f(2x) - x$을 만족시킬 때,

$f(\ln 3)$의 값을 구하여라.

풀이 $\displaystyle\int_0^{2x} f(t)\, dt - xf(0) = f(2x) - x$의

양변에 $x = 0$을 대입하면

$0 - 0 = f(0) - 0$에서 $f(0) = 0$이다.

따라서 $\displaystyle\int_0^{2x} f(t)\, dt = f(2x) - x$이다.

양변 미분하면 $2f(2x) = 2f'(2x) - 1$이다.

$\therefore f(2x) - f'(2x) = -\dfrac{1}{2}$

$2x = t$라 두면

$f(t) - f'(t) = -\dfrac{1}{2}$이고 양변에 e^{-t}을 곱하면

$e^{-t} f(t) - e^{-t} f'(t) = -\dfrac{1}{2} e^{-t}$이고 양변을 부정적분 하면

$-e^{-t} f(t) = \dfrac{1}{2} e^{-t} + C$ 에서 $f(0) = 0$이므로

$C = -\dfrac{1}{2}$이다. $\therefore -e^{-t} f(t) = \dfrac{1}{2} e^{-t} - \dfrac{1}{2}$

$\therefore f(t) = \dfrac{1}{2} e^t - \dfrac{1}{2}$

$f(\ln 3) = 1$

$$\text{로피탈 정리} \Rightarrow \lim_{x \to c} \frac{f(x)}{g(x)} = \lim_{x \to c} \frac{f'(x)}{g'(x)}$$

$$\text{좌우를 바꾸면 다음과 같다.} \Rightarrow \lim_{x \to c} \frac{f'(x)}{g'(x)} = \lim_{x \to c} \frac{f(x)}{g(x)} \text{ [역방향 로피탈 방법]}$$

다음 문제를
① 교육과정 풀이
② 로피탈 정리 이용
③ 역방향 로피탈 방법 이용
으로 풀어보자.

(1) $\displaystyle\lim_{x \to 1} \frac{x^2 - 1}{x - 1}$

① $\displaystyle\lim_{x \to 1} \frac{x^2 - 1}{x - 1} = \lim_{x \to 1} \frac{(x-1)(x+1)}{x-1} = 2$

② $\displaystyle\lim_{x \to 1} \frac{x^2 - 1}{x - 1} = \lim_{x \to 1} \frac{2x}{1} = 2$

③ $\displaystyle\lim_{x \to 1} \frac{x^2 - 1}{x - 1} = \lim_{x \to 1} \frac{\dfrac{1}{3}x^3 - x + C_1}{\dfrac{1}{2}x^2 - x + C_2}$

$$= \lim_{x \to 1} \frac{\dfrac{1}{3}x^3 - x + \dfrac{2}{3}}{\dfrac{1}{2}x^2 - x + \dfrac{1}{2}} = \lim_{x \to 1} \frac{\dfrac{1}{3}(x-1)^2(x+2)}{\dfrac{1}{2}(x-1)^2}$$

$$= \frac{1}{\dfrac{1}{2}} = 2$$

(2) $\displaystyle\lim_{x \to 0} \frac{\sin x}{x}$

① $\displaystyle\lim_{x \to 0} \frac{\sin x}{x} = 1$

② $\displaystyle\lim_{x \to 0} \frac{\sin x}{x} = \lim_{x \to 0} \frac{\cos x}{1} = 1$

③ $\displaystyle\lim_{x \to 0} \frac{\sin x}{x} = \lim_{x \to 0} \frac{-\cos x + C_1}{\dfrac{1}{2}x^2 + C_2} = \lim_{x \to 0} \frac{-\cos x + 1}{\dfrac{1}{2}x^2}$

$$= \lim_{x \to 0} \frac{\dfrac{1}{2}x^2}{\dfrac{1}{2}x^2} = 1$$

(3) $\displaystyle\lim_{x \to 0} \frac{1}{x} \left\{ \frac{1}{(x+2)^2} - \frac{1}{4} \right\}$

① $\displaystyle\lim_{x \to 0} \frac{1}{x} \left\{ \frac{1}{(x+2)^2} - \frac{1}{4} \right\}$

$$= \lim_{x \to 0} \frac{1}{x} \times \frac{4 - (x+2)^2}{4(x+2)^2} = \lim_{x \to 0} \frac{-x(x+4)}{4x(x+2)^2}$$

$$= \lim_{x \to 0} \frac{-(x+4)}{4x(x+2)^2} = \frac{-4}{16} = -\frac{1}{4}$$

② $\displaystyle\lim_{x \to 0} \frac{1}{x} \left\{ \frac{1}{(x+2)^2} - \frac{1}{4} \right\}$

$$= \lim_{x \to 0} \frac{\dfrac{1}{(x+2)^2} - \dfrac{1}{4}}{x} = \lim_{x \to 0} \frac{\dfrac{-2}{(x+2)^3}}{1} = -\frac{1}{4}$$

③ $\displaystyle\lim_{x \to 0} \frac{1}{x} \left\{ \frac{1}{(x+2)^2} - \frac{1}{4} \right\}$

$$= \lim_{x \to 0} \frac{\dfrac{1}{(x+2)^2} - \dfrac{1}{4}}{x} = \lim_{x \to 0} \frac{\dfrac{-1}{x+2} - \dfrac{1}{4}x + C_2}{\dfrac{1}{2}x^2 + C_1}$$

$$= \lim_{x \to 0} \frac{\dfrac{-1}{x+2} - \dfrac{1}{4}x + \dfrac{1}{2}}{\dfrac{1}{2}x^2}$$

$$= \lim_{x \to 0} \frac{\dfrac{-4 - x(x+2) + 2(x+2)}{4(x+2)}}{\dfrac{1}{2}x^2} = \lim_{x \to 0} \frac{\dfrac{-x^2}{4(x+2)}}{\dfrac{1}{2}x^2}$$

$$= -\frac{1}{4}$$

적분 상수는 $\dfrac{0}{0}$ 꼴일 때는 분모, 분자식이 각각 극한을

대입했을 때 0이 되게 하고 $\dfrac{\infty}{\infty}$ 일 때는 무시해도 된다.

(0으로 봄)

$$\text{역방향 로피탈 방법} \left(\frac{\infty}{\infty}, \frac{0}{0}\right) \Rightarrow \lim_{x \to a} \frac{f(x)}{g(x)} = \lim_{x \to a} \frac{\int f(x)dx}{\int g(x)dx}$$

[관련 문제] ⇨ 도함수가 포함된 함수의 극한에 사용하면 유용하다.

① 두 함수 $f(x) = \ln x$, $g(x) = x^2$ 에 대하여 $h(x) = (g \circ f)(x)$ 라 할 때, $\displaystyle\lim_{x \to 1} \frac{h'(x)}{x-1}$ 의 값을 구하여라.

② 최고차항의 계수가 1인 사차함수 $f(x)$에 대하여 $F(x) = \ln|f(x)|$라 하고, 최고차항의 계수가 1인

삼차함수 $g(x)$에 대하여 $G(x) = \ln|g(x)\sin x|$라 하자. $\displaystyle\lim_{x \to 1}(x-1)F'(x) = 3$, $\displaystyle\lim_{x \to 0}\frac{F'(x)}{G'(x)} = \frac{1}{4}$일 때,

$f(3) + g(3)$의 값은? [2018학년도 6월 모의평가 가형 21번]

일반 풀이

① $h(x) = g(\ln x) = (\ln x)^2$ 이므로 $h'(x) = \dfrac{2}{x}\ln x$

$\therefore h'(1) = 0$

이때, $\displaystyle\lim_{x \to 1}\frac{h'(x)}{x-1} = \lim_{x \to 1}\frac{h'(x) - h'(1)}{x-1} = h''(1)$ 이므로

$h''(x) = -\dfrac{2}{x^2}\ln x + \dfrac{2}{x^2}$ $\qquad \therefore h''(1) = 2$

②

$F(x) = \ln|f(x)|$를 미분하면 $F'(x) = \dfrac{f'(x)}{f(x)}$

$\displaystyle\lim_{x \to 1}(x-1)F'(x) = \lim_{x \to 1}\frac{(x-1)f'(x)}{f(x)} = 3$에서

$f(1) = 0$이다.

$f(x) = (x-1)q(x)$라 하면

$f'(x) = q(x) + (x-1)q'(x)$이므로

$\displaystyle\lim_{x \to 1}\frac{(x-1)\{q(x) + (x-1)q'(x)\}}{(x-1)q(x)} = 1 \neq 3$이다.

$f(x) = (x-1)^k h(x)$ $(k \geq 2$인 자연수$)$라 하면

$f'(x) = k(x-1)^{k-1}h(x) + (x-1)^k h'(x)$이므로

$\displaystyle\lim_{x \to 1}\frac{(x-1)\{k(x-1)^{k-1}h(x) + (x-1)^k h'(x)\}}{(x-1)^k h(x)}$

$= \displaystyle\lim_{x \to 1}\frac{k(x-1)^k h(x) + (x-1)^{k+1}h'(x)}{(x-1)^k h(x)}$

$= k$

이므로 조건으로부터 $k = 3$이다.

따라서 $f(x) = (x-1)^3(x-a)$의 꼴이 된다.

이하 생략

랑데뷰 풀이

① $\displaystyle\lim_{x \to 1}\frac{h'(x)}{x-1} = \lim_{x \to 1}\frac{h(x) + C_1}{\frac{1}{2}x^2 - x + C_2}$에서

$\dfrac{0}{0}$꼴 이므로 $h(1) + C_1 = 0 + C_1 = 0$ $\therefore C_1 = 0$

$\dfrac{1}{2} \times 1^2 - 1 + C_2 = 0$ $\therefore C_2 = \dfrac{1}{2}$ 따라서

$\displaystyle\lim_{x \to 1}\frac{(\ln x)^2}{\frac{1}{2}(x-1)^2} = 2\lim_{x \to 1}\left(\frac{\ln x}{x-1}\right)^2 = 2 \times 1^2 = 2$

②

$\displaystyle\lim_{x \to 1}(x-1)F'(x) = \lim_{x \to 1}\frac{F'(x)}{\frac{1}{x-1}} = \lim_{x \to 1}\frac{F(x) + C_1}{\ln|x-1| + C_2}$

$\dfrac{\infty}{\infty}$꼴 이므로 C_1, C_2는 무시할 수 있는 상수

따라서 $\displaystyle\lim_{x \to 1}\frac{F(x)}{\ln|x-1|} = \lim_{x \to 1}\frac{\ln|f(x)|}{\ln|x-1|} = 3$ 이고

$f(x)$는 최고차항의 계수가 1인 사차함수 이므로

$f(x) = (x-1)^3(x+k)$이다. 또한

$\displaystyle\lim_{x \to 0}\frac{F'(x)}{G'(x)} = \lim_{x \to 0}\frac{F(x)}{G(x)} = \lim_{x \to 0}\frac{\ln|(x-1)^3(x+k)|}{\ln|g(x)\sin x|}$

$\dfrac{\infty}{\infty}$꼴 이므로 $k = 0$ $\therefore f(x) = x(x-1)^3$

$x \to 0$일 때 $\sin x \fallingdotseq x$ 이므로

$\displaystyle\lim_{x \to 0}\frac{3\ln|x-1| + \ln|x|}{\ln|g(x) \times x|} = \frac{1}{4} = \lim_{x \to 0}\frac{\ln|x|}{\ln|x^4|}$에서

$\therefore g(x) = x^3$ $\qquad \therefore f(3) + g(3) = 51$

오일러 공식

$$e^{xi} = \cos x + i\sin x \ \Rightarrow \ x = \pi \text{대입하면} \ e^{\pi i} + 1 = 0$$

매클로린 급수에서 $e^x = 1 + x + \dfrac{1}{2!}x^2 + \dfrac{1}{3!}x^3 + \dfrac{1}{4!}x^4 + \dfrac{1}{5!}x^5 + \cdots$ 이고 x에 xi를 대입하면

$$e^{xi} = 1 + xi - \frac{1}{2!}x^2 - \frac{1}{3!}x^3 i + \frac{1}{4!}x^4 + \frac{1}{5!}x^5 i + \cdots$$

$$= \left(1 - \frac{1}{2!}x^2 + \frac{1}{4!}x^4 - \frac{1}{6!}x^6 - \cdots\right) + i\left(x - \frac{1}{3!}x^3 + \frac{1}{5!}x^5 - \frac{1}{7!}x^7 + \cdots\right) = \cos x + i\sin x$$

$$\left(\because \ \cos x = 1 - \frac{1}{2!}x^2 + \frac{1}{4!}x^4 - \frac{1}{6!}x^6 - \cdots, \quad \sin x = x - \frac{1}{3!}x^3 + \frac{1}{5!}x^5 - \frac{1}{7!}x^7 + \cdots \right)$$

[관련 문제] $\displaystyle\int e^x \cos x\,dx$, $\displaystyle\int e^x \sin x\,dx$ 을 각각 구하여라.

일반 풀이

먼저 $\displaystyle\int e^x \cos x\,dx$ 을 구해보자.

$u(x) = \cos x$, $v'(x) = e^x$ 으로 놓으면

$u'(x) = -\sin x$, $v(x) = e^x$ 이므로

$$\int e^x \cos x\,dx = e^x \cos x + \int e^x \sin x\,dx$$

이때, $\displaystyle\int e^x \sin x\,dx$ 에 부분적분법을 다시 한 번

적용하여 $h(x) = \sin x$, $k'(x) = e^x$ 으로 놓으면

$h'(x) = \cos x$, $k(x) = e^x$ 이므로

$$\int e^x \sin x\,dx = e^x \sin x - \int e^x \cos x\,dx$$

$$\int e^x \cos x\,dx = e^x \cos x + e^x \sin x - \int e^x \cos x\,dx$$

$$2\int e^x \cos x\,dx = e^x \cos x + e^x \sin x$$

$$\therefore \int e^x \cos x\,dx = \frac{1}{2}e^x(\sin x + \cos x) + C \cdots\cdots \ ㉠$$

$\displaystyle\int e^x \sin x\,dx$ 은 같은 방법으로

$u(x) = \sin x$, $v'(x) = e^x$으로 놓으면

$u'(x) = \cos x$, $v(x) = e^x$

$$\int e^x \sin x\,dx = e^x \sin x - \int e^x \cos dx \ \cdots\cdots \ ㉡$$

㉡에 ㉠을 대입하면

$$\therefore \int e^x \sin x\,dx = \frac{1}{2}e^x(\sin x - \cos x) + C$$

랑데뷰 풀이

$$\int e^x \cos x\,dx + i\int e^x \sin x\,dx$$

$$= \int e^x(\cos x + i\sin x)\,dx$$

$$= \int e^x e^{xi}\,dx = \int e^{(1+i)x}\,dx$$

$$= \frac{1}{1+i}e^{(1+i)x} + C = \frac{1}{2}(1-i)e^x e^{ix} + C$$

$$= \frac{1}{2}(1-i)e^x(\cos x + i\sin x) + C$$

$$= \frac{1}{2}e^x\{(1-i)(\cos x + i\sin x)\} + C$$

$$= \frac{1}{2}e^x\{(\cos x + \sin x) + (\sin x - \cos x)i\} + C$$

이므로 복소수 상등에 의해

$$\therefore \int e^x \cos x\,dx = \frac{1}{2}e^x(\cos x + \sin x) + C$$

$$\therefore \int e^x \sin x\,dx = \frac{1}{2}e^x(\sin x - \cos x) + C$$

[다른 풀이]

$$\int e^x \sin x\,dx = e^x \sin x - \int e^x \cos x\,dx \ \leftarrow [\text{부분적분}]$$

$$\Rightarrow \int e^x \cos x\,dx + \int e^x \sin x\,dx = e^x \sin x \cdots ㉠$$

$$\int e^x \cos x\,dx = e^x \cos x - \int e^x(-\sin x)\,dx \ \leftarrow [\text{부분적분}]$$

$$\Rightarrow \int e^x \cos x\,dx - \int e^x \sin x\,dx = e^x \cos x \cdots ㉡$$

$$㉠ + ㉡ \ \int e^x \cos x\,dx = \frac{1}{2}e^x(\cos x + \sin x) + C$$

$$㉠ - ㉡ \ \int e^x \sin x\,dx = \frac{1}{2}e^x(\sin x - \cos x) + C$$

$f'(x)$가 주어지고 $f(a)=k$일 때 $f(b)$의 값을 구하는 문제는

$f(x)$을 구하기 어려울 때는 정적분 $\int_a^b f'(x)\,dx = f(b)-f(a)$을 이용한다.

[관련 문제]

(1) 함수 $f(x)$의 도함수 $f'(x)=\dfrac{e^x-1}{e^x+1}$ 이고, $f(\ln 2)=3\ln 3$일 때, $f(\ln 3)$의 값은?

(2) 점 $(e,\,-1)$을 지나는 곡선 $y=f(x)$ 위의 임의의 점 $(x,\,y)$에서의 접선의 기울기가 $\dfrac{2\ln x}{x}$ 일 때, $f(1)$의 값을 구하여라.

(3) 함수 $f(x)$의 도함수 $f'(x)=\dfrac{\cos x}{\cos x+\sin x}$ 이고, $f(0)=1$일 때, $f\left(\dfrac{\pi}{2}\right)$의 값은?

일반 풀이

(1) $f(x)=\displaystyle\int \dfrac{e^x-1}{e^x+1}dx=\int\left(\dfrac{2e^x}{e^x+1}-1\right)dx$

$\qquad =2\ln(e^x+1)-x+C$

$f(\ln 2)=3\ln 3$에서

$f(\ln 2)=2\ln 3-\ln 2+C=3\ln 3$

$\therefore\ C=\ln 3+\ln 2=\ln 6$

따라서 $f(x)=2\ln(e^x+1)-x+\ln 6$

$f(\ln 3)=2\ln 4-\ln 3+\ln 6=5\ln 2$

(2) $f'(x)=\dfrac{2\ln x}{x}$ 이므로

$f(x)=\displaystyle\int \dfrac{2\ln x}{x}\,dx=2\int \dfrac{\ln x}{x}\,dx$

이때 $\ln x=t$ 로 놓으면 $\dfrac{dt}{dx}=\dfrac{1}{x}$ 이므로

$f(x)=2\displaystyle\int \dfrac{\ln x}{x}\,dx=2\int t\,dt$

$\qquad =t^2+C=(\ln x)^2+C$

$f(e)=-1$ 이므로 $-1=1+C$

$\therefore\ C=-2$

따라서 $f(x)=(\ln x)^2-2$ 이므로 $f(1)=-2$

(3) $f(x)=\dfrac{1}{2}(x+\ln(\sin x+\cos x))+1$

($\Leftarrow$ 구하기 쉽지 않다.) 따라서 $f\left(\dfrac{\pi}{2}\right)=\dfrac{\pi}{4}+1$

랑데뷰 풀이

(1) $\displaystyle\int_{\ln 2}^{\ln 3} f'(x)\,dx = f(\ln 3)-f(\ln 2)=f(\ln 3)-3\ln 3\cdots\text{㉠}$

따라서 $\displaystyle\int_{\ln 2}^{\ln 3} f'(x)\,dx = \int_{\ln 2}^{\ln 3}\left(\dfrac{e^x-1}{e^x+1}\right)dx$

$e^x=t$ 라 두면 $x:\ln 2\to\ln 3$이면 $t:2\to 3$

$dx=\dfrac{1}{t}\,dt$ 이므로

$=\displaystyle\int_2^3\left(\dfrac{t-1}{t+1}\times\dfrac{1}{t}\right)dt=\int_2^3\left(\dfrac{2}{t+1}-\dfrac{1}{t}\right)dt$

$=\big[2\ln(t+1)-\ln t\big]_2^3=5\ln 2-3\ln 3\cdots\text{㉡}$

㉠, ㉡에서 $f(3)=\ln 3$

(2) $f(e)=-1$이고 $f'(x)=\dfrac{2\ln x}{x}$ 이므로

$\displaystyle\int_1^e f'(x)\,dx = f(e)-f(1)=-1-f(1)\cdots\text{㉠}$

따라서 $\displaystyle\int_1^e f'(x)\,dx = \int_1^e\left(\dfrac{2\ln x}{x}\right)dx$

$=\displaystyle\int_0^1 (2t)\,dt=\big[t^2\big]_0^1=1\cdots\text{㉡}$

㉠, ㉡에서 $f(1)=-2$

(3) $\displaystyle\int_0^{\frac{\pi}{2}} f'(x)\,dx = f\left(\dfrac{\pi}{2}\right)-f(0)=f\left(\dfrac{\pi}{2}\right)-1$

$\displaystyle\int_0^{\frac{\pi}{2}} \dfrac{\cos x}{\sin x+\cos x}\,dx=\dfrac{\pi}{4}$ 이므로 $f\left(\dfrac{\pi}{2}\right)=\dfrac{\pi}{4}+1$

점대칭이 보이지 않을 때의 일반적인 풀이

[관련 문제]

(1) $\displaystyle\int_0^{\frac{\pi}{2}} \frac{\cos x}{\sin x + \cos x}\,dx$

(2) $\displaystyle\int_0^{\frac{\pi}{4}} \ln(1+\tan x)\,dx$

일반 풀이

(1) $I = \displaystyle\int_0^{\frac{\pi}{2}} \frac{\cos x}{\sin x + \cos x}\,dx$라 할 때

$\dfrac{\pi}{2} - x = t$라 하면 $-dx = dt$이므로

$$I = \int_{\frac{\pi}{2}}^{0} \frac{\cos\left(\frac{\pi}{2} - t\right)}{\sin\left(\frac{\pi}{2} - t\right) + \cos\left(\frac{\pi}{2} - t\right)}(-dt)$$

$$= \int_0^{\frac{\pi}{2}} \frac{\sin t}{\cos t + \sin t}\,dt$$

따라서

$$2I = \int_0^{\frac{\pi}{2}} \frac{\cos x}{\sin x + \cos x}\,dx$$
$$+ \int_0^{\frac{\pi}{2}} \frac{\sin x}{\cos x + \sin x}\,dx$$
$$= \int_0^{\frac{\pi}{2}} 1\,dx - \frac{\pi}{2}$$

$$\therefore\ I = \frac{\pi}{4}$$

(2) $I = \displaystyle\int_0^{\frac{\pi}{4}} \ln(1+\tan x)\,dx$ 라 할 때

$x = \dfrac{\pi}{4} - t$라 하면 $dx = -dt$이므로

$$I = \int_{\frac{\pi}{4}}^{0} \ln\left\{1 + \tan\left(\frac{\pi}{4} - t\right)\right\}(-dt)$$

$$= \int_0^{\frac{\pi}{4}} \ln\left(1 + \frac{1-\tan t}{1+\tan t}\right)dt$$

$$= \int_0^{\frac{\pi}{4}} \ln\left(\frac{2}{1+\tan t}\right)dt$$

$$= \frac{\pi}{4}\ln 2 - I$$

$$\therefore\ 2I = \frac{\pi}{4}\ln 2 \quad \therefore\ I = \frac{\pi}{8}\ln 2$$

랑데뷰 풀이

(1) $\displaystyle\int_0^{\frac{\pi}{2}} \frac{\cos x}{\sin x + \cos x}\,dx$

$$= \int_0^{\frac{\pi}{2}} \frac{\cos x(\cos x - \sin x)}{(\sin x + \cos x)(\cos x - \sin x)}\,dx$$

$$= \int_0^{\frac{\pi}{2}} \frac{\cos^2 x - \cos x \sin x}{\cos^2 x - \sin^2 x}\,dx$$

$$= \int_0^{\frac{\pi}{2}} \frac{\dfrac{1+\cos 2x}{2} - \dfrac{\sin 2x}{2}}{\cos 2x}\,dx$$

$$= \frac{1}{2}\int_0^{\frac{\pi}{2}} (\sec 2x + 1 - \tan 2x)\,dx \quad \leftarrow 2x = t\text{로 치환}$$

$$= \frac{1}{4}\int_0^{\pi} (\sec t + 1 - \tan t)\,dt$$

$$= \frac{1}{4}\left[\ln|\sec t + \tan t| + t + \ln|\cos t|\right]_0^{\pi} = \frac{1}{4}(0 + \pi - 0) = \frac{\pi}{4}$$

(2) $\displaystyle\int_0^{\frac{\pi}{4}} \ln(1+\tan x)\,dx = \int_0^{\frac{\pi}{4}} \ln\left(\frac{\cos x + \sin x}{\cos x}\right)dx$

$$= \int_0^{\frac{\pi}{4}} \ln\left\{\sqrt{2}\cos\left(x - \frac{\pi}{4}\right)\right\} - \ln(\cos x)\,dx$$

$$= \int_0^{\frac{\pi}{4}} \frac{1}{2}\ln 2\,dx + \int_0^{\frac{\pi}{4}} \ln\left(\cos\left(x - \frac{\pi}{4}\right)\right)dx - \int_0^{\frac{\pi}{4}} \ln(\cos x)\,dx$$

에서 $\displaystyle\int_0^{\frac{\pi}{4}} \ln\left(\cos\left(x - \frac{\pi}{4}\right)\right)dx \rightarrow x = \frac{\pi}{4} - t$라 두면

$$\int_0^{\frac{\pi}{4}} \ln\left(\cos\left(x - \frac{\pi}{4}\right)\right)dx = \int_{\frac{\pi}{4}}^{0} \ln(\cos t)(-dt) = \int_0^{\frac{\pi}{4}} \ln(\cos t)\,dt$$

$$= \int_0^{\frac{\pi}{4}} \ln(\cos x)\,dx\text{이므로}$$

$$\int_0^{\frac{\pi}{4}} \ln(1+\tan x)\,dx = \int_0^{\frac{\pi}{4}} \frac{1}{2}\ln 2\,dx = \frac{\pi}{8}\ln 2$$

점대칭이 보이면 다음 성질을 이용한다.

$f(x)$가 $(m,\ n)$에 대칭이면 $f(m-x)+f(m+x)=2n$

또는 $f(x)+f(2m-x)=2n$이 성립한다.

$\Rightarrow \displaystyle\int_{m-\alpha}^{m+\alpha} f(x)dx = 2\alpha \times n$ $\Rightarrow \displaystyle\int_{0}^{k} f(x)dx = k \times \dfrac{f(x)+f(k-x)}{2}$

[2016년 3월 교육청 가형 28번 참조]

$\to f(x)=\dfrac{e^{\cos x}}{1+e^{\cos x}}$ 일 때 $\displaystyle\int_{0}^{\pi} f(x)dx$

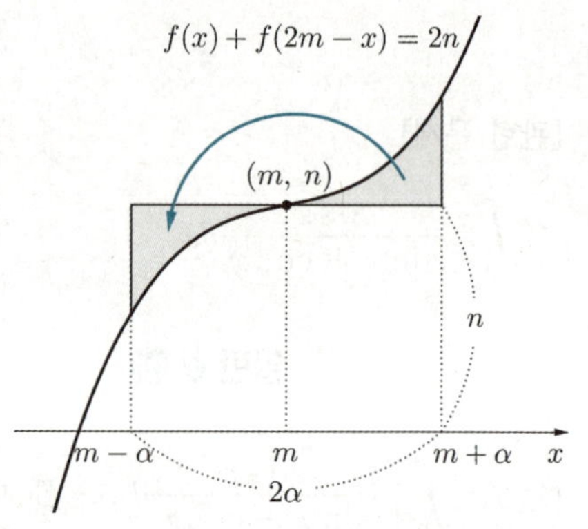

[관련 문제]

(1) $\displaystyle\int_{0}^{\frac{\pi}{2}} \dfrac{\cos x}{\sin x + \cos x}dx$ 　　　(2) $\displaystyle\int_{0}^{\frac{\pi}{4}} \ln(1+\tan x)dx$

일반 풀이

(1) $I=\displaystyle\int_{0}^{\frac{\pi}{2}} \dfrac{\cos x}{\sin x + \cos x}dx$ 라 할 때

$\dfrac{\pi}{2}-x=t$ 라 하면 $-dx=dt$ 이므로

$I=\displaystyle\int_{\frac{\pi}{2}}^{0} \dfrac{\cos\left(\dfrac{\pi}{2}-t\right)}{\sin\left(\dfrac{\pi}{2}-t\right)+\cos\left(\dfrac{\pi}{2}-t\right)}(-dt)$

$=\displaystyle\int_{0}^{\frac{\pi}{2}} \dfrac{\sin t}{\cos t + \sin t}dt$ 　따라서

$2I=\displaystyle\int_{0}^{\frac{\pi}{2}} \dfrac{\cos x}{\sin x + \cos x}dx + \int_{0}^{\frac{\pi}{2}} \dfrac{\sin x}{\cos x + \sin x}dx$

$=\displaystyle\int_{0}^{\frac{\pi}{2}} 1 dx = \dfrac{\pi}{2}$ 　$\therefore\ I=\dfrac{\pi}{4}$

(2) $I=\displaystyle\int_{0}^{\frac{\pi}{4}} \ln(1+\tan x)dx$ 라 할 때

$x=\dfrac{\pi}{4}-t$ 라 하면 $dx=-dt$ 이므로

$I=\displaystyle\int_{\frac{\pi}{4}}^{0} \ln\left\{1+\tan\left(\dfrac{\pi}{4}-t\right)\right\}(-dt)$

$=\displaystyle\int_{0}^{\frac{\pi}{4}} \ln\left(1+\dfrac{1-\tan t}{1+\tan t}\right)dt = \int_{0}^{\frac{\pi}{4}} \ln\left(\dfrac{2}{1+\tan t}\right)dt$

$=\dfrac{\pi}{4}\ln 2 - I$ 　$\therefore\ 2I=\dfrac{\pi}{4}\ln 2$ 　$\therefore\ I=\dfrac{\pi}{8}\ln 2$

랑데뷰 풀이

(1) $f(x)=\dfrac{\cos x}{\sin x + \cos x}$ 라 두면

$f\left(\dfrac{\pi}{2}-x\right)=\dfrac{\sin x}{\cos x + \sin x}$ 에서

$f(x)+f\left(\dfrac{\pi}{2}-x\right)=1$ 이므로 $f(x)$는 $\left(\dfrac{\pi}{4},\ \dfrac{1}{2}\right)$에

대칭이다. 따라서

$\displaystyle\int_{0}^{\frac{\pi}{2}} \dfrac{\cos x}{\sin x + \cos x}dx = \int_{\frac{\pi}{4}-\frac{\pi}{4}}^{\frac{\pi}{4}+\frac{\pi}{4}} \dfrac{\cos x}{\sin x + \cos x}dx$

$=2\times\dfrac{\pi}{4}\times\dfrac{1}{2}=\dfrac{\pi}{4}$

$\Rightarrow \dfrac{\pi}{2}\times\dfrac{1}{2}\left(\dfrac{\cos x}{\sin x + \cos x}+\dfrac{\sin x}{\cos x + \sin x}\right)=\dfrac{\pi}{4}$

(2) $f(x)=\ln(1+\tan x)$ 라 두면

$f\left(\dfrac{\pi}{4}-x\right)=\ln\left(1+\tan\left(\dfrac{\pi}{4}-x\right)\right)=\ln\left(\dfrac{2}{1+\tan x}\right)$ 에서

$f(x)+f\left(\dfrac{\pi}{4}-x\right)=\ln 2$ 이므로 $f(x)$는 $\left(\dfrac{\pi}{8},\ \dfrac{\ln 2}{2}\right)$에

대칭이다. 따라서

$\displaystyle\int_{0}^{\frac{\pi}{4}} \ln(1+\tan x)dx = \int_{\frac{\pi}{8}-\frac{\pi}{8}}^{\frac{\pi}{8}+\frac{\pi}{8}} \ln(1+\tan x)dx$

$=2\times\dfrac{\pi}{8}\times\dfrac{\ln 2}{2}=\dfrac{\pi}{8}\ln 2$

$\Rightarrow \dfrac{\pi}{4}\times\dfrac{1}{2}\left(\ln(1+\tan x)+\ln\left(\dfrac{2}{1+\tan x}\right)\right)=\dfrac{\pi}{8}\ln 2$

모든 함수는 우함수와 기함수의 합으로 표현할 수 있다.

$$g(-x) = g(x),\ h(-x) = -h(x)\text{일 때}$$

함수 $f(x)$는 우함수 $g(x)$와 기함수 $h(x)$의 합으로 표현할 수 있으므로

$$f(x) = g(x) + h(x)\text{이고 } f(-x) = g(-x) + h(-x) = g(x) - h(x)\text{이다.}$$

$$f(x) + f(-x) = 2g(x)\text{이다.}$$

따라서 $\displaystyle\int_{-a}^{a} f(x)dx = \int_{-a}^{a} g(x) + h(x)dx = \int_{0}^{a} 2g(x)dx = \int_{0}^{a} \{f(x) + f(-x)\}dx$

$$\int_{-a}^{a} f(x)dx = \int_{0}^{a} \{f(x) + f(-x)\}dx$$

[관련 문제]

연속함수 $f(x)$에 대하여 $f(x) + f(-x) = \cos\dfrac{x}{2}$ 일 때, 정적분 $\displaystyle\int_{-\pi}^{\pi} f(x)dx$ 의 값을 구하여라.

일반 `풀이`

$\displaystyle\int_{-\pi}^{\pi} f(x)dx = \int_{-\pi}^{0} f(x)dx + \int_{0}^{\pi} f(x)dx$

$\displaystyle\int_{-\pi}^{0} f(x)dx$ 에서 $-x = t$ 로 놓으면 $\dfrac{dt}{dx} = -1$

또한 $x = -\pi$ 일 때 $t = \pi$, $x = 0$ 일 때 $t = 0$ 이므로

$\displaystyle\int_{-\pi}^{0} f(x)dx = \int_{\pi}^{0} f(-t) \cdot (-1)dt = \int_{0}^{\pi} f(-t)dt$

$\therefore \displaystyle\int_{-\pi}^{0} f(x)dx + \int_{0}^{\pi} f(x)dx$

$= \displaystyle\int_{0}^{\pi} f(-t)dt + \int_{0}^{\pi} f(x)dx$

$= \displaystyle\int_{0}^{\pi} f(-x)dx + \int_{0}^{\pi} f(x)dx$

$= \displaystyle\int_{0}^{\pi} \{f(-x) + f(x)\}dx = \int_{0}^{\pi} \cos\dfrac{x}{2}dx$

$= \left[2\sin\dfrac{x}{2} \right]_{0}^{\pi} = 2$

랑데뷰 `풀이`

$\displaystyle\int_{-\pi}^{\pi} f(x)dx = \int_{0}^{\pi} \{f(-x) + f(x)\}dx$

$\displaystyle = \int_{0}^{\pi} \cos\dfrac{x}{2}dx = \left[2\sin\dfrac{x}{2} \right]_{0}^{\pi} = 2$

[추가문제]

$\displaystyle\int_{-1}^{1} \left(\dfrac{x^4}{1 + 2^x} \right)dx$ 의 값을 구하여라.

`풀이`

$f(x) = \dfrac{x^4}{1 + 2^x}$ 이면

$f(-x) = \dfrac{(-x)^4}{1 + 2^{-x}} = \dfrac{x^4 \times 2^x}{2^x + 1}$ 에서

$f(x) + f(-x) = \dfrac{x^4(1 + 2^x)}{1 + 2^x} = x^4$

이므로

$\displaystyle\int_{-1}^{1} f(x)dx = \int_{0}^{1} f(x) + f(-x)dx = \int_{0}^{1} x^4 dx = \dfrac{1}{5}$

세미나(221) 정적분 기술-1

정적분의 기술(1) $\Rightarrow$ 모든 함수 $f(x)$에 대하여 다음이 성립한다.

$$① \int_0^a f(x)\,dx = \int_0^a f(a-x)\,dx, \quad ② \int_{-a}^a f(x)\,dx = \int_0^a f(x)+f(-x)\,dx$$

---

① $\int_0^a f(x)\,dx = \int_0^a f(a-x)\,dx$ $\Rightarrow$ **설명** $y=f(x)$를 y축 대칭이동 시킨 함수는 $y=f(-x)$이다.

$\int_0^a f(x)\,dx = \int_{-a}^0 f(-x)\,dx$이고 우변을 x축으로 a만큼 평행이동 시키면 $\int_{-a}^0 f(-x)\,dx = \int_0^a f(a-x)\,dx$이다.

따라서 $\int_0^a f(x)\,dx = \int_0^a f(a-x)\,dx$이 성립한다. 같은 원리로 $\int_a^b f(x)\,dx = \int_a^b f(a+b-x)\,dx$

② $\int_{-a}^a f(x)\,dx = \int_0^a f(x)+f(-x)\,dx$ $\Rightarrow$**설명** 앞에서 다루었다.

$$\int_0^a f(x)\,dx = \int_0^a f(a-x)\,dx$$

예를 들어 $\int_0^1 (x^2-2x)\,dx$의 값을

$\int_0^a f(x)\,dx = \int_0^a f(a-x)\,dx$을 이용하여 구해 보자.

$I = \int_0^1 (x^2-2x)\,dx$라 두면

$I = \int_0^1 ((1-x)^2 - 2(1-x))\,dx = \int_0^1 (x^2-1)\,dx$이고

$2I = \int_0^1 (2x^2-2x-1)\,dx = \left[\dfrac{2}{3}x^3 - x^2 - x\right]_0^1 = -\dfrac{4}{3}$

따라서 $I = -\dfrac{2}{3}$이다. 물론

$\int_0^1 (x^2-2x)\,dx = \left[\dfrac{1}{3}x^3 - x^2\right]_0^1 = -\dfrac{2}{3}$

그런데 $\int_0^\pi \left(\dfrac{e^{\cos x}}{1+e^{\cos x}}\right)dx$ 은 쉽게 풀리지 않는다.

그런 경우 $\int_0^a f(x)\,dx = \int_0^a f(a-x)\,dx$을 이용한다.

$I = \int_0^\pi \left(\dfrac{e^{\cos x}}{1+e^{\cos x}}\right)dx$라 두면

$I = \int_0^\pi \left(\dfrac{e^{\cos(\pi-x)}}{1+e^{\cos(\pi-x)}}\right)dx = \int_0^\pi \left(\dfrac{1}{e^{\cos x}+1}\right)dx$

따라서 $2I = \int_0^\pi 1\,dx = [x]_0^\pi = \pi$

따라서 $\int_0^\pi \left(\dfrac{e^{\cos x}}{1+e^{\cos x}}\right)dx = \dfrac{\pi}{2}$

$$\int_{-a}^a f(x)\,dx = \int_0^a f(x)+f(-x)\,dx$$

예를 들어 $\int_{-1}^1 (x^2-2x)\,dx$의 값을

$\int_{-a}^a f(x)\,dx = \int_0^a f(x)+f(-x)\,dx$을 이용하여 구해보자.

$\int_{-1}^1 (x^2-2x)\,dx = \int_0^1 (x^2-2x)+((-x)^2 - 2(-x))\,dx$

$$= \int_0^1 2x^2\,dx = \left[\dfrac{4}{3}\right]_0^1 = \dfrac{4}{3}$$

물론 우함수, 기함수 성질을 이용하면 계산은 간단하다.

그런데 $\int_{-1}^1 \left(\dfrac{x^4}{1+2^x}\right)dx$은 쉽게 풀리지 않는다.

그런 경우 $\int_{-a}^a f(x)\,dx = \int_0^a f(x)+f(-x)\,dx$을 이용한다.

$\int_{-1}^1 \left(\dfrac{x^4}{1+2^x}\right)dx = \int_0^1 \left(\dfrac{x^4}{1+2^x}\right)+\left(\dfrac{(-x)^4}{1+2^{-x}}\right)dx$

$$= \int_0^1 \left(\dfrac{x^4}{1+2^x}\right)+\left(\dfrac{x^4 \times 2^x}{2^x+1}\right)dx$$

$$= \int_0^1 x^4\,dx = \left[\dfrac{1}{5}x^5\right]_0^1 = \dfrac{1}{5}$$

정적분의 기술 종합

$$\int_0^a f(x)\,dx = \int_0^a f(a-x)\,dx \ , \ \int_{-a}^a f(x)\,dx = \int_0^a f(x)+f(-x)\,dx$$

⇨ 두 가지 방법이 다른 방법이 아니다.

$$⇨⇨ \int_a^b f(x)\,dx = \int_a^b f(a+b-x)\,dx$$

계산 가능한 모든 정적분의 값은 다음과 같은 방법으로 구한다.

① 구하려는 정적분을 $I = \int_a^b f(x)\,dx$ 라 한다.

② 같은 값을 가지는 I를 만든다. $I = \int_a^b f(a+b-x)\,dx$

추가설명 : $\int_0^a \rightarrow f(a+0-x) \rightarrow f(a-x), \ \int_{-a}^a \rightarrow f(a-a-x) \rightarrow f(-x)$

③ 변변 더하면 우변이 계산 가능하므로 2I를 구한 후 ÷2

[관련 문제]

(1) $\dfrac{12}{\pi} \displaystyle\int_{\frac{\pi}{6}}^{\frac{\pi}{3}} \left(\dfrac{\tan x}{1+\tan x} \right) dx$ 의 값을 구하시오.

(2) $\displaystyle\int_{-1}^{1} \left(\dfrac{15x^4}{1+2^x} \right) dx$ 의 값을 구하시오.

---

(1)번 풀이

① $I = \dfrac{12}{\pi} \displaystyle\int_{\frac{\pi}{6}}^{\frac{\pi}{3}} \left(\dfrac{\tan x}{1+\tan x} \right) dx$

② $I = \dfrac{12}{\pi} \displaystyle\int_{\frac{\pi}{6}}^{\frac{\pi}{3}} \left(\dfrac{\tan\left(\frac{\pi}{2}-x\right)}{1+\tan\left(\frac{\pi}{2}-x\right)} \right) dx$

$= \dfrac{12}{\pi} \displaystyle\int_{\frac{\pi}{6}}^{\frac{\pi}{3}} \left(\dfrac{\cot x}{1+\cot x} \right) dx = \dfrac{12}{\pi} \displaystyle\int_{\frac{\pi}{6}}^{\frac{\pi}{3}} \left(\dfrac{1}{\tan x+1} \right) dx$

③ $2I = \dfrac{12}{\pi} \displaystyle\int_{\frac{\pi}{6}}^{\frac{\pi}{3}} \left(\dfrac{\tan x}{1+\tan x} \right) dx + \dfrac{12}{\pi} \displaystyle\int_{\frac{\pi}{6}}^{\frac{\pi}{3}} \left(\dfrac{1}{\tan x+1} \right) dx$

$= \dfrac{12}{\pi} \displaystyle\int_{\frac{\pi}{6}}^{\frac{\pi}{3}} 1\,dx = \dfrac{12}{\pi} \left[x \right]_{\frac{\pi}{6}}^{\frac{\pi}{3}} = 2$

따라서 $I=1$ 이다. $\dfrac{12}{\pi} \displaystyle\int_{\frac{\pi}{6}}^{\frac{\pi}{3}} \left(\dfrac{\tan x}{1+\tan x} \right) dx = 1$

(2)번 풀이

① $I = \displaystyle\int_{-1}^{1} \left(\dfrac{15x^4}{1+2^x} \right) dx$

② $I = \displaystyle\int_{-1}^{1} \left(\dfrac{15(-x)^4}{1+2^{-x}} \right) dx = \displaystyle\int_{-1}^{1} \left(\dfrac{15x^4 \times 2^x}{2^x+1} \right) dx$

③ $2I = \displaystyle\int_{-1}^{1} \left(\dfrac{15x^4}{1+2^x} \right) dx + \displaystyle\int_{-1}^{1} \left(\dfrac{15x^4 \times 2^x}{2^x+1} \right) dx$

$= \displaystyle\int_{-1}^{1} 15x^4\,dx = \left[3x^5 \right]_{-1}^{1} = 6$

따라서 $I=3$ 이다. $\displaystyle\int_{-1}^{1} \left(\dfrac{15x^4}{1+2^x} \right) dx = 3$

[랑데뷰팁]

(2)번은 $\displaystyle\int_{-a}^{a} f(x)\,dx = \int_0^a f(x)+f(-x)\,dx$ 의 성질을 이용하면 더 간편할 수도 있지만 **한 가지 방법으로 모든 문제를 해결하자.**

삼각치환

삼각 치환 변수를 삼각함수로 치환하여 적분하는 기법을 뜻한다.

다음과 같은 함수 꼴에 이용된다.

(1) $\sqrt{a^2 - x^2}$ $\Rightarrow$ $x = a\sin\theta \left(-\dfrac{\pi}{2} \leq \theta \leq \dfrac{\pi}{2}\right)$ 또는 $x = a\cos\theta \,(0 \leq \theta \leq \pi)$

(2) $\begin{cases} \sqrt{x^2 + a^2} \\ \dfrac{1}{x^2 + a^2} \end{cases}$ $\Rightarrow$ $x = a\tan\theta \left(-\dfrac{\pi}{2} < \theta < \dfrac{\pi}{2}\right)$ 또는 $x = a\cot\theta \,(0 < \theta < \pi)$

(3) $\sqrt{x^2 - a^2}$ $\Rightarrow$ $x = a\sec\theta \left(0 \leq \theta \leq \pi, \theta \neq \dfrac{\pi}{2}\right)$ 또는 $x = a\csc\theta \left(-\dfrac{\pi}{2} \leq \theta \leq \dfrac{\pi}{2}, \theta \neq 0\right)$

---

(1) $\sqrt{a^2 - x^2}$ $\Rightarrow$ $x = a\sin\theta \left(-\dfrac{\pi}{2} \leq \theta \leq \dfrac{\pi}{2}\right)$ 또는 $x = a\cos\theta \,(0 \leq \theta \leq \pi)$

설명1 $\Rightarrow$ $y = \sqrt{a^2 - x^2}$ 의 그래프는 원점을 중심으로 하고 반지름의 길이가 a인 원의 x축 윗부분의 그래프이다.

그 원위의 점은 $(a\cos\theta, a\sin\theta)$로 나타낼 수 있으므로 $x = a\cos\theta$로 치환하면 된다.

이 때, 그래프가 지나는 영역은 제1사분면과 제2사분면이므로 θ의 범위는 $0 \leq \theta \leq \pi$이다.

그런데 보통 계산 편의를 위해 이 경우는 $x = a\sin\theta$로 치환한다. 이때는 θ의 범위가 $-\dfrac{\pi}{2} \leq \theta \leq \dfrac{\pi}{2}$가 된다. θ의 범위는 삼각 치환 할 때 함수를 일대일 함수로 만들기 위함이다. 치환한 함수가 일대일 함수가 아니면 적분 구간이 꼬여 버리기 때문이다.

① $\displaystyle\int_0^1 \sqrt{1-x^2}\,dx = \int_{\frac{\pi}{2}}^0 \sqrt{1-\cos^2\theta}\,(-\sin\theta)\,d\theta = \int_{\frac{\pi}{2}}^0 -\sin^2\theta\,d\theta = \int_0^{\frac{\pi}{2}} \sin^2\theta\,d\theta$

$\qquad = \displaystyle\int_0^{\frac{\pi}{2}} \dfrac{1-\cos 2\theta}{2}\,d\theta = \left[\dfrac{1}{2}\theta - \dfrac{1}{4}\sin 2\theta\right]_0^{\frac{\pi}{2}} = \dfrac{\pi}{4}$

② $\displaystyle\int_0^1 \sqrt{1-x^2}\,dx = \int_0^{\frac{\pi}{2}} \sqrt{1-\sin^2\theta}\,(\cos\theta)\,d\theta = \int_0^{\frac{\pi}{2}} \cos^2\theta\,d\theta$

$\qquad = \displaystyle\int_0^{\frac{\pi}{2}} \dfrac{1+\cos 2\theta}{2}\,d\theta = \left[\dfrac{1}{2}\theta + \dfrac{1}{4}\sin 2\theta\right]_0^{\frac{\pi}{2}} = \dfrac{\pi}{4}$

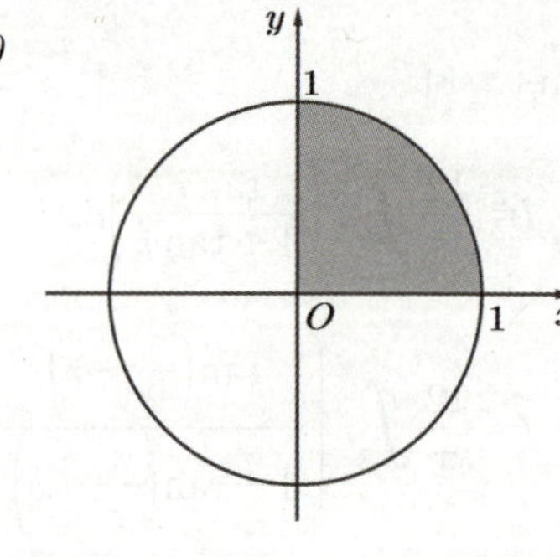

$\Rightarrow$ 반지름이 1인 원의 $\dfrac{1}{4}$인 사분원의 넓이를 가리킨다.

설명2 $\Rightarrow$ 다음 그림과 같이 $a > x$일 때, $\sin\theta = \dfrac{x}{a}$, $\cos\theta = \dfrac{\sqrt{a^2-x^2}}{a}$

이면 $x = a\sin\theta$, $\sqrt{a^2-x^2} = a\cos\theta$이고

$x = a\sin\theta$을 θ에 대해 미분하면 $dx = a\cos\theta\,d\theta$이므로

① $\displaystyle\int \sqrt{a^2-x^2}\,dx = \int (a\cos\theta)a\cos\theta\,d\theta = \int a^2\cos^2\theta\,d\theta$

$\rightarrow$ 반각 공식 이용 해결

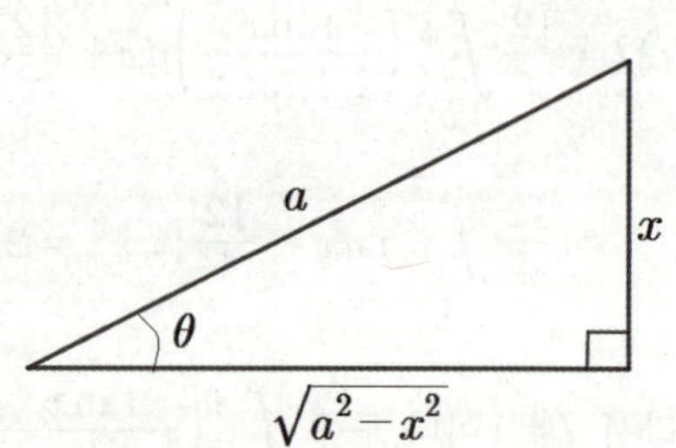

② $\displaystyle\int \dfrac{1}{\sqrt{a^2-x^2}}\,dx = \int \dfrac{1}{a\cos\theta}a\cos\theta\,d\theta = \int 1\,d\theta = \theta + C$

---

(2) $\sqrt{x^2 + a^2}$, $x^2 + a^2 \Rightarrow x = a\tan\theta \left(-\dfrac{\pi}{2} < \theta < \dfrac{\pi}{2}\right)$ 또는 $x = a\cot\theta \,(-0 < \theta < \pi)$

설명1

$$y = \tan x \to 1 = \sec^2 x \frac{dx}{dy} \to \frac{dx}{dy} = \frac{1}{\sec^2 x} = \frac{1}{1+\tan^2 x} = \frac{1}{1+y^2}$$

따라서 $\displaystyle\int \frac{1}{x^2+1}dx =$ '$\tan x$ 의 역함수' 이다. 따라서 $x = a\tan\theta$ 로 치환하면 계산된다.

$$\int_0^1 \frac{1}{x^2+1}dx = \int_0^{\frac{\pi}{4}} \frac{1}{\tan^2\theta+1}\sec\theta\,d\theta = \int_0^{\frac{\pi}{4}} \frac{1}{\sec^2\theta}\sec\theta\,d\theta = \int_0^{\frac{\pi}{4}} d\theta = [\theta]_0^{\frac{\pi}{4}} = \frac{\pi}{4}$$

설명2

다음 그림과 같이 $\tan\theta = \dfrac{x}{a}$, $\cos\theta = \dfrac{a}{\sqrt{x^2+a^2}}$ 이면

$x = a\tan\theta$, $\sqrt{x^2+a^2} = a\sec\theta$ 이고

$x = a\tan\theta$ 을 θ 에 대해 미분하면 $dx = a\sec^2\theta\,d\theta$ 이므로

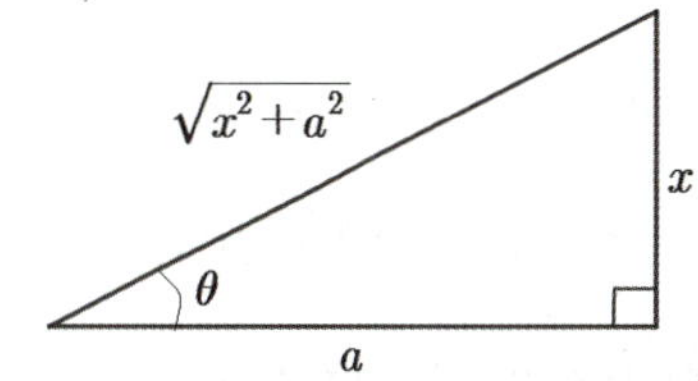

① $\displaystyle\int \frac{1}{x^2+a^2}dx = \int \frac{1}{a^2\sec^2\theta}a\sec^2\theta\,d\theta = \int \frac{1}{a}d\theta$

② $\displaystyle\int \frac{1}{\sqrt{x^2+a^2}}dx = \int \frac{1}{a\sec\theta}a\sec^2\theta\,d\theta = \int \sec\theta\,d\theta = \ln|\sec\theta + \tan\theta| + C$

(3) $\sqrt{x^2 - a^2} \Rightarrow x = a\sec\theta \left(0 \le \theta \le \pi, \theta \ne \dfrac{\pi}{2}\right)$ 또는 $x = a\csc\theta \left(-\dfrac{\pi}{2} \le \theta \le \dfrac{\pi}{2}, \theta \ne 0\right)$

다음 그림과 같이 $x > a$ 일 때, $\cos\theta = \dfrac{a}{x}$, $\tan\theta = \dfrac{\sqrt{x^2-a^2}}{a}$

이면 $x = a\sec\theta$, $\sqrt{x^2-a^2} = a\tan\theta$ 이고

$x = a\sec\theta$ 을 θ 에 대해 미분하면 $dx = a\sec\theta\tan\theta\,d\theta$ 이므로

$\Rightarrow \displaystyle\int \frac{1}{\sqrt{x^2-a^2}}dx = \int \frac{1}{a\tan\theta}a\sec\theta\tan\theta\,d\theta = \int \sec\theta\,d\theta = \ln|\sec\theta + \tan\theta| + C$

삼각치환의 원리

삼각함수의 역함수를 역삼각함수라 한다. $\sin x$ 의 역함수를 $\sin^{-1}x$, $\cos x$ 의 역함수를 $\cos^{-1}x$, $\tan x$ 의 역함수를 $\tan^{-1}x$ 라 하면 역삼각함수의 미분법에 따르면 $\dfrac{d}{dx}\sin^{-1}x = \dfrac{1}{\sqrt{1-x^2}}$, $\dfrac{d}{dx}\tan^{-1}x = \dfrac{1}{1+x^2}$ 이다.

예를 들어

$\displaystyle\int \frac{1}{1+x^2}dx = \int (\tan^{-1}x)'dx = \tan^{-1}x + C$ 이다. 이때 $x = \tan\theta$ 라 두면 $\theta = \tan^{-1}x$ 이므로

$\displaystyle\int \frac{1}{1+x^2}dx = \theta + C$ 이 되는 것이다.

이 과정에서 적분하고자 하는 역도함수를 $f(x)$, 역도함수의 부정적분을 $F(x)$, $F(x)$ 의 역함수를 $G(x)$ 라 하면 $x = G(\theta)$ 로 치환하면 $f(x) = F'(x) = F'(G(\theta))$, $dx = G'(\theta)dt$ 이다.

$$\int f(x)dx = \int F'(G(\theta))G'(\theta)d\theta = \int (F(G(\theta)))'d\theta = \int (\theta)'d\theta = \int d\theta = \theta + C$$

따라서 $\displaystyle\int \frac{1}{\sqrt{1-x^2}}dx = \theta + C \ (x = \sin\theta)$, $\displaystyle\int \frac{1}{1+x^2}dx = \theta + C \ (x = \tan\theta)$

세미나(225) 미분과 적분의 고찰-1

우함수, 기함수, 주기함수의 미분과 적분에 관한 고찰

(1) 기함수의 도함수는 우함수이다. (참)

⇨ $f(x)$가 기함수라면 $f(-x)=-f(x)$이 성립한다.

$$f'(-x)=\lim_{h\to 0}\frac{f(-x+h)-f(-x)}{h}=\lim_{h\to 0}\frac{-f(x-h)+f(x)}{h}=\lim_{h\to 0}\frac{f(x-h)-f(x)}{-h}=f'(x)$$

따라서 $f'(-x)=f'(x)$이므로 도함수는 우함수이다.

(2) 우함수의 도함수는 기함수이다. (참)

⇨ $f(x)$가 우함수라면 $f(-x)=f(x)$이 성립한다.

$$f'(-x)=\lim_{h\to 0}\frac{f(-x+h)-f(-x)}{h}=\lim_{h\to 0}\frac{f(x-h)-f(x)}{h}=-\lim_{h\to 0}\frac{f(x-h)-f(x)}{-h}=-f'(x)$$

따라서 $f'(-x)=-f'(x)$이므로 도함수는 기함수이다.

(3) 기함수의 부정적분은 우함수이다. (참)

(4) 우함수의 부정적분은 기함수이다. (거짓)

⇨ (1),(2)에서 기함수와 우함수는 서로 도함수 관계이다. 따라서 서로 부정적분 관계이기도 하다. 그런데 함수를
부정적분을 하면 적분상수가 발생하는데 0이 아닌 상수는 y축 대칭인 우함수이므로 기함수의 부정적분 함수는 적분상수
값에 상관없이 우함수이고 우함수의 부정적분 함수는 적분상수 값이 0일 때만 기함수가 된다.

(5) 기함수의 정적분으로 표현된 함수는 우함수이다. (참)

⇨ 모든 실수 x에 대하여 $f(-x)=-f(x)$를 만족하는 함수 $f(x)$와 임의의 실수 a에 대하여

$$F(t)=\int_a^t f(x)\,dx \text{이면 } F(-t)=F(t)\text{을 만족한다.}$$

⇨ $F(-t)=\int_a^{-t}f(x)\,dx=\int_{-a}^t f(-s)(-ds)=\int_{-a}^t f(s)\,ds=\int_{-a}^a f(s)\,ds+\int_a^t f(s)\,ds=\int_a^t f(t)\,dt=F(t)$

(6) 우함수의 정적분으로 표현된 함수는 기함수이다. (참)

⇨ 모든 실수 x에 대하여 $f(-x)=f(x)$를 만족하는 함수 $f(x)$에 대하여 $F(t)=\int_0^t f(x)\,dx$이면

$F(-t)=-F(t)$을 만족한다.

⇨ $F(-t)=\int_0^{-t}f(x)\,dx=\int_0^t f(-s)(-ds)=-\int_0^t f(s)\,ds=-\int_0^t f(x)\,dx=-F(t)$

(7) 주기가 p인 기함수의 정적분으로 표현된 함수는 같은 주기 p를 갖는 함수이다.

⇨ 모든 실수 x에 대하여 $f(-x)=-f(x),\ f(x+p)=f(x)$을 만족하는 함수 $f(x)$와 임의의 실수 a에
대하여 $F(t)=\int_a^t f(x)\,dx$이면 $F(t+p)=F(t)$을 만족한다.

⇨ $y=f(x)$가 원점 $(0,0)$을 지나고 주기가 p이므로 $f(0)=f(p)=f(2p)=\cdots=0$이다.

따라서 $\displaystyle\int_t^{t+p}f(x)\,dx=\int_{-\frac{p}{2}}^{\frac{p}{2}}f(x)\,dx=0$

따라서 $F(t+p)-F(t)=0$이므로 $F(t+p)=F(t)$을 만족한다.

우함수와 기함수의 합성함수에 대한 고찰

$f(-x)=f(x)$ 또는 $g(-x)=-g(x)$을 만족하는 함수 $f(x)$, $g(x)$에 대하여

(1) $k(x)=f(f(x))$라 두면

$k(-x)=f(f(-x))=f(f(x))=k(x)$

따라서 (우함수 of 우함수) $\Rightarrow$ 우함수이다. 예) $\cos(x^2+1)$ $\Rightarrow$ 우함수

(2) $l(x)=f(g(x))$라 두면

$l(-x)=f(g(-x))=f(-g(x))=f(g(x))=l(x)$

따라서 (우함수 of 기함수) $\Rightarrow$ 우함수이다. 예) $\cos(x^3+x)$ $\Rightarrow$ 우함수

(3) $m(x)=g(f(x))$라 두면

$m(-x)=g(f(-x))=g(f(x))=m(x)$

따라서 (기함수 of 우함수) $\Rightarrow$ 우함수이다. 예) $\sin(x^2+1)$ $\Rightarrow$ 우함수

(4) $n(x)=g(g(x))$라 두면

$n(-x)=g(g(-x))=g(-g(x))=-g(g(x))=-n(x)$

따라서 (기함수 of 기함수) $\Rightarrow$ 기함수이다. 예) $\sin(x^3+x)$ $\Rightarrow$ 기함수

[관련 문제]

함수 $f(x)=x^2+ax+b\left(0<b<\dfrac{\pi}{2}\right)$에 대하여 함수 $g(x)=\sin(f(x))$가 다음 조건을 만족시킨다.

> (가) 모든 실수 x에 대하여 $g'(-x)=-g'(x)$이다.
> (나) 점 $(k, g(k))$는 곡선 $y=g(x)$의 변곡점이고, $2kg(k)=\sqrt{3}\,g'(k)$이다.

두 상수 a, b에 대하여 $a+b$의 값은? [2009년 실시 3월 교육청 가형 20번]

일반 풀이

$g(x)=\sin(x^2+ax+b)$ 이므로

$g'(x)=(2x+a)\cos(x^2+ax+b)$

조건 (가)에서 모든 실수 x에 대하여

$(-2x+a)\cos(x^2-ax+b)=-(2x+a)\cos(x^2+ax+b)$

$x=0$을 대입하면 $a\cos b=0$

$0<b<\dfrac{\pi}{2}$에서 $\cos b\neq 0$이므로

따라서 $a=0$

===

이하 풀이 생략

랑데뷰 풀이

(우함수)$'=$기함수 이므로

$g(x)$는 우함수이다.

$y=\sin x$가 기함수 이므로 $f(x)$는 우함수이다.

따라서 $a=0$

===

이하 풀이 생략

$$f(x)=\int_0^k t^n\,|g(t)-g(x)|\,dt \text{ 의 최솟값은 } f\left(\frac{k}{\sqrt[n+1]{2}}\right)\text{이다.}$$

(단, 구간 $(0, k)$에서 $g'(x) \geq 0$이고 $0 < x \leq k$, n은 0이상의 정수)

$$f(x)=\int_0^k t^n\,|g(t)-g(x)|\,dt$$

$$=\int_0^x -t^n g(t)+t^n g(x)\,dt \;+\int_x^k t^n g(t)-t^n g(x)\,dt$$

$$=-\int_0^x \{t^n g(t)\}dt + g(x)\int_0^x t^n dt + \int_x^k \{t^n g(t)\}dt - g(x)\int_x^k t^n dt$$

$$=-\int_0^x t^n g(t)dt + g(x)\frac{1}{n+1}x^{n+1} - \int_k^x t^n g(t)dt + g(x)\left\{\frac{1}{n+1}x^{n+1} - \frac{1}{n+1}k^{n+1}\right\}$$

$$f'(x)=-x^n g(x)+g'(x)\frac{1}{n+1}x^{n+1}+g(x)x^n - x^n g(x) + g'(x)\left\{\frac{1}{n+1}x^{n+1}-\frac{1}{n+1}k^{n+1}\right\}+g(x)x^n$$

$$=\frac{g'(x)}{n+1}\{2x^{n+1}-k^{n+1}\}$$

$\Rightarrow$ $f'(x)=0$을 만족하는 $x=\dfrac{k}{\sqrt[n+1]{2}}$이고 구간 $(0, n)$에서 $g'(x)\geq 0$이면 $f'(x)$의 부호가 $-\to+$로 변하므로

$f(x)$는 $x=\dfrac{k}{\sqrt[n+1]{2}}$에서 극소이자 최솟값을 갖는다. 따라서 최솟값은 $f\left(\dfrac{k}{\sqrt[n+1]{2}}\right)$이다.

[관련 문제]

함수 $f(x)=\displaystyle\int_0^1 t\,|t-x|\,dt$는 $x=l$일 때 최솟값 m을 갖는다. $m\times l$의 값은?

랑데뷰 풀이

$f(x)=\displaystyle\int_0^k t^n\,|g(t)-g(x)|\,dt$ 에서 $n=1$, $k=1$인

경우이므로 $x=\dfrac{k}{\sqrt[n+1]{2}}$, 즉 $x=\dfrac{1}{\sqrt{2}}$일 때, 최솟값

$f\left(\dfrac{1}{\sqrt{2}}\right)$를 갖는다. 따라서

$$m=f\left(\frac{1}{\sqrt{2}}\right)=\int_0^1 t\left|t-\frac{1}{\sqrt{2}}\right|dt$$

$$=\int_0^{\frac{1}{\sqrt{2}}}\left\{-t^2+\frac{1}{\sqrt{2}}t\right\}dt+\int_{\frac{1}{\sqrt{2}}}^1\left\{t^2-\frac{1}{\sqrt{2}}t\right\}dt$$

$$=\left[-\frac{1}{3}t^3+\frac{1}{2\sqrt{2}}t^2\right]_0^{\frac{1}{\sqrt{2}}}+\left[\frac{1}{3}t^3-\frac{1}{2\sqrt{2}}t^2\right]_{\frac{1}{\sqrt{2}}}^1$$

$$=-\frac{\sqrt{2}}{12}+\frac{\sqrt{2}}{8}+\frac{1}{3}-\frac{\sqrt{2}}{4}-\frac{\sqrt{2}}{12}+\frac{\sqrt{2}}{8}$$

$$=\frac{1}{3}-\frac{\sqrt{2}}{6}$$

랑데뷰 제작 문항

최고차항의 계수가 1인 이차함수 $f(x)$에 대하여 함수

$g(x)$를 $g(x)=\begin{cases}\dfrac{e^{f(x)}-1}{x} & (x\neq 0)\\ 1 & (x=0)\end{cases}$

으로 정의한다. 함수 $g(x)$가 $x=0$에서 연속일 때, 보기에서 옳은 것만을 있는 대로 고른 것은?

보기
ㄱ. $f(3)=12$
ㄴ. $x\neq 0$일 때, $g'(x)>0$
ㄷ. $0<x<2$일 때, $\displaystyle\int_0^2 |e^{f(t)}-1-g(x)t|\,dt$의 값은 $x=\sqrt{2}$일 때 최소이다.

① ㄱ   ② ㄴ   ③ ㄱ, ㄴ

④ ㄱ, ㄷ   ⑤ ㄱ, ㄴ, ㄷ

$$m \times k = \left(\frac{1}{3} - \frac{\sqrt{2}}{6}\right) \times \frac{1}{\sqrt{2}} = \frac{\sqrt{2}-1}{6}$$

ㄷ. $h(x) = \displaystyle\int_0^2 |\,e^{f(t)} - 1 - g(x)t\,|\,dt$ 라 하면

$$h(x) = \int_0^2 t\left|\frac{e^{f(t)}-1}{t} - g(x)\right|dt = \int_0^2 t\,|\,g(t) - g(x)\,|\,dt$$

$k = 2$, $n = 1$ 이므로 $x = \dfrac{2}{\sqrt{2}} = \sqrt{2}$ 에서 최소

리만 적분

$[a, b]$를 잘게 나눈다.

간격이 같은 것만 다뤘는데 간격이 달라도 상관없다. → $g\left(\dfrac{k}{n}\right)-g\left(\dfrac{k-1}{n}\right)\neq g\left(\dfrac{k+1}{n}\right)-g\left(\dfrac{k}{n}\right)$

$[a, b]=[x_0,x_1]\cup[x_1,x_2]\cdots\cup[x_{n-1},x_n]$ $(x_0=a,\ x_n=b)$ 여기서 $P=\{x_0,x_1,\cdots,x_n\}$을 파티션이라 한다.

이때, 각각의 구간 안에 있는 임의의 점을 골라서 그것을 c_k라 하면

$c_1\in[x_0,x_1],\ c_2\in[x_1,x_2],\cdots,c_k\in[x_{k-1},x_k]$이다. 그리고 각각의 구간의 길이를 $\triangle x_k$라 하면

$\triangle x_1=x_1-x_0,\ \triangle x_2=x_2-x_1,\cdots,\triangle x_k=x_k-x_{k-1}$이다. 여기서 간격이 다른 각 구간에서 길이가 가장 큰

것을 $\|P\|$(파티션의 크기)라 하자. $\displaystyle\lim_{\|P\|\to 0}\sum_P f(c_k)\triangle x_k=\int_a^b f(x)dx$

[관련 문제]

① 구간 $[0,1]$에서 함수 $f(x)=x^3-2x^2+2x$의 역함수를 g라고 할 때,

$\displaystyle\lim_{n\to\infty}\sum_{k=1}^n\left\{g\left(\dfrac{k}{n}\right)-g\left(\dfrac{k-1}{n}\right)\right\}\dfrac{k}{n}$ 의 값을 구하여라.

② 함수 $f(x)=x^3+1\ (0\le x\le 1)$의 역함수를 $g(x)$라 할 때, $\displaystyle\lim_{n\to\infty}\sum_{k=1}^n\left\{g\left(1+\dfrac{k}{n}\right)-g\left(1+\dfrac{k-1}{n}\right)\right\}\dfrac{k}{n}$ 의 값을 구하여라.

일반 풀이

① $\displaystyle\sum_{k=1}^n\left\{g\left(\dfrac{k}{n}\right)-g\left(\dfrac{k-1}{n}\right)\right\}\dfrac{k}{n}=\left\{g\left(\dfrac{1}{n}\right)-g(0)\right\}\dfrac{1}{n}$

$+\left\{g\left(\dfrac{2}{n}\right)-g\left(\dfrac{1}{n}\right)\right\}\dfrac{2}{n}+\left\{g\left(\dfrac{3}{n}\right)-g\left(\dfrac{2}{n}\right)\right\}\dfrac{3}{n}+\cdots$

$+\left\{g\left(\dfrac{n}{n}\right)-g\left(\dfrac{n-1}{n}\right)\right\}\dfrac{n}{n}=g(1)-\left\{g(0)+g\left(\dfrac{1}{n}\right)+g\left(\dfrac{2}{n}\right)\right.$

$\left.+\cdots+g\left(\dfrac{n-1}{n}\right)\right\}\dfrac{1}{n}\ =1-\displaystyle\sum_{k=0}^{n-1}g\left(\dfrac{k}{n}\right)\dfrac{1}{n}$

$\therefore$ 준식 $=1-\displaystyle\int_0^1 g(x)dx$

그런데 이 식은 그림에서 색칠한
부분의 넓이이므로

(준식)$=\displaystyle\int_0^1 f(x)dx$

$=\displaystyle\int_0^1(x^3-2x^2+2x)dx=\dfrac{7}{12}$

랑데뷰 풀이

① $y_k=g\left(\dfrac{k}{n}\right)$라 두면 $g\left(\dfrac{k}{n}\right)-g\left(\dfrac{k-1}{n}\right)=\triangle y_k$

$g^{-1}(y_k)=\dfrac{k}{n}$에서 $\dfrac{k}{n}=f(y_k)$이다. 또한

$\{y_0,y_1,\cdots,y_n\}$은 구간 $[0,1]$의 파티션이다.

$\displaystyle\lim_{n\to\infty}\sum_{k=1}^n\left\{g\left(\dfrac{k}{n}\right)-g\left(\dfrac{k-1}{n}\right)\right\}\dfrac{k}{n}$

$=\displaystyle\lim_{\|P\|\to 0}\sum_P f(c_k)\triangle y_k=\int_0^1 f(x)dx$

$=\displaystyle\int_0^1(x^3-2x^2+2x)dx=\dfrac{7}{12}$

② $\left\{g\left(1+\dfrac{k}{n}\right)-g\left(1+\dfrac{k-1}{n}\right)\right\}\dfrac{k}{n}$ 의 값은

오른쪽 그림에서
어두운 부분의 넓이와
같으므로 네 점
A, B, C, D를
A(1, 0), B(2, 0),
C(2, 1), D(1, 1)이라 하면

$\displaystyle\lim_{n\to\infty}\sum_{k=1}^{n}\left\{g\left(1+\dfrac{k}{n}\right)-g\left(1+\dfrac{k-1}{n}\right)\right\}\dfrac{k}{n}$ 의 값은 사각형

ABCD의 넓이에서 $\displaystyle\int_{1}^{2}g(x)dx$의 값을 뺀 것과 같다.

즉, (준식)$=\square$ABCD$-\displaystyle\int_{1}^{2}g(x)dx=1-\dfrac{3}{4}=\dfrac{1}{4}$

② $y_k=g\left(1+\dfrac{k}{n}\right)$라 하면

$g\left(1+\dfrac{k}{n}\right)-g\left(1+\dfrac{k-1}{n}\right)=\triangle y_k$

$g^{-1}(y_k)=1+\dfrac{k}{n}$에서 $\dfrac{k}{n}=f(y_k)-1$이다. 또한

$\{y_0, y_1, \cdots, y_n\}$이 구간 $[0, 1]$의 파티션이다.

$\displaystyle\lim_{n\to\infty}\sum_{k=1}^{n}\left\{g\left(1+\dfrac{k}{n}\right)-g\left(1+\dfrac{k-1}{n}\right)\right\}\dfrac{k}{n}$

$=\displaystyle\lim_{\|P\|\to 0}\sum_{P}\{f(y_k)-1\}\triangle y_k=\int_{0}^{1}\{f(x)-1\}dx$

$=\displaystyle\int_{0}^{1}x^3\,dx=\dfrac{1}{4}$

세미나(229) 사이클로이드-1

Cycloid, astroid

사이클로이드(*Cycloid*) : 오른쪽 그림과 같이 직선 위에서 원을
굴렸을 때, 그 원 위에 있는 한점 P가 그리는 곡선을 가리킨다.
사이클로이드는 매개변수를 사용하여 나타낼 수 있다.
예를 들어, 반지름의 길이가 1인 원이 x축 위를
매초 1라디안의 속력으로 회전하며 굴러갈 때,
원 위의 한 점 P가 그리는 곡선을 식으로 나타내어 보자.
오른쪽 그림과 같이 점 P가 원점 O에 있다가 t초 후에는
t라디안만큼 회전한다고 하면, 이때 점 P의 좌표는 $P(t-\sin t,\ 1-\cos t)$이다.
따라서 점 P가 그리는 곡선을 매개변수 t로 나타내면 $\begin{cases} x=t-\sin t \\ y=1-\cos t \end{cases}$ 이다.

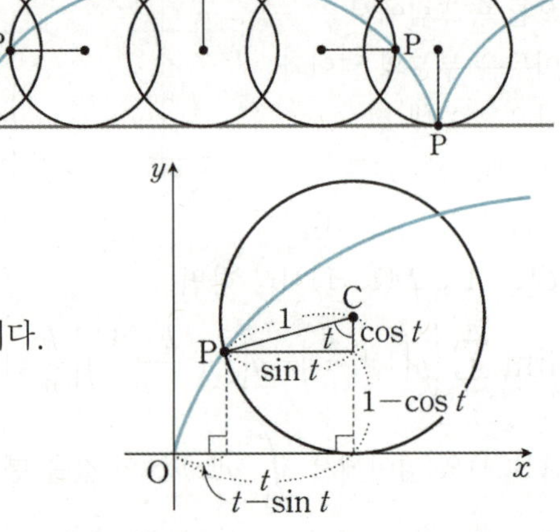

(2) **아스트로이드**(*astroid*) : 작은원이 큰원에 내접하며 굴러가며
그리는 곡선을 **하이포사이클로이드**(*hypocycloid*) 라고 한다.

그 중 작은원이 큰원 크기의 $\dfrac{1}{4}$일 때를 *astroid*라 하며

오른쪽 그림과 같다. 오른쪽 그림에서 중심이 원점이고 반지름이 r인 원에

내접하는 중심이 A이고 반지름이 $AR=\dfrac{1}{4}r$인 원

(안쪽 작은원) 이 있다. 그 원의 중심이 B에 왔을 때
$\angle COR=\theta$라고 하면 $\overset{\frown}{CR}=\overset{\frown}{CP}$ 이므로 $\angle CBP=4\theta$
한편, 점 B에서 x축과 평행선을 긋고 작은원과 만나는
점을 D라 하면 $\angle CBD=\theta$ 이므로 $\angle DBP=3\theta$ 이다.
점 B에서 y축과 평행선을 긋고 점 P에서 x축에 평행
선을 그어 만나는 점을 E라 두면,

$\angle DBE=90°$ 이므로 $\angle PBE=3\theta-\dfrac{\pi}{2}$ 이다.

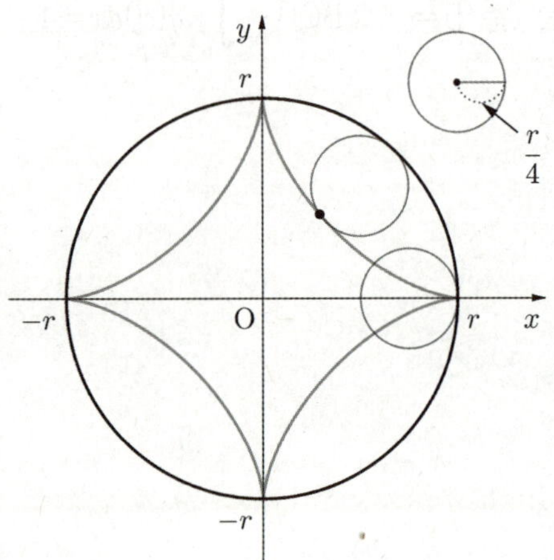

$\overline{BP}=\dfrac{1}{4}r$ 이므로 $PE=\dfrac{1}{4}r\sin\left(3\theta-\dfrac{\pi}{2}\right)=-\dfrac{1}{4}r\cos3\theta$

$BE=\dfrac{1}{4}r\cos\left(3\theta-\dfrac{\pi}{2}\right)=\dfrac{1}{4}r\sin3\theta$

또한 $OB=\dfrac{3}{4}r$ 이므로 점 B의 좌표는 $\left(\dfrac{3}{4}r\cos\theta,\ \dfrac{3}{4}r\sin\theta\right)$이다.

따라서 점 P의 좌표는

$\left(\dfrac{3}{4}r\cos\theta-PE,\ \dfrac{3}{4}r\sin\theta-BE\right)$

$=\left(\dfrac{3}{4}r\cos\theta+\dfrac{1}{4}r\cos3\theta,\ \dfrac{3}{4}r\sin\theta-\dfrac{1}{4}r\sin3\theta\right)=\left(r\cos^3\theta,\ r\sin^3\theta\right)$

또한, $x=r\cos^3\theta$, $y=r\sin^3\theta$ 에서

$x^{\frac{2}{3}}=r^{\frac{2}{3}}\cos^2\theta$, $y^{\frac{2}{3}}=r^{\frac{2}{3}}\sin^2\theta$이므로 $x^{\frac{2}{3}}+y^{\frac{2}{3}}=r^{\frac{2}{3}}$ 이 유도된다.

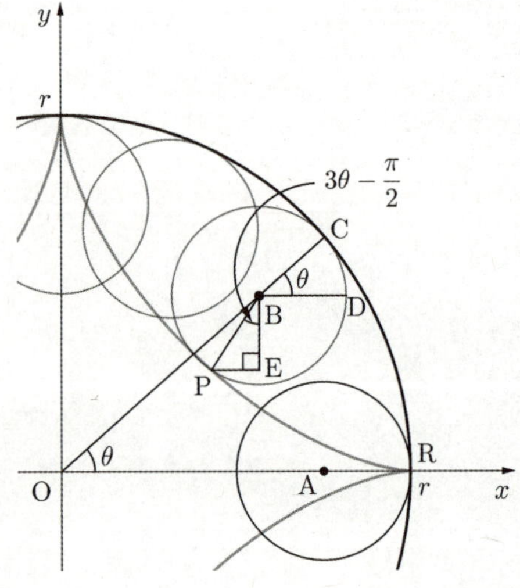

구분	cycloid	astroid
1회전할 때 곡선 길이	$8r$	$6r$
1회전할 때 x축과 둘러싸인 부분의 넓이	$3\pi r^2$	$\dfrac{3}{8}\pi r^2$

[관련 문제]

동점 P의 좌표 (x, y)가 θ를 매개변수로 하여 다음과 같이 주어질 때, 점 P가 그리는 ①곡선의 길이와 ②x축으로 둘러싸인 부분의 넓이를 각각 구하여라. (단, $r > 0$, $0 \le \theta \le 2\pi$)

(1) $x = r(\theta - \sin\theta)$, $y = r(1 - \cos\theta)$ (2) $x = r\cos^3\theta$, $y = r\sin^3\theta$

풀이

(1) ① $x = r(\theta - \sin\theta)$, $y = r(1 - \cos\theta)\,(0 \le \theta \le 2\pi)$ 에서 $\dfrac{dx}{d\theta} = r(1 - \cos\theta)$, $\dfrac{dy}{d\theta} = r\sin\theta$

따라서 $\theta = 0$에서 $\theta = 2\pi$까지 점 P가 그리는 곡선의 길이는

$$\int_0^{2\pi} \sqrt{\left(\frac{dx}{d\theta}\right)^2 + \left(\frac{dy}{d\theta}\right)^2}\, d\theta = r\int_0^{2\pi} \sqrt{(1 - \cos\theta)^2 + \sin^2\theta}\, d\theta = r\int_0^{2\pi} \sqrt{2 - 2\cos\theta}\, d\theta = r\int_0^{2\pi} \sqrt{4\sin^2\frac{\theta}{2}}\, d\theta$$

$$= r\int_0^{2\pi} 2\sin\frac{\theta}{2}\, d\theta = r\left[-4\cos\frac{\theta}{2}\right]_0^{2\pi} = r(4 - (-4)) = 8r$$

② θ가 0에서 2π까지 변할 때 x가 0에서 $2\pi r$까지 변하므로 구하는 넓이를 S라고 하면

$$S = \int_0^{2\pi r} y\, dx = \int_0^{2\pi} r(1 - \cos\theta) \cdot r(1 - \cos\theta)d\theta = r^2\int_0^{2\pi} (1 - 2\cos\theta + \cos^2\theta)d\theta$$

$$= r^2\int_0^{2\pi} \left(1 - 2\cos\theta + \frac{1 + \cos 2\theta}{2}\right)d\theta = r^2\left[\frac{3}{2}\theta - 2\sin\theta + \frac{1}{4}\sin 2\theta\right]_0^{2\pi} = 3\pi r^2$$

(2) ① $x = r\cos^3\theta$, $y = r\sin^3\theta$ $(0 \le \theta \le 2\pi)$ 에서 $\dfrac{dx}{d\theta} = -3r\cos^2\theta\sin\theta$, $\dfrac{dy}{d\theta} = 3r\sin^2\theta\cos\theta$

따라서 $\theta = 0$에서 $\theta = 2\pi$까지 점 P가 그리는 곡선의 길이는

$$\int_0^{2\pi} \sqrt{\left(\frac{dx}{d\theta}\right)^2 + \left(\frac{dy}{d\theta}\right)^2}\, d\theta = 2\int_0^{\pi} \sqrt{\left(\frac{dx}{d\theta}\right)^2 + \left(\frac{dy}{d\theta}\right)^2}\, d\theta = 2\int_0^{\pi} \sqrt{(-3r\cos^2\theta\sin\theta)^2 + (3r\sin^2\theta\cos\theta)^2}\, d\theta$$

$$= 2\int_0^{\pi} \sqrt{9r^2\sin^2\theta\cos^2\theta(\cos^2\theta + \sin^2\theta)}\, d\theta = 2\int_0^{\pi} \sqrt{9r^2\sin^2\theta\cos^2\theta}\, d\theta = 2\int_0^{\pi} |3r\sin\theta\cos\theta|\, d\theta$$

$$= 3r\int_0^{\pi} |\sin 2\theta|\, d\theta = 3r\int_0^{\frac{\pi}{2}} \sin 2\theta\, d\theta - 3r\int_{\frac{\pi}{2}}^{\pi} \sin 2\theta\, d\theta = -\frac{3r}{2}\left[\cos 2\theta\right]_0^{\frac{\pi}{2}} + \frac{3r}{2}\left[\cos 2\theta\right]_{\frac{\pi}{2}}^{\pi}$$

$$= \frac{3r}{2}(-1 - 1) + \frac{3r}{2}\{1 - (-1)\} = 6r$$

② $x = r\cos^3\theta$ 이므로 $dx = -3r\cos^2\theta\sin\theta\,d\theta$ 이고 $x = 0$일 때 $\theta = \dfrac{\pi}{2}$, $x = r$일 때 $\theta = 0$

주어진 곡선으로 둘러싸인 부분에서 제 1사분면의 부분의 넓이를 S_1이라고 하면

$$S_1 = \int_0^r y\,dx = \int_{\frac{\pi}{2}}^0 r\sin^3\theta \cdot (-3r)\cos^2\theta\sin\theta\,d\theta = 3r^2\int_0^{\frac{\pi}{2}} \sin^4\theta\cos^2\theta\,d\theta \quad \text{여기에서}$$

$$\sin^4\theta\cos^2\theta = \left(\frac{1}{2}\sin 2\theta\right)^2\sin^2\theta = \frac{1}{4}\sin^2 2\theta\sin^2\theta = \frac{1}{4}\cdot\frac{1-\cos 4\theta}{2}\cdot\frac{1-\cos 2\theta}{2}$$

$$= \frac{1}{16}\left\{1 - \cos 2\theta - \cos 4\theta + \frac{1}{2}(\cos 6\theta + \cos 2\theta)\right\} = \frac{1}{32}(2 - \cos 2\theta - 2\cos 4\theta + \cos 6\theta)$$

$$\therefore S_1 = 3r^2\int_0^{\frac{\pi}{2}}\frac{1}{32}(2 - \cos 2\theta - 2\cos 4\theta + \cos 6\theta)d\theta = \frac{3}{32}r^2\left[2\theta - \frac{1}{2}\sin 2\theta - \frac{1}{2}\sin 4\theta + \frac{1}{6}\sin 6\theta\right]_0^{\frac{\pi}{2}} = \frac{3}{32}\pi r^2$$

따라서 구하는 넓이를 S라고 하면 $S = 4S_1 = \dfrac{3}{8}\pi r^2$

에피 사이클로이드

어떤 원 위의 한 점이 다른 원에 외접하며 굴러가며 그리는 곡선을
에피 사이클로이드($Epicycloid$) 라고 한다.[관련 문제 참고]
오른쪽 그림에서 큰원의 반지름을 R, 작은원의 반지름을 r이라
하면 $l_R = l_r$이므로 $R\theta = r\alpha$를 만족하는 α에 대하여 다음이
성립한다. (단, 두 원이 외접하는 점에서 시작할 때)

$$x = (R+r)\cos\theta - r\cos(\theta+\alpha), \quad y = (R+r)\sin\theta - r\sin(\theta+\alpha)$$

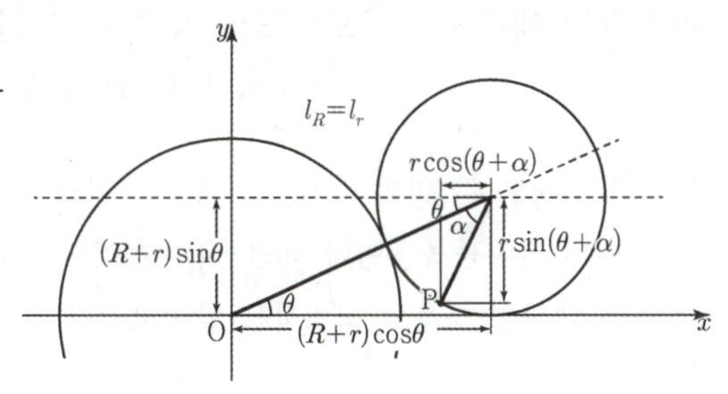

관계	$R=r$	$R=2r$
이름	카디오이드($cadioid$)(심장형곡선)	네프로이드($nephroid$)(신장형곡선)
그래프 모양		
1회전할 때 곡선의 길이	$8(R+r) = 8 \times 2R \Rightarrow 16R$	$8(R+r) = 8 \times 1.5R \Rightarrow 12R$

[관련 문제]

좌표평면 위에 원점을 중심으로 하고 반지름의 길이가 2인 원 A와 점 $(3, 0)$을 중심으로
하고 반지름의 길이가 1인 원 B가 있다. 점 $(2, 0)$에서 원 A에 접하고 있던 원 B가
원 A의 둘레를 따라 시계 반대 방향으로 미끄러지지 않게 굴러갈 때, 두 원 A, B가
점 $(2, 0)$에서 다시 접할 때까지 점 $(2, 0)$에 있던 원 B위의 점 P가 그리는 곡선의
길이를 구하여라. $\Rightarrow$ 네프로이드

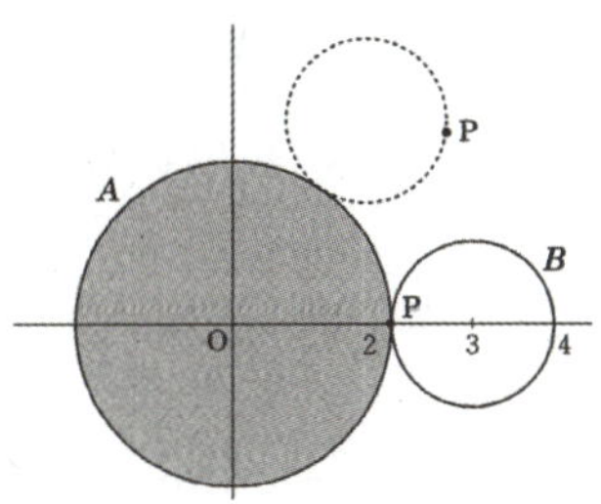

풀이

오른쪽 그림과 같이 점 $(2, 0)$을 P_0, 움직인 원 B의 중심을 Q, 두 원 A, B의 접점을
R 라 하면 호 P_0R 의 길이와 호 PR 의 길이는 서로 같다. 따라서 $\angle ROP_0 = \theta$ 라 하면
$\overset{\frown}{P_0R} = 2\theta = \overset{\frown}{RP}$ 이고, $\overline{QR} = 1$ 이므로 $\angle PQR = 2\theta$ 이다.

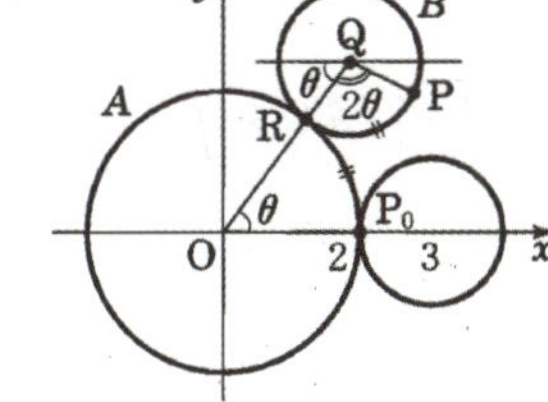

$\overrightarrow{OQ} = (3\cos\theta, 3\sin\theta)$, $\overrightarrow{QP} = (\cos(\pi+3\theta), \sin(\pi+3\theta)) = (-\cos 3\theta, -\sin 3\theta)$

$\therefore \overrightarrow{OP} = \overrightarrow{OQ} + \overrightarrow{QP} = (3\cos\theta - \cos 3\theta, 3\sin\theta - \sin 3\theta)$

$x = 3\cos\theta - \cos 3\theta$, $y = 3\sin\theta - \sin 3\theta$ 라 하면 $\dfrac{dx}{d\theta} = -3\sin\theta + 3\sin 3\theta$, $\dfrac{dy}{d\theta} = 3\cos\theta - 3\cos 3\theta$

$0 \le \theta \le 2\pi$ 이므로 구하는 곡선의 길이는

$$\int_0^{2\pi} \sqrt{\left(\frac{dx}{d\theta}\right)^2 + \left(\frac{dy}{d\theta}\right)^2}\, d\theta = \int_0^{2\pi} \sqrt{18(1-\cos 2\theta)}\, d\theta = \int_0^{2\pi} \sqrt{36\sin^2\theta}\, d\theta$$

$$= \int_0^{2\pi} 6|\sin\theta|\, d\theta = 24\int_0^{\frac{\pi}{2}} \sin\theta\, d\theta = 24 \quad \Leftarrow \text{네프로이드 이므로 } 12\times 2 = 24$$

파스칼의 에피 사이클로이드의 자취의 길이는 고정된 큰 원의 반지름의 길이를 R 작은 원의 반지름의 길이를 r이라 할 때 $8(R+r)$이다. (단, k는 자연수일 때 $R=kr$)

앞에서 고정된 큰 원의 반지름을 R, 큰 원의 외부에서 움직이는 작은 원의 반지름을 r이라 하면 $l_R = l_r$이므로 $R\theta = r\alpha$를 만족하는 α에 대하여 다음이 성립함을 알아보았다.

$x = (R+r)\cos\theta - r\cos(\theta+\alpha)$,

$y = (R+r)\sin\theta - r\sin(\theta+\alpha)$

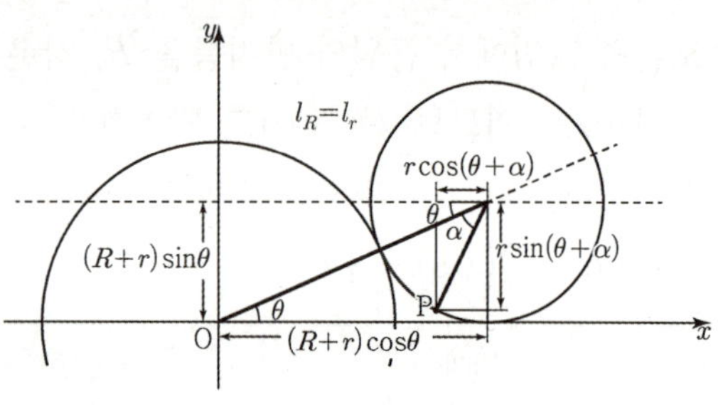

한편, 자연수 k에 대하여 $R=kr$인 경우에 대해 생각하는 세미나이므로 $kr\theta = r\alpha$에서 $\alpha = k\theta$이다. 따라서

$x(\theta) = r\{(k+1)\cos\theta - \cos((k+1)\theta)\}$, $y(\theta) = r\{(k+1)\sin\theta - \sin((k+1)\theta)\}$

점 $P(x(\theta), y(\theta))$라 할 때, 점 P의 속도 벡터는 $\vec{v} = (v_x = x'(\theta), v_y = y'(\theta))$이므로

$v_x = r\{-(k+1)\sin\theta + (k+1)\sin((k+1)\theta)\} = r(k+1)\{-\sin\theta + \sin((k+1)\theta)\}$

$v_y = r\{(k+1)\cos\theta - (k+1)\cos((k+1)\theta)\} = r(k+1)\{\cos\theta - \cos((k+1)\theta)\}$이다. 따라서

$$|\vec{v}| = \sqrt{(v_x)^2 + (v_y)^2}$$
$$= r(k+1)\sqrt{2 - 2\sin\theta\sin((k+1)\theta) - 2\cos\theta\cos((k+1)\theta)}$$
$$= r(k+1)\sqrt{2 - 2\{\cos((k+1)\theta)\cos\theta + \sin((k+1)\theta\sin\theta)\}}$$
$$= r(k+1)\sqrt{2 - 2\cos k\theta}$$
$$= r(k+1)\sqrt{2 - 2\left(2\cos^2\frac{k\theta}{2} - 1\right)}$$
$$= r(k+1)\sqrt{4 - 4\cos^2\frac{k\theta}{2}}$$
$$= 2r(k+1)\left|\sin\frac{k\theta}{2}\right|$$

따라서 점 P의 자취의 길이는 $\displaystyle\int_0^{2\pi} |\vec{v}|\, d\theta$이다.

이때, $R=kr$이므로 $0 \le \theta \le \dfrac{2\pi}{k}$일 때의 곡선의 길이의 k배가 점 P의 자취의 길이이므로

$$\int_0^{2\pi} |\vec{v}|\, d\theta = k\int_0^{\frac{2\pi}{k}} \vec{v}\, d\theta = 2rk(k+1)\int_0^{\frac{2\pi}{k}} \sin\frac{k\theta}{2}\, d\theta = 2rk(k+1) \times \frac{2}{k}\left[-\cos\frac{k\theta}{2}\right]_0^{\frac{2\pi}{k}}$$
$$= 2rk(k+1) \times \frac{2}{k}(1+1) = 8r(k+1) = 8(kr+r) = 8(R+r)$$

⇨ 작은 원의 중심이 그리는 원 둘레 길이인 $2(R+r)\pi$의 $\dfrac{4}{\pi}$배이다.

(1) 곡선 $y = f(x)\,(a \le x \le b)$의 길이 l은 $l = \displaystyle\int_a^b \sqrt{1 + \{f'(x)\}^2}\,dx$

⇨ $y = f(x)$는 함수의 정의를 만족하므로 곡선이 겹치는 부분이 생기지 않는다. 따라서 공식 그대로 사용하면 된다.

(2) 매개변수 t로 나타내어진 곡선 $x = f(t)$, $y = g(t)\,(a \le t \le b)$의 길이 l은 $l = \displaystyle\int_a^b \sqrt{\left(\dfrac{dx}{dt}\right)^2 + \left(\dfrac{dy}{dt}\right)^2}\,dt$

⇨ 식의 형태에 따라서 원, 타원 등의 폐곡선으로 나타나기도 하므로 t가 변함에 따라 점 (x, y)의 움직임이 겹치는 경우도 발생한다. 폐곡선을 한 바퀴 회전하든 두 바퀴 회전하든 그 때의 곡선의 길이는 일정하므로 위 공식을 그대로 사용하면 오류가 생길 수도 있다.

따라서

매개변수로 나타내어진 함수에서는 곡선의 길이를 구할 때, 겹쳐지는 부분이 있는지 그래프 개형을 파악하며 문제를 해결해야 한다.

설명

⇨ 예를 들어

좌표평면 위를 움직이는 점 P의 시각 $t\,(t \ge 0)$에서의 위치 (x, y)가 $x = \cos t$, $y = \sin t$일 때, 시각 $t = 0$에서 시각 $t = 4\pi$까지 점 P가 움직인 거리와 점 P가 나타내는 곡선의 길이를 비교해 보자.

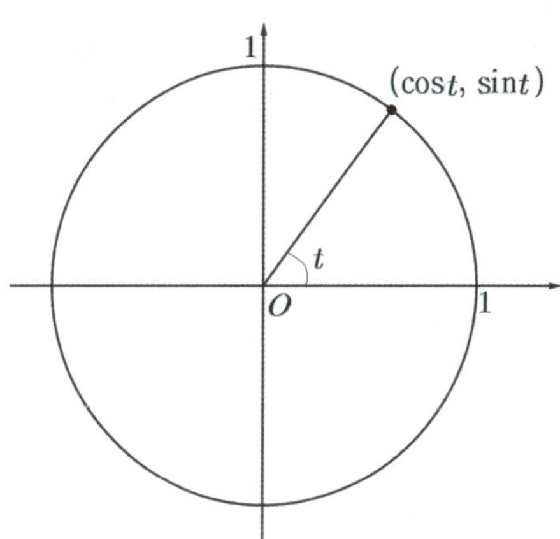

⇨ $(\cos t, \sin t)$은 $x^2 + y^2 = 1$ 위의 점이므로 $t = 0$일 때는 $(1, 0)$에서 출발해서 $t = 4\pi$일 때는 $(1, 0)$으로 원 둘레를 두 바퀴를 돌게 되므로 움직인 거리는 $2\pi + 2\pi = 4\pi$이다.

그런데 곡신의 길이를 l이라 하고 공식으로 나다내면

$$l = \int_0^{4\pi} \sqrt{\left(\frac{dx}{dt}\right)^2 + \left(\frac{dy}{dt}\right)^2}\,dt = \int_0^{4\pi} \sqrt{(-\sin t)^2 + (\cos t)^2}\,dt$$

$$= \int_0^{4\pi} dt = [\,t\,]_0^{4\pi} = 4\pi$$

그런데 점 P가 나타내는 곡선의 길이 l은 원 둘레인 2π이므로 모순이다.

따라서 매개변수로 나타내어진 함수에서는 곡선의 길이를 구할 때, 겹쳐지는 부분이 있는지 그래프 개형을 파악하며 문제를 해결해야 한다.

[랑데뷰 제작 문제] → 좌표평면 위를 움직이는 점 P의 시각 $t\,(t \ge 0)$에서의 위치 (x, y)가 $x = \cos t$, $y = 1$일 때, 시각 $t = 0$에서 시각 $t = 2\pi$까지 점 P가 움직인 거리와 점 P가 나타내는 곡선의 길이의 합을 구하시오.

정답 6

각속도냐 선속도냐

부채꼴 호의 길이를 l, 중심각의 크기를 θ, 반지름의 길이를 r이라 할 때

$l = 2\pi r \times \dfrac{x°}{360°} = 2\pi r \times \dfrac{\theta(rad)}{2\pi(rad)} = r\theta$ 에서 호의 길이는 반지름의 길이 r의 단위와 같은데 r이 단위를 사용하지

않으면 l의 길이도 단위를 사용하지 않는다.

원 위를 움직이는 점에 관한 문제에서 속도의 단위가 주어지지 않을 때는 호의 길이의 변화에 대한 속도[**선속도**] 이고

속도의 단위가 (rad)로 주어질 때는 중심각의 변화에 대한 속도[**각속도**]이다.

즉, 속도가 a이면 선속도를 의미하며 $\dfrac{dl}{dt} = a$이고 속도가 $a(rad)$이면 각속도를 의미하며 $\dfrac{d\theta}{dt} = a$이다.

따라서 속도가 $a(rad)$일 때는 원의 반지름의 길이에 상관없이 $\theta = at$라 두고

속도가 a일 때는 $\theta = \dfrac{a}{r}t$라 두고 문제를 해결하면 된다.

각속도

좌표평면 위에 다음 그림과 같이 중심각의 크기가 $90°$이고 반지름의 길이가 6인 부채꼴 AOB가 있다. 점 P가 점 A에서 출발하여 호 AB를 따라 매초 2(라디안)의 일정한 속력으로 움직일 때, $\angle\text{AOP} = 30°$가 되는 순간 점 P의 y좌표의 시간(초)에 대한 변화율은?

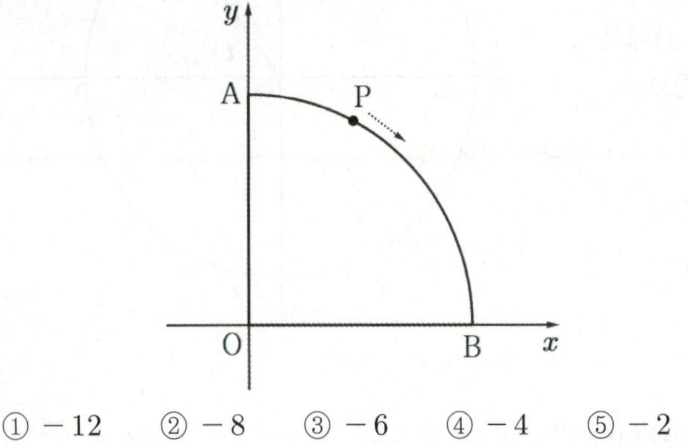

① -12　　② -8　　③ -6　　④ -4　　⑤ -2

풀이

매초 2(라디안)의 일정한 속력으로 움직이므로 $\theta = 2t$이다.

따라서 $y = 6\sin\left(\dfrac{\pi}{2} - \theta\right) = 6\sin\left(\dfrac{\pi}{2} - 2t\right)$

에서 양변 t에 관해 미분하면

$\dfrac{dy}{dt} = -12\cos\left(\dfrac{\pi}{2} - 2t\right)$ 따라서

$\left.\dfrac{dy}{dt}\right|_{\theta=\frac{\pi}{6}} = \left.\dfrac{dy}{dt}\right|_{t=\frac{\pi}{12}}$

$= -12\cos\left(\dfrac{\pi}{2} - \dfrac{\pi}{6}\right) = -12 \times \dfrac{1}{2} = -6$

선속도

좌표평면 위에 왼쪽 그림과 같이 중심각의 크기가 $90°$이고 반지름의 길이가 6인 부채꼴 AOB가 있다. 점 P가 점 A에서 출발하여 호 AB를 따라 매초 2의 일정한 속력으로 움직일 때, $\angle\text{AOP} = 30°$가 되는 순간 점 P의 y좌표의 시간(초)에 대한 변화율은?

① $-\dfrac{\sqrt{3}}{2}$　② $-\dfrac{1}{2}$　③ -1　④ $-\sqrt{2}$　⑤ $-\sqrt{3}$

풀이

$\angle\text{AOP} = \theta$라 할 때, $l = r\theta$에서 양변을 t에 관해

미분하면 $\dfrac{dl}{dt} = r \times \dfrac{d\theta}{dt} \Rightarrow \dfrac{dl}{dt} = 2$, $r = 6$이므로

$\dfrac{d\theta}{dt} = \dfrac{1}{3}$이다. $y = 6\sin\left(\dfrac{\pi}{2} - \theta\right)$에서 양변 t에 관해

미분하면 $\dfrac{dy}{dt} = -6\cos\left(\dfrac{\pi}{2} - \theta\right)\dfrac{d\theta}{dt}$

따라서 $\left.\dfrac{dy}{dt}\right|_{\theta=\frac{\pi}{6}} = -6\cos\dfrac{\pi}{3} \times \dfrac{1}{3} = -1$

[다른 풀이]

$\theta = \dfrac{1}{3}t$이므로 $y = 6\sin\left(\dfrac{\pi}{2} - \dfrac{1}{3}t\right)$이다,

$\dfrac{dy}{dy} = -\dfrac{1}{3} \times 6\cos\left(\dfrac{\pi}{2} - \dfrac{1}{3}t\right)$

$\theta = \angle\text{AOP} = 30° = \dfrac{\pi}{6}$일 때 $t = \dfrac{\pi}{2}$이므로

$\left.\dfrac{dy}{dt}\right|_{t=\frac{\pi}{2}} = -\dfrac{1}{3} \times 6\cos\left(\dfrac{\pi}{2} - \dfrac{\pi}{6}\right) = -\dfrac{1}{3} \times 6 \times \dfrac{1}{2} = -1$

카발리에리의 원리

(1) 두 평면도형 S_1, S_2를 정해진 한 변과 평행인 임의의 선분으로
자를 때, S_1, S_2의 잘린 부분의 넓이의 비가 항상 $\alpha : \beta$이면
두 평면도형 S_1, S_2의 넓이의 비도 $\alpha : \beta$가 된다.

(2) 두 입체도형 V_1, V_2를 정해진 한 평면과 평행인 임의의 평면으로
자를 때, V_1, V_2의 잘린 부분의 넓이의 비가 항상 $\alpha : \beta$이면 두
입체도형 V_1, V_2의 부피의 비도 $\alpha : \beta$가 된다.

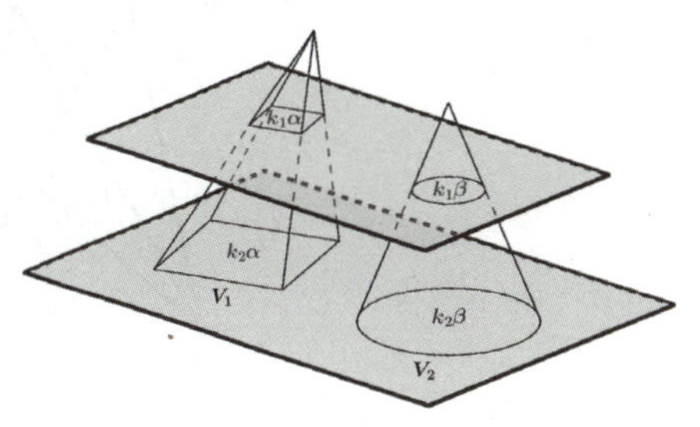

설명 한 평면 위의 두 도형이 그림과 같이 y축에 평행한 임의의
직선을 잘라내는 선분의 길이가 항상 $m : n$이면 이들의 넓이의
비는 $m : n$이다. $\Rightarrow$ 두 도형의 넓이를 A, B 라고 하면

$$f_1(x) - f_2(x) : g_1(x) - g_2(x) = m : n \rightarrow f_1(x) - f_2(x) = \frac{m}{n}\{g_1(x) - g_2(x)\}$$

이고 $A = \displaystyle\int_a^b \{f_1(x) - f_2(x)\}dx = \frac{m}{n}\int_a^b \{g_1(x) - g_2(x)\}dx = \frac{m}{n}B$ 이므로

$\therefore A : B = m : n \Rightarrow$ **부피비도 같은 방법으로 설명할 수 있다.**

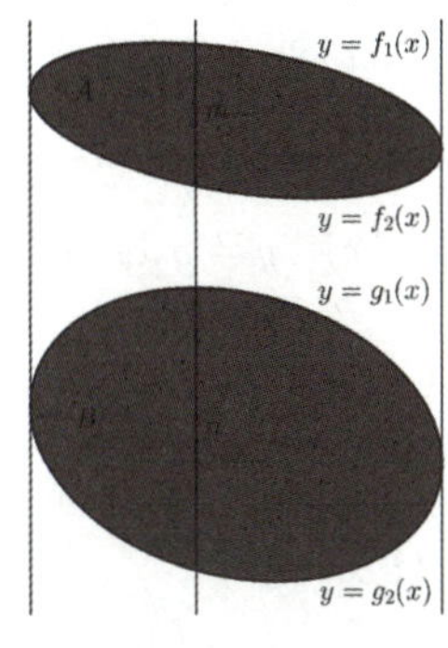

① 타원 $\dfrac{x^2}{a^2} + \dfrac{y^2}{b^2} = 1$ (단, $a > 0$, $b > 0$)의 넓이를 구하여라.

풀이 오른쪽 그림에서 P 는 타원 위의 점이고 Q 는 원 위의 점이므로,

$\overline{\mathrm{PN}} = |y| = \dfrac{b}{a}\sqrt{a^2 - x^2}$, $\overline{\mathrm{QN}} = \sqrt{a^2 - x^2}$ 따라서 $\overline{\mathrm{PN}} : \overline{\mathrm{QN}} = b : a$

곧, 타원은 원을 y축의 방향으로 $\dfrac{b}{a}$ 의 비로 축소하여 생긴 도형임을 알 수 있다.

따라서 원의 넓이는 πa^2 이고 타원의 넓이는 이를 $\dfrac{b}{a}$ 로 축소하였으므로

카발리에리의 원리에서 타원 $\dfrac{x^2}{a^2} + \dfrac{y^2}{b^2} = 1$의 넓이는 $\pi a^2 \times \dfrac{b}{a} = \pi ab$이다.

② 그림과 같이 두 무리 함수
$y = \sqrt{ax}$, $y = \sqrt{bx}$ 의 그래
프와 직선 $x = c$ 및 x축으로
둘러싸인 두 영역 A, B 의 넓
이를 각각 S_1, S_2라 할 때,
$S_1 : S_2$의 값을 a, b를 이용하여 나타내어라. (단, $c > 0$)

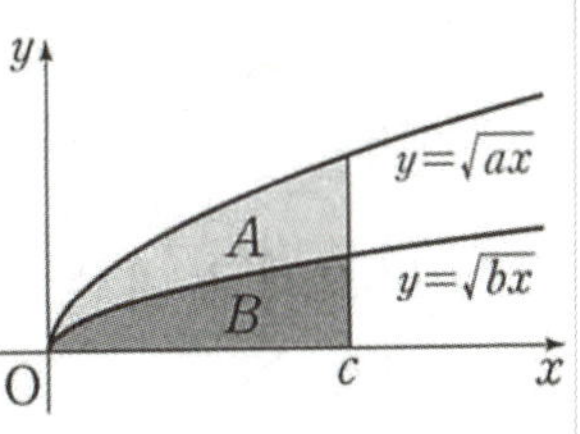

풀이

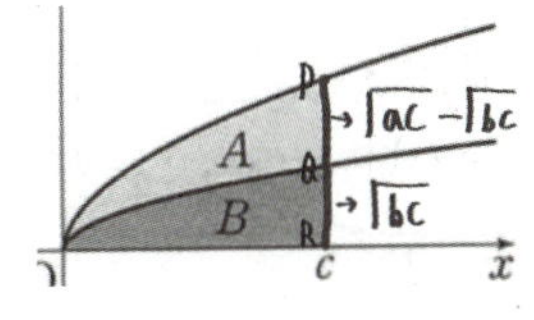

$\overline{\mathrm{PQ}} : \overline{\mathrm{QR}} = \sqrt{a} - \sqrt{b} : \sqrt{b}$
이므로 **카발리에리의 원리**에서
$S_1 : S_2 = \sqrt{a} - \sqrt{b} : \sqrt{b}$

③ 부피가 4인 정사면체 A－BCD를
선분 AD와 선분 BC에 동시에 평행한
평면으로 자르면 단면은
직사각형이다. 단면을 무한히 많이
잘랐을 때, 이 직사각형에 내접하는
타원이 이루는 입체도형의 부피를 구하여라.

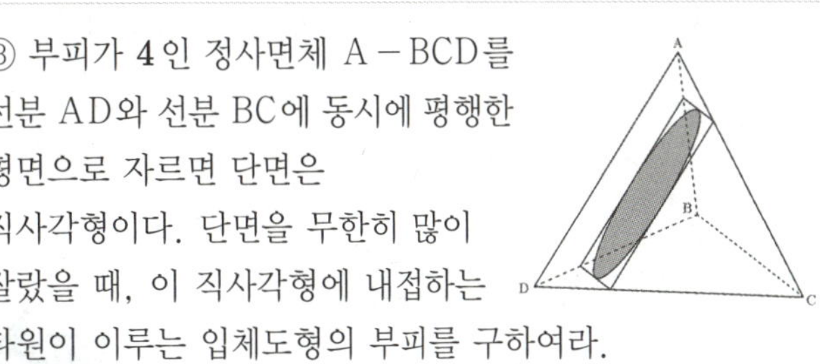

풀이

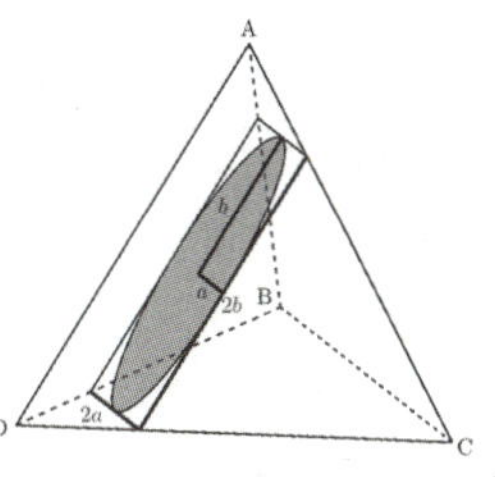

자른 단면인 직사각형의 가로,
세로 길이를 각각 $2a$, $2b$라 하면
타원:직사각형$= \pi ab : 4ab$ 이므로
카발리에리의 원리에서

$$4 \times \frac{\pi ab}{4ab} = \pi$$

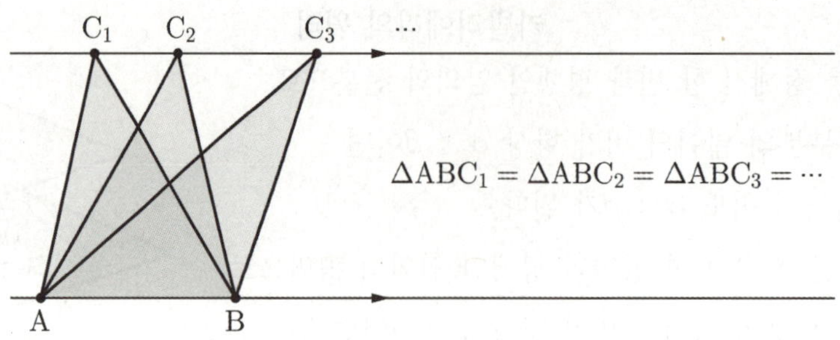

위 그림에서 밑변의 길이가 고정이고 높이가 같은 모든 삼각형의 넓이는 같다.

① 함수에서 적용해 보도록 하자.

$y = f_1(x)$와 $y = f_2(x)$, x축으로 둘러싸인 부분의 넓이는 $\dfrac{1}{2}$이다. 그림과 같이 $y = f_1(x)$와 $y = f_2(x)$의 $y = x$에 대칭인 함수를 각각 $y = g_1(x)$, $y = g_2(x)$라 할 때, $x = t$ $(0 \le t \le 1)$에서의 y값의 차이는 $-t + 1$이다. 따라서 $y = g_1(x)$, $y = g_2(x)$와 y축으로 둘러싸인 부분의 넓이는

$$\int_0^1 (-t+1)dt = \left[-\frac{1}{2}t^2 + t \right]_0^1 = \frac{1}{2} \text{로 생각할 수 있다.}$$

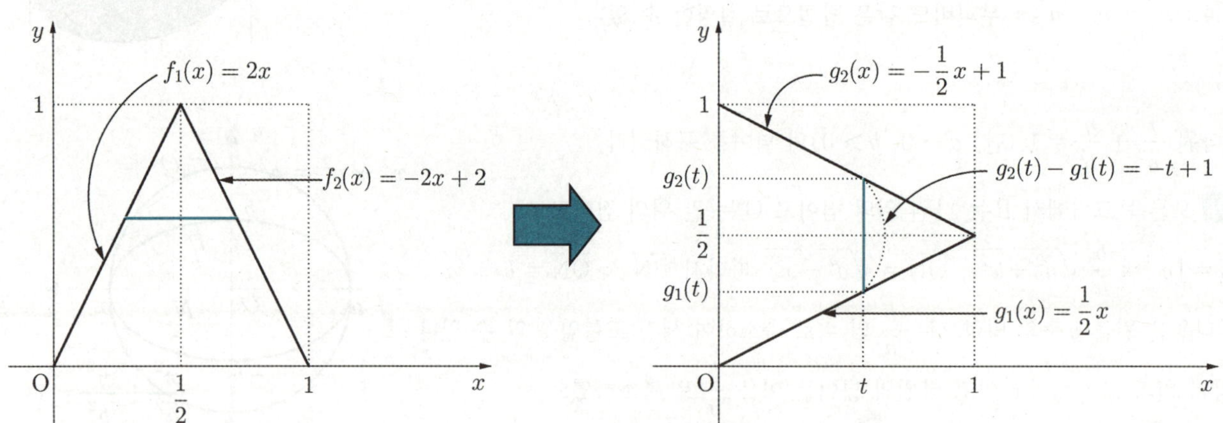

$f_1(x) = 4x$, $f_2(x) = -\dfrac{4}{3}x + \dfrac{4}{3}$으로 설정해도 $y = f_1(x)$와 $y = f_2(x)$, x축으로 둘러싸인 부분의 넓이는 $\dfrac{1}{2}$이다. 같은 과정으로 $y = g_1(x)$, $y = g_2(x)$와 설정후 y값의 차를 구해보면 항상 $-t + 1$으로 같다는 것을 알 수 있다.

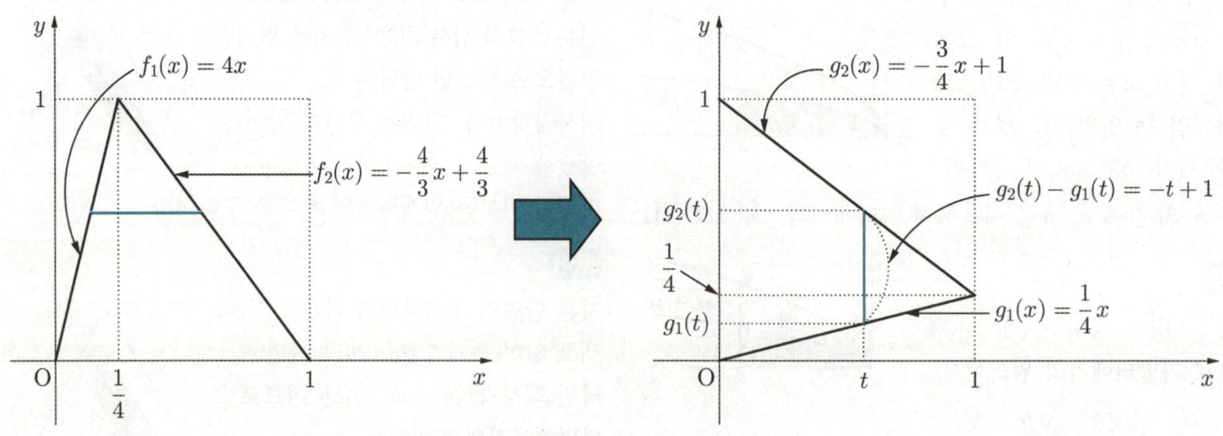

② 그럼 이런 원리가 곡선에서도 적용될까?

그래프 개형은 밑변의 길이가 1이고 높이가 1인 삼각형과 비슷한 모양을 갖는 이차함수 그래프로 설정해 보자.

$$y = -4\left(x - \frac{1}{2}\right)^2 + 1 \text{와 } x \text{축으로 둘러싸인 부분의 넓이와 } y = \begin{cases} -16\left(x - \frac{1}{4}\right)^2 + 1 & \left(0 \le x < \frac{1}{4}\right) \\ -\dfrac{16}{9}\left(x - \frac{1}{4}\right)^2 + 1 & \left(\frac{1}{4} \le x \le 1\right) \end{cases}$$

와 x축으로 둘러싸인 부분의 넓이를 비교해 보자.

정적분을 이용하여 넓이만 구해도 같음을 알 수 있으나 $y = x$에 대칭인 함수의 함숫값의 차이가 일정함을 보여 확인하도록 하자. 다음과 같다.

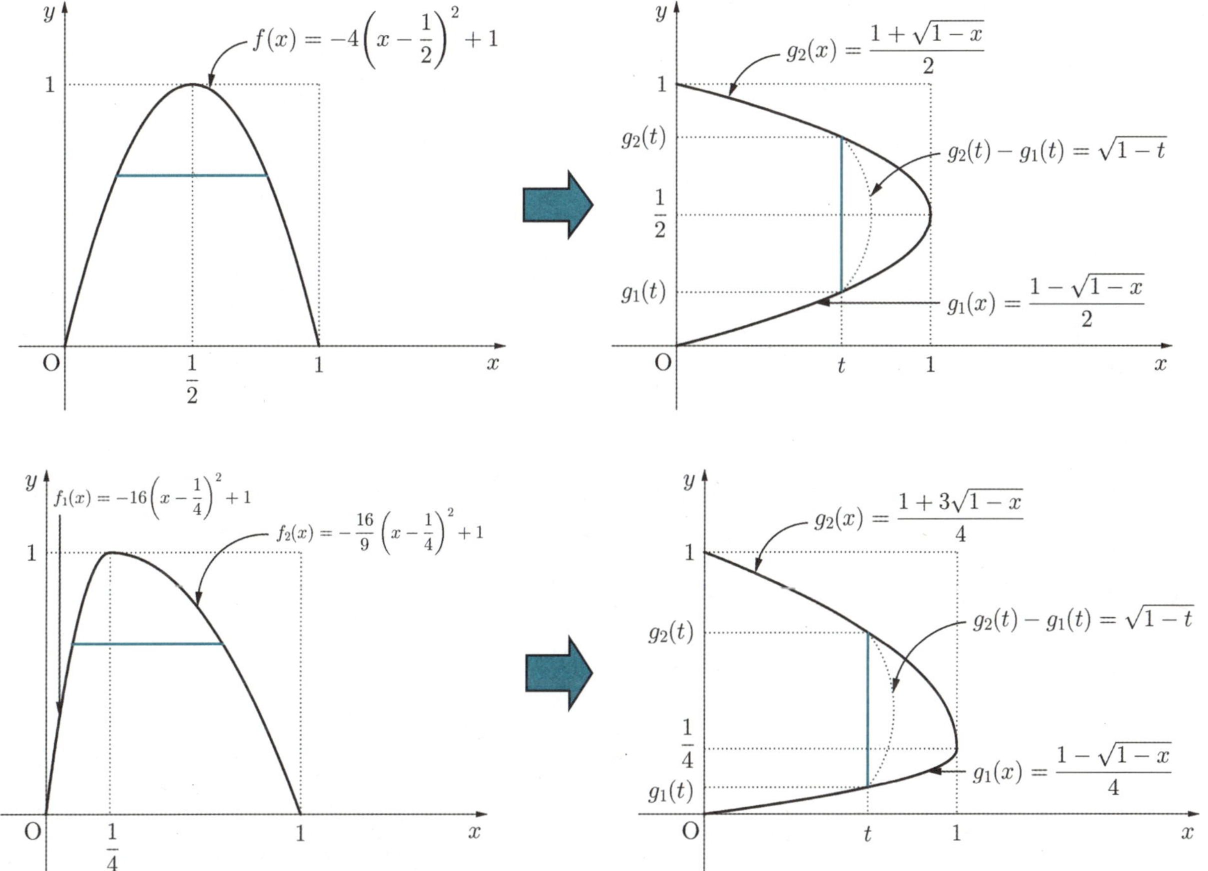

두 그림의 오른쪽 부분의 함수값의 차이가 $\sqrt{1-t}$로 같음을 알 수 있다.

③ 삼각함수에서 적용해 보자.

밑변의 길이가 1이고 높이가 1인 삼각형과 비슷한 모양을 갖는 삼각함수로 $y = \sin(\pi\sqrt{x})$와 $y = \sin(\pi x)$가 x축으로 둘러싸인 부분의 넓이를 비교해 보자.

앞에서와 달리 고등과정으로는 $y = x$에 대칭인 함수를 식으로 표현하기 불가하기에 x좌표의 차로 비교해 보자.

그림과 같이 $y = \sin(\pi\sqrt{x})$와 $y = \dfrac{1}{2}$의 교점의 x좌표의 차를 구해 보면 $\dfrac{25}{36} - \dfrac{1}{36} = \dfrac{24}{36} = \dfrac{2}{3}$이다.

$y = \sin(\pi x)$이 $y = \dfrac{1}{2}$의 교점의 x좌표의 차를 구해 보면 $\dfrac{5}{6} - \dfrac{1}{6} = \dfrac{4}{6} = \dfrac{2}{3}$이다.

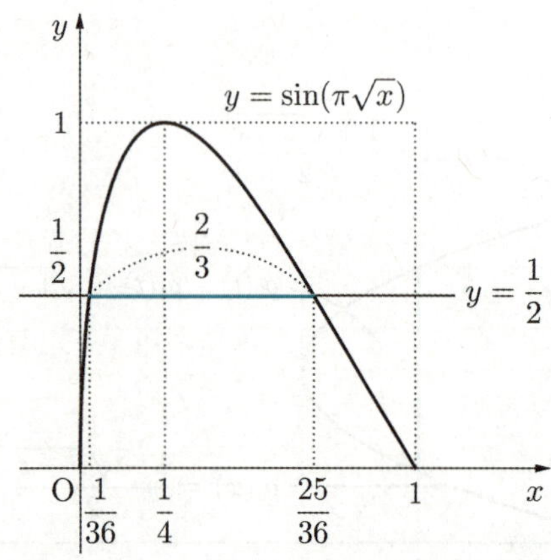
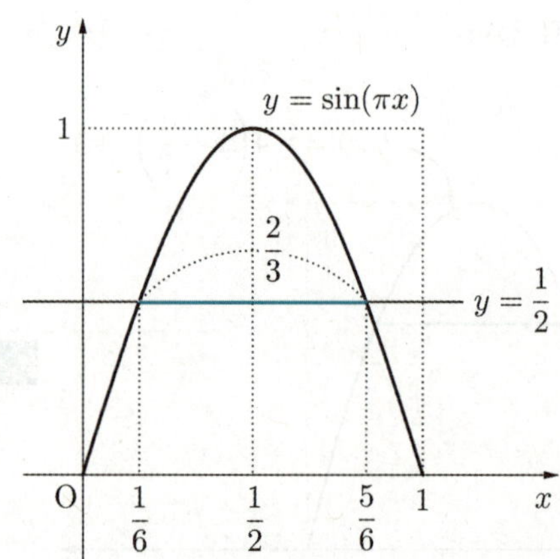

같은 방법으로

$y = \sin(\pi x)$와 $y = t \ (0 \le t \le 1)$의 교점의 x좌표를 α_1, $\alpha_2 \ (\alpha_1 < \alpha_2)$라 하면 α_1과 α_2는 $x = \dfrac{1}{2}$에 대칭이므로 $\alpha_1 + \alpha_2 = 1$이다.

$y = \sin(\pi\sqrt{x})$와 $y = t \ (0 \le t \le 1)$의 교점의 x좌표는 α_1^2, α_2^2이다.

따라서 $\alpha_2^2 - \alpha_1^2 = (\alpha_2 + \alpha_1)(\alpha_2 - \alpha_1) = \alpha_2 - \alpha_1$이 성립한다.

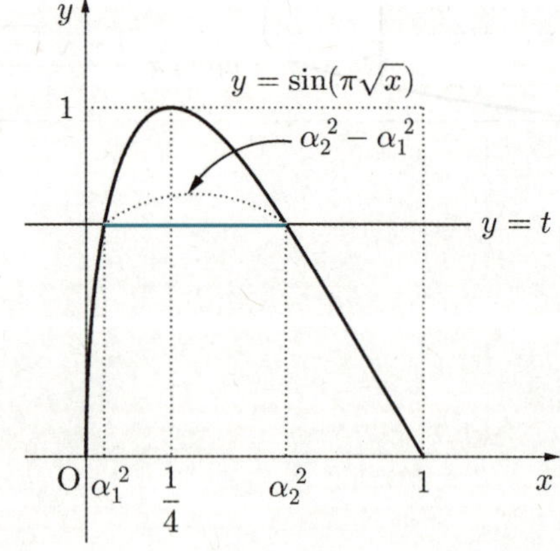
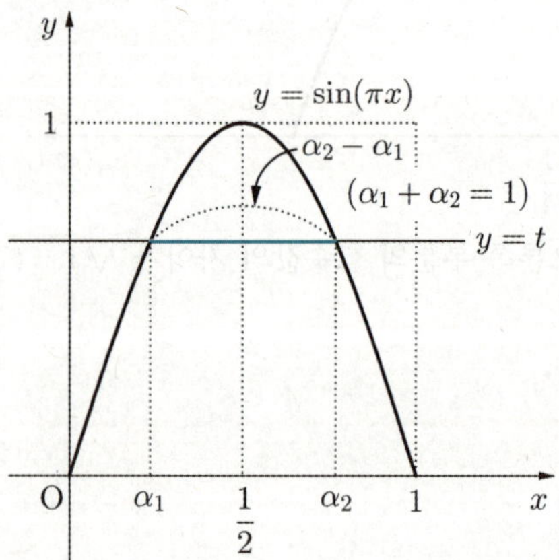

따라서 $\displaystyle\int_0^1 (\sin(\pi\sqrt{x}))\,dx = \int_0^1 (\sin(\pi x))\,dx = -\dfrac{1}{\pi}\left[\cos(\pi x)\right]_0^1 = \dfrac{2}{\pi}$

카발리에리의 원리 적용 기출 문제1

함수 $f(x) = \sin(\pi\sqrt{x})$에 대하여 함수

$$g(x) = \int_0^x tf(x-t)dt \quad (x \geq 0)$$

이 $x = a$에서 극대인 모든 a를 작은 수부터 크기순으로 나열할 때, n번째 수를 a_n이라 하자. $k^2 < a_6 < (k+1)^2$인 자연수 k의 값은?

① 11 ② 14 ③ 17 ④ 20 ⑤ 23

[2021학년도 9월 평가원 가형 20번]

$$g(x) = \int_0^x tf(x-t)dt \quad (x \geq 0)$$

에서 우변의 $x - t = s$라 하면

$t : 0 \to x$일 때, $s = x \to 0$, $-1 = \dfrac{ds}{dt}$이므로

$$g(x) = \int_x^0 (x-s)f(s)(-ds)$$

$$= \int_0^x (x-s)f(s)ds$$

$$= x\int_0^x f(s)ds - \int_0^x sf(x)ds \text{이다.}$$

양변 미분하면

$$g'(x) = \int_0^x f(s)ds + xf(x) - xf(x)$$

따라서 $g'(x) = \displaystyle\int_0^x f(s)ds$이다.

$$g'(x) = \int_0^x f(s)ds = \int_0^x \sin(\pi\sqrt{s})ds$$

$\sqrt{s} = k$라 하면 $\dfrac{1}{2\sqrt{s}} = \dfrac{dk}{ds}$이므로 $ds = 2k\,dk$

$s : 0 \to x$ 일 때, $k : 0 \to \sqrt{x}$ 이다.

$$= \int_0^{\sqrt{x}} 2k\sin(\pi k)dk$$

$$= \left[-\frac{2k\cos(\pi k)}{\pi}\right]_0^{\sqrt{x}} + \frac{2}{\pi}\int_0^{\sqrt{x}}\cos(\pi k)dk$$

$$= -\frac{2\sqrt{x}\cos(\pi\sqrt{x})}{\pi} + \frac{2}{\pi^2}\left[\sin(\pi k)\right]_0^{\sqrt{x}}$$

$$= -\frac{2\sqrt{x}\cos(\pi\sqrt{x})}{\pi} + \frac{2\sin(\pi\sqrt{x})}{\pi^2}$$

$$= \frac{2\sin(\pi\sqrt{x}) - 2\pi\sqrt{x}\cos(\pi\sqrt{x})}{\pi^2}$$

정수 n에 대하여 $\sin n\pi = 0$이므로

자연수 k에 대하여 $x = (2k-1)^2$일 때,

$$g'((2k-1)^2) = -\frac{2(2k-1)\cos\{(2k-1)\pi\}}{\pi}$$

$$= \frac{4k-2}{\pi} > 0$$

$x = (2k)^2$일 때,

$$g'((2k)^2) = -\frac{2(2k)\cos\{(2k)\pi\}}{\pi} = -\frac{4k}{\pi} < 0$$

따라서 사잇값 정리에 의해

$g'(a_k) = 0$인 a_k가 $(2k-1)^2 < a_k < (2k)^2$에 존재한다.

(구간 $((2k-1)^2, (2k)^2)$에서 방정식 $g'(x) = 0$은 한 개의 해를 갖는다.)

$g'(x) : + \to -$이므로 함수 $g(x)$는 $x = a_k$에서 극대이다.

그러므로 $11^2 < a_6 < 12^2$

[랑데뷰팁]-1

$$g'(1) = \frac{2}{\pi}, \quad g'(4) = -\frac{4}{\pi}, \quad g'(9) = \frac{6}{\pi}, \quad g'(16) = -\frac{8}{\pi},$$

$$g'(25) = \frac{10}{\pi}, \ \cdots$$

[다른 풀이]-1

$f(x) = \sin(\pi\sqrt{x})$의 그래프를 그리고 카발리에리의 원리를 적용하면

$g'(x) = \displaystyle\int_0^x f(s)ds = 0$인 x값이 0이상 정수 m에 대하여 구간 $(m^2, (m+1)^2)$에 존재하고 그중 함수 $g(x)$가 극댓값을

갖게 하는 x값은 자연수 k에 대하여 구간 $((2k-1)^2, (2k)^2)$에 존재함을 알 수 있다.

-카발리에리의 원리 적용-

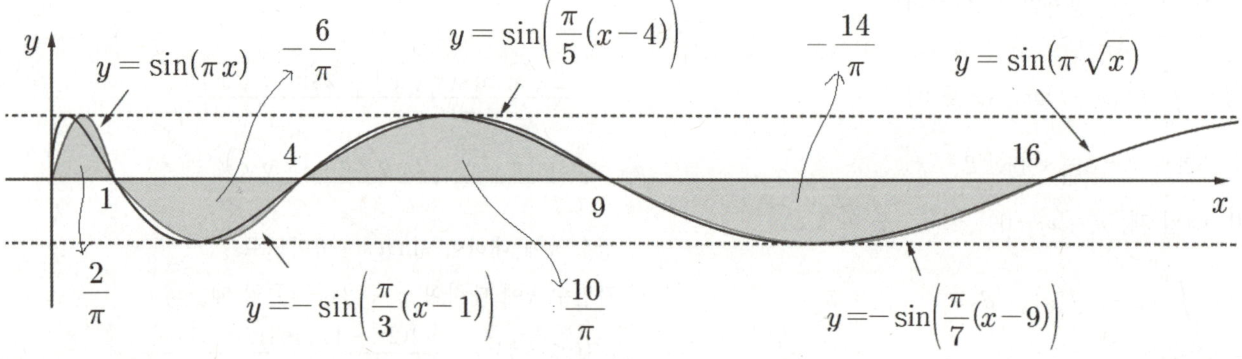

$0 \leq x \leq 1$에서 $y = \sin(\pi\sqrt{x})$와 $y = \sin(\pi x)$이 x축으로 둘러싸인 부분의 넓이는 같다.

$1 \leq x \leq 4$에서 $y = \sin(\pi\sqrt{x})$와 $y = -\sin\left(\dfrac{\pi}{3}(x-1)\right)$이 x축으로 둘러싸인 부분의 넓이는 같다.

$4 \leq x \leq 9$에서 $y = \sin(\pi\sqrt{x})$와 $y = \sin\left(\dfrac{\pi}{5}(x-4)\right)$이 x축으로 둘러싸인 부분의 넓이는 같다.

$9 \leq x \leq 16$에서 $y = \sin(\pi\sqrt{x})$와 $y = -\sin\left(\dfrac{\pi}{7}(x-9)\right)$이 x축으로 둘러싸인 부분의 넓이는 같다.

$$\vdots \qquad\qquad \vdots$$

즉, 0이상의 정수 k에 대하여

$$\int_{k^2}^{(k+1)^2} \sin(\pi\sqrt{x})dx = \int_{k^2}^{(k+1)^2} (-1)^k \sin\left\{\dfrac{\pi}{2k+1}(x-k^2)\right\}dx \text{ 이 성립한다.}$$

따라서

$$\int_{k^2}^{(k+1)^2} \sin(\pi\sqrt{x})dx$$

$$= \dfrac{(-1)^{k+1}(2k+1)}{\pi}\left[\cos\left\{\dfrac{\pi}{2k+1}(x-k^2)\right\}\right]_{k^2}^{(k+1)^2} = \dfrac{(-1)^{k+1}(2k+1)}{\pi} \times (-1-1)$$

$$= \dfrac{2}{\pi}(-1)^k(2k+1)$$

$k=0$일 때, $\displaystyle\int_0^1 \sin(\pi\sqrt{x})dx = \dfrac{2}{\pi}$,

$k=1$일 때, $\displaystyle\int_1^4 \sin(\pi\sqrt{x})dx = -\dfrac{6}{\pi}$

$k=2$일 때, $\displaystyle\int_4^9 \sin(\pi\sqrt{x})dx = \dfrac{10}{\pi}$,

$k=3$일 때, $\displaystyle\int_9^{16} \sin(\pi\sqrt{x})dx = -\dfrac{14}{\pi}$

$k=4$일 때, $\displaystyle\int_{16}^{25} \sin(\pi\sqrt{x})dx = \dfrac{18}{\pi}$

$\qquad\vdots\qquad\qquad\qquad\vdots$

[랑데뷰팁]-2

$\displaystyle\int_0^1 |\sin(\pi\sqrt{x})|dx = \dfrac{2}{\pi}$ 을 기준으로 구간의 길이배 만큼 넓이가 증가한다.

$\displaystyle\int_1^4 |\sin(\pi\sqrt{x})|dx = \dfrac{2}{\pi}\times(3) = \dfrac{6}{\pi}$,

$\displaystyle\int_4^9 |\sin(\pi\sqrt{x})|dx = \dfrac{2}{\pi}\times(5) = \dfrac{10}{\pi}$

$\displaystyle\int_9^{16} |\sin(\pi\sqrt{x})|dx = \dfrac{2}{\pi}\times(7) = \dfrac{14}{\pi}$

또한, 앞페이지의 **[랑데뷰팁]-1** 을 확인할 수 있다.

$g'(1) = \displaystyle\int_0^1 \sin(\pi\sqrt{x})dx = \dfrac{2}{\pi}$,

$g'(4) = \displaystyle\int_0^4 \sin(\pi\sqrt{x})dx = \dfrac{2}{\pi} + \left(-\dfrac{6}{\pi}\right) = -\dfrac{4}{\pi}$

$g'(9) = \left(\dfrac{2}{\pi}\right) + \left(-\dfrac{6}{\pi}\right) + \left(\dfrac{10}{\pi}\right) = \dfrac{6}{\pi}$,

$g'(16) = \left(\dfrac{2}{\pi}\right) + \left(-\dfrac{6}{\pi}\right) + \left(\dfrac{10}{\pi}\right) + \left(-\dfrac{14}{\pi}\right) = -\dfrac{8}{\pi}$

$g'(25) = \left(\dfrac{2}{\pi}\right) + \left(-\dfrac{6}{\pi}\right) + \left(\dfrac{10}{\pi}\right) + \left(-\dfrac{14}{\pi}\right) + \left(\dfrac{18}{\pi}\right) = \dfrac{10}{\pi}$

⇨ 폭이 커지는 경우

카발리에리의 원리 적용 기출 문제2

수열 $\{a_n\}$이 $a_1 = -1$, $a_n = 2 - \dfrac{1}{2^{n-2}}$ $(n \geq 2)$이다. 구간 $[-1, 2)$에서 정의된 함수 $f(x)$가 모든 자연수 n에 대하여

$f(x) = \sin(2^n \pi x)$ $(a_n \leq x \leq a_{n+1})$이다. $-1 < \alpha < 0$인 실수 α에 대하여 $\displaystyle\int_\alpha^t f(x)\,dx = 0$을 만족시키는

t $(0 < t < 2)$의 값의 개수가 103개일 때, $\log_2(1 - \cos(2\pi\alpha))$의 값은?

① -48 ② -50 ③ -52 ④ -54 ⑤ -56

[2018학년도 9월 모평 가형 21번]

간단 풀이

$y = \displaystyle\int_0^t f(x)\,dx$의 그래프는 극댓값이 $\dfrac{1}{2}$인 등비수열을 이룬다.[카발리에리의 원리]

$a_1 = \dfrac{1}{\pi}, r = \dfrac{1}{2} \ \therefore t_{103} = \dfrac{1}{\pi}\left(\dfrac{1}{2}\right)^{51}$

따라서 $\dfrac{1}{2^{51}\pi} = \dfrac{1}{2\pi}(1 - \cos(2\pi\alpha))$에서

$\therefore \ 1 - \cos(2\pi\alpha) = 2^{-50} \ \therefore \ \log_2(1 - \cos(2\pi\alpha)) = -50$

랑데뷰 제작 : 카발리에리 원리 적용 가능 문제 (1) - **폭이 작아지는 경우**

구간 $[0, 2)$에서 연속인 함수 $f(x)$의 도함수 $f'(x)$가 모든 자연수 k에 대하여 각 구간

$\left[2 - \dfrac{1}{2^{k-2}}, \ 2 - \dfrac{1}{2^{k-1}}\right)$에서 $f'(x) = \sin(2^k \pi x)$이다. $f(0) = 0$일 때, $\displaystyle\lim_{k \to \infty}\int_0^{2 - \frac{1}{2^{k-1}}} f(x)\,dx$의 값은?

① $\dfrac{1}{3\pi}$ ② $\dfrac{2}{3\pi}$ ③ $\dfrac{1}{\pi}$ ④ $\dfrac{4}{3\pi}$ ⑤ $\dfrac{5}{3\pi}$

[힌트] 카발리에리의 원리에 의 첫째항이 $\dfrac{1}{2\pi}$이고 공비가 $\dfrac{1}{4}$인 등비급수

[정답]:②

랑데뷰 제작 : 카발리에리 원리 적용 가능 문제 (2) - **높이와 폭이 함께 작아지는 경우**

수열 $\{a_n\}$이 $a_1 = 0$, $a_{n+1} = a_n + 2^n$이다. $x \geq 0$에서 정의된 함수 $f(x)$가 모든 자연수 n에 대하여

$f(x) = \dfrac{1}{3^{n-2}}\sin\left(\dfrac{\pi(x - a_n)}{2^{n-1}}\right)$ $(a_n \leq x \leq a_{n+1})$일 때, $0 < \alpha < 2$인 실수 α에 대하여

$$\int_\alpha^t f(x)\,dx = 0$$

을 만족시키는 t $(t > 0)$의 값의 개수가 27일 때의 $\ln(1 - \cos(\alpha\pi))$의 값은 $p\ln 2 - q\ln 3$이다. $p + q$의 값을 구하시오.

[힌트] 카발리에리의 원리에 의해 높이가 $\times \dfrac{1}{3}$, 가로축이 $\times 2$ 씩 변하므로 공비가 $\dfrac{2}{3}$이 된다.

[정답]:27

$y = f(x)$의 그래프 개형을 알 때 $g(x) = \int_a^x f(t)dt$의 그래프 개형을 미분하지 않고 넓이의 증감으로 파악하기!

① $g(a) = 0 \Rightarrow y = g(x)$는 $(a, 0)$을 지난다.

$\Rightarrow g(x) = \int_a^x f(t)dt$의 그래프는 항상 $x = a$에서 출발하며 넓이의 증감을 살핀다. → $x < a$일 때 주의 [핵심]

② $a_1 < a < a_2$이고 다음 그림과 같이 피적분 함수 $f(x)$의 함숫값이 $f(a_1) < 0$, $f(a) = 0$, $f(a_2) > 0$이면

$\int_a^{a_1} f(x)dx > 0$, $\int_a^{a_2} f(x)dx > 0$이므로

함수 $g(x) = \int_a^x f(t)dt$는 $x = a$에서 극솟값 0을 갖는

그래프가 된다. $\left[\int_{a_1}^a f(x)dx < 0$이므로 $\int_a^{a_1} f(x)dx > 0$이다. \right]$

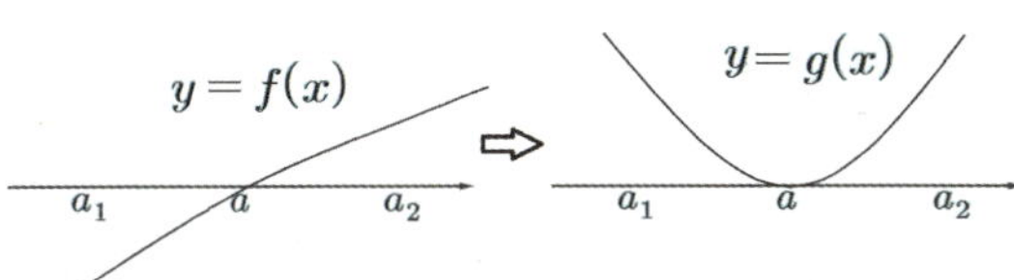

③ $a_1 < a < a_2$이고 다음 그림과 같이 피적분 함수 $f(x)$의 함숫값이 $f(a_1) > 0$, $f(a) = 0$, $f(a_2) < 0$이면

$\int_a^{a_1} f(x)dx < 0$, $\int_a^{a_2} f(x)dx < 0$이므로

함수 $g(x) = \int_a^x f(t)dt$는 $x = a$에서 극댓값 0을 갖는

그래프가 된다. $\left[\int_{a_1}^a f(x)dx > 0$이므로 $\int_a^{a_1} f(x)dx < 0$이다. \right]$

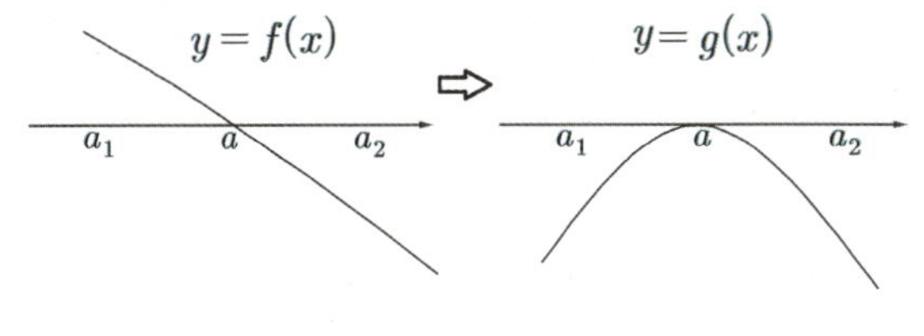

④ $a_1 < a < a_2$이고 다음 그림과 같이 피적분 함수 $f(x)$의 함숫값이 $f(a_1) < 0$, $f(a) > 0$, $f(a_2) > 0$일 때, 함수 $f(x)$의 x절편을 k라 하면

$\int_a^k f(x)dx < 0$, $\int_k^{a_1} f(x)dx > 0$, $\int_a^{a_2} f(x)dx > 0$

이므로 함수 $g(x) = \int_a^x f(t)dt$는 $x = k$에서 음의 극솟값을 갖는

그래프가 된다. $[\, g(a_2) > 0$이지만 $g(a_1)$은 a_1의 위치에 따라 음수, 0, 양수의 값이 될 수 있다. $]$

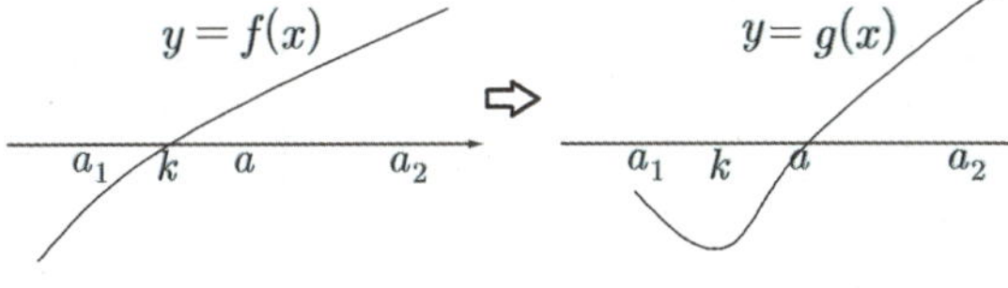

⑤ $a_1 < a < a_2$이고 다음 그림과 같이 피적분 함수 $f(x)$의 함숫값이 $f(a_1) < 0$, $f(a) < 0$, $f(a_2) > 0$일 때, 함수 $f(x)$의 x절편을 k라 하면 $\int_a^{a_1} f(x)dx > 0$, $\int_a^k f(x)dx < 0$,

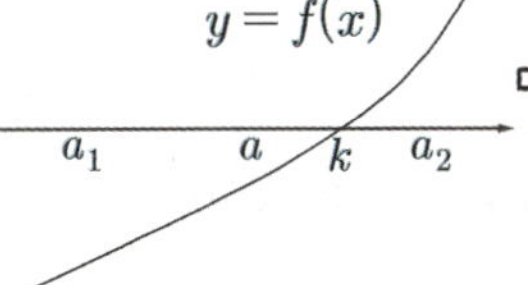
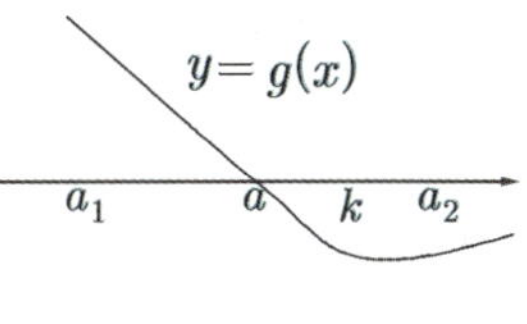

$\int_k^{a_1} f(x)dx > 0$이므로 함수 $g(x) = \int_a^x f(t)dt$는 $x = k$에서

음의 극솟값을 갖는 그래프가 된다.
$[\, g(a_1) > 0$이지만 $g(a_2)$은 a_2의 위치에 따라 음수, 0, 양수의 값이 될 수 있다. $]$

$y=f(x)$의 그래프 개형을 알 때 $g(x)=\displaystyle\int_a^x f(t)dt$의 그래프 개형을 미분하지 않고 넓이의 증감으로

파악하기! ⇨ **종합**

→ $g(x)$는 하나의 함수이므로 a의 위치에 상관없이 그래프 개형은 일정하다. 따라서 $f(x)$에서 적당한 a를
설정한 뒤 그래프 개형을 그린 후 문제 조건에 맞는 x축을 그어 주면 된다. 정리하면
① a를 선택한다.(적당한 a)
② x축이 없는 상태에서 $g(x)$의 그래프 개형을 그린다.
③ 문제 조건에 맞는 x축을 설정한다.

[관련 문제]

함수 $f(x)$를 $f(x)=\begin{cases} |\sin x|-\sin x & \left(-\dfrac{7}{2}\pi \le x \le 0\right) \\ \sin x-|\sin x| & \left(0 \le x \le \dfrac{7}{2}\pi\right) \end{cases}$ 라 하자.

닫힌구간 $\left[-\dfrac{7}{2}\pi,\ \dfrac{7}{2}\pi\right]$ 에 속하는 모든 실수 x에 대하여 $\displaystyle\int_a^x f(t)dt \ge 0$ 이 되도록 하는

실수 a의 최솟값을 α, 최댓값을 β라 할 때, $\beta-\alpha$의 값은? $\left($단, $-\dfrac{7}{2}\pi \le a \le \dfrac{7}{2}\pi\right)$

① $\dfrac{\pi}{2}$ ② $\dfrac{3}{2}\pi$ ③ $\dfrac{5}{2}\pi$ ④ $\dfrac{7}{2}\pi$ ⑤ $\dfrac{9}{2}\pi$

[2016학년도 9월 모평 가형 21번]

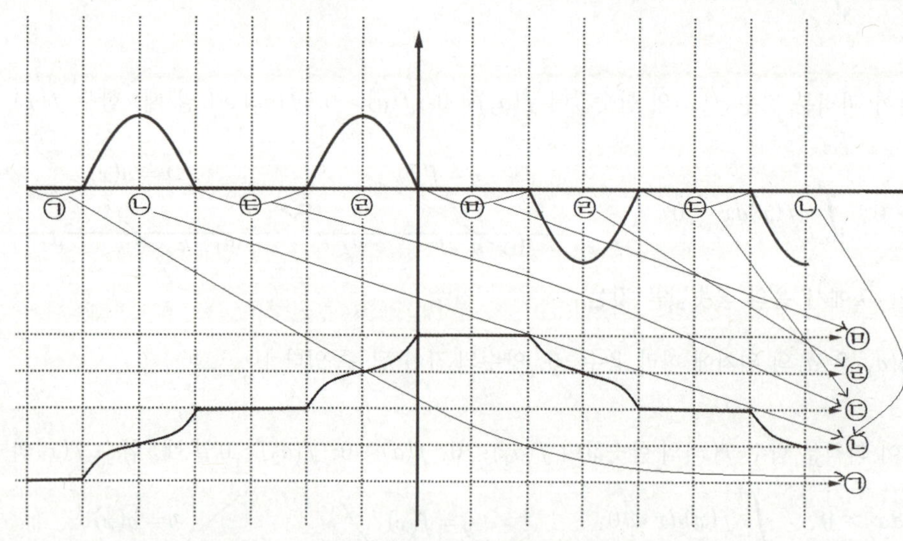

위 그래프가 함수 $f(x)$이고
아래 그래프가 a에 상관없이
그려지는 함수 $g(x)$ 개형이다.

(1) ㉠ : $-\dfrac{7}{2}\pi \le a \le -3\pi$

이면 아래 그림의 ㉠이
x축이다.

(2) ㉡ : $a=-\dfrac{5}{2}\pi$, $a=\dfrac{7}{2}\pi$

이면 아래 그림의 ㉡이
x축이다.

(3) ㉢ : $-2\pi \le a \le -\pi$, $2\pi \le a \le 3\pi$이면 아래 그림의 ㉢이 x축이다.

(4) ㉣ : $a=-\dfrac{\pi}{2}$, $a=\dfrac{3}{2}\pi$이면 아래 그림의 ㉣이 x축이다.

(5) ㉤ : $0 \le a \le \pi$이면 아래 그림의 ㉤이 x축이다.

$\displaystyle\int_a^x f(t)dt \ge 0$ 을 만족하는

x축은 ㉠이므로

$\alpha=-\dfrac{7}{2}\pi$, $\beta=-3\pi$

수학영역 미적분 고난이도 문제를 대하는 자세 (1)
☆여백이 많은 곳에 문제의 의미를 길~게 나열해 보자!☆

[관련 문제]

함수 $f(x) = e^{x+1} - 1$과 자연수 n에 대하여 함수 $g(x)$를

$$g(x) = 100\,|f(x)| - \sum_{k=1}^{n} |f(x^k)|$$

이라 하자. $g(x)$가 실수 전체의 집합에서 미분 가능하도록 하는 모든 자연수 n의 값의 합을 구하시오.

랑데뷰 [풀이]

$n=1$일 때 $g(x) = 100\,|f(x)| - |f(x)|$

$n=2$일 때 $g(x) = 100\,|f(x)| - |f(x)| - |f(x^2)|$

$n=3$일 때 $g(x) = 100\,|f(x)| - |f(x)| - |f(x^2)| - |f(x^3)|$ 이므로

$g(x) = 100\,|f(x)| - |f(x)| - |f(x^2)| - |f(x^3)| - |f(x^4)| \cdots - |f(x^n)|$

$\quad = 100\,|e^{x+1} - 1| - |e^{x+1} - 1| - |e^{x^2+1} - 1| - |e^{x^3+1} - 1| - |e^{x^4+1} - 1| - \cdots - |e^{x^n+1} - 1|$

$\quad = \begin{cases} 100(e^{x+1} - 1) - (e^{x+1} - 1) - (e^{x^2+1} - 1) - (e^{x^3+1} - 1) - (e^{x^4+1} - 1) - \cdots & (x \geq -1) \\ -100(e^{x+1} - 1) + (e^{x+1} - 1) - (e^{x^2+1} - 1) + (e^{x^3+1} - 1) - (e^{x^4+1} - 1) - \cdots & (x < -1) \end{cases}$ 이므로

$g'(x) = \begin{cases} 100e^{x+1} - e^{x+1} - 2xe^{x^2+1} - 3x^2 e^{x^3+1} - 4x^3 e^{x^4+1} - 5x^4 e^{x^5+1} - \cdots & (x \geq -1) \\ -100e^{x+1} + e^{x+1} - 2xe^{x^2+1} + 3x^2 e^{x^3+1} - 4x^3 e^{x^4+1} + 5x^4 e^{x^5+1} - \cdots & (x < -1) \end{cases}$ 에서

$g(x)$가 실수 전체의 집합에서 미분가능 하려면 $x = -1$에서 미분가능하면 된다.

따라서 $g'(-1)$이 존재하면 된다.

$g'(-1) = \begin{cases} 100 - 1 + 2e^2 - 3 + 4e^2 - 5 + \cdots & (x \geq -1) \\ -100 + 1 + 2e^2 + 3 + 4e^2 + 5 + \cdots & (x < -1) \end{cases}$ 에서

$\sum_{k=1}^{10} (2k-1) = 100 = 1 + 3 + 5 + \cdots + 19$ 이므로

⇨ **[랑데뷰팁 : 홀수의 합은 제곱수이다.** $1 + 3 = 2^2$, $1 + 3 + 5 = 3^2$, $\therefore 1 + 3 + 5 + \cdots + 19 = 10^2$]

(i) $100 - 1 + 2e^2 - 3 + 4e^2 - 5 + \cdots - 19 = -100 + 1 + 2e^2 + 3 + 4e^2 + 5 + \cdots + 19$ 이므로

$n = 19$일 때 가능하다.

(ii) $100 - 1 + 2e^2 - 3 + 4e^2 - 5 + \cdots - 19 + 20e^2 = -100 + 1 + 2e^2 + 3 + 4e^2 + 5 + \cdots + 19 + 20e^2$ 이므로

$n = 20$일 때 가능하다. 따라서 $19 + 20 = 39$

[변형 문제]

$x > -2$에서 정의된 함수 $f(x) = \ln(x+2)$과 자연수 n에 대하여 함수 $g(x)$를

$$g(x) = 225\,|f(x)| - \sum_{k=1}^{n} |f(x^k)|$$

이라 하자. $g(x)$가 $x > -2$인 모든 실수에서 미분 가능하도록 하는 모든 자연수 n의 값의 합을 구하시오.

정답 : 59   풀이 → **상위권수학 미적분II**

수학영역 미적분 고난이도 문제를 대하는 자세 (2)
☆문제 해결의 핵심 아이디어는 의외로 간단하다!☆

[관련 문제]

최고차항의 계수가 1인 사차함수 $f(x)$와 함수

$$g(x) = |2\sin(x+2|x|)+1|$$

에 대하여 함수 $h(x) = f(g(x))$는 실수 전체의 집합에서 이계도함수 $h''(x)$를 갖고, $h''(x)$는 실수 전체의 집합에서 연속이다. $f'(3)$의 값을 구하시오.

랑데뷰 풀이

$$y = g(x) = |2\sin(x+2|x|)+1| = \begin{cases} |2\sin 3x + 1| & (x \geq 0) \\ |-2\sin x + 1| & (x < 0) \end{cases}$$

이므로 그래프는 오른쪽 그림과 같다.

$h(x) = f(g(x))$이고 $h''(x)$가 존재하므로

$h'(x) = f'(g(x))g'(x)$,

$h''(x) = f''(g(x))\{g'(x)\}^2 + f'(g(x))g''(x)$ 이다.

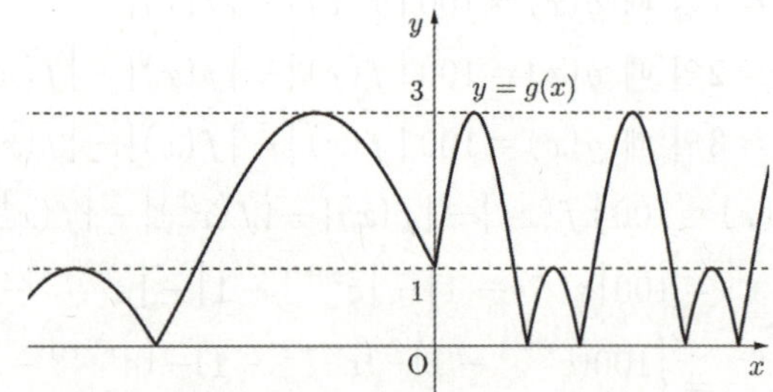

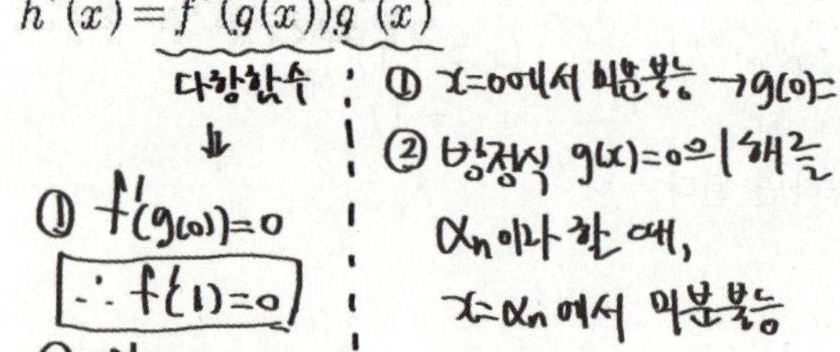

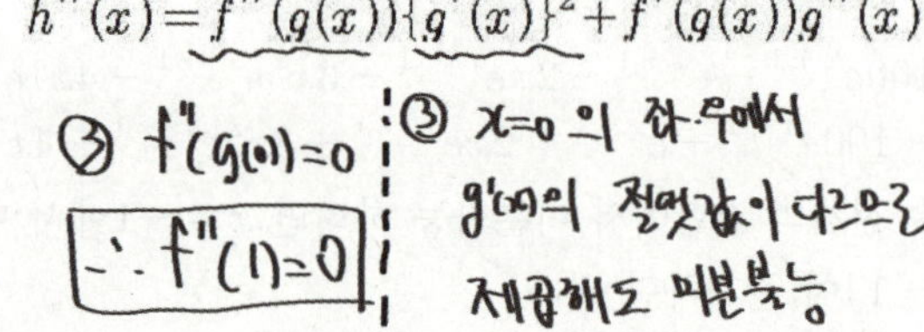

①, ②, ③에서 $f'(x) = 4x(x-1)^2$이다. ∴ $f'(3) = 48$

[변형 문제]

최고차항의 계수가 1인 사차함수 $f(x)$와 함수

$$g(x) = |4\cos(2x-3|x|)-2|$$

에 대하여 함수 $h(x) = f(g(x))$는 실수 전체의 집합에서 이계도함수 $h''(x)$를 갖고, $h''(x)$는 실수 전체의 집합에서 연속이다. $f'(4)$의 값을 구하여라.

정답 : 64　　　풀이 → 상위권수학 미적분II

핵심 아이디어

모든 실수에서 미분 가능한 함수 $f(x)$와 $x = a, b, c, \cdots$를 제외한 모든 실수에서 미분 가능한 함수 $g(x)$가 있다.

이때, $h(x) = f(g(x))$라 할 때 $h(x)$가 모든 실수에서 미분가능하기 위한 조건은

$f'(g(a)) = f'(g(b)) = f'(g(c)) = \cdots = 0$이어야 한다.

설명 $g(x)$가 $x = a, b, c, \cdots$에서 미분 불능이므로 $g'(x)$는 $x = a, b, c, \cdots$에서 좌극한값과 우극한값이 다르기 때문에 $g'(a),\ g'(b),\ g'(c),\ \cdots$는 존재하지 않는다.

따라서 $h'(x) = f'(g(x))g'(x)$에서 $h'(a)$가 존재하기 위해서는 $f'(g(a)) = 0$이다. $(\because 0 \times g'(a))$

$x = b,\ x = c,\ x = \cdots$에서도 같은 이유로 $f'(g(a)) = f'(g(b)) = f'(g(c)) = \cdots = 0$이어야 한다.

수학영역 미적분 고난이도 문제를 대하는 자세 (3)
☆출제자의 의도는 자주 접하는 기본문제의 확장에 주로 있다!☆

[관련 문제]

실수 전체의 집합에서 미분 가능한 함수 $f(x)$가 상수 $a(0 < a < 2\pi)$와 모든 실수 x에 대하여 다음 조건을 만족시킨다.

> (가) $f(x) = f(-x)$ (나) $\displaystyle\int_x^{x+a} f(t)\,dt = \sin\left(x + \frac{\pi}{3}\right)$

닫힌구간 $\left[0, \dfrac{a}{2}\right]$에서 두 실수 b, c에 대하여 $f(x) = b\cos(3x) + c\cos(5x)$일 때, $abc = -\dfrac{q}{p}\pi$이다.
$p+q$의 값을 구하시오. (단, p와 q는 서로소인 자연수이다.)

랑데뷰 풀이

$0 \le x \le \dfrac{a}{2}$에서 $f(x) = b\cos(3x) + c\cos(5x)$이고 (가)에서 $f(x)$는 우함수이므로

$f_1(x) = b\cos(3x) + c\cos(5x) \left(-\dfrac{a}{2} \le x \le \dfrac{a}{2}\right)$라 둘 수 있다.

(나)에서 양변 미분하면 $f(x+a) = f(x) + \cos\left(x + \dfrac{\pi}{3}\right) \cdots \boxdot$이다. 그럼 $f(x)$에 $f_1(x)$를 대입하면

$f(x+a) = f_1(x) + \cos\left(x + \dfrac{\pi}{3}\right) \left(-\dfrac{a}{2} \le x \le \dfrac{a}{2}\right)$가 된다.

정의 구간을 이어가기 위해 $x \to x-a$ 대입 $f(x) = f_1(x-a) + \cos\left(x - a + \dfrac{\pi}{3}\right) \left(\dfrac{a}{2} \le x \le \dfrac{3a}{2}\right)$이다.

이 식을 $f_2(x)$라 두면 $f_2(x) = b\cos(3x - 3a) + c\cos(5x - 5a) + \cos\left(x - a + \dfrac{\pi}{3}\right) \left(\dfrac{a}{2} \le x \le \dfrac{3a}{2}\right)$이다.

$\therefore f(x) = \begin{cases} f_1(x) & \left(-\dfrac{a}{2} \le x \le \dfrac{a}{2}\right) \\ f_2(x) & \left(\dfrac{a}{2} \le x \le \dfrac{3a}{2}\right) \end{cases}$ 이고 $f(x)$가 실수 전체에서 미분 가능하므로 $x = \dfrac{a}{2}$에서 연속과 미분가능을

살펴보면 된다.⇨ (필자가 생각하는 출제의도) $\therefore f_1\left(\dfrac{a}{2}\right) = f_2\left(\dfrac{a}{2}\right)$와 $f_1{}'\left(\dfrac{a}{2}\right) = f_2{}'\left(\dfrac{a}{2}\right) \cdots \boxdot$

그런데 $f_1\left(\dfrac{a}{2}\right) = f_2\left(\dfrac{a}{2}\right)$은 결과가 항등식으로 나타나므로 b, c에 대한 방정식이 나타나지 않는다.

다른 방정식을 이끌어 내기 위해 (나)에서 $x = -\dfrac{a}{2}$을 대입하여 $\displaystyle\int_{-\frac{a}{2}}^{\frac{a}{2}} f(t)\,dt = \sin\left(-\dfrac{a}{2} + \dfrac{\pi}{3}\right) \cdots \boxdot$을 이용한다,

① a 구하기 ⇨ $\boxdot$ 식에 x 대신에 $-\dfrac{a}{2}$를 대입하면 $f(x) = f(-x)$ 이므로 $\cos\left(\dfrac{\pi}{3} - \dfrac{a}{2}\right) = 0$,

$\dfrac{1}{2} \cdot \cos\dfrac{a}{2} + \dfrac{\sqrt{3}}{2} \cdot \sin\dfrac{a}{2} = 0$, $\tan\dfrac{a}{2} = -\dfrac{1}{\sqrt{3}}$이므로 $\dfrac{a}{2} = \dfrac{5}{6}\pi$ $(\because 0 < a < 2\pi)$ $\therefore a = \dfrac{5}{3}\pi$

② $a = \dfrac{5}{3}\pi$을 $\boxdot$,$\boxdot$에 대입하여 b, c를 구한다.⇨ $b = -\dfrac{9}{4}$, $c = \dfrac{5}{2}$ $\therefore abc = \dfrac{5}{3}\pi \cdot \left(-\dfrac{9}{4}\right) \cdot \dfrac{5}{2} = -\dfrac{75}{8}\pi$

$$y = e^x f(x) \text{의 고찰 (1)}$$

→ $g(x) = f(x) + f'(x)$, $h(x) = f(x) + 2f'(x) + f''(x)$라 두면

$y' = e^x g(x)$, $y'' = e^x h(x)$이다.

→ y'의 부호는 증감을 y''의 부호는 요철을 나타낸다.

그런데 $e^x > 0$이므로 $y = e^x f(x)$의 부호를 결정하는 것은 $g(x)$이고 요철을 결정하는

것은 $h(x)$이다. 즉, $y = e^x f(x)$의 그래프는 $g(x)$와 $h(x)$에 의해 개형이 결정된다.

⇨ $f(x)$가 다항함수인 경우에 대해 알아보자.

(1) $f(x)$가 1차식일 때, $f(x) = ax + b$에서

$g(x) = ax + a + b$, $h(x) = ax + 2a + b$에서 $g(x)$와

$h(x)$가 모두 1차식이므로 x축과의 교점을 반드시

1개 가지므로 극값 1개와 변곡점 1개를 갖는다.

예를 들어 $f(x) = x - 1$이면 $y = e^x (x - 1)$이고

$\lim\limits_{x \to \infty} y = \infty$, $\lim\limits_{x \to -\infty} y = 0$ 이므로 그래프 개형은

오른쪽 그림과 같다.

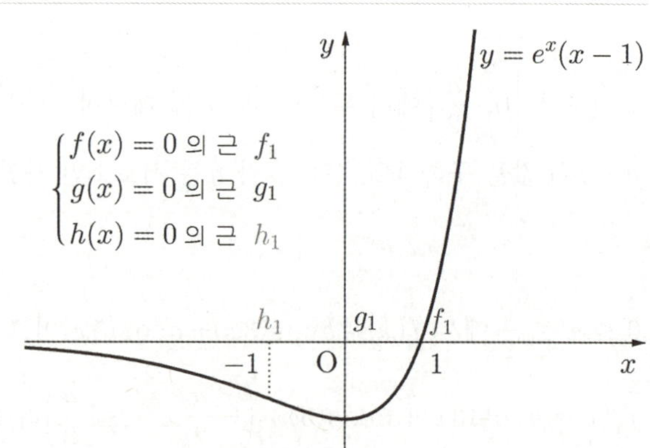

(2) $f(x)$가 2차식일 때, $f(x) = ax^2 + bx + c$에서

$g(x) = ax^2 + (2a + b)x + b + c$,

$h(x) = ax^2 + (4a + b)x + 2a + 2b + c$이다.

각 식에 $= 0$을 붙여 이차방정식으로 볼 때

각 방정식의 판별식을 순서대로 D, E, F라 하면

$D = b^2 - 4ac$, $E = (2a + b)^2 - 4a(b + c) = 4a^2 + D$,

$F = (4a + b)^2 - 4a(2a + 2b + c) = 8a^2 + D$이다.

① $D > 0$이면 $E > 0$, $F > 0$이므로 함수 $y = e^x f(x)$

는 x축과 두 점에서 만나고 두 개의 극값을 가지며 변곡점도 두 개다.

예를 들어 $f(x) = x^2 - 3x + 2$이면

$y = e^x (x^2 - 3x + 2)$이고 $\lim\limits_{x \to \infty} y = \infty$, $\lim\limits_{x \to -\infty} y = 0$

이므로 그래프 개형은 오른쪽 그림과 같다.

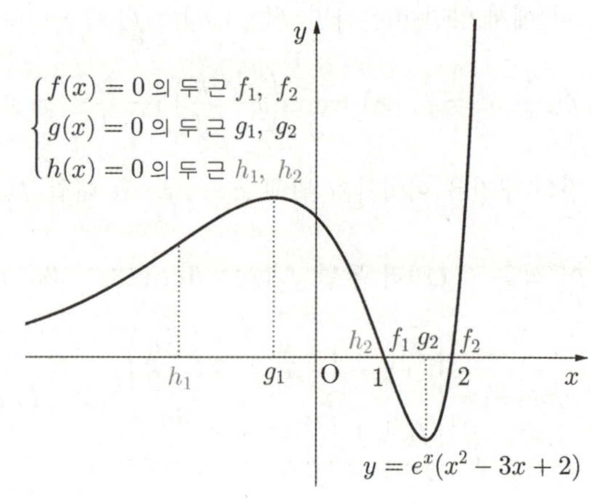

② $D = 0$이면 $E > 0$, $F > 0$이므로 함수

$y = e^x f(x)$는 x축과 한 점에서 만나고(접한다.)

두 개의 극값을 가지며 변곡점도 두 개다.

예를 들어 $f(x) = x^2 - 2x + 1$이면

$y = e^x (x^2 - 2x + 1)$이고 $\lim\limits_{x \to \infty} y = \infty$, $\lim\limits_{x \to -\infty} y = 0$

이므로 그래프 개형은 오른쪽 그림과 같다.

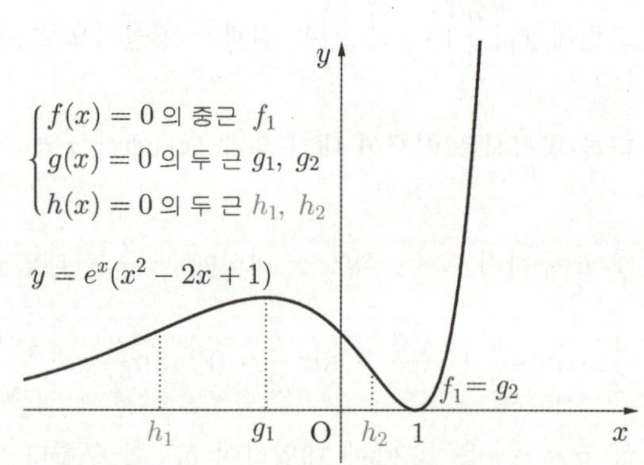

③ $D < 0$이면 $E = 4a^2 + D$, $F = 8a^2 + D$이므로 E, F의 부호는 경우에 따라 다르다. 예를 들어

(i) $f(x) = x^2 - 2x + \dfrac{3}{2}$이면 $D < 0$

$y = e^x \left(x^2 - 2x + \dfrac{3}{2} \right) \rightarrow y' = e^x \left(x^2 - \dfrac{1}{2} \right)$

$\rightarrow y''(x) = e^x \left(x^2 + 2x - \dfrac{1}{2} \right)$에서 $E > 0$, $F > 0$

따라서 $D < 0$, $E > 0$, $F > 0$이므로 $y = e^x f(x)$은 x축과 만나지 않고 극값은 2개 갖고 변곡점도 2개인 함수이다.
$\lim\limits_{x \to \infty} y = \infty$, $\lim\limits_{x \to -\infty} y = 0$이다.
따라서 그래프 개형은 오른쪽 그림과 같다.

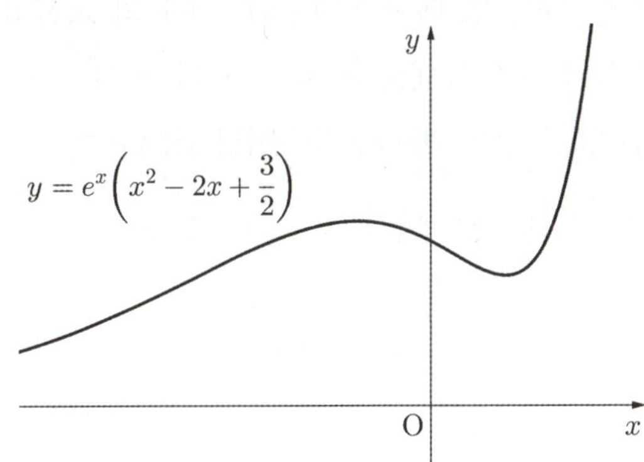

(ii) $f(x) = x^2 - 2x + 2$이면 $D < 0$
$y = e^x (x^2 - 2x + 2) \rightarrow y' = e^x (x^2) \rightarrow y''(x) = e^x (x^2 + 2x)$
에서 $E = 0$, $F > 0$
따라서 $D < 0$, $E = 0$, $F > 0$이므로 $y = e^x f(x)$은 x축과 만나지 않고 $y' \geq 0$이므로 극값은 존재하지 않고
$F > 0$이므로 변곡점은 $x = -2$, $x = 0$에서 갖는다.
$\lim\limits_{x \to \infty} y = \infty$, $\lim\limits_{x \to -\infty} y = 0$이다.
따라서 그래프 개형은 오른쪽 그림과 같다.

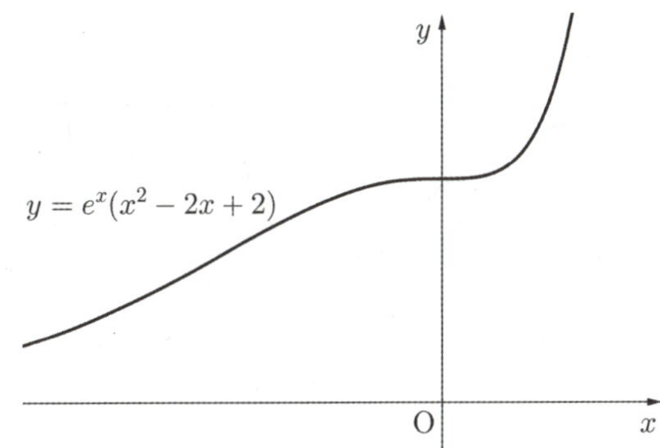

(iii) $f(x) = x^2 - x + \dfrac{3}{2}$이면 $D < 0$

$y = e^x \left(x^2 - x + \dfrac{3}{2} \right) \rightarrow y' = e^x \left(x^2 + x + \dfrac{1}{2} \right)$

$\rightarrow y'' = e^x \left(x^2 + 3x + \dfrac{3}{2} \right)$에서 $E < 0$, $F > 0$

따라서 $D < 0$, $E < 0$, $F > 0$이므로 $y = e^x f(x)$은 x축과 만나지 않고 극값은 존재하지 않고 변곡점은 2개 존재한다.
$\lim\limits_{x \to \infty} y = \infty$, $\lim\limits_{x \to -\infty} y = 0$이다.
따라서 그래프 개형은 오른쪽 그림과 같다.

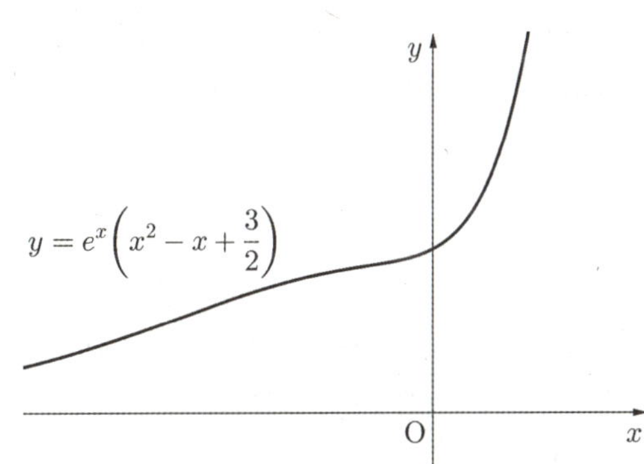

(iv) $f(x) = x^2 - 2x + 6$이면 $D < 0$
$y = e^x (x^2 - 2x + 6) \rightarrow y' = e^x (x^2 + 4)$
$\rightarrow y''(x) = e^x (x^2 + 2x + 4)$에서 $E < 0$, $F < 0$
따라서 $D < 0$, $E < 0$, $F < 0$이므로 $y = e^x f(x)$은 x축과 만나지 않고 극값과 변곡점은 존재하지 않는다.
$\lim\limits_{x \to \infty} y = \infty$, $\lim\limits_{x \to -\infty} y = 0$이다.
따라서 그래프 개형은 오른쪽 그림과 같다.

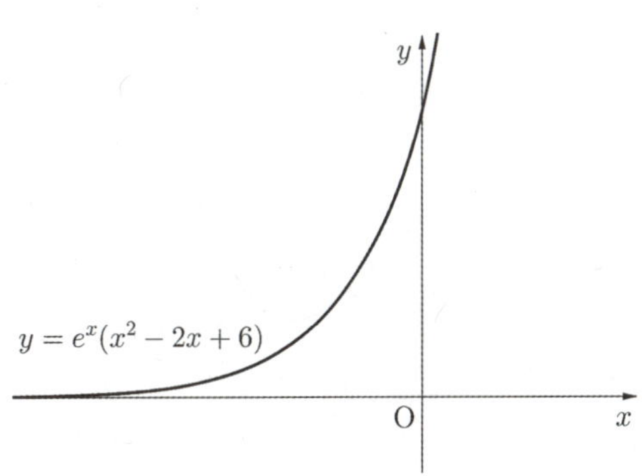

$$y = e^x f(x)\text{의 고찰 (2)}$$

$f(x)$가 삼차함수일 때 삼차함수와 x축과의 교점의 개수에 따른 그래프 개형은 파악해 두는 것이 좋다.

⇨ 교점의 좌표가 그대로 $y = e^x f(x)$와 x축의 교점의 좌표가 된다.

$f(x)$의 최고차항의 계수가 양수이면 $\lim\limits_{x \to \infty} y = \infty$, $\lim\limits_{x \to -\infty} y = 0-$

$f(x)$의 최고차항의 계수가 음수이면 $\lim\limits_{x \to \infty} y = -\infty$, $\lim\limits_{x \to -\infty} y = 0+$

최고차항의 계수 > 0	최고차항의 계수 < 0
$y = f(x)$와 x축과의 교점이 3개일 때	
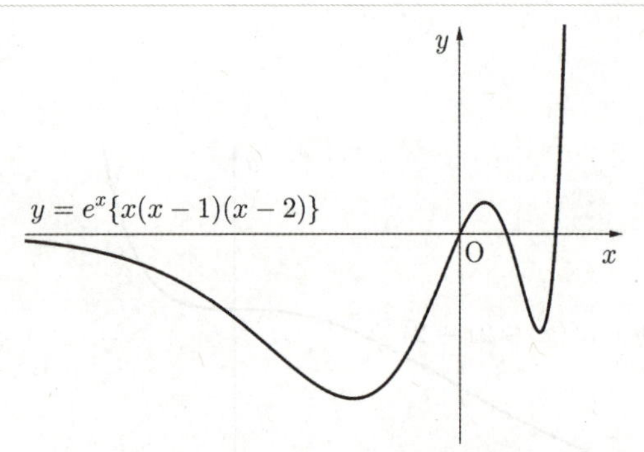	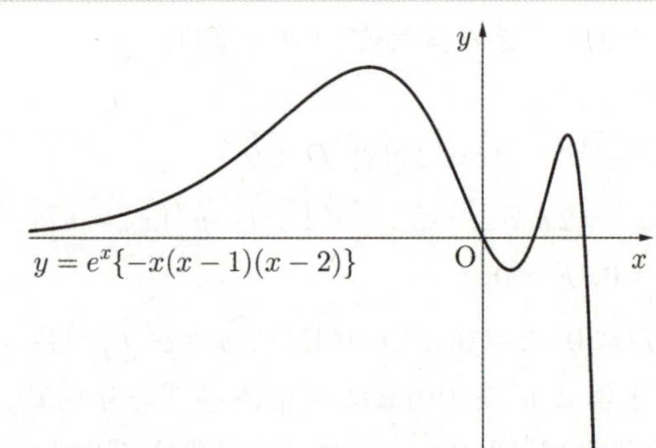
$y = f(x)$와 x축과의 교점이 2개일 때 (1개가 중근)	
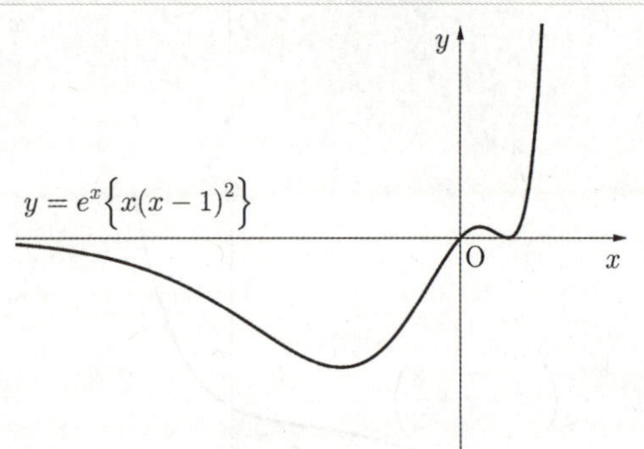	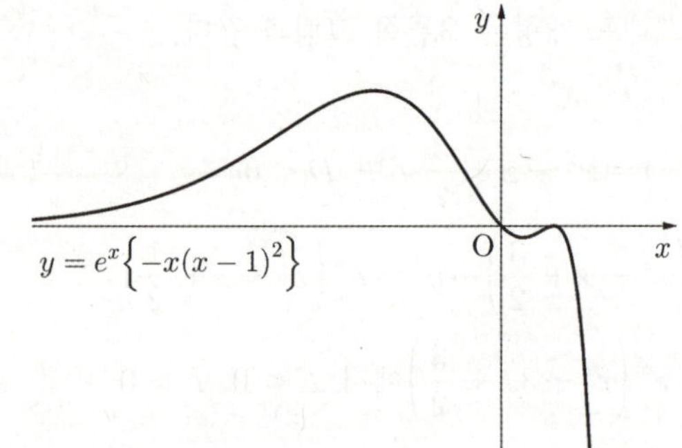
$y = f(x)$와 x축과의 교점이 1개일 때 (삼중근일 때)	$y = f(x)$와 x축과의 교점이 1개일 때 (삼중근이 아닐 때)
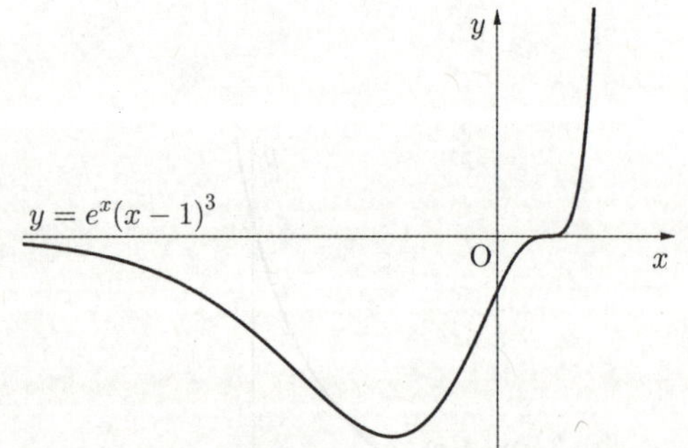	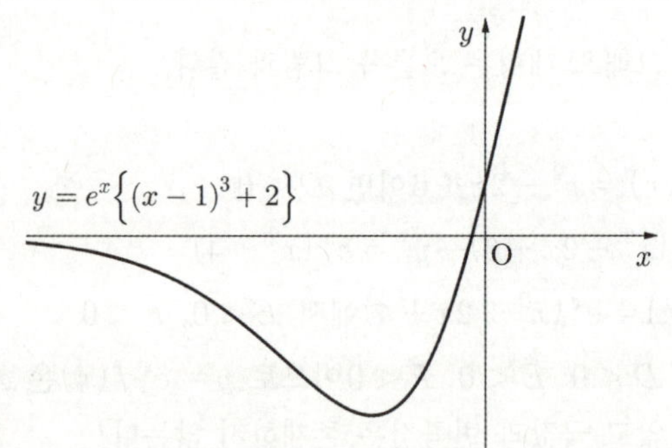

$$y = e^x f(x) \text{의 고찰 (3)}$$

$f(x)$가 사차함수일 때 사차함수와 x축과의 교점의 개수에 따른 그래프 개형은 파악해 두는 것이 좋다.

➡ 교점의 좌표가 그대로 $y = e^x f(x)$와 x축의 교점의 좌표가 된다.

$f(x)$의 최고차항의 계수가 양수이면 $\lim\limits_{x \to \infty} y = \infty$, $\lim\limits_{x \to -\infty} y = 0+$

$f(x)$의 최고차항의 계수가 음수이면 $\lim\limits_{x \to \infty} y = -\infty$, $\lim\limits_{x \to -\infty} y = 0-$ (지면부족으로 여기서는 다루지 않는다.)

$y = f(x)$와 x축과의 교점이 4개일 때	최고차항의 $y = f(x)$와 x축과의 교점이 3개일 때 (1개가 중근일 때)

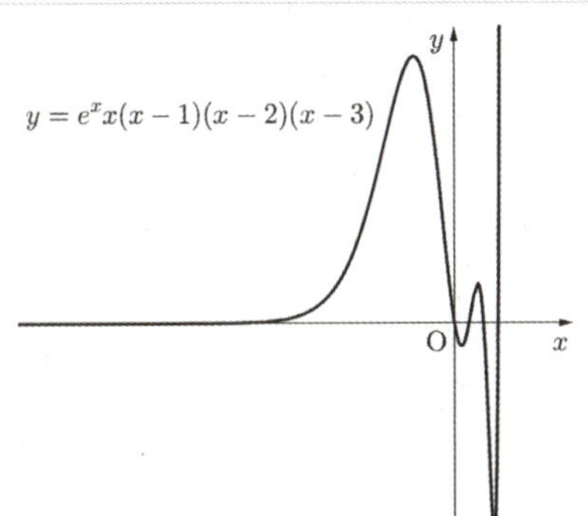

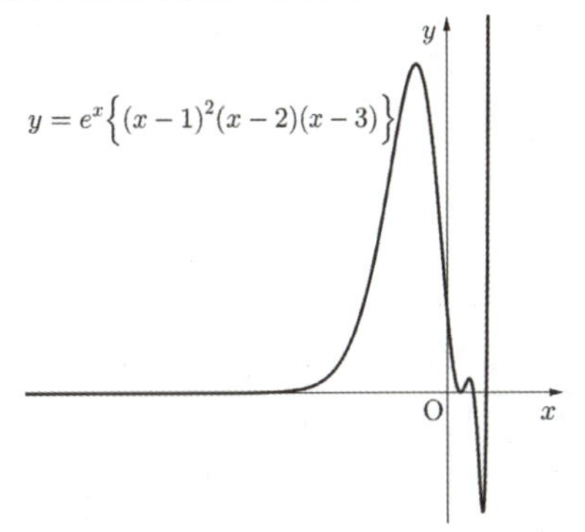

$y = f(x)$와 x축과의 교점이 2개일 때 (2개가 모두 중근)	$y = f(x)$와 x축과의 교점이 2개일 때 (1개가 모두 삼중근)

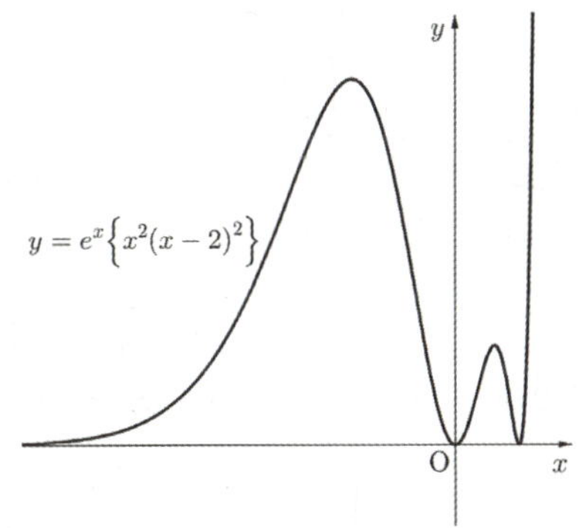

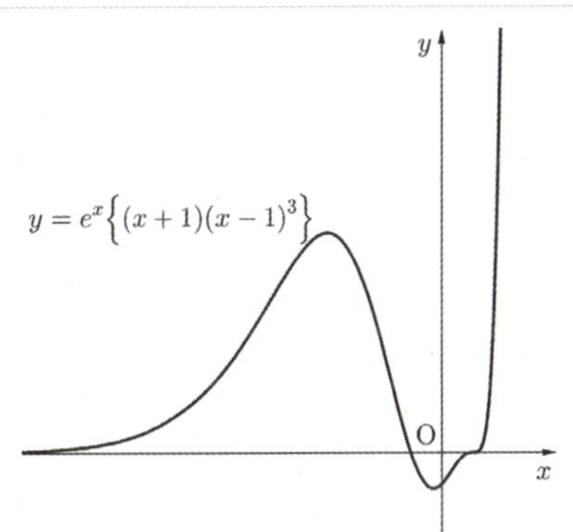

$y = f(x)$와 x축과의 교점이 2개일 때	$y = f(x)$와 x축과의 교점이 1개일 때 (중근일 때)

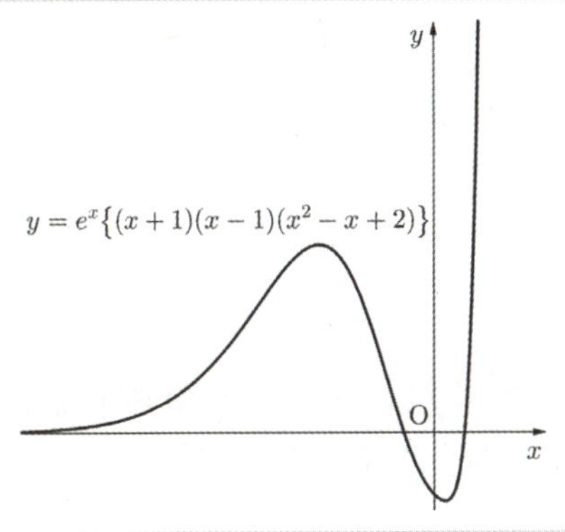

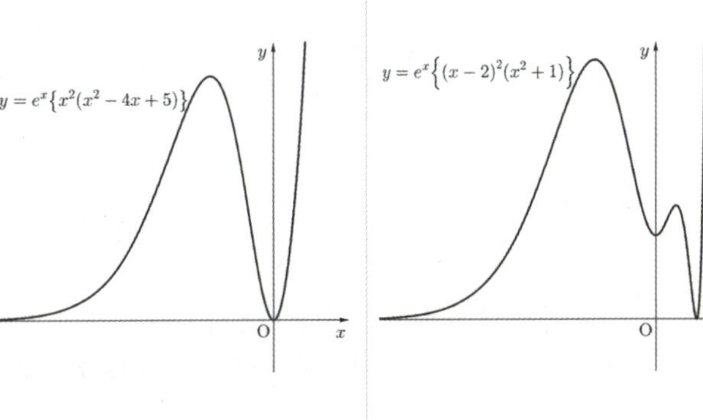

세미나(251) 주요 함수 그래프 개형-5

$$y = e^x f(x)\text{의 고찰 (4)}$$

$$y = e^{-x} f(x)\text{일 때 } \lim_{x \to \infty} y = \lim_{x \to \infty} \frac{f(x)}{e^x} = 0\pm, \quad \lim_{x \to -\infty} y = \lim_{x \to -\infty} \frac{f(x)}{e^x} = \pm\infty$$

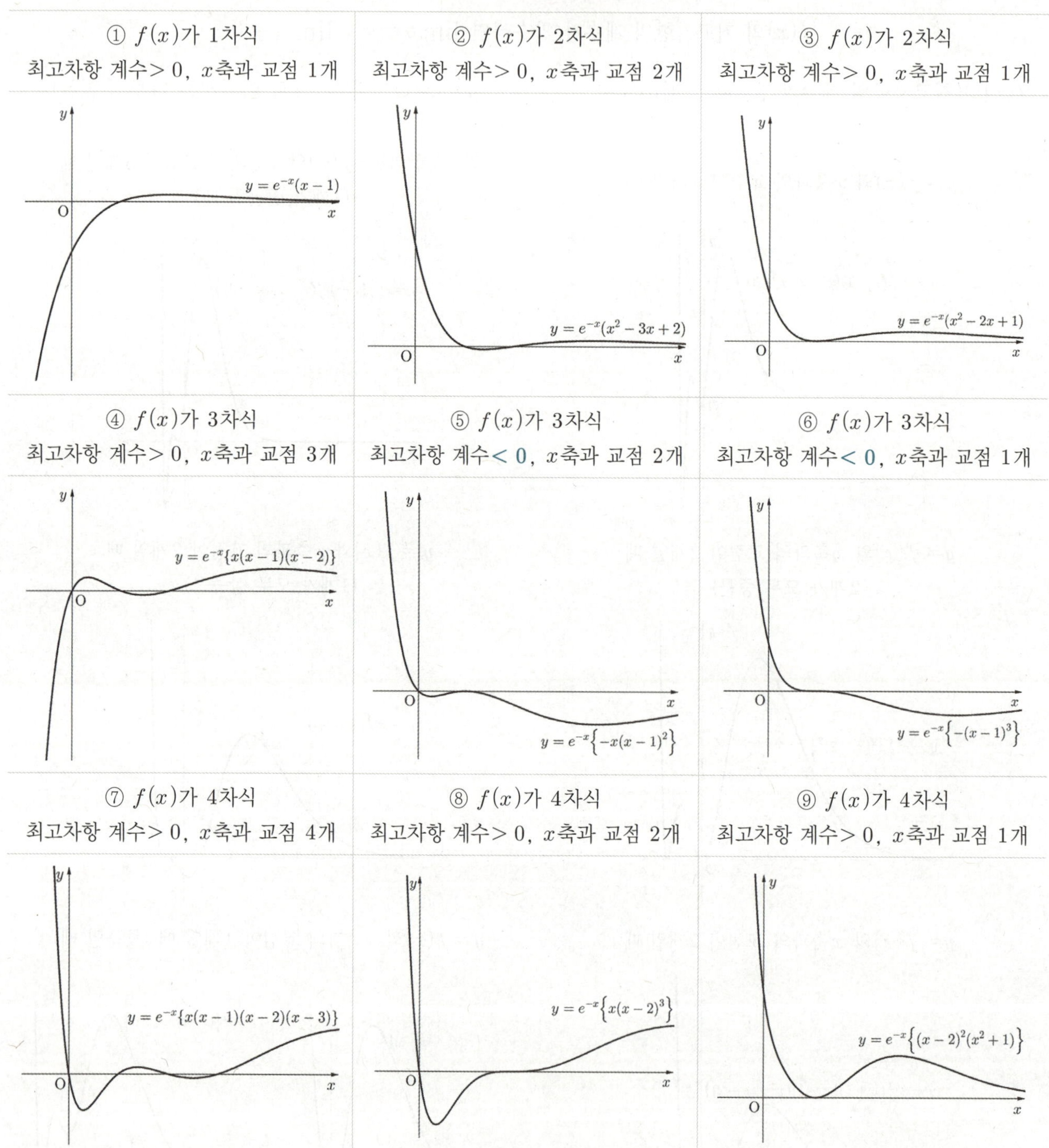

결론 : $y = e^x f(x)\,(y = e^{-x} f(x))$은 $f(x) = 0$의 해를 x절편으로 가지며 $f(x)$와 유사한 형태의 개형을 갖는 그래프이다. $x \to \infty$와 $x \to -\infty$의 y의 극한에 대해 생각해 보면 그래프 개형을 유추해 볼 수 있다.

$$\int_a^b \cos x\,dx\text{을 정적분의 정의를 이용하여 구하기}$$

$$\text{정적분의 정의}\quad \int_a^b f(x)\,dx = \lim_{n\to\infty}\sum_{k=1}^{n} f\!\left(a+\frac{b-a}{n}k\right)\frac{b-a}{n}$$

$$\int_a^b \cos x\,dx = \lim_{n\to\infty}\sum_{k=1}^{n}\{\cos(a+\triangle x\cdot k)\triangle x\}\quad \left(\triangle x=\frac{b-a}{n}\right)\leftarrow\text{정적분의 정의}$$

$$= \lim_{n\to\infty}\triangle x\sum_{k=1}^{n}\{\cos a\cos(\triangle x\,k)-\sin a\sin(\triangle x\,k)\}$$

$$= \lim_{n\to\infty}\triangle x\left\{\cos a\sum_{k=1}^{n}\cos(\triangle x\,k)-\sin a\sum_{k=1}^{n}\sin(\triangle x k)\right\}$$

$$= \lim_{n\to\infty}\triangle x\left\{\cos a\left(\frac{1}{2\sin\!\left(\frac{\triangle x}{2}\right)}\left\{\sin\!\left(\left(n+\frac{1}{2}\right)\triangle x\right)-\sin\!\left(\frac{\triangle x}{2}\right)\right\}\right)\right.$$

$$\left.-\sin a\left(\frac{1}{2\sin\!\left(\frac{\triangle x}{2}\right)}\left\{\cos\!\left(\frac{\triangle x}{2}\right)-\cos\!\left(\left(n+\frac{1}{2}\right)\triangle x\right)\right\}\right)\right\}\cdots\text{㉠}$$

$$= \lim_{n\to\infty}\triangle x\left\{\frac{\sin\!\left(a+\left(n+\frac{1}{2}\right)\triangle x\right)-\sin\!\left(a+\frac{\triangle x}{2}\right)}{2\sin\!\left(\frac{\triangle x}{2}\right)}\right\}$$

$$= \lim_{n\to\infty}\frac{\triangle x}{2\sin\!\left(\frac{\triangle x}{2}\right)}\times\lim_{n\to\infty}\left\{\sin\!\left(a+\left(n+\frac{1}{2}\right)\!\left(\frac{b-a}{n}\right)\right)-\sin\!\left(a+\frac{b-a}{2n}\right)\right\}$$

$$= 1\times\{\sin(a+(b-a))-\sin a\} = \sin b-\sin a$$

부분 설명

$$\sum_{k=1}^{n}\cos kx = \frac{1}{2\sin\!\left(\frac{x}{2}\right)}\left\{\sum_{k=1}^{n}\left(2\sin\!\left(\frac{x}{2}\right)\cos kx\right)\right\} = \frac{1}{2\sin\!\left(\frac{x}{2}\right)}\left\{\sum_{k=1}^{n}\left(2\cos kx\,\sin\!\left(\frac{x}{2}\right)\right)\right\}$$

$$= \frac{1}{2\sin\!\left(\frac{x}{2}\right)}\left\{\sum_{k=1}^{n}\left(\sin\!\left(\left(k+\frac{1}{2}\right)x\right)-\sin\!\left(\left(k-\frac{1}{2}\right)x\right)\right)\right\}\leftarrow\text{쌀}-\text{쌀}=2\text{배고생 [교과에서 사라진 곱을 합차로 고치는 공식]}$$

$$= \frac{1}{2\sin\!\left(\frac{x}{2}\right)}\left\{\sin\!\left(\left(n+\frac{1}{2}\right)x\right)-\sin\!\left(\frac{x}{2}\right)\right\}\leftarrow\text{망원급수}\qquad \therefore \sum_{k=1}^{n}\cos(\triangle x\,k) = \frac{1}{2\sin\!\left(\frac{\triangle x}{2}\right)}\left\{\sin\!\left(\left(n+\frac{1}{2}\right)\triangle x\right)-\sin\!\left(\frac{\triangle x}{2}\right)\right\}$$

$$\sum_{k=1}^{n}\sin kx = \frac{1}{2\sin\!\left(\frac{x}{2}\right)}\left\{\sum_{k=1}^{n}\left(2\sin\!\left(\frac{x}{2}\right)\sin kx\right)\right\} = \frac{1}{2\sin\!\left(\frac{x}{2}\right)}\left\{\sum_{k=1}^{n}\left(2\sin kx\,\sin\!\left(\frac{x}{2}\right)\right)\right\}$$

$$= \frac{1}{2\sin\!\left(\frac{x}{2}\right)}\left\{-\sum_{k=1}^{n}\left(\cos\!\left(\left(k+\frac{1}{2}\right)x\right)-\cos\!\left(\left(k-\frac{1}{2}\right)x\right)\right)\right\}\leftarrow\text{고생}-\text{고생}=2\text{배잘살}$$

$$= \frac{1}{2\sin\!\left(\frac{x}{2}\right)}\left\{\cos\!\left(\frac{x}{2}\right)-\cos\!\left(\left(n+\frac{1}{2}\right)x\right)\right\}\leftarrow\text{망원급수}\qquad \therefore \sum_{k=1}^{n}\sin(\triangle x\,k) = \frac{1}{2\sin\!\left(\frac{\triangle x}{2}\right)}\left\{\cos\!\left(\frac{\triangle x}{2}\right)-\cos\!\left(\left(n+\frac{1}{2}\right)\triangle x\right)\right\}$$

볼록성이 다른 두 곡선이 한 점에서 만나고(접함) 접점에서 얻는 관계식이 유일해(α)를 갖는다면
관계식의 해가 유일해로 표현되는 항등식이 되므로 항등식의 양변을 미분하여 얻은 또 다른 항등식을
이용하여 [유일해를 소거한 관계식]을 얻을 수 있다.

$$\text{관계식} \to \ln\{g(t)-t\} = \frac{1}{g(t)-t} \;,\; \text{유일해로 표현되는 항등식} \to g(t)-t = \alpha$$

$$\text{또 다른 항등식} \to \frac{3t^2}{\alpha} = 2e^{g(t)-f(t)}\{g'(t)-f'(t)\}, \; [\text{유일해를 소거한 관계식}] \to \left[\frac{3}{t} = 1 - f'(t)\right]$$

[관련 문제]

양의 실수 t에 대하여 곡선 $y = t^3\ln(x-t)$가 곡선 $y = 2e^{x-a}$과 오직 한 점에서 만나도록 하는 실수 a의 값을 $f(t)$라 하자. $\left\{f'\left(\dfrac{1}{3}\right)\right\}^2$의 값을 구하시오. [2020학년도 11월 수학 가형 30번]

일반 풀이

곡선 $y = t^3\ln(x-t)$와 곡선 $y = 2e^{x-a}$이 만나는 점의 x좌표를 $\alpha\,(\alpha > t)$라 하면 $t^3\ln(\alpha-t) = 2e^{\alpha-a}$ $\cdots$ ㉠

곡선 $y = t^3\ln(x-t)$와 곡선 $y = 2e^{x-a}$이 한 점에서 만나려면 두 곡선이 만나는 점에서의 미분계수가 같아야 한다.

곡선 $y = t^3\ln(x-t)$에서 $y' = t^3 \times \dfrac{1}{x-t}$

곡선 $y = 2e^{x-a}$에서 $y' = 2e^{x-a}$

이때, $t^3 \times \dfrac{1}{\alpha-t} = 2e^{\alpha-a}$ $\cdots$ ㉡

㉠의 양편을 t에 대하여 미분하면

$$3t^2\ln(\alpha-t) + t^3 \times \left(-\frac{1}{\alpha-t}\right) = 2e^{\alpha-a} \times (-1) \times \frac{da}{dt}$$

$$t^3\ln(\alpha-t) \times \frac{3}{t} - \frac{t^3}{\alpha-t} = 2e^{\alpha-a} \times (-1) \times \frac{da}{dt}$$

㉠, ㉡에 의해

$$2e^{\alpha-a} \times \frac{3}{t} - 2e^{\alpha-a} = 2e^{\alpha-a} \times (-1) \times \frac{da}{dt}$$

$$\frac{3}{t} - 1 = (-1) \times \frac{da}{dt}$$

$$\frac{da}{dt} = -\frac{3}{t} + 1$$

$t = \dfrac{1}{3}$일 때 $\dfrac{da}{dt} = -8$이므로 $f'\left(\dfrac{1}{3}\right) = -8$

따라서 $\left\{f'\left(\dfrac{1}{3}\right)\right\}^2 = (-8)^2 = 64$

$t = \dfrac{1}{3}$을 대입하면 $9 = \left\{1 - f'\left(\dfrac{1}{3}\right)\right\} \Rightarrow \therefore f'\left(\dfrac{1}{3}\right) = -8$

$\left\{f'\left(\dfrac{1}{3}\right)\right\}^2 = 64$ (정답)

랑데뷰 풀이

접점의 x좌표는 t의 값에 따라 결정되므로 t의 값에 대한 함수로 표현된다. 따라서 접점의 x좌표를 $g(t)$라 하면

$y = t^3\ln(x-t)$와 $y = 2e^{x-a}$에서

㉠ 접점의 y좌표가 같다.

$\Rightarrow t^3\ln\{g(t)-t\} = 2e^{g(t)-f(t)}$

㉡ 접선의 기울기가 같다.

$\Rightarrow \dfrac{t^3}{g(t)-t} = 2e^{g(t)-f(t)}$

따라서 $\ln\{g(t)-t\} = \dfrac{1}{g(t)-t}$ 이 성립한다.

이때 $y = \ln x$와 $y = \dfrac{1}{x}$는 한 점에서 만나고 $\ln x = \dfrac{1}{x}$의 유일한 해를 α라 하면 $g(t)-t = \alpha$이고 $g'(t) = 1$이다. ㉡에 대입하면(㉠에 대입해도 같다.)

㉡ $\dfrac{t^3}{\alpha} = 2e^{g(t)-f(t)}$

$\Rightarrow$ (양변 미분) $\dfrac{3t^2}{\alpha} = 2e^{g(t)-f(t)}\{g'(t)-f'(t)\}$

두 식을 변변 나누면 $\left[\dfrac{3}{t} = 1 - f'(t)\right]$

$t = \dfrac{1}{3}$을 대입하면 $9 = \left\{1 - f'\left(\dfrac{1}{3}\right)\right\}$

$\Rightarrow \therefore f'\left(\dfrac{1}{3}\right) = -8 \Rightarrow \left\{f'\left(\dfrac{1}{3}\right)\right\}^2 = 64$ (정답)

세미나(254) 다변수 함수에 관하여-2

볼록성이 다른 두 함수에서 한 함수를 고정시킨 채
다른 함수의 그래프를 평행이동하여 고정 시킨 함수의 그래프와 접하게 할 때
이동의 표현을 다른 변수를 도입하여 표현하는 문제에 대한 고찰(1)

두 함수 $y = e^x$와 $y = \ln x$의 그래프는 만나지 않는다.

$y = \ln x$를 고정시킨 채 $y = e^x$을 x축의 양의 방향으로 k만큼 평행이동해 가다 보면 두 함수의 그래프가 한 점에서 만날 때가 한 번 존재한다.

즉, $y = e^{x-k}$와 $y = \ln x$가 접할 때 k의 값은 유일하다.
이때 상수 k를 새로운 변수 t에 대한 두 함수 $f(t)$, $g(t)$의 합으로 나타내어 보자.
$k = f(t) + g(t)$

여기서 함수 $g(t)$를 설정해 보자.
$g(t) = -t + 3\ln t - \ln 2$라고 하자.
그럼 $k = -t + 3\ln t - \ln 2 + f(t)$이므로
$y = e^{x + t - 3\ln t + \ln 2 - f(t)}$와 $y = \ln x$가 접하게 되어 한 점에서 만난다.
즉, $e^{x + t - 3\ln t + \ln 2 - f(t)} = \ln x \cdots \bigcirc$의 해의 개수는 1이다.
좌변이 복잡하니 간단하게 변형해 보자.

(좌변) $e^{x + t - 3\ln t + \ln 2 - f(t)} = e^{x + t - f(t)} \times e^{-3\ln t} \times e^{\ln 2} = e^{x + t - f(t)} \times e^{\ln \frac{1}{t^3}} \times 2 = e^{x + t - f(t)} \times \dfrac{1}{t^3} \times 2$

따라서 $\bigcirc$은 $e^{x + t - f(t)} \times \dfrac{1}{t^3} \times 2 = \ln x$이다.

$2e^{x + t - f(t)} = t^3 \ln x$
양변 x에 $x - t$을 대입하면
$2e^{x - f(t)} = t^3 \ln(x - t)$
마찬가지로 $y = 2e^{x - f(t)}$와 $y = t^3 \ln(x - t)$는 한 점에서 만나고 있다.
이 상황을 문제로 만들어 보자.

⇨ 양의 실수 t에 대하여 곡선 $y = t^3 \ln(x - t)$가 곡선 $y = 2e^{x - a}$과 오직 한 점에서 만나도록 하는 실수 a의 값을 $f(t)$라 하자. $\left\{ f'\left(\dfrac{1}{3}\right) \right\}^2$의 값을 구하시오. [2020학년도 수능 가형 30]

심화 개념서 – 세미나　**287**

[관련 문제]

(1) 양의 실수 t에 대하여 곡선 $y = e^{x-t}$가 곡선 $y = -(x-a)^2 + 3$과 오직 한 점에서 만나도록 하는 실수 a의 값을 $f(t)$라 하자. $f'(100)$의 값을 구하시오.

(2) 양의 실수 t에 대하여 곡선 $y = t^2 \log_2(x - 2t)$가 곡선 $y = 2^{x-a}$과 오직 한 점에서 만나도록 하는 실수 a의 값을 $f(t)$라 하자. $\left\{ f'\left(\dfrac{1}{2\ln 2}\right) \right\}^2$의 값을 구하시오.

(3) 양의 실수 t에 대하여 곡선 $y = t^2(x-t)^2 - 1$가 직선 $y = 2x + a$과 오직 한 점에서 만나도록 하는 실수 a의 값을 $f(t)$라 하자. $f'\left(\dfrac{1}{2}\right)$의 값을 구하시오. $\Rightarrow$ 주의

---

(1) $-(x - f(t))^2 + 3 = e^{x-t}$

$-(x - f(t) + t)^2 + 3 = e^x \cdots \bigcirc$에서

두 곡선 $y = e^x$와 $y = -x^2 + 3$은 두 점에서 만난다.
$y = e^x$을 고정한채 $y = -x^2 + 3$을 x축으로 α만큼
평행이동하였을 때, 두 곡선이 접한다고 하자.
$\bigcirc$에서 $-\alpha = -f(x) + t$
$f(x) = t + \alpha$이다. 따라서 $f'(t) = 1$

(2) $2^{x - f(t)} = t^2 \log_2(x - 2t) \rightarrow$ 양변을 $\div t^2$

$\dfrac{1}{t^2} \times 2^{x - f(t)} = \log_2(x - 2t)$

$2^{-\log_2 t^2} \times 2^{x - f(t)} = \log_2(x - 2t)$

$2^{x - f(t) - 2\log_2 t} = \log_2(x - 2t)$

$2^{x + 2t - f(t) - 2\log_2 t} = \log_2 x \cdots \bigcirc$에서

두 그래프 $y = 2^x$와 $y = \log_2 x$는 만나지 않는다. 그런데
$y = \log_2 x$을 고정한 채 $y = 2^x$을 평행이동해 가다 보면
접할 때가 생긴다. 그 평행이동한 값을 α라 하면
$y = 2^{x - \alpha}$와 $y = \log_2 x$는 한 점에서 만난다.
$\bigcirc$에서 $-\alpha = 2t - f(t) - 2\log_2 t$이다.
정리하면

$f(t) = 2t - 2\log_2 t + \alpha \rightarrow f'(t) = 2 - \dfrac{2}{t \ln 2}$

$f'\left(\dfrac{1}{2\ln 2}\right) = 2 - 4 = -2$

따라서 $\left\{ f'\left(\dfrac{1}{2\ln 2}\right) \right\}^2 = (-2)^2 = 4$

---

(3)의 상황은 2020학년도 수능 가형 30번및
위 문제 (1), (2)과는 다르다.

2020학년도 수능 가형 30번은
$y = e^x$과 $y = \ln x$
위 (1)번은 $y = e^x$과 $y = -x^2 + 3$
위 (2)번은 $y = 2^x$과 $y = \log_2 x$
의 관계를 평행이동하여 한 점에서 만나게 하는
문제들이다.

그런데 (3)번은 기본 함수가 $y = t^2 x^2$과 $y = 2x$로 기본
함수에 t에 대한 식이 있다.
(3)의 풀이는 [랑데뷰 킬러지침서 미적분] 참고

수능 문제와 위 (2)번 문제도 로그함수에 t에 관한 식이
곱해져 있다. 하지만 로그의 성질에 의해 계수처럼 곱해진
t을 평행이동 식으로 변형할 수 있다. 그런데 (3)번은
지수함수가 없어서 그렇게 진행할 수 없다.

따라서 (3)번은 다른 방법으로 해결해야 한다.
이차함수와 직선이 접할 때 상황으로 어렵지 않으므로
풀이는 생략한다. (3)번 정답은 14

기하

하루 중 90%는 겸손하게 10%는 자신있게...

극선의 방정식

① 이차곡선 밖의 한 점 P에서 두 접선을 그을 때, 두 접점을 지나는 직선을 극선이라 한다.

⇨ 점 P를 '극' 이라 한다.

② **극선의 방정식**은 이차곡선 위의 점에서의 접선을 구하는 방법으로 구하면 된다.

⇨ 예를 들어 타원 $\dfrac{x^2}{a^2}+\dfrac{y^2}{b^2}=1$ 밖의 한 점 P(p, q)에서 두 접선을 그을 때, 두 접점 A, B 를 지나는

극선의 방정식은 x^2대신 px, y^2대신 qy를 대입한 $\dfrac{px}{a^2}+\dfrac{qy}{b^2}=1$ 이다.

[관련 문제]

① 포물선 $y^2=4x$ 위의 서로 다른 두 점 A, B 에서 각각 접선을 그어 두
접선의 교점을 (a, b) 라 할 때, 두 점 A, B 를 지나는 직선의 방정식을 구하여라.

② 타원 $4x^2+y^2=1$ 위의 서로 다른 두 점 $P(x_1,\ y_1)$, $Q(x_2,\ y_2)$에서의 접선의 교점을
R 라 하자. 점 R 의 좌표가 (1, 2)일 때, 직선 PQ 의 방정식을 구하여라.

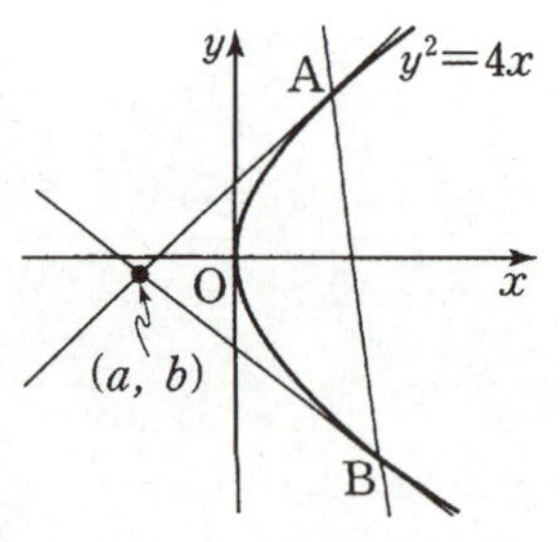

일반 풀이

① $A(x_1, y_1)$, $B(x_2, y_2)$ 라 하면 점 A 에서의
이 포물선의 접선의 방정식은 $y_1y=2(x+x_1)$
점 B 에서의
이 포물선의 접선의 방정식은 $y_2y=2(x+x_2)$

두 접선이 모두 점 (a, b) 를 지나므로
$$y_1b=2(a+x_1)\ \cdots\cdots\ \text{㉠}, \quad y_2b=2(a+x_2)\ \cdots\cdots\ \text{㉡}$$

㉠$-$㉡을 하면 $(y_1-y_2)b=2(x_1-x_2),\ \dfrac{y_1-y_2}{x_1-x_2}=\dfrac{2}{b}$

이 값은 직선 AB 의 기울기와 같으므로 직선 AB 의

방정식은 $y-y_1=\dfrac{2}{b}(x-x_1)$ 에서 $by-2x=by_1-2x_1$

㉠에서 $by_1-2x_1=2a$ 이므로 직선 AB 의 방정식은
$$by-2x=2a \quad \therefore\ by=2(x+a)$$

② 타원 $4x^2+y^2=1$ 위의 두 점 $P(x_1,\ y_1)$, $Q(x_2,\ y_2)$
에서의 접선의 방정식은 각각
$$4x_1x+y_1y=1\ \ \cdots\cdots\ \text{㉠},$$
$$4x_2x+y_2y=1\ \ \cdots\cdots\ \text{㉡}$$

이때, 점 R(1, 2)는 두 접선 ㉠, ㉡의 교점이므로
$$4x_1+2y_1=1,\ 4x_2+2y_2=1$$

이는 $4x+2y=1$ 에
각각 $x=x_1$, $y=y_1$ 과 $x=x_2$, $y=y_2$
를 대입한 것과 같으므로 두 점 P, Q 는
직선 $4x+2y=1$ 위의 점이다.
따라서 직선 PQ 의 방정식은 $4x+2y=1$ 이다.

랑데뷰 풀이

① '극'이 (a, b)이므로
포물선 $y^2=4x$ 의 극선의 방정식은
$$by=4\times\dfrac{(x+a)}{2}$$
$$\therefore\ by=2(x+a)$$

② '극'이 $(1, 2)$이므로
타원 $4x^2+y^2=1$ 의 극선의 방정식은
$$4\times1\times x+2\times y=1$$
$$\therefore\ 4x+2y=1$$

준선 및 준원의 성질

이차곡선 밖의 점에서 이차곡선에 그은 두 접선이 항상 직교하도록 하는 점들의 자취를
준선 및 준원이라 한다.

⇨ 포물선만 **준선**을 갖고, 나머지는 **준원**을 갖는다.

원	$x^2 + y^2 = r^2$	⇨ 준원	$x^2 + y^2 = 2r^2$
포물선	$y^2 = 4px$, $x^2 = 4py$	⇨ 준선	$x = -p$, $y = -p$
타원	$\dfrac{x^2}{a^2} + \dfrac{y^2}{b^2} = 1$	⇨ 준원	$x^2 + y^2 = a^2 + b^2$
쌍곡선	$\dfrac{x^2}{a^2} - \dfrac{y^2}{b^2} = 1$ (단, $a > b > 0$)	⇨ 준원	$x^2 + y^2 = a^2 - b^2$

[관련 문제]

① 직선 $x + y = 5$ 위의 한 점 $P(a, b)$에서 포물선 $x^2 = 8y$에 그은 두 접선이 서로 수직일 때, $a - b$의 값을 구하여라.

② 좌표평면 위의 점 $P(a, b)$ 에서 쌍곡선 $\dfrac{x^2}{9} - \dfrac{y^2}{5} = 1$ 에 그은 두 접선이 서로 수직으로 만날 때,

   점 P 의 자취의 길이를 구하여라.

일반 풀이

① 점 $P(a, b)$를 지나고 기울기가 m인 직선의 방정식은
$y - b = m(x - a)$ $\therefore y = mx - am + b$
이를 $x^2 = 8y$에 대입하면 $x^2 - 8mx + 8ma - 8b = 0$
이 이차방정식이 중근을 가지므로 판별식을 D라 하면
$\dfrac{D}{4} = 16m^2 - 8am + 8b = 0$
이 이차방정식의 두 실근이 접선의 기울기이고, 두 접선이
서로 수직이면 기울기의 곱이 -1이므로 근과 계수의
관계에 의하여 $\dfrac{8b}{16} = -1$ $\therefore b = -2$
이때 점 P는 직선 $x + y = 5$위의 점이므로
$a + b = 5$ $\therefore a = 7$ $\therefore a - b = 7 - (-2) = 9$

② 쌍곡선 $\dfrac{x^2}{9} - \dfrac{y^2}{5} = 1$ 에 접하고 기울기가

m 인 직선의 방정식은 $y = mx \pm \sqrt{9m^2 - 5}$
이 직선이 점 $P(a, b)$ 를 지나므로
$b = ma \pm \sqrt{9m^2 - 5}$, $b - ma = \pm \sqrt{9m^2 - 5}$

양변을 제곱하여 정리하면
$(a^2 - 9)m^2 - 2abm + b^2 + 5 = 0$
이 이차방정식의 두 근의 곱이 -1 이므로 근과 계수의
관계에 의하여
$\dfrac{b^2 + 5}{a^2 - 9} = -1 , b^2 + 5 = 9 - a^2$ $\therefore a^2 + b^2 = 4$
따라서 점 $P(a, b)$ 의 자취는 반지름의 길이가 2 인
원이므로 구하는 점 P 의 자취의 길이는 4π 이다.

랑데뷰 풀이

① 두 접선이 서로 수직이므로 점 P는 포물선의
준선 $y = -2$ 위에 있다.
따라서 $b = -2$이고 $a + b = 5$이므로
   $a = 7$ $\therefore a - b = 9$

② 두 접선이 수직이므로 점 P는
준원 $x^2 + y^2 = 4$ 위의 점이므로 자취의 길이는
원주 4π이다.

이차곡선 위의 점 (x_1, y_1)에서의 접선의 방정식은

$$x^2 \to x_1 x, \ y^2 \to y_1 y, \ x \to \frac{x_1 + x}{2}, \ y \to \frac{y_1 + y}{2}$$

$$xy \to \frac{y_1 x + x_1 y}{2}$$

[관련 문제]

$y = \dfrac{1}{x}$ 위의 점 $\left(2, \dfrac{1}{2}\right)$에서의 접선의 방정식을 구하여라.

풀이 $xy = 1$에서 $x_1 = 2$, $y_1 = \dfrac{1}{2}$ 이므로 접선의 방정식은 $\dfrac{\frac{1}{2}x + 2y}{2} = 1$ $\therefore$ $y = -\dfrac{1}{4}x + 1$

설명

이차곡선 $Ax^2 + By^2 + Cx + Dy + Exy + F = 0 \cdots \bigcirc$ 위의 점 (x_1, y_1)이 있다.

(x_1, y_1)을 $\bigcirc$에 대입하면 $Ax_1^2 + By_1^2 + Cx_1 + Dy_1 + Ex_1 y_1 + F = 0 \cdots \bigcirc\!\!\bigcirc$ 이 성립한다.

$\bigcirc$의 양변을 미분하면 $2Ax + 2By\dfrac{dy}{dx} + C + D\dfrac{dy}{dx} + E\left(y + x\dfrac{dy}{dx}\right) = 0$ 이고

$(2Ax + Ey + C) + (Ex + 2By + D)\dfrac{dy}{dx} = 0$에서 이 식에 (x_1, y_1)을 대입하면

$(2Ax_1 + Ey_1 + C) + (Ex_1 + 2By_1 + D)\dfrac{dy}{dx} = 0$이다.

따라서 $\bigcirc$ 위의 점 (x_1, y_1)에서의 접선의 방정식은

$(2Ax_1 + Ey_1 + C)(x - x_1) + (Ex_1 + 2By_1 + D)(y - y_1) = 0 \leftarrow (\div 2)$

$\left(Ax_1 + E\dfrac{y_1}{2} + \dfrac{C}{2}\right)(x - x_1) + \left(E\dfrac{x_1}{2} + By_1 + \dfrac{D}{2}\right)(y - y_1) = 0$

$Ax_1(x - x_1) + By_1(y - y_1) + C\left(\dfrac{x - x_1}{2}\right) + D\left(\dfrac{y - y_1}{2}\right) + E\left(\dfrac{y_1(x - x_1) + x_1(y - y_1)}{2}\right) = 0$

$Ax_1 x + By_1 y + C\left(\dfrac{x}{2}\right) + D\left(\dfrac{y}{2}\right) + E\left(\dfrac{y_1 x + x_1 y}{2}\right) - \left\{Ax_1^2 + By_1^2 + C\left(\dfrac{x_1}{2}\right) + D\left(\dfrac{y_1}{2}\right) + E\left(\dfrac{2x_1 y_1}{2}\right)\right\} = 0$

$Ax_1 x + By_1 y + C\left(\dfrac{x_1 + x}{2}\right) + D\left(\dfrac{y_1 + y}{2}\right) + E\left(\dfrac{y_1 x + x_1 y}{2}\right) - \left\{Ax_1^2 + By_1^2 + Cx_1 + Dy_1 + Ex_1 y_1\right\} = 0$

$\bigcirc\!\!\bigcirc$에서 $Ax_1^2 + By_1^2 + Cx_1 + Dy_1 + Ex_1 y_1 = -F$이다.

$\therefore$ $Ax_1 x + By_1 y + C\left(\dfrac{x_1 + x}{2}\right) + D\left(\dfrac{y_1 + y}{2}\right) + E\left(\dfrac{y_1 x + x_1 y}{2}\right) + F = 0 \cdots \boxdot$

따라서 $\bigcirc$, $\boxdot$에서
이차곡선위의 점 (x_1, y_1)에서의 접선의 방정식은

$$x^2 \to x_1 x, \ y^2 \to y_1 y, \ x \to \frac{x_1 + x}{2}, \ y \to \frac{y_1 + y}{2}, \ xy \to \frac{y_1 x + x_1 y}{2}$$

을 대입하여 구할 수 있다.

포물선의 매개변수 방정식

$$y^2 = 4px \Rightarrow x = pt^2,\ y = 2pt$$

$$x^2 = 4py \Rightarrow x = 2pt,\ y = pt^2$$

설명 : 포물선 $y^2 = 4px$에서 $y = 2pt$라고 놓으면 $x = pt^2$이 얻어진다. 따라서 포물선 위의 한 점 $(x,\ y)$에 대하여 $x = pt^2,\ y = 2pt$의 관계를 만족하는 t의 값이 존재하며, 역으로 t의 임의의 값에 대하여 $x = pt^2,\ y = 2pt$에 의하여 정해진 $x,\ y$의 값을 좌표로 하는 점은 $y^2 = 4px$를 만족하므로 이와 같은 점은 모두 포물선 위에 있는 점이다. 실제로 t를 $-\infty$에서 $+\infty$까지 변화시키면 전체의 포물선이 그려진다. 즉, $y = 2pt,\ x = pt^2$은 초점의 좌표가 $(p,\ 0)$인 포물선의 매개변수 방정식이다.

[관련 문제]

포물선 $y^2 = 12x$의 초점 F와 포물선 위의 임의의 점 A를 이은 선분 FA를 $2 : 1$로 내분하는 점 P의 자취의 방정식을 구하여라.

일반 **풀이**	랑데뷰 **풀이**

일반 풀이

포물선의 방정식 $y^2 = 12x$를 $y^2 = 4px$의 꼴로 나타내면
$y^2 = 4 \times 3x \ \Rightarrow\ p = 3$

이때 초점은 $F(3,\ 0)$이고, 포물선 위의 점 A의 좌표를 $A(a,\ b)$, $\overline{FA}$를 $2 : 1$로 내분하는 점 P의 좌표를 $P(x,\ y)$라 하면

$$x = \frac{2a + 3}{3},\ y = \frac{2b}{3}$$

$$\therefore\ a = \frac{3x - 3}{2},\ b = \frac{3y}{2} \quad \cdots\cdots \ \ominus$$

이때 점 $A(a,\ b)$가 포물선 $y^2 = 12x$ 위의 점이므로
$b^2 = 12a \quad \cdots\cdots \ \bigcirc$

$\ominus$을 $\bigcirc$에 대입하여 정리하면

$$\left(\frac{3y}{2}\right)^2 = 12\left(\frac{3x - 3}{2}\right) \quad \therefore\ y^2 = 8(x - 1)$$

랑데뷰 풀이

$y^2 = 12x$의 초점은 $F(3,\ 0)$이므로 $A(3t^2,\ 6t)$라 할 수 있다.

$F(3,\ 0)$, $A(3t^2,\ 6t)$에서 $\overline{FA}$를 $2 : 1$로 내분하는 점 P의 좌표를 $P(x,\ y)$라 하면

$$x = \frac{6t^2 + 3}{3} = 2t^2 + 1,\ y = \frac{12t}{3} = 4t$$이고

$t = \dfrac{y}{4}$을 $x = 2t^2 + 1$에 대입하면 $x = \dfrac{y^2}{8} + 1$

$$\therefore\ y^2 = 8(x - 1)$$

타원의 매개변수 방정식

장축의 길이가 $2a$, 단축의 길이가 $2b$이며 중심이 원점인 타원의 매개변수 방정식은 원의 매개변수 방정식으로부터 다음과 같다.

$$x = a\cos\theta, \quad y = b\sin\theta \quad (0 \le \theta \le 2\pi)$$

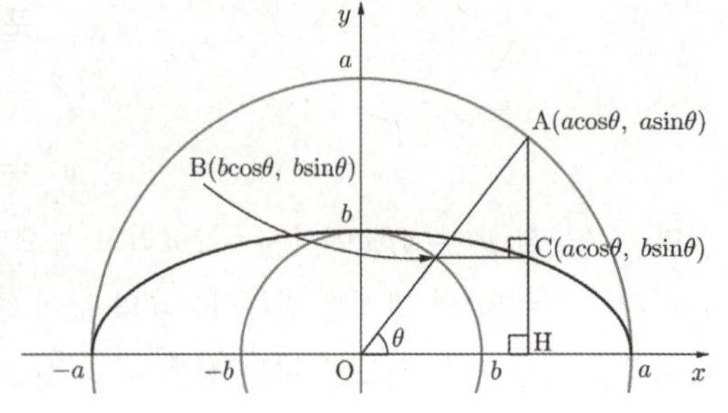

[관련 문제]

좌표평면 위에 원 $x^2 + y^2 = 1$ 과 타원 $x^2 + 4y^2 = 1$이 있다. 원점 O를 지나는 직선이 제1사분면에서 원과 만나는 점을 P, 타원과 만나는 점을 Q라고 하자. 점 P가 $P(\cos\theta, \sin\theta)$라 할 때, 점 Q의 좌표를 구하여라.

랑데뷰 **풀이**	랑데뷰 **설명**

랑데뷰 풀이

매개변수 표시를 이용하여 점 Q의 좌표를 $\left(\cos\alpha, \dfrac{1}{2}\sin\alpha\right)$라 하면

$x^2 + 4y^2 = 1$ 에서

$\cos^2\alpha + 4y^2 = 1$

$4y^2 = 1 - \cos^2\alpha = \sin^2\alpha$

$\therefore\ y = \dfrac{1}{2}\sin\alpha$

직선 OP의 기울기가 $\tan\theta$ 이므로

$$\tan\theta = \frac{\dfrac{1}{2}\sin\alpha}{\cos\alpha} = \frac{1}{2}\tan\alpha$$

$\therefore\ \tan\alpha = 2\tan\theta$

$\therefore\ \sec^2\alpha = 1 + \tan^2\alpha = 1 + 4\tan^2\theta$

$\therefore\ \cos^2\alpha = \dfrac{1}{1 + 4\tan^2\theta}$

$$\sin^2\alpha = 1 - \cos^2\alpha = 1 - \frac{1}{1 + 4\tan^2\theta} = \frac{4\tan^2\theta}{1 + 4\tan^2\theta}$$

$\therefore\ \cos\alpha = \dfrac{1}{\sqrt{1 + 4\tan^2\theta}}\ ,\quad \sin\alpha = \dfrac{2\tan\theta}{\sqrt{1 + 4\tan^2\theta}}$

랑데뷰 설명

위 그림의 좌표평면 위의 두 원 $x^2 + y^2 = a^2$, $x^2 + y^2 = b^2 (a > b > 0)$에 대하여 점 A, B, C, D와 각 θ를 다음과 같이 정의한다.

A : 원 $x^2 + y^2 = a^2$ 위의 임의의 한 점

B : $\overline{\text{OA}}$와 원 $x^2 + y^2 = b^2$의 교점

H : 점 A에서 x축에 내린 수선의 발

C : 점 B에서 선분 $\overline{\text{AH}}$에 내린 수선의 발

θ : $\angle\,$AOH

이 때, 점 C의 x좌표는 점 A의 x좌표와 같고 점 C의 y좌표는 점 B의 y좌표와 같으므로 점 R의 자취는 θ를 매개변수로 하는 매개 변수 방정식 $x = a\cos\theta$, $y = b\sin\theta$로 나타낼 수 있고, $\cos^2\theta + \sin^2\theta = 1$로부터

점 R의 자취가 타원 $\dfrac{x^2}{a^2} + \dfrac{y^2}{b^2} = 1$이 된다.

주의 ⇨

오른쪽 그림의 $\dfrac{x^2}{a^2} + \dfrac{y^2}{b^2} = 1$에서 타원 위의 점 P의 좌표를

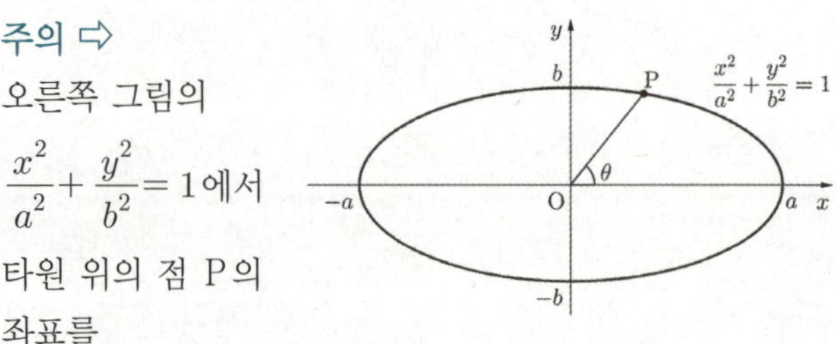

$(a\cos\theta, b\sin\theta)$라고 생각해서는 안 된다. θ는 원점과 원 위의 점을 연결한 선분과 x축이 이루는 각이다.

쌍곡선의 매개변수 방정식

$$\frac{x^2}{a^2} - \frac{y^2}{b^2} = 1 \ \Rightarrow \ x = a\sec\theta, \ y = b\tan\theta$$

설명 : 쌍곡선 $\dfrac{x^2}{a^2} - \dfrac{y^2}{b^2} = 1$에서

$\left(\dfrac{x}{a}\right)^2 = 1 + \left(\dfrac{y}{b}\right)^2 \geq 1$ 이다. 따라서 $\left(\dfrac{a}{x}\right)^2 \leq 1$이고

$-1 \leq \dfrac{a}{x} \leq 1$이다. 따라서 적당한 θ에 대하여 $\dfrac{a}{x} = \cos\theta$라 둘 수

있다.

$$\therefore \ \frac{x}{a} = \sec\theta \ \Rightarrow \ x = a\sec\theta$$

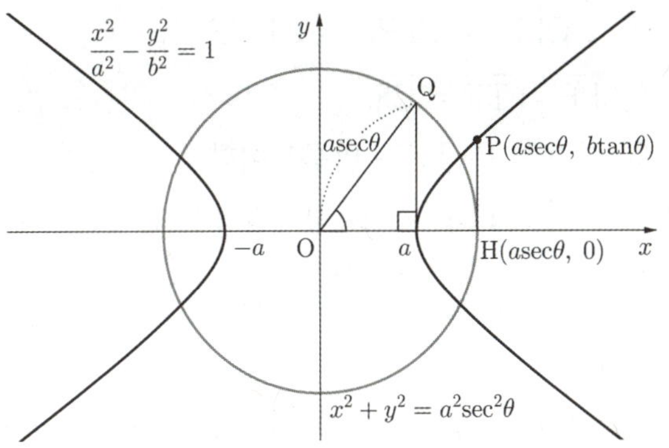

또한 $\sec^2\theta - \tan^2\theta = 1$에서 $y = b\tan\theta$이다. 또한 오른쪽 그림과 같이 $\dfrac{x^2}{a^2} - \dfrac{y^2}{b^2} = 1$위의 점 P에서 x축에 내린

수선의 발을 H라 할 때, 원점을 중심, $\overline{\text{OH}}$을 반지름으로 하는 원은 $x^2 + y^2 = a^2\sec^2\theta$이다. $x = a$와 만나는 점을
Q라 할 때 Q의 x좌표를 매개변수로 표현하면 $x = a\sec\theta\cos\theta$이고 결국 $x = a$가 됨을 알 수 있다.

[관련 문제]

쌍곡선 $\dfrac{x^2}{9} - \dfrac{y^2}{16} = 1$위의 한 점 P에서 쌍곡선의 두 점근선에 내린 수선의 발을 각각 Q, R라 할 때,

$\sqrt{\overline{\text{PQ}} \cdot \overline{\text{PR}}}$ 의 값을 구하여라.

일반 풀이

$\dfrac{x^2}{9} - \dfrac{y^2}{16} = 1$의 점근선의 방정식은 $y = \pm\dfrac{4}{3}x$

쌍곡선 $\dfrac{x^2}{9} - \dfrac{y^2}{16} = 1$위의 점 P의 좌표를 (a, b)라 하면

점 P에서 두 점근선
$4x - 3y = 0, \ 4x + 3y = 0$에 내린 수선의 발이 각각
Q, R이므로

$$\overline{\text{PQ}} = \frac{|4a - 3b|}{\sqrt{4^2 + (-3)^2}}, \quad \overline{\text{PR}} = \frac{|4a + 3b|}{\sqrt{4^2 + 3^2}}$$

$$\therefore \ \overline{\text{PQ}} \cdot \overline{\text{PR}} = \frac{|4a - 3b|}{5} \cdot \frac{|4a + 3b|}{5} = \frac{|16a^2 - 9b^2|}{25}$$

그런데 점 P(a, b)가 쌍곡선 $16x^2 - 9y^2 = 144$위의
점이므로 $16a^2 - 9b^2 = 144$

$$\therefore \ \overline{\text{PQ}} \cdot \overline{\text{PR}} = \frac{144}{25}$$

따라서 구하는 값은 $\sqrt{\dfrac{144}{25}} = \dfrac{12}{5}$

랑데뷰 풀이

P$(3\sec\theta, \ 4\tan\theta)$라 두면
두 점근선의 방정식이 각각
$4x + 3y = 0, \ 4x - 3y = 0$에서

$$\overline{\text{PQ}} = \frac{|12\sec\theta + 12\tan\theta|}{5}, \quad \overline{\text{PR}} = \frac{|12\sec\theta - 12\tan\theta|}{5}$$

이므로

$$\overline{\text{PQ}} \times \overline{\text{PR}} = \frac{144(\sec^2\theta - \tan^2\theta)}{25} = \frac{144}{25}$$

따라서 구하는 값은 $\sqrt{\dfrac{144}{25}} = \dfrac{12}{5}$

포물선의 성질

다음 그림과 같이 포물선 위의 점 P에서의 접선과
법선의 x축과의 교점을 각각 T, C라 할 때

① $\angle QPX = \angle TPF = \angle PTF$

② $\overline{PF} = \overline{TF} = \overline{CF}$

③ 사각형 PRTF는 마름모이다.

④ 사각형 PRFC는 평행사변형이다.

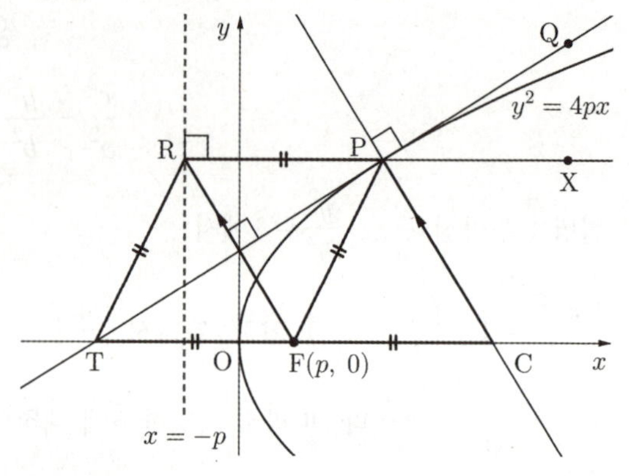

설명

포물선 $y^2 = 4px \ (p > 0)$ 위의 점 P (x_1, y_1)에서 그은 접선의 방정식을 생각하자.

$y_1 y = 2p(x + x_1) \cdots$ ㉠

이 직선의 x절편이 T라 하면 $y = 0$을 대입하면 $p \neq 0$이므로 $x = -x_1$

따라서 T$(-x_1, 0)$

한편 초점의 좌표는 F$(p, 0)$이므로 $\overline{TF} = p + x_1 \cdots$ ㉡

또, $\overline{PF} = \sqrt{(x_1 - p)^2 + y_1^2}$ 이고 P(x_1, y_1)이 포물선 $y^2 = 4px$ 위의 점이므로 $y_1^2 = 4px_1$

따라서

$$\overline{PF} = \sqrt{(x_1 - p)^2 + y_1^2} = \sqrt{(x_1 - p)^2 + 4px_1} = \sqrt{(x_1 + p)^2} = x_1 + p \cdots ㉢$$

㉡, ㉢에서 $\overline{TF} = \overline{PF}$

따라서 $\triangle PTF$는 이등변삼각형이다.

이등변삼각형의 두 밑각의 크기는 같으므로 $\angle PTF = \angle TPF$

또, 빛의 성질에서 [입사각=반사각]이므로 $\angle TPF = \angle QPX$

따라서 $\angle PTF = \angle QPX$ (동위각)

동위각의 크기가 같으므로 PX // x축 $\cdots$ ㉣

한편, 점 P에서 준선 $x = -p$에 내린 수선의 발을 R이라 하면 R$(-p, y_1)$

따라서 직선 FR의 기울기는 $-\dfrac{y_1}{2p}$이므로

㉠에서 점 P에서의 접선의 기울기는 $\dfrac{2p}{y_1}$이므로 $\overline{FR} \perp \overline{PT}$

따라서 사각형 PRTF는 마름모이다.

또한 접점 P에서 접선에 수직인 직선의 x절편을 C라 하면

㉣에서 $\overline{PR} // \overline{FC}$, $\overline{RF} // \overline{PC}$이므로 사각형 PRFC는 평행사변형이다.

타원의 성질 : 타원의 접선은 접점과 두 초점을 이은 선분이 이루는 각을 이등분한다. 즉, $\alpha = \beta$

증명

오른쪽 그림과 같이 두 초점이 F, F′인 타원과 타원 위의 한 점 P에서 접선이 있다. 접선 위의 임의의 점 Q에서 $\overline{F'Q} + \overline{QF}$의 최솟값을 생각해 보자. 점 F를 접선에 대칭이동한 점을 R이라 할 때 $\overline{QF} = \overline{QR}$이므로 $\overline{F'Q} + \overline{QF} = \overline{F'Q} + \overline{QR} \geq \overline{F'R}$이다.

한편, 접선과 $\overline{F'R}$의 교점을 P라 할 때, $\overline{PF} = \overline{PR}$이므로 $\overline{PF'} + \overline{PF} = \overline{F'R}$(일정) 이므로 점 P는 두 점 F′, F을 초점으로 하는 타원 위의 점이다.

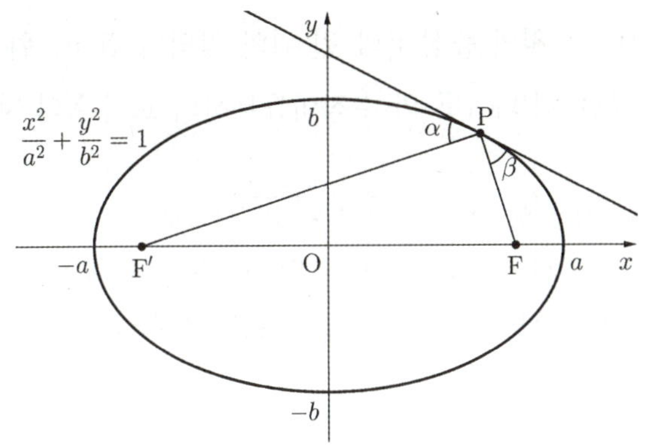

따라서 세 점 F′, P, R은 한 직선 위에 있게 되므로
$\angle QPF' = \angle RPH = \alpha \cdots \unicode{x24D8}$
또한 $\triangle PFH \equiv \triangle PRH$에서
$\angle FPH = \angle RPH = \alpha \cdots \unicode{x24D9}$
$\unicode{x24D8}, \unicode{x24D9}$에서 $\angle QPF' = \angle FPH = \alpha$
$\angle FPH = \beta$이므로 $\alpha = \beta$

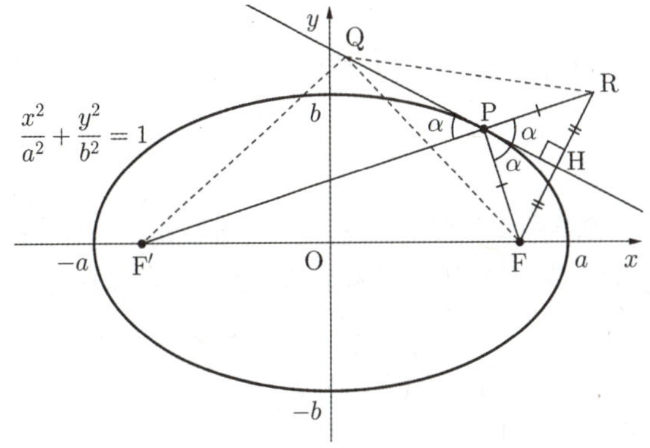

응용

① 오른쪽 그림과 같이 점 P에서의 접선에 수직인 직선이 x축과 만나는 점을 M이라 할 때
$\Rightarrow \overline{PF'} : \overline{PF} = \overline{MF'} : \overline{MF}$

② 타원의 접선위의 임의의 점에서 두 초점 사이 거리의 합의 최소는 접점일 때 나타난다.
$\overline{QF'} + \overline{QF} \geq \overline{PF'} + \overline{PF}$
등호는 Q = P일 때 성립한다.

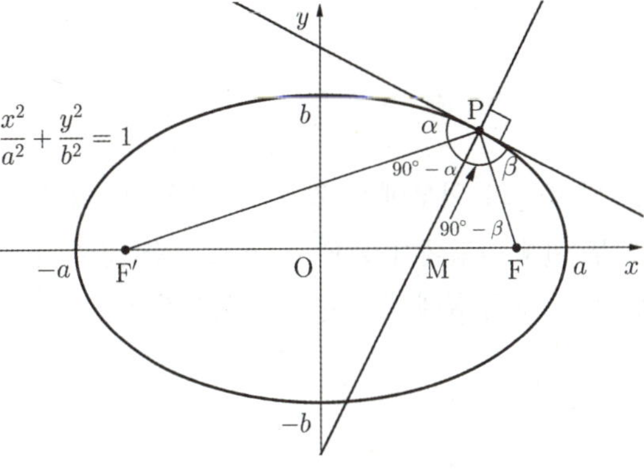

쌍곡선의 성질

① 한 원의 중심 F와 원 위의 임의의 점 P, 원 밖의 점 F′에서
직선 FP와 $\overline{PF'}$의 수직이등분선의 교점 X의 자취는 쌍곡선이다.

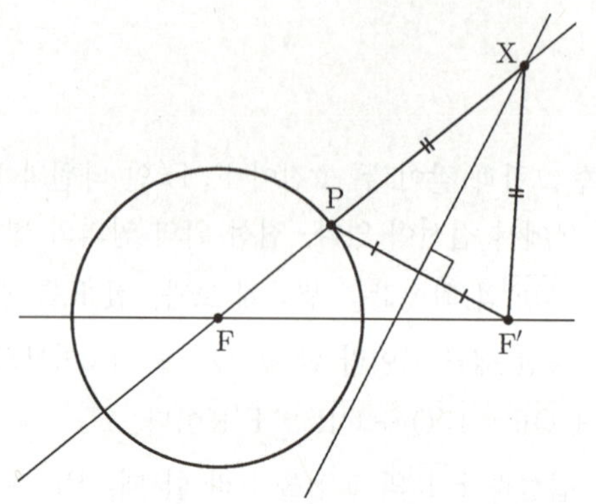

⇨ 오른쪽 그림에서 $\overline{XP} = \overline{XF'}$이므로
$\overline{XF} - \overline{XF'} = \overline{XF} - \overline{XP} = \overline{PF}$ (반지름으로 일정)
따라서 점 X의 자취는 F, F′을 두 초점으로 하는 쌍곡선이다.

② 쌍곡선의 접선은 접점과 두 초점을 이은 선분이 이루는 각을
이등분한다.

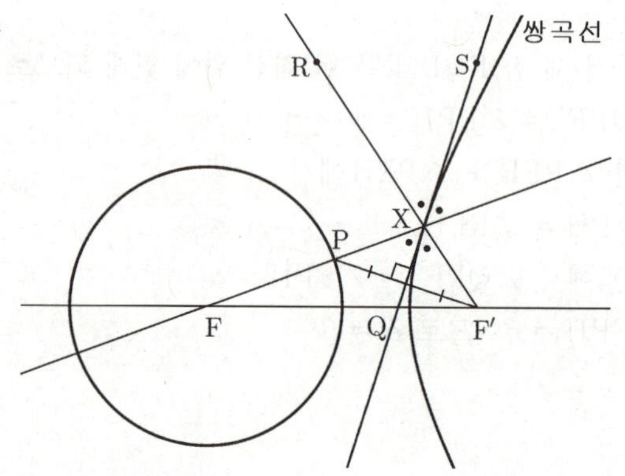

⇨ 오른쪽 그림에서 직선 XQ는 쌍곡선의 접선이다.
$\triangle XPQ \equiv \triangle XF'Q$에서 $\angle FXQ = \angle F'XQ \cdots \bigcirc$

⇨ 따라서 $\overline{XF} : \overline{XF'} = \overline{FQ} : \overline{F'Q}$
가 성립한다.

③ 쌍곡선의 외부에서 쌍곡선에 반사된 빛은 한 초점을 지난다.
⇨ 두 번째 그림에서 $\angle F'XQ = \angle RXS$ (맞꼭지각) 이고 ⊙에서 $\angle RXS = \angle FXQ$이므로 R에서 시작된 빛은 접선
XQ위의 접점 X에서 반사되어 [입사각=반사각]의 성질에 의해 쌍곡선의 초점 F을 지남을 알 수 있다.

$$\overrightarrow{OA} \cdot \overrightarrow{OB} = \overline{OM}^2 - \overline{AM}^2 \ (\text{M은 } \overline{AB}\text{의 중점})$$

설명

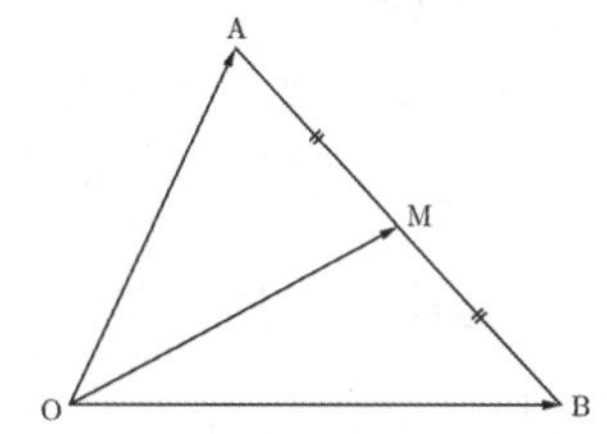

$|\overrightarrow{OA} + \overrightarrow{OB}| = 2|\overrightarrow{OM}|$ 이므로 양변 제곱하면

$|\overrightarrow{OA}|^2 + |\overrightarrow{OB}|^2 + 2\overrightarrow{OA} \cdot \overrightarrow{OB} = 4|\overrightarrow{OM}|^2$

그런데 $\overline{OA}^2 + \overline{OB}^2 = 2(\overline{OM}^2 + \overline{AM}^2)$

$2\overrightarrow{OA} \cdot \overrightarrow{OB} = 2|\overrightarrow{OM}|^2 - 2|\overrightarrow{AM}|^2$ $\quad \therefore \overrightarrow{OA} \cdot \overrightarrow{OB} = \overline{OM}^2 - \overline{AM}^2$

[관련 문제]

① 오른쪽 그림과 같이 한 모서리의 길이가 4인 정사면체 ABCD에서
모서리 BC의 중점을 M, 모서리 AD의 중점을 N이라 하자.
두 벡터 $\overrightarrow{AM}$, $\overrightarrow{CN}$에 대하여 $\overrightarrow{AM} \cdot \overrightarrow{CN}$의 값을 구하여라.

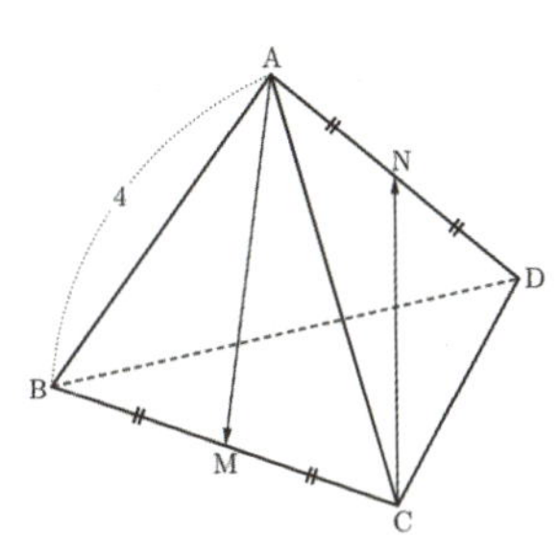

② 좌표공간에서 세 점 $A(4, 0, 0)$, $B(0, 6, 0)$, $C(0, 0, 6)$에 대하여
선분 AB의 중점을 D, 선분 BC를 2 : 1로 내분하는 점을 E라고 하자.
점 P가 선분 DE 위를 움직일 때, 두 벡터 $\overrightarrow{OP}$와 $\overrightarrow{AP}$의 내적 $\overrightarrow{OP} \cdot \overrightarrow{AP}$의 최솟값을 구하여라.
(O는 원점이다.)

일반 풀이

① 정사면체 ABCD의 각 면은 한 변의 길이가 4인
정삼각형이고,

$\overrightarrow{AM} = \overrightarrow{CM} - \overrightarrow{CA} = \dfrac{1}{2}\overrightarrow{CB} - \overrightarrow{CA}$,

$\overrightarrow{CN} = \dfrac{1}{2}(\overrightarrow{CA} + \overrightarrow{CD}) = \dfrac{1}{2}\overrightarrow{CA} + \dfrac{1}{2}\overrightarrow{CD}$ 이므로

$\overrightarrow{AM} \cdot \overrightarrow{CN} = \left(\dfrac{1}{2}\overrightarrow{CB} - \overrightarrow{CA}\right) \cdot \left(\dfrac{1}{2}\overrightarrow{CA} + \dfrac{1}{2}\overrightarrow{CD}\right)$

$= \dfrac{1}{4}\overrightarrow{CB} \cdot \overrightarrow{CA} + \dfrac{1}{4}\overrightarrow{CB} \cdot \overrightarrow{CD} - \dfrac{1}{2}|\overrightarrow{CA}|^2 - \dfrac{1}{2}\overrightarrow{CA} \cdot \overrightarrow{CD}$

$= \dfrac{1}{4} \times 4 \times 4 \times \cos\dfrac{\pi}{3} + \dfrac{1}{4} \times 4 \times 4 \times \cos\dfrac{\pi}{3}$
$\qquad\qquad - \dfrac{1}{2} \times 4^2 - \dfrac{1}{2} \times 4 \times 4 \times \cos\dfrac{\pi}{3}$

$= 2 + 2 - 8 - 4 = -8$

② $A(4, 0, 0)$, $B(0, 6, 0)$, $C(0, 0, 6)$에 대하여
점 D, E의 좌표는 각각 $D(2, 3, 0)$, $E(0, 2, 4)$이다.
점 P가 선분 DE 위를 움직이므로

$\overrightarrow{OP} = \overrightarrow{OD} + t\overrightarrow{DE} = (2, 3, 0) + t(-2, -1, 4)$
$\quad = (-2t+2, -t+3, 4t)$ (단, $0 \le t \le 1$)

$\overrightarrow{AP} = \overrightarrow{OP} - \overrightarrow{OA} = (-2t-2, -t+3, 4t)$ 이므로

랑데뷰 풀이

①

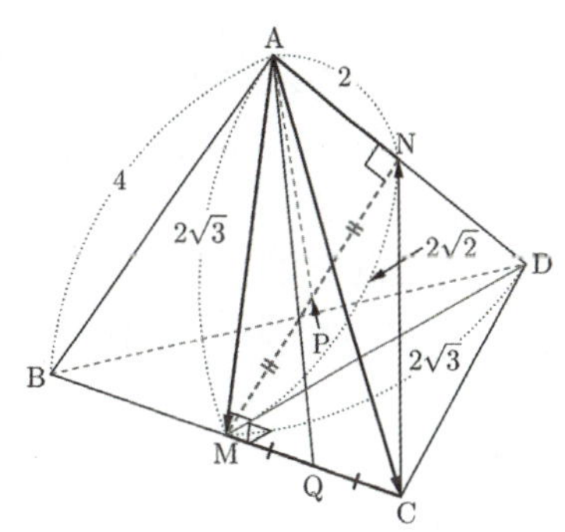

$\overrightarrow{AM} \cdot \overrightarrow{CN}$
$= \overrightarrow{AM} \cdot (\overrightarrow{AN} - \overrightarrow{AC})$
$= \overrightarrow{AM} \cdot \overrightarrow{AN} - \overrightarrow{AM} \cdot \overrightarrow{AC}$
$= (\overline{AP}^2 - \overline{MP}^2) - (\overline{AQ}^2 - \overline{MQ}^2)$
$= (\overline{AP}^2 - \overline{MP}^2) - \overline{AM}^2 = (6 - 2) - 12 = -8$

$\overrightarrow{OP} \cdot \overrightarrow{AP}$

$\quad = (-2t+2,\ -t+3,\ 4t) \cdot (-2t-2,\ -t+3,\ 4t)$

$\quad = (4t^2-4) + (t^2-6t+9) + 16t^2 = 21t^2 - 6t + 5$

$\quad = 21\left(t - \dfrac{1}{7}\right)^2 + \dfrac{32}{7}$

따라서 $\overrightarrow{OP} \cdot \overrightarrow{AP}$의 최솟값은 $t = \dfrac{1}{7}$일 때 $\dfrac{32}{7}$

② $D(2,\ 3,\ 0)$, $E(0,\ 2,\ 4)$이므로 직선 DE를 l이라

할 때 $l : \dfrac{x}{2} = y - 2 = \dfrac{z-4}{-4} \rightarrow \vec{u} = (2, 1, -4)$

$\overrightarrow{OP} \cdot \overrightarrow{AP} = \overrightarrow{PO} \cdot \overrightarrow{PA}$에서

$\overline{OA}$의 중점을 M이라 하면

$M(2, 0, 0)$이다.

$\overrightarrow{PO} \cdot \overrightarrow{PA}$

$\quad = \overline{PM}^2 - \overline{OM}^2 = \overline{PM}^2 - 4$

점 P는 l위의 점이므로

$P(2t,\ t+2,\ -4t+4)$라 두면

$\overrightarrow{PM} = (2t-2,\ t+2,\ -4t+4)$

$\overline{PM} \perp l$일 때 $\overline{PM}$이 최소이므로

$\overrightarrow{PM} \cdot \vec{u} = 4t - 4 + t + 2 + 16t - 16 = 0 \quad \therefore t = \dfrac{6}{7}$

따라서 $\overline{PM}^2 = \left\{ \sqrt{\left(-\dfrac{2}{7}\right)^2 + \left(\dfrac{20}{7}\right)^2 + \left(\dfrac{4}{7}\right)^2} \right\}^2 = \dfrac{420}{49}$

$\overrightarrow{PO} \cdot \overrightarrow{PA} = \overline{PM}^2 - 4 \geq \dfrac{32}{7}$

지렛대 원리

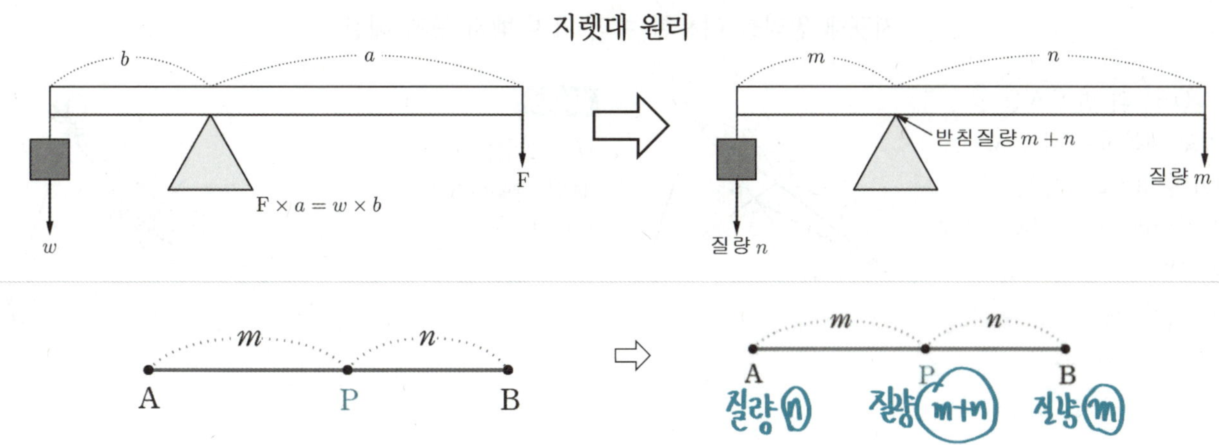

(1) 선분에 활용 : $\overline{AB}$를 $m:n$으로 내분하는 점을 P라 두면 점 A의 질량은 n이 되고 점 B의 질량은 m이 된다. 그때 점 P의 질량은 $m+n$이다. 주의할 점은 m과 n이 비를 나타내기 때문에 질량을 둘 때 문제 계산이 편하도록 두는 것이 좋다. 예를 들어 $\overline{AB}$를 $2:1.5$로 내분하는 점이 P라면 점 A, B의 질량은 각각 3, 4로 두고 점 P의 질량은 $3+4=7$로 두면 된다.

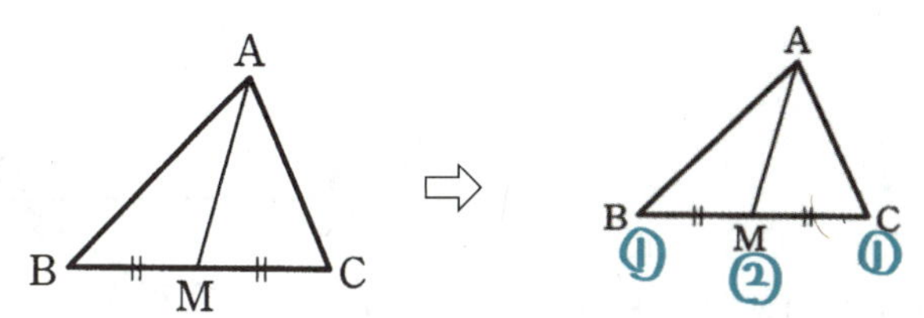

(2) 삼각형의 변에 활용 : 직접적인 선분의 내분하는 비의 직접적인 표현이 없더라도 삼각형의 중선은 변을 $1:1$로 내분하므로 질량을 위 그림과 같다.

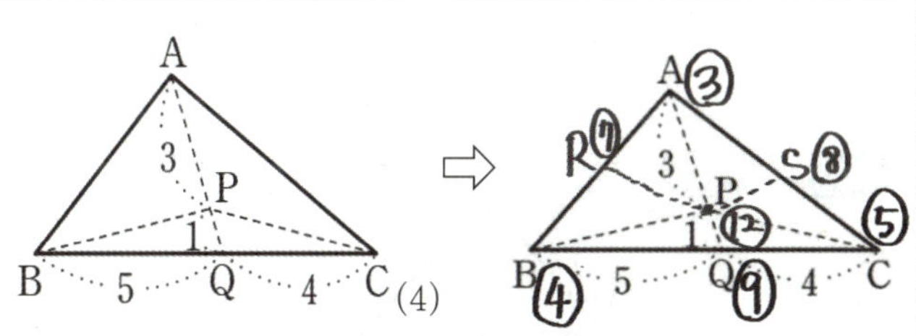

△ABC에서
$\overline{BQ}:\overline{CQ}=5:4$, $\overline{AP}:\overline{PQ}=3:1$
일 때 $\overline{CP}$와 $\overline{BP}$의 연장선이 각각 $\overline{AB}$와 $\overline{AC}$와 만나는 점을 각각 R, S라 할 때 지렛대 원리로 질량을 구하면 그림과 같고 다음을 알 수 있다.
① $\overline{AR}:\overline{BR}=4:3$, $\overline{AS}:\overline{CS}=5:3$
② $\overline{BP}:\overline{PS}=2:1$, $\overline{CP}:\overline{PR}=7:5$
③ △ABP : △BCP : △ACP = C질량 : A질량 : B질량
$$= 5:3:4$$
$$\rightarrow 3\overrightarrow{AP}+4\overrightarrow{BP}+5\overrightarrow{CP}=\overrightarrow{0}$$

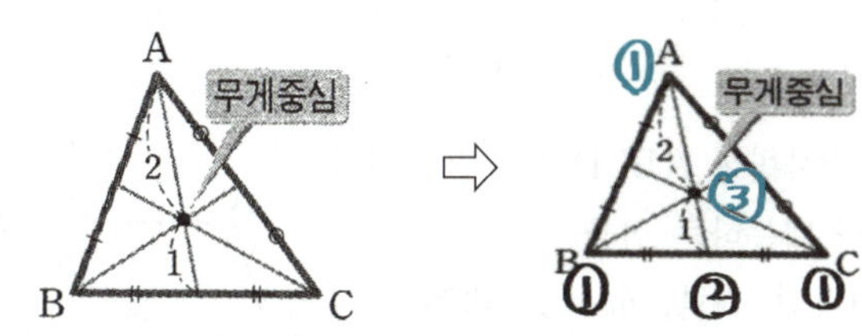

(3) 삼각형의 무게중심의 질량은 3이다.

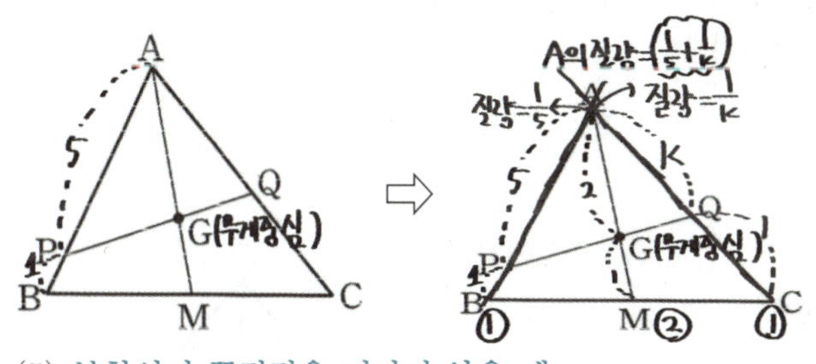

(5) 분할선이 꼭짓점을 지나지 않을 때

△ABC 에서 $\overline{AP}:\overline{BP}=5:1$을 만족하는 P와 무게중심 G를 지나는 직선이 $\overline{AC}$와 만나는 점을 Q라 할 때 P, Q가 모두 받침점으로 지렛대를 지탱하기에 A의 질량을 구해보면 지렛대를 $\overline{APB}$로 볼 때의 $\dfrac{1}{5}$와 $\overline{AQC}$로 볼 때의 $\dfrac{1}{k}$로 다른 값이 나온다.

($\leftarrow \overline{AQ}:\overline{CQ}=k:1$로 볼 때)

이런 경우는 $\dfrac{1}{5}+\dfrac{1}{k}$이 A의 질량이다. $\overline{AGM}$을 지렛대로 볼 때는 A질량이 1이므로 $\dfrac{1}{5}+\dfrac{1}{k}=1$

지렛대 원리를 이용한 여러 가지 벡터 문제 해결

① △OAB의 변 OA를 1 : 2로 내분하는 점을 M, 변 OB를 3 : 2로 내분하는 점을 N이라 하고, 선분 AN과 선분 BM의 교점을 P라고 한다. $\overrightarrow{OA} = \vec{a}$, $\overrightarrow{OB} = \vec{b}$ 라고 할 때, $\overrightarrow{OP}$를 두 벡터 $\vec{a}$, $\vec{b}$로 나타내어라.

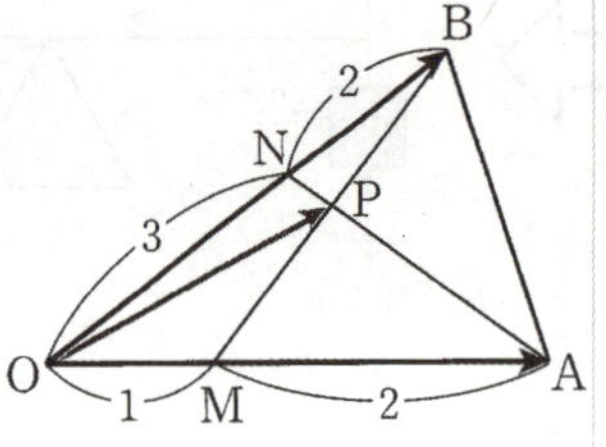

풀이 1

N의 질량 = 5, A의 질량 = 1이므로 $\overline{NP} : \overline{AP} = 1 : 5$ 이다. 따라서

$$\overrightarrow{OP} = \frac{5\overrightarrow{ON} + \overrightarrow{OA}}{6} = \frac{5 \times \frac{3}{5}\overrightarrow{OB} + \overrightarrow{OA}}{6} = \frac{1}{6}\vec{a} + \frac{1}{2}\vec{b}$$

풀이 2

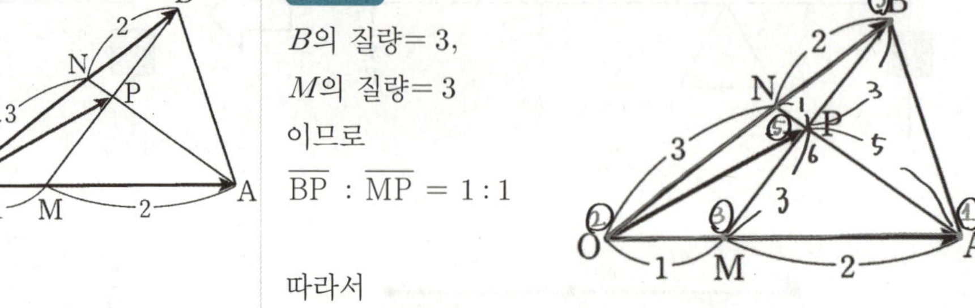

B의 질량 = 3, M의 질량 = 3 이므로 $\overline{BP} : \overline{MP} = 1 : 1$

따라서

$$\overrightarrow{OP} = \frac{\overrightarrow{OB} + \overrightarrow{OM}}{2} = \frac{\overrightarrow{OB} + \frac{1}{3}\overrightarrow{OA}}{2} = \frac{1}{6}\vec{a} + \frac{1}{2}\vec{b}$$

$$\therefore \ \overrightarrow{OP} = \frac{1}{6}\vec{a} + \frac{1}{2}\vec{b}$$

---

② 평행사변형 ABCD에서 변 AB를 2 : 1로 내분하는 점을 P, 대각선 DB를 $m : 1$로 내분하는 점을 Q라 하자. 세 점 P, Q, C가 일직선 위에 있을 때, m의 값을 구하여라.

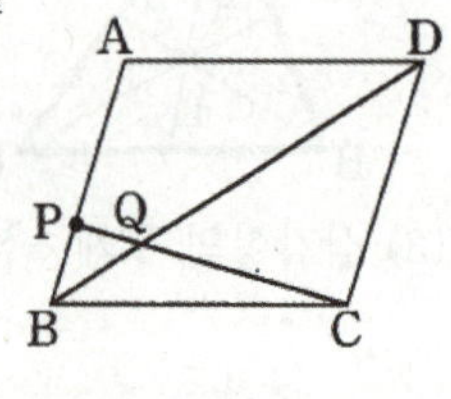

풀이

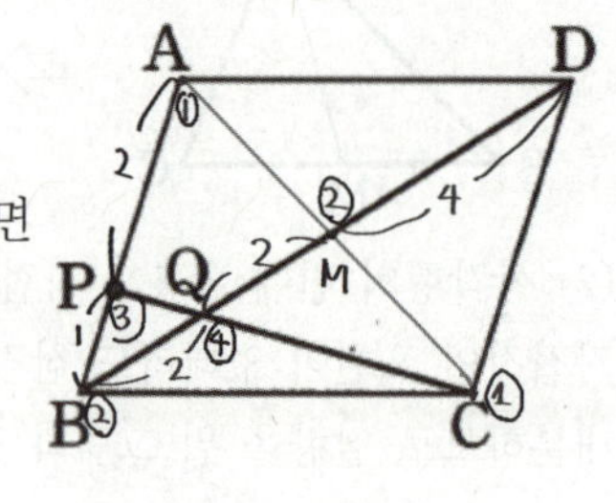

대각선 $\overline{AC}$를 긋고 △ABC에서 질량을 조사하면 오른쪽 그림과 같다.

$\overline{DQ} : \overline{BQ} = 6 : 2$

$= 3 : 1 = m : 1$

$\therefore m = 3$

---

③ 정사면체 OABC 에서 모서리 OA 의 중점을 P, 모서리 OB 를 2 : 1로 내분하는 점을 Q, 모서리 BC 를 2 : 1 로 내분하는 점을 R 라 하자. 세 점 P, Q, R를 지나는 평면으로 이 정사면체를 자를 때, 평면 PQR 와 모서리 AC 가 만나는 점을 S 라 하자. $\dfrac{\overline{AS}}{\overline{AC}}$의 값을 구하여라.

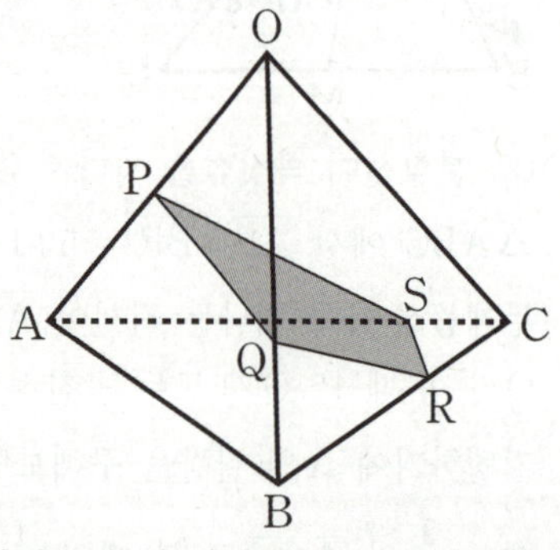

풀이

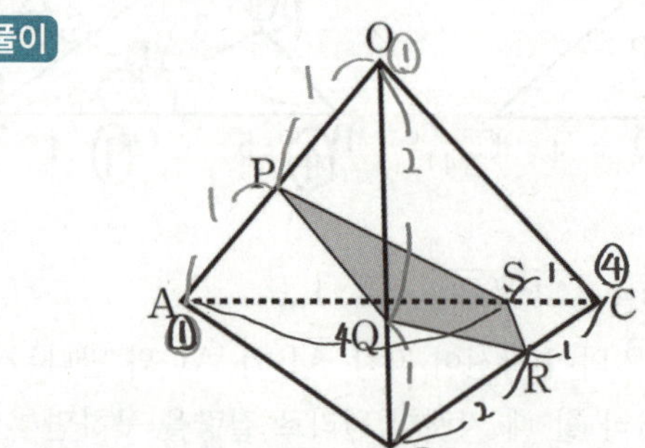

$\overline{AP} : \overline{OP} = 1 : 1$이므로

O→1, A→1로 두면 B→2가 되고 C→4가 된다.

따라서 $\overline{AS} : \overline{CS} = 4 : 1$ $\quad \therefore \ \dfrac{\overline{AS}}{\overline{AC}} = \dfrac{4}{5}$

지렛대 원리를 이용한 문제 해결(1)

[관련 문제]

그림과 같이 평행사변형 ABCD에서 선분 AC위의 점 E와 선분 AB위의 점 F에 대하여 $\overline{AE}:\overline{EC}=\overline{AF}:\overline{FB}$이고 $4\overrightarrow{EA}+3\overrightarrow{EB}-7\overrightarrow{EF}=\vec{0}$이 성립한다. 직선 DE와 선분 CF가 만나는 점을 G라 할 때, $\overrightarrow{DG}=t\overrightarrow{DF}+(1-t)\overrightarrow{DC}$이다. 상수 t의 값은?

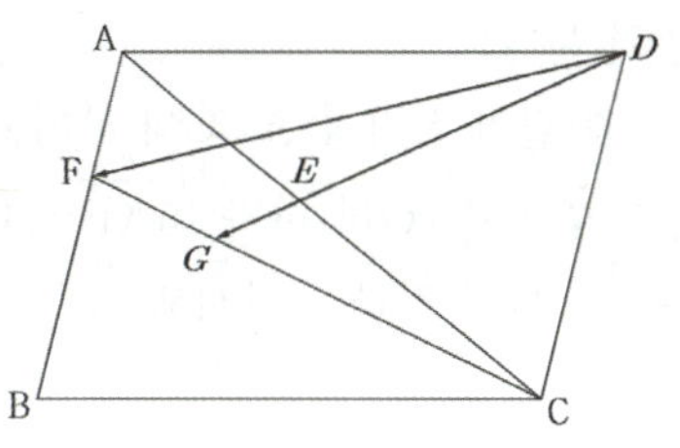

[랑데뷰 제작 문제]

① $\dfrac{27}{37}$ ② $\dfrac{28}{37}$ ③ $\dfrac{29}{37}$ ④ $\dfrac{30}{37}$ ⑤ $\dfrac{31}{37}$

랑데뷰 풀이 ⇨ 지렛대 원리를 이용

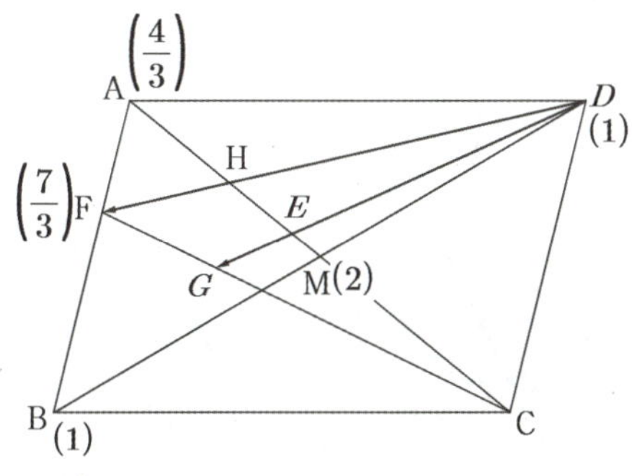

① 대각선 BD를 긋고 대각선의 중점을 M이라 하면 $\overline{BD}$에서 B, M, D의 질량이 차례로 (1), (2), (1)이다.

② $\overline{AF}:\overline{FB}=3:4$에서 $\overline{AB}$에서 B의 질량이 (1)이므로 A의 질량은 $\left(\dfrac{4}{3}\right)$이고 F의 질량은 $\left(\dfrac{7}{3}\right)$

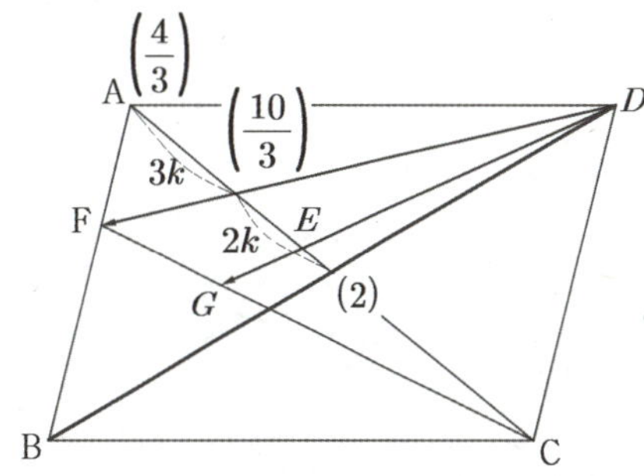

③ A와 M의 질량이 $\dfrac{4}{3}:2=2:3$이므로 $\overline{AH}:\overline{MH}=3:2$

④ $\overline{AH}=3k$, $\overline{MH}=2k$라 하면 $\overline{MC}=5k$이고 H의 질량은 $\left(\dfrac{10}{3}\right)$이다.

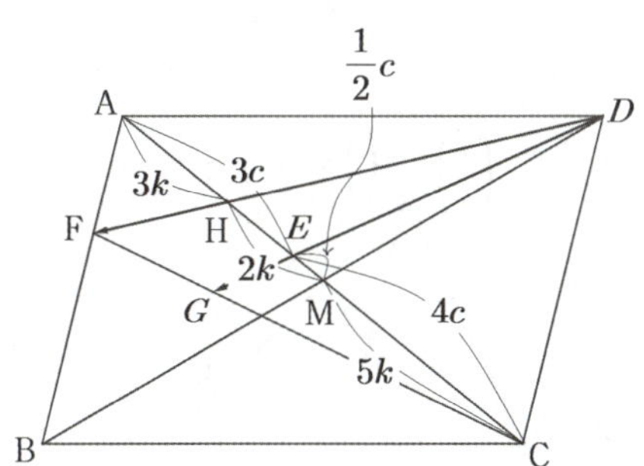

⑤ $\overline{AE}:\overline{EC}=3:4$이므로 $\overline{AE}=3c$, $\overline{EC}=4c$라 두면 $\overline{AC}=10k=7c$에서 $c=\dfrac{10}{7}k$

⑥ $\overline{HE}=\overline{HM}-\overline{EM}=2k-\dfrac{1}{2}c=2k-\dfrac{5}{7}k=\dfrac{9}{7}k$

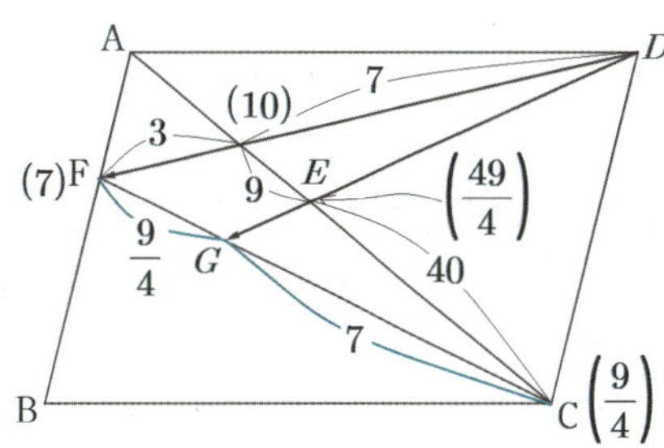

⑦ $\overline{HE}:\overline{EC}=\dfrac{9}{7}k:\dfrac{40}{7}k=9:10$이므로 H의 질량 $\left(\dfrac{10}{3}\right)$을 (10)으로 보면 F의 질량은 (7)이고 C의 질량은 $\left(\dfrac{9}{4}\right)$이다.

⑧ $\overline{FG}:\overline{GC}=\dfrac{9}{4}:7=9:28$이므로 $k=\dfrac{28}{9+28}=\dfrac{28}{37}$

지렛대 원리를 이용한 문제 해결(2)

[관련 문제]

그림과 같이 삼각형 ABC의 무게중심 G를 지나는 직선이 두 변 AB, AC와 만나는 점을 각각 P, Q라 하자. $5\overrightarrow{AP}=4\overrightarrow{AB}$일 때, $\overrightarrow{AQ}=k\overrightarrow{QC}$를 만족하는 상수 k에 대하여 $9k$의 값을 구하시오.

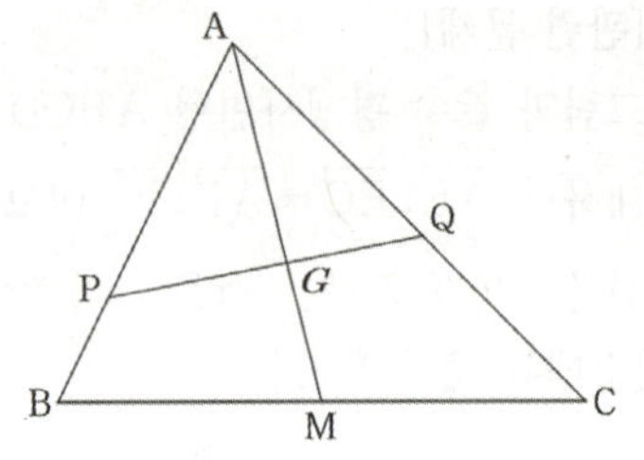

[랑데뷰제작] ⇨ 분할선이 삼각형의 꼭짓점을 지나지 않는 경우는 분할선과 만나는 삼각형의 두 변을 삼각형을 지탱하는 하나의 지렛대로 본다. 따라서 지렛대가 되는 두 변이 만나는 삼각형의 한 꼭짓점에서 각 변에서 그 꼭짓점에 발생한 질량의 합이 두 변을 하나의 지렛대로 볼 때의 그 꼭짓점의 질량이 된다.

랑데뷰 풀이 ⇨ 지렛대 원리를 이용

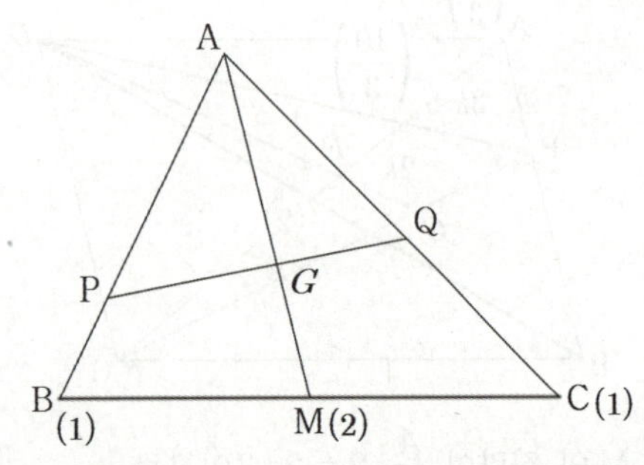

① $5\overrightarrow{AP}=4\overrightarrow{AB}$ ⇨ $|\overrightarrow{AP}|:|\overrightarrow{PB}|=4:1$

G가 무게중심이므로 $\overline{AM}$은 중선

⇨ $|\overrightarrow{BM}|:|\overrightarrow{CM}|=1:1$

② B, M, C의 질량이 차례로 (1), (2), (1)

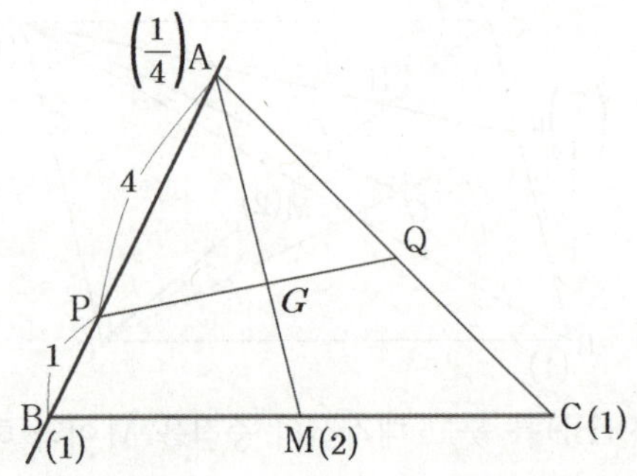

③ 분할선(직선 PQ)가 삼각형의 꼭짓점을 지나지 않으므로 지렛대가 선분 AB일 때의 각 점의 질량과 선분 AC일 때의 각점의 질량을 따로 구한다.

④ 선분 AB가 지렛대일 때는 점 B의 질량이 (1)이고 $\overline{AP}:\overline{PB}=4:1$이므로 A의 질량은 $\left(\dfrac{1}{4}\right)$

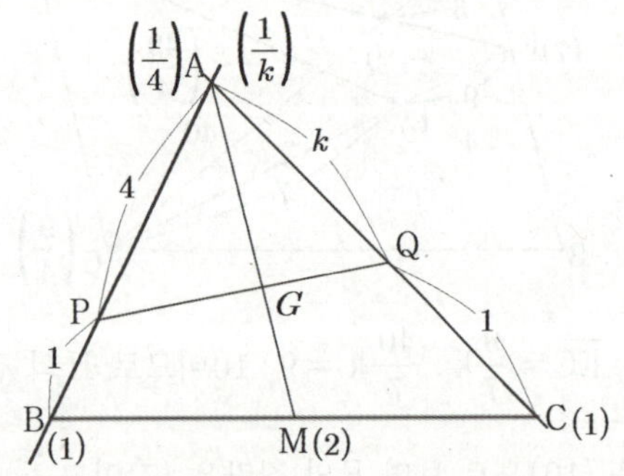

⑤ 선분 AC가 지렛대일 때는 점 C의 질량이 (1)이고 $\overline{AQ}:\overline{QC}=k:1$이므로 A의 질량은 $\left(\dfrac{1}{k}\right)$

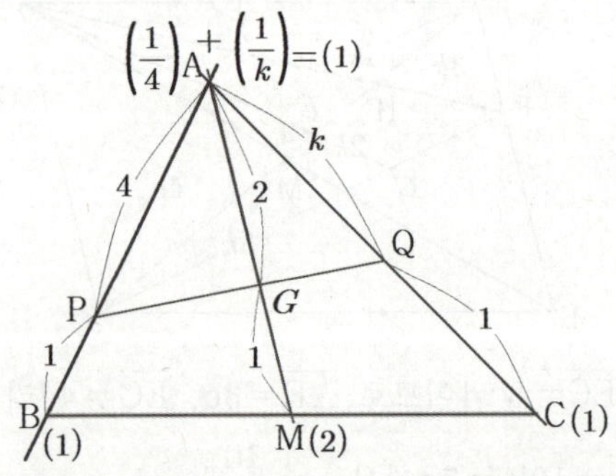

⑥ 선분 AM가 지렛대일 때는 점 M의 질량이 (2)이고 $\overline{AG}:\overline{GM}=2:1$이므로 A의 질량은 (1)

⑦ 선분 AM은 삼각형의 한 꼭짓점을 지나므로 삼각형을 지탱하는 지렛대의 질량이 된다.

⑧ $\dfrac{1}{4}+\dfrac{1}{k}=1$ ⇨ $k=\dfrac{4}{3}$

$\triangle$ABC의 내부에 있는 임의의 점 P에서 $l\overrightarrow{PA}+m\overrightarrow{PB}+n\overrightarrow{PC}=\vec{0}$일 때

$$\triangle \underset{\overrightarrow{PC}\text{ 계수}}{PAB} : \triangle \underset{\overrightarrow{PA}\text{ 계수}}{PBC} : \triangle \underset{\overrightarrow{PB}\text{ 계수}}{PCA} = n : l : m$$

$\triangle \underset{\overrightarrow{PC}\text{ 계수}}{PAB} \rightarrow \triangle PAB$ 를 $\triangle ABC$ 에서 P가 C 로 바뀌어 있으므로 $\overrightarrow{PC}$의 계수 n으로 본다는 뜻

[관련 문제]

좌표평면 위의 네 점 A, B, C, D에 대하여 다음 조건이 모두 성립할 때, $\triangle$ABD 의 넓이를 구하여라.

(가) $2\overrightarrow{AD}+3\overrightarrow{BD}+4\overrightarrow{CD}=\vec{0}$ 　　　　(나) $\triangle$ABC$=45$

일반 풀이

$2\overrightarrow{AD}+3\overrightarrow{BD}+4\overrightarrow{CD}=\vec{0}$ 에서

$4\overrightarrow{CD}=-2\overrightarrow{AD}-3\overrightarrow{BD}=2\overrightarrow{DA}+3\overrightarrow{DB}$

$\dfrac{4}{5}\overrightarrow{CD}=\dfrac{2\overrightarrow{DA}+3\overrightarrow{DB}}{5}$

이때, 선분 AB 를 3 : 2로 내분하는 점을

P 라 하면 $\overrightarrow{DP}=\dfrac{3\overrightarrow{DB}+2\overrightarrow{DA}}{5}$

이므로 $\dfrac{4}{5}\overrightarrow{CD}=\overrightarrow{DP}$

따라서 세 점 C, D,
P 는 한 직선 위에 있고
점 D 는 선분 CP 를
5 : 4로 내분하는
점이다.
즉, 오른쪽 그림에서

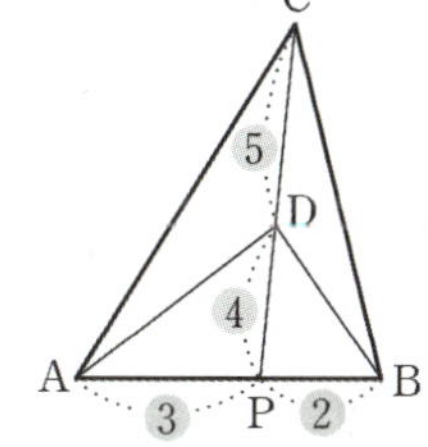

$\overrightarrow{CD} : \overrightarrow{DP} = 5 : 4$ 이므로

$\triangle ABD = \dfrac{4}{9}\triangle ABC = \dfrac{4}{9} \cdot 45 = 20$

랑데뷰 풀이

$2\overrightarrow{AD}+3\overrightarrow{BD}+4\overrightarrow{CD}=\vec{0}$에서

$\triangle DAB : \triangle DBC : \triangle DCA = 4 : 2 : 3$
이므로

$\triangle ABD = \dfrac{4}{4+2+3}\times\triangle ABC$

$\qquad = \dfrac{4}{9} \cdot 45 = 20$

설명

$l\overrightarrow{PA}+m\overrightarrow{PB}+n\overrightarrow{PC}=\vec{0}$ 을 변형하면

$\overrightarrow{PA}=-\dfrac{m+n}{l}\cdot\dfrac{m\overrightarrow{PB}+n\overrightarrow{PC}}{m+n}$ 이므로 선분 BC를 $n:m$ 으로

내분하는 점을 L 이라 할 때,

$\overrightarrow{PA}=-\dfrac{m+n}{l}\overrightarrow{PL}$ 이다.

즉, 두 벡터 $\overrightarrow{PA}, \overrightarrow{PL}$ 이
평행하게 되어 세 점 A, P, L
이 한직선 위에 있으므로 직선
AP는 선분 BC를 $n:m$으로
내분하게 된다.

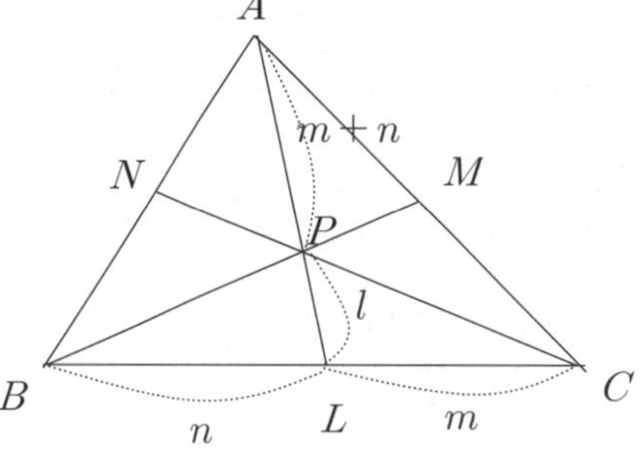

따라서 $\overline{BL} : \overline{LC} = n : m$

같은 방법으로 나머지 두 변에 대해서도 직선 BP, CP 가

선분 CA, AB 와 만나는 점을 각각 M, N 이라 하면

$\overline{CM} : \overline{MA} = l : n$, $\overline{AN} : \overline{NB} = m : l$

$\triangle ABC$ 의 넓이를 S라 하면 $\overline{BL} : \overline{LC} = n : m$에서

$\triangle ABL = \dfrac{n}{m+n}S$, $\triangle ACL = \dfrac{m}{m+n}S$

$\overrightarrow{PA}=-\dfrac{m+n}{l}\overrightarrow{PL}$ 에서 $\overline{PA} : \overline{PL} = m+n : l$ 이므로

$\triangle PAB : \triangle PBL = \triangle PAC : \triangle PCL = m+n : l$

$\therefore \triangle PAB = \dfrac{m+n}{l+(m+n)}\triangle ABL = \dfrac{n}{l+m+n}S$

$\therefore \triangle PAC = \dfrac{m+n}{l+(m+n)}\triangle ACL = \dfrac{m}{l+m+n}S$

$\therefore \triangle PBC = S-\triangle PAB-\triangle PAC = \dfrac{l}{l+m+n}S$ 이므로

$\triangle PAB : \triangle PBC : \triangle PCA$

$= \dfrac{n}{l+m+n}S : \dfrac{l}{l+m+n}S : \dfrac{m}{l+m+n}S = n : l : m$

정다각형의 무게중심에서 각 꼭짓점으로의 벡터들의 합은 $\vec{0}$이다.

증명1

정 n각형의 무게 중심을 O라 하고 각 꼭짓점을
$A_1, A_2, A_3, \cdots, A_n$이라 하면
$\overrightarrow{OA_1}, \overrightarrow{OA_2}, \overrightarrow{OA_3}, \cdots, \overrightarrow{OA_n}$ 이고

각 벡터가 이루는 각의 크기는 $\dfrac{2\pi}{n}$이다.

이때, $\overrightarrow{OA_1} + \overrightarrow{OA_2} + \overrightarrow{OA_3} + \cdots + \overrightarrow{OA_n} = \overrightarrow{OX}$,
$\overrightarrow{OX} \neq \vec{0}$라 하면 $X \neq O$이다.
각각의 꼭짓점 $A_1, A_2, A_3, \cdots, A_n, X$을 시계방향으로
$\dfrac{2\pi}{n}$씩 회전시킨 점을 각각
$B_1, B_2, B_3, \cdots, B_n,$
Y라 하면 $\overrightarrow{OB_1} + \overrightarrow{OB_2} + \overrightarrow{OB_3} + \cdots + \overrightarrow{OB_n} = \overrightarrow{OY}$
이다. 그런데 $B_1 = A_2, B_2 = A_3, \cdots, B_{n-1} = A_n,$
$B_n = A_1$이므로
$\overrightarrow{OB_1} + \overrightarrow{OB_2} + \overrightarrow{OB_3} + \cdots + \overrightarrow{OB_n}$
$= \overrightarrow{OA_2} + \overrightarrow{OA_3} + \cdots + \overrightarrow{OA_n} + \overrightarrow{OA_1}$
$\therefore \overrightarrow{OY} = \overrightarrow{OX}$

그런데 $\dfrac{2\pi}{n} \neq 2\pi$ ($\because n$은 3이상 자연수)

$Y \neq X$이므로 모순이다. 따라서 $\overrightarrow{OX} = \vec{0}$이다.

증명2

반지름의 길이가 r인 원에 내접하는 정 n각형의 무게
중심을 O라 하고 각 꼭짓점을 $A_1, A_2, A_3, \cdots, A_n$이라
하면 $\overrightarrow{OA_1}, \overrightarrow{OA_2}, \overrightarrow{OA_3}, \cdots, \overrightarrow{OA_n}$ 의 이웃한 두 벡터가

이루는 각의 크기는 $\dfrac{2\pi}{n}$이다. 이 정 n각형의 무게중심을

원점, A_1을 $(r, 0)$으로 옮기면 $\overrightarrow{OA_1} = r$

$\overrightarrow{OA_2} = r\left\{\cos\left(\dfrac{2\pi}{n}\right) + i\sin\left(\dfrac{2\pi}{n}\right)\right\}$

$\overrightarrow{OA_3} = r\left\{\cos\left(\dfrac{4\pi}{n}\right) + i\sin\left(\dfrac{4\pi}{n}\right)\right\}$

$$\vdots \qquad \vdots \qquad \vdots$$

$\overrightarrow{OA_n} = r\left\{\cos\left(\dfrac{2(n-1)\pi}{n}\right) + i\sin\left(\dfrac{2(n-1)\pi}{n}\right)\right\}$

여기서 $x^n = r$ 이란 방정식을 생각해 보면
위 복소수들은 $x^n = r$ 방정식의 n개의 근이며
x^{n-1}의 계수가 0이므로 근과 계수와의 관계에 의해
n개 근의 합은 0이 된다.
따라서 정다각형의 무게중심에서 각 꼭짓점으로의 벡터
합은 $\vec{0}$이다.

벡터의 꼬리 물기를 통한 그림 설명

① 정삼각형

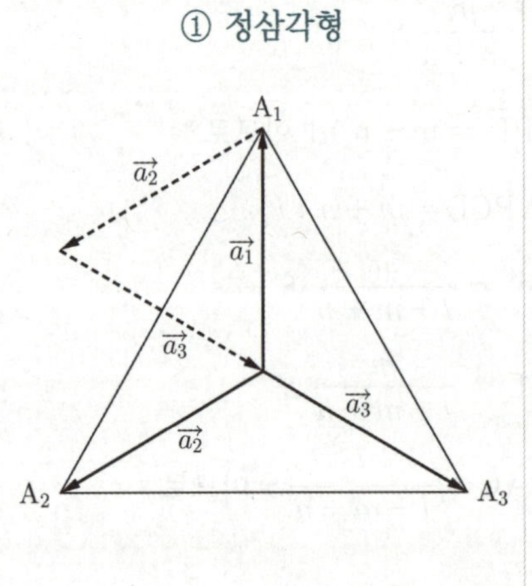

② 정사각형

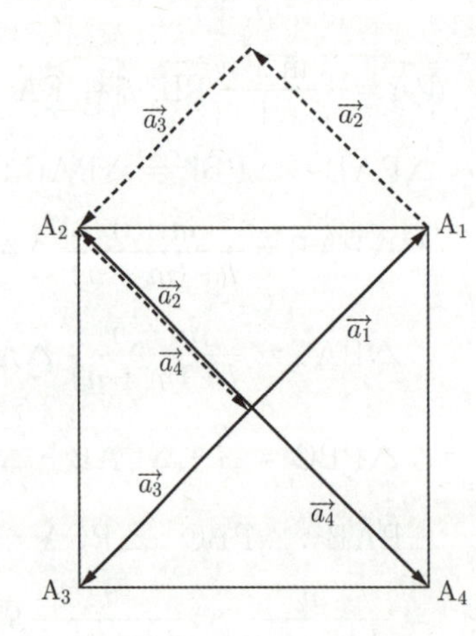

③ 정오각형

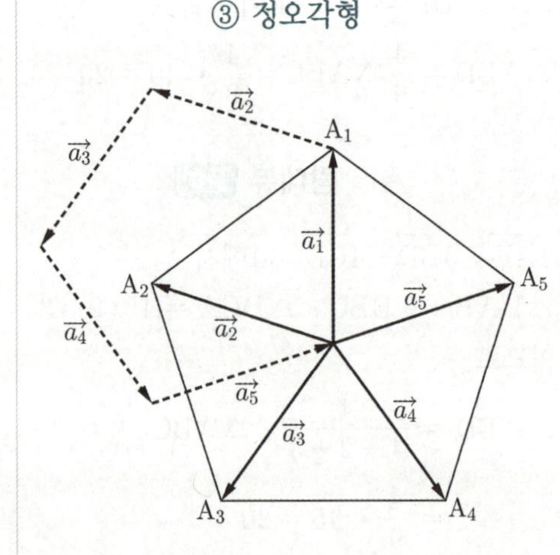

$$\vec{p} = f(t)\vec{a} + g(t)\vec{b} \text{ 에서 } \vec{p}'\text{의 의미}$$

고정 벡터인 $\vec{a}$와 $\vec{b}$를 상수로 보고 t에 관해 미분한 식

$$\vec{p}' = f'(t)\vec{a} + g'(t)\vec{b}\text{은 위치벡터 }\vec{p}\text{와 평행한 벡터를 나타낸다.}$$

⇨ $\vec{p}$가 직선이면 직선의 기울기, 곡선이면 접선의 기울기를 나타낸다.

---

(1) $\vec{p} = t\vec{a} + (1-t)\vec{b}$ ⇨ 여기서 $\vec{p}'$는 곡선 $\vec{p}$의 직선의 기울기를 나타낸다. ⇨$\vec{p}$는 $\vec{a}$또는 $\vec{b}$의 끝점을 지나며
$\vec{p}' = \vec{a} - \vec{b}$에 평행한 직선을 나타낸다.$[\vec{p}$는 $\vec{a}$와 $\vec{b}$의 양 끝점을 지나는 직선을 나타낸다.](t는 실수)

설명1 $\vec{a} = (1, 0)$, $\vec{b} = (0, 1)$라 두면 $t = 0$일 때 $\vec{p} = \vec{b}$이므로 $\vec{p}$는 점 $(0, 1)$를 지나고
$\vec{p}' = \vec{a} - \vec{b} = (1, -1)$이므로 $\vec{p}$는 벡터 $(1, -1)$와 평행한 직선이다. 즉, $\vec{p}$를 나타내는 직선의 방정식은
$y = -x + 1$이고 $\vec{a} = (1, 0)$과 $\vec{b} = (0, 1)$을 지남을 확인할 수 있다.

설명2 $\vec{a} = (a_1, a_2)$, $\vec{b} = (b_1, b_2)$라 두면 $t = 0$일 때 $\vec{p} = \vec{b}$이므로 $\vec{p}$는 점 (b_1, b_2)를 지나고
$\vec{p}' = \vec{a} - \vec{b} = (a_1 - b_1, a_2 - b_2)$이므로 $\vec{p}$는 벡터 $(a_1 - b_1, a_2 - b_2)$와 평행한 직선이다. 즉, $\vec{p}$를 나타내는 직선의
방정식은 $y = \dfrac{a_2 - b_2}{a_1 - b_1}(x - b_1) + b_2$이고 $\vec{a} = (a_1, a_2)$과 $\vec{b} = (b_1, b_2)$을 지남을 확인할 수 있다.

(2) $y = x^2 \, (0 \le x \le 1)$위의 점을 P라 할 때, 원점 O에 대하여 $\overrightarrow{OP} = \vec{p}$라 하자.
$\vec{a} = (1, 0)$, $\vec{b} = (0, 1)$일 때, $\vec{p} = t\vec{a} + t^2\vec{b}\,(0 \le t \le 1)$로 나타낼 수 있다.
여기서 $\vec{p}'$는 곡선 $\vec{p}$의 접선의 기울기를 나타낸다.

$y' = 2x$에서 $y'_{x = \frac{1}{4}} = 2 \times \dfrac{1}{4} = \dfrac{1}{2} \cdots ㉠$

고정된 벡터인 $\vec{a}$와 $\vec{b}$를 상수로 보고 벡터식의 양변을 미분하면 $(\vec{p})' = \vec{a} + 2t\vec{b}\,(0 \le t \le 1)$에서
$t = \dfrac{1}{4}$이면 $(\vec{p})' = \vec{a} + \dfrac{1}{2}\vec{b} = (1, 0) + \left(0, \dfrac{1}{2}\right) = \left(1, \dfrac{1}{2}\right) \cdots ㉡$

㉠, ㉡을 비교해 보면 벡터식의 미분식은 곡선의 접선의 기울기를 나타냄을 알 수 있다.

$x = t = \dfrac{1}{2}$를 비교해 봐도 $y'_{x = \frac{1}{2}} = 2 \times \dfrac{1}{2} = 1 ⇨ (\vec{p})' = \vec{a} + \vec{b} = (1, 0) + (0, 1) = (1, 1)$로 같은 기울기이다.

[관련문제]
좌표평면 위의 세 점 $O(0, 0)$, $A(3, 0)$, $B(0, 2)$ 에
대하여
$\overrightarrow{OP} = 3m\overrightarrow{OA} + 2n\overrightarrow{OB}$, $m + n = 1$, $m \geq 0$, $n \geq 0$ 을
만족하는 점 P 의 자취의 길이를 구하여라.

랑데뷰 풀이

$\vec{p} = 3m\vec{a} + (2 - 2m)\vec{b}$, 에서 $m = 0$, $n = 1$을 대입하면
$\overrightarrow{OP} = 2\overrightarrow{OB}$이므로 $\vec{p}$는 $(0, 4)$을 지난다.
$\vec{p}\,' = 3\vec{a} - 2\vec{b} = (9, -4)$

따라서 $\vec{p}$가 나타내는 도형은 $y = -\dfrac{4}{9}x + 4$의 일부이다.

$m + n = 1$, $m \geq 0$, $n \geq 0$ 이므로 $y = -\dfrac{4}{9}x + 4$의

제1사분면의 선분을 나타낸다. 따라서 $(9, 0)$, $(0, 4)$ 을
잇는 선분의 길이이므로 $\sqrt{9^2 + 4^2} = \sqrt{97}$

[랑데뷰 제작문제] 좌표평면에서 세 직선 l, m, n위의
임의의 점을 각각 P, Q, R이라 하자. 원점 O를
시점으로 하는 세 점 P, Q, R의 위치벡터 $\vec{p}$, $\vec{q}$, $\vec{r}$은
원점 O를 시점으로 하는 두 위치벡터 $\vec{a}$, $\vec{b}$와 세 실수 s,
t, u에 대하여 다음을 만족시킨다.
$$\vec{p} = (1 - s)\vec{a} + s\vec{b}, \quad \vec{q} = t(\vec{a} - 4\vec{b}) + 4\vec{b},$$
$$\vec{r} = u(\vec{b} - 3\vec{a}) + (1 - u)\vec{b}$$
두 벡터 $\vec{a}$, $\vec{b}$의 종점이 각각 A, B이고 삼각형 OAB의
넓이가 10일 때, 세 직선 l, m, n으로 둘러싸인 도형의
넓이를 S라 하자. $8S$의 값을 구하시오.

정답 60

▷ $\vec{q}$와 $\vec{r}$ 의 랑데뷰 해석
$\vec{q}\,' = \vec{a} + 4\vec{b}$이므로 $\vec{q}$는 $4\vec{b}$의 종점을 지나며 $\vec{a} + 4\vec{b}$에
평행한 직선 $\vec{r}\,' = -3\vec{a}$이므로 $\vec{r}$는 $\vec{b}$의 종점을 지나며
$\vec{a}$에 평행한 직선

두 직선이 이루는 각

두 평면 P, Q의 교선이 l이고 두 평면에 포함된
직선 m, n이 교선 l과 이루는 각의 크기를 α, β라 하고
두 평면이 이루는 각이 γ일 때, 두 직선 m, n이 이루는 각의 크기
θ에 대해 다음이 성립한다.

$$\cos\theta = \cos\alpha\cos\beta + \cos\gamma\sin\alpha\sin\beta$$

특히 $\gamma = 90\,^\circ$일 때, $\cos\theta = \cos\alpha\cos\beta$

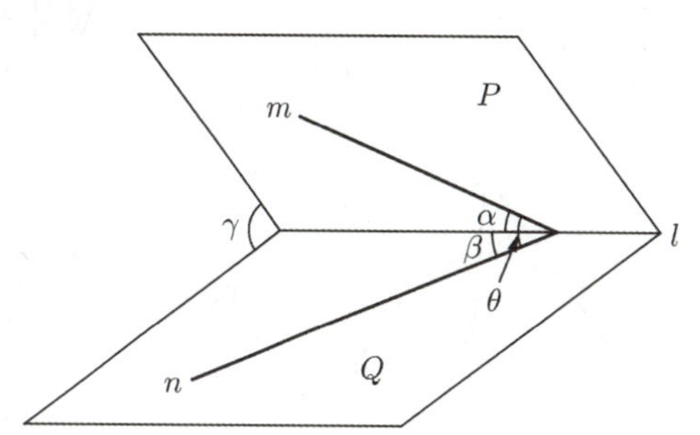

[관련 문제]

오른쪽 그림과 같이 서로 수직인 두 평면 α, β의 교선은 직선 l이고, 평면 α 위의 직선 m과 평면
β 위의 직선 n이 직선 l 위의 점 P에서 만난다. 두 직선 m, n이 직선 l과 이루는 각의 크기가
각각 $45\,^\circ$, $30\,^\circ$일 때, 두 직선 m, n이 이루는 각의 크기 θ에 대하여 $\cos\theta$의 값을 구하여라.

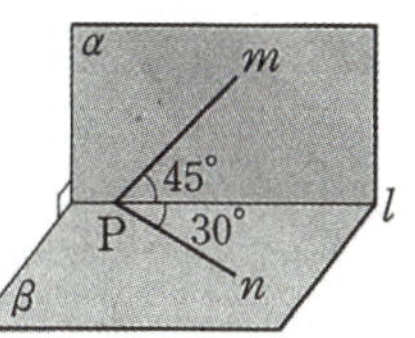

일반 풀이

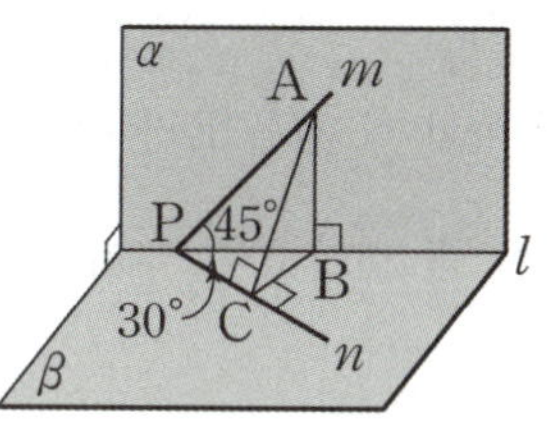

오른쪽 그림과 같이
직선 m 위의 한 점
A에서 두 직선 l, n에
내린 수선의 발을 각각
B, C라 하면
$\overline{AB} \perp \beta$, $\overline{AC} \perp n$이므로
삼수선 정리에 의하여 $\overline{BC} \perp n$

따라서 $\overline{PA} = a$라 하면 직각삼각형 APB에서

$$\overline{PB} = \overline{PA}\cos45\,^\circ = \frac{\sqrt{2}}{2}a \text{ 이므로}$$

직각삼각형 PBC에서

$$\overline{PC} = \overline{PB}\cos30\,^\circ = \frac{\sqrt{2}}{2}a \cdot \frac{\sqrt{3}}{2} = \frac{\sqrt{6}}{4}a$$

따라서 직각삼각형 APC에서 $\cos\theta = \dfrac{\sqrt{6}}{4}$

랑데뷰 풀이

두 평면이 이루는 각이 $90\,^\circ$이므로

$$\cos\theta = \cos45\,^\circ\cos30\,^\circ = \frac{\sqrt{2}}{2} \times \frac{\sqrt{3}}{2} = \frac{\sqrt{6}}{4}$$

설명 그림과 같이 직선 m 위의 임의의 점 B에서
교선 l에 내린 수선의 발을 H_1, 직선 n 위의
임의의 점 C에서 교선 l에 내린 수선의 발을
H_2라 하고 세 직선의 교점을 A라 하자.

$\overrightarrow{BH_1}$와 $\overrightarrow{CH_2}$가 이루는 각이 γ이므로

$$\overrightarrow{BH_1} \cdot \overrightarrow{CH_2} = |\overrightarrow{BH_1}||\overrightarrow{CH_2}|\cos\gamma \text{이다.}$$

한편, $\overrightarrow{BH_1} = \overrightarrow{BA} + \overrightarrow{AH_1}$,

$$\overrightarrow{CH_2} = \overrightarrow{CA} + \overrightarrow{AH_2}$$

$|\overrightarrow{BH_1}| = |\overrightarrow{BA}|\sin\alpha$, $|\overrightarrow{CH_2}| = |\overrightarrow{CA}|\sin\beta$이므로

$$(\overrightarrow{BA} + \overrightarrow{AH_1}) \cdot (\overrightarrow{CA} + \overrightarrow{AH_2}) = |\overrightarrow{BA}|\sin\alpha|\overrightarrow{CA}|\sin\beta\cos\gamma$$

$$= |\overrightarrow{BA}||\overrightarrow{CA}|\cos\gamma\sin\alpha\sin\beta$$

또한 $(\overrightarrow{BA} + \overrightarrow{AH_1}) \cdot (\overrightarrow{CA} + \overrightarrow{AH_2})$

$$= \overrightarrow{BA} \cdot \overrightarrow{CA} + \overrightarrow{BA} \cdot \overrightarrow{AH_2} + \overrightarrow{AH_1} \cdot \overrightarrow{CA} + \overrightarrow{AH_1} \cdot \overrightarrow{AH_2}$$

$$= \overrightarrow{AB} \cdot \overrightarrow{AC} - \overrightarrow{AB} \cdot \overrightarrow{AH_2} - \overrightarrow{AH_1} \cdot \overrightarrow{AC} + \overrightarrow{AH_1} \cdot \overrightarrow{AH_2}$$

$$= |\overrightarrow{AB}||\overrightarrow{AC}|\cos\theta - |\overrightarrow{AB}||\overrightarrow{AH_2}|\cos\alpha$$
$$\quad\quad\quad - |\overrightarrow{AH_1}||\overrightarrow{AC}|\cos\beta + |\overrightarrow{AH_1}||\overrightarrow{AH_2}|$$

$$= |\overrightarrow{AB}||\overrightarrow{AC}|\cos\theta - |\overrightarrow{AB}||\overrightarrow{AH_2}|\cos\alpha$$

$$(\because |\overrightarrow{AC}|\cos\beta = |\overrightarrow{AH_2}|)$$

$$= |\overrightarrow{AB}||\overrightarrow{AC}|\cos\theta - |\overrightarrow{AB}||\overrightarrow{AC}|\cos\beta\cos\alpha$$

따라서 $|\overrightarrow{BA}||\overrightarrow{CA}|\cos\gamma\sin\alpha\sin\beta$

$= |\overrightarrow{AB}||\overrightarrow{AC}|\cos\theta - |\overrightarrow{AB}||\overrightarrow{AC}|\cos\beta\cos\alpha$ 이므로

$|\overrightarrow{AB}||\overrightarrow{AC}|$로 양변을 나누면

$\cos\theta = \cos\alpha\cos\beta + \cos\gamma\sin\alpha\sin\beta$이다.

특히 $\gamma = 90\,^\circ$이면 $\cos\gamma = 0$이므로

$$\cos\theta = \cos\alpha\cos\beta$$

정사면체 각 꼭짓점을 좌표로 옮기기

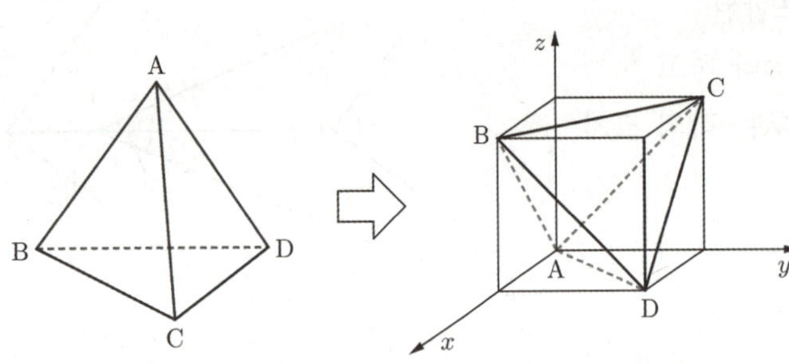

정육면체의 한 모서리의 길이가 1일 때 각 꼭짓점의 좌표를 두기가 간편하다. 이 때 생기는 정사면체는 한 모서리의 길이가 $\sqrt{2}$ 이므로 문제에서 한 모서리의 길이가 $\sqrt{2}$ 가 아닌 다른 수 a로 주어질 때는 우선 좌표를 쉽게 두기 위해 정사면체의 한 모서리의 길이를 $\sqrt{2}$ 로 설정한 뒤 문제를 푼 뒤 다시 일정한 수를 곱해

답을 정해여 한다. 일정한 수는 벡터의 크기일 때는 $\dfrac{a}{\sqrt{2}}$ 배이고 벡터의 내적일 때는 $\left(\dfrac{a}{\sqrt{2}}\right)^2$ 일 때이다. 예를 들어 한

모서리의 길이가 4인 정사면체에서 벡터의 길이를 묻는 문제는 $\dfrac{4}{\sqrt{2}}=2\sqrt{2}$ 배를 하고 벡터의 내적 문제는

$\left(\dfrac{4}{\sqrt{2}}\right)^2=8$배를 해야 한다. 그런데 아래 문제와 같이 각 θ에 문제는 편의상 좌표를 잡고 풀어도 답이 된다.

[관련 문제]

그림과 같이 정사면체 ABCD의 모서리 BC를 사등분하는 점 중 중점이 아닌 한 점을 E라 하고,

직선 AE와 평면 BCD가 이루는 각의 크기를 θ라 하자. $\cos\theta=\dfrac{\sqrt{k}}{39}$일 때, k의 값을 구하여라.

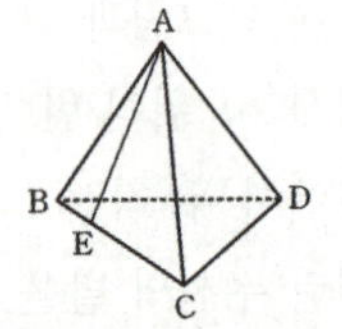

일반 풀이

정사면체의 한 모서리의 길이를 $4a$라 하고 모서리 BC의 중점을 M, 점 A에서 평면 BCD에 내린 수선의 발을 H라 하면 H는 선분 DM을 $2:1$로 내분하는 점이므로

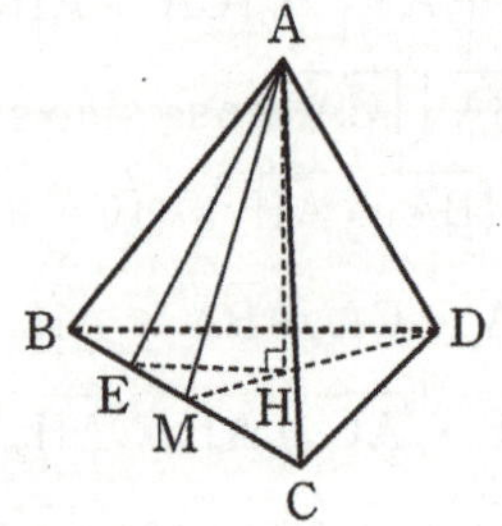

$$\overline{HM}=\frac{1}{3}\overline{DM}=\frac{1}{3}\times2\sqrt{3}\,a=\frac{2\sqrt{3}}{3}a$$

$$\therefore\ \overline{EH}=\sqrt{\overline{EM}^2+\overline{HM}^2}=\sqrt{a^2+\left(\frac{2\sqrt{3}}{3}a\right)^2}=\frac{\sqrt{21}}{3}a$$

$$\overline{AE}=\sqrt{\overline{EM}^2+\overline{AM}^2}=\sqrt{a^2+(2\sqrt{3}\,a)^2}=\sqrt{13}\,a$$

따라서 $\cos\theta=\dfrac{\overline{EH}}{\overline{AE}}=\dfrac{\frac{\sqrt{21}}{3}a}{\sqrt{13}\,a}=\dfrac{\sqrt{273}}{39}$ 이므로

$$k=273$$

랑데뷰 풀이

정사면체 ABCD의 각 꼭짓점을 편의상 $A(0,0,0),B(4,0,4),C(4,4,0),D(0,4,4)$로 옮기면 점 E는 모서리 BC 를 $1:3$으로 내분하는 점이므로 $E(4,1,3)$

또한 $\triangle BCD$의 무게중심은 $G\left(\dfrac{8}{3},\dfrac{8}{3},\dfrac{8}{3}\right)$

$\overrightarrow{AG}$는 평면 BCD의 법선벡터이므로 $\overrightarrow{AE}$와 $\overrightarrow{AG}$가 이루는 각을 α라 두면

$$\cos\alpha=\frac{\overrightarrow{AE}\cdot\overrightarrow{AG}}{|\overrightarrow{AE}||\overrightarrow{AG}|}=\frac{\frac{64}{3}}{\frac{8\sqrt{78}}{3}}=\frac{8}{\sqrt{78}}$$

$$\cos\theta=\cos\left(\frac{\pi}{2}-\alpha\right)=\sin\alpha=\sqrt{1-\cos^2\alpha}$$

$$=\sqrt{1-\frac{64}{78}}=\sqrt{\frac{14}{78}}=\frac{\sqrt{273}}{39}$$

3차원 공간의 두 점 A, B와 좌표축 위의 한 점 P에서

$\overline{AP}+\overline{BP}$의 최솟값은 식을 2차원 평면으로 옮겨서 해석한다.

$\rightarrow$ $A(a_1, a_2, a_3), B(b_1, b_2, b_3)$와 x축 위의 점 $P(x, 0, 0)$에서

$$\overline{AP}+\overline{BP} = \sqrt{(x-a_1)^2+a_2{}^2+a_3{}^2}+\sqrt{(x-b_1)^2+b_2{}^2+b_3{}^2}$$ 이고

$$a_2{}^2+a_3{}^2=p^2, \quad b_2{}^2+b_3{}^2=q^2$$라 두면

$$\overline{AP}+\overline{BP} = \sqrt{(x-a_1)^2+p^2}+\sqrt{(x-b_1)^2+q^2}$$ 이다.

이것은 $\underbrace{(a_1, p), (x, 0)}_{\sqrt{(x-a_1)^2+p^2}}$사이 거리와 $\underbrace{(x, 0), (b_1, q)}_{\sqrt{(x-b_1)^2+q^2}}$사이 거리의 합이다.

[관련 문제]

두 점 $A(1, -2, 3), B(2, 1, 3)$과 z축 위를 움직이는 점 P에 대하여 $\overline{AP}+\overline{BP}$의 최솟값을 구하여라.

일반 풀이

두 점 A, B의 x좌표가 모두 양수이므로 yz평면에 대하여 두 점 A, B는 같은 영역에 존재한다.

따라서 $\overline{AB}$는 z축과 만나지 않는다.

또한 두 점 A, B의 z좌표가 서로 같으므로 다음 그림과 같이 두 점 A, B에서 z축에 내린 수선의 발은 일치한다.

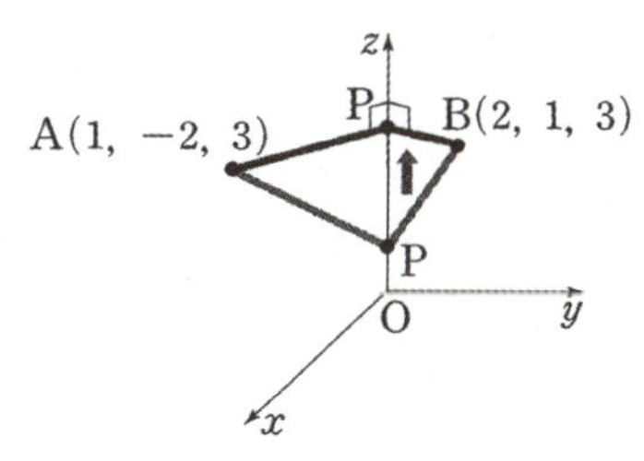

이때 두 점 A, B와 z축에 대하여 대칭인 점을 각각 A', B'이라 하면

$\overline{AB}, \overline{A'B}, \overline{AB'}$은 모두 z축과 만나지 않으므로 z축에 내린 수선의 발을 이용하여 $\overline{AP}+\overline{BP}$의 최솟값을 구한다.

즉 z축에 내린 수선의 발이 점 P일 때, $\overline{AP}, \overline{BP}$는 각각 최소이므로 $\overline{AP}+\overline{BP}$도 최소가 된다.

수선의 발인 점 P의 좌표는 $P(0, 0, 3)$이므로

$$\overline{AP}+\overline{BP} = \sqrt{1^2+(-2)^2}+\sqrt{2^2+1^2}=2\sqrt{5}$$

랑데뷰 풀이

$P(0, 0, x)$라고 하면

$$\overline{AP}+\overline{BP} = \sqrt{1+4+(x-3)^2}+\sqrt{4+1+(x-3)^2}$$
$$= \sqrt{(x-3)^2+5}+\sqrt{(x-3)^2+5}$$

$(3, \sqrt{5}), (x, 0), (3, -\sqrt{5})$ 사이 거리의 합을 나타내므로

$$\overline{AP}+\overline{BP} \geq \sqrt{(3-3)^2+\{\sqrt{5}-(-\sqrt{5})\}^2}=2\sqrt{5}$$

세 모서리의 길이가 a, b, c인 직육면체의 대각선에 수직인 평면으로의 직육면체의 정사영

$$넓이 = \frac{3abc}{\sqrt{a^2 + b^2 + c^2}}$$

[관련 문제]

공중에 한 모서리의 길이가 1인 정육면체 $ABCD - A'B'C'D'$이 있다. 직선 AC'에 평행한 빛에 의하여 이 빛과 수직인 평면에 정육면체의 그림자가 생겼다. 그림자의 넓이를 구하여라.

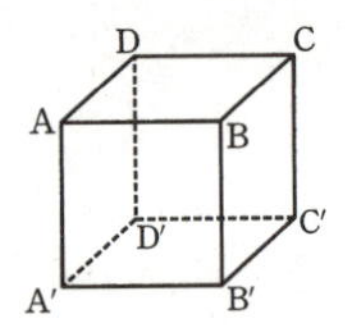

일반 풀이

사각형 $ABCD$, $AA'B'B$, $AA'D'D$의 그림자의 넓이의 합을 구하면 된다. 그림자가 생기는 면을 α라고 하자.

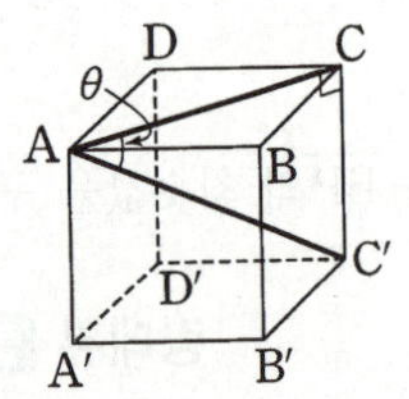

직선 AC'이 α에 수직이므로 $\angle CAC' = \theta$라고 하면 평면 $ABCD$와 평면 α가 이루는 각의 크기는 $90° - \theta$이다.

이때
$$\cos(90° - \theta) = \sin\theta$$
$$= \frac{\overline{CC'}}{\overline{AC'}} = \frac{1}{\sqrt{3}}$$

따라서 $\square ABCD$의 그림자의 넓이는

$$\square ABCD \times \frac{1}{\sqrt{3}} = \frac{1}{\sqrt{3}}$$

같은 방법으로 하면 사각형 $AA'B'B$, $AA'D'D$의 그림자의 넓이는

모두 $\dfrac{1}{\sqrt{3}}$이므로 구하는 그림자의 넓이

는 $3 \times \dfrac{1}{\sqrt{3}} = \sqrt{3}$

랑데뷰 풀이

위 공식의 $a = b = c = 1$인 경우이므로

정사영의 넓이는 $\dfrac{3 \times 1 \times 1 \times 1}{\sqrt{1^2 + 1^2 + 1^2}} = \sqrt{3}$

랑데뷰 설명

그림과 같이 모서리의 길이가 a, b, c인 직육면체 $ABCD - EFGH$를 대각선 $\overline{AG}$가 평면 α에 수직이 될 때 직육면체의 α 위로의 정사영은 육각형 $E'F'B'C'D'H'$이다. (면 $EFGH \Rightarrow E'F'G'H'$, $BFGC \Rightarrow F'B'C'G'$, $CDHG \Rightarrow C'D'H'G'$가 된다.)

이때 두 평면의 이루는 각은 두 평면의 법선벡터가 이루는 각과 같으므로 평면 α와 직육면체의 $EFGH$가 이루는 각의 $\cos$값은 α의 법선 벡터 $\overrightarrow{GA}$와 면 $EFGH$의 법선벡터 $\overrightarrow{GC}$의 코사인 값이므로

$$E'F'G'H' = EFGH \times \frac{\overrightarrow{GC}}{\overrightarrow{GA}} = ab \times \frac{c}{\sqrt{a^2 + b^2 + c^2}}$$

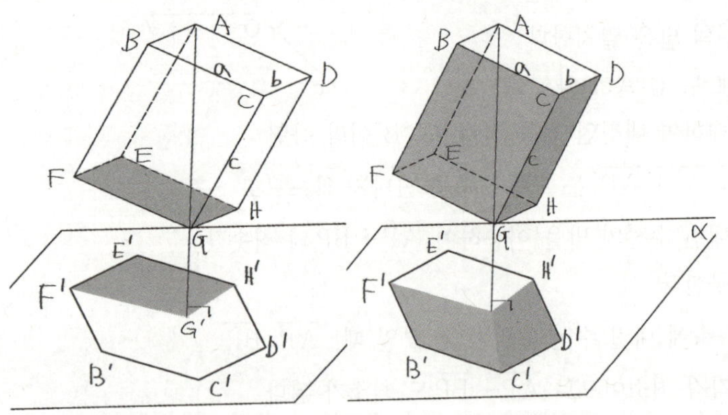

같은 방법으로, $F'B'C'G' = ac \times \dfrac{b}{\sqrt{a^2 + b^2 + c^2}}$

$C'D'H'G' = bc \times \dfrac{a}{\sqrt{a^2 + b^2 + c^2}}$

따라서 육각형 $E'F'B'C'D'H' = \dfrac{3abc}{\sqrt{a^2 + b^2 + c^2}}$

다음 그림과 같이 세 모서리 가로 세로 높이의 길이가 각각 a, b, c인 직육면체 $ABCD-EFGH$에서 꼬인 위치의 $\overline{BD}$와 $\overline{AG}$사이 거리 $\overline{PQ}$는

$$\dfrac{1}{\sqrt{\dfrac{1}{a^2}+\dfrac{1}{b^2}+\dfrac{4}{c^2}}}$$ 이다. (높이가 c이다.)

특히, 한 모서리 길이가 a인 정육면체에서는 $\dfrac{1}{\sqrt{\dfrac{1}{a^2}+\dfrac{1}{a^2}+\dfrac{4}{a^2}}}=\dfrac{a}{\sqrt{6}}$

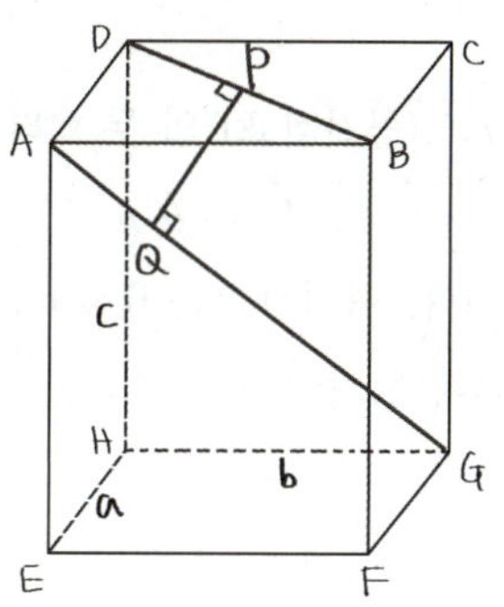

[관련 문제]

오른쪽 그림과 같이 한 모서리의 길이가 6인 정육면체에서 점 P, Q는 각각 $\overline{BD}$, $\overline{AG}$ 위에 있고, $\overline{PQ}$는 $\overline{BD}$, $\overline{AG}$에 동시에 수직이다. 이때 $\overline{PQ}$의 길이를 구하여라.

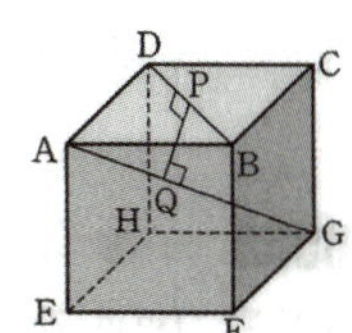

일반 풀이

$\overline{DQ}=\overline{BQ}$이고 $\overline{DB}\perp\overline{PQ}$이므로 이등변삼각형의 성질에 의하여 점 P는 선분 BD의 중점이고 동시에 선분 AC의 중점이다.

즉, $\overline{AC}=6\sqrt{2}$이므로 $\overline{AP}=\dfrac{1}{2}\overline{AC}=3\sqrt{2}$

또, 점 P에서 $\overline{AG}$에 내린 수선의 발인 점 Q에 대하여

$\angle CAG=\theta$라고 하면 $\overline{AG}=6\sqrt{3}$이므로

$$\sin\theta=\dfrac{\overline{CG}}{\overline{AG}}=\dfrac{6}{6\sqrt{3}}=\dfrac{1}{\sqrt{3}}$$

따라서 $\triangle APQ$에서

$$\overline{PQ}=\overline{AP}\sin\theta=3\sqrt{2}\cdot\dfrac{1}{\sqrt{3}}=\sqrt{6}$$

랑데뷰 풀이

$a=6$인 정육면체이므로 $\dfrac{6}{\sqrt{6}}=\sqrt{6}$

설명 직육면체의 꼭짓점 H를 원점, $\overline{HE}$, $\overline{HG}$, $\overline{HD}$를 각각 x, y, z축으로 하는 좌표공간에서 $\overline{AG}$을 포함하고 $\overline{BD}$에 평행한 평면 AD′H′G을 생각하자.

($\overline{BD}/\!/\overline{AD'}$), 직관적으로 평면 AD′H′G 의 x, y, z절편은 $-a, b, \dfrac{c}{2}$임을 알 수 있다.

따라서 평면 AD′H′G의 방정식은

$$\dfrac{x}{-a}+\dfrac{y}{b}+\dfrac{z}{\dfrac{c}{2}}=1$$ 이다.

따라서 두 꼬인 대각선의 길이 $\overline{PQ}$는 꼭짓점 $D(0, 0, c)$에서 평면 AD′H′G까지 거리 $\overline{DQ'}$와 같으므로

$$\overline{DQ'}=\dfrac{|-2+1|}{\sqrt{\dfrac{1}{a^2}+\dfrac{1}{b^2}+\dfrac{4}{c^2}}}=\dfrac{1}{\sqrt{\dfrac{1}{a^2}+\dfrac{1}{b^2}+\dfrac{4}{c^2}}}=\overline{PQ}$$

⇨ 평면 AD′H′G의 방정식을 직접 구해보면 다음과 같다. 계산 편의상 벡터 외적을 이용하자.(랑데뷰세미나 외적 참조)

$A(a, 0, c)$, $D'(0, -b, c)$, $G(0, b, 0)$에서

$$\overrightarrow{AD'}=(-a, -b, 0), \quad \overrightarrow{AG}=(-a, b, -c)$$

$$\overrightarrow{AD'}\times\overrightarrow{AG}=\begin{vmatrix}-a & -b & 0 & -a & -b\\ -a & b & -c & -a & b\end{vmatrix}=(bc, -ac, -2ab)$$

이므로 평면 AD′H′G의 방정식은 $bcx-acy-2abz+d=0$꼴이고 $A(a, 0, c)$를 지나므로 대입하면 $d=abc$이다.

따라서 $bcx-acy-2abz+abc=0$이고 $\div abc$을 하면

$$\therefore \dfrac{x}{a}-\dfrac{y}{b}-\dfrac{2z}{c}+1=0 \Rightarrow \dfrac{x}{-a}+\dfrac{y}{b}+\dfrac{z}{\dfrac{c}{2}}=1$$

벡터의 외적

정의 : R^3 (공간좌표) 의 두 벡터 $\vec{a}$, $\vec{b}$ 의 외적은

$$\vec{a} \times \vec{b} = |\vec{a}||\vec{b}| \sin\theta \, n$$

인 벡터이다. 여기서 θ는 $0 \le \theta \le \pi$ 인 두 벡터의 사이각이고,

n은 오른쪽 법칙에 의해 주어진 방향을 갖는 $\vec{a}$, $\vec{b}$ 에 의해 생성된

평면에 수직인 단위벡터이다.

성분벡터의 외적에 대한 계산은 다음과 같다.

$\vec{a} = (a_1, a_2, a_3)$, $\vec{b} = (b_1, b_2, b_3)$ 에서 $\vec{a} \times \vec{b} = (a_2 b_3 - a_3 b_2,\ a_3 b_1 - a_1 b_3,\ a_1 b_2 - a_2 b_1)$

복잡하므로 사선식으로 변형해 보자. 성분을 나열할 때 x성분과 y성분은 한번씩 더 나열한다.

$$\begin{vmatrix} a_1 & a_2 & a_3 & a_1 & a_2 \\ b_1 & b_2 & b_3 & b_1 & b_2 \end{vmatrix}$$

$$\underbrace{a_2 b_3 - a_3 b_2}_{x성분} \quad \underbrace{a_3 b_1 - a_1 b_3}_{y성분} \quad \underbrace{a_1 b_2 - a_2 b_1}_{z성분}$$

외적은 교과과정이 아니지만 정의를 살펴보면 $|\vec{a}||\vec{b}|\sin\theta$ 란 표현을 발견할 수 있다. 이것은 평행사변형의 넓이를

뜻한다. 다시 말해 공간상에 세 점 A, B, C을 알 때 삼각형 ABC의 넓이는 외적을 이용하여 구할 수 있다. 평행사변형

넓이의 반이 삼각형 넓이이기 때문이다. $S = \dfrac{1}{2} |\overrightarrow{AB} \times \overrightarrow{AC}|$

[관련 문제]

좌표공간의 세 점 $\mathrm{A}(2,\ -3,\ -1)$, $\mathrm{B}(-1,\ 2,\ 2)$, $\mathrm{C}(2,\ 3,\ 3)$ 에 대하여 $\triangle \mathrm{ABC}$ 의 넓이를 구하여라.

일반 풀이

$\angle \mathrm{BAC} = \theta$ 라 하면

$$\sin\theta = \sqrt{1 - \cos^2\theta} = \sqrt{1 - \left(\frac{\overrightarrow{AB} \cdot \overrightarrow{AC}}{|\overrightarrow{AB}||\overrightarrow{AC}|}\right)^2}$$

$$= \frac{\sqrt{|\overrightarrow{AB}|^2 \cdot |\overrightarrow{AC}|^2 - (\overrightarrow{AB} \cdot \overrightarrow{AC})^2}}{|\overrightarrow{AB}||\overrightarrow{AC}|}$$

$$\therefore \triangle \mathrm{ABC} = \frac{1}{2} |\overrightarrow{AB}||\overrightarrow{AC}| \sin\theta$$

$$= \frac{1}{2} |\overrightarrow{AB}||\overrightarrow{AC}| \times \frac{\sqrt{|\overrightarrow{AB}|^2 \cdot |\overrightarrow{AC}|^2 - (\overrightarrow{AB} \cdot \overrightarrow{AC})^2}}{|\overrightarrow{AB}||\overrightarrow{AC}|}$$

$$= \frac{1}{2} \sqrt{|\overrightarrow{AB}|^2 \cdot |\overrightarrow{AC}|^2 - (\overrightarrow{AB} \cdot \overrightarrow{AC})^2}$$

한편, $\overrightarrow{AB} = (-3,\ 5,\ 3)$, $\overrightarrow{AC} = (0,\ 6,\ 4)$ 에서

$|\overrightarrow{AB}| = \sqrt{43}$, $|\overrightarrow{AC}| = 2\sqrt{13}$, $\overrightarrow{AB} \cdot \overrightarrow{AC} = 42$

이므로

$$\triangle \mathrm{ABC} = \frac{1}{2} \sqrt{43 \cdot 52 - 42^2} = \sqrt{118}$$

랑데뷰 풀이

외적을 이용하기 위해 두 벡터를 만든다.

$$\overrightarrow{AB} = \overrightarrow{OB} - \overrightarrow{OA} = (-3, 5, 3)$$

$$\overrightarrow{AC} = \overrightarrow{OC} - \overrightarrow{OA} = (0, 6, 4)$$

$$\overrightarrow{AB} \times \overrightarrow{AC} = \begin{vmatrix} -3 & 5 & 3 & -3 & 5 \\ 0 & 6 & 4 & 0 & 6 \end{vmatrix} = (2, 12, -18)$$

이므로

$$\triangle \mathrm{ABC} = \frac{1}{2} \sqrt{2^2 + 12^2 + (-18)^2} = \sqrt{118}$$

꼬인 위치의 두 직선 사이의 거리를 코시-슈바르츠 부등식을 이용하여 구하는 방법

⇨ 랑데뷰 `풀이` 참고

[관련 문제]

꼬인 위치에 있는 두 직선 $l : x-1 = 1-y = 1-z$, $m : \dfrac{x-1}{2} = y+1 = z-3$ 사이의 최단 거리를 구하여라.

일반 `풀이`

$x-1 = 1-y = 1-z = t$ (t 는 실수)로 놓으면

$x = t+1$, $y = 1-t$, $z = 1-t$

$\dfrac{x-1}{2} = y+1 = z-3 = s$ (s 는 실수)로 놓으면

$x = 2s+1$, $y = s-1$, $z = s+3$

두 직선 l , m 위의 점을 각각 A , B 라 하면

$\mathrm{A}(t+1, \ 1-t, \ 1-t)$, $\mathrm{B}(2s+1, \ s-1, \ s+3)$ 이라

할 수 있으므로 $\overrightarrow{\mathrm{AB}} = (2s-t, \ s+t-2, \ s+t+2)$

두 직선 l , m 의 방향벡터를 각각 $\overrightarrow{u_l}$, $\overrightarrow{u_m}$ 이라 하면

$\overrightarrow{u_l} = (1, \ -1, \ -1)$, $\overrightarrow{u_m} = (2, \ 1, \ 1)$

이때, $\overrightarrow{\mathrm{AB}}$ 가 최단 거리이려면 $\overrightarrow{\mathrm{AB}} \perp \overrightarrow{u_l}$,

$\overrightarrow{\mathrm{AB}} \perp \overrightarrow{u_m}$ 이어야 한다. $\overrightarrow{\mathrm{AB}} \cdot \overrightarrow{u_l} = 0$ 에서

$(2s-t, \ s+t-2, \ s+t+2) \cdot (1, \ -1, \ -1) = 0$

$(2s-t) - (s+t-2) - (s+t+2) = 0$

$-3t = 0 \quad \therefore \ t = 0 \ \therefore \ \mathrm{A}(1, \ 1, \ 1)$

$\overrightarrow{\mathrm{AB}} \cdot \overrightarrow{u_m} = 0$ 에서

$(2s-t, \ s+t-2, \ s+t+2) \cdot (2, \ 1, \ 1) = 0$

$2(2s-t) + (s+t-2) + (s+t+2) = 0$

$6s = 0 \quad \therefore \ s = 0 \ \therefore \ \mathrm{B}(1, \ -1, \ 3)$

따라서 두 직선 사이의 최단 거리는

$\overrightarrow{\mathrm{AB}} = \sqrt{(1-1)^2 + (1+1)^2 + (1-3)^2} = 2\sqrt{2}$

랑데뷰 `풀이`

두 직선 l , m 위의 점을 각각 A , B 라 하면

$\mathrm{A}(t+1, \ 1-t, \ 1-t)$, $\mathrm{B}(2s+1, \ s-1, \ s+3)$

이라 할 수 있으므로

$\overline{\mathrm{AB}} = \sqrt{(t-2s)^2 + (2-t-s)^2 + (2+t+s)^2}$

코시-슈바르츠 부등식에서

$(a^2+b^2+c^2)\{(t-2s)^2 + (2-t-s)^2 + (2+t+s)^2\}$
$$\geq \{a(t-2s) + b(2-t-s) + c(2+t+s)\}^2$$

여기서

$a(t-2s) + b(2-t-s) + c(2+t+s)$

$= (a-b+c)t + (-2a-b+c)s + 2b+2c$

이므로 t, s 의 계수들을 0으로 만드는 a, b, c 의 관계를 파악해 보면

$\begin{cases} a-b+c = 0 \\ -2a-b+c = 0 \end{cases}$ 에서 $a = 0, b = c$ 이다.

적당히 $b = c = 1$ 로 두면

$(0^2 + 1^2 + 1^2)\{(t-2s)^2 + (2-t-s)^2 + (2+t+s)^2\}$
$$\geq (2+2)^2$$

따라서

$(t-2s)^2 + (2-t-s)^2 + (2+t+s)^2 \geq 8$

$\overline{\mathrm{AB}} = \sqrt{(t-2s)^2 + (2-t-s)^2 + (2+t+s)^2}$
$$\geq 2\sqrt{2}$$

공간에서 벡터의 외적을 이용한 거리를 구하는 방법

$\vec{a} = (a_1, a_2, a_3)$, $\vec{b} = (b_1, b_2, b_3)$ 에서 $\vec{a} \times \vec{b} = (a_2 b_3 - a_3 b_2,\ a_3 b_1 - a_1 b_3,\ a_1 b_2 - a_2 b_1)$

복잡하므로 사선식으로 변형해 보자. 성분을 나열할 때 x성분과 y성분은 한 번씩 더 나열한다.

$$\begin{vmatrix} a_1 & a_2 & a_3 & a_1 & a_2 \\ b_1 & b_2 & b_3 & b_1 & b_2 \end{vmatrix}$$

$$\underbrace{a_2 b_3 - a_3 b_2}_{x성분} \quad \underbrace{a_3 b_1 - a_1 b_3}_{y성분} \quad \underbrace{a_1 b_2 - a_2 b_1}_{z성분}$$

---

① 점과 직선사이 거리

설명

오른쪽 그림에서 점 Q와 직선 l사이 거리를 구해보자. 점 Q에서 직선 l에 내린 수선의 발을 H라 하면 점과 직선사이 거리는 $\overline{QH}$ 이다. 직선 l의 방향벡터를 $\vec{u}$라고 하면 벡터 외적의 정의에서 $|\overrightarrow{PQ} \times \vec{u}| = |\overrightarrow{PQ}||\vec{u}|\sin\theta$ 이 성립한다.

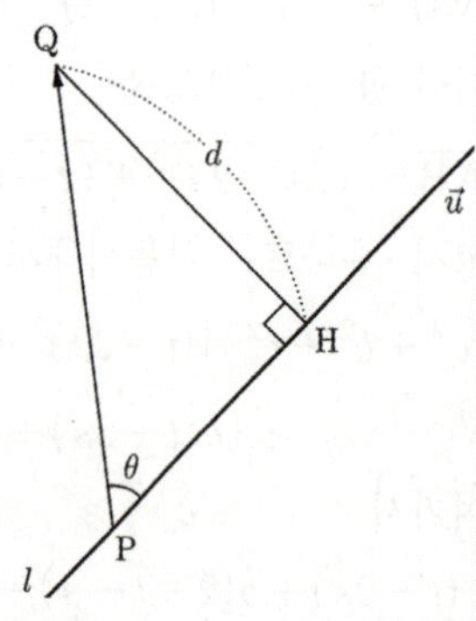

여기서 $|\overrightarrow{PQ}|\sin\theta = d$이므로 $|\overrightarrow{PQ} \times \vec{u}| = d|\vec{u}|$이다. 따라서 양변을 $|\vec{u}|$로 나누면

$$\therefore d = \frac{|\overrightarrow{PQ} \times \vec{u}|}{|\vec{u}|}$$

[관련문제]

$Q(3, -1, 3)$, $l : 3(x-6) = 2(y-7) = 3(z-5)$일 때 점 Q와 직선 l사이 거리를 구하여라.

풀이

직선 l에서 $P(6, 7, 5)$, $\vec{u} = (2, 3, 2)$이다.

$\overrightarrow{PQ} = (-3, -8, -2)$이므로

$\overrightarrow{PQ} \times \vec{u} = (-10, 2, 7)$

$$d = \frac{|\overrightarrow{PQ} \times \vec{u}|}{|\vec{u}|} = \frac{\sqrt{100+4+49}}{\sqrt{4+9+4}} = \frac{\sqrt{153}}{\sqrt{17}} = 3$$

---

② 꼬인 직선사이 거리

설명

오른쪽 그림에서 꼬인 위치에 있는 두 직선 l, m의 거리 d를 구해보자. 두 직선의 방향벡터 $\vec{u_1}$, $\vec{u_2}$에 수직인 벡터를 $\vec{n}$라 하면 $\vec{n} = \vec{u_1} \times \vec{u_2}$ 이다. 이 때, $\overrightarrow{PQ} \cdot \vec{n} = |\overrightarrow{PQ}||\vec{n}|\cos\theta$이다. 여기서 $|\overrightarrow{PQ}|\cos\theta = d$이므로 $\overrightarrow{PQ} \cdot \vec{n} = d|\vec{n}|$ 이다. 따라서 양변을 $|\vec{n}|$으로 나누면

$$\therefore d = \frac{\overrightarrow{PQ} \cdot \vec{n}}{|\vec{n}|}$$

[관련문제]

꼬인 위치에 있는 두 직선

$$l : x-1 = 1-y = 1-z \ , m : \frac{x-1}{2} = y+1 = z-3$$

사이의 최단 거리를 구하여라.

풀이

직선 l에서 $P(1, 1, 1)$, $\vec{u_1} = (1, -1, -1)$

직선 m에서 $Q(1, -1, 3)$, $\vec{u_2} = (2, 1, 1)$

$\vec{n} = \vec{u_1} \times \vec{u_2} = (0, -3, 3)$이고

$\overrightarrow{PQ} = (0, -2, 2)$이므로

$$d = \frac{\overrightarrow{PQ} \cdot \vec{n}}{|\vec{n}|} = \frac{0+6+6}{\sqrt{9+9}} = 2\sqrt{2}$$

직선을 포함하는 평면의 방정식

직선의 방정식 $\dfrac{x-x_1}{l}=\dfrac{y-y_1}{m}=\dfrac{z-z_1}{n}$ 을 연립방정식 형태의 두 식으로 분리하면

$\dfrac{x-x_1}{l}=\dfrac{y-y_1}{m}$, $\dfrac{y-y_1}{m}=\dfrac{z-z_1}{n}$ 이고 두 식을 모두 만족하는 한 개의 일차방정식(k에 대한 항등식)으로

나타내면 그것이 직선을 포함하는 평면의 방정식이다.

즉, $(mx-ly-mx_1+ly_1)+k(ny-mz-ny_1+mz_1)=0$이다.

[관련 문제]

직선 $x=y-2=\dfrac{z+4}{3}$ 를 포함하고, 점 $(1,\ 0,\ -2)$ 지나는 평면의 방정식을 구하여라.

일반 풀이

법선벡터가 $\vec{n}=(a,\ b,\ c)$ 이고, 점 $(1,\ 0,\ -2)$를 지나는 평면의 방정식은

$$a(x-1)+by+c(z+2)=0 \quad \cdots \bigcirc$$

직선 $x=y-2=\dfrac{z+4}{3}=t$ (t는 실수)로 놓으면

$$x=t,\ y=t+2,\ z=3t-4 \quad \cdots \bigcirc$$

직선 $\bigcirc$은 평면 $\bigcirc$ 위에 있으므로 $\bigcirc$을 $\bigcirc$에 대입하면

$$a(t-1)+b(t+2)+c(3t-2)=0$$
$$\therefore\ (a+b+3c)t-(a-2b+2c)=0$$

위의 식은 임의의 실수 t에 대하여 성립하므로

$$a+b+3c=0,\ a-2b+2c=0$$
$$\therefore\ a=-\frac{8}{3}c,\ b=-\frac{1}{3}c \quad \cdots \bigcirc$$

$\bigcirc$을 $\bigcirc$에 대입하면

$$-\frac{8}{3}c(x-1)-\frac{1}{3}cy+c(z+2)=0$$
$$8(x-1)+y-3(z+2)=0\ (\because\ c\neq 0)$$
$$\therefore\ 8x+y-3z-14=0$$

직선의 방정식이 연립방정식으로 나타날 때 :

예를 들어 두 점 $A(2-\sqrt{2},0,0)$, $B(2,-\sqrt{2},0)$을 지나는 직선의 방정식은 $\dfrac{x-2}{-\sqrt{2}}=\dfrac{y+\sqrt{2}}{\sqrt{2}}$, $z=0$이다.

따라서 $x+y-2+\sqrt{2}=0$, $z=0$에서 직선 AB를 품는 평면의 방정식 $\Rightarrow (x+y-2+\sqrt{2})+kz=0$

랑데뷰 풀이

$x=y-2=\dfrac{z+4}{3}$ 의 식을 분리하면

$x-y+2=0$, $3y-z-10=0$이므로 직선을 포함하는 평면의 방정식은

$k(x-y+2)+(3y-z-10)=0$ 이다.

이 식에 $(1,\ 0,\ -2)$을 대입하면

$$3k-8=0 \quad \therefore\ k=\frac{8}{3}$$

대입하고 정리하면 $\therefore\ 8x+y-3z-14=0$

설명

$\dfrac{x-x_1}{l}=\dfrac{y-y_1}{m}=\dfrac{z-z_1}{n}$ 이 나타내는 직선은

두 방정식

$$\dfrac{x-x_1}{l}=\dfrac{y-y_1}{m}\ \cdots ①,\quad \dfrac{y-y_1}{m}=\dfrac{z-z_1}{n}\cdots ②$$

를 만족하는 점 $(x,\ y,\ z)$의 집합이라고 생각할 수 있다.

그런데 ①, ②를 각각 정리하면

$$mx-ly-mx_1+ly_1=0 \quad \cdots ①'$$
$$ny-mz-ny_1+mz_1=0 \quad \cdots ②'$$

이므로 $\dfrac{x-x_1}{l}=\dfrac{y-y_1}{m}=\dfrac{z-z_1}{n}$ 은

두 평면 $①'$, $②'$의 교선이라는 것을 알 수 있다.

따라서 직선을 포함하는 평면은

$$(mx-ly-mx_1+ly_1)+$$
$$k(ny-mz-ny_1+mz_1)=0$$

수학영역 기하와벡터 고난이도 문제를 대하는 자세 (1)

♥문장과 수식을 이렇게 해석하자!!

(1) 직선 l과 평면 α가 평행하다.

① 직선 l의 방향 벡터와 평면 α의 법선벡터가 평행하다. (모두 아는 내용)

② 직선 l을 포함하는 평면과 평면 α의 [교선이 직선 l과 평행]하다.

(2) A와 B의 중점을 M이라 할 때

① $\overrightarrow{OA} - \overrightarrow{OB} = \overrightarrow{BA}$ (모두 아는 내용)

② $\overrightarrow{OA} + \overrightarrow{OB} = 2\overrightarrow{OM}$

③ $\overrightarrow{OA} \cdot \overrightarrow{OB} = \overline{OM}^2 - \overline{AM}^2$ (앞 세미나에서 다뤘던 내용)

[앞 세미나와 다른 증명]

$$\overrightarrow{OA} \cdot \overrightarrow{OB} = \left(\overrightarrow{OM} + \overrightarrow{MA}\right) \cdot \left(\overrightarrow{OM} + \overrightarrow{MB}\right) = \left(\overrightarrow{OM} + \overrightarrow{MA}\right) \cdot \left(\overrightarrow{OM} - \overrightarrow{MA}\right) = \overline{OM}^2 - \overline{AM}^2$$

관련 문제	문장 해석

관련 문제

좌표평면에서 중심이 O이고 반지름의 길이가 1인 원 위의 한 점을 A, 중심이 O이고 반지름의 길이가 3인 원 위의 한 점을 B라 할 때, 점 P가 다음 조건을 만족시킨다.

> (가) $\overrightarrow{OB} \cdot \overrightarrow{OP} = 3\overrightarrow{OA} \cdot \overrightarrow{OP}$
>
> (나) $|\overrightarrow{PA}|^2 + |\overrightarrow{PB}|^2 = 20 \cdots ㉠$

$\overrightarrow{PA} \cdot \overrightarrow{PB}$**의 최솟값**$\cdots ㉡$은 m이고 이때 $|\overrightarrow{OP}| = k$ 이다. $m + k^2$의 값을 구하시오.

[2018학년도 6월 모평 가형 29번]

좌표공간에 xy평면 위의 원 $C : x^2 + y^2 = 4$와 평면 $\alpha : 2x + 2y - z + 4 = 0$이 있다. **원 C 위의 서로 다른 두 점 P, Q를 지나는 직선이 평면 α와 평행하고,** $\cdots ㉢$ 선분 PQ의 중점 M과 평면 α 사이의 거리는 2이다. 점 M에서 평면 α에 내린 수선의 발을 H라 할 때, 점 H를 중심으로 하고 평면 α위에 있는 원을 D라 하자. **원 D위의 임의의 점 R에 대하여** $\overrightarrow{RP} \cdot \overrightarrow{RQ} = 1$**일 때,** $\cdots ㉣$ 원 D의 반지름의 길이는 r이다. $60r^2$의 값을 구하여라.

[2019 수능특강 기하와벡터 p109 3번]

문장 해석

㉠ ⇨ 삼각형 PAB에서 AB의 중점을 M이라 하면 파푸스 중선정리가 떠오른다.

$$\overline{PA}^2 + \overline{PB}^2 = 2\left(\overline{PM}^2 + \overline{AM}^2\right) = 20$$

㉡ ⇨ $\overrightarrow{PA} \cdot \overrightarrow{PB} = \overline{PM}^2 - \overline{AM}^2$임을 이용하여 $\overrightarrow{PA} \cdot \overrightarrow{PB}$을 $\overline{PM}$또는 $\overline{AM}$의 길이로 표현할 수 있다.

㉢ ⇨ 원 C를 포함하는 평면이 xy평면이다. 따라서 xy평면과 평면 α의 교선을 구하면 직선 PQ의 형태를 알 수 있고 M의 좌표를 구할 수 있다.

㉣ ⇨ $\overrightarrow{RP} \cdot \overrightarrow{RQ} = \overline{RM}^2 - \overline{PM}^2$을 이용하면 해결된다. ($\overline{PM}$과 $\overline{RM}$은 쉽게 구할 수 있다.)

수학영역 기하와벡터 고난이도 문제를 대하는 자세 (2)
⇨ ♥좌표 공간에서 두 직선이 이루는 각♥

(1) 직선 m과 n이 이루는 각의 크기가 θ이고 두 직선 m, n과 이루는 각의 크기가 각각 θ_1, θ_2인 직선 l이 있을 때, 직선 l을 두 직선 m, n을 포함하는 평면으로 내린 정사영을 직선 l'라 하자. m과 l'가 이루는 각의 크기를 $\theta_1{}'$, n과 l'가 이루는 각의 크기를 $\theta_2{}'$라 하면 $\theta_1{}' + \theta_2{}' = \theta$이고 $\theta_1 \geq \theta_1{}'$, $\theta_2 \geq \theta_2{}'$이다.

따라서 $\theta_1 + \theta_2 \geq \theta$ (등호는 세 직선이 한 평면 위에 있을 때)

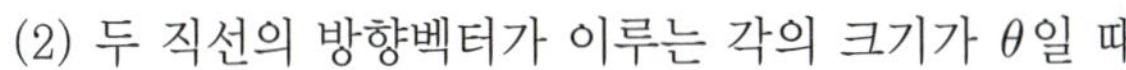

(2) 두 직선의 방향벡터가 이루는 각의 크기가 θ일 때

① $0 \leq \theta \leq \dfrac{\pi}{2}$이면 두 직선이 이루는 각의 크기는 θ

② $\dfrac{\pi}{2} \leq \theta \leq \pi$이면 두 직선이 이루는 각의 크기는 $\pi - \theta$

*다음 두 문제를 비교하여 보자.

㉠ $\vec{a} = (1, 2, 3)$, $\vec{b} = (-3, 1, -2)$일 때 두 벡터 $\vec{a}$, $\vec{b}$가 이루는 각 θ의 크기를 구하여라.

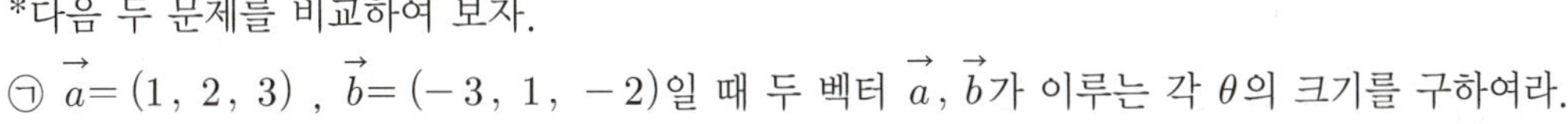

$$\Rightarrow \cos\theta = \frac{\vec{a} \cdot \vec{b}}{|\vec{a}||\vec{b}|} = \frac{1 \times (-3) + 2 \times 1 + 3 \times (-2)}{\sqrt{1^2 + 2^2 + 3^2}\sqrt{(-3)^2 + 1^2 + (-2)^2}} = -\frac{1}{2} \qquad \therefore \theta = 120°$$

㉡ $l : x - 1 = \dfrac{y-2}{2} = \dfrac{z+1}{3}$, $m : \dfrac{x}{-3} = y + 2 = \dfrac{z-1}{-2}$일 때 두 직선이 이루는 각 θ의 크기를 구하여라. ⇨ 두 직선의 방향 벡터가 $(1, 2, 3)$, $(-3, 1, -2)$이므로 계산과정은 (1)번과 같다.

그런데 두 직선이 이루는 각은 예각을 가리키므로 $180° - 120° = 60°$이다.

---

(1)과 관련 문제1	(1)과 관련 문제2

(1)과 관련 문제1

좌표공간에서 구 $x^2 + y^2 + z^2 = 4$ 위를 움직이는 두 점 P, Q가 있다. 두 점 P, Q에서 평면 $y = 4$에 내린 수선의 발을 각각 P_1, Q_1이라 하고, 평면 $y + \sqrt{3}z + 8 = 0$에 내린 수선의 발을 각각 P_2, Q_2라 하자.

$2|\overrightarrow{PQ}|^2 - |\overrightarrow{P_1Q_1}|^2 - |\overrightarrow{P_2Q_2}|^2$의 최댓값을 구하시오.
[2014년 수능]

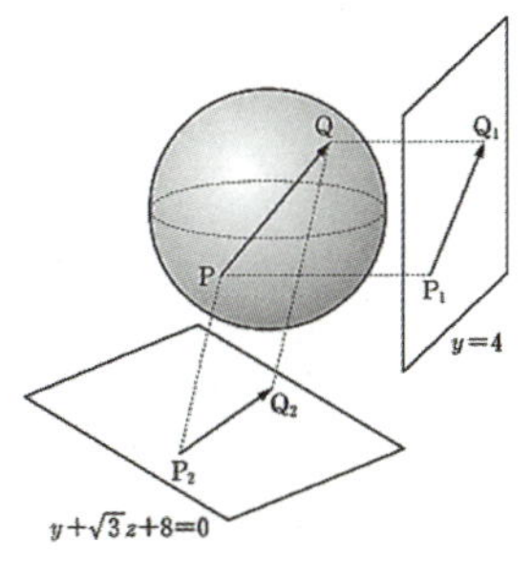

(1)과 관련 문제2

좌표공간에서 구 $x^2 + y^2 + z^2 = 50$이 두 평면
$$\alpha : x + y + 2z = 15$$
$$\beta : x - y - 4\sqrt{3}z = 25$$
와 만나서 생기는 원을 각각 C_1, C_2라 하자.
원 C_1 위의 점 P와 원 C_2 위의 점 Q에 대하여 $\overline{PQ}^2$의 최솟값을 구하시오. [2009년 9월]

[2014년 수능] ⇨ $\overrightarrow{PQ}$의 방향벡터와 두 평면의 법선벡터 $(1, 0, 0)$, $(0, 1, \sqrt{3})$가 이루는 각이 한 평면에서 결정될 때 문제의 **최댓값**이 나온다.

[2009년 9월] ⇨ α와 β의 법선 벡터와 $\overrightarrow{OP}$, $\overrightarrow{OQ}$가 이루는 각이 한 평면에서 결정될 때 문제의 **최솟값**이 된다.

상세풀이 ⇨ 랑데뷰 상위권수학 기하와벡터 참고

수학영역 기하와벡터 고난이도 문제를 대하는 자세 (3)

⇨ 좌표공간에서 한 축을 포함하는 평면에 대한 고찰

x축을 포함하는 평면의 방정식 ⇨ $(\cos t)y + (\sin t)z = 0$

y축을 포함하는 평면의 방정식 ⇨ $(\cos t)x + (\sin t)z = 0$

z축을 포함하는 평면의 방정식 ⇨ $(\cos t)x + (\sin t)y = 0$

랑데뷰 설명

① 평면의 방정식은 $ax + by + cz + d = 0$이다.

② 축을 포함하는 평면은 반드시 원점을 지난다. $d = 0$

③ x축을 포함하는 평면은 x축 위의 점 $(1, 0, 0)$, $(2, 0, 0)$등을 지나므로 $a = 0$

따라서 x축을 포함하는 평면은 $by + cz = 0$이다.

$by + cz = 0$은 $\dfrac{b}{\sqrt{b^2 + c^2}}y + \dfrac{c}{\sqrt{b^2 + c^2}}z = 0$과 같은

평면이다. 따라서 평면의 방정식은

$\left(\dfrac{b}{\sqrt{b^2 + c^2}}\right)^2 + \left(\dfrac{c}{\sqrt{b^2 + c^2}}\right)^2 = 1$이다.

또한, $\dfrac{b}{\sqrt{b^2 + c^2}} = \cos t$, $\dfrac{c}{\sqrt{b^2 + c^2}} = \sin t$라 둘 수

있다.

따라서 x축을 포함하는 평면의 방정식은

$(\cos t)y + (\sin t)z = 0$이다.

④ 마찬가지로

y축을 포함하는 평면의 방정식은

$(\cos t)x + (\sin t)z = 0$

z축을 포함하는 평면의 방정식은

$(\cos t)x + (\sin t)y = 0$

활용

좌표공간에서 법선 벡터가 (a, b, c)인 평면과 x축, y축, z축을 포함하는 평면이 이루는 각을 각각 θ_x, θ_y, θ_z라 두면

$$\cos\theta_x \leq \dfrac{\sqrt{b^2 + c^2}}{\sqrt{a^2 + b^2 + c^2}}$$

$$\cos\theta_y \leq \dfrac{\sqrt{a^2 + c^2}}{\sqrt{a^2 + b^2 + c^2}}$$

$$\cos\theta_z \leq \dfrac{\sqrt{a^2 + b^2}}{\sqrt{a^2 + b^2 + c^2}}$$

설명

평면의 법선 벡터가 (a, b, c)이고 x축을 포함하는 평면의 법선 벡터는 $(0, \cos t, \sin t)$이므로

$$\begin{aligned} \cos\theta_x &= \dfrac{|b\cos t + c\sin t|}{\sqrt{a^2 + b^2 + c^2}\,\sqrt{\cos^2 t + \sin^2 t}} \\[2mm] &= \dfrac{\sqrt{b^2 + c^2}\,|\cos(t + \theta)|}{\sqrt{a^2 + b^2 + c^2}} \\[2mm] &\leq \dfrac{\sqrt{b^2 + c^2}}{\sqrt{a^2 + b^2 + c^2}} \end{aligned}$$

$\cos\theta_y$, $\cos\theta_z$도 같은 방법으로!